# ACÚSTICA APLICADA AO CONTROLE DO RUÍDO

**Blucher**

# Sylvio R. Bistafa

Ph.D. Penn State University

# ACÚSTICA APLICADA AO CONTROLE DO RUÍDO

3.ª edição revista e ampliada

*Acústica aplicada ao controle do ruído*
© 2018 Sylvio R. Bistafa
Editora Edgard Blücher Ltda.
1ª edição – 2006
2ª edição – 2011
3ª edição – 2018

1ª reimpressão – 2019

# Blucher

Rua Pedroso Alvarenga, 1245, 4º andar
04531-934 – São Paulo – SP – Brasil
Tel.: 55 11 3078-5366
**contato@blucher.com.br**
**www.blucher.com.br**

Segundo o Novo Acordo Ortográfico, conforme 5. ed. do
*Vocabulário Ortográfico da Língua Portuguesa*, Academia
Brasileira de Letras, março de 2009.

É proibida a reprodução total ou parcial por quaisquer
meios sem autorização escrita da editora.

Todos os direitos reservados pela Editora Edgard Blücher Ltda.

DADOS INTERNACIONAIS DE CATALOGAÇÃO NA PUBLICAÇÃO (CIP)
ANGÉLICA ILACQUA CRB-8/7057

Bistafa, Sylvio R.
    Acústica aplicada ao controle do ruído/Sylvio R. Bistafa.
– 3. ed. -- São Paulo : Blucher, 2018.
    436 p. : il.

    Bibliografia
    ISBN 978-85-212-1283-6 (impresso)
    ISBN 978-85-212-1284-3 (e-book)

    1. Acústica   2. Engenharia acústica   3. Controle de ruído
– Modelos matemáticos I. Título.

18-0238                                                    CDD-620.23

Índice para catálogo sistemático:
    1. Acústica : ruído

# PREFÁCIO À 3ª EDIÇÃO

Além da costumeira revisão e de acréscimos pontuais, a 3ª edição incorpora dois novos capítulos. O Capítulo 12 trata das técnicas digitais em medições acústicas, com o objetivo de apresentar, pela exposição das técnicas de processamento de sinais digitais envolvidas, as operações que ocorrem por trás da tela de um medidor integrador digital moderno. Ênfase especial é dada ao cálculo do nível de pressão sonora com diferentes constantes de tempo exponenciais, ao nível equivalente, aos níveis estatísticos e à análise de frequências via FFT. O Capítulo 13 trata da acústica de auditórios, tendo por base métricas acústicas que têm como objetivo mediar as características construtivas do auditório e a experiência acústica esperada pelo ouvinte em espaços destinados à palavra falada e à música, como salas de concerto e de dramaturgia e teatros de ópera. Nesse capítulo, foi dado destaque às correlações entre impressões subjetivas e índices objetivos. A acústica das pequenas salas também é abordada com razoável profundidade, apresentando diretrizes para o projeto de estúdios de gravação de áudio e de salas de audição crítica de forma a minimizar os efeitos auditivos dos modos acústicos de baixa frequência. São apresentados os métodos para estimativa analítica das métricas de acústica de auditórios na condição de campo acústico difuso, bem como as técnicas de medição a partir da resposta impulsiva monoaural medida. Por fim, o capítulo aborda os requisitos do projeto arquitetônico para geração do campo acústico difuso, uma vez que essa condição se mostra como garantidora da qualidade acústica esperada em salas de concerto.

*Sylvio R. Bistafa*

*São Paulo, julho de 2018*

# PREFÁCIO À 2ª EDIÇÃO

Desde o lançamento da 1ª edição deste livro, diversos novos desenvolvimentos vêm ocorrendo na área de acústica aplicada e de controle de ruído, tais como programas de simulação de fenômenos vibroacústicos, que permitem simular a geração e propagação sonora em estruturas complexas, programas de simulação de acústica de recintos, de propagação de ruído ambiental, de realidade virtual acústica etc. A maior disponibilidade de equipamentos de medição acústica tem gerado uma forte concorrência entre os fabricantes, o que tem propiciado o aparecimento de novos sistemas, com mais recursos, maior capacidade de processamento e de armazenamento de dados, com interfaces mais amigáveis ao usuário e mais baratos. Têm-se observado também a disponibilização de programas de tratamento de sinais acústicos em plataformas de processamento científico tradicionais e até na Internet – alguns deles podendo ser baixados gratuitamente –, permitindo a geração de diversas grandezas acústicas a partir de sinais adquiridos com um simples sistema de áudio disponível em computadores de uso doméstico. É claro que trata-se de uma cadeia de medição não calibrada e, portanto, não confiável. Com uma cadeia de medição profissional, tais programas permitem a realização de medições acústicas com notebooks, reduzindo o investimento em sistemas de medição mais dedicados. Atualmente, é possível baixar da Internet um aplicativo para smart-phones, para medição de níveis sonoros e com análise espectral ao custo de alguns dólares. Novas normas, nacionais e internacionais, vêm sendo propostas, outras vêm sendo revisadas e modernizadas, e legislações voltadas ao controle do ruído estão sendo criadas. Resultados de pesquisas, novos projetos e desenvolvimentos específicos vêm sendo divulgados em um grande número de revistas técnicas e em inúmeros congressos, simpósios e encontros em todo o mundo. Tem-se tornado mais comum o fornecimento de dados de emissão de ruído pelos fabricantes de máquinas, equipamentos e de eletrodomésticos. Mais uma vez a Internet está contribuindo na divulgação de conhecimentos ao público em geral. Em suma, observa-se que a área de acústica aplicada e de controle de ruído vêm recebendo muitas adições em todos os níveis, o que demonstra a importância e o interesse geral que vem despertando.

Entretanto, todos esses recursos só terão serventia e poderão ser compreendidos e melhor apreciados para o interessado que tenha um conhecimento básico na área. Este livro tem este objetivo e, portanto, o seu escopo permaneceu inalterado. Houve sim algumas adições pontuais e, é claro, correções, de forma e conteúdo, principalmente em alguns cálculos e resultados numéricos, em gráficos e tabelas, tendo sido muitas delas apontadas por leitores, aos quais o autor muito agradece. Houve também reformas em certos parágrafos de alguns capítulos, no sentido de tornar a linguagem mais clara, estender e definir melhor os conceitos, e, por que não dizer, sanar incorreções existentes.

Consta que este livro vem sendo adotado em cursos de especialização em diversas instituições de ensino, em cursos de treinamento, por pesquisadores, consultores independentes, estudantes e pelo público interessado em geral. A acolhida que vem recebendo nos incentivou na publicação desta 2ª edição, esperando que este livro continue a contribuir na formação dos interessados na área de acústica aplicada e de controle do ruído.

*Sylvio R. Bistafa*

*São Paulo, março de 2011*

# PREFÁCIO À 1ª EDIÇÃO

A Acústica é a ciência do som, incluindo sua geração, transmissão e efeitos. Na realidade, o termo *som* tem conotação mais ampla, já que se refere não somente ao fenômeno no ar responsável pela sensação de audição, mas também a tudo aquilo que é governado por princípio físico análogo. Assim, perturbações em freqüências muito baixas (*infra-sons*) ou muito elevadas (*ultra-sons*), que não são ouvidas por uma pessoa normal, são também consideradas como sons. Podemos falar em sons subaquáticos, sons em sólidos, ou em sons transmitidos por sólidos. Apesar de certos fenômenos acústicos e ópticos (como os de refração e difração) serem governados pelos mesmos princípios, o som é um movimento ondulatório mecânico enquanto a luz é um movimento de ondas eletromagnéticas.

A Acústica abarca várias áreas e atividades por uma série de razões. Primeiramente, a natureza ubíqua da radiação mecânica, gerada por causas naturais e pelas atividades humanas. Em seguida, há a sensação da audição, da capacidade vocal humana, de comunicação via som, acompanhada de uma variedade de efeitos psicológicos provocados pelo som em quem escuta. Áreas como produção e percepção da fala, gravação e reprodução da música, telefonia, reforço eletroacústico, audiologia, acústica arquitetônica e controle do ruído estão todas fortemente associadas com a sensação de audição. Uma vez que o som é uma forma de transmitir informação, independentemente da nossa capacidade de escutá-lo, é também um fato significativo, particularmente na acústica subaquática. Uma ampla variedade de aplicações em ciência básica e tecnologia explora o fato de a transmissão do som ser afetada e, conseqüentemente, fornecer informações, sobre o meio em que o som se propaga e sobre corpos e não-homogeneidades presentes nesse meio. O efeito físico do som nas substâncias e nos corpos com os quais interage se abre como outras áreas de interesse e de aplicações técnicas.

O diagrama proposto por Lindsay nos permite uma idéia dos diferentes setores dos estudos acústicos. Nos cantos do diagrama lêem-se os títulos de quatro grupos de habilitações culturais aos quais pertencem as disciplinas que se dedicam aos estudos e aplicações da Acústica. Na primeira coroa circular estão lançadas as habilitações profissionais que, com diferentes recortes, abrangências e profundidades se dedicam ao estudo da Acústica. Na região central do diagrama, acha-se a Acústica Física

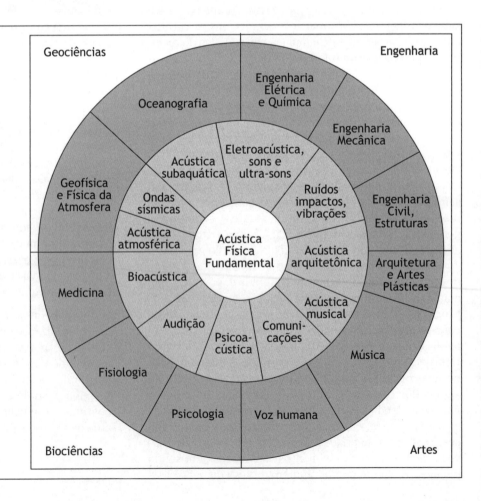

Os diferentes setores dos estudos acústicos. Adaptado de R.B. Lindsay, J. Acoust. Soc. Am., **36**: 2242, 1964.

Fundamental, imprescindível para toda a Acústica, cujos diversos setores encontram-se no anel intermediário. Os diversos setores têm contacto, por um lado com a Acústica Física Fundamental e por outro lado com as habilitações profissionais. O diagrama ressalta muitos aspectos interdisciplinares da acústica, e é subliminar no sentido de não se deixar de lado algum recurso útil, senão importante e decisivo, para o trabalho que estiver desenvolvendo. De fato, não se concebe atuar na área de ruído e seu controle sem noções de Psicoacústica. Não se pode resolver problemas de ruído ambiental sem estudar a Acústica atmosférica. O controle do ruído é também preocupação da Acústica arquitetônica, em que não se atua sem conhecer aspectos da audição, cuja proteção é talvez a principal meta do controle do ruído, principalmente nos ambientes de trabalho.

O ruído parece perturbar as pessoas desde os tempos em que elas passaram a viver em cidades. O poeta romano Juvenal (c. 60-131), famoso por ter dito que pão e circo era tudo o que os governantes precisavam para manter os romanos felizes (ele se referia ao circo dos gladiadores, das bigas), já reclamava do ruído: "Quanto sono, lhe pergunto, posso ter eu nesta estalagem. As carroças passando fazendo estrondos, os gritos dos carroceiros presos no tráfego (...)". A tolerância ao ruído não aumentou desde então. A diferença é que hoje em dia, com certeza, podemos fazer mais para minimizar esse incômodo.

A sociedade ecologicamente consciente em que vivemos vem exigindo o enfrentamento de problemas que prejudicam a qualidade de vida. O ruído permeia as atividades humanas 24 horas por dia, e vem sendo apontado como uma das principais causas de deterioração da qualidade de vida, principalmente nas grandes cidades. Mais pessoas são afetadas pela exposição ao ruído do que qualquer outro poluente. Infelizmente, como os problemas de saúde associados ao ruído não ameaçam tanto a vida como os poluentes do ar, das águas e o lixo químico e atômico, o ruído está em último lugar na lista das prioridades ambientais.

Os problemas relacionados com o ruído incluem perda da audição, *stress*, hipertensão, perda do sono, falta de concentração, baixa produtividade, deterioração da qualidade de vida e redução de oportunidades de repouso. O ruído afeta as pessoas de várias formas. Em certas circunstâncias, somos agentes ativos, como quando operamos aparelhos e equipamentos ruidosos. Há também inúmeras situações em que somos agentes passivos, sujeitos ao ruído que outros produzem, tal como no caso dos fumantes passivos. Embora, em ambos os casos, o ruído possa ser igualmente perturbador e prejudicial à saúde, a situação de agentes passivos é mais problemática, pois somos impactados negativamente por uma coisa que foi colocada no meio ambiente sem o nosso consentimento. O ar, o meio em que o ruído é emitido e se propaga até

nós é um "bem público". Pessoas, atividades de comércio, atividades de lazer, plantas industriais, instalações de serviços públicas e particulares não têm privilégios ilimitados de propagar o ruído de forma irresponsável, como que se o ruído apenas afetasse a sua propriedade; há necessidade de regras de uso compartilhado desse "bem público" para que outros não sejam prejudicados.

O ruído deteriora a qualidade de vida, causa problemas à saúde, e impacta econômica e financeiramente a vida das pessoas e de organizações. Estima-se que a perda de audição induzida por ruído afete 10 milhões de pessoas nos Estados Unidos. Naquele país, milhões de dólares são gastos anualmente em compensações a trabalhadores com perdas auditivas crônicas contraídas no ambiente do trabalho. Um estudo desenvolvido na Dinamarca mostrou que o preço das casas cai à medida que o ruído de tráfego aumenta. Aviões a jato antigos, mais barulhentos, já não podem mais operar em muitos aeroportos dos Estados Unidos e da Europa. Estudos em vários países demonstram que o aprendizado nas escolas fica comprometido por atividades ruidosas intra e extramuros. Embora essas sejam algumas constatações de estudos desenvolvidos em outros países sobre os efeitos do ruído, são todos casos que se verificam igualmente no Brasil.

O controle do ruído era geralmente visto no passado mais como ônus do que como benefício. Há até pouco tempo, o ruído não entrava na questão de produtos de consumo, pois os usuários estavam dispostos a suportar mais ruído em troca de potência. Adicionalmente, não se esperava que o consumidor optasse por gastar mais por um produto silencioso. Nos últimos anos, porém, uma nova tendência vem sendo observada. A pressão para o controle do ruído, cada vez mais, parte dos consumidores e usuários. Aqueles que adquirem equipamentos industriais e produtos de consumo mostram-se mais conscientes em caracterizar o ruído como um fator importante na decisão de compra. Níveis de ruído estão sendo incluídos nas especificações de vários tipos de equipamento industrial, como motores e bombas, quando, no passado, somente eram disponibilizadas informações muito superficiais de desempenho acústico. Ao lado da funcionalidade, preço, prazos, etc., o ruído passa a ser fator determinante de quem vence concorrências de fornecimento de máquinas, equipamentos e processos industriais. Na área dos produtos de consumo, o baixo nível de ruído está se tornando uma ferramenta de *marketing* eficaz para tudo, desde automóveis até máquinas de lavar.

À medida que aumenta a competição no mercado global, o baixo nível de ruído se torna uma característica que os fabricantes têm que oferecer para distinguir o seu produto da concorrência. Um "mercado de controle de ruído" parece estar verdadeiramente emergindo. Muitos fabricantes têm respondido adequadamente às novas pressões de mercado para menos ruído. Outros fabricantes, contudo, não têm considerado o ruído como prioridade, tomando apenas medidas tímidas de enfrentamento da questão. Esses fabricantes necessitam de coragem para desenvolver a sua visão de mercado globalizado, um mercado que demanda controle significativo do ruído. De outra forma, eles correm o risco de ver a concorrência tomar silenciosamente o seu negócio.

O problema do ruído não vai desaparecer e só tende a aumentar caso não sejam tomadas medidas eficazes por parte de todos os agentes envolvidos: cidadãos, comunidades, poder Executivo, Legislativo e Judiciário, em todos os níveis, entidades e órgãos governamentais, institutos de pesquisas, universidades e empresas. A tecnologia é em grande parte responsável pelo problema, sendo ela própria que terá de propor soluções. O que devemos é parar de ignorar ou negar que o problema existe. A tarefa não é simples, e requer um esforço uníssono de todos os envolvidos para obtenção de um meio ambiente mais silencioso no futuro.

*Sylvio R. Bistafa*

*São Paulo, Março de 2006*

# CONTEÚDO

| | | |
|---|---|---|
| 1 | Introdução | 13 |
| 2 | Conceitos fundamentais do som | 17 |
| | 2.1 Som e ruído | 17 |
| | 2.2 Natureza do som | 18 |
| | 2.3 Onda sonora plana | 20 |
| | 2.4 Onda sonora esférica | 22 |
| | 2.5 Forma da onda | 22 |
| | 2.6 Impedância característica, intensidade sonora e potência sonora | 23 |
| | 2.7 Utilidade das grandezas pressão, intensidade e potência sonora | 26 |
| | Referência | 27 |
| 3 | Nível logarítmico e espectro sonoro | 29 |
| | 3.1 Representação matemática da sensação provocada pelo som | 29 |
| | 3.2 Nível logarítmico, o bel e o decibel | 30 |
| | 3.3 O espectro sonoro | 33 |
| | 3.4 Combinação de sons | 35 |
| | 3.5 "Adição" de níveis sonoros em decibéis | 37 |
| | 3.6 "Subtração" de níveis sonoros em decibéis | 40 |
| | 3.7 Principais tipos de fonte sonora | 41 |
| | Referências | 42 |
| 4 | Mecanismo da audição e processamento do som pelo sistema auditivo | 43 |
| | 4.1 Orelha externa | 43 |
| | 4.2 Orelha média | 46 |
| | 4.3 Orelha interna | 48 |
| | 4.4 Mecanismo de transdução eletromecânico | 57 |
| | 4.5 Inervação do órgão de corti | 57 |
| | 4.6 Codificação do som pelos neurônios | 58 |
| | 4.7 Área auditiva do cérebro | 59 |
| | 4.8 Perda de audição | 60 |
| | 4.9 Avaliação audiológica | 62 |
| | Referências | 64 |
| 5 | Reação dos humanos ao som | 65 |
| | 5.1 Limiar diferencial | 66 |
| | 5.2 Área de audição dos seres humanos | 66 |
| | 5.3 Sensação subjetiva de intensidade dos sons (*Loudness*) | 68 |
| | 5.4 Sensação subjetiva de freqüência dos sons | 77 |
| | 5.5 Mascaramento | 79 |
| | 5.6 Não linearidades no processamento do som pelo sistema auditivo | 80 |
| | 5.7 Incômodo do ruído | 82 |
| | 5.8 Localização biauricular | 82 |
| | 5.9 Sensibilidade auditiva a reflexões sonoras | 82 |
| | 5.10 Audibilidade de sons impulsivos | 85 |
| | 5.11 Efeitos não auditivos do ruído | 85 |
| | Referências | 86 |
| 6 | Fundamentos e instrumentos de medições acústicas | 87 |
| | 6.1 Medidor de nível sonoro | 87 |
| | 6.2 Analisadores FFT | 98 |
| | 6.3 Análise comparativa dos diferentes tipos de filtros | 99 |
| | 6.4 Conversão de níveis sonoros entre bandas de diferentes larguras | 102 |
| | 6.5 Ruído branco e ruído rosa | 104 |
| | 6.6 Microfones | 106 |
| | Referências | 113 |

# 10 Acústica aplicada ao controle do ruído

| | | |
|---|---|---|
| **7** | **Grandezas, critérios, normas e legislações para avaliação do ruído** | **115** |
| | 7.1 Grandezas para avaliar ruídos estacionários | 115 |
| | 7.2 Grandezas para avaliar ruídos não-estacionários | 116 |
| | 7.3 Avaliação do ruído em comunidades | 126 |
| | 7.4 Avaliação do ruído em ambientes internos | 130 |
| | 7.5 Avaliação do ruído em ambientes de trabalho | 137 |
| | Referências | 151 |
| **8** | **Fontes sonoras** | **153** |
| | 8.1 Fontes sonoras omnidirecionais e direcionais | 153 |
| | 8.2 O sistema fonador | 155 |
| | 8.3 Alto-falantes e caixas acústicas | 158 |
| | 8.4 Ruído de ventiladores | 167 |
| | 8.5 Ruído de compressores de ar | 169 |
| | 8.6 Ruído de compressores em unidades refrigeradoras | 172 |
| | 8.7 Ruído de torres de resfriamento | 172 |
| | 8.8 Ruído de bombas | 175 |
| | 8.9 Ruído de jatos | 175 |
| | 8.10 Ruído de válvulas de controle | 179 |
| | 8.11 Ruído em tubulações de transporte de fluidos | 191 |
| | 8.12 Ruído de caldeiras | 191 |
| | 8.13 Ruído de turbinas a gás e vapor | 192 |
| | 8.14 Ruído de motores estacionários (Diesel e gás) | 193 |
| | 8.15 Ruído em queimadores | 195 |
| | 8.16 Ruído de motores elétricos | 197 |
| | 8.17 Ruído de geradores elétricos | 198 |
| | 8.18 Ruído de transformadores elétricos | 199 |
| | 8.19 Ruído de engrenagens | 200 |
| | Referências | 200 |
| **9** | **Propagação sonora ao ar-livre e ruído ambiental** | **201** |
| | 9.1 Equação básica da propagação sonora ao ar-livre | 202 |
| | 9.2 Principais mecanismos de atenuação sonora ao ar-livre | 205 |
| | 9.3 Atenuação sonora do ar atmosférico | 205 |
| | 9.4 Atenuação sonora do solo | 210 |
| | 9.5 Atenuação de barreiras acústicas | 212 |
| | 9.6 Atenuação de edificações | 219 |
| | 9.7 Atenuação de vegetação densa | 219 |
| | 9.8 Amplificação sonora causada pela reverberação urbana | 222 |
| | 9.9 Efeitos de gradientes de temperatura e de velocidade do vento (refração) | 223 |
| | 9.10 Interação entre os mecanismos de atenuação | 226 |
| | 9.11 Procedimentos para estimativa do ruído de tráfego | 228 |
| | Referências | 243 |
| **10** | **Ruído em recintos** | **245** |
| | 10.1 Absorção sonora | 246 |
| | 10.2 Crescimento e decaimento sonoro em recintos | 260 |
| | 10.3 Níveis sonoros em recintos | 264 |
| | 10.4 Recintos especiais – câmara anecóica e câmara reverberante | 266 |
| | 10.5 Sala prática | 268 |
| | 10.6 Isolação de paredes para sons aéreos | 281 |
| | 10.7 Isolação de sons de impacto | 302 |
| | 10.8 Recomendações de isolamento sonoro em habitações | 312 |
| | 10.9 Transmissão sonora secundária | 314 |
| | 10.10 Distinção entre absorção e isolação sonora | 315 |
| | Referências | 316 |

Acústica aplicada ao controle do ruído    **11**

| | | | |
|---|---|---|---|
| 11 | | O controle do ruído | 315 |
| | 11.1 | Controle do ruído na fonte | 316 |
| | 11.2 | Controle do ruído na trajetória de transmissão | 327 |
| | 11.3 | Controle do ruído no receptor | 356 |
| | 11.4 | Gerenciamento do controle do ruído nos ambientes de trabalho | 360 |
| | | Referências | 366 |
| 12 | | Técnicas digitais em medições acústicas | 367 |
| | 12.1 | Representação digital de um sinal sonoro | 367 |
| | 12.2 | O cálculo do nível sonoro em dB | 369 |
| | 12.3 | Análise estatística de níveis sonoros | 374 |
| | 12.4 | Análise de frequência FFT | 375 |
| | | Referências | 379 |
| 13 | | Acústica de auditórios | 381 |
| | 13.1 | Métricas acústicas para auditórios | 382 |
| | 13.2 | Algumas impressões subjetivas em auditórios | 388 |
| | 13.3 | Fórmulas para a estimativa das métricas de auditórios | 388 |
| | 13.4 | Volume e absorção das salas de concerto | 394 |
| | 13.5 | Estimativas das métricas de auditórios – exemplos de aplicação | 394 |
| | 13.6 | A forma das salas de concerto | 398 |
| | 13.7 | A difusão nas salas de concerto | 400 |
| | 13.8 | As reflexões na sala de concerto | 403 |
| | 13.9 | A acústica de outros tipos de salas | 405 |
| | 13.10 | A medição da resposta impulsiva | 414 |
| | 13.11 | Maquetes acústicas | 418 |
| | | Referências | 419 |

| | | |
|---|---|---|
| Siglas empregadas neste livro | | 421 |
| Índice alfabético | | 423 |

# 1

# INTRODUÇÃO

O autor, ao ser solicitado a resolver seu primeiro problema de controle de ruído em 1978, então engenheiro da indústria, não imaginava que essa se tornaria sua principal área de atuação profissional e acadêmica, paradoxalmente não pelas facilidades, e sim pelas dificuldades que encontrou. A principal delas, a escassez, em língua portuguesa, de livros e literatura técnica especializada. Diferentemente do que ocorre nos países ditos de primeiro mundo, a área de controle de ruído em nosso país é ainda carente de cursos, bibliografia, treinamento e informações. Normalmente, há que se recorrer à literatura estrangeira, principalmente a proveniente dos Estados Unidos.

A experiência tem mostrado que, no Brasil, os profissionais envolvidos em problemas de ruído têm as mais diversas formações, e assim como o autor, quando de sua iniciação na área, procuram se embasar para enfrentar problemas práticos que lhes são apresentados. Não sendo especialistas, seus objetivos são essencialmente: ser capaz de compreender uma norma ou legislação aplicável, entender uma especificação de material acústico, poder escolher a instrumentação mais adequada para determinada medição, saber interpretar uma medição; ou seja, questões que, apesar de requererem uma formação específica em acústica aplicada e controle do ruído, não exigem tratamento aprofundado.

Este livro difere dos poucos existentes em língua portuguesa, por apresentar um recorte diferenciado da área da acústica aplicada ao controle do ruído. Parte de uma base introdutória simplificada da Acústica, facilmente acessível e que dispensa conhecimentos prévios sobre o assunto, chegando de forma articulada e didática a um tratamento razoavelmente avançado em nível das aplicações, e que capacita o desenvolvimento autônomo de muitas atividades e projetos ligados ao controle do ruído.

Neste livro, os principais fenômenos acústicos são apresentados de forma simples e didática, procurando manter a formulação matemática no nível de um curso técnico. Fórmulas práticas são apresentadas sem exaustivas demonstrações, frequentemente criticadas por alunos com interesses mais pragmáticos (a maioria), e que muitas vezes levam o iniciante a apenas identificar algumas árvores numa grande floresta – perde-se o foco da questão. De certa forma, procurou-se abrangência em detrimento da profundidade. Esta abordagem prioriza uma visão global da matéria em primeiro lugar. Para os interessados, sempre haverá oportunidades de aprofundamento nos assuntos apresentados no livro. Inclusive porque os interesses são tão diversificados que é impossível aprofundar-se em todos eles.

O livro tem como alvo principal servir à área de controle do ruído. Por se tratar de área multidisciplinar, o livro reflete essas características, porém aprofundando-se nos diversos temas periféricos até o ponto em que não afaste muito o leitor dos objetivos de cada capítulo.

Todos os capítulos foram concebidos no sentido de apresentar métodos e formulações para quantificação das grandezas acústicas e psicoacústicas relativas ao problema de controle de ruído em questão.

A maioria das fontes de referência no final de cada capítulo estão associadas a ilustrações e figuras originais de outros autores adaptadas ao capítulo. Estas referências também visam servir de orientação para o leitor eventualmente complementar ao que é aqui apresentado. Aliás, um bom número de figuras e ilustrações foram extraídas de páginas da Internet, fonte extremamente útil e eficaz de informações, à qual o autor recorreu com frequência. O livro está estruturado em capítulos como segue.

- Capítulo 2, *Conceitos fundamentais do som*: são apresentadas as grandezas acústicas fundamentais e seus inter-relacionamentos.

- Capítulo 3, *Nível logarítmico e espectro sonoro*: são apresentadas as unidades de sensação bel e decibel, os diferentes níveis logarítmicos, o espectro sonoro e os principais tipos de fontes sonoras.

- Capítulo 4, *Mecanismo da audição e processamento do som pelo sistema auditivo*: apresenta-se a anatomia da orelha humana e as principais estruturas responsáveis por captar, codificar e transmitir informações sonoras para o cérebro, bem como as estruturas da orelha que são lesionadas pelo ruído, discutindo-se a perda de audição associada.

- Capítulo 5: *Reação dos seres humanos ao som*: são apresentadas as sensações subjetivas que o som provoca nos seres humanos, e as grandezas psicoacústicas usadas na quantificação de tais sensações.

- Capítulo 6: *Fundamentos e instrumentos de medições acústicas*: é apresentada a instrumentação tipicamente utilizada em medições acústicas, inclusive microfones, filtros, o analisador FFT e as informações que são fornecidas por diferentes instrumentos de medição.

- Capítulo 7: *Grandezas, critérios, normas e legislações para avaliação do ruído*: são apresentadas as diversas grandezas que têm sido propostas para avaliar ruídos estacionários e não estacionários, níveis de ruído máximos tolerados, normas nacionais e internacionais, e toda a problemática de avaliação do ruído nos ambientes do trabalho.

- Capítulo 8: *Fontes sonoras*: é apresentado o sistema fonador dos seres humanos, o projeto de caixas acústicas, e métodos de estimativa da potência sonora de diversas máquinas e equipamentos utilizados em instalações industriais.

- Capítulo 9: *Propagação sonora ao ar-livre e ruído ambiental*: são apresentados os diferentes mecanismos de atenuação sonora da propagação ao ar-livre, bem como métodos de estimativa dessas atenuações, e procedimentos para estimativa do ruído de tráfego.

- Capítulo 10: *Ruído em recintos*: são apresentadas as características de materiais utilizados para absorção e isolação sonora, formas de quantificar essas propriedades, o tempo de reverberação em recintos, o comportamento do campo sonoro em recintos industriais, a isolação de sons aéreos e de impacto entre recintos, e recomendações de isolação sonora em habitações.

- Capítulo 11: *O controle do ruído*: é apresentada a hierarquia de controle "fonte → trajetória → receptor" e os diferentes métodos e dispositivos de controle de ruído, inclusive silenciadores, enclausuramentos, isolação de vibrações e de impactos, protetores auriculares, e o gerenciamento do controle do ruído nos ambientes de trabalho.

O controle do ruído requer a identificação de sua fonte de origem, das trajetórias de transmissão, bem como a identificação do receptor. Ocorre que a grande variedade de máquinas, equipamentos e processos ruidosos não permitiu tratar detalhadamente casos específicos de controle do ruído na fonte. Somente procedimentos gerais de controle do ruído de máquinas são fornecidos neste livro.

Como em geral problemas de ruído somente aparecem depois que a fonte se encontra em operação, a alternativa recai quase sempre em atuar-se na trajetória de transmissão, sendo a atuação junto ao receptor, por meio de protetores auriculares, a última linha de defesa no controle do ruído, e que somente é viável nos ambientes do trabalho. É sobre a trajetória de transmissão que o engenheiro de controle do ruído é normalmente chamado a atuar. De certa forma, o livro privilegia metodologias de controle na trajetória de transmissão do ruído.

As técnicas de controle do ruído apresentadas são exclusivamente passivas. Há diversas aplicações de sucesso de técnicas ativas de controle. Alguns exemplos são: controle ativo de ruído em dutos de ventilação, protetores auriculares ativos, controle ativo de ruído em cabines de automóveis e aviões etc. O controle ativo é assunto de grande complexidade e que requer o desenvolvimento de estratégias e metodologias de controle caso a caso. Além do mais, exige profundo conhecimento de sistemas dinâmicos, vibrações, processamento de sinais, sensores e atuadores e, logicamente, de acústica. Por se tratar de tema bastante especializado, o projeto de sistemas de controle ativo de ruído é normalmente tratado em livros específicos.

Este é um livro fartamente provido de fórmulas práticas, gráficos, tabelas, quadros e ilustrações, apresentando e discutindo normas e legislações aplicáveis, nacionais e internacionais. Todos os capítulos contêm exemplos numéricos com aplicações das fórmulas e metodologias de cálculo apresentadas.

Este livro poderá ser adotado como referência na graduação, pós-graduação, treinamento e especialização, nos cursos de engenharia (civil, elétrica, mecânica, produção), arquitetura e urbanismo, música, linguística, audiologia, fonoaudiologia, higiene, segurança e medicina do trabalho, e perícias.

As disciplinas de cursos de nível superior que geralmente abordam o tema com diferentes enfoques, recortes e aprofundamentos são: conforto (nos cursos de arquitetura), planejamento urbano (nos cursos de urbanismo), conforto nas habitações e higiene das construções (nos cursos de engenharia civil), acústica (nos cursos de física, música, linguística, audiologia e fonoaudiologia), agentes físicos (nos cursos de higiene, segurança e medicina do trabalho, e perícias), vibrações e acústica (nos cursos de engenharia mecânica), eletroacústica (nos cursos de engenharia elétrica), ergonomia (nos cursos de engenharia de produção) etc.

Acredita-se, portanto, que este livro atende aos interesses de um público bastante diversificado, que procura embasamento para desenvolver atividades em acústica aplicada e controle do ruído.

O autor gostaria de finalizar esta Introdução agradecendo seus ex-alunos pelas críticas, dúvidas e sugestões levantadas ao longo dos anos, as quais induziram o seu autoaperfeiçoamento, tendo sido um incentivo constante na preparação de um material didático adequado, e que culmina com a edição deste livro.

# 2

# CONCEITOS FUNDAMENTAIS DO SOM

## 2.1 SOM E RUÍDO

O *som* é a sensação produzida no sistema auditivo; e *ruído* é um som indesejável, em geral de conotação negativa. Sons são vibrações das partículas do ar que se propagam a partir de estruturas vibrantes; mas nem toda estrutura que vibra gera som. A corda de um instrumento musical, colocada com as mãos em vibração, não gera som. Para que haja som, a corda precisa estar presa e as vibrações serem induzidas de forma adequada. Por exemplo, as cordas de violinos não produzem sons quando seguramos uma de suas extremidades e as movimentamos para baixo e para cima. Elas precisam é claro, ser instaladas de forma adequada no violino. Quando as cordas do violino são colocadas em vibração com o arco (de preferência) por alguém que não é músico, surgem sons, mas provavelmente sem harmonia; diferentemente do violinista, que irá produzir sons musicais harmônicos. Dessa forma, ruído pode ser também definido como um som sem harmonia.

Considerando ruído como som indesejável, insinua-se o julgamento da serventia do som, um julgamento que depende do contexto. O que significa "indesejável"? O que dizer do som de uma serra elétrica, ou do sobrevoo de um helicóptero? Por certo seriam qualificados como ruído se a circunstância fosse a de tentar dormir. No entanto, esses mesmos sons teriam qualificação bastante distinta no caso de um supervisor de obras da construção civil monitorando a atividade de seus subordinados à distância, ou no caso de um náufrago, em um bote salva-vidas, no meio do Oceano Atlântico, aflito pela chegada do resgate.

Sons que, para todos os efeitos, seriam qualificados como ruído podem, no entanto, transmitir informações úteis. Sons podem indicar a velocidade com que dirigimos, ou se o café na cafeteira automática está pronto. Os "cliques" característicos do disco rígido de um computador revelam se ele está executando alguma tarefa e

não "travado". O sistema auditivo de um mecânico pode revelar se o motor do automóvel está funcionando adequadamente ou, para um técnico, se a máquina de lavar está desbalanceada, e até mesmo se a ferramenta de corte de uma máquina operatriz precisa ser afiada. Alarmes e sirenes de ambulâncias e de veículos policiais podem salvar vidas. Todos esses casos são exemplos de situação em que o ruído transmite informações úteis.

Há aplicações, inclusive, em que um ruído é utilizado no combate a outro mais perturbador, fazendo-se uso da técnica de *mascaramento sonoro*. Ruídos de baixa intensidade são utilizados em escritórios panorâmicos no mascaramento de outros sons, tornando estes últimos menos intrusivos. Existem produtos de sucesso comercialmente disponíveis para esse fim.

No entanto, na maioria das vezes, os ruídos geram diversos efeitos indesejáveis, como: em níveis suficientemente elevados, podem causar perda da audição e aumento da pressão arterial (efeitos fisiológicos), incômodos (efeitos psicológicos), por exemplo, perturbação do sono, *stress*, tensão, queda do desempenho; interferência com a comunicação oral, que por sua vez provoca irritação; pode causar danos e falhas estruturais (efeito mecânico). O ruído também tem influência na tomada de decisão do consumidor, quando ele escolhe um produto mais silencioso do competidor.

A completa eliminação do ruído não é normalmente o objetivo, além de ser cara. Tentar dormir em um quarto muito silencioso também pode ser perturbador, pois se necessita de algum ruído para evitar a sensação de total privação. Após alguns minutos em um ambiente excessivamente silencioso, a audição ficará mais sensível, tornando o indivíduo mais susceptível aos ruídos da corrente sanguínea nos capilares do sistema auditivo, ruídos do aparelho digestivo e das batidas do coração.

## 2 – Conceitos fundamentais do som

Escutar os batimentos cardíacos pode ser perturbador, pois o coração não bate com perfeita regularidade. Porém, o principal fator que torna sem sentido a completa eliminação do ruído é que, com frequência, se sobrepõe ao ruído principal o ruído de fontes secundárias. Estas geram, no ponto de interesse, o chamado *ruído de fundo*, que normalmente não pode ser eliminado. Assim, a redução do ruído principal só terá sentido até o ponto em que deixe de ser percebido acima do ruído de fundo, pois reduções adicionais, embora normalmente possíveis, tendem a elevar o custo da solução, sem gerar mais benefícios para o receptor. Assim, o objetivo normalmente se fixa no *controle do ruído* e não na sua completa eliminação.

## 2.2 NATUREZA DO SOM

O som pode ser definido como uma variação da pressão ambiente detectável pelo sistema auditivo. Ao nível do mar, a pressão ambiente é de 101.350 Pa[1]. A menor variação de pressão ambiente detectável pelo sistema auditivo é da ordem de $2 \times 10^{-5}$ Pa[2]. Essa pressão chama-se *limiar da audição*. E a variação da pressão ambiente capaz de provocar dor é o *limiar da dor*. Diferentes valores de pressão são atribuídos ao limiar da dor, desde 20 até 200 Pa.

A pressão ambiente diminui com a altitude. Quando nos deslocamos de Santos (ao nível do mar e com pressão ambiente de 101.350 Pa) para São Paulo (altitude de 860 m e pressão ambiente de 91.600 Pa), há uma redução da pressão ambiente de 9.750 Pa; ou seja, quase meio bilhão de vezes maior que a pressão do limiar da audição, e aproximadamente 100 vezes maior que a do limiar da dor de 100 Pa. Teoricamente, para que a pressão ambiente sofra uma variação igual à do limiar da audição é suficiente uma variação de altitude da ordem de 0,17 micrometros (0,17 $\mu$m). E uma variação de 83 m na altitude é suficiente para que a pressão ambiente sofra uma variação igual à do limiar da dor, acima considerada.

Essa comparação mostra a extrema sensibilidade do nosso sistema auditivo para detectar variações na pressão ambiente. Por que razão, então, não há sons associados a deslocamentos que provoquem variações de altitude? A razão é que a variação da pressão ambiente deve ocorrer de forma cíclica, como mostra a Fig. 2.1, para que essa variação seja detectada como som.

A Fig. 2.1 não está em escala, e mostra a pressão ambiente variando entre um valor máximo ($p_{máx}$) e um valor mínimo ($p_{mín}$), devido à presença de som no ambiente. A amplitude de variação da pressão ambiente (A), é dada por $A = p_{máx} - P_{ambiente} = P_{ambiente} - p_{mín}$. Duas situações estão representadas na Fig. 2.1: na linha contínua, o tempo decorrido para que um ciclo se complete é 50 ms; na linha tracejada, o tempo decorrido para que um ciclo se complete é 50 $\mu$s.

Define-se *período* (T) como o intervalo de tempo decorrido para que um ciclo se complete na curva de variação da pressão ambiente com o tempo. Portanto, os períodos para as variações da pressão ambiente esquematizadas na Fig. 2.1 são: $T_1 = 50$ ms para a variação da pressão ambiente representada pela linha contínua, e $T_2 = 50$ $\mu$s para a variação da pressão ambiente representada pela linha tracejada[3].

Quando a variação da pressão ambiente for cíclica, com período $T$ compreendido entre $T_1$ e $T_2$, e quando a amplitude (A) for maior que o limiar da audição, o sistema auditivo detectará som. Nessas condições, a variação da pressão ambiente é chamada de *pressão sonora*, ou *pressão acústica*. A pressão sonora será indicada por $p$.

Em acústica, é usual trabalhar-se com o inverso do período, que recebe o nome de *frequência* ($f$), portanto definida como

$$f = \frac{1}{T} \ \text{Hz.} \tag{2.1}$$

A unidade de frequência é ciclos por segundo, ou hertz (Hz), em homenagem a Heinrich Rudolf Hertz (1857-1894)[4].

Frequência indica o número de períodos existentes em um segundo. Para os sons da Fig. 2.1, aquele com o período $T_1 = 50$ ms, a frequência $f_1$ é 20 Hz, e para o som com período $T_2 = 50$ $\mu$s, a frequência $f_2$ é 20.000 Hz (20 kHz).

Os sons representados na Fig. 2.1 têm a mesma amplitude de pressão sonora. No entanto, nosso sistema auditivo percebe o som de frequência $f_1$ como grave, e o de frequência $f_2$ como agudo.

Não foi por acaso que, neste exercício numérico, escolheram-se as frequências de 20 Hz e 20 kHz. Na realidade, sons com frequência nessa faixa são aqueles

---

[1] Pa é o símbolo de pascal, unidade de pressão no Sistema Internacional de Unidades de Medida. Corresponde a 1 newton por metro quadrado (1 N/m²).

[2] Por ser incômodo trabalhar com números com muitos zeros, é comum nesses casos utilizar-se a chamada notação científica, em que 0,00002 escreve-se $2 \times 10^{-5}$, assim como 200.000 escreve-se $2 \times 10^5$.

[3] Na Fig. 2.1, por conveniência, foram escolhidos os pontos de máximo das curvas para medir o período T. Na realidade, quaisquer dois pontos consecutivos com a mesma fase podem ser adotados para determinação do período.

[4] Físico alemão que provou que a eletricidade podia ser transmitida por meio de ondas eletromagnéticas, propagando-se à velocidade da luz, e apresentando muitas das propriedades desta. Seus experimentos com ondas eletromagnéticas possibilitaram o desenvolvimento do telégrafo sem fio e do rádio.

## 2.2 – Natureza do som

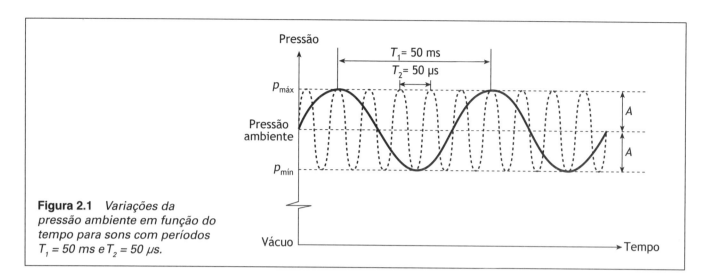

**Figura 2.1** *Variações da pressão ambiente em função do tempo para sons com períodos $T_1 = 50$ ms e $T_2 = 50$ μs.*

que o sistema auditivo consegue detectar. Essa faixa de frequências recebe o nome de *faixa de áudio*. Sons com frequência abaixo de 20 Hz chamam-se *infrassons*, e sons com frequência acima de 20 kHz são os *ultrassons*.

Um mecanismo bastante comum para gerar sons consiste em fazer vibrar uma estrutura. Estruturas vibrantes movimentam ciclicamente as partículas do ar ao seu redor, gerando localmente concentração e rarefação destas, o que provoca variações de pressão. Diapasões, alto-falantes, cordas de instrumentos musicais, pregas vocais etc. são exemplos de estruturas que ao vibrar geram som.

A Fig. 2.2 ilustra em detalhes o processo de geração de som por uma estrutura vibrante como o diapasão. Na Fig. 2.2(a), a disposição das partículas do ar em torno do diapasão é vista em três instantes. Em repouso (I), o diapasão está cercado pelas partículas do ar, e a pressão local é a pressão ambiente. Quando os braços do diapasão se afastam (II), as partículas do ar se aglomeram, chocando-se umas com as outras, gerando compressão. Quando os braços do diapasão se aproximam (III), é criada uma região com menor número de partículas do que o normal; além disso, elas se acham mais afastadas umas das outras, gerando rarefação. O movimento vibratório do diapasão provoca então compressões e rarefações cíclicas, com aumentos e reduções locais da pressão ambiente. O som é gerado quando amplitude da variação da pressão ambiente é superior ao limiar da audição, e quando o período de variação da pressão ambiente corresponde a frequências dentro da faixa de áudio. A Fig. 2.2(b) é um gráfico da pressão sonora gerada num ciclo completo de vibração do diapasão.

A Fig. 2.2(b) mostra que a pressão sonora em função do tempo em torno do diapasão é cossenoidal, sendo dada por

$$p(t) = A \cos(\omega \cdot t) \tag{2.2}$$

sendo $t$ o tempo e $\omega = 2\pi f = 2\pi/T$ (rad/s) a chamada *frequência angular*, ou *pulsação*.

Uma vez conhecidas a amplitude da pressão sonora (A) e a frequência angular ($\omega$), o valor da pressão sonora em cada instante, $p(t)$, poderá ser obtido pela Eq. (2.2), que descreve o chamado *comportamento temporal* da pressão sonora.

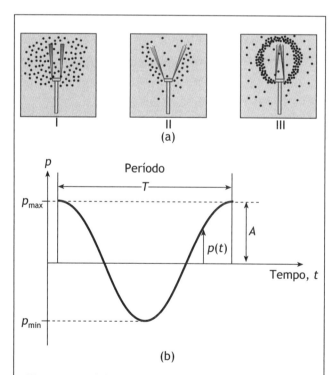

**Figura 2.2** *(a) Disposição das partículas do ar em três instantes, em torno do diapasão, durante o movimento vibratório; (b) pressão sonora em um ciclo completo do movimento vibratório do diapasão.*

## 2.3 ONDA SONORA PLANA

Durante o movimento de vibração do diapasão, as partículas de ar ao seu redor adquirem movimento vibratório na frequência de vibração dele. Esse movimento das partículas de ar não se restringe à região em torno do diapasão. Conforme ilustra a Fig. 2.3, o movimento das partículas de ar próximas ao diapasão vai sendo transmitido em cadeia a outras partículas através dos choques. Não ocorre, no entanto, migração das partículas da região próxima ao diapasão para o espaço que o envolve. Somente a perturbação que o diapasão gera é que vai sendo transmitida partícula a partícula na forma de uma onda, chamada de *onda sonora*. À medida que mais partículas vão sendo alcançadas pela onda, cada uma delas é colocada em movimento com as mesmas características das partículas que estão próximas do diapasão.

A velocidade com que a onda sonora se propaga é chamada de *velocidade do som*. A velocidade do som no ar, à temperatura ambiente, é da ordem de 340 m/s. (Para os sons que se propagam na água, a velocidade do som é da ordem de 1.500 m/s.) Assim, uma determinada situação das partículas do ar junto ao diapasão, em dado instante, repete-se em diferentes regiões do espaço, com um atraso que corresponde ao tempo necessário para que a perturbação "viaje" (com a velocidade do som) desde o diapasão até essas regiões.

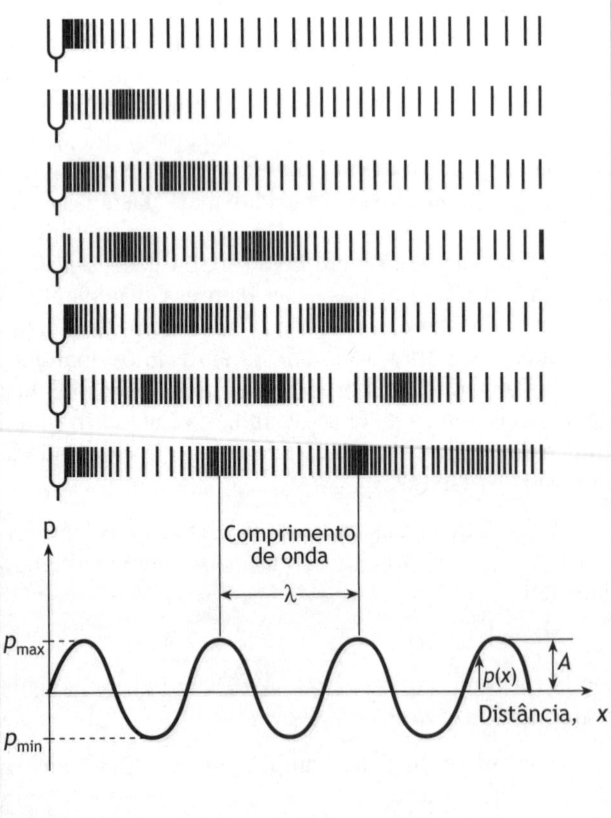

Define-se *comprimento de onda* ($\lambda$) como a distância, a partir de qualquer valor de pressão sonora, para que um ciclo se complete na curva pressão sonora *versus* distância. O comprimento de onda $\lambda$ está indicado na Fig. 2.3.

Existe uma relação entre comprimento de onda e frequência, através da velocidade do som no meio, que é dada pela expressão

$$\lambda = \frac{c}{f}, \tag{2.3}$$

em que $c$ é a velocidade do som, em metros.

---

**Exemplo 2.1**

Qual é o comprimento de onda ($\lambda$), no ar, de um som, com frequência de 1.000 Hz? E na água?

$$\lambda_{ar} = \frac{c_{ar}}{f} = \frac{340}{1.000} = 0,34 \text{ m};$$

$$\lambda_{água} = \frac{c_{água}}{f} = \frac{1.500}{1.000} = 1,50 \text{ m}.$$

---

A Fig. 2.3 mostra que a pressão sonora em função da distância é também cossenoidal, dada por

$$p(x) = A \cos (k \cdot x) \tag{2.4}$$

em que $k = 2\pi/\lambda$ (1/m) é o chamado *número de ondas*.

Conhecidos a amplitude da pressão sonora ($A$) e o número de ondas, $k$, o valor da pressão sonora em cada ponto, $p(x)$, poderá ser obtido por meio da Eq. (2.4), que descreve o chamado *comportamento espacial* da pressão sonora.

Enquanto frequência angular $\omega$ é igual ao número de períodos por segundo (1/T) multiplicado por $2\pi$, o número de ondas $k$ é igual ao número de comprimento de ondas por metro (1/$\lambda$) multiplicado por $2\pi$. Existe uma relação entre o parâmetro que caracteriza o comportamento temporal ($\omega$) e o parâmetro que caracteriza o comportamento espacial ($k$) dada por

$$k = \frac{\omega}{c}. \tag{2.5}$$

O comportamento temporal e espacial da pressão sonora de um *tom puro*[5], na frequência angular $\omega$, pode ser descrito matematicamente através de uma única expressão, combinando as Eqs. (2.2) e (2.4), resultando em

$$p(x, t) = A \cos (\omega t \pm kx + \phi), \tag{2.6}$$

em que $\phi$ é o chamado *ângulo de fase*.

**Figura 2.3** *Propagação de uma onda sonora gerada por diapasão. Fonte: [1] Smith et al.*

---
[5] Tom puro é um som numa única frequência.

Como indica o próprio nome, o ângulo de fase fornece a fase em que a onda se encontra no ponto e instante considerados. Por exemplo, no ponto $x = 0$ e no instante inicial ($t = 0$), a Eq. (2.6) fornece $p(x = 0, t = 0) = A\cos(\phi)$. Se em $x = 0$ e $t = 0$ a pressão sonora foi detectada com o valor $p(x = 0, t = 0) = -A/2$, isso indica que $\cos(\phi) = -1/2$; ou seja, que o ângulo de fase poderá ser $\phi = \phi_1 = 2\pi/3$ ou $\phi = \phi_2 = 4\pi/3$.

Há, portanto, dois ângulos de fase possíveis, o que vale dizer que a pressão sonora com valor igual a $-A/2$ poderá ocorrer em dois pontos da onda: quando ela sai de zero em direção ao valor mínimo passando por $-A/2$, ou quando ela sai do valor mínimo em direção a zero passando por $-A/2$ (ver Fig. 2.2). Se a onda foi detectada nesta última situação, o ângulo de fase aplicável será $\phi = \phi_2 = 4\pi/3$, sendo que, então, a equação que descreve esta onda será dada por: $p(x, t) = A\cos(wt \pm kx + 4\pi/3)$. Note-se que $kx$ no argumento do cosseno aparece com dois sinais. O sinal aplicável em cada caso será decidido no exemplo seguinte.

**Exemplo 2.2** A Fig. Ex. 2.2 ilustra o comportamento espacial da pressão sonora de uma onda com amplitude de 1,0 Pa, na frequência de 1.000 Hz, em dois instantes: $t = 0$ s (linha contínua) e $t = 0,5$ s (linha tracejada).

No instante $t = 0$ s, a pressão sonora vale 0,7 Pa. Confirmar analiticamente, por meio da Eq. (2.6), a configuração da linha tracejada como sendo a de uma onda que se propaga para a direita (valores de $x$ crescentes).

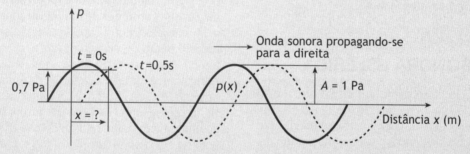

**Figura Exemplo 2.2** *Comportamento espacial da pressão sonora de uma onda com amplitude de 1,0 Pa, na frequência de 1.000 Hz, em dois instantes: t = 0 s (linha contínua) e t = 0,5 s (linha tracejada).*

A amplitude da pressão sonora $A$ é igual a 1,0 Pa. No instante $t = 0$ s e para $x = 0$ m, a pressão sonora tem o valor de 0,7 Pa. Assim:

$A = 1{,}0$ Pa;
$p(x = 0, t = 0) = 0{,}7$ Pa;
$k = \dfrac{2\pi}{\lambda} = \dfrac{2\pi}{c} f = \dfrac{2\pi}{340} 1.000 \cong 18{,}5$ m$^{-1}$;
$\omega = 2\pi f = 6.283$ rad/s.

Substituindo esses valores na Eq. (2.6), teremos:

$0{,}7 = 1\cos(6{,}283 \cdot 0 \pm 18{,}5 \cdot 0 + \phi)$,
$0{,}7 = \cos(\phi)$,
$\phi = \text{arccos}(0{,}7)$,
$\phi = 0{,}795$ rad.

Portanto, uma vez conhecidas as condições iniciais (para $t = 0$), determinamos o ângulo de fase da pressão sonora. Agora estamos em condições de determinar o valor da pressão sonora em cada ponto $x$ e em cada instante $t$ através da expressão

$p(x, t) = 1\cos(6{,}283 \cdot t \pm 18{,}5 \cdot x + 0{,}795)$

Como escolher entre o sinal + e − nessa expressão? Vejamos: no instante $t = 0{,}5$ s o valor da pressão sonora em $x = 0$ m e $t = 0$ s, "deslocou-se" para uma posição $x$ desconhecida. Determinemos o valor de $x$ com auxílio da equação anterior:

$p(x = ?, t = 0{,}5\text{ s}) = 0{,}7 = 1\cos(3.141{,}5 \pm 18{,}5 \cdot x + 0{,}795)$

$0{,}7 = \cos(3.142{,}295 \pm 18{,}5 \cdot x)$

Temos então duas soluções possíveis:

$3.142{,}295 + 18{,}5 \cdot x = \text{arccos}(0{,}7) = 0{,}795$ rad   (a)
$3.142{,}295 - 18{,}5 \cdot x = \text{arccos}(0{,}7) = 0{,}795$ rad   (b)

De (a) temos:

$x_1 = \dfrac{0{,}795 - 3.142{,}295}{18{,}5} \cong -170$ m;

e de (b) temos:

$x_2 = \dfrac{3.142{,}295 + 0{,}795}{18{,}5} \cong +170$ m.

De acordo com a Fig. Ex. 2.2, $x$ deve ser positivo; logo, o resultado correto é $x = x_2 = +170$ m. Observe que $x_2$ foi obtido com a utilização do sinal negativo no argumento do cosseno; portanto, aqui o sinal negativo é o apropriado. Nesse caso, a situação esquematizada na Fig. Ex. 2.2 corresponde à de uma onda sonora propagando-se para a *direita* (valores de $x$ crescentes), sendo a pressão sonora, em cada ponto $x$ e em cada instante $t$, dada por:

$p(x, t) = 1 \cos(6.283 \cdot t - 18.5 \cdot x + 0.795)$

Analogamente, pode-se mostrar que, para uma onda sonora propagando-se para a esquerda (valores de $x$ decrescentes), o sinal positivo no argumento do cosseno é o apropriado. É oportuno observar que, sendo a velocidade do som no ar igual a 340 m/s, e tendo decorrido 0,5 s para que se estabeleça a configuração da onda tracejada na Fig. Ex. 2.1, de fato, deve-se esperar que o mesmo valor de pressão sonora igual a 0,7 Pa deva ocorrer à distância $x$ da origem dada por $x = c \cdot t = 340 \times 0{,}5 = +170$ m.

A Eq. (2.6) descreve uma onda sonora de amplitude $A$, na frequência $f = \omega/2\pi$. Observar que nessa equação o ponto no espaço é descrito apenas pela coordenada $x$; ou seja, a pressão sonora independe das coordenadas $y$ e $z$. Isso significa que, em qualquer ponto de um plano perpendicular à coordenada $x$ ($y$ e $z$ quaisquer), a pressão sonora é uniforme em qualquer instante $t$. Diz-se então que a pressão sonora está "em fase nesse plano", e temos então a chamada *onda sonora plana*.

## 2.4 ONDA SONORA ESFÉRICA

Ondas sonoras planas ocorrem em situações muito particulares (por exemplo, no interior de um duto com diâmetro bem menor que o comprimento de onda), não sendo representativa das ondas sonoras mais comuns. Na realidade, na maioria das situações, a pressão sonora apresenta a mesma fase em superfícies esféricas com centro na fonte sonora. A propagação mais representativa dos sons que ouvimos no dia a dia se dá na forma de ondas esféricas.

O modelo de geração de ondas esféricas (Fig. 2.4) é uma esfera que pulsa na frequência angular $\omega = 2\pi f$.

Na propagação de ondas esféricas, como as superfícies de mesma fase são esféricas, no argumento do cosseno da Eq. (2.6), a coordenada $x$ é agora substituída pela coordenada esférica radial $r$, contada a partir do centro da esfera pulsante; enquanto, no caso de ondas planas, a coordenada independente é $x$, no caso de ondas esféricas, a coordenada independente é $r$.

Conforme indica a Fig. 2.4, uma outra diferença, quando a propagação sonora se dá na forma de ondas esféricas, é que a amplitude da onda esférica diminui com o aumento da distância da fonte, ou seja, a amplitude é inversamente proporcional a $r$. Assim, similarmente à Eq. (2.6), a expressão da propagação de ondas esféricas escreve-se

$$p(r,t) = \frac{A}{r} \cos(\omega t - kr + \phi), \qquad (2.7)$$

em que o sinal negativo no argumento descreve ondas esféricas propagando-se no sentido de $r$ crescente.

Na Eq. (2.7), $A$ é a amplitude da pressão sonora na superfície da esfera pulsante. À medida que a onda se propaga a partir da esfera pulsante, a amplitude diminui na razão de $1/r$. Portanto $A/r$ é a amplitude da pressão sonora da onda esférica à distância $r$ da fonte.

## 2.5 FORMA DA ONDA

O comportamento temporal da pressão sonora é a informação que extraímos de um registrador gráfico acoplado a um microfone, que capta a pressão sonora num determinado ponto do espaço durante um certo intervalo de tempo. A esse registro dá-se o nome de *forma da onda*. A Fig. 2.5(a) apresenta a forma da onda de um tom puro de período $T$; e a Fig. 2.5(b), a forma da onda de um ruído. Há interesse em caracterizar a forma da onda por meio de um número único representativo. Esse número único poderia ser o *valor de pico* ($p_{pico}$), que no caso do tom puro é igual à amplitude $A$. Porém, no caso do ruído, a forma da onda apresenta vários picos – qual deles escolher?

Da forma da onda, outros "números únicos" podem ser extraídos. O cálculo de cada um deles requer essencialmente o conhecimento do valor da pressão sonora em

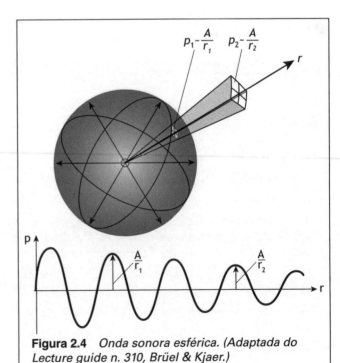

**Figura 2.4** *Onda sonora esférica. (Adaptada do Lecture guide n. 310, Brüel & Kjaer.)*

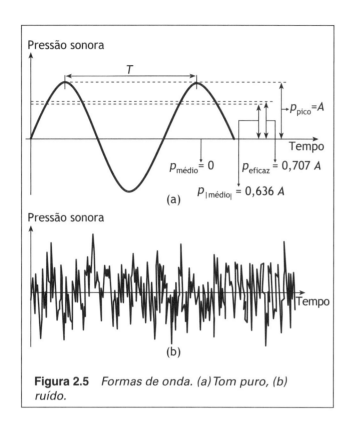

**Figura 2.5** *Formas de onda. (a) Tom puro, (b) ruído.*

diversos instantes. De posse de uma extensa listagem, contendo $N$ registros, cada um com valor de pressão sonora $p_i$, os números únicos conhecidos como *valor médio* ($p_{\text{médio}}$), *valor absoluto médio* ($p_{|\text{médio}|}$) e *valor eficaz*[6] ($p_{\text{eficaz}}$) podem ser obtidos com a aplicação de fórmulas simples.

Para o tom puro da Fig. 2.5(a), os resultados seriam os seguintes:

- *Valor médio da pressão sonora,*

$$p_{\text{médio}} = \frac{\sum_{i=1}^{N} p_i}{N} = 0;$$

- *Valor absoluto médio da pressão sonora,*

$$p_{|\text{médio}|} = \frac{\sum_{i=1}^{N} |p_i|}{N} = 0{,}636 A;$$

- *Valor eficaz da pressão sonora,*

$$p_{\text{eficaz}} = \sqrt{\frac{\sum_{i=1}^{N} p_i^2}{N}} = 0{,}707 A.$$

---
[6] Na língua inglesa, o valor eficaz chama-se *root mean square value* (p$_{\text{rms}}$), que se traduz "raiz quadrada do valor médio quadrado".

Esses valores encontram-se indicados na Fig. 2.5(a).

Como era de esperar da forma de onda do tom puro, o seu valor médio é igual a zero. O valor médio para a forma de onda do ruído da Fig. 2.5(b) também deve resultar em valor em torno de zero. Portanto, o valor médio não é um número único adequado. O valor absoluto médio e o valor eficaz para o tom puro estão próximos, e ambos poderiam ser utilizados. Porém, o valor eficaz é o número único mais comumente utilizado, pois essa grandeza relaciona-se diretamente com a energia transportada pela onda sonora [ver Eq. (2.10)]. Observe-se que $p_{|\text{médio}|} = 0{,}636 A$ e $p_{\text{eficaz}} = 0{,}707 A$ são valores válidos *somente para tons puros*. Para outros sons, ruídos inclusive, o valor absoluto médio e o valor eficaz são obtidos com aplicação dessas fórmulas para cada caso. A precisão dos números únicos aumenta com o número de amostras $N$ que se extrai da forma de onda, quer seja um tom puro ou um outro som qualquer.

Quando se conhece uma expressão analítica da pressão sonora em função do tempo que representa uma forma de onda, como é o caso do tom puro da Fig. 2.5(a), o cálculo do valor eficaz poderá ser feito utilizando-se a seguinte expressão

$$p_{\text{eficaz}} = \sqrt{\frac{1}{T} \int_0^T p^2(t) \mathrm{d}t}, \qquad (2.8)$$

em que $p(t)$ é dado por $p(t) = A \cos(\omega \cdot t)$ [Eq. (2.2)], no caso do tom puro de amplitude $A$ e frequência angular $\omega = 2\pi f = 2\pi/T$. O resultado será $p_{\text{eficaz}} = A/\sqrt{2} = 0{,}707 A$. Na Eq. (2.8), a integração de uma expressão analítica para $p(t)$, corresponde ao somatório no cálculo de $p_{\text{eficaz}}$ quando se extraem amostras da forma de onda. Para o ruído da Fig. 2.5(b), não é possível fazer-se o cálculo de $p_{\text{eficaz}}$ utilizando a Eq. (2.8), pois não se conhece uma expressão analítica que represente essa forma de onda. Nesse caso, deve-se coletar um número "suficientemente" grande de amostras da forma de onda para uma "boa" estimativa de $p_{\text{eficaz}}$. O exemplo a seguir mostra como extrair o valor eficaz de formas de ondas de ruídos, a partir de uma listagem de amostras da onda. No Cap. 3, apresentaremos um procedimento alternativo para extração do valor eficaz de formas de ondas complexas.

## 2.6 IMPEDÂNCIA CARACTERÍSTICA, INTENSIDADE SONORA E POTÊNCIA SONORA

### IMPEDÂNCIA CARACTERÍSTICA

As partículas do ar, no movimento vibratório, deslocam-se da posição de equilíbrio com uma velocidade chamada de *velocidade das partículas*. Define-se *impedância*

**Exemplo 2.3** A Fig. Ex 2.3 apresenta a forma de onda da pressão sonora de um ruído, registrada durante o intervalo de tempo de 0 a 10 $s$, com indicação dos valores amostrados a cada 0,1 s. A Tab. Ex. 2.3 apresenta os 101 valores amostrados de pressão sonora em $Pa$, compreendidos entre 0 e 10 $s$. Para essa forma de onda de ruído pede-se calcular o valor médio, o valor absoluto médio e valor eficaz da pressão sonora.

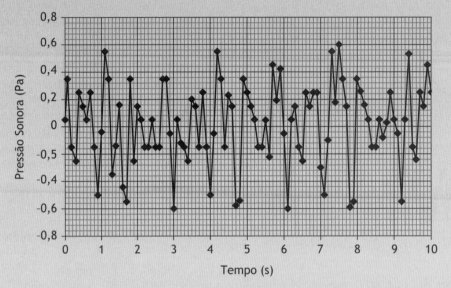

**Figura Exemplo 2.3** *Forma de onda da pressão sonora de um ruído, registrada durante o intervalo de tempo de 10 segundos, com indicação dos valores amostrados a cada 0,1 s.*

**Tabela Exemplo 2.3 Valores amostrados do registro de pressão sonora de ruído da Figura Exemplo 2.3**

| Amostra $i$ | Pressão Sonora $p_i$ (Pa) | Amostra $i$ | Pressão Sonora $p_i$ (Pa) | Amostra $i$ | Pressão Sonora $p_i$ (Pa) | Amostra $i$ | Pressão Sonora $p_i$ (Pa) | Amostra $i$ | Pressão Sonora $p_i$ (Pa) |
|---|---|---|---|---|---|---|---|---|---|
| 1 | 0,05 | 22 | 0,05 | 43 | 0,55 | 64 | 0,15 | 85 | –0,15 |
| 2 | 0,35 | 23 | –0,15 | 44 | 0,35 | 65 | –0,15 | 86 | –0,15 |
| 3 | -0,15 | 24 | –0,15 | 45 | –0,15 | 66 | –0,25 | 87 | 0,05 |
| 4 | -0,25 | 25 | 0,05 | 46 | 0,23 | 67 | 0,25 | 88 | –0,08 |
| 5 | 0,25 | 26 | –0,15 | 47 | 0,15 | 68 | 0,15 | 89 | 0,03 |
| 6 | 0,15 | 27 | –0,15 | 48 | –0,58 | 69 | 0,25 | 90 | 0,25 |
| 7 | 0,05 | 28 | 0,35 | 49 | –0,55 | 70 | 0,25 | 91 | 0,05 |
| 8 | 0,25 | 29 | 0,35 | 50 | 0,35 | 71 | –0,30 | 92 | –0,05 |
| 9 | –0,15 | 30 | –0,05 | 51 | 0,25 | 72 | –0,50 | 93 | –0,55 |
| 10 | 0,50 | 31 | –0,60 | 52 | 0,15 | 73 | –0,10 | 94 | 0,05 |
| 11 | –0,05 | 32 | 0,05 | 53 | 0,05 | 74 | 0,55 | 95 | 0,53 |
| 12 | 0,55 | 33 | –0,12 | 54 | –0,15 | 75 | 0,18 | 96 | –0,15 |
| 13 | 0,35 | 34 | –0,15 | 55 | –0,15 | 76 | 0,60 | 97 | –0,25 |
| 14 | –0,35 | 35 | –0,25 | 56 | 0,05 | 77 | 0,35 | 98 | 0,25 |
| 15 | –0,15 | 36 | 0,20 | 57 | –0,22 | 78 | 0,15 | 99 | 0,15 |
| 16 | 0,15 | 37 | 0,15 | 58 | 0,45 | 79 | –0,60 | 100 | 0,45 |
| 17 | –0,45 | 38 | –0,15 | 59 | 0,19 | 80 | –0,55 | 101 | 0,25 |
| 18 | –0,55 | 39 | 0,25 | 60 | 0,42 | 81 | 0,35 | | |
| 19 | 0,35 | 40 | –0,15 | 61 | –0,05 | 82 | 0,25 | | |
| 20 | –0,25 | 41 | –0,50 | 62 | –0,60 | 83 | 0,15 | | |
| 21 | 0,15 | 42 | –0,05 | 63 | 0,05 | 84 | 0,05 | | |

## 2.6 – Impedância característica, intensidade sonora e potência sonora

> Uma vez inseridos os valores de pressão sonora tabelados nas fórmulas de definição, obtêm-se o valor médio, o valor absoluto médio e o valor eficaz da pressão sonora de:
>
> $$p_{médio} = \frac{\sum_{i=1}^{101} p_i}{101} = \frac{1.33}{101} \cong 0,01, \quad p_{|médio|} = \frac{\sum_{i=1}^{101} |p_i|}{101} = \frac{24,83}{101} \cong 0,25, \quad p_{eficaz} = \sqrt{\frac{\sum_{i=1}^{101} p_i^2}{101}} = \sqrt{\frac{8,94}{101}} \cong 0,30$$
>
> Como era de esperar, o valor médio da pressão sonora do ruído registrado está muito próximo de zero.

*acústica específica* ($z$) como a razão entre a pressão sonora e a velocidade das partículas. A impedância acústica específica depende do meio de propagação e do tipo de onda presente (onda plana, esférica etc.). Para ondas planas, e para ondas esféricas com simetria esférica e para $kr$ grande[7], a impedância acústica específica é dada por $z = \rho c$, sendo $\rho c$ a *impedância característica* do meio de propagação. A quantidade $\rho c$ é mais relevante em acústica do que $\rho$ e $c$ individualmente. A impedância característica tem como unidade kg/(m² · s), denominada *rayl*, em homenagem a John William Strutt, Lord Rayleigh (1842-1919)[8]. Para o ar à temperatura ambiente, $\rho = 1,2$ kg/m³ e $c = 340$ m/s; portanto $\rho c = 408$ *rayls*, para o ar.

## INTENSIDADE SONORA

A *intensidade sonora* ($I$) é definida como a quantidade média de energia, na unidade de tempo, que atravessa uma área unitária perpendicular à direção de propagação da onda. Como energia na unidade de tempo é potência (watts), então a unidade de intensidade sonora é o watt por metro quadrado (W/m²). A Fig. 2.6 esquematiza vetores intensidade[9] sonora para ondas esféricas geradas por uma esfera pulsante.

---

[7] Essa condição é satisfeita para distâncias $r$ maiores que aproximadamente duas vezes o comprimento de onda.

[8] Cientista inglês, autor do clássico *Theory of sound*, em dois volumes. O primeiro volume, sobre a mecânica de geração de som por um meio vibrante, foi publicado em 1877, e o segundo volume, sobre propagação de ondas acústicas, no ano seguinte. Lord Rayleigh recebeu o Prêmio Nobel de Física de 1904 por seus estudos sobre a densidade dos gases mais importantes, e também pela descoberta do gás argônio, em decorrência desses estudos.

[9] A rigor, intensidade sonora é uma grandeza vetorial – além de possuir magnitude (W/m²), ela possui direção e sentido. Para ondas planas e esféricas progressivas, a direção e o sentido da intensidade sonora coincidem com os da propagação da onda. No caso de ondas progressivas, omite-se a indicação da direção e sentido do vetor intensidade sonora, estando então subentendido que estes são coincidentes com os da propagação da onda.

Para ondas esféricas progressivas[10], a intensidade sonora à distância $r$ da esfera pulsante é dada por

$$I_r = \frac{(A/r)^2}{2\rho c} \text{ W/m}^2, \tag{2.9}$$

sendo ($A/r$) a amplitude da pressão sonora à distância $r$.

Em termos do valor eficaz da pressão sonora, a Eq. (2.9) é escrita

$$I_r = \frac{p_{eficaz_r}^2}{\rho c} \text{ W/m}^2, \tag{2.10}$$

em que $p_{eficaz_r}$ é o valor eficaz da pressão sonora à distância $r$ da esfera pulsante.

A Eq. (2.10) tem como análoga a equação $P = V^2/R$, que fornece a potência elétrica dissipada ($P$), em um resistor de resistência $R$, submetido à tensão elétrica $V$. Observa-se então que $\rho c$ pode ser interpretado como uma espécie de resistência do meio à propagação de ondas sonoras.

## POTÊNCIA SONORA

Como as unidades de intensidade sonora são potência por unidade de área, então, para uma onda esférica, ao multiplicarmos a intensidade sonora, à distância $r$ da esfera pulsante, pela área da superfície esférica que envolve a esfera pulsante nessa distância ($4\pi r^2$), obtém-se a potência sonora ($W$), que está sendo irradiada pela esfera pulsante

$$W = I_r \cdot 4\pi r^2 \text{ (em watts).} \tag{2.11}$$

---

[10] Ondas progressivas se propagam sem sofrer interferência de outras ondas. Uma onda plana progressiva ocorre dentro de uma tubulação de comprimento infinito, quando o comprimento de onda é muito maior que o diâmetro da tubulação. Quando uma esfera pulsante é colocada no alto de uma torre, longe de superfícies refletoras, as ondas assim geradas são esféricas progressivas.

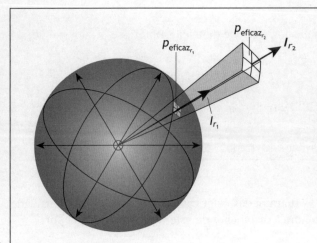

**Figura 2.6** *Vetores intensidade sonora a duas distâncias da esfera pulsante. Fonte: Brüel & Kjaer, Lecture guide n° 310.*

As Eqs. (2.10) e (2.11) mostram que a relação entre intensidade, potência e pressão sonora para ondas esféricas progressivas é

$$I_r = \frac{W}{4\pi r^2} = \frac{p_{eficaz_r}^2}{\rho c}. \quad (2.12 \text{ a,b})$$

A Eq. (2.12) revela que, para uma fonte sonora irradiando a potência sonora $W$, a intensidade sonora e o quadrado do valor eficaz da pressão sonora são inversamente proporcionais ao quadrado da distância – resultado conhecido como *lei do inverso do quadrado da distância*. Assim, quando a esfera pulsante (fonte sonora) irradia uma potência sonora constante, ao dobrar-se a distância da fonte sonora, a mesma potência sonora irá atravessar agora uma superfície esférica que é quatro vezes maior, e, portanto, a intensidade sonora será quatro vezes menor, enquanto o valor eficaz da pressão sonora, nessa distância, será duas vezes menor.

## 2.7 UTILIDADE DAS GRANDEZAS PRESSÃO, INTENSIDADE E POTÊNCIA SONORA

Façamos uma analogia entre som e calor; a Fig. 2.7 auxilia na compreensão. Um aquecedor elétrico gera uma certa quantidade de energia térmica na unidade de tempo (joules por segundo J/s); isto é, ele gera uma certa potência térmica, $W$, em watts (1 W = 1 J/s). Essa é uma medida básica da quantidade da energia térmica gerada pelo aquecedor, que independe do meio ambiente. A energia térmica gerada pelo aquecedor aumenta a temperatura ($T$) da sala, que pode ser medida com um simples termômetro em graus centígrados (°C). No entanto, a temperatura em determinado ponto da sala não irá depender somente da potência do aquecedor. Outros fatores determinantes da temperatura são: a distância entre o aquecedor e o ponto de medição da temperatura, a quantidade de calor absorvida pelas paredes, a quantidade de calor transferida através das paredes e janelas para o ambiente externo etc.

Similarmente, uma fonte sonora gera uma certa quantidade de energia sonora na unidade de tempo; isto é, ela gera uma certa potência sonora, $W$, medida em watts (W). Essa é uma medida básica da quantidade de energia sonora gerada pela fonte sonora, independentemente do meio ambiente. A energia sonora irá gerar uma certa pressão sonora ($p$), em determinado ponto da sala (da mesma forma que a energia térmica gerou uma certa temperatura nesse ponto). A pressão sonora não dependerá somente da potência sonora da fonte.

Analogamente ao fenômeno térmico, o valor da pressão sonora também irá depender da distância entre a fonte sonora e o ponto de medição, da parcela de energia sonora irradiada pela fonte que é absorvida pelas paredes, e daquela que é transmitida através das paredes, janelas etc.

Dessa forma, o que caracteriza acusticamente uma fonte sonora é sua potência sonora e não a pressão sonora produzida pela fonte em determinado ponto do ambiente. A potência sonora indica a capacidade de uma fonte sonora em gerar som. É, portanto, uma característica intrínseca da fonte sonora.

O que dizer então da intensidade sonora? A definição dessa grandeza é energia sonora por unidade de tempo e por unidade de área, portanto potência sonora por unidade de área (W/m²). Esta é a potência sonora por unidade de área que atravessa uma superfície. Intensidade sonora é um indicador da magnitude, direção e sentido de propagação da energia sonora. A intensidade sonora, sendo uma grandeza vetorial, fornece indicação do fluxo de energia sonora (energia sonora na unidade de tempo) que atravessa uma superfície. Intensidade sonora é uma grandeza utilizada na localização e quantificação de fontes sonoras. Por exemplo, um motor veicular possui diversos componentes que contribuem individualmente para a totalidade da potência sonora por ele irradiada. Medidas de intensidade sonora em superfícies próximas ao motor auxiliam na localização e quantificação da parcela da potência sonora irradiada pelos seus componentes.

A pressão sonora é uma grandeza física fortemente correlacionada com a sensação subjetiva de intensidade do som; ou seja, o quão intenso é determinado som que escutamos. Quando o objetivo é avaliar o perigo e a perturbação causada por fontes de ruído, a pressão sonora é a grandeza mais pertinente. A pressão sonora pode ser medida diretamente com o microfone. Já a medida direta

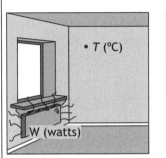 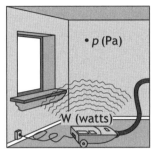

**Figura 2.7** *Analogia termoacústica: potência térmica versus potência sonora; temperatura versus pressão sonora. Fonte: Brüel & Kjaer, Lecture guide n. 310.*

da intensidade sonora requer a utilização de equipamento específico (sondas de intensimetria) e de procedimentos adequados de medição. Não é possível medir diretamente a potência sonora de uma fonte sonora. Mas a potência sonora pode ser calculada por meio de medidas de pressão sonora em laboratório ou de medidas de intensidade sonora em qualquer ambiente.

Felizmente, a pressão sonora, que é a grandeza mais importante para caracterizar os efeitos do som sobre o ser humano, pode ser medida diretamente com a utilização de um microfone conectado a um sistema de condicionamento do sinal por ele gerado. Como veremos em outros capítulos, muitas vezes é necessário conhecer a potência sonora de fontes de ruído para o desenvolvimento de soluções mitigadoras. Esse conhecimento, no entanto, requer ensaios especializados.

## REFERÊNCIA

[1] SMITH, B. J.; PETERS, R. J.; OWEN, S., *Acoustics and noise control*. Longman, Londres, 1982.

# 3

# NÍVEL LOGARÍTMICO E ESPECTRO SONORO

## 3.1 REPRESENTAÇÃO MATEMÁTICA DA SENSAÇÃO PROVOCADA PELO SOM

A chamada *lei de Fechner-Weber* descreve a sensação humana a estímulos físicos. Ernst Heinrich Weber (1795-1878)[1], foi um dos pioneiros a estudar quantitativamente a resposta humana a estímulos físicos. Em um de seus experimentos clássicos, Weber aumentou gradualmente o peso que um indivíduo, com os olhos vendados, segurava, pedindo-lhe que se manifestasse assim que percebesse um aumento da carga. Weber descobriu que a resposta do indivíduo era proporcional a um *aumento relativo* na carga, ou seja, quando o peso era de 1 kg, um aumento de poucos gramas não era percebido. Já quando o peso era aumentado por um certo fator, o indivíduo notava a variação na carga. Weber descobriu também que, quando se duplicava o peso seguro pelo indivíduo, o aumento de carga necessário para ser percebido pelo indivíduo também duplicava. Esse tipo de comportamento pode ser descrito matematicamente pela equação

$$dS = k\frac{dE}{E}, \tag{3.1}$$

em que $dS$ é o diferencial da sensação; $dE$, o diferencial do estímulo físico; $E$, o estímulo físico em dado momento durante o aumento do estímulo; e $k$ é uma constante que deve ser determinada experimentalmente.

A Eq. (3.1) é na realidade uma equação diferencial, pois a letra $d$, que precede as letras $S$ e $E$, significa que

o incremento é um infinitésimo (diferencial). A solução de uma equação diferencial é obtida por um processo chamado *integração*. A integração da Eq. (3.1) produz a seguinte equação

$$S = k \cdot \log E + C, \tag{3.2}$$

sendo $C$ a constante de integração.

Para se obter $C$, resolve-se a Eq. (3.2) para $S = 0$ (ausência de sensação); então $C = -k \cdot \log E_0$, onde $E_0$ é o valor mínimo do estímulo, abaixo do qual não há sensação. Finalmente, a Eq. (3.2) pode ser escrita como

$$S = k \cdot \log \frac{E}{E_0} \tag{3.3}$$

A Eq. (3.3) revela que a relação entre o estímulo e a sensação é logarítmica. Isso significa que, para provocar variações de sensação em progressão aritmética (*i.e.*, em incrementos constantes), o estímulo deve variar em progressão geométrica (*i.e.*, multiplicado por um fator constante).

Interessante é o fato de que a Eq. (3.3) vale para outros estímulos, e não somente para a sensação de peso. A sensação de luminosidade e a sensação sonora são ambas regidas, dentro de certos limites, pela Eq. (3.3). As descobertas de Weber foram mais tarde popularizadas por Gustav Theodor Fechner (1801-1887)[2], daí o nome.

---

[1] Anatomista e fisiologista alemão que introduziu o conceito de *limiar diferencial* – a menor diferença percebida entre dois estímulos similares –, de grande importância na psicologia e na fisiologia sensorial.

[2] Físico e filósofo alemão. Considerado o fundador da psicofísica.

## 3.2 NÍVEL LOGARÍTMICO, O BEL E O DECIBEL

Até 1920, a perda de potência em cabos de telefonia era medida *em milha de cabo padrão* ("mile of standard cable", MSC). Em 1923, essa unidade foi substituída por outra denominada *unidade de transmissão* ("transmission unit", TU). Essa nova unidade foi desenvolvida pelos engenheiros da Bell Telephone Laboratories (Bell Labs), dos Estados Unidos, para comparação entre potências de sistemas de telefonia utilizando sinais elétricos. A TU tinha a característica essencial de comprimir uma ampla faixa de variação da escala linear de potências por transformação desta em escala logarítmica. Em 1924, a TU foi renomeada como "bel" (símbolo B), em homenagem a Alexander Graham Bell (1847-1922)[3]:

$$bel = \log\left(\frac{P}{P_0}\right), \qquad (3.4)$$

sendo $P$ a potência do sistema e $P_0$ uma potência arbitrária de referência.

Como zero bel (0 B) corresponde a $P = P_0$, o bel é uma unidade relativa que depende da escolha de $P_0$, o que torna necessário indicar o valor de referência. O bel é, portanto, uma medida do *nível* da potência em relação à potência de referência, podendo assumir tanto valores positivos (potência superior à potência de referência) como negativos (potência inferior à de referência).

Como 1 B corresponde a $P = 10 \cdot P_0$, ficou evidente a necessidade de mostrar com clareza variações menores de potência. Em 1929, os engenheiros da Bell Labs criaram o "decibel" (símbolo dB), como submúltiplo do bel, tal que 1 B equivaleria a 10 dB. Assim, 1 dB (ou 0,1 B) corresponde a $P = 1,26 \cdot P_0$, enquanto $P = 0,79 \cdot P_0$ corresponde a –1 dB (ou –0,1 B). Um dos fatores que encorajou a adoção do decibel foi que 1 dB era aproximadamente a perda numa MSC.

Ocorre ainda que, na mesma Bell Labs, Harvey Fletcher (1884-1981)[4] verificou que 1 dB era a mínima variação da potência sonora detectável pelo sistema auditivo. Esse limiar diferencial foi denominado de *unidade de sensação* ("sensation unit"), o que permitiu reescrever a lei de Fechner-Weber [Eq. (3.3)] na forma

$$\text{unidade de sensação} = 10 \ \log\left(\frac{W}{W_0}\right) \text{ dB (re. } W_0\text{)}, \qquad (3.5)$$

em que $W$ é a potência sonora e $W_0$, uma potência sonora de referência.

Conforme discutido no capítulo anterior, o estímulo físico que mais bem se correlaciona com a sensação de som é a pressão sonora. Como o decibel é usado para comparação de potências, ou de grandezas proporcionais à potência, a maneira de tornar válida a utilização da Eq. (3.5), em termos de pressão sonora, é invocando a Eq. (2.12b), pois esta mostra que, para ondas esféricas progressivas, a potência sonora é proporcional ao quadrado do valor eficaz da pressão sonora; assim, em termos da pressão sonora, a Eq. (3.5) pode ser escrita

$$L_p = 10\log\left(\frac{p_{\text{eficaz}}^2}{p_0^2}\right) = 20\log\left(\frac{p_{\text{eficaz}}}{p_0}\right) \text{ dB (re. } p_0\text{)}, \qquad (3.6)$$

sendo $L_p$ o nível de pressão sonora e $p_0$ uma pressão sonora de referência, normalmente tomada como a do limiar da audição, ou seja, $p_0 = 2 \times 10^{-5}$ Pa = 20 $\mu$Pa[5].

O *nível de pressão sonora* é a medida física preferencial para caracterizar a *sensação subjetiva da intensidade dos sons*[6], sendo sempre calculado com o valor eficaz da pressão sonora. A Eq. (3.6) explicita a lei de Fechner-Weber para estímulos sonoros, com a seguinte correspondência em relação aos parâmetros que aparecem na Eq. (3.3): $S \sim L_p$, $k = 20$, $E \sim p$, e $E_0 \sim p_0$.

Por sua vez, a Eq. (3.5) é utilizada para definir o *nível de potência sonora* ($L_W$), quando normalmente se adota $W_0 = 10^{-12}$ watts (W).

Observe-se que, de acordo com a Eq. (2.12a), a intensidade sonora é diretamente proporcional à potência sonora, podendo-se então definir o *nível de intensidade sonora* ($L_I$) através de

$$L_I = 10 \ \log\left(\frac{I}{I_0}\right) \text{ dB (re. } I_0\text{)}, \qquad (3.7)$$

com $I_0 = 10^{-12}$ W/m².

---

[3] Cientista escocês, professor de dicção e de surdos-mudos. Patenteou o telefone, em 1876, e fundou a Bell Telephone Company, em 1877.

[4] Físico norte-americano reconhecido como pai do som estereofônico. Inventor da prótese auditiva e do primeiro audiômetro. Foi também diretor de pesquisas da Bell Labs e fundador da Escola de Engenharia da Brigham Young University, nos Estados Unidos. Sua tese de doutorado foi sobre o experimento da gota de óleo, que permitiu ao seu orientador, Robert A. Millikan (1868-1953), a determinação precisa da carga do elétron e a comprovação da equação de Einstein para o efeito fotoelétrico, trabalhos com os quais ganhou o Prêmio Nobel de Física de 1923.

[5] 1 $\mu$Pa = 10⁻⁶ Pa.

[6] Não é a sensação de intensidade sonora conforme definida no Cap. 2.

## 3.2 – Nível logarítmico, o bel e o decibel

**Exemplo 3.1**

Para uma onda esférica progressiva, a pressão sonora é igual à pressão sonora de referência ($p_0 = 20\ \mu Pa$), na superfície esférica, com área de 1 m². Pede-se obter a potência sonora de referência ($W_0$) e a intensidade sonora de referência ($I_0$) a partir da Eq. (2.12).

A Eq. (2.12a,b) mostra que a relação entre pressão, potência e intensidade sonora, para ondas esféricas progressivas, é:

$$I_r = \frac{W}{4\pi r^2} = \frac{p^2_{\text{eficaz}_r}}{\rho c}.$$

Resolvendo para $W = W_0$ e para $I_r = I_0$, com $p_{\text{eficaz}_r} = p_0 = 20\ \mu Pa$, $4\pi r^2 = 1\ m^2$, e $\rho c = 408$ rayls (ar à temperatura ambiente), teremos:

$$W_0 = \frac{p_0^2}{\rho c} \cdot (4\pi r^2) = \frac{p_0^2}{\rho c} \cdot 1\ m^2 = \frac{(2\times 10^{-5})^2}{408} \cdot 1 \cong 10^{-12}\ W,$$

$$I_0 = \frac{p_0^2}{\rho c} = \frac{(2\times 10^{-5})^2}{408} = 10^{-12}\ W/m^2.$$

**Exemplo 3.2**

Qual é o nível de pressão sonora de 1 Pa e de 31,7 Pa?

Aplicando a Eq. (3.9) temos que, para

$p_{\text{eficaz}} = 1$ Pa, $L_p = 20 \log (1) + 94 = 0 + 94 = 94$ dB;

e que, para

$p_{\text{eficaz}} = 31{,}7$ dB, $L_p = 20 \log (31{,}7) + 94 = 30 + 94 = 124$ dB.

No Ex. 3.1, a intensidade sonora de referência ($I_0$) foi obtida a partir da impedância característica do ar à temperatura ambiente ($\approx 20°C$). Portanto, para ondas planas ou esféricas progressivas no ar à temperatura ambiente, o nível de intensidade sonora coincide numericamente com o nível de pressão sonora. Para temperaturas afastadas da temperatura ambiente, a impedância característica assume valor diferente daquele adotado no Ex. 3.1, o que implica numa pequena diferença numérica (em geral menor que 1 dB) entre o nível de pressão e o de intensidade sonora, quando este último é calculado a partir do valor da pressão sonora, com o valor da impedância característica do ar à temperatura em questão, e com $I_0 = 10^{-12}$ W/m².

Como os valores de referência $W_0 = 10^{-12}$ W, $p_0 = 2 \times 10^{-5}$ Pa e $I_0 = 10^{-12}$ W/m² são mundialmente aceitos, costuma-se omitir a indicação do valor de referência após dB, subentendendo-se que esses são os valores de referência adotados.

Usando uma das propriedades dos logaritmos[7], os níveis de potência, de pressão e de intensidade sonora dados pelas Eqs. (3.5) a (3.7) escrevem-se, respectivamente,

$$L_W = 10 \log (W) + 120\ dB\ (W\ em\ watts); \quad (3.8)$$

$$L_p = 20 \log (p_{\text{eficaz}}) + 94\ dB\ (p_{\text{eficaz}}\ em\ Pa); \quad (3.9)$$

$$L_I = 10 \log (I) + 120\ dB\ (I\ em\ W/m^2). \quad (3.10)$$

---

[7] $\log\left(\dfrac{a}{b}\right) = \log a - \log b.$

A Fig. (3.1) apresenta pressões sonoras compreendidas aproximadamente entre o limiar da audição e o limiar da dor, e os correspondentes níveis de pressão sonora, e ilustra as atividades geradoras dos sons associados.

A Fig. 3.1 mostra claramente a vantagem de se trabalhar com níveis logarítmicos; a faixa de pressões sonoras, que cobre sete ordens de magnitude ($10^{-5}$ Pa a $10^2$ Pa), fica comprimida, na escala logarítmica, a duas ordens de magnitude (0 a 140 dB). Assim, o nível logarítmico resulta numa faixa numérica mais facilmente manipulável. Outra vantagem do nível logarítmico está associada ao fato de o sistema auditivo só detectar variações de níveis de pressão sonora superiores a 1 dB, aproximadamente.

O Quadro 3.1 apresenta pressões sonoras e níveis de pressão sonora para sons do cotidiano, e as correspondentes sensações subjetivas de intensidade dos sons associados.

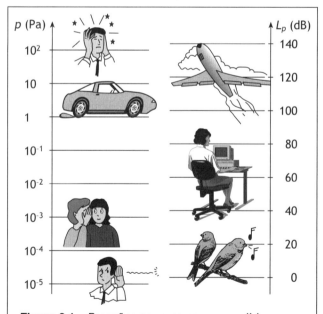

**Figura 3.1** *Pressões sonoras compreendidas aproximadamente entre o limiar da audição e o limiar da dor, e os correspondentes níveis de pressão sonora, com ilustrações das atividades geradoras dos sons associados. Fonte: Brüel & Kjaer, Lecture guide n. 310.*

# 3 – Nível logarítmico e espectro sonoro

**QUADRO 3.1 Pressões sonoras e níveis de pressão sonora para sons do cotidiano, e correspondentes sensações subjetivas de intensidade associadas**

| Sensação subjetiva de intensidade | Descrição | Pressão sonora (Pa) | Nível de pressão sonora (dB) |
|---|---|---|---|
| Estrondoso | Perigo de ruptura do tímpano<br>• Avião a jato a 1 m<br>• Fogo de artilharia | 200 | 140 |
| | Limiar da dor<br>• Tambor de graves a 1 m<br>• Avião a jato a 5 m | 63 | 130 |
| Muito barulhento | Limiar do desconforto auditivo<br>• Avião a pistão a 3 m<br>• Broca pneumática | 20 | 120 |
| | • Metrô<br>• Próximo a uma britadeira | 6,3 | 110 |
| | • Indústria barulhenta<br>• Dentro de um avião | 2 | 100 |
| Barulhento | • Banda ou orquestra sinfônica<br>• Rua barulhenta<br>Obs.: Ambientes com níveis de pressão sonora superiores a 85 dB são considerados insalubres. | 0,63 | 90 |
| | • Dentro de um automóvel em alta velocidade<br>• Escritório barulhento<br>• Aspirador de pó | 0,2 | 80 |
| Moderado | • Rua de barulho médio<br>• Pessoa falando a 1 m | 0,063 | 70 |
| | • Escritório de barulho médio<br>• Rádio com volume médio | 0,02 | 60 |
| Tranquilo | • Restaurante tranquilo<br>• Escritório aberto (com tratamento acústico) | 0,006 | 50 |
| | • Sala de aula (ideal)<br>• Escritório privado (ideal) | 0,002 | 40 |
| Silencioso | • Teatro vazio<br>• Quarto de dormir | 0,0006 | 30 |
| | • Movimento de folhagem<br>• Estúdio de rádio e TV | 0,0002 | 20 |
| Muito silencioso | • Deserto ou região polar (sem vento)<br>• Respiração normal | 0,00006 | 10 |
| | • Laboratório de Acústica (câmara anecoica)<br>• Limiar da audição | 0,00002 | 0 |

*(Adaptado de [1] Gonzales.)*

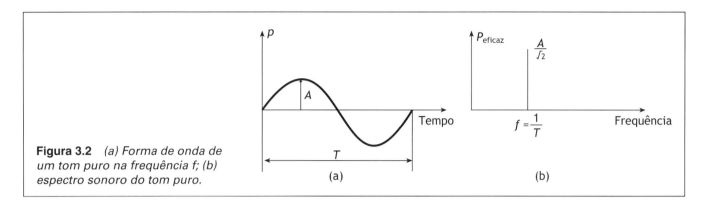

**Figura 3.2** (a) Forma de onda de um tom puro na frequência f; (b) espectro sonoro do tom puro.

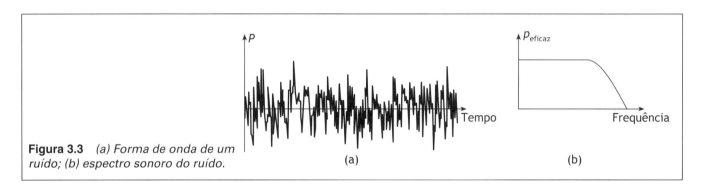

**Figura 3.3** (a) Forma de onda de um ruído; (b) espectro sonoro do ruído.

## 3.3 O ESPECTRO SONORO

A qualidade que permite distinguir um som grave de um som agudo chama-se *altura*. Assim, costuma-se dizer que o som do violino é "alto" ou "agudo", e o do violoncelo é "baixo" ou "grave". A altura de um som depende da frequência. Quanto maior a frequência, mais agudo será o som e vice-versa. Podem ser considerados graves os sons de frequência inferior a 200 Hz; os médios situam-se entre 200 e 2.000 Hz; e os agudos, acima de 2.000 Hz. Essa divisão não é rigorosa, mas tem a vantagem de basear-se em números simples.

Sons numa única frequência são chamados de *tons puros*; porém, os sons comumente ouvidos quase nunca são tons puros. Na realidade, os sons que escutamos são quase sempre uma combinação de tons puros em diversas frequências.

Se conectarmos a um registrador gráfico o sinal gerado por um microfone, quando incide sobre este o som de um tom puro, teremos como resultado a forma de onda da Fig. 3.2(a). Essa forma de onda nos fornece informações do período $T$ (e, consequentemente, da frequência $f = 1/T$), da amplitude da pressão sonora, $A$ (e, consequentemente, de seu valor eficaz, $p_{eficaz} = 0{,}707\,A$).

Se, no lugar do tom puro, registrássemos o som das Cataratas do Iguaçu, obteríamos como resultado uma forma de onda similar àquela apresentada na Fig. 3.3(a). O valor eficaz da pressão sonora dessa forma de onda poderia ser calculado aplicando o procedimento descrito na Sec. 2.5. Porém, diferentemente do tom puro da Fig. 3.2(a), o valor eficaz não será mais dado simplesmente por 0,707A. A frequência também não será dada simplesmente por 1/T. Na realidade, o som da Fig. 3.3(a) é composto por diversas frequências. Como extrair então as frequências associadas ao som das Cataratas do Iguaçu? Isso é possível aplicando-se a chamada *transformada direta de Fourier*[8] à forma de onda da Fig. 3.3(a).

A transformada direta de Fourier é uma operação matemática aplicada a uma forma de onda para extrair dela o conteúdo de frequências. Ao se aplicar a transformada direta de Fourier às formas de ondas das Figs. 3.2(a) e 3.3(a), obtêm-se como resultado os gráficos das Figs. 3.2(b) e 3.3(b), respectivamente. Esses gráficos são os *espectros sonoros* das formas de ondas das Figs. 3.2(a) e 3.3(a). A chamada *transformada inversa de Fourier* é a operação matemática que permite "recuperar" a forma de onda a partir do espectro sonoro.

O espectro sonoro fornece o valor eficaz da pressão sonora para cada frequência presente no som. Sabemos

---

[8] Jean Baptiste Joseph Fourier (1768-1830), matemático francês. Ele descobriu que qualquer movimento periódico pode ser obtido pela superposição de movimentos elementares senoidais e cossenoidais. Fourier foi professor da École Polytechnique e participou da invasão ao Egito, em 1798, como assessor científico de Napoleão.

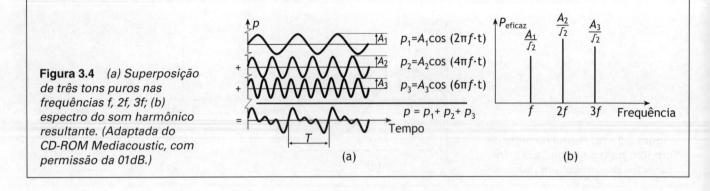

**Figura 3.4** (a) Superposição de três tons puros nas frequências f, 2f, 3f; (b) espectro do som harmônico resultante. (Adaptada do CD-ROM Mediacoustic, com permissão da 01dB.)

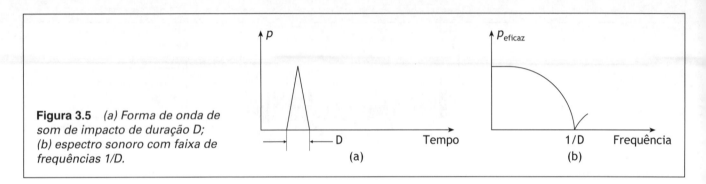

**Figura 3.5** (a) Forma de onda de som de impacto de duração D; (b) espectro sonoro com faixa de frequências 1/D.

que o tom puro da Fig. 3.2(a) é um som em uma única frequência, o que é confirmado pelo espectro sonoro desse som na Fig. 3.2(b). Já o som das Cataratas do Iguaçu, da Fig. 3.3(a), é composto de várias frequências, conforme mostra o seu espectro sonoro na Fig. 3.3(b). Sons que chamamos de "ruído" têm normalmente espectros sonoros que cobrem uma ampla faixa de frequências, como o da Fig. 3.3(b).

A Fig. 3.4(a) mostra a forma de onda resultante da superposição de três tons puros nas frequências $f$, $2f$ e $3f$. A frequência fundamental do som resultante (superposto) é $f$. A Fig. 3.4(b) mostra que o espectro sonoro apresenta uma peculiaridade, em que a frequência mais baixa $f$ é um divisor comum das frequências mais elevadas $2f$ e $3f$, sendo estas últimas denominadas *sobretons*. A frequência mais baixa é denominada *frequência fundamental* ou simplesmente *fundamental*, e os sobretons são denominados *harmônicos do fundamental*, ou simplesmente *harmônicos*.

Instrumentos musicais, sejam de sopro, de corda ou metais, produzem sons *harmônicos*. O padrão de um som harmônico consiste na superposição do fundamental e de tons puros harmonicamente relacionados, em que cada frequência harmônica é um múltiplo da frequência fundamental.

Outros sons poderão ser compostos de sobretons que não são múltiplos do fundamental. Estes são denominados de *sobretons não harmônicos*. Sons com essas características são geralmente produzidos por instrumentos de percussão.

Sons de curta duração, como o de um tiro ou de uma martelada, apresentam formas de ondas discretas. Tais sons são chamados de *sons impulsivos* ou *sons de impacto*. O espectro sonoro de sons impulsivos cobre uma faixa de frequências mais ampla do que sons contínuos de longa duração. Para um som de impacto de duração $D$, a faixa de frequências do espectro sonoro é proporcional a $1/D$. A Fig. 3.5(a) mostra a forma de onda de um som de impacto e a Fig. 3.5(b) apresenta o espectro sonoro associado.

A Fig. 3.6 apresenta espectros sonoros de alguns sons reais como assovio, nota musical de saxofone[9], campainha de telefone e ruído de caminhão.

---

[9] Dois instrumentos musicais diferentes, tocando a mesma nota, não produzem a mesma impressão. Por exemplo, uma nota no saxofone não provoca igual impressão quando essa nota é produzida num violino, embora ambas tenham a mesma frequência fundamental. A qualidade que distingue os dois sons é o *timbre*.
O timbre está em relação com a maneira própria de vibrar de cada instrumento. O timbre é determinado pelo número e intensidade das harmônicas que acompanham o som fundamental emitido pelo instrumento. O nível da pressão sonora das harmônicas é em geral diferente do nível de pressão sonora do fundamental. O número de harmônicas e os níveis de pressão sonora a elas associados é que dão ao som o seu timbre característico. Diz-se que um som é rico em harmônicas e de bom timbre quando o fundamental vem acompanhado da sexta ou

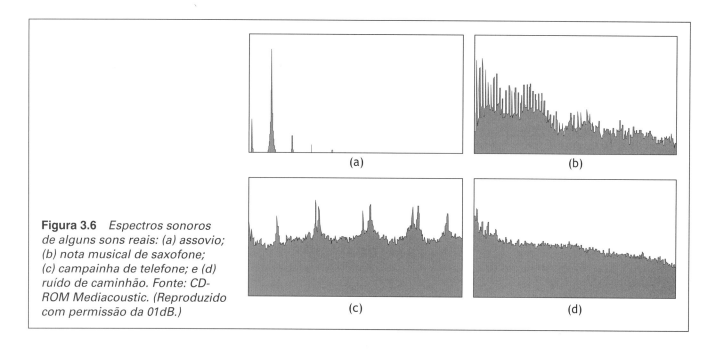

**Figura 3.6** *Espectros sonoros de alguns sons reais: (a) assovio; (b) nota musical de saxofone; (c) campainha de telefone; e (d) ruído de caminhão. Fonte: CD-ROM Mediacoustic. (Reproduzido com permissão da 01dB.)*

## ESPECTRO SONORO EM BANDAS DE FREQUÊNCIAS

Instrumentos de medição acústica normalmente fornecem o espectro sonoro em bandas ou faixas de frequências. Um dos parâmetros que caracterizam a banda de frequências é a largura da banda. A largura da banda pode ser estreita ou larga. Conforme será visto no Cap. 6, dependendo da instrumentação utilizada, o espectro de banda estreita pode ser obtido com bandas de largura de 1 Hz, e até menor. O espectro de banda larga pode ser obtido em bandas de largura constante ou variável. Um espectro de banda larga com faixas de largura variável bastante utilizado é o de *bandas de oitava*, em que a largura de cada banda é aproximadamente 70% da frequência central. Assim, para a frequência central de 100 Hz, a largura da banda é 70 Hz; e, para a frequência central de 1.000 Hz, a largura da banda é 700 Hz.

A Fig. 3.7 apresenta espectros sonoros de um mesmo som em bandas estreitas e largas; cada banda larga é indicada por seu respectivo número. Observa-se na figura que o espectro de banda estreita fornece com maiores detalhes a distribuição do som em função da frequência do que o espectro de banda larga. Por sua vez, o espectro de banda estreita consegue inclusive detectar a existência de tons puros sobrepostos ao espectro contínuo. Por sua vez o espectro de banda larga não consegue revelar a existência dos tons puros contidos no som.

_____
sétima harmônica em uma combinação equilibrada de níveis sonoros das harmônicas. Quando o som vem acompanhado das harmônicas mais altas (acima da sétima), a qualidade do som é caracterizada como "áspera".

## 3.4 COMBINAÇÃO DE SONS

O procedimento descrito na Sec. 2.5 para o cálculo do valor eficaz a partir de registros sonoros requer a extração de um grande número de valores de pressão sonora da forma de onda. Isso significa que o registro deve ser suficientemente longo, a fim de permitir uma amostragem representativa da forma de onda. Às vezes isso é problemático, pois as condições de geração e transmissão podem variar durante o intervalo de tempo de coleta da amostra. Se isso ocorrer, o valor eficaz obtido não representará uma única forma de onda. O valor eficaz só fará sentido se o som for *estacionário*.

Basicamente, um som é estacionário quando as condições de geração e de transmissão não variam durante o intervalo de tempo do registro. O ruído gerado pelas Cataratas do Iguaçu pode ser considerado estacionário quando a vazão e as condições climáticas do local (temperatura e umidade atmosférica) não variam durante o intervalo de tempo em que se registrou a forma de onda. Portanto, esse intervalo de tempo deve ser suficientemente longo para que se obtenha uma amostra representativa e, ao mesmo tempo, suficientemente curto para que as condições de vazão, temperatura e umidade atmosférica não variem.

Seria esse o procedimento a se adotar para se obter o valor eficaz da pressão sonora de ruídos a partir da forma de onda (ver Sec. 2.5). Entretanto, o valor eficaz da pressão sonora pode ser obtido com outro procedimento a partir do espectro sonoro, como veremos a seguir.

Imaginemos um espectro sonoro composto por dois tons puros nas frequências $f_1$ e $f_2$ de duas ondas planas que

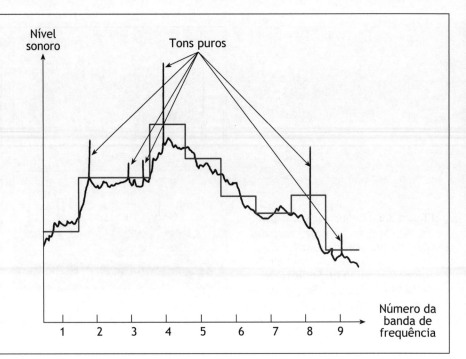

**Figura 3.7** *Espectro sonoro de um mesmo som em bandas estreitas e largas. (Adaptada de [2] Kinsler et al.)*

se combinam na posição $x = 0$, e cujas pressões sonoras em função do tempo (formas de onda), de acordo com a Eq. (2.6), escrevem-se

$$p_1(t) = A_1 \cos(2\pi f_1 t + \phi_1)$$

e

$$p_2(t) = A_2 \cos(2\pi f_2 t + \phi_2).$$

A pressão sonora resultante da combinação é dada por

$$p(t) = p_1(t) + p_2(t) = A_1 \cos(2\pi f_1 t + \phi_1) +$$
$$+ A_2 \cos(2\pi f_2 t + \phi_2).$$

O valor eficaz da pressão sonora resultante poderá ser calculado com auxílio da Eq. (2.8), ou seja,

$$p_{\text{eficaz}} = \sqrt{\frac{1}{T} \int_0^T p^2(t) dt},$$

sendo $p^2(t)$ dado por

$$p^2(t) = \frac{A_1^2 + A_2^2}{2} + \frac{A_1^2 \cos 2(2\pi f_1 t + \phi_1)}{2} +$$
$$+ \frac{A_2^2 \cos 2(2\pi f_2 t + \phi_2)}{2} +$$
$$+ 2A_1 A_2 \cos(2\pi f_1 t + \phi_1)\cos(2\pi f_2 t + \phi_2).$$

A integral de cada termo que contém cosseno é igual a zero. Também igual a zero é a integral do produto de cossenos quando as frequências são diferentes. Assim, o valor eficaz da pressão sonora resultante da combinação de dois tons puros de frequências diferentes será dado por

$$p_{\text{eficaz}} = \sqrt{\left(\frac{A_1}{\sqrt{2}}\right)^2 + \left(\frac{A_2}{\sqrt{2}}\right)^2} =$$
$$= \sqrt{p_{\text{eficaz}_1}^2 + p_{\text{eficaz}_2}^2}, \text{ para } f_1 \neq f_2.$$

Como extensão desse resultado, para sons compostos de $n$ tons puros de *frequências diferentes*, o valor eficaz da pressão sonora resultante da combinação será dado por

$$p_{\text{eficaz}} = \sqrt{p_{\text{eficaz}_1}^2 + p_{\text{eficaz}_2}^2 + \cdots\cdots + p_{\text{eficaz}_n}^2}, \quad (3.11)$$

em que $p_{\text{eficaz}_i}$ é o valor eficaz da pressão sonora do $i$-ésimo tom puro.

O resultado é que, em lugar de se obter o valor eficaz da pressão sonora a partir da forma de onda, conforme apresentado na Sec. 2.5, a Eq. (3.11) permite, alternativamente, calcular o valor eficaz da pressão sonora de qualquer som a partir de seu espectro sonoro.

Similarmente ao procedimento adotado para obtenção da Eq. (3.11), pode-se mostrar que o valor eficaz da pressão sonora resultante da combinação de dois tons puros de *mesma frequência* $f_1 = f_2 = f$ é um tom puro de mesma frequência $f$, e com valor eficaz da pressão sonora dado por

$$p_{\text{eficaz}} = \sqrt{p_{\text{eficaz}_1}^2 + p_{\text{eficaz}_2}^2 + 2 p_{\text{eficaz}_1} p_{\text{eficaz}_2} \cos(\phi_1 - \phi_2)},$$

para $f_1 = f_2$. \hfill (3.12)

> **Exemplo 3.3**
>
> Determinar o valor eficaz da pressão sonora resultante da superposição dos três tons puros de diferentes frequências que aparecem no espectro da Fig. 3.4(b).
>
> O valor eficaz da pressão sonora resultante da superposição dos três tons puros de diferentes frequências que aparecem no espectro da Fig. 3.4(b) será dado pela Eq. (3.11) com $n = 3$; ou seja:
>
> $$p_{\text{eficaz}} = \sqrt{p_{\text{eficaz}_1}^2 + p_{\text{eficaz}_2}^2 + p_{\text{eficaz}_3}^2} =$$
>
> $$= \sqrt{\left(\frac{A_1}{\sqrt{2}}\right)^2 + \left(\frac{A_2}{\sqrt{2}}\right)^2 + \left(\frac{A_3}{\sqrt{2}}\right)^2} =$$
>
> $$= 0{,}707\sqrt{A_1^2 + A_2^2 + A_3^2}.$$

A Eq. (3.12) revela a importância da fase na combinação de tons puros de mesma frequência. Quando a diferença de fase é zero ($\phi_1 = \phi_2$), diz-se que as duas ondas estão em fase, sendo máximo o valor eficaz da pressão sonora resultante da combinação:

$$p_{\text{eficaz}} = \sqrt{p_{\text{eficaz}_1}^2 + p_{\text{eficaz}_2}^2 + 2 p_{\text{eficaz}_1} p_{\text{eficaz}_2}} =$$

$$= \sqrt{(p_{\text{eficaz}_1} + p_{\text{eficaz}_2})^2} = p_{\text{eficaz}_1} + p_{\text{eficaz}_2}.$$

Quando $\phi_1 = \phi_2 = \pm \pi$, diz-se que as duas ondas estão em oposição de fases, sendo mínimo o valor eficaz da pressão sonora resultante da combinação:

$$p_{\text{eficaz}} = \sqrt{p_{\text{eficaz}_1}^2 + p_{\text{eficaz}_2}^2 - 2 p_{\text{eficaz}_1} p_{\text{eficaz}_2}} =$$

$$= \sqrt{(p_{\text{eficaz}_1} - p_{\text{eficaz}_2})^2} = p_{\text{eficaz}_1} - p_{\text{eficaz}_2}.$$

E ainda, quando $\phi_1 = \phi_2 = \pm \pi$, e $p_{\text{eficaz}_1} = p_{\text{eficaz}_2}$, o valor eficaz da pressão sonora combinada será zero; ou seja, ausência de som quando se combinam dois tons puros de mesma amplitude e frequência, em oposição de fases. Esse resultado mostra o princípio no qual se baseia a técnica de *controle ativo*, em que um som pode ser eliminado por outro. Diferentemente de sons em frequências discretas, a completa eliminação de sons em ampla faixa de frequências, como no caso de ruídos, apresenta ainda grandes desafios. No entanto, existem atualmente diversas aplicações de controle ativo, com reduções muitas vezes significativas do ruído indesejável.

## 3.5 "ADIÇÃO" DE NÍVEIS SONOROS EM DECIBÉIS

É possível obter o espectro de banda larga da Fig. 3.7 a partir do espectro de banda estreita dessa figura, por meio de um processo de *sintetização*. Suponham-se $N$ bandas estreitas a serem sintetizadas numa única banda larga. O valor eficaz da pressão sonora[10] da banda larga ($p$) poderá ser obtido a partir dos valores eficazes das pressões sonoras das bandas estreitas ($p_i$), contidas na banda larga, por meio da Eq. (3.11), ou seja

$$p = \sqrt{\sum_{i=1}^{N} p_i^2}, \tag{3.13}$$

em que $N$ é o número de bandas estreitas contidas na banda larga.

Inserindo-se a Eq. (3.13) na Eq. (3.9), pode-se calcular então o nível de pressão sonora da banda larga ($L_p$) pela equação

$$L_p = 10 \ \log \left( \sum_{i=1}^{N} p_i^2 \right) + 94 \ \text{dB}. \tag{3.14}$$

A Eq. (3.14) indica que o nível de pressão sonora da banda larga é na realidade um somatório da energia sonora das bandas estreitas, pois, conforme revela a Eq. (2.12), $p_i^2$ é proporcional à energia sonora contida na $i$-ésima banda estreita.

Instrumentos de medição acústica em geral fornecem diretamente os níveis de pressão sonora das bandas, largas ou estreitas. O objetivo é agora obter o nível de pressão sonora da banda larga a partir dos níveis de pressão sonora das bandas estreitas. Para tanto, seja $L_{p_i}$ o nível de pressão sonora da $i$-ésima banda estreita. A pressão sonora correspondente ($p_i$) poderá ser obtida através do antilogaritmo da Eq. (3.9), ou seja,

$$p_i = 10^{\left(\frac{L_{p_i} - 94}{20}\right)}. \tag{3.15}$$

Inserindo a Eq. (3.15) na Eq. (3.13) e levando, em seguida, o resultado novamente à Eq. (3.9), podemos alternativamente calcular o nível de pressão sonora da banda larga, a partir dos níveis de pressão sonora das bandas estreitas por meio da equação

$$L_p = 10 \ \log \left( \sum_{i=1}^{N} 10^{\left(L_{p_i}/10\right)} \right). \tag{3.16}$$

---

[10] Daqui por diante, salvo menção em contrário, o valor da pressão sonora será sempre entendido como seu valor eficaz e indicado simplesmente por *p*.

## Exemplo 3.4

Um aparelho de medição acústica forneceu o espectro de determinado ruído em bandas largas, conforme indica a Fig. Ex. 3.4. Os níveis de pressão sonora das bandas são: 90, 95, 100, 93, 82, 75, 70 e 70 dB. Sintetizar os níveis de pressão sonora das bandas num nível de pressão sonora total do ruído associado a esse espectro.

O nível de pressão sonora total do ruído associado ao espectro da Fig. Ex. 3.4 será obtido por meio da Eq. (3.16); ou seja:

$$L_p = 10 \ \log \left( \sum_{i=1}^{N} 10^{(L_{p_i}/10)} \right),$$

$$L_p = 10 \ \log \left( 10^{90/10} + 10^{95/10} + 10^{100/10} + 10^{93/10} + \right.$$
$$\left. + 10^{82/10} + 10^{75/10} + 10^{70/10} + 10^{70/10} \right),$$

$$L_p = 10 \ \log \left( 10^{9} + 10^{9,5} + 10^{10} + 10^{9,3} + \right.$$
$$\left. + 10^{8,2} + 10^{7,5} + 10^{7} + 10^{7} \right),$$

$$L_p = 102,1 \ \text{dB}.$$

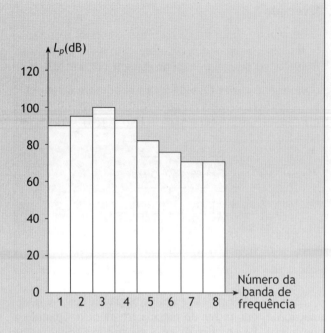

**Figura Exemplo 3.4** *Espectro de ruído em bandas largas.*

## Exemplo 3.5

Sintetizar os níveis sonoros das bandas num nível sonoro total do ruído associado ao espectro da Fig. Ex. 3.4, utilizando o gráfico para "adição" de decibéis da Fig. 3.8. Confirmar o resultado obtido no Ex. 3.4.

O procedimento recomendado é o seguinte:
- listar os níveis sonoros das bandas;
- rearranjar os níveis sonoros em ordem crescente;
- "somar" os níveis dois a dois com auxílio do gráfico da Fig. 3.8, até a obtenção do nível sonoro total.

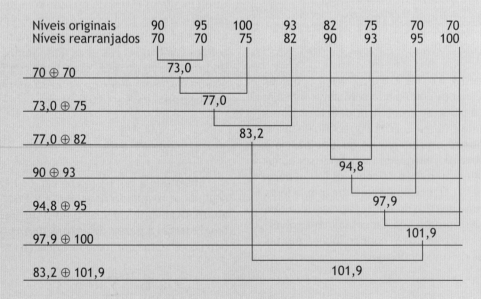

**Quadro Exemplo 3.5** Procedimento para "somar" níveis, em decibéis

O resultado obtido, de 101,9 dB, utilizando o método gráfico, ficou próximo daquele obtido pelo método exato do Ex. 3.4, de 102,1 dB. O nível sonoro total final seria arredondado para 102 dB.

## 3.5 – "Adição" de níveis sonoros em decibéis

**Exemplo 3.6**

Mostrar que, quando duas fontes incoerentes geram, em determinado ponto, o mesmo nível sonoro de $X$ dB, o nível sonoro total no ponto é igual a $X + 3$ dB, conforme indica a Fig. Ex. 3.6.

A Eq. (3.16) poderá ser utilizada com $L_{p_1} = L_{p_2} = X$ dB; assim, temos que o nível sonoro total $L_p$ será dado por:

$L_p = 10 \log (10^{L_{p_1}/10} + 10^{L_{p_2}/10}) = 10 \log (10^{X/10} + 10^{X/10})$

$L_p = 10 \log (2 \times 10^{X/10}) = 10 \log (2) + 10 \log (10^{X/10}) =$

$= 3 + X$ dB.

De fato, no gráfico da Fig. 3.8, para $\Delta L = 0$ dB, $L_+ = 3$ dB, resultado que corresponde à situação da Fig. Ex. 3.6, onde 3 dB foram adicionados ao nível sonoro de uma das fontes.

O gráfico da Fig. 3.8 mostra que, quando $\Delta L$ é maior que 10 dB, a contribuição da fonte de menor nível sonoro pode ser desprezada, pois nesse caso $L_+ \cong 0$ dB.

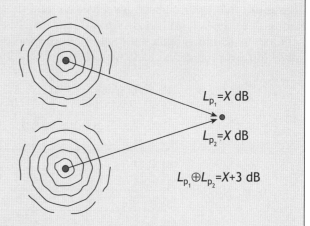

**Figura Exemplo 3.6** *Duas fontes que geram, no ponto de interesse, o mesmo nível de pressão sonora de X dB, produzirão, nesse ponto, o nível sonoro total de $X$ + 3 dB. Fonte: Brüel & Kjaer, Lecture guide n. 310.*

A Eq. (3.16) é a base do processo de "somar" decibéis, e permite obter o nível de pressão sonora da banda larga, a partir dos níveis de pressão sonora das bandas estreitas contidas na banda larga. Observar que, nesta equação, o nível de pressão sonora da banda larga não é uma soma algébrica dos níveis de pressão sonora das bandas estreitas.

Num processo em cascata, uma vez conhecidos os níveis de pressão sonora do espectro em $M$ bandas largas, estes podem, por sua vez, ser sintetizados num nível de pressão sonora total ($L_p$) utilizando-se outra vez a Eq. (3.16), com $M$ no lugar de $N$, e onde agora $L_{p_i}$ é o nível de pressão sonora da $i$-ésima banda larga.

Um procedimento alternativo para "adição" de decibéis faz uso do gráfico da Fig. 3.8. Por não se tratar de uma operação algébrica, a "adição" de decibéis será indicada $\oplus$. O procedimento é o seguinte:

- calcular a diferença $\Delta L$ entre os dois níveis sonoros[11];
- usar o gráfico da Fig. 3.8 para determinar $L_+$;
- adicionar $L_+$ ao maior nível sonoro para se obter o nível sonoro total, $L_t$.

No exemplo apresentado na Fig. 3.8, $\Delta L = 4$ dB, obtendo-se, do gráfico dessa figura, $L_+ \cong 1{,}4$ dB. Logo, o nível sonoro total será de 56,4 dB.

As seguintes observações se aplicam quando da utilização do método gráfico da Fig. 3.8 para "somar" mais de dois níveis sonoros.

- Qualquer par de valores poderá ser escolhido – o valor final obtido será aproximadamente o mesmo.

No entanto, recomenda-se escolher pares com valores próximos (ou até coincidentes) para melhorar a precisão do método.

- Tendo em vista que o sistema auditivo não distingue frações de decibéis, o valor final obtido é normalmente arredondado para o valor inteiro mais próximo.

Os procedimentos aqui apresentados para "somar" decibéis poderão ser também utilizados para obtenção do nível de pressão sonora total em determinado ponto do espaço, devido à contribuição de duas ou mais fontes sonoras, cada uma produzindo nesse ponto níveis de pressão sonora individuais. Nesse caso, o nível de pressão sonora total é dado pela soma energética dos níveis de pressão sonora individuais; ou seja, aplica-se a

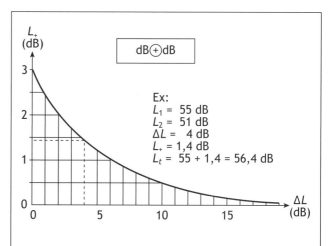

**Figura 3.8** *Gráfico para "adição" de decibéis. Fonte: Brüel & Kjaer, Lecture guide n. 310.*

---

[11] As expressões *nível sonoro* e *nível de ruído* serão utilizadas em substituição a nível de pressão sonora.

**Exemplo 3.7** Determinar o nível sonoro total de oito carros de Fórmula 1, alinhados no *grid* de largada. Sabe-se que os níveis individuais, no ponto de interesse, são: duas Ferrari produzindo cada uma 81 dB; uma Jordan produzindo 81 dB; duas McLaren produzindo cada uma 75 dB; uma Minardi produzindo 75 dB; e duas Williams produzindo cada uma 79 dB.

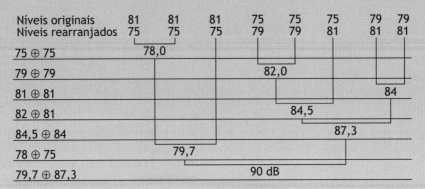

**Quadro Exemplo 3.7** Cálculo do nível sonoro total dos carros de Fórmula 1, no *grid* de largada, utilizando o gráfico da Fig. 3.8, supondo-se as fontes mutuamente incoerentes.

Eq. (3.16). A condição a ser satisfeita para a aplicabilidade dessa equação, ou do gráfico da Fig. 3.8, é que as fontes sonoras sejam *mutuamente incoerentes*. Consideram-se fontes incoerentes aquelas que geram ruído de banda larga, independentemente umas das outras.

Por exemplo, em um escritório, o ruído de fundo provocado pelo tráfego de veículos nas imediações é genuinamente independente do ruído gerado pelo aparelho de ar-condicionado da janela. Trata-se, portanto, de fontes sonoras mutuamente incoerentes, e nesse caso o nível sonoro combinado das duas fontes poderá ser obtido com auxílio da Eq. (3.16) ou do gráfico da Fig. 3.8. Para ruídos e música, o nível de pressão sonora total assim obtido deve se aproximar daquele medido, já que seria uma grande coincidência, no tempo e no espaço, uma eventual interferência entre sons de mesma frequência gerados por fontes incoerentes.

## 3.6 "SUBTRAÇÃO" DE NÍVEIS SONOROS EM DECIBÉIS

A operação de "subtração" de decibéis é necessária quando, por exemplo, a medição do ruído de uma máquina é feita na presença de ruído de fundo, conforme ilustra a Fig. 3.9. Nesse caso, é preciso "subtrair" o nível de ruído de fundo do nível sonoro total medido, a fim de se estimar o nível de ruído da máquina.

Similarmente ao gráfico da Fig. 3.8 para "adição" de decibéis, a operação de "subtração" de decibéis poderá ser realizada por meio do gráfico da Fig. 3.10.

O procedimento para "subtração" de decibéis utilizando o gráfico da Fig. 3.10 é o seguinte:

- medir o nível de ruído total – ruído de fundo juntamente com o ruído da máquina $L_{S+N}$;
- desligar a máquina e medir o nível de ruído de fundo $L_N$; na maioria dos casos é possível desligar a máquina, já que o ruído de fundo normalmente não pode ser "desligado";
- calcular a diferença $\Delta L$ entre os dois níveis sonoros;
- usar o gráfico da Fig. 3.10 para determinar $L_-$;
- subtrair $L_-$ de $L_{S+N}$.

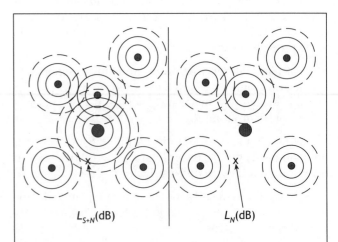

**Figura 3.9** *Estimativa do nível de ruído de uma máquina na presença de ruído de fundo, com o emprego da operação de "subtração" de decibéis. Fonte: Brüel & Kjaer, Lecture guide n. 310.*

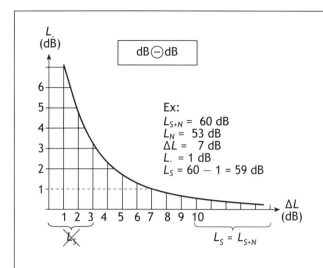

**Figura 3.10** *Gráfico para "subtração" de decibéis. Fonte: Brüel & Kjaer, Lecture guide n. 310.*

### Exemplo 3.8

Adaptar a Eq. (3.16) para "subtração" de dois níveis, em decibéis, e confirmar o resultado do exemplo da Fig. 3.10.

A Eq. (3.16), adaptada para subtração de dois níveis em decibéis, é escrita:

$L_p = 10 \log (10^{L_{p_1}/10} - 10^{L_{p_2}/10})$

No exemplo da Fig. 3.10, temos que:

$L_{p_1} = L_{S+N}$, $L_{p_2} = L_N$, e $L_p = L_S$; logo:

$L_S = 10 \log (10^{L_{S+N}/10} - 10^{L_N/10}) =$
$= 10 \log (10^{60/10} - 10^{53/10}) =$
$= 10 \log (10^6 + 10^{5,3}) \cong 59$ dB,

resultado que confirma aquele obtido no exemplo da Fig. 3.10.

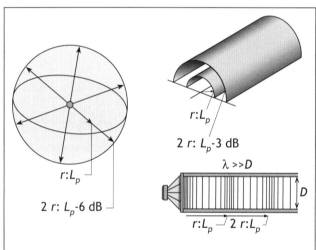

**Figura 3.11** *Fonte pontual, fonte linear e fonte de ondas planas. (Adaptada de Brüel & Kjaer, Lecture guide n. 310.)*

No exemplo da Fig. 3.10, $\Delta L$ = 7 dB, obtendo-se, do gráfico dessa figura, $L_{\_} \cong 1$ dB. Logo, o nível de ruído da máquina será de 59 dB.

Quando $\Delta L$ é inferior a 3 dB, o nível de ruído de fundo é muito elevado para uma boa estimativa do nível de ruído da máquina. É necessário, então, reduzir o nível de ruído de fundo para uma estimativa mais confiável do nível de ruído da máquina. Por outro lado, quando $\Delta L$ é superior a 10 dB, o nível de ruído de fundo pode ser ignorado.

## 3.7 PRINCIPAIS TIPOS DE FONTE SONORA

A fonte sonora geradora de ondas esféricas apresentada no Cap. 2 chama-se *fonte pontual*. Para tal fonte, a pressão sonora cai à metade de seu valor ao se dobrar a distância da fonte. Isso corresponde a uma queda de 6 dB no nível de pressão sonora para cada duplicação da distância da fonte pontual. Muitas fontes de ruído são frequentemente modeladas como fontes pontuais.

Um outro tipo de fonte sonora é a *fonte linear*. Fontes sonoras modeladas como lineares são tubulações por onde escoam gases a altas velocidades, e vias de tráfego veicular, como rodovias de alta velocidade com elevada densidade de trânsito. Diferentemente da fonte pontual, o nível de pressão sonora da fonte linear cai 3 dB ao se dobrar a distância da fonte, pois o som espalha-se a partir da fonte linear com uma frente de onda cilíndrica.

Existe, no entanto, uma situação particular, em que o nível de pressão sonora não cai com a distância da fonte. Um alto-falante é, nas baixas frequências, um irradiador de ondas esféricas. Ocorre que quando um alto-falante irradia som dentro de um tubo metálico com parede espessa, não haverá perda de energia através deste. Quando o comprimento de onda do som irradiado pelo alto-falante é muito maior que o diâmetro do tubo, a propagação sonora ao longo do tubo se dará na forma de ondas planas. Nesta situação, o nível de pressão sonora será uniforme em qualquer seção transversal e constante ao longo do tubo, não ocorrendo, portanto, queda do nível sonoro com a distância do alto-falante. Uma propagação sonora com estas características é gerada no chamado *tubo de impedância*, que é utilizado para obtenção do coeficiente de absorção sonora de uma amostra de material colocada na extremidade do tubo oposta ao do alto-falante.

## REFERÊNCIAS

[1] GONZALEZ, M. F., *Acústica – Bidim Rhodia*, São Paulo, 1980.

[2] KINSLER, L. E.; FREY, A. R.; COPPENS, A. B.; SANDERS, J. V., *Fundamentals of acoustics*, 4ª ed., John Wiley and Sons, Inc., New York, 2000.

# 4

# MECANISMO DA AUDIÇÃO E PROCESSAMENTO DO SOM PELO SISTEMA AUDITIVO

As estruturas responsáveis pela audição executam diversas tarefas com espantosa competência. Um som tão fraco que faz o tímpano vibrar menos que o diâmetro de uma molécula de hidrogênio pode ser ouvido; e um som dez quatrilhões de vezes mais forte não danifica o mecanismo da audição. Reconhecemos vozes familiares, mesmo quando elas estão distorcidas ao telefone. O latido de um cachorro, o ruído de pneus, passos..., cada um pode ser identificado se for suficientemente intenso para ser pelo menos ouvido. Sem qualquer educação musical, podemos distinguir a nota lá, tocada num piano, da mesma nota tocada num violino – e ouvimos não apenas a nota, mas também a combinação dos diferentes tons que caracterizam o timbre do instrumento.

Mesmo após anos de estudos, o processamento do som pelo sistema auditivo ainda não está totalmente compreendido. Nossas civilizadas orelhas[1] talvez não apresentem o melhor desempenho possível. Os ruídos ambientais – do tráfego, aviões que nos sobrevoam e barulhos urbanos dos mais diversos – com os quais as pessoas convivem nas comunidades civilizadas certamente exercem efeitos nocivos sobre a audição. Diferentemente do que normalmente ocorre com as pessoas civilizadas, pesquisas mostram que certos grupos indígenas, que levam vida silenciosa, mantêm sua acuidade auditiva com o avançar da idade.

A sequência de eventos que ocorre quando um som é gerado e há alguém nas imediações para escutá-lo é a seguinte:

1) o som é gerado;
2) o som se propaga até a aurícula e, em seguida, para o interior do conduto auditivo externo;
3) o tímpano vibra;
4) os ossículos da orelha média vibram;
5) ondas de pressão são transmitidas para o líquido no interior da cóclea;
6) a cóclea codifica o som;
7) o som codificado é transmitido ao cérebro via nervo auditivo.

A orelha codifica as informações contidas no som para serem interpretadas pelo cérebro. O estudo do processamento do som pelo sistema auditivo requer a subdividisão da orelha em três subsistemas: *orelha externa*, *orelha média* e *orelha interna*.

## 4.1 ORELHA EXTERNA

A orelha externa consiste na *aurícula* (ou pina) e no *conduto auditivo externo*, exercendo funções acústicas e não acústicas. A função acústica propicia uma eficiente transmissão sonora para o tímpano. O conduto auditivo é o principal responsável pelas funções não acústicas, que incluem a proteção do tímpano e a manutenção de uma trajetória sem obstruções para o som.

### AURÍCULA

No passado, pensava-se que a aurícula era um órgão vestigial, sem funcionalidade. Hoje, sabemos que a aurícula realiza uma importante função ao imprimir informação direcional ao som.

O som que se reflete nas irregularidades e convoluções da aurícula combina-se com o som direto na entrada do conduto auditivo. Essa combinação altera a forma da onda original e, por consequência, o espectro sonoro. A

---

[1] Modernamente, *orelha* é a denominação preferível do sistema auditivo, em substituição à forma mais popular "ouvido", em geral atribuída a esse sistema.

## 4 – Mecanismo da audição e processamento do som pelo sistema auditivo

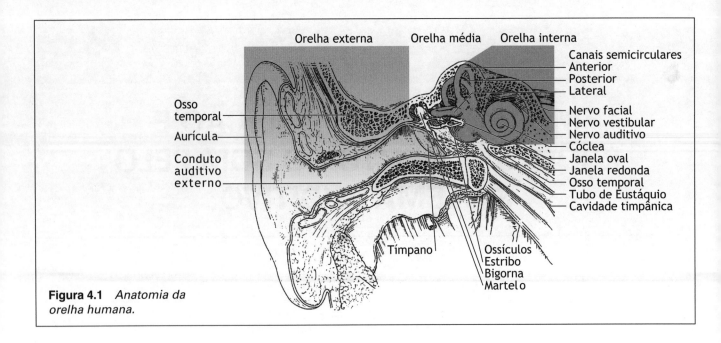

**Figura 4.1** *Anatomia da orelha humana.*

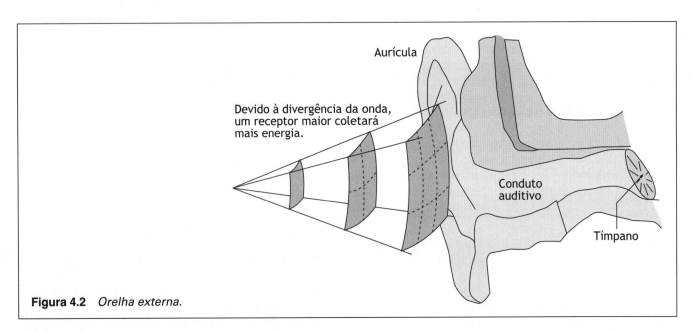

**Figura 4.2** *Orelha externa.*

alteração do espectro sonoro pode ser caracterizada pela chamada *função de transferência*[2].

A função de transferência da aurícula depende da posição da fonte sonora em relação ao observador. A função de transferência varia com o ângulo vertical e horizontal da fonte sonora em relação ao observador. Na realidade, a função de transferência na entrada do conduto auditivo sofre também a influência das reflexões no torso e da difração sonora na cabeça. A Fig.4.3 apresenta a função de transferência na entrada do conduto auditivo, para o som proveniente de uma fonte sonora localizada à frente do observador.

## CONDUTO AUDITIVO EXTERNO

O conduto auditivo externo tem paredes inicialmente cartilaginosas, tornando-se ósseas no sentido do interior, até encontrar o tímpano, em posição mais elevada que o orifício externo.

---
[2] A função de transferência é o *ganho* produzido pela aurícula em função da frequência. Ganho é a diferença entre o nível sonoro perturbado e aquele não perturbado pela aurícula.

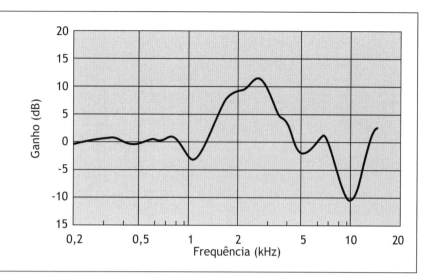

**Figura 4.3** *Função de transferência na entrada do conduto auditivo, para sons provenientes de fonte sonora à frente do observador. Fonte: [1] Mehrgardt & Mellert.*

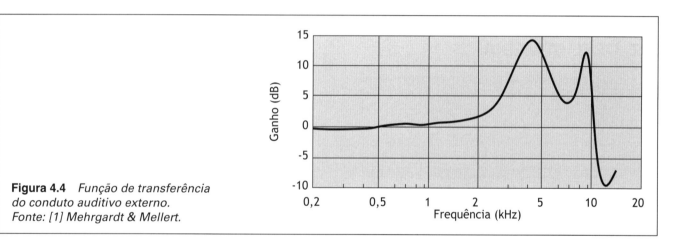

**Figura 4.4** *Função de transferência do conduto auditivo externo. Fonte: [1] Mehrgardt & Mellert.*

O conduto auditivo externo tem um diâmetro médio de 7 mm e comprimento em torno de 30 mm. Trata-se portanto, essencialmente, de um duto, fechado na extremidade interna pelo tímpano. Essa geometria assemelha-se à de um tubo de órgão, que ressoa em certas frequências. A primeira ressonância ocorre na frequência ($f$) para a qual o comprimento do duto ($L$) é igual à quarta parte do comprimento de onda; ou seja, $f = c/\lambda$, com $\lambda = 4L$. Para um duto de 30 mm de comprimento, a frequência de ressonância é da ordem de 3.000 Hz.

A Fig. 4.4 apresenta o valor médio da função de transferência do conduto auditivo externo. Observa-se a primeira ressonância, de um quarto de comprimento de onda, em 4 kHz. Existe uma segunda ressonância com menor amplitude próxima a 10 kHz. Conforme veremos no próximo capítulo, a primeira ressonância do conduto auditivo externo explica a maior sensibilidade da orelha humana entre 3 e 5 kHz.

O som que alcança o tímpano é afetado pela função de transferência na entrada do conduto auditivo (Fig. 4.3) e pela função de transferência do conduto auditivo externo (Fig. 4.4). O resultado da combinação dessas duas funções de transferência é a *função de transferência total*, mostrada na Fig. 4.5 e chamada de *função de transferência relacionada com a cabeça* ("head related transfer function", HRTF).

Como a função de transferência do conduto auditivo externo não se altera segundo a posição da fonte sonora, e como a função de transferência na entrada do conduto auditivo é para uma fonte sonora à frente do observador, o cérebro interpreta a HRTF da Fig. 4.5 como a de um som proveniente de uma fonte à frente do observador. Nota-se na HRTF da Fig. 4.5 um ganho máximo de 17 dB em torno de 3 kHz.

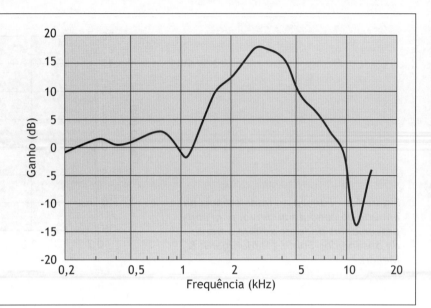

**Figura 4.5** *Função de transferência relacionada com a cabeça (HRTF), para uma fonte sonora localizada à frente do observador. Fonte: [1] Mehrgardt & Mellert.*

## 4.2 ORELHA MÉDIA

A orelha média consiste no tímpano e em três ossículos: martelo, bigorna e estribo. Os componentes da orelha média estão contidos na cavidade timpânica, que tem volume em torno de 2 cm³. Essa cavidade se comunica com as fossas nasais através de um duto de 35-38 mm de comprimento, o *tubo de Eustáquio*[3]. Esse tubo transmite a pressão ambiente para a cavidade timpânica, de forma que o tímpano permanece em equilíbrio estático na ausência de pressão sonora. Caso contrário, diferenciais de pressão estática através do tímpano poderiam causar seu rompimento.

O tímpano separa a orelha externa da orelha média, vibrando em resposta aos sons que nele incidem. O tímpano tem contorno aproximadamente circular, forma côncava e aspecto transparente. Sua área é de 50-60 mm². Na Fig. 4.6, pode-se ver a anatomia na região da orelha média.

A orelha média transfere, através dos ossículos, o movimento vibratório do tímpano para a janela oval, que é o local de conexão do estribo com a cóclea.

Caso a janela oval estivesse diretamente exposta ao som aéreo (que se propaga pelo ar), apenas uma diminuta parcela da energia sonora seria transmitida para a cóclea.

Quando o som encontra uma fronteira entre dois meios de propagação, parte da intensidade sonora incidente é transmitida para o segundo meio, sendo a outra parte refletida. A razão entre a intensidade sonora transmitida e a incidente depende das impedâncias características dos dois meios, sendo dada por

$$\frac{I_2}{I_1} = \left\{ \frac{[4(\rho c)_1 \cdot (\rho c)_2]}{[(\rho c)_1 + (\rho c)_2]^2} \right\},$$

em que $I_2$ é a intensidade sonora transmitida para o segundo meio, e $(\rho c)_2$ é a impedância característica do segundo meio.

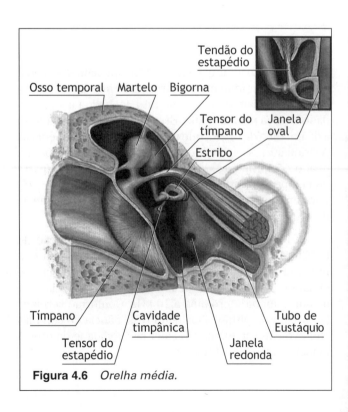

**Figura 4.6** *Orelha média.*

---

[3] Bartolommeo Eustachio, médico italiano que viveu em Roma no século XVI. Fez várias descobertas anatômicas, entre as quais o tubo que põe em conexão a orelha média e a boca; e também a válvula na parede do aurículo direito do coração. Ambos são denominados "de Eustáquio" em sua homenagem.

Se o som que se propaga no ar incidisse diretamente sobre a janela oval da cóclea, as duas impedâncias características envolvidas seriam a do ar, $(\rho c)_1 = (\rho c)_{ar} = 408$ *rayls*, e a da cóclea, $(\rho c)_2 = (\rho c)_{cóclea} = 2 \times 10^5$ (impedância característica, medida na janela oval de gatos, em 1 kHz, por Khanna e Tonndorf, citado por [2] Lamancusa). Devido à substancial diferença entre os valores da impedância característica dos dois meios, apenas 0,8% da energia incidente seria transmitida para a cóclea, na ausência da orelha média.

A função da orelha média é remediar essa diferença de impedâncias, tarefa conhecida como "casamento de impedâncias". Nessa tarefa, a ponte de ossículos da orelha média tem a sua contribuição. Conforme ilustra a Fig. 4.7, o braço de alavanca formado pelo martelo, sendo mais longo do que o da bigorna, transforma o movimento de maior amplitude e menor força, junto ao tímpano, em movimento de menor amplitude e maior força na janela oval, com conservação de energia. Mas a amplificação da força é modesta, da ordem de 1,3:1. A parcela mais significativa se deve à razão entre a área do tímpano ($A_1 = 50$ mm²) e a área da janela oval ($A_2 = 3{,}0$ mm²), ao redor de 17. A pressão sonora $p_1$, agindo na área maior do tímpano, gera uma força $F_1 = p_1 \cdot A_1$, que se transmite através da ponte de ossículos para a janela oval. Como a área da janela oval é 17 vezes menor que a do tímpano, a pressão $p_2$ na janela oval será, então, $p_2 = F_2/A_2$, com $F_2 = 1{,}3F_1$ (amplificação da ponte de ossículos). Ou seja, a pressão $p_2$ será dada por: $p_2 = 1{,}3F_1/A_2 = 1{,}3p_1 (A_1/A_2) = 1{,}3p_1 (17) = 22p_1$. O resultando final é, portanto, uma pressão $p_2$ transmitida para a cóclea amplificada por um fator 22 em relação à pressão no tímpano; ou seja, um ganho de $20 \log 22 = 27$ dB no nível de pressão.

A Eq. (2.10) permite estabelecer a relação entre a intensidade sonora transmitida ($I_2$) e a intensidade sonora incidente ($I_1$) da seguinte forma:

$$\frac{I_2}{I_1} = \left(\frac{p_2^2}{p_1^2}\right)\frac{(\rho c)_1}{(\rho c)_2},$$

ou seja,

$$10 \ \log \left(\frac{I_2}{I_1}\right) = 10 \ \log \left(\frac{p_2^2}{p_1^2}\right) + 10 \ \log \left[\frac{(\rho c)_1}{(\rho c)_2}\right] =$$
$$= 20 \ \log (22) + 10 \ \log \left(\frac{408}{2 \times 10^5}\right) =$$
$$= 27 - 27 = 0 \text{ dB}.$$

Como $10 \log (I_2/I_1) = L_{I_2} - L_{I_1} = 0$ dB, então $I_2 = I_1$. Este último resultado mostra que a intensidade sonora incidente no tímpano será transmitida integralmente para a cóclea. É claro que se trata apenas de uma estimativa, baseada em valores aproximados para as grandezas envolvidas.

Assim, o casamento de impedâncias proporcionado pela orelha média resulta numa perfeita transmissão, para a cóclea, da energia sonora incidente no tímpano. Na realidade, a função de transferência da orelha média apresenta o ganho em torno de 27 dB apenas para frequências próximas a 1 kHz. O ganho é menor em outras frequências. A Fig. 4.8 apresenta a função de transferência da orelha média dos gatos, que é similar à dos seres humanos. A função de transferência dessa figura foi obtida medindo-se a pressão $p_2$ imediatamente atrás da janela oval, dentro da cóclea, aplicando-se pressões sonoras $p_1$ constantes no tímpano.

## REFLEXO ESTAPEDIANO

Dois pequenos músculos – o tensor do tímpano, acoplado ao martelo, e o tensor do estapédio, acoplado ao estribo (Fig. 4.6) – são responsáveis pelo chamado *reflexo estapediano*, que ocorre em resposta a sons intensos, quando ambos os músculos se contraem reflexamente. Quando contraídos, a rigidez da ponte de ossículos aumenta, reduzindo a transmissão sonora em até 15 dB, dependendo da frequência. Na orelha humana, o tensor do estapédio desempenha papel mais importante no processo de proteção do que o tensor do tímpano.

O reflexo estapediano é desencadeado para sons intensos (> 80 dB acima do limiar), em frequências in-

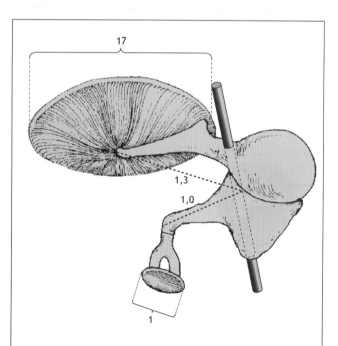

**Figura 4.7** *Martelo e bigorna funcionam como alavancas, com razão de braços da ordem de 1,3:1. A relação entre as áreas do tímpano e da janela oval é da ordem de 17:1.*

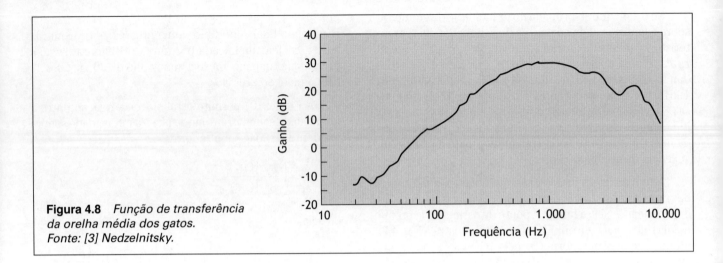

**Figura 4.8** *Função de transferência da orelha média dos gatos. Fonte: [3] Nedzelnitsky.*

feriores a 2 kHz. A ação reflexa para sons intensos tem latência de pelo menos 10 ms, o que não é suficiente como mecanismo de proteção contra sons impulsivos como tiros. Embora a principal função desses dois músculos seja proteger a orelha interna contra sons intensos, acredita-se que eles também exerçam outras funções úteis, como segue.

- Conferir um controle automático de ganho na presença de sons intensos e de baixa frequência.

- Como esses músculos se contraem durante a vocalização e movimento corpóreo, acredita-se que contribuam para reduzir a percepção de sons autogerados – sons da própria voz e ruídos internamente gerados pela movimentação do corpo.

- Já que sons de baixa frequência podem "mascarar" os sons de altas frequências, a atenuação seletiva das baixas frequências pode melhorar a percepção de sons complexos como os da fala humana.

## 4.3 ORELHA INTERNA

A orelha interna consiste em duas partes: o labirinto ósseo (cavidades e canais dentro do osso temporal) e o labirinto membranáceo (vesículas comunicantes e dutos alojados no labirinto ósseo). A orelha interna é chamada de "labirinto" devido à complexidade de sua forma (Fig. 4.9). O labirinto membranáceo é composto de seis dutos: três semicirculares, o *utrículo* e o *sáculo* (responsáveis pelo equilíbrio), e a *cóclea*, especializada na detecção e codificação do som. Os nervos vestibular e auditivo (ou coclear) transmitem para o cérebro os sinais elétricos gerados no labirinto membranáceo. O nervo vestibular transmite para o cérebro os sinais elétricos gerados pelo sistema vestibular (responsável pelo equilíbrio), e o nervo coclear transmite para o cérebro os sinais elétricos gerados pela cóclea (responsável pela codificação das informações sonoras). Esses dois nervos formam o chamado *nervo vestíbulo-coclear*.

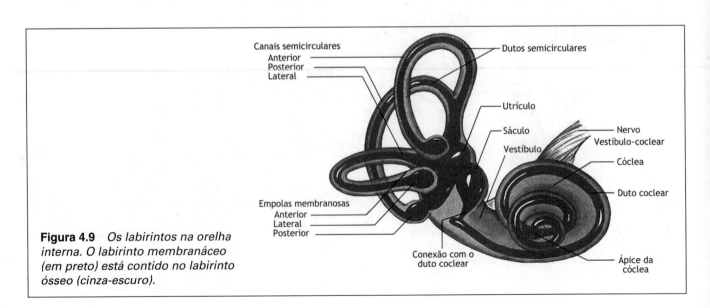

**Figura 4.9** *Os labirintos na orelha interna. O labirinto membranáceo (em preto) está contido no labirinto ósseo (cinza-escuro).*

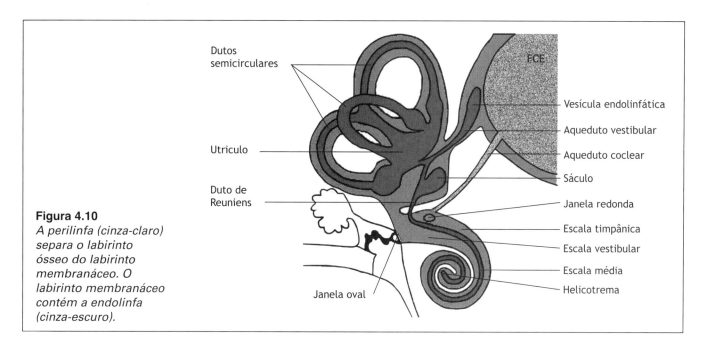

**Figura 4.10**
*A perilinfa (cinza-claro) separa o labirinto ósseo do labirinto membranáceo. O labirinto membranáceo contém a endolinfa (cinza-escuro).*

## DUTOS E LÍQUIDOS DOS LABIRINTOS

Conforme ilustra a Fig. 4.10, o espaço entre o labirinto ósseo e o labirinto membranáceo contém um líquido chamado *perilinfa*, e o labirinto membranáceo contém um líquido chamado *endolinfa*. A perilinfa é quase idêntica ao fluido cérebro-espinhal (FCE). Endolinfa e perilinfa diferem significativamente em termos de seus eletrólitos. O cátion predominante da endolinfa é o potássio ($K^+$), ao passo que o da perilinfa é o sódio ($Na^+$).

Os diferentes espaços dos compartimentos perilinfáticos e endolinfáticos são, cada um deles, interligados por uma série de dutos (Fig. 4.10). Uma característica importante do espaço endolinfático está no fato de ele ser completamente contido por tecidos, não havendo nenhuma comunicação entre a perilinfa e a endolinfa.

Conforme mostra a Fig. 4.10, a câmara perilinfática do sistema vestibular tem uma ampla conexão com a *escala vestibular* na região do vestíbulo, que, por sua vez, comunica-se com a *escala timpânica* através de uma abertura no ápice da cóclea, chamada de *helicotrema*. A escala timpânica conecta-se através do aqueduto coclear com o espaço subaracnoide que contém o FCE. O sistema endolinfático da cóclea (*escala média*) conecta-se com o sáculo através do duto de Reuniens, que conduz à vesícula endolinfática, a qual se aloja em um nicho ósseo no crânio. O utrículo, o sáculo e os dutos semicirculares também se conectam com a vesícula endolinfática.

## SISTEMA VESTIBULAR

O vestíbulo (Fig. 4.9) é a parte central do labirinto. É ele que contém a janela oval e duas vesículas: o utrículo e o sáculo. O utrículo é maior que o sáculo e ambos contêm receptores sensíveis à gravidade e a acelerações lineares da cabeça.

O utrículo, assim como o resto do labirinto membranáceo, contém a endolinfa. O utrículo possui seis aberturas, cinco delas em comunicação com os dutos semicirculares e uma com o sáculo. O órgão sensor do utrículo chama-se *mácula utricular*, o qual contém as fibras nervosas do nervo vestibular. A mácula utricular é recoberta por células ciliadas, que respondem ao movimento da endolinfa. O sáculo tem duas aberturas, e seu órgão sensor chama-se *mácula sacular*.

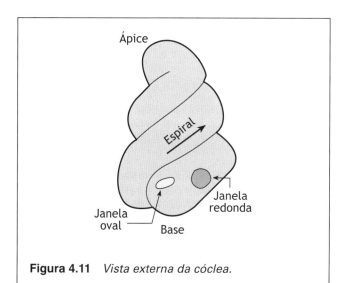

**Figura 4.11** *Vista externa da cóclea.*

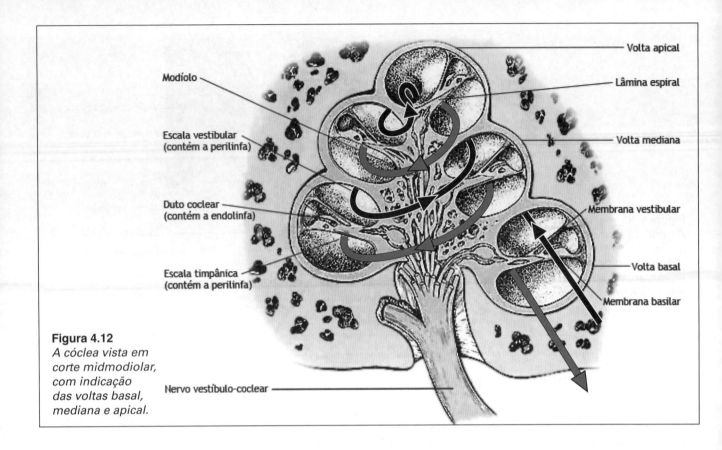

**Figura 4.12**
*A cóclea vista em corte midmodiolar, com indicação das voltas basal, mediana e apical.*

Os dutos semicirculares são o anterior, o lateral e o posterior. Cada um deles tem uma empola (dilatação) que se conecta com o vestíbulo. Os receptores internos aos dutos semicirculares são sensíveis a acelerações angulares da cabeça. Esses receptores ficam localizados nas empolas e são chamados de *cristas empolares*.

## CÓCLEA

A Fig. 4.11 apresenta uma vista externa da cóclea, em sua forma essencialmente espiralada, com destaque para a janela oval e a janela redonda. A janela oval é a região de conexão do estribo com a cóclea. O movimento vibratório do tímpano é transmitido para a cóclea através dos ossículos. O movimento vibratório gerado pelo estribo na janela oval provoca ondas de pressão na perilinfa, que se propagam pela escala vestibular e escala timpânica, as quais se comunicam na helicotrema (Fig. 4.10).

Ao atingir a extremidade oposta da escala timpânica, a pressão é aliviada pela membrana flexível que cobre a janela redonda. Observar, na Fig. 4.6, que a face externa da membrana da janela redonda está sujeita à pressão ambiente na cavidade timpânica. Acredita-se, portanto, que a janela oval tenha funções de terminação anecoica (sem ecos), minimizando a reflexão de ondas de pressão no sentido oposto através da escala timpânica.

A Fig. 4.12 ilustra uma cóclea em corte midmodiolar. A cóclea espirala aproximadamente três voltas ao redor de um eixo central ósseo, denominado *modíolo*. Projeta-se para fora do modíolo uma placa óssea, denominada *lâmina espiral*, e que divide parcialmente o canal coclear num canal superior (a escala vestibular), a qual se origina na janela oval, e num canal inferior (a escala timpânica), que termina na janela redonda. Ambas contêm a perilinfa, mas são independentes, comunicando-se apenas por uma passagem muito estreita no ápice da cóclea – a helicotrema. Entre os dois canais existe uma passagem triangular, o duto coclear ou escala média. O "teto" do duto coclear é a membrana vestibular, também conhecida como *membrana de Reissner*[4], enquanto seu "piso" é a membrana basilar. O duto coclear termina na helicotrema e contém a endolinfa.

A Fig. 4.13 é a vista em corte de uma seção transversal dos dutos da cóclea, em que se observa o chamado *órgão de Corti*[5], no interior do duto coclear, assentado

---

[4] Reissner, Ernst (1824-1878). Anatomista alemão que em 1851 descreveu a membrana que separa a escala vestibular da escala média.

[5] Alfonso Corti (1822-1876). Médico italiano que, em Würzburg (Alemanha), iniciou estudos sobre o sistema auditivo dos mamíferos. Em 1851, no artigo *Recherches sur l'organ de l'ouïe des mammiferes*, Corti descreveu, entre outras estruturas da orelha dos mamíferos, o epitélio sensorial sobre a membrana basilar. No mesmo ano, após a morte de seu pai, herdou-lhe o título de marquês e as propriedades, mudando-se para Pádua (Itália).

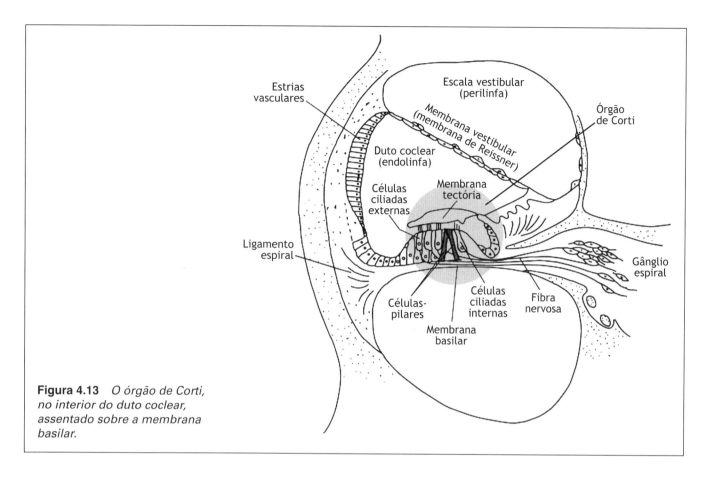

**Figura 4.13** *O órgão de Corti, no interior do duto coclear, assentado sobre a membrana basilar.*

sobre a membrana basilar. O órgão de Corti contém os receptores sonoros, que transformam as vibrações mecânicas em impulsos nervosos.

Ondas de pressão, propagando-se na perilinfa através das escalas vestibular e timpânica, colocam em vibração a membrana basilar. O movimento vibratório da membrana basilar excita o órgão de Corti; este, por sua vez, gera impulsos elétricos, que são transmitidos ao cérebro via nervo coclear. Esse processo, conhecido como *transdução*, é realizado por células especializadas chamadas *células ciliadas*. As células ciliadas têm suas bases ancoradas na membrana basilar, e suas extremidades ficam embebidas na membrana tectória.

## A MEMBRANA BASILAR

É talvez a estrutura mais importante da cóclea. A membrana basilar tem a capacidade de extrair da forma de onda o seu conteúdo em frequências. É, portanto, o elemento da orelha humana que transforma a forma de onda em espectro.

A Fig. 4.14 mostra uma vista esquemática da membrana basilar para quem olha a cóclea internamente desde o ápice.

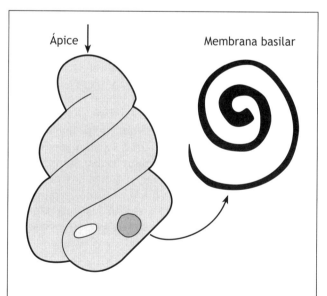

**Figura 4.14** *A membrana basilar para quem olha a cóclea internamente desde o ápice.*

# 4 – Mecanismo da audição e processamento do som pelo sistema auditivo

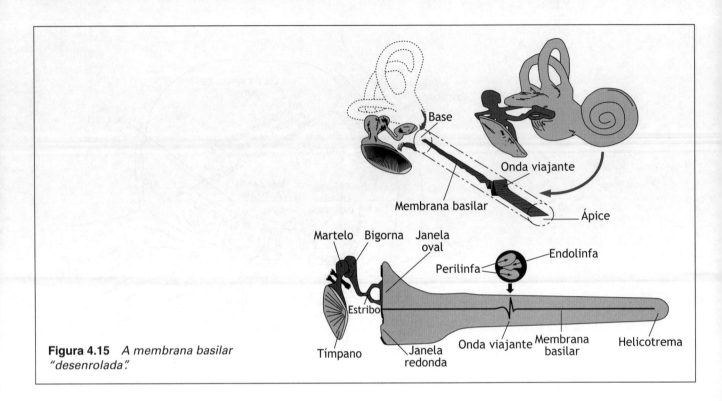

**Figura 4.15** *A membrana basilar "desenrolada".*

Se fosse possível "desenrolar" a cóclea, veríamos a membrana basilar, em seu interior, conforme revela a Fig. 4.15. A sua extremidade apical é larga e não muito rígida, ao passo que sua extremidade basal é estreita e rígida. O comprimento da membrana basilar é de aproximadamente 35 mm.

A rigidez determina a frequência de ressonância de uma estrutura. Como a rigidez da membrana basilar varia entre suas extremidades, as diferentes frequências contidas no som excitam, em movimento vibratório, diferentes regiões dela. As altas frequências excitam a extremidade basal; as baixas frequências excitam a extremidade apical; e as frequências intermediárias excitam sua região central. A excitação da membrana basilar sempre tem início na extremidade basal e, dependendo da frequência do som, uma onda, chamada *onda viajante*, a percorre até a região responsável pela resposta aos sons naquela frequência, colocando então essa região em movimento vibratório.

A Fig. 4.16(a) indica a frequência dos diferentes tons puros capazes de excitar diferentes regiões da membrana basilar, desde a extremidade apical (sensível a sons de baixa frequência), até a extremidade basal (sensível a sons de alta frequência). A Fig. 4.16(b) é um gráfico que indica a variação da rigidez da membrana basilar ao longo de seu comprimento.

Observa-se na Fig. 4.16(b) que a rigidez da membrana basilar cobre diversas ordens de magnitude, reduzindo-se no sentido da base ao ápice. Parte da variação de rigidez se deve ao aumento de sua largura, e parte à redução de sua espessura, que ocorre da extremidade basal até a apical.

Quando um som qualquer excita a membrana basilar, isso sempre ocorre na extremidade basal. Se as componentes espectrais do som forem tais que correspondam a regiões afastadas da extremidade basal, terão que "viajar" até o local correspondente na membrana basilar – daí o nome "viajante" desse deslocamento da onda. Portanto, existe um atraso, que aumenta da base ao ápice, até que a componente espectral atinja o local de excitação correspondente. A Fig. 4.17 é uma representação das ondas viajantes de tons puros nas frequências de 15.000, 1.500 e 150 Hz. Os picos parecem mover-se (viajar) da base (à esquerda) para o ápice (à direita).

Georg von Békésy (1899-1972)[6] publicou, em 1943, após 15 anos de estudos, os perfis clássicos das ondas viajantes observados na membrana basilar da cóclea humana. Esses perfis estão reproduzidos na Fig. 4.18.

A ilustração de ondas viajantes da Fig. 4.17 mostra, para cada tom puro, um *flash* fotográfico do deslocamento da membrana basilar em determinado instante. Outros

---

[6] Químico e físico húngaro. Trabalhou até 1946 no laboratório de pesquisas dos Correios húngaro, dedicando-se principalmente a problemas de transmissão a longas distâncias. A partir de 1947, passou a trabalhar no Laboratório de Psicoacústica da Universidade de Harvard (EUA). Recebeu o Prêmio Nobel de Fisiologia ou Medicina em 1961, por suas descobertas sobre os mecanismos físicos de estimulação interna da cóclea.

## 4.3 – Orelha interna

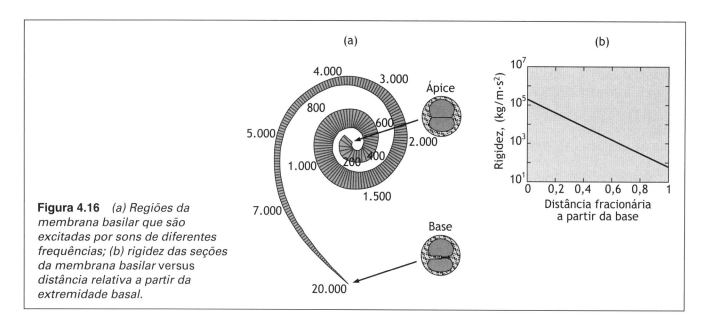

**Figura 4.16** (a) Regiões da membrana basilar que são excitadas por sons de diferentes frequências; (b) rigidez das seções da membrana basilar versus distância relativa a partir da extremidade basal.

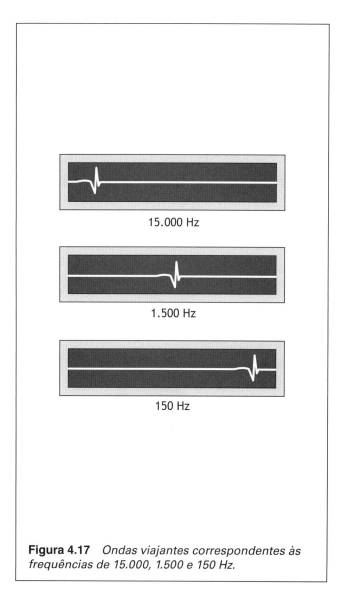

**Figura 4.17** Ondas viajantes correspondentes às frequências de 15.000, 1.500 e 150 Hz.

**Figura 4.18** Perfis de ondas viajantes da membrana basilar da cóclea humana, em diversas frequências. Fonte: [4] Békésy.

*flashes* fotográficos, em outros instantes, revelariam que os deslocamentos subsequentes da membrana basilar estariam contidos em um "envelope" assimétrico, com inclinação "suave" a partir da base, e "íngreme" no sentido do ápice, conforme ilustra a Fig. 4.19.

Na Fig. 4.20, vemos as regiões da membrana basilar que são excitadas por tons puros de baixa (*B*), média (*M*) e alta frequências (*A*). Essa característica é conhecida como *codificação localizada*. A ilustração indicada por *B* apresenta a configuração da membrana basilar quando excitada por um tom puro em torno de 200 Hz; em *M*, vê-se a configuração da membrana basilar quando excitada por um tom puro em torno de 1.500 Hz; e em *A*, a configuração da membrana quando excitada por um tom puro em 8.000 Hz. A posição extrema apical é excitada por tons puros em 20 Hz, sendo a posição extrema basal excitada por tons puros em 20.000 Hz.

No caso de sons complexos, cada componente espectral excita a membrana basilar no mesmo local que o faria um tom puro na mesma frequência. Os picos do espectro produzem mais deslocamentos da membrana do que os fossos do espectro. A Fig. 4.21 ilustra a codificação localizada da membrana basilar para um som hipotético com picos no espectro nas frequências de 2.500, 1.500 e 700 Hz.

A assimetria do envelope altera-se com a amplitude da pressão sonora. A Fig. 4.22 ilustra as características dos envelopes de dois tons puros de mesma frequência com diferentes níveis sonoros.

Tons de baixas frequências com elevados níveis sonoros poderão excitar a base; já tons de altas frequências nunca excitam o ápice. Isso explica o fato de a exposição prolongada a ruídos excessivos reduzir a sensibilidade auditiva nas altas frequências mais rapidamente do que nas baixas. A base da membrana basilar é mais excitada do que o seu ápice, portanto sofre maior fadiga.

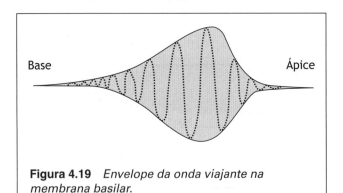

**Figura 4.19**  *Envelope da onda viajante na membrana basilar.*

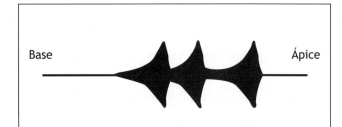

**Figura 4.21**  *Codificação localizada da membrana basilar para um som hipotético com picos no espectro em 2.500, 1.500 e 700 Hz.*

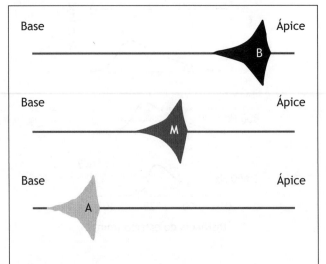

**Figura 4.20**  *Codificação localizada da membrana basilar para tons puros de baixa (B), média (M), e alta (A) frequências.*

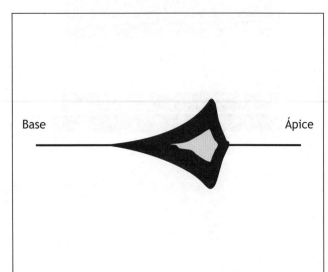

**Figura 4.22**  *Envelopes das ondas viajantes de dois tons puros de mesma frequência com diferentes níveis sonoros.*

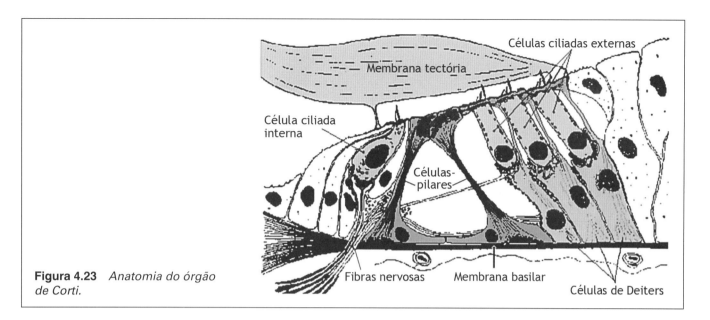

**Figura 4.23** *Anatomia do órgão de Corti.*

## O ÓRGÃO DE CORTI

Essa estrutura se assenta na membrana basilar, sendo interna ao duto coclear. Basicamente, o órgão de Corti é um transdutor eletromecânico – transforma o movimento vibratório da membrana basilar em sinais elétricos correspondentes. Reciprocamente, acredita-se que o órgão de Corti possa controlar, por *feedback*, as vibrações da membrana basilar, respondendo a sinais elétricos recebidos do cérebro.

O órgão de Corti é composto por células especializadas. São elas: as células ciliadas internas (CCI), as células ciliadas externas (CCE) e as células de suporte, como as *células de Deiters*[7] e as *células-pilares*. Estas últimas, como o próprio nome diz, têm por função manter a forma da estrutura do órgão de Corti. A membrana tectória (Fig. 4.23) não é, na realidade, uma estrutura celular, assemelhando-se mais a uma substância gelatinosa.

Observa-se na Fig. 4.23, no topo das CCI e das CCE, a presença de pequenos cílios (daí as células "ciliadas"), denominados *estereocílios*. Diferentemente dos estereocílios das CCI, os das CCE estão embebidos na membrana tectória.

## CARACTERÍSTICAS DAS CCI E DAS CCE

As características básicas das CCI são as seguintes:

- forma de pera;
- disposição ao longo de uma única fileira;
- seus estereocílios não tocam a membrana tectória;
- enviam sinais ao cérebro.

E as características básicas das CCE são:

- forma cilíndrica;
- disposição ao longo de três fileiras,
- seus estereocílios ficam embebidos na membrana tectória,
- recebem sinais do cérebro.

Existem em torno de 4 mil CCI e 16 mil CCE, dispostas em quatro fileiras ao longo da membrana basilar. A Fig. 4.24 ilustra a arquitetura das três fileiras de CCE, das células de suporte, e revela que um conjunto de estereocílios está associado a uma única célula ciliada.

Existem em torno de cinquenta estereocílios no topo de cada célula ciliada. A Fig. 4.25 é uma imagem obtida por microscopia eletrônica dos estereocílios de uma CCE.

A imagem na Fig. 4.26 revela que os estereocílios inclinam-se uns sobre os outros, e que estão conectados entre si através dos chamados *ligamentos apical* e *transverso*.

As terminações nervosas fazem sinapse com a base das células ciliadas (Fig. 4.27).

---

[7] Otto Friedrich Karl Deiters (1834-1863), anatomista alemão. Desenhou e descreveu células nervosas vistas no microscópio, usando métodos histológicos e microdissecamentos com agulhas finas. Os resultados de seu trabalho foram publicados postumamente, em 1865.

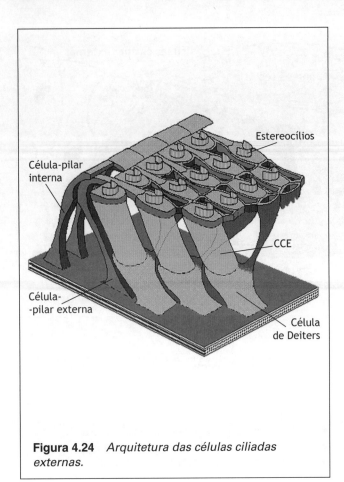

**Figura 4.24** *Arquitetura das células ciliadas externas.*

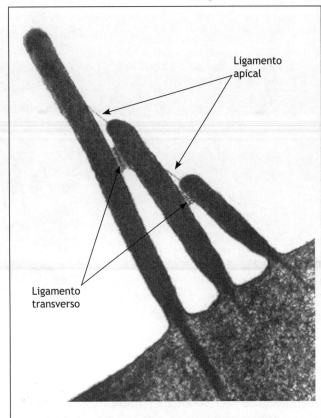

**Figura 4.26** *Imagem dos ligamentos apical e transverso dos estereocílios.*

**Figura 4.25** *Imagem dos estereocílios de uma CCE.*

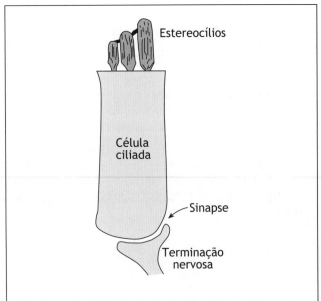

**Figura 4.27** *Sinapse de terminação nervosa com a base da célula ciliada.*

## 4.4 MECANISMO DE TRANSDUÇÃO ELETROMECÂNICO

A Fig. 4.28 mostra o órgão de Corti em estado de repouso (a), e em estado de excitação (b). Detalhes nas ilustrações mostram as configurações correspondentes dos estereocílios de uma CCE. Quando a membrana basilar é excitada por estímulo sonoro, ocorre um estiramento dos estereocílios das CCE embebidas na membrana tectória. Esse estiramento, abre canais de íons de potássio no interior das células, os quais penetram nas CCE, criando uma corrente elétrica que as despolariza, causando contração das CCE. O movimento dos estereocílios no sentido oposto fecha os canais de íon, causando hiperpolarização e consequente relaxamento das CCE.

Os movimentos de contração e de relaxamento das CCE, em fase com o som estimulante, amplificam a vibração das membranas basilar e tectória na região de excitação. Tal amplificação, chamada *amplificação coclear*, aumenta a sensibilidade da membrana basilar, reduzindo os limiares de audição e melhorando a seletividade em frequência.

Reciprocamente, o cérebro pode enviar sinais elétricos às CCE no sentido de, na presença de ruído de fundo, amplificar seletivamente os sons de interesse; ou, quando na presença de ruídos intensos ou indesejáveis, reduzir a amplificação coclear.

Quando o órgão de Corti encontra-se em repouso, os estereocílios das CCI não tocam a membrana tectória [Fig. 4.28(a)]. Quando o órgão de Corti está em estado de excitação, a amplificação coclear, através do mecanismo ativo das CCE, faz com que os estereocílios das CCI estabeleçam contacto com a membrana tectória, flexionando-os [Fig. 4.28(b)]. A consequente deformação por flexão dos estereocílios das CCI abre canais de íons de potássio no interior dessas células.

Diferentemente das CCE, as CCI não apresentam mobilidade. Sua despolarização e hiperpolarização resultam na liberação de neurotransmissores e consequente codificação do som na forma de impulsos elétricos, que são transmitidos ao cérebro através do nervo auditivo.

Conforme indica a Fig. 4.29, a despolarização das CCI causa aumento na taxa de descarga dos impulsos elétricos enviados ao cérebro, enquanto a hiperpolarização das CCI causa a redução dessa taxa. Esse processo recebe o nome de *polarização funcional*.

## 4.5 INERVAÇÃO DO ÓRGÃO DE CORTI

Células ciliadas são células nervosas. Células nervosas são também chamadas de *neurônios*, e os prolongamentos destes são os *axônios*. "Fibra nervosa" é uma denominação informal do axônio. Um nervo é um conjunto de fibras nervosas ou axônios. Os neurônios respondem a sinais químicos (neurotransmissores), sendo a sua resposta na forma de impulsos elétricos, que transmitem informações a outros neurônios.

O *nervo coclear*, também chamado de *nervo auditivo*, é composto por dois tipos de fibras nervosas que inervam as células ciliadas do órgão de Corti: aferente e eferente. Essa nomenclatura refere-se ao sentido do fluxo de informações. *Aferente* (de fora para dentro) diz respeito às fibras que trazem informações da cóclea para o cérebro; e *eferente* (de dentro para fora) refere-se às fibras que conduzem informações do cérebro para a cóclea.

As fibras que fazem sinapse com as CCI são aferentes, enviando informações do órgão de Corti para o cérebro. A maioria das fibras que fazem sinapse com as CCE é do tipo eferente, transmitindo informações do cérebro para a cóclea.

As fibras eferentes formam o chamado *feixe olivococlear*, e se dividem em dois grupos: *olivococlear medial* (OCM), e *olivococlear lateral* (OCL). As fibras OCM fazem sinapse com as CCE. As fibras OCL não realizam sinapse com as células ciliadas, fazendo contacto apenas com as *fibras aferentes radiais*.

As fibras aferentes são de dois tipos: *radiais* e *espiraladas externas*. As fibras radiais apresentam as seguintes características:

- fazem sinapse com as CCI;
- cada fibra radial faz sinapse com uma única CCI;

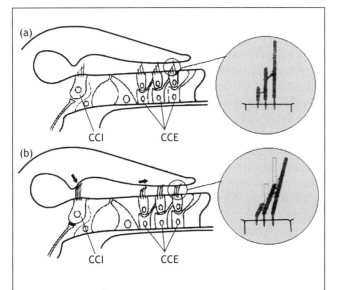

**Figura 4.28** *Órgão de Corti com detalhes dos estereocílios de uma CCE: (a) em repouso; (b) em estado de excitação.*

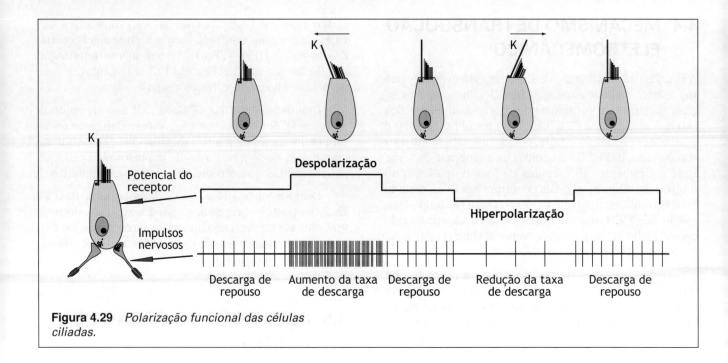

**Figura 4.29** *Polarização funcional das células ciliadas.*

- compõem 85-95% do nervo auditivo;
- enviam sinais ao cérebro.

E as fibras espiraladas externas têm as seguintes características:

- fazem sinapse com as CCE;
- cada fibra espiralada faz sinapse com diversas CCE;
- compõem 5-15% do nervo auditivo.

A inervação diferenciada das CCI e das CCE parece indicar que, como até 95% das fibras do nervo auditivo são aferentes, fazendo sinapse com as CCI, essas células seriam especialmente responsáveis pela codificação do estímulo sonoro enviado ao cérebro. Como as fibras do feixe olivococlear são eferentes, fazendo sinapse com as CCE, essas células, por suas características motoras, alterariam o padrão de movimentação das membranas basilar e tectória, regulando, por consequência, o estímulo das CCI. São essas as características de um sistema de controle conhecido como de *feedback*.

## 4.6 CODIFICAÇÃO DO SOM PELOS NEURÔNIOS

Tudo o que escutamos é codificado nas respostas dos neurônios. As principais formas de codificação dos sons pela atividade neural são: localizada, por impulsos e temporal.

**Codificação localizada**: refere-se à região da membrana basilar que é excitada pelo som. Assim, se apenas os neurônios próximos à base da membrana basilar respondem, então o som deve ter componentes de alta frequência. No caso de o som ter componentes de baixa frequência, os neurônios próximos ao ápice devem responder.

**Codificação por impulsos**: a codificação da intensidade do som está associada principalmente à taxa de descarga de impulsos elétricos gerados pelos neurônios. Como um único neurônio não pode responder por toda a faixa de níveis sonoros audíveis, a codificação de intensidade deve envolver uma certa população de neurônios com diferentes limiares de taxa de descarga de impulsos elétricos.

**Codificação temporal**: na polarização funcional das células ciliadas, é impossível para uma única célula responder a cada ciclo do estímulo; porém, coletivamente, um certo número de células ciliadas pode fazê-lo. No caso de um tom puro, os impulsos de cada CCI são gerados em um ponto particular do ciclo da onda, num processo conhecido como *chaveamento de fase* ("phase locking"). Assim, um conjunto de várias CCI, cada uma delas chaveada em diferentes fases de um mesmo estímulo, representa, na sua taxa combinada de impulsos elétricos, a descrição temporal completa do estímulo. A sequência combinada de eventos no tempo é chamada de *vôlei*, e a teoria que descreve essa forma de codificação temporal dos sons é conhecida como *teoria vôlei da audição*.

Assim, é pouco provável que qualquer estímulo sonoro natural possa ser codificado em intensidade e frequência, sem ambiguidades, por uma única CCI. Porém, um certo número de células receptoras, comandadas pela velocidade e inclinação do envelope da onda viajante na membrana basilar – onde cada uma delas é

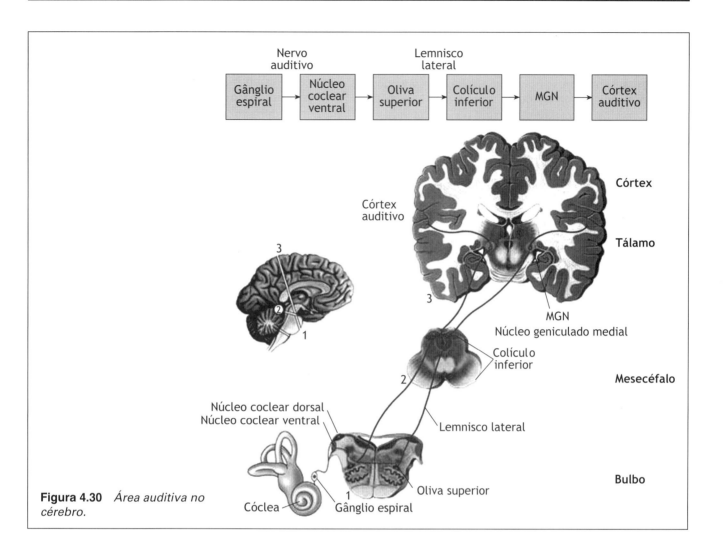

**Figura 4.30** *Área auditiva no cérebro.*

excitada quando o seu respectivo nível limiar de ativação é atingido –, pode codificar a informação desse padrão de deslocamento da membrana basilar por meio da taxa de descarga de impulsos elétricos e temporalmente. O padrão de impulsos elétricos assim gerado é enviado ao cérebro por parte ou pela totalidade das fibras nervosas do nervo auditivo. Nas hierarquias mais elevadas do cérebro, cada padrão de impulsos é decodificado e interpretado.

## 4.7 ÁREA AUDITIVA DO CÉREBRO

As fibras auditivas aferentes, cujos corpos celulares encontram-se no *gânglio espiral*[8] (ver Fig. 4.13), juntam-se às do sistema vestibular para formar o nervo vestíbulo-coclear. Esse nervo projeta-se no núcleo coclear, de onde se originam fibras, para a oliva superior e para o colículo inferior, o qual recebe todas as fibras auditivas ascendentes. Do núcleo central do colículo inferior partem as fibras para o tálamo (núcleo geniculado medial). O córtex auditivo situa-se no giro temporal transverso do lobo temporal. Cada via auditiva tem projeção bilateral; assim, cada orelha, transmite informações para ambas as áreas de processamento no cérebro.

Devido à projeção bilateral, lesões na área auditiva de um lado não resultam na perda completa da audição do mesmo lado. Assim, uma surdez unilateral completa só ocorre quando a lesão se localiza nos núcleos cocleares ou em suas vias aferentes primárias. Lesões em locais mais adiante da via causam déficits na audição, mas nunca perdas funcionais unilaterais completas.

Acima dos núcleos cocleares, os neurônios da via auditiva central respondem a ambas as orelhas; ou seja, possuem campos receptivos biaurais, que vão contribuir com o mecanismo de localização de fontes separadas por apenas 1 grau! O mecanismo envolve a localização horizontal (para a esquerda ou para a direita), e a localização vertical (para cima ou para baixo).

---

[8] Dilatação no trajeto do nervo auditivo, de onde irradiam as fibras nervosas.

## 4.8 PERDA DE AUDIÇÃO

Há dois tipos básicos de perda de audição: a condutiva e a neurossensorial. A perda condutiva ocorre quando uma anormalidade impede que o som chegue à orelha interna. A perda neurossensorial ocorre quando há lesões cocleares ou das fibras nervosas.

### PERDA CONDUTIVA

Tem como causa lesões fora da cóclea, podendo ocorrer tanto na orelha externa como na média. Pessoas que apresentam esse tipo de perda tendem a falar baixo. Geralmente podem ouvir bem a própria voz (devido à condução óssea), porém a audição de outras vozes é prejudicada. Então, instintivamente, pessoas que sofrem de perda condutiva tendem a falar no mesmo nível sonoro em que percebem o som de outras vozes. Esse tipo de perda pode ser compensado com próteses auditivas.

As causas da perda condutiva na orelha externa incluem:

- obstrução do conduto auditivo por cerume, infecção, corpos estranhos etc.;
- tímpano lesionado ou perfurado.

Na orelha média, a perda condutiva é geralmente causada por:

- infecção (otite média);
- otosclerose – o estribo se adere à janela oval;
- aerotite média – bloqueio do tubo de Eustáquio.

### PERDA NEUROSSENSORIAL

A perda neurossensorial é causada por lesões na cóclea ou no nervo auditivo. Pessoas que sofrem de perda neurossensorial tendem a falar alto, na tentativa de escutar melhor a própria voz. Nesses casos, próteses auditivas não apresentam resultados tão bons quanto aqueles obtidos na protetização das perdas condutivas. O prognóstico de sucesso varia dependendo do local da lesão, do grau de perda auditiva e das expectativas do paciente com relação à amplificação. Há pesquisas em andamento buscando estimular diretamente o nervo auditivo com sinais elétricos, através da técnica conhecida como *prótese coclear*.

A perda neurossensorial pode ser repentina ou gradual. Entre as causas das perdas repentinas temos:

- doenças – meningite, infecções, esclerose múltipla, caxumba etc.;
- lesões cranianas;
- trauma acústico (tiros e explosões);
- drogas que afetam o sistema nervoso central.

E entre as causas das perdas graduais:

- neurites (doenças nos nervos);
- tumores;
- surdez induzida por ruídos;
- presbiacusia (surdez por envelhecimento).

A Fig. 4.31 apresenta um gráfico de deslocamentos do limiar da audição com o envelhecimento, para homens e mulheres. A área hachurada indica a faixa do espectro sonoro coberta por sons de voz masculina a 1 m do ouvinte. Observa-se no gráfico uma perda de audição com a

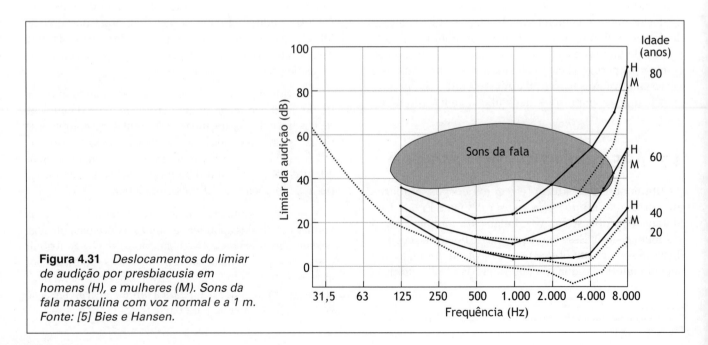

**Figura 4.31** *Deslocamentos do limiar de audição por presbiacusia em homens (H), e mulheres (M). Sons da fala masculina com voz normal e a 1 m. Fonte: [5] Bies e Hansen.*

idade mais acentuada nos homens do que nas mulheres. Verifica-se também que a presbiacusia tende a aumentar o limiar da audição nas frequências acima de 1.000 Hz.

## PERDA DE AUDIÇÃO INDUZIDA POR RUÍDO

A exposição continuada a níveis elevados de pressão sonora pode causar perda da audição. Níveis elevados de pressão sonora são comumente gerados por ruídos intensos, motivo pelo qual esse tipo de deficiência auditiva é chamado de *perda de audição induzida por ruído* (Pair)[9].

Ruído intenso causa lesões cocleares; porém não é somente o ruído a causa dessas lesões. Existe mais informações relativas a lesões cocleares causadas por ruído do que lesões causadas por outros fatores. Lesões na cóclea causadas por ruído são mais fáceis de evitar. As consequências das lesões cocleares por ruído são as mesmas daquelas provocadas pelos outros fatores.

Ruído intenso lesiona as células ciliadas, o que implica na perda de audição. Um período de 2 horas sob um ruído intenso é suficiente para lesionar a orelha interna de um gato. Todos os estereocílios à direita da imagem da Fig. 4.32 desapareceram ou fundiram-se e tombaram.

Há dois tipos de perda de audição causados por ruído intenso: a temporária e a permanente. Ambas são causadas por lesões nas células ciliadas.

A perda de audição temporária, denominada *alteração temporária do limiar*, como o próprio nome indica, tem como característica a recuperação da audição normal após a exposição a ruído intenso. Nesse tipo de perda auditiva, as células ciliadas recuperam-se, readquirindo suas funções normais.

Já a perda de audição permanente, denominada *alteração permanente do limiar*, tem como causa a lesão das células ciliadas, e até o desaparecimento destas. Não há recuperação natural das células ciliadas lesionadas, e sua reposição através de meios artificiais ainda não é possível.

As lesões ocorrem nas células ciliadas da região da membrana basilar sensível às características do som em particular. Por exemplo, um tom puro em 15 kHz causará

---
[9] A perda de audição induzida por ruído relacionado com o trabalho algumas vezes é denominada *perda de audição induzida por ruído ocupacional* (Pairo). Essa expressão não é adequada para caracterizar, por exemplo, a perda de audição de músicos e radialistas, também de origem ocupacional, expostos a níveis elevados de pressão sonora cuja causa não é ruído. Segundo a Ordem de Serviço 608 do INSS, de 05/08/1998, a expressão "perda auditiva neurossensorial por exposição continuada a níveis elevados de pressão sonora" é mais adequada.

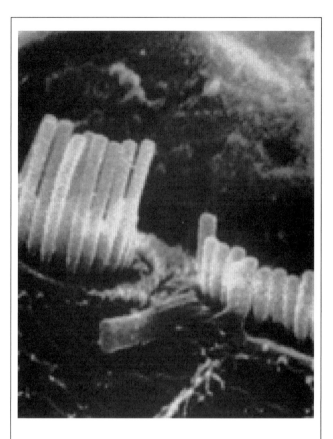

**Figura 4.32** *Imagem dos estereocílios de um gato lesionados por ruído.*

lesões próximas à extremidade basal, enquanto um tom puro em 200 Hz causará lesões próximas à extremidade apical. Há uma exceção: as células ciliadas responsáveis por responder a sons nas frequências entre 4 e 6 kHz são particularmente susceptíveis a ruídos intensos. Exposição a ruídos intensos com quaisquer características espectrais leva invariavelmente à perda de audição nessa faixa de frequências.

As CCE são mais susceptíveis a lesões do que as CCI. Mesmo quando somente as CCE são lesionadas, haverá perda de audição permanente, pois são essas células que controlam a amplificação coclear.

O exame denominado *citococleograma* indica quais células ciliadas estão presentes e quais as que se encontram lesionadas ou ausentes. A Fig. 4.33 ilustra um citococleograma em que um grande número de CCE está permanentemente lesionado ou ausente; porém, a maioria das CCI está preservada.

Em alguns casos, as células do gânglio espiral se degeneram após as células ciliadas terem sido lesionadas. Nesse caso, o órgão de Corti e sua inervação apresentariam as características vistas na Fig. 4.34.

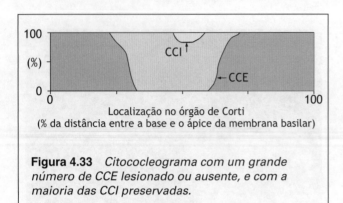

**Figura 4.33** *Citococleograma com um grande número de CCE lesionado ou ausente, e com a maioria das CCI preservadas.*

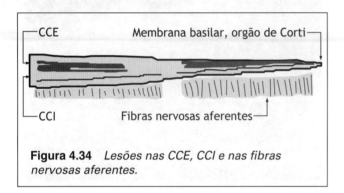

**Figura 4.34** *Lesões nas CCE, CCI e nas fibras nervosas aferentes.*

## ZUMBIDO

A sensação de zumbido é um indicativo de que a perda de audição permanente já ocorreu. Nesse caso, o zumbido se manifesta mesmo na ausência de uma fonte sonora real, gerando esse tipo de som. É uma anomalia precariamente controlada por drogas ou cirurgia, podendo ser mascarada por ruído externo.

Conforme visto anteriormente neste capítulo, o processamento do som pelo sistema auditivo não é uma atividade passiva. A amplificação coclear tende a aumentar a sensibilidade da orelha interna para sons de baixo nível sonoro, e de reduzir a sua sensibilidade para sons de elevados níveis sonoros. O fato de o sistema auditivo possuir um mecanismo ativo de controle é evidenciado através das emissões otoacústicas – sons emitidos pelo sistema auditivo, gerados pelos movimentos da membrana basilar e associados ao processo de amplificação coclear.

Ocorre que este mecanismo ativo de controle, responsável pela amplificação ou atenuação do movimento da membrana basilar, pode sofrer alterações funcionais. Acredita-se que o zumbido seja resultado de uma anomalia funcional, na qual o sistema eferente emite sinais no sentido de redução de um nível sonoro que na realidade não está presente, criando um som na tentativa de omiti-lo, mas que na realidade o acentua. Existe ainda uma grande controvérsia sobre quais seriam as causas fisiológicas do zumbido, porém sabe-se que normalmente essa ocorrência vem acompanhada de lesão profunda do nervo auditivo.

## 4.9 AVALIAÇÃO AUDIOLÓGICA

A avaliação audiológica é um procedimento que consiste de anamnese e de vários exames que são aplicados para o diagnóstico das alterações auditivas.

O exame mais utilizado para avaliação quantitativa de eventuais perdas de audição chama-se *audiometria tonal limiar por via aérea*. Consiste basicamente na determinação do menor nível sonoro necessário para produzir sensação de som na orelha. O som que se utiliza é o tom puro, gerado em diversas frequências, uma de cada vez. Na audiometria tonal, as frequências normalmente testadas são 125, 250, 500, 1.000, 2.000, 4.000, 6.000 e 8.000 Hz.

O aparelho utilizado na aplicação da audiometria tonal é o audiômetro. Conforme o diagrama da Fig. 4.35, um audiômetro usual consiste basicamente em: um oscilador de áudio, que gera tons puros; um atenuador, calibrado em decibéis; um amplificador do sinal de áudio; e um par de fones de ouvido.

Em cada frequência, o nível sonoro de referência é igual ao limiar da audição para pessoas normais na respectiva frequência. A Tabela 4.1 apresenta os níveis sonoros de referência para cada frequência de um audiômetro (Western Electric Modelo 705-A).

A pessoa que passa pelo teste é submetida a um tom puro, que vai sendo atenuado em intervalos de 5 dB. Ela deve identificar quando o som não está mais presente na orelha, sendo o respectivo nível registrado como o limiar da audição na respectiva frequência, pelo profissional que administra o teste de audiometria. A diferença entre o nível limiar que foi registrado e o nível de referência é a perda auditiva, em decibéis, na respectiva frequência. As perdas auditivas em cada orelha e nas diversas

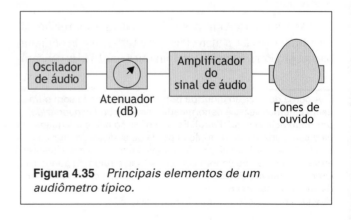

**Figura 4.35** *Principais elementos de um audiômetro típico.*

| TABELA 4.1 Limiares de audição normais, utilizados como níveis de referência no audiômetro Western Electric Modelo 705-A ||
|---|---|
| Frequência (Hz) | Nível sonoro de referência, dB (re. 20 µPa) |
| 125 | 45,5 |
| 250 | 24,5 |
| 500 | 11,0 |
| 1.000 | 6,5 |
| 1.500 | 6,5 |
| 2.000 | 8,5 |
| 3.000 | 7,5 |
| 4.000 | 9,0 |
| 6.000 | 8,0 |
| 8.000 | 9,5 |

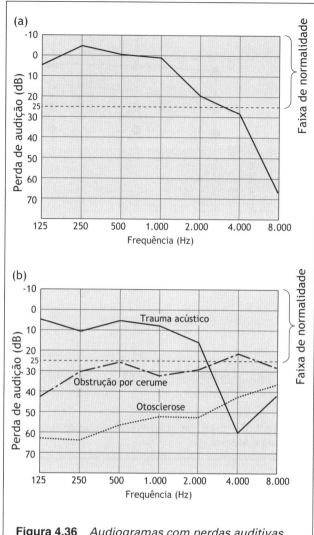

**Figura 4.36** *Audiogramas com perdas auditivas por causas diversas. (a) Presbiacusia; (b) condutivas por obstrução do conduto auditivo e otosclerose, e neurossensorial por trauma acústico.*

frequências são registradas em um gráfico denominado *audiograma*. Considera-se uma perda de +25 dB como o limite máximo de normalidade para adultos. Jovens normais podem ter limiares entre –10 e +5 dB.

A Fig. 4.36 apresenta audiogramas com perdas auditivas de causas diversas. O audiograma da Fig. 4.36(a) é típico da presbiacusia. A perda em altas frequências dificulta a inteligibilidade da fala, uma vez que há uma importante contribuição dos sons da fala acima de 1.000 Hz. Nesses casos, é fundamental que a protetização amplifique as altas frequências. A Fig. 4.36(b) apresenta audiogramas com perda condutiva na orelha externa (obstrução do conduto auditivo por cerume), na orelha média (otosclerose) e na orelha interna, devido a trauma acústico (som de tiro).

A Fig. 4.37 apresenta audiogramas de evolução da perda auditiva de trabalhadores, causada por exposições prolongadas a ruídos na indústria de fiação de juta. Os operários trabalhavam no mesmo ambiente por períodos que variavam de um a cinquenta anos, sem alterações aparentes do ruído nesses períodos, sendo que os trabalhadores não estavam expostos a outros ruídos, senão o do trabalho.

Os audiogramas da Fig. 4.37 indicam que, nas altas frequências, houve uma rápida evolução da perda auditiva nos primeiros 10 anos, tornado-se mais lenta com maiores tempos de exposição, tendendo a uma estabilização para tempos de exposição superiores há 30 anos. Observa-se que, nas baixas frequências, a perda de audição é mais lenta com o tempo de exposição.

Como se pode observar nos audiogramas da Fig. 4.37, a perda de audição induzida por ruído se faz anunciar por uma queda acentuada em 4 kHz. Essa queda independe do conteúdo em frequência do ruído. Sendo assim, audiometrias a intervalos regulares revelarão esse tipo de ocorrência, podendo-se, então, tomar medidas preventivas que impeçam a perda de audição mais profunda.

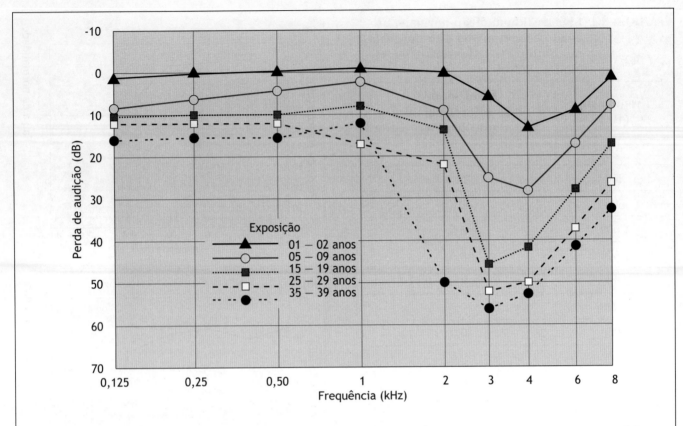

**Figura 4.37** *Evolução da perda auditiva com o tempo de exposição ao ruído. Fonte: Taylor et al., citado por [6] Santos e Morata.*

## REFERÊNCIAS

[1] MEHRGARDT, S.; MELLERT, V., "Transformation properties of the outer ear", *J. Acoust. Soc. Am.*, 61(6): 1.567-1.576, 1977.

[2] LAMANCUSA, J. S., *Noise control course – lecture notes*, The Pennsylvania State University, 2000.

[3] NEDZELNITSKY, V., "Sound pressures in the basal turn of the cat cochlea", *J. Acoust. Soc. Am.*, 68(6): 1.676-1.689, 1980.

[4] BÉKÉSY, G. V., *Experiments in hearing*, McGraw-Hill Book Company, Inc., 1960.

[5] BIES, D. A; HANSEN, C. H., *Engineering noise control – theory and practice*, 2.ª ed., E & FN SPON, Londres, 1996.

[6] SANTOS, U. P.; MORATA, T. C., "Efeitos do ruído na audição", in Santos, U. P. (org.), *Ruído: riscos e prevenção*, Editora Hucitec, São Paulo, 1994.

# 5
# REAÇÃO DOS HUMANOS AO SOM

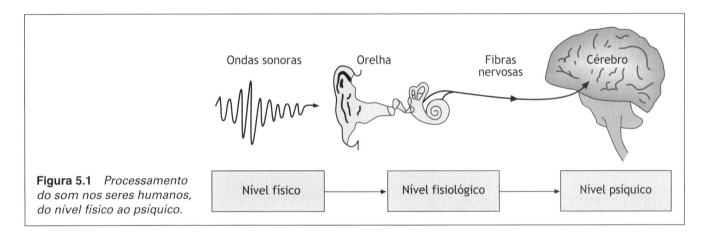

**Figura 5.1** *Processamento do som nos seres humanos, do nível físico ao psíquico.*

Informações no nível físico do som, na forma de ondas sonoras, são captadas, processadas e codificadas em nível fisiológico pela orelha, e enviadas ao cérebro pelas fibras nervosas auditivas (Fig. 5.1). No nível psíquico, o cérebro interpreta as informações recebidas e determina seu significado e importância.

O som é caracterizado por grandezas físicas, enquanto as sensações são caracterizadas por grandezas psicoacústicas. O sistema auditivo transforma sons em sensações psíquicas (Fig. 5.2). O objetivo deste capítulo é apresentar as grandezas psicoacústicas mais importantes e suas relações com as grandezas físicas do som.

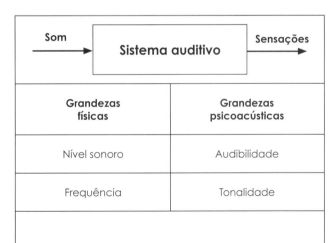

**Figura 5.2** *Nosso sistema auditivo transforma os sons (grandezas físicas) em sensações psíquicas (grandezas psicoacústicas).*

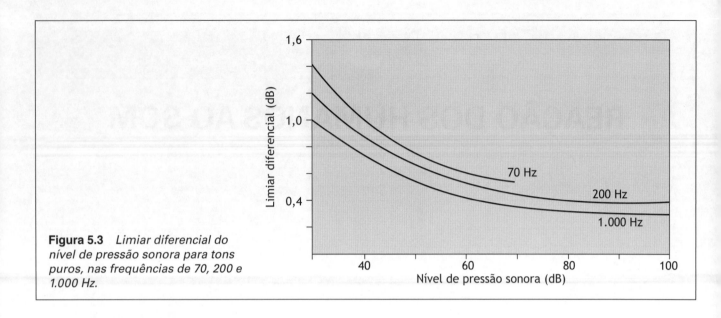

**Figura 5.3** *Limiar diferencial do nível de pressão sonora para tons puros, nas frequências de 70, 200 e 1.000 Hz.*

## 5.1 LIMIAR DIFERENCIAL

No desenvolvimento de grandezas psicoacústicas, uma das principais tarefas está em determinar a variação mínima da grandeza física capaz de provocar uma variação apenas perceptível da sensação subjetiva. Essa variação recebe o nome de *variação apenas perceptível* ("just noticeable difference", JND), ou *limiar diferencial*.

### LIMIAR DIFERENCIAL DO NÍVEL DE PRESSÃO SONORA

Vimos, no Cap. 3, que um dos motivos para adoção do decibel foi tratar-se de uma unidade física igual à variação mínima do nível de pressão sonora detectável pelo sistema auditivo – ou seja, o limiar diferencial do nível de pressão sonora é aproximadamente 1 dB. Na realidade, esse limiar diferencial é aquele que se verifica aproximadamente para sons de baixos níveis sonoros, em torno de 30-40 dB, e nas médias e altas frequências.

O limiar diferencial do nível de pressão sonora é de apenas 1/3–1/2 dB para sons de níveis sonoros elevados, em quaisquer frequências. A Fig. 5.3 apresenta o limiar diferencial do nível de pressão sonora para tons puros de diferentes frequências.

### LIMIAR DIFERENCIAL DA FREQUÊNCIA DO SOM

O sistema auditivo é bastante sensível a variações de frequência. O limiar diferencial para tons puros com frequências abaixo de 500 Hz é de aproximadamente 2–3 Hz (Fig. 5.4). Para tons puros com frequências acima de 500 Hz, o limiar diferencial relativo ($\Delta f/f$) está em torno de 0,5%.

## 5.2 ÁREA DE AUDIÇÃO DOS SERES HUMANOS

As curvas A e B da Fig. 5.5 foram obtidas com grupos de ouvintes treinados, que eram solicitados a julgar quando um tom puro, em dada frequência, com determinado nível sonoro, se tornava audível (curva A) e "desconfortável" (curva B). Essas duas curvas representam os extremos da percepção de níveis sonoros em função da frequência para ouvintes "normais".

A curva A da Fig. 5.5 é o limiar da audição, e indica que o sistema auditivo é mais sensível em torno de 3 kHz. Uma outra forma de interpretar esse resultado é que tons puros em frequências ao redor de 3 kHz estimulam a audição com menores níveis sonoros que em outras frequências. Observa-se ainda, na curva A, que a estimulação da audição requer níveis sonoros cada vez mais elevados, à medida que a frequência de tons puros cai abaixo dos 200Hz; e que o sistema auditivo não é sensibilizado por sons inferiores a 20 Hz e acima de 20 kHz, aproximadamente. Isso significa que, na faixa de frequências de maior sensibilidade, uma pressão sonora em torno de 20 µPa e igual a 0 dB é suficiente para estimular o sistema auditivo, ao passo que, por exemplo, em 100 Hz, necessita-se de uma pressão sonora 10 vezes maior, correspondente a 20 dB.

A curva B da Fig. 5.5 apresenta limites de "desconforto auditivo". Essa sensação começa a ser sentida a

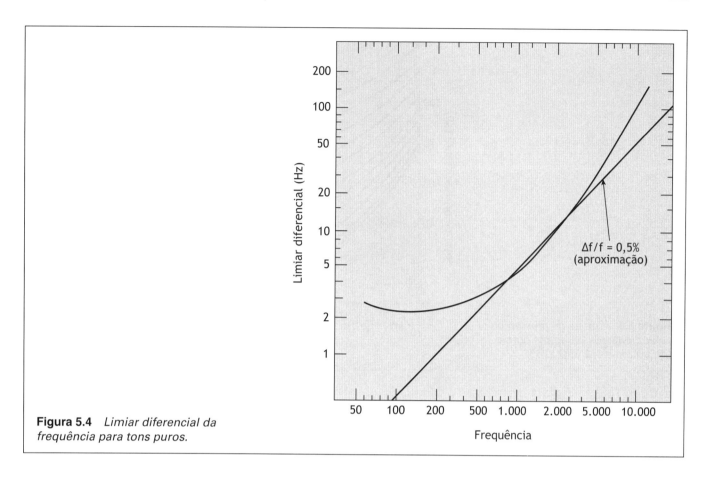

**Figura 5.4** *Limiar diferencial da frequência para tons puros.*

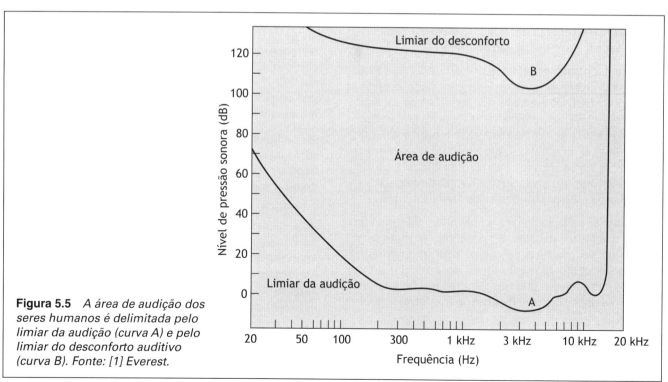

**Figura 5.5** *A área de audição dos seres humanos é delimitada pelo limiar da audição (curva A) e pelo limiar do desconforto auditivo (curva B). Fonte: [1] Everest.*

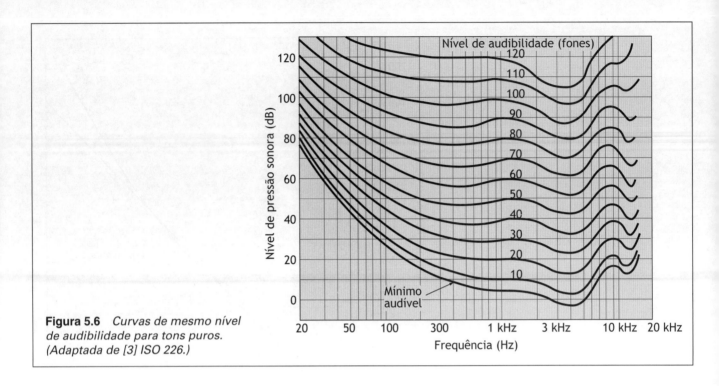

**Figura 5.6** *Curvas de mesmo nível de audibilidade para tons puros. (Adaptada de [3] ISO 226.)*

partir de 120 dB nas baixas e altas frequências, e entre 100–120 dB, aproximadamente, para frequências em que a sensibilidade auditiva é maior. Acréscimos subsequentes dos níveis sonoros provocam um aumento do desconforto auditivo, até o ponto em que há sensação de dor. O limiar do desconforto auditivo é um aviso de que os níveis sonoros estão se tornando perigosamente elevados, podendo ocorrer lesões – se é que já não ocorreram.

A região compreendida entre as curvas A e B da Fig. 5.5 é a chamada *área de audição*, onde ocorrem todas a experiências auditivas dos seres humanos. Essa é uma área com duas dimensões: a vertical, que corresponde aos níveis de pressão sonora; e a horizontal, que corresponde às frequências que sensibilizam o sistema auditivo. Todos os sons capazes de sensibilizar os seres humanos devem corresponder, em termos de frequências e níveis sonoros, a pontos dentro da área de audição.

A área de audição dos seres humanos é diferente da maioria dos outros animais. Por exemplo, os morcegos, através de seu sistema de sonar, emitem gritos em frequências muito acima do limite superior dos seres humanos. O sistema auditivo dos cães alcança frequências tais que possibilita comandá-los com apitos ultrassônicos.

## 5.3 SENSAÇÃO SUBJETIVA DE INTENSIDADE DOS SONS (*LOUDNESS*)[1]

### NÍVEL DE AUDIBILIDADE EM FONES

A sensação subjetiva de intensidade depende da frequência do som. Na área de audição da Fig. 5.5, um tom puro em 100 Hz será subjetivamente percebido com menor intensidade do que um tom puro em 1.000 Hz com o mesmo nível de pressão sonora.

A fim de mensurar subjetivamente a intensidade dos sons, foi criada uma grandeza psicoacústica, chamada *nível de audibilidade*. O nível de audibilidade é função do nível sonoro e da frequência do som.

Quem primeiro mediu experimentalmente o nível de audibilidade para tons puros de diversas frequências foi Fletcher e Munson, em 1933 [2]. Ouvintes treinados eram solicitados a ajustar o nível sonoro de um tom puro em determinada frequência, tal que eles o julgassem subjetivamente tão intenso quanto o de um tom puro em 1.000 Hz com nível sonoro conhecido. O nível sonoro

---

[1] Traduziremos *loudness* por "audibilidade", por não haver na língua portuguesa o termo preciso para essa palavra, que em inglês expressa a sensação subjetiva de intensidade dos sons, ou seja, a magnitude da sensação sonora. (Na linguagem corrente, usam-se impropriamente os adjetivos "alto" e "baixo" para expressar graus subjetivos de intensidade: por exemplo, falar em voz "baixa" ou em voz "alta", ligar o rádio muito "alto", instalar um "alto-falante" etc.).

do tom puro em 1.000 Hz passou a ser a medida do nível de audibilidade. A unidade do nível de audibilidade foi chamada de *fone*.

Vários pontos na área de audição foram investigados, e construíram-se curvas ligando os pontos de mesmo nível de audibilidade. Tais curvas são atualmente denominadas *isoaudíveis* (mesmo nível de audibilidade), ou *isofônicas* (mesmo valor de fones). A Fig. 5.6 apresenta as curvas isofônicas para tons puros. Devido à sua importância, essas curvas foram normalizadas pela International Organization for Standardization – ISO [3].

Na Fig. 5.6, observa-se, entre 3 e 5 kHz, de qualquer curva isoaudível, que se trata de uma faixa de frequências em que são requeridos os menores níveis sonoros para gerar o mesmo nível de audibilidade em outras frequências. Conforme visto no capítulo anterior, essa é a faixa de frequências onde se encontra a primeira ressonância do conduto auditivo.

O limite inferior das curvas isoaudíveis é o limiar da audição. Essa curva fornece o nível de pressão sonora mais baixo para o qual um tom puro é audível em determinada frequência, com ambas as orelhas, em campo livre (sem reflexões), estando o observador na frente da fonte sonora. Esse limite apresenta uma marcante variação de níveis sonoros com a frequência – uma diferença de aproximadamente 80 dB entre 20 Hz e 4 kHz. Para as curvas isofônicas com maiores níveis de audibilidade, a variação dos níveis sonoros com a frequência de uma determinada curva isoaudível diminui; ou seja, as curvas isofônicas ficam mais planas. Por exemplo, a faixa de variação dos níveis de pressão sonora da isofônica 90 fones é de 40 dB, aproximadamente.

As curvas isofônicas revelam uma menor sensibilidade do sistema auditivo nas baixas frequências do que nas altas. Por exemplo, um tom puro com nível sonoro de 30 dB em 1.000 Hz gera um nível de audibilidade de 30 fones, que é o mesmo nível de audibilidade gerado por um tom puro com nível sonoro de aproximadamente 45 dB em 100 Hz. Necessita-se, portanto, de mais energia sonora nas baixas frequências do que nas altas para provocar o mesmo nível de audibilidade.

## BANDA CRÍTICA

O conceito de banda crítica é de grande importância para a compreensão de diversas ocorrências psicoacústicas.

Vimos, no capítulo anterior, que tons puros de diferentes frequências colocam em movimento vibratório diferentes pontos da membrana basilar – tons puros de alta frequência vibram pontos próximos à base, e tons puros de baixa frequência vibram pontos próximos ao ápice da membrana basilar. Embora cada frequência seja mapeada num ponto específico da membrana basilar, ocorre que esse ponto não consegue vibrar sem que uma faixa da membrana ao seu redor vibre junto. Essa faixa é denominada *banda crítica*. É como puxar o centro do lábio superior; esse ponto traz junto uma região do lábio em torno dele, pois estão interconectados por tecidos.

A largura da banda crítica é determinada pelas propriedades elásticas da membrana basilar. Estudos psicoacústicos indicam que a largura de cada banda crítica é da ordem de 1,3 mm de ambos os lados do ponto de excitação, envolvendo cada uma delas algo em torno de 1.300 células ciliadas. A largura da banda de frequências da banda crítica chama-se *largura da banda crítica*. As bandas críticas são contínuas, no sentido de que qualquer tom puro na faixa de áudio excitará sempre uma banda crítica centrada nele. Três experimentos psicoacústicos clássicos evidenciam a existência das bandas críticas:

- mascaramento de tom puro por banda de ruído;
- percepção do nível de audibilidade de bandas de ruído; e
- percepção de *consonância* e *dissonância*.

## MASCARAMENTO DE TOM PURO POR BANDA DE RUÍDO

Neste experimento, proposto por Fletcher [4], um tom puro de certa frequência era apresentado simultaneamente com uma banda de ruído de determinada largura, centrada na frequência do tom puro. Ouvintes eram solicitados a manter o tom puro num nível que pudesse ser apenas detectado. A banda de ruído era então sistematicamente reduzida.

Verificava-se que, enquanto a largura da banda de ruído era maior que a largura da banda crítica, o nível do tom puro permanecia constante. Porém, assim que se reduzia a largura da banda de ruído abaixo da largura da banda crítica, o nível do tom puro devia ser reduzido linearmente, para mantê-lo apenas detectável (Fig. 5.7).

Esses resultados indicam que células ciliadas fora da banda crítica não contribuem na detecção do tom puro. Verificou-se também que, quando a largura da banda crítica era atingida, a energia contida na banda de ruído era igual à energia do tom puro.

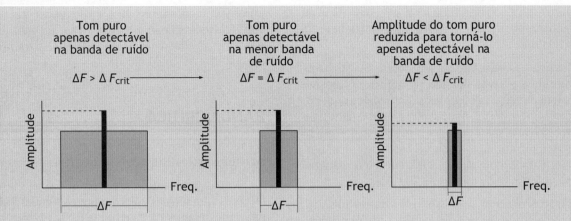

**Figura 5.7** *Tom puro apenas detectável na presença de bandas de ruído com largura de banda variável.*

## PERCEPÇÃO DO NÍVEL DE AUDIBILIDADE DE BANDAS DE RUÍDO

A Fig. 5.8(a) representa três bandas de ruído de mesma energia, centradas em 1 kHz, com diferentes larguras de bandas, e iguais a 100, 160 e 200 Hz. Apesar de essas três bandas de ruído conterem a mesma energia sonora (mesma área retangular), elas não geram o mesmo nível de audibilidade[2].

O gráfico da Fig. 5.8(b) apresenta resultados experimentais de como bandas de ruído de mesma energia, centradas em 1 kHz, produzem diferentes níveis de audibilidade. A banda de ruído com largura de 100 Hz apresenta nível de audibilidade de 60 fones. A banda de ruído com largura de 160 Hz apresenta o mesmo nível de audibilidade; porém, o nível de audibilidade passa a depender da largura da banda à medida que esta excede 160 Hz. Ocorre que 160 Hz é a largura da banda crítica em 1 kHz.

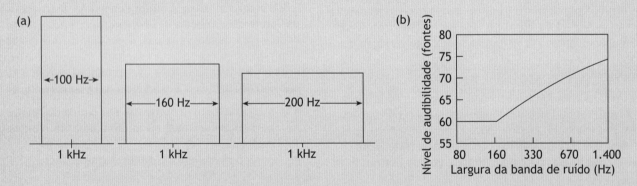

**Figura 5.8** *(a) Três bandas de ruído centradas em 1 kHz, com diferentes larguras, porém com mesma energia; (b) nível de audibilidade em função da largura de bandas de ruído. Fonte: [1] Everest.*

## PERCEPÇÃO DE CONSONÂNCIA E DISSONÂNCIA

Consonância e dissonância são sensações subjetivas de grande importância na acústica musical. Consonância ocorre quando a combinação de tons puros é subjetivamente agradável. Dissonância, ao contrário, ocorre quando a combinação de tons puros parece "mal resolvida" e desagradável. Consonância e dissonância aplicam-se a notas tocadas separadamente (melodia) ou em uníssono (harmonia).

---

[2] Embora o nível de audibilidade tenha sido desenvolvido para tons puros, seu conceito pode ser igualmente aplicado a bandas de ruído, no sentido de que é possível julgá-las subjetivamente tão intensas quanto um tom puro em 1 kHz com nível sonoro conhecido.

## 5.3 – Sensação subjetiva de intensidade dos sons (loudness)

Suponha-se um tom puro em dada freqüência (Fig. 5.9). A combinação de um segundo tom puro numa freqüência próxima, provocará batimentos[3]. Ao se aumentar a diferença entre as freqüências desses dois tons puros, escutar-se-á um som "áspero" ou ruído (musicalmente dissonante). Haverá um intervalo de freqüências maior, no qual os dois tons puros soam "suaves" e distintos (musicalmente consonantes).

A faixa de freqüências em que se ouvem os batimentos e as asperezas é a largura da banda crítica. É importante não se concluir que intervalos consonantes são bons e dissonantes são ruins. Música escrita somente com intervalos consonantes soa excessivamente monótona. Dissonância cria tensão, e a busca por resolução. Músicos podem claramente distinguir sensação prazerosa de consonância.

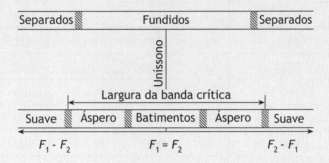

**Figura 5.9** *Detecção da largura da banda crítica através da sensação de dissonância e consonância resultante da combinação de dois tons puros espaçados em freqüência.*

---

[3] Literalmente, o que se escuta. Maiores detalhes sobre esse fenômeno serão apresentados mais adiante, neste capítulo.

A Fig. 5.10 é um gráfico de largura da banda crítica em função da freqüência central. Observa-se neste gráfico que as larguras das bandas críticas são muito mais estreitas em baixas do que em altas freqüências, sendo praticamente constantes e iguais a 100 Hz até 500 Hz, e em torno de 23% da freqüência central acima de 500 Hz. As linhas tracejadas da Fig. 5.10 são aproximações práticas para a largura da banda crítica.

Fletcher [4] propôs como modelo para a membrana basilar um banco de filtros[4], com bandas retangulares e simétricas, que se sobrepõem continuamente, e cujas larguras das bandas são iguais às larguras das bandas críticas. Esses filtros são conhecidos como *filtros auditivos*. Como indica o próprio nome, cada filtro auditivo emite sinais elétricos ao cérebro, porém para as componentes espectrais do som que estão dentro da sua largura de banda, rejeitando as demais.

Zwicker [5] sugeriu dividir o banco de filtros auditivos em 24 filtros, com bandas que não se superpõem e com larguras iguais às larguras das bandas críticas. A Tab. 5.1 apresenta as características dos filtros auditivos propostos por Zwicker.

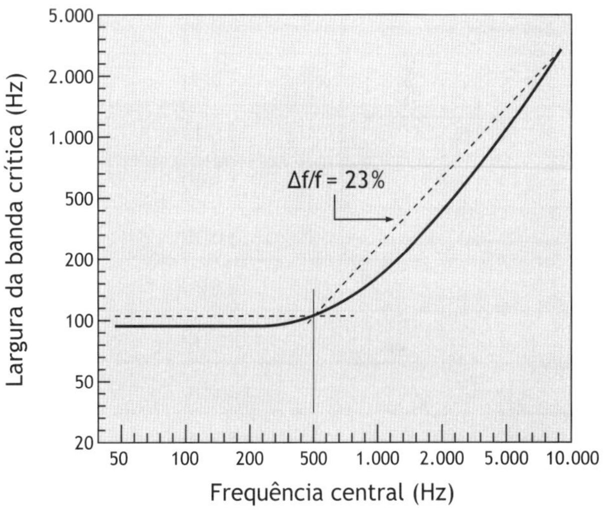

**Figura 5.10** *Largura da banda crítica em função da freqüência central. As linhas tracejadas são aproximações práticas.*

---

[3] Literalmente, o que se escuta. Mais detalhes sobre esse fenômeno serão apresentados mais adiante, neste capítulo.
[4] Filtros e suas características são apresentados no Cap. 6.

## 5 – Reação dos humanos ao som

**TABELA 5.1  Características dos filtros auditivos propostas por Zwicker [5]**

| Número | Frequência central (Hz) | Largura da banda (Hz) | Limite inferior da banda (Hz) | Limite superior da banda (Hz) |
|---|---|---|---|---|
| 1 | 50 | --- | --- | 100 |
| 2 | 150 | 100 | 100 | 200 |
| 3 | 250 | 100 | 200 | 300 |
| 4 | 350 | 100 | 300 | 400 |
| 5 | 450 | 110 | 400 | 510 |
| 6 | 570 | 120 | 510 | 630 |
| 7 | 700 | 140 | 630 | 770 |
| 8 | 840 | 150 | 770 | 920 |
| 9 | 1.000 | 160 | 920 | 1.080 |
| 10 | 1.170 | 190 | 1.080 | 1.270 |
| 11 | 1.370 | 210 | 1.270 | 1.480 |
| 12 | 1.600 | 240 | 1.480 | 1.720 |
| 13 | 1.850 | 280 | 1.720 | 2.000 |
| 14 | 2.150 | 320 | 2.000 | 2.320 |
| 15 | 2.500 | 380 | 2.320 | 2.700 |
| 16 | 2.900 | 450 | 2.700 | 3.150 |
| 17 | 3.400 | 550 | 3.150 | 3.700 |
| 18 | 4.000 | 700 | 3.700 | 4.400 |
| 19 | 4.800 | 900 | 4.400 | 5.300 |
| 20 | 5.800 | 1.100 | 5.300 | 6.400 |
| 21 | 7.000 | 1.300 | 6.400 | 7.700 |
| 22 | 8.500 | 1.800 | 7.700 | 9.500 |
| 23 | 10.500 | 2.500 | 9.500 | 12.000 |
| 24 | 13.500 | 3.500 | 12.000 | 15.500 |

Patterson [6] mostrou que a forma dos filtros auditivos não é retangular, e sim assimétrica e arredondada em torno da frequência central, com uma inclinação mais pronunciada do lado das altas frequências, e com uma inclinação mais suave do lado das baixas frequências (Fig. 5.11). Observa-se ainda nessa figura que, devido à banda crítica, as larguras das bandas dos filtros auditivos são estreitas nas baixas frequências e largas nas altas frequências.

## AUDIBILIDADE EM SONES

Quando se produz um som e se adiciona um outro som, o aumento subjetivo de intensidade é controlado pelas bandas críticas. No caso de a frequência do segundo som estar bem separada da frequência do primeiro, não há "competição" pelas células ciliadas de uma mesma banda crítica. Porém, se as frequências dos dois sons forem próximas, haverá tendência de saturação da taxa

## 5.3 – Sensação subjetiva de intensidade dos sons (loudness)

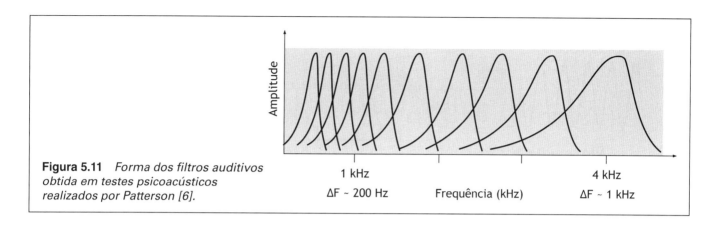

**Figura 5.11** *Forma dos filtros auditivos obtida em testes psicoacústicos realizados por Patterson [6].*

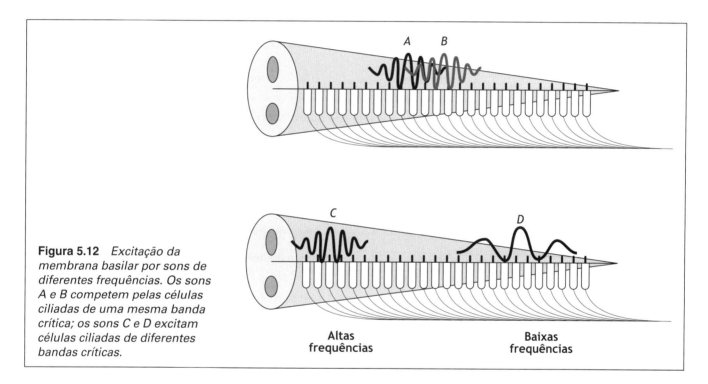

**Figura 5.12** *Excitação da membrana basilar por sons de diferentes frequências. Os sons A e B competem pelas células ciliadas de uma mesma banda crítica; os sons C e D excitam células ciliadas de diferentes bandas críticas.*

de descarga de impulsos elétricos pelas células ciliadas de uma mesma banda crítica.

Na ilustração de excitação da membrana basilar por sons de diferentes frequências da Fig. 5.12, os sons A, B, C e D foram ajustados isoladamente para gerar o mesmo nível de audibilidade. A combinação do som C com o som D deve produzir um som subjetivamente mais intenso do que a combinação do som A com o som B, pois os sons C e D não competem pelas células ciliadas de uma mesma banda crítica.

Conforme ilustra a Fig. 5.13, as células ciliadas de uma mesma banda crítica apresentam limites em suas taxas de descarga de impulsos elétricos, e parece que uma duplicação da energia sonora não duplica a taxa de descarga de impulsos elétricos para o cérebro.

Para sons que competem pelas células ciliadas de uma mesma banda crítica, o limiar diferencial do nível de audibilidade é de aproximadamente 3 fones. Para se perceber subjetivamente uma duplicação de intensidade, é necessário um aumento do nível de audibilidade em torno de 10 fones. A Tab. 5.2 apresenta a relação entre o aumento do nível de audibilidade em fones e os respectivos aumentos subjetivos de intensidade para sons na mesma banda crítica.

Embora sons com o mesmo nível de audibilidade sejam subjetivamente considerados igualmente intensos, isso não significa que um som com nível de audibilidade de 60 fones seja duas vezes mais intenso que um som com nível de audibilidade de 30 fones.

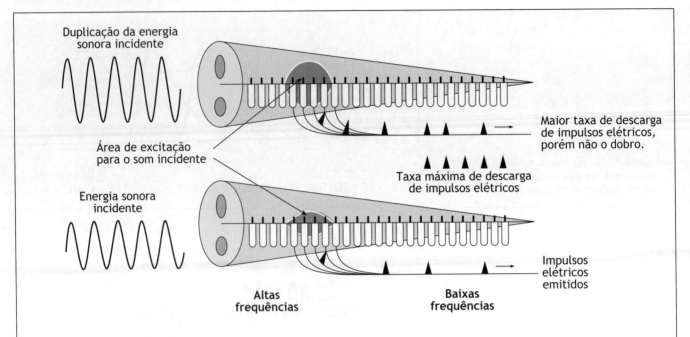

**Figura 5.13** *Uma duplicação da energia sonora incidente não duplica a taxa de descarga de impulsos elétricos das células ciliadas de uma mesma banda crítica.*

| TABELA 5.2 Relação entre o aumento do nível de audibilidade e o aumento subjetivo de intensidade para sons na mesma banda crítica ||
|---|---|
| **Aumento do nível de audibilidade (fones)** | **Aumento subjetivo de intensidade do som** |
| 3 | Apenas perceptível (limiar diferencial) |
| 5 | Claramente perceptível |
| 10 | Duplicação |
| 20 | Quadruplicação |

Para mensurar a variação subjetiva de intensidade ao se variar o nível de audibilidade de um tom puro, foi criada uma grandeza psicoacústica que recebeu o nome de *audibilidade*. A unidade de medida para a audibilidade chama-se *sone*, definindo-se 1 sone como a audibilidade de um tom puro com nível de audibilidade de 40 fones. Em se tratando de um simples aumento do nível de audibilidade de um tom puro de certa frequência, há competição pelas células ciliadas da mesma banda crítica; assim, um aumento de 10 fones do nível de audibilidade do tom puro, provocará subjetivamente uma duplicação da audibilidade. Dessa forma, a relação entre a audibilidade ($N$), em sones, e o nível de audibilidade ($L_N$), em fones, é dada por

$$N = 2^{(L_N - 40)/10}, \tag{5.1}$$

válida para tons puros de quaisquer frequências. A Eq. (5.1) está representada graficamente na Fig. 5.14.

O tom puro com audibilidade de 16 sones é julgado subjetivamente como duas vezes mais intenso que um tom puro de mesma frequência, com audibilidade de 8 sones, e quatro vezes mais intenso que um tom puro de mesma frequência, com audibilidade de 4 sones. O sone expressa então a sensação subjetiva de intensidade do som em uma escala linear.

Basta inverter a Eq. (5.1) para se obter o nível de audibilidade ($L_N$), em fones, a partir da audibilidade ($N$), em sones:

$$L_N = 33{,}2 \log N + 40 \text{ fones.} \tag{5.2}$$

## ADIÇÃO DE AUDIBILIDADES

Quando dois ou mais tons puros de diferentes frequências são combinados, a audibilidade total depende de estarem ou não na mesma banda crítica.

- Tons que diferem pelo menos por uma banda crítica são analisados em regiões bem separadas da membrana basilar, sendo a audibilidade total dada pela soma das audibilidades dos tons puros componentes.

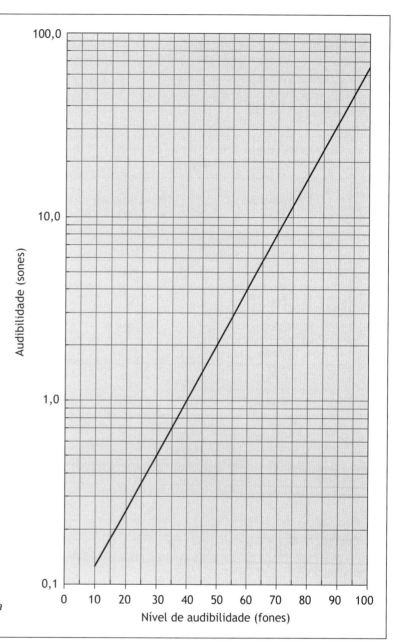

**Figura 5.14** *Relação entre a audibilidade, em sones, e o nível de audibilidade, em fones, para tons puros de quaisquer frequências.*

- No caso de as frequências dos tons componentes serem diferentes, porém dentro de uma mesma banda crítica, a frequência do tom com maior nível de audibilidade poderá ser adotada para o cálculo da audibilidade do som combinado por meio da Eq. (5.1).

- Tons de mesma frequência são julgados de acordo com o nível sonoro total (obtido somando-se logaritmicamente os níveis sonoros individuais), a partir do qual se obtém o nível de audibilidade através das curvas isofônicas e a audibilidade por meio da Eq. (5.1).

- Quando diferentes tons têm frequências em diferentes bandas críticas, pode-se adotar uma combinação dos procedimentos acima, na determinação da audibilidade do som combinado.

- Quando os tons puros apresentam audibilidades consideravelmente distintas, ou estão bem espaçados em frequência, a estimativa da audibilidade do som combinado torna-se difícil, sendo frequentemente determinada pelo tom puro de nível sonoro mais elevado.

A determinação da audibilidade de ruídos da banda larga (e até mesmo de combinações mais complicadas de tons puros) torna-se bastante envolvente. Nesses casos, a audibilidade depende das interações mascarantes entre os sons em diferentes bandas críticas. Será apresentado no Cap. 7 um dos métodos normalmente empregados para o cálculo da audibilidade de ruídos com espectro sonoro plano e sem tons puros evidentes.

## 5 – Reação dos humanos ao som

**Exemplo 5.1**: Calcular a audibilidade e o nível de audibilidade resultante da combinação de seis tons puros nas frequências de 125, 250, 500, 1.000, 2.000 e 4.000 Hz, cada um deles com nível de pressão sonora de 60 dB. Repetir os cálculos na hipótese de esses tons puros estarem na frequência de 1.000 Hz.

Observa-se na Fig. 5.10 – que fornece a largura das bandas críticas – que esses tons puros pertencem, todos, a diferentes bandas críticas. Assim, a audibilidade total será dada pela soma das audibilidades dos tons puros componentes. A Tab. Ex. 5.1 apresenta o cálculo da audibilidade total nesse caso.

**Tabela Exemplo 5.1  Cálculo da audibilidade total de seis tons puros em diferentes bandas críticas**

| Frequência (Hz) | Nível sonoro (dB) | Nível de audibilidade (fone) (Fig. 5.6) | Audibilidade (sone) (Eq. 5.1) |
|---|---|---|---|
| 125 | 60 | 55 | 2,8 |
| 250 | 60 | 62 | 4,6 |
| 500 | 60 | 63 | 4,9 |
| 1.000 | 60 | 60 | 4,0 |
| 5.000 | 60 | 62 | 4,6 |
| 4.000 | 60 | 69 | 7,5 |
| Total | 68 | 88 | 28,4 |

O nível de audibilidade resultante da combinação desses seis tons puros pode ser obtido da Fig. 5.14; pode também ser calculado pela Eq. (5.2), ou seja:

$$L_N = 33,2 \log N + 40 \text{ fones} =$$
$$= 33,2 \log 28,4 + 40 \text{ fones} \cong 88 \text{ fones.}$$

O nível de audibilidade calculado (88 fones) é julgado subjetivamente tão intenso quanto um tom puro em 1 kHz, com nível sonoro de 88 dB.

Na hipótese de os tons puros estarem na frequência de 1.000 Hz, eles excitarão a mesma região da membrana basilar; em tal caso, necessita-se determinar primeiro a energia sonora total que excita a membrana basilar nessa região. O nível sonoro total do som combinado que foi acima calculado é de 68 dB, o qual gera um nível de audibilidade de 68 fones, cuja audibilidade, de acordo com a Eq. (5.1), é de aproximadamente 7 sones. Essa combinação dos seis tons puros seria subjetivamente julgada como $28,4/7 \cong 4$ vezes menos intensa que a combinação anterior. Fica evidente, então, que o som combinado é julgado subjetivamente mais intenso quando os tons puros distribuem-se por diferentes bandas críticas.

## O PROBLEMA DAS BAIXAS FREQUÊNCIAS

Observa-se, nas curvas isofônicas, uma severa discriminação de tons puros de baixas frequências com níveis de audibilidade próximos do mínimo audível. Para tons puros com níveis de audibilidade intermediários, em torno de 60 fones, a discriminação das baixas frequências não é tão pronunciada, enquanto para tons puros com níveis de audibilidade mais elevados, próximos a 120 fones, as curvas isofônicas são mais planas. Por exemplo, a discriminação de um tom puro em 30 Hz, comparada com um tom puro em 1 kHz, é de aproximadamente 50, 30 e 20 dB, para as isofônicas 10, 60 e 100 fones, respectivamente.

Uma das implicações desse aspecto da sensibilidade auditiva é que se percebe uma maior perda das baixas frequências quando se reduz o nível sonoro de um som de ampla faixa de frequências. Por exemplo, quando se reduz o nível sonoro do som gravado de uma orquestra, percebe-se que os instrumentos responsáveis pelos sons graves se tornam menos proeminentes. Essa é uma das razões da existência dos equalizadores nos amplificadores de áudio. Esses equipamentos permitem aumentar o ganho dos sons graves, quando se escuta uma gravação com baixos níveis sonoros, a fim de propiciar um equilíbrio mais realista das frequências altas e baixas na música.

Uma outra forma de discriminação das baixas frequências ocorre em auditórios. A Fig. 5.15 ilustra a situação.

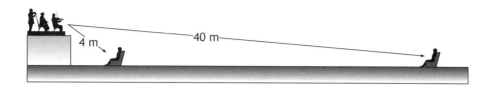

**Figura 5.15** *O espectador mais afastado do palco percebe uma redução mais acentuada na audibilidade das baixas do que das altas frequências.*

Um espectador a 4 m do palco escuta um tom grave em 30 Hz, combinado com um tom agudo em 1 kHz, ambos com o mesmo nível de audibilidade de 80 fones. Os níveis sonoros que correspondem a esse nível de audibilidade são de aproximadamente 100 e 80 dB, em 30 Hz e 1 kHz, respectivamente.

Pela lei do inverso do quadrado da distância, um espectador a 40 m do palco ouve os dois tons atenuados de 10 log (4/40)² = – 20 dB. Ou seja, para esse espectador, os níveis sonoros em 30 Hz e 1 kHz serão de 80 e 60 dB, respectivamente. Os correspondentes níveis de audibilidade serão de aproximadamente 40 e 60 fones. Verifica-se, então, que embora os níveis sonoros dos dois tons sejam reduzidos pelo mesmo valor (20 dB), o nível de audibilidade do tom grave reduz-se 40 fones, enquanto o do tom agudo reduz-se apenas 20 fones.

O resultado é que espectador próximo do palco julga subjetivamente o tom grave, em 30 Hz, como tendo a mesma intensidade que o tom agudo em 1 kHz, pois ambos terão a mesma audibilidade de 16 sones. Já o espectador afastado do palco perceberá um desequilíbrio entre os dois tons, pois, como o tom grave tem uma audibilidade de apenas 1 sone e o tom agudo uma audibilidade de 4 sones, ele julgará subjetivamente o tom agudo quatro vezes mais intenso que o tom grave.

## 5.4 SENSAÇÃO SUBJETIVA DE FREQUÊNCIA DOS SONS

Os seres humanos percebem subjetivamente a frequência dos sons em uma escala diferente da escala linear em hertz. Isso significa que, quando uma pessoa ouve um tom puro com o dobro da frequência de um tom puro de referência, ela não necessariamente perceberá subjetivamente esse tom puro como tendo uma frequência duas vezes maior. Essa característica do sistema auditivo dos seres humanos levou ao desenvolvimento de grandezas psicoacústicas da frequência dos sons. A sensação subjetiva de frequência chama-se *tonalidade*[5].

Duas grandezas psicoacústicas para mensurar tonalidade são *razão de banda crítica* (z) e *mel*[6] (M). A razão de banda crítica tem como unidade o *bark*, e foi desenvolvida a partir das 24 bandas dos filtros auditivos propostos por Zwicker [5], cujas características constam da Tab. 5.1, e que geraram uma escala de tonalidade que vai de 0 a 24 bark. Uma relação aproximada entre a razão da banda crítica z, em bark, e a frequência f, em hertz, é

$$z = 7 \, asenh\left(\frac{f}{650}\right). \tag{5.3}$$

Diferentemente da razão de banda crítica, a grandeza mel foi desenvolvida por meio de medidas diretas da tonalidade de tons puros por Stevens e Volkmann [7]. Ouvintes eram solicitados a ajustar a frequência de um tom puro até que eles a julgassem aumentada (ou reduzida) em um certo fator quando comparada com um tom puro de referência em 1.000 Hz. Ao tom puro de referência foram atribuídas 1.000 unidades mel de tonalidade. Um tom com tonalidade de 500 mels é percebido como tendo a metade da tonalidade do tom de referência, enquanto um tom de 2.000 mels é percebido como tendo o dobro da tonalidade do tom de referência, o qual corresponde a 1.000 mels. Assim, o mel expressa a sensação subjetiva de frequência do som em uma escala linear. Uma relação aproximada entre mel e frequência, em hertz, é

$$M = 1.127 \log\left(1 + \frac{f}{700}\right). \tag{5.4}$$

A escala mel difere em diversas ordens de magnitude da escala bark. Porém, quando a valores em mel são reescalados, dividindo-os por 55, observa-se que essas duas unidades de tonalidade são praticamente coincidentes, conforme demonstra a Fig. 5.16. Ambas as curvas mostram que a sensibilidade a variações de tonalidade se reduz com o aumento da frequência.

Analogamente à audibilidade, a tonalidade é uma grandeza psicoacústica complexa, sujeita a diversas

---

[5] *Pitch*, em inglês.

[6] Derivado da palavra inglesa *melody* (melodia).

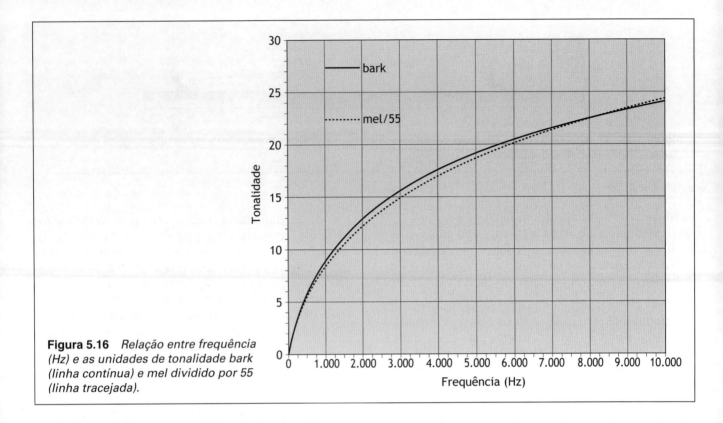

**Figura 5.16** *Relação entre frequência (Hz) e as unidades de tonalidade bark (linha contínua) e mel dividido por 55 (linha tracejada).*

grandezas físicas que caracterizam o som, e também do observador. Embora seja um parâmetro que depende principalmente da frequência, sofre também influência da amplitude e da forma de onda.

Para algumas pessoas – não todas –, o aumento da audibilidade de tons com frequências inferiores a 500 Hz diminui a tonalidade, que aumenta quando se eleva a audibilidade de tons com frequências superiores a 3 kHz. Tons nas frequências intermediárias sofrem pouca variação de tonalidade com a audibilidade.

Quando a audibilidade de tons com frequências inferiores a 200 Hz ou superiores a 6 kHz é "suficientemente" aumentada, ouvintes sensíveis ao efeito podem perceber uma variação de tonalidade de até um tom. Já que as frequências fundamentais de semitons adjacentes, na *escala musical cromática temperada*, estão relacionadas através de $f_2/f_1 = 2^{1/12} = 1{,}059$, um tom completo corresponde a uma variação de frequência de $1{,}059^2 \cong 1{,}12$; ou seja, aproximadamente 12%.

Conforme indica a Fig. 5.17, a escala musical cromática temperada, atribuída a J. Sebastian Bach, divide a faixa

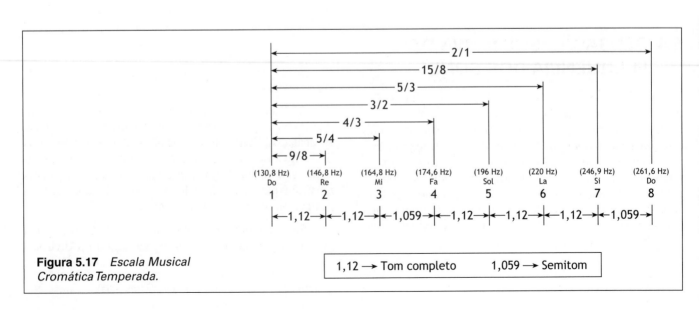

**Figura 5.17** *Escala Musical Cromática Temperada.*

de áudio em intervalos de oitavas. O intervalo de uma oitava é aquele em que a frequência superior do intervalo é o dobro da frequência inferior. Na escala temperada, cada oitava é subdividida em doze semitons ou notas.

Sons complexos como os musicais geram menores desvios entre frequência e tonalidade. Tais sons são ricos em harmônicos, e alguns deles podem ter amplitudes que excedem a do fundamental. Mesmo que o fundamental esteja numa faixa de frequências em que um tom puro possa ser percebido com menor tonalidade, devido ao aumento do seu nível sonoro, os harmônicos terão frequências nas quais a tonalidade varia muito pouco com o nível sonoro, de tal forma que o sistema auditivo percebe o som com tonalidade inalterada. Assim, a tonalidade de um som complexo é determinada principalmente pelos harmônicos.

## 5.5 MASCARAMENTO

Ocorre o mascaramento quando um som interfere na percepção de outro. A origem do mascaramento pode ser compreendida analisando-se a Fig. 4.18, que ilustra o deslocamento da membrana basilar para tons de diferentes frequências. Observa-se na figura que tons de baixa frequência geram atividade numa extensão maior da membrana basilar do que tons de alta frequência. Assim, tons de baixa frequência podem interferir na capacidade de perceber tons de alta frequência. Devido à assimetria do deslocamento da membrana basilar, tons de alta frequência têm menor capacidade de interferir na percepção de tons de baixa frequência.

Diz-se que o tom indesejável (chamado de mascarante) mascara o tom desejável (chamado de mascarado).

Conforme ilustra a Fig. 5.18, o tom mascarante eleva o limiar da audição dos tons mascarados. Os dois tons puros nas frequências adjacentes à do tom mascarante não são percebidos, pois suas amplitudes estão abaixo da curva de deslocamento do limiar da audição. No entanto, o tom mascarante não consegue mascarar o tom de mais baixa frequência da Fig. 5.18. Para que os dois tons puros, nas frequências adjacentes à do tom mascarante, possam ser percebidos, será necessário elevar suas amplitudes acima da curva de deslocamento do limiar da audição.

A Fig. 5.19 apresenta gráficos de deslocamento do limiar da audição para tons puros. Para a construção desses gráficos, submeteram-se ouvintes a tons puros mascarantes nas frequências de 400 Hz e 2 kHz; os sujeitos eram solicitados a elevar tons puros mascarados, até que estes pudessem ser ouvidos na presença do tom puro mascarante com determinado nível sonoro. O nível em que o tom mascarado teve que ser elevado acima do limiar de audição, caracteriza o deslocamento do seu limiar da audição. No eixo horizontal dos gráficos, estão lançadas as frequências dos tons mascarados e, no eixo vertical, os respectivos deslocamentos do limiar da audição. O nível sonoro do tom mascarante é o parâmetro que caracteriza cada uma das curvas.

Nos gráficos da Fig. 5.19, observa-se que a faixa de frequências dos tons mascarados se amplia com o aumento do nível sonoro do tom mascarante. Os perfis de deslocamento do limiar da audição dessa figura indicam que a região da membrana basilar excitada pelo tom mascarante aumenta mais no sentido da base do que no sentido do ápice da membrana. A pequena queda abrupta que se observa no deslocamento do limiar, quando a frequência do tom mascarante se aproxima da frequência do tom mascarado, será discutida mais adiante, em "Batimentos".

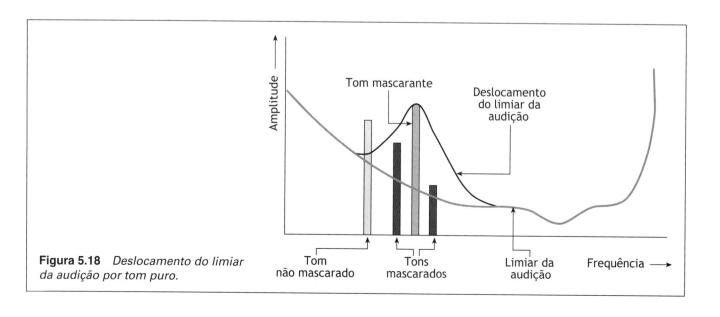

**Figura 5.18** *Deslocamento do limiar da audição por tom puro.*

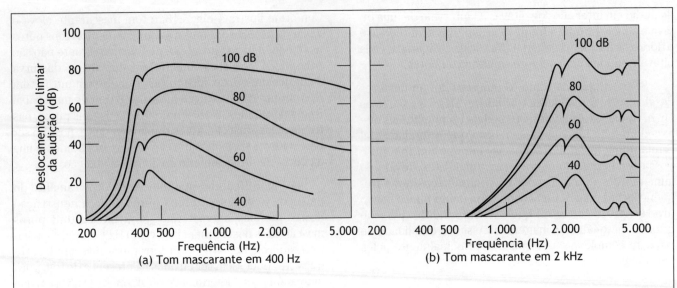

**Figura 5.19** Deslocamentos do limiar da audição por tom puro. O eixo horizontal é a frequência do tom mascarado, e o eixo vertical é o respectivo deslocamento do limiar da audição. O nível sonoro do tom mascarante é o parâmetro que caracteriza cada uma das curvas. Frequência do tom mascarante: (a) 400 Hz; (b) 2 kHz. Fonte [8] Kinsler et al.

O mascaramento de tons puros por ruído com largura de banda $\Delta F$ menor que a largura da banda crítica ($\Delta F_{crit}$) é essencialmente igual ao de um tom puro igualmente intenso e com frequência no centro da banda. Consequentemente, quando o nível sonoro por hertz da banda é relativamente constante, o nível sonoro total do ruído é diretamente proporcional à largura da banda, sendo que o mascaramento (em decibéis) aumenta 10 log $\Delta F$, para $\Delta F < \Delta F_{crit}$. Quando a largura da banda do ruído ultrapassa a largura da banda crítica ($\Delta F > \Delta F_{crit}$), aumentos subsequentes da banda do ruído não aumentam mais o mascaramento do tom puro com frequência no centro da banda.

## 5.6 NÃO LINEARIDADES NO PROCESSAMENTO DO SOM PELO SISTEMA AUDITIVO

### BATIMENTOS

Quando dois tons puros de mesma amplitude e com frequências $f_1$ e $f_2$ muito próximas chegam simultaneamente a uma (ou ambas) orelhas, percebe-se um único tom na frequência $f_c = (f_1 + f_2)/2$, com pulsação rítmica de amplitude na frequência denominada de *batimento* e dada por $f_b = |f_1 - f_2|$. Conforme ilustra a Fig. 5.20, batimento é

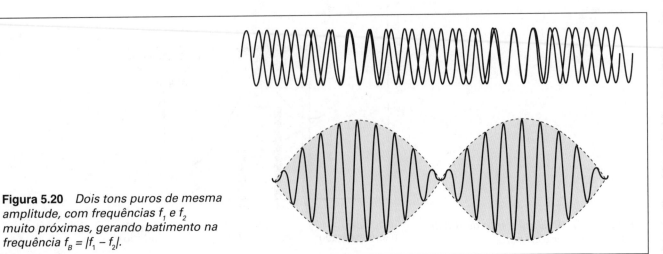

**Figura 5.20** Dois tons puros de mesma amplitude, com frequências $f_1$ e $f_2$ muito próximas, gerando batimento na frequência $f_B = |f_1 - f_2|$.

o resultado de interferências construtivas e destrutivas, resultando em um som combinado, com amplitude que se alterna entre um valor máximo e um valor mínimo.

À medida que o intervalo entre as frequências aumenta, a "pulsação" se transforma em "vacilação" e em seguida, em "aspereza". Com aumentos subsequentes do intervalo entre as frequências, a "aspereza" se reduz gradualmente e, por fim, percebem-se dois tons distintos. Para frequências próximas do meio da faixa de áudio, a transição de "pulsação" para "vacilação" ocorre em torno de 5-10 batimentos por segundo, sendo que a "vacilação" se transforma em "aspereza" em torno de 15-30 batimentos por segundo. Essas transições ocorrem quando se aumentam as frequências dos dois tons. Conforme discutido anteriormente (experimento "Percepção de consonância e dissonância"), a transição para dois tons distintos ocorre quando o intervalo entre as frequências cresce próximo à largura da banda crítica.

Nada do que foi descrito ocorre quando cada tom chega a cada orelha. Nesse caso, não se percebem flutuações de amplitude; o batimento não se manifestará. Isso sugere que o batimento ocorre devido à superposição dos dois tons na mesma região da membrana basilar. (As quedas abruptas que se observam nas curvas de mascaramento da Fig. 5.19 revelam o potencial dos batimentos em facilitar a detecção de sinais.) Somente quando essas regiões ficam separadas por uma distância que corresponde à banda crítica é que os dois tons são ouvidos distintamente. Quando cada tom chega a cada orelha, a membrana basilar de cada orelha é excitada independentemente, e esses efeitos não aparecem.

## TONS COMBINADOS

Quando dois tons (ambos chegando simultaneamente em uma ou ambas orelhas) estão bem espaçados em frequência e com audibilidade suficiente, *tons combinados* são percebidos. Esses tons não estão presentes nos tons originais, sendo "gerados" pelo sistema auditivo. Existe um conjunto de combinações de tons possíveis cujas frequências são obtidas através de várias somas e diferenças das frequências originais $f_1$ e $f_2$, e dadas por

$$f_{nm} = |mf_2 \pm nf_1| \ (n, m = 1,2,3,\ldots). \quad (5.5)$$

Somente algumas das frequências $f_{nm}$ serão percebidas. Uma das mais fáceis de se detectar é o módulo da diferença $|f_2 - f_1|$.

A geração de tons que não estão presentes no som original é uma característica de sistemas não lineares. A orelha média, quando submetida a níveis sonoros até o limiar da dor, é singularmente um sistema linear, de onde se conclui que a cóclea é a causa da não linearidade, dando origem aos tons combinados. Uma forma de se estudar a não linearidade da cóclea é através de medições dos potenciais elétricos cocleares. Quando a membrana basilar é excitada e as células ciliadas estiradas, pequenas diferenças de potencial elétrico são geradas, as quais podem ser detectadas com sondas elétricas inseridas na cóclea. Para dois tons puros de pequena amplitude, o potencial coclear tem uma forma de onda idêntica àquela dos tons recebidos pela orelha. À medida que a amplitude dos tons aumenta, a forma de onda se distorce, indicando a geração de tons combinados. Tons combinados gerados por diferenças de tons geralmente aparecem com menores níveis sonoros do que tons combinados gerados por soma de tons; porém ambos estão presentes.

## HARMÔNICOS AURICULARES

Na realidade, a distorção não linear da cóclea ocorre mesmo na presença de um único tom puro. Quando m = 0 na Eq. (5.5), o que remove o tom na frequência $f_2$, existem ainda tons gerados não linearmente nas frequências $nf_1$, chamados de *harmônicos auriculares*. Tons com frequências acima de 500 Hz e com níveis de audibilidade abaixo de 40 fones não geram harmônicos auriculares de magnitude expressiva.

Para tons puros em frequências ao redor de 100 Hz, o nível de audibilidade a partir do qual os harmônicos auriculares aparecem é da ordem de 20 fones. Com o aumento do nível de audibilidade, os harmônicos auriculares aparecem na frequência correspondente à ordem do harmônico. Geralmente, a audibilidade dos harmônicos auriculares é menor do que a do fundamental, diminuindo à medida que a ordem do harmônico auricular aumenta.

## RESTAURO DO FUNDAMENTAL

Quando um som composto de tons puros em 1.000, 1.200 e 1.400 Hz é apresentado, o ouvinte percebe também um tom puro em 200 Hz. Esse tom é o fundamental, do qual os outros são harmônicos. A esse fenômeno dá-se o nome de *restauro do fundamental*. Percebe-se esse tom mesmo quando: (1) deveria estar normalmente mascarado por ruído, (2) os tons originais são muito fracos para gerar uma diferença de frequências detectável; e (3) os tons chegam em orelhas diferentes. O restauro não é o resultado de não linearidades na cóclea, sendo sua origem o processamento não linear no cérebro. O restauro também se manifesta quando se alteram as frequências. Quando se deslocam as frequências dos tons para 1.036, 1.236 e 1.436 Hz, o ouvinte percebe o restauro na frequência de 206 Hz. Ainda não há explicações definitivas para esse fenômeno.

A geração do fundamental ausente no som original tem aplicação prática no projeto de pequenos rádios de baixo custo. No sentido de eliminar o custo da incorporação de filtros elétricos para remoção da frequência da rede de energia de 60 Hz e do harmônico em 120 Hz gerado no retificador, os fabricantes deliberadamente limitam a resposta desses rádios nas frequências abaixo de 150 Hz. (Os harmônicos de maior ordem da frequência da linha podem ser filtrados a baixo custo.) Assim, a ausência de sons abaixo dessa frequência é restaurada pelo processamento não linear no cérebro, através da geração dos fundamentais das notas baixas a partir dos harmônicos, os quais estão ainda presentes.

## 5.7 INCÔMODO DO RUÍDO

O incômodo provocado pelo ruído é um atributo extremamente subjetivo. Pesquisadores têm encontrado dificuldade em avaliar quantitativamente o incômodo do ruído, pois este parece depender da noção de audibilidade do ouvinte, do grau de aceitação do ruído, do seu potencial intrusivo, assim como da perturbação que ele causa. Embora o incômodo do ruído ainda careça de definição mais precisa, os parâmetros físicos que mais contribuem com a sensação subjetiva de incômodo são:

- conteúdo espectral e níveis sonoros associados;
- a complexidade do espectro e a existência de tons puros;
- duração;
- amplitude e frequência das flutuações de nível;
- tempo de subida de sons impulsivos.

Uma grandeza psicoacústica desenvolvida para mensurar objetivamente o incômodo do ruído é a *ruidosidade percebida*, que tem como unidade o *noy*[7]. A ruidosidade percebida de um tom puro em 1 kHz, com nível de pressão sonora de 40 dB, equivale a 1 noy. Ruídos de 2, 4, 10, ou 20 noys são considerados como tendo ruidosidade percebida 2, 4, 10, ou 20 vezes maior que 1 noy. Portanto, o noy expressa a sensação subjetiva de incômodo do ruído em uma escala linear.

A Fig. 5.21 apresenta um gráfico com as curvas de mesma ruidosidade percebida, cuja interpretação é similar às curvas isofônicas. Essas curvas são para bandas de ruído de oitava, cujas frequências centrais das bandas estão lançadas no eixo horizontal; os níveis sonoros associados estão lançados no eixo vertical.

Como em 1 kHz, 1 sone e 1 noy correspondem ambos ao nível de pressão sonora de 40 dB, a relação entre noys e o nível de pressão sonora $L_p$ em 1 kHz é da mesma forma que a Eq. (5.1), que relaciona sones com fones, ou seja,

$$noys = 2^{(L_p - 40)/10} \text{ (em 1 kHz).} \tag{5.6}$$

A inversão da Eq. (5.5) permite obter o nível de pressão sonora $L_p$ a partir de noys em 1 kHz

$$L_p = 33,2 \log (noys) + 40 \text{ dB (em 1 kHz).} \tag{5.7}$$

## 5.8 LOCALIZAÇÃO BIAURICULAR

Embora a informação da origem do som possa ser explicada pela função de transferência relacionada com a cabeça em uma única orelha (HRTF, cf. "Conduto auditivo externo", no Cap. 4.), a localização da fonte sonora envolve a escuta com as duas orelhas.

Dois fatores estão envolvidos no processo de localização de fontes sonoras: a diferença de níveis sonoros, e a diferença no tempo de chegada (fase) do som que incide em ambas orelhas. Na Fig. 5.22, a orelha mais próxima da fonte sonora está sujeita a um nível sonoro maior do que a orelha mais distante, pois a difração na cabeça gera uma sombra acústica[8] na orelha mais afastada. Adicionalmente, devido à diferença das distâncias, a orelha mais afastada da fonte recebe som mais atrasado que a orelha mais próxima. Abaixo de 1 kHz, a fase (atraso no tempo) é o efeito dominante, enquanto, acima de 1 kHz, a difração acústica é o efeito dominante.

Uma outra forma de localização da fonte ocorre em recintos fechados. Nessa situação, o som que primeiro atinge o receptor é aquele que vem diretamente da fonte, seguido de inúmeras reflexões nas superfícies que delimitam o recinto, provenientes de diferentes direções. Como será visto a seguir, o som que chega primeiro ao receptor é o principal determinante da percepção de direção da fonte.

## 5.9 SENSIBILIDADE AUDITIVA A REFLEXÕES SONORAS

A habilidade de reconhecer os sons gerados de um predador, independentemente do ambiente, conferiu ao homem uma vantagem evolucionária, a qual foi se aperfeiçoando ao longo de sucessivas gerações. Essa habilidade implica na capacidade de ignorar o efeito do ambiente, ou seja, de "subtraí-lo" do som total recebido, para perceber somente o som original. O desenvolvimento da capacidade de subtrair os efeitos do ambiente requer que se percebam suas influências quando se geram os próprios sons. Há indícios

---

[7] Derivada da palavra inglesa *nuisance* (aquilo que incomoda).

[8] O fenômeno da difração gera uma zona de "sombra" acústica atrás de obstáculos. A extensão da sombra depende da relação entre o comprimento de onda e as dimensões do obstáculo. As dimensões do obstáculo devem ser maiores que o comprimento de onda para que se produza, por difração, sombra acústica na respectiva frequência atrás do obstáculo.

## 5.9 – Sensibilidade auditiva a reflexões sonoras

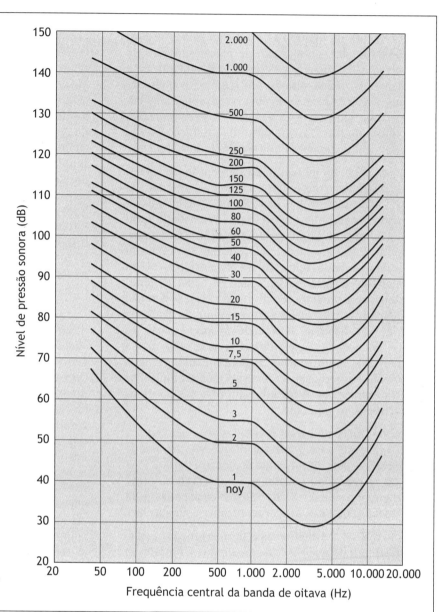

**Figura 5.21** *Curvas de mesma ruidosidade percebida para bandas de ruído de oitava.*

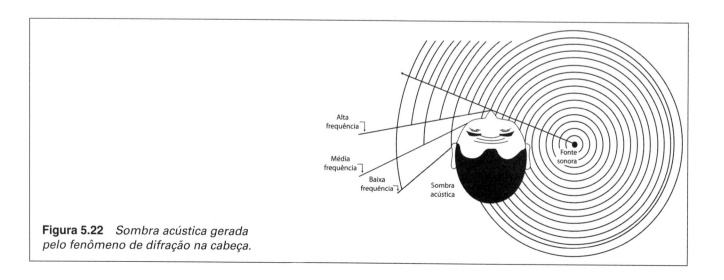

**Figura 5.22** *Sombra acústica gerada pelo fenômeno de difração na cabeça.*

de que, quando se escuta, subtrai-se o efeito do ambiente, diferentemente de quando se produzem sons, quando então se levam em conta as características acústicas do ambiente. Assim, quando se escuta passivamente uma música no carro, numa sala etc., subtraem-se os efeitos do ambiente, na tentativa de perceber o som como originalmente gerado. Quando o ser humano é o elemento ativo na produção do som, há um ajuste na produção sonora que depende das características acústicas do ambiente.

A influência do ambiente na percepção de sons é basicamente função das múltiplas reflexões sonoras que por vias indiretas atingem o observador a partir da fonte sonora. Para analisar esse aspecto da sensibilidade auditiva, vamos imaginar a propagação sonora através de raios sonoros, similares aos raios luminosos que se propagam a partir de uma fonte de luz. Nessa analogia, haverá um raio sonoro que chegará primeiro ao observador, denominado som direto, cujo tempo decorrido entre a geração e sua percepção pelo observador é dado pela distância até a fonte dividida pela velocidade do som. A partir do instante da chegada do som direto, o observador passa a receber raios sonoros que se refletiram nas fronteiras do ambiente (superfícies de uma sala, por exemplo), as quais transmitem ao observador informações sobre as características do ambiente.

As múltiplas reflexões recebidas pelo observador podem ser classificadas, relativamente aos seus tempos de chegada após o som direto, como precoces e tardias. Precoces são as reflexões que atingem o observador em até 50-80 ms após o som direto; as reflexões que chegam em instantes subsequentes são caracterizadas como tardias.

Com relação aos efeitos das reflexões precoces, existem evidências de que elas são integradas ("fundidas") com o som direto, no sentido de que não são percebidas como eventos sonoros isolados pelo sistema auditivo. O que ocorre é similar à visualização de imagens pelos seres humanos. Os olhos humanos fundem uma série de imagens fotográficas consecutivas, as chamadas imagens cinematográficas, que no cinema dão a impressão de um movimento contínuo. A taxa de apresentação das imagens fotográficas é um dos fatores que determinam a qualidade cinematográfica. As imagens fotográficas devem ser apresentadas a uma taxa de pelo menos dezesseis imagens por segundo (intervalo de 62 ms entre elas), para que o espectador não se dê conta de que a sequência cinematográfica é na realidade composta de uma série de imagens fotográficas isoladas, o que prejudicaria o realismo. A fusão dos sons refletidos mais o direto ocorre até 50-80 ms após a chegada do som direto. Decorrido tempo, e dependendo do nível sonoro das reflexões subsequentes, o observador irá percebê-las como ecos isolados.

O gráfico da Fig. 5.23 fornece o limiar diferencial para detecção de reflexões como ecos em função do tempo de chegada da reflexão após o som direto. Verifica-se no gráfico que, na região compreendida entre 5-35 ms, a reflexão deve ter um nível sonoro em torno de 10 dB acima do som direto para que seja detectada como eco. Reflexões, com níveis sonoros inferiores, são integradas com o som direto, gerando no observador a impressão de que a totalidade do som recebido provém da fonte sonora, quando na realidade esse som tem na sua composição a contribuição de reflexões. Reflexões precoces "reforçam" a fonte sonora não somente em termos de nível sonoro, como também em termos de dimensões físicas – a fonte sonora parece ser maior que é na realidade. Esse fenômeno é conhecido como *efeito de precedência* ou *efeito Haas* [9]. Como as reflexões precoces são benéficas ao ouvinte, elas são

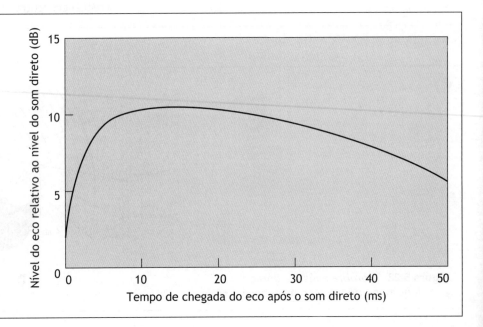

**Figura 5.23** *Limiar diferencial para detecção de reflexão como eco em função do tempo de chegada da reflexão após o som direto. Fonte: [9] Haas.*

chamadas de *reflexões úteis*. No projeto de salas de aulas, auditórios e teatros para a palavra falada, busca-se maximizar as reflexões úteis através de superfícies refletoras estrategicamente orientadas para a plateia.

Ecos são prejudiciais à comunicação, quer seja através da palavra falada (numa sala, no telefone), como também na música; muito embora se tolerem, e até se incentivem reflexões sonoras mais atrasadas em salas destinadas à música, pois estas "enriquecem" os sons musicais. Assim, em geral, consideram-se reflexões tardias para a palavra falada aquelas que ocorrem após 50 ms da chegada do som direto, e para a música após 80 ms. Como as reflexões após 50-80 ms não são benéficas para a comunicação, elas são denominadas *reflexões detrimentais*.

## 5.10 AUDIBILIDADE DE SONS IMPULSIVOS

O gráfico da Fig. 5.24 mostra o quanto o nível de um som impulsivo deve ser aumentado para que produza a mesma audibilidade de um som contínuo. Observa-se no gráfico que o comportamento para tons puros e para ruídos é praticamente o mesmo. Um pulso com duração de 3 ms deverá ter um nível em torno de 15 dB acima de um pulso com duração de 500 ms, para que produza a mesma audibilidade. No gráfico da Fig. 5.24, a transição em torno de 100 ms aparenta estar relacionada com a constante de tempo do sistema auditivo; ou seja, o nível sonoro de determinado som deve ser mantido por pelo menos 100 ms, para que seja subjetivamente percebido com a audibilidade correspondente ao nível sonoro em que é apresentado.

O fato de o sistema auditivo ser menos sensível a sons de curta duração (< 100 ms) está diretamente relacionado com a inteligibilidade da fala. Os sons de consoantes são os principais determinantes da inteligibilidade. Tais sons têm características impulsivas com duração média de 5-15 ms. Tendo em vista que o nível dos sons das vogais é maior que o das consoantes, e também de maior duração, em uma sala com expressiva presença de reflexões tardias, o som das vogais tende a mascarar o das consoantes, com perda de inteligibilidade. Daí a necessidade de se reduzirem significativamente as reflexões tardias (reverberações e ecos) em salas destinadas à palavra falada.

## 5.11 EFEITOS NÃO AUDITIVOS DO RUÍDO

No capítulo anterior, vimos que a exposição prolongada a ruídos causa perda de audição. Porém, o ruído pode provocar efeitos adversos não somente no sistema auditivo. Suspeita-se que os efeitos não auditivos do ruído se manifestem na função cardiovascular (hipertensão, variações da pressão sanguínea e/ou dos batimentos cardíacos), provocando adicionalmente distúrbios respiratórios, perturbação e alterações na saúde física e mental. Essa ampla gama de efeitos faz com que o ruído seja considerado fator de *stress* generalizado.

Os efeitos não auditivos do ruído podem ser classificados em fisiológicos e de desempenho. Os efeitos fisiológicos podem ser temporários ou permanentes. Alguns efeitos fisiológicos temporários são:

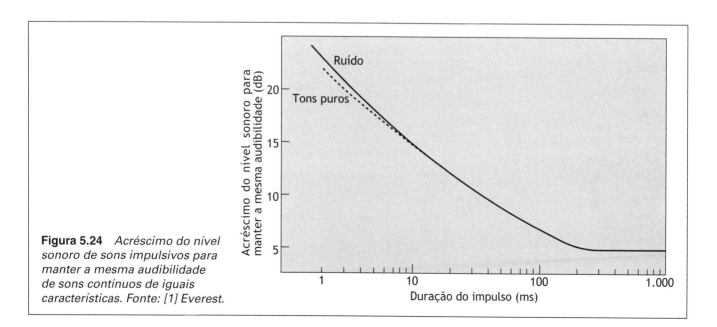

**Figura 5.24** *Acréscimo do nível sonoro de sons impulsivos para manter a mesma audibilidade de sons contínuos de iguais características. Fonte: [1] Everest.*

- sobressaltos causados por elevados níveis de ruído, provocando tensões musculares, com a intenção de ativar alguma forma de proteção;
- reflexos respiratórios, quando o ritmo da respiração se altera em resposta a elevados níveis de ruído;
- alterações no padrão dos batimentos cardíacos;
- alterações no diâmetro dos vasos sanguíneos, particularmente daqueles mais próximos da superfície da pele.

Observe-se que esses efeitos são similares aos causados por outros tipos de *stress*. Não há consenso com relação aos efeitos fisiológicos permanentes, sendo que alguns pesquisadores não admitem que haja esse tipo de efeito; outros são mais céticos.

O ruído pode afetar negativamente o desempenho nas atividades de trabalho, ao interferir com a comunicação oral, com a concentração, além de incomodar. Já se demonstra que o absenteísmo tende a ser maior entre os trabalhadores das indústrias mais ruidosas. Não há conclusões definitivas se o absenteísmo se deve a susceptibilidades psicológicas ou ao *stress* generalizado.

Fora do ambiente de trabalho, o ruído interfere em atividades como o sono, conversação, relaxamento, concentração, que causam impacto psicológico, podendo prejudicar a saúde mental.

# REFERÊNCIAS

[1] EVEREST, F. A., The master handbook of acoustics, 3 ed. TAB Books, impres. McGraw-Hill, New York, 1994.

[2] FLETCHER, H.; MUNSON, W. A., "Loudness – its definition, measurement and calculations", J. Acoust. Soc. Am., 5: 82-108, 1933.

[3] ISO 226: 2003, Acoustics – normal equal-loudness-level contours.

[4] FLETCHER, H., "Auditory patterns", Rev. Mod. Phys., 12: 47-65, 1940.

[5] ZWICKER, E., "Subdivision of the audible frequency range into critical bands (Frequenzgruppen)", Carta ao editor, J. Acoust. Soc. Am., 33: p. 248, 1961.

[6] PATTERSON, R. D., "Auditory filter shapes derived with noise stimuli", J. Acoust. Soc. Am., 59: 640-654, 1976.

[7] STEVENS, S., VOLKMANN, J., "The relation of pitch to frequency: A revised scale", American Journal of Psychology, 53: 329–353, 1940.

[8] KINSLER, L. E.; FREY A. R.; COPPENS A. B.; SANDERS J. V., Fundamentals of acoustics, 4ª ed., John Wiley and Sons, Inc., New York, 2000.

[9] HAAS, H., "The influence of a single echo on the audibility of speech", J. Audio Eng. Soc., 20 (2): 146-159, 1972.

# 6

# FUNDAMENTOS E INSTRUMENTOS DE MEDIÇÕES ACÚSTICAS

Medições acústicas fornecem informações de amplitude, de frequência e de fase dos sons em geral, e particularmente de ruídos, permitindo:

- identificar e localizar fontes de ruído dominantes;
- selecionar métodos, dispositivos e materiais para o controle de ruído;
- avaliar e comparar soluções de controle de ruído;
- verificar o atendimento a normas e legislações de controle de ruído;
- determinar a potência de fontes sonoras;
- avaliar a qualidade acústica de um recinto, sua adequação para determinado uso etc.

## 6.1 MEDIDOR DE NÍVEL SONORO

O nível de pressão sonora é a grandeza acústica determinante da sensação subjetiva de intensidade dos sons. O componente básico de instrumentos para medidas acústicas é, portanto, um sensor de pressão sonora. Esse sensor, um transdutor eletroacústico, conhecido como *microfone*, transforma a pressão sonora em um sinal elétrico equivalente. Este é condicionado e expresso em termos de nível de pressão sonora. O instrumento que realiza essa tarefa é o medidor de nível sonoro, também denominado *sonômetro*, e popularmente conhecido como *decibelímetro*. A Fig. 6.1(a) apresenta um medidor de nível sonoro típico.

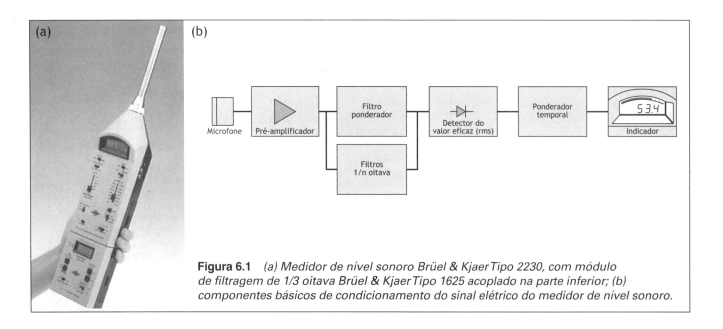

**Figura 6.1** *(a) Medidor de nível sonoro Brüel & Kjaer Tipo 2230, com módulo de filtragem de 1/3 oitava Brüel & Kjaer Tipo 1625 acoplado na parte inferior; (b) componentes básicos de condicionamento do sinal elétrico do medidor de nível sonoro.*

Os componentes básicos de condicionamento do sinal elétrico do medidor de nível sonoro, desde o microfone, até o dispositivo indicador estão indicados na Fig. 6.1(b) e são os seguintes:

- microfone – converte a pressão sonora em um sinal elétrico equivalente;
- pré-amplificador – como o nome indica, amplifica o sinal de baixa magnitude gerado no microfone;
- filtro ponderador – pondera o sinal para simular a resposta do sistema auditivo às diferentes frequências contidas no som;
- filtros de $1/n$ oitava – filtra o sinal em bandas de frequência de $1/n$ oitava (módulo opcional);
- detector do valor eficaz (rms) – extrai o valor eficaz da forma de onda incidente no microfone;
- ponderador temporal – estabelece com que rapidez o dispositivo indicador irá responder a variações do sinal;
- dispositivo indicador – interface de leitura da medição, podendo ser do tipo agulha ou digital.

O medidor de nível sonoro básico não vem equipado com filtros de análise em frequências. Desta forma, este medidor somente fornece o nível sonoro total do som que incide no microfone. No entanto, este medidor tem normalmente incorporados filtros ponderadores, os quais são utilizados para fornecer um nível sonoro melhor correlacionado com a grandeza psicoacústica, nível de audibilidade. Detalhes sobre filtros ponderadores serão apresentados mais adiante neste capítulo. O detector do medidor de nível sonoro detecta o valor eficaz da pressão sonora, fornecendo-o em uma escala logarítmica ao dispositivo indicador graduado em decibéis.

O preço de um medidor de nível sonoro varia em função dos recursos que ele oferece e de sua precisão. A precisão é dada pelo tipo de medidor (Norma IEC 651–1979, ou Norma ANSI S1.4 –1983). Os tipos, as precisões, os preços aproximados e as aplicações típicas são os seguintes:

**tipo 0** ±0,7 dB; >5.000 dólares; instrumento de referência padrão, destinado a calibração de outros medidores de nível sonoro;

**tipo 1** ±1,0 dB; ~5.000 dólares; instrumento de precisão para uso em laboratório ou no campo, onde as condições ambientais possam ser controladas;

**tipo 2** ±1,5 dB; ~500 dólares; instrumento destinado a medições em campo, em geral;

**tipo 3** >±1,5 dB; ~50 dólares; instrumento de simples avaliação, apenas; utilizado, por exemplo, para se ter uma ideia aproximada do nível sonoro.

Os diversos tipos de microfones e suas principais características serão apresentados mais adiante no capítulo. Apresentam-se a seguir as características básicas do ponderador temporal e dos filtros (ponderador e 1/n oitava).

## PONDERADOR TEMPORAL

Conforme ilustra a Fig. 6.2, o ruído tem uma forma de onda irregular, sendo necessário reduzir as flutuações do dispositivo indicador, a fim de permitir leituras pelo olho humano. Para reduzir tais flutuações, os medidores de nível sonoro incorporam o chamado *ponderador temporal*, caracterizado pelas constantes de tempo de resposta (subida e queda) para o sinal de alimentação. A Fig. 6.3 ilustra as leituras de nível de pressão sonora obtidas com duas constantes de tempo de resposta normalmente utilizadas: R (rápida) e L (lenta). Essa nomenclatura está associada à rapidez com que o dispositivo indicador acompanha as flutuações do nível de pressão sonora medido. Observa-se na Fig. 6.2 a menor flutuação das leituras com a constante de tempo de resposta lenta quando comparada com a constante de tempo de resposta rápida.

A Fig. 6.3 ilustra, para uma mesma forma de onda, as indicações para as duas constantes de tempo de resposta, R e L, e uma terceira I (impacto), que, como o próprio nome indica, é utilizada na captura de sons de impactos ou sons impulsivos. As constantes de tempo de resposta de subida e de queda padronizadas estão indicadas na figura.

Algumas vezes, é de interesse conhecer o maior nível sonoro ocorrido durante o período de medição. A fim de proporcionar essa informação, alguns medidores de nível sonoro vêm equipados com um circuito de retenção, que mantém a indicação do maior nível sonoro ocorrido, até que se desative o circuito. A desativação do circuito de retenção pode ser feita manualmente, através de um botão no medidor, ou realizada automaticamente, após um certo intervalo de tempo, pelo próprio medidor. A Fig. 6.3 ilustra a indicação "retenção" do medidor de nível sonoro.

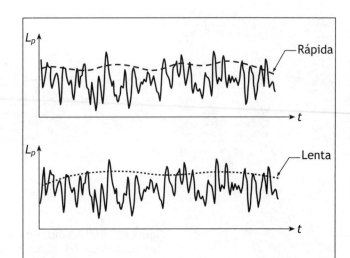

**Figura 6.2** *A flutuação nas leituras é menor com a constante de tempo de resposta lenta. Fonte: Brüel & Kjaer, Lecture guide N. 310.*

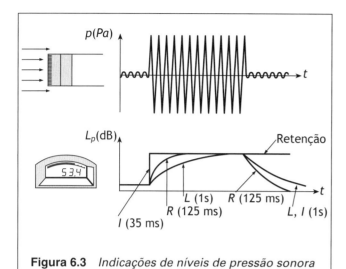

**Figura 6.3** *Indicações de níveis de pressão sonora com as constantes de tempo de resposta R, L, I e retenção, para uma mesma forma de onda. Fonte: Brüel & Kjaer, Lecture guide N. 310.*

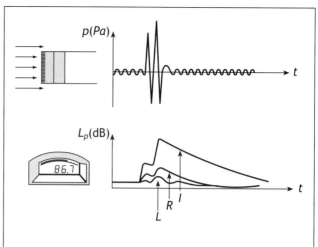

**Figura 6.4** *Indicações de níveis de pressão sonora com as constantes de tempo de resposta R, L, e I para um mesmo som de impacto. Fonte: Brüel & Kjaer, Lecture guide N. 310.*

Como decidir, numa determinada medição, a constante de tempo de resposta a ser utilizada? Frequentemente, o ruído deve ser medido seguindo-se as recomendações de uma determinada norma ou legislação aplicável e, nesse caso, o documento frequentemente especifica a constante de tempo de resposta que deve ser utilizada na medição. Quando nada for dito, as seguintes recomendações poderão ser adotadas: utilizar R e L indistintamente, quando o sinal não contiver sons de impacto; no passado, quando o indicador analógico (ponteiro) era utilizado nos medidores de nível sonoro, a regra prática consistia em usar R sempre, a não ser que o ponteiro oscilasse mais que 4 dB e, nesse caso, usava-se L. Nos medidores mais modernos, onde o indicador é normalmente digital (numérico), o mesmo procedimento poderá ser utilizado.

A Fig. 6.4 ilustra as diferentes indicações de um mesmo som de impacto com as constantes de tempo de resposta R, L e I. É obvio que, nesse caso, as constantes de tempo de resposta R e L são inadequadas para se capturar o nível sonoro do impacto. A indicação I simula melhor a audibilidade devido à constante de tempo de resposta de subida mais rápida. No entanto, conforme foi visto na Sec. 5.10, sons impulsivos com tempo de duração menor que aproximadamente 100 ms são subjetivamente percebidos com menor audibilidade.

Independentemente da constante de tempo de resposta utilizada (R, L, e I), o nível sonoro indicado pelo medidor é sempre baseado no valor eficaz da forma de onda captada pelo microfone. No entanto, o medidor de nível sonoro pode vir equipado com circuito para detecção do valor de pico da forma de onda, e, neste caso, a constante de tempo de resposta do medidor poderá ser tão curta quanto $35\,\mu s$. O detector de picos normalmente

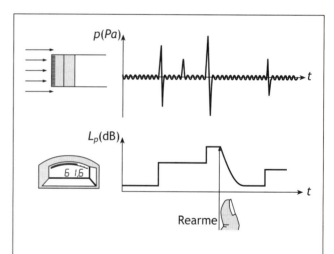

**Figura 6.5** *Indicações de três pulsos sonoros obtidos com medidor de nível sonoro equipado com circuito para detecção de picos. Fonte: Brüel & Kjaer, Lecture guide N. 310.*

vem acompanhado do circuito de retenção (Fig. 6.5). Esse modo de leitura é útil na detecção de impulsos sonoros de duração muito curta, uma vez que, apesar de poder não se perceber subjetivamente sua real magnitude, não necessariamente são menos perigosos no sentido de provocar lesões auditivas.

## FILTROS

O medidor de nível sonoro fornece o nível de pressão sonora total de determinado som. Frequentemente, há interesse em se conhecer como a energia do som distribui-se em frequências; ou seja, deseja-se conhecer o espectro sonoro. Essa informação é necessária, pois, como vimos no capítulo anterior, o sistema auditivo reage de forma diversa a sons em diferentes frequências. Adicionalmente, conforme será visto no Cap. 10, materiais utilizados no controle do ruído apresentam diferentes comportamentos em função da frequência do som incidente. Esses são alguns exemplos que justificam a necessidade de se conhecer o espectro sonoro.

Os *filtros* são os elementos que permitem a extração da energia sonora de um som em bandas de frequências. Filtros são uma espécie de ressoadores, funcionando no mesmo princípio do tubo de órgão e do conduto auditivo. A diferença é que, no lugar de ressoadores mecânicos, os filtros utilizados nos instrumentos de medição acústica são ressoadores eletrônicos (analógicos ou digitais). O filtro "passa" a energia sonora em certas frequências, ressoando nessas frequências, gerando sinais relativamente grandes, ao mesmo tempo em que "rejeita" a energia sonora em outras frequências, gerando sinais relativamente pequenos nessas frequências.

Os filtros são comumente descritos como *passa-alta*, *passa-baixa* e *passa-banda*. O filtro passa-alta passa as componentes espectrais do som com frequências acima da frequência de corte, rejeitando-as abaixo da frequência de corte. O filtro passa-baixa passa as componentes espectrais do som com frequências abaixo da frequência de corte, rejeitando-as acima da frequência de corte. O filtro passa-banda passa as componentes espectrais do som entre duas frequências de corte. A Fig. 6.6 ilustra filtros com essas características.

O *ganho* é o fator pelo qual o filtro multiplica a amplitude do sinal de entrada. A Fig. 6.7 ilustra um filtro com ganho de 0,5, em que a amplitude (A) na entrada se altera para A/2 na saída do filtro.

Já que o ganho é a razão entre a amplitude do sinal na saída e a amplitude do sinal na entrada, ele pode ser expresso em decibéis:

$$\text{Ganho} = 20 \log \left( \frac{A_{\text{saída}}}{A_{\text{entrada}}} \right) \text{ dB} \qquad (6.1)$$

sendo $A_{\text{saída}}$ e $A_{\text{entrada}}$, respectivamente, as amplitudes do sinal na saída e na entrada. Observar que na definição de ganho utilizou-se o fator multiplicativo 20, pois se trata de razão de amplitudes (como a da pressão sonora) e não de razão de potências (ou intensidade).

A *função de transferência* é o ganho produzido pelo filtro em função da frequência. A função de transferência pode ser apresentada de forma gráfica, com ganho em dB, conforme indica a Fig. 6.8.

Os filtros também diferem na forma como as frequências indesejáveis são atenuadas. Essa característica é

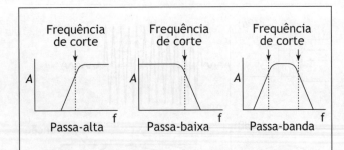

**Figura 6.6** *Características dos filtros passa-alta, passa-baixa e passa-banda, com indicação das frequências de corte.*

**Figura 6.7** *Filtro com ganho de 0,5.*

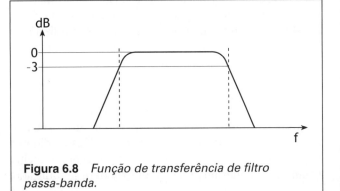

**Figura 6.8** *Função de transferência de filtro passa-banda.*

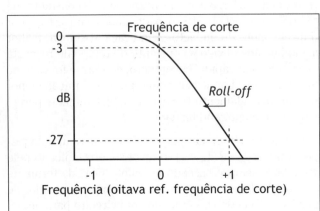

**Figura 6.9** *Função de transferência de filtro com roll-off de -24 dB/oitava.*

conhecida como *roll-off*. O *roll-off* é uma medida de como a amplitude do sinal na saída se reduz com a frequência. A Fig. 6.9 ilustra um filtro passa-baixa com *roll-off* de –24 dB/oitava. Isso significa que a amplitude do sinal nas frequências acima da frequência de corte é atenuada em 24 dB para cada duplicação da frequência de corte.

## FILTROS PONDERADORES

Também denominados simplesmente de ponderadores, são utilizados para modificar o espectro sonoro de acordo com a resposta do sistema auditivo às diferentes frequências contidas no som.

As curvas isofônicas da Fig. 5.6 revelam que a grandeza psicoacústica nível de audibilidade se correlaciona melhor com a sensação subjetiva de intensidade dos sons do que o nível de pressão sonora. Os medidores de nível de pressão sonora incorporam filtros ponderadores que tentam aproximar a sensação subjetiva de intensidade dos sons, aplicando no sinal de entrada funções de transferência baseadas nas curvas isofônicas, fornecendo um sinal de saída que melhor se correlaciona com o nível de audibilidade. No entanto, a grandeza fornecida pelo medidor continua sendo o nível de pressão sonora, só que ponderado.

Os filtros ponderadores têm características de filtros passa-alta, com as seguintes denominações e características:

*A*, aproxima a sensação auditiva correspondente à curva isofônica 40 fones (desenfatiza baixas frequências);

*B*, aproxima a sensação auditiva correspondente à curva isofônica 70 fones;
*C*, aproxima a sensação auditiva correspondente à curva isofônica 100 fones (quase plana);
*D*, desenvolvida para avaliação de ruídos de sobrevoos de aeronaves (penaliza altas frequências).

A Fig. 6.10 apresenta a função de transferência dos filtros ponderadores A, B, C e D. Quando uma medição de nível sonoro é feita com um filtro ponderador, o valor obtido, em decibéis, é indicado na forma dB(x), em que x refere-se ao tipo de filtro ponderador utilizado na medição: A, B, C ou D. Quando o valor obtido na medição é indicado simplesmente por dB ou dB (linear), subentende-se que nenhum filtro ponderador foi utilizado na medição. Nesse caso, o nível sonoro medido corresponde à energia sonora total contida no sinal.

O filtro ponderador *Z* (frequência de ponderação *zero*) foi introduzido na norma internacional IEC 61672 em 2003, destinado a substituir a escala *linear* ("flat" – em Inglês) instalada pelos fabricantes nos decibelímetros. Esta mudança era necessária, pois cada fabricante poderia escolher suas próprias frequências de corte de alta e de baixa (pontos a -3 dB) ao implementar a escala linear em seus medidores de nível sonoro, resultando em leituras diferentes, especialmente quando o nível sonoro máximo está sendo medido. Por sua vez, o filtro ponderador C (com pontos a -3 dB em 31.5 Hz e 8 kHz) não permite um passa-banda suficiente para uma correta avaliação do nível de pico.

O filtro ponderador A aproxima a resposta do sistema auditivo para sons com níveis sonoros "moderados", que

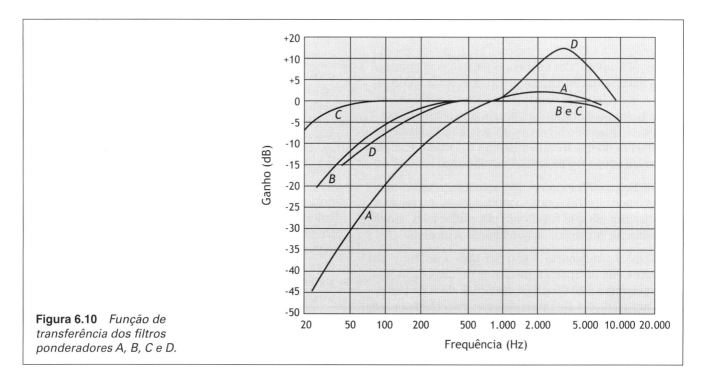

**Figura 6.10** *Função de transferência dos filtros ponderadores A, B, C e D.*

normalmente se verificam nas atividades do cotidiano da vida moderna, sendo o mais comumente recomendado para medições de ruído, por apresentar uma série de vantagens, tais como:

- fornece valores que são bem correlacionados com a perda de audição por ruído;
- é facilmente implementado nos medidores de nível sonoro;
- fornece como resultado um número único;
- é indicado pela maioria das normas e legislações relativas ao ruído.

O filtro ponderador B aproxima a resposta do sistema auditivo para sons com níveis sonoros "medianos". Raramente é utilizado nas medições. O filtro ponderador C, por apresentar uma função de transferência quase plana, aproxima a resposta do sistema auditivo para sons com níveis sonoros "elevados". Por não introduzir praticamente nenhuma alteração no espectro original, o nível sonoro obtido com esse filtro ponderador é praticamente igual ao obtido numa medição sem ponderação.

Os medidores de nível sonoro normalmente fornecem somente duas opções de filtragem ponderadas, a A e a C. A ponderação A por ser a mais utilizada, e a C por ser a mais adequada na medição de níveis sonoros elevados, e por ser recomendada na avaliação de sons de impacto por algumas normas relativas ao ruído no ambiente do trabalho. Ainda mais, uma medição sem ponderação em dB(lin.), mostra-se em geral muito próxima da C-ponderada, principalmente quando não há muita energia sonora nas baixas frequências. Assim, praticamente não há utilidade de medições não ponderadas em dB(lin.), motivo por que não é disponibilizada em certos medidores de nível sonoro.

A comparação dos níveis sonoros obtidos com as ponderações A e C poderá dar uma ideia da distribuição em frequências do som medido. Quando o som contiver pouca energia nas baixas frequências, e como a ponderação A desenfatiza as baixas frequências, o nível sonoro obtido nessa ponderação será próximo ao obtido na ponderação C. Quando o nível sonoro obtido na ponderação A for menor do que o da ponderação C, então a energia sonora em baixas frequências é significativa.

Medições utilizando a ponderação A se mostram simples e cômodas, sendo por isso muitas vezes empregadas em situações em que não foram planejadas para serem utilizadas. As limitações da ponderação A incluem:

- Como a ponderação A tem por base a isofônica 40 fones, ela se aplica a medições de níveis sonoros moderados (40-60 dB) e medições de tons puros. Para medições de níveis sonoros mais elevados, as ponderações B ou C são as mais indicadas, mas raramente utilizadas.

- A ponderação A não é uma boa medida da audibilidade ou do incômodo causado por sons complexos, constituídos de múltiplos tons puros e/ou ruído de banda larga. Dois sons com mesmo nível em dB(A) poderão causar sensações subjetivas distintas.
- Níveis sonoros em dB(A) não fornecem indicações da distribuição da energia do som em frequências; assim, sua utilidade é marginal na identificação e separação de diferentes fontes sonoras e no desenvolvimento de soluções para o controle de ruído.

Em geral, o medidor de nível sonoro básico fornece diretamente:

- $L_p$, nível sonoro total não ponderado, designado por dB (lin.) ou simplesmente dB. Esse tipo de resultado poderá não estar disponível em certos medidores. Nesse caso, a ponderação $C$ poderá ser utilizada alternativamente como aproximação do nível sonoro não ponderado, conforme acima discutido;
- $L_A$, nível sonoro total $A$-ponderado, designado dB($A$);
- $L_C$, nível sonoro total C-ponderado, designado dB(C).

A Tab. 6.1 apresenta os ganhos em função da frequência dos filtros ponderadores A, B, C e D.

## FILTROS DE 1/N OITAVA

A medição mais elementar que qualquer medidor de nível sonoro pode fazer é a do nível sonoro total em decibéis. O valor obtido, um número único, representa a energia sonora contida na faixa de frequências que o medidor pode captar. Como a indicação é através de número único, não há informação de como a energia sonora se distribui em frequências. Para se obter esse tipo de informação, é necessária a utilização de filtros para análise espectral.

Os filtros utilizados para análise espectral são do tipo passa-banda. A Fig. 6.11 apresenta a função de transferência de um filtro passa-banda real e ideal. No filtro ideal, a energia contida em toda a banda de passagem (largura da banda) é aceita integralmente, e toda a energia contida fora da banda de passagem é rejeitada integralmente. O filtro real não é um filtro passa-banda perfeito (é praticamente impossível construir o filtro passa-banda ideal), sendo essa imperfeição caracterizada pelo *roll-off* menos pronunciado que o do filtro ideal (que na realidade é infinito) e, portanto, a energia contida fora da banda de passagem (definida pelos pontos com ganho de -3 dB de ambos os lados do filtro real) é também admitida pelo filtro real. Ocorre que essa energia é consideravelmente atenuada, de tal forma que sua contribuição para a energia total da banda torna-se marginal.

Os filtros passa-banda normalmente utilizados são *filtros de 1/n oitava*. Estes filtros se caracterizam pela frequência central da banda ($f_c$), pela frequência de corte

## 6.1 – Medidor de nível sonoro

**Tabela 6.1  Ganho em função da frequência dos filtros ponderadores A, B, C e D**

| Frequência central da banda (Hz) | Ganho do filtro A (dB) | Ganho do filtro B (dB) | Ganho do filtro C (dB) | Ganho do filtro D (dB) |
|---|---|---|---|---|
| 10 | –70,4 | –38,2 | –14,3 | — |
| 12,5 | –63,4 | –33,2 | –11,2 | — |
| **16** | **–56,7** | **–28,5** | **–8,5** | — |
| 20 | –50,5 | –24,2 | –6,2 | — |
| 25 | –44,7 | –20,4 | –4,4 | — |
| **31,5** | **–39,4** | **–17,1** | **–3,0** | — |
| 40 | –34,6 | –14,2 | –2,0 | — |
| 50 | 30,2 | –11,6 | –1,3 | –12,8 |
| **63** | **–26,2** | **–9,3** | **–0,8** | **–10,9** |
| 80 | –22,5 | –7,4 | –0,5 | –9,0 |
| 100 | –19,1 | –5,6 | –0,3 | –7,2 |
| **125** | **–16,1** | **–4,2** | **–0,2** | **–5,5** |
| 160 | –13,4 | –3,0 | –0,1 | –4,0 |
| 200 | –10,9 | –2,0 | 0 | –2,6 |
| **250** | **–8,6** | **–1,3** | **0** | **–1,6** |
| 315 | –6,6 | –0,8 | 0 | –0,8 |
| 400 | –4,8 | –0,5 | 0 | –0,4 |
| **500** | **–3,2** | **–0,3** | **0** | **–0,3** |
| 630 | –1,9 | –0,1 | 0 | –0,5 |
| 800 | –0,8 | 0 | 0 | –0,6 |
| **1.000** | **0** | **0** | **0** | **0** |
| 1.250 | 0,6 | 0 | 0 | 2,0 |
| 1.600 | 1,0 | 0 | –0,1 | 4,9 |
| **2.000** | **1,2** | **–0,1** | **–0,2** | **7.9** |
| 2.500 | 1,3 | –0,2 | –0,3 | 10,6 |
| 3.150 | 1,2 | –0,4 | –0,5 | 11,5 |
| **4.000** | **1,0** | **–0,7** | **–0,8** | **11,1** |
| 5.000 | 0,5 | –1,2 | –1,3 | 9,6 |
| 6.300 | –0,1 | –1,9 | –2,0 | 7,6 |
| **8.000** | **–1,1** | **–2,9** | **–3,0** | **5,5** |
| 10.000 | –2,5 | –4,3 | –4,4 | 3,4 |
| 12.500 | –4,3 | –6,1 | –6,2 | –1,4 |
| **16.000** | **–6,6** | **–8,4** | **–8,5** | — |
| 20.000 | –9,3 | –11,1 | –11,2 | — |

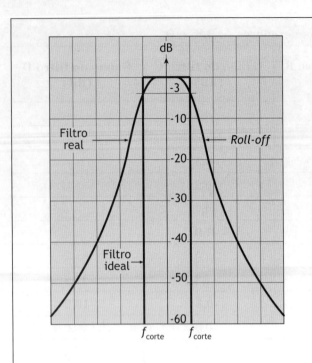

**Figura 6.11** *Funções de transferência real e ideal de um filtro passa-banda.*

Nos filtros de 1/n oitava, a largura de cada banda é sempre uma porcentagem constante da frequência central de cada filtro. Por esse motivo, tais filtros são conhecidos como *filtros com larguras de bandas de porcentagem constante*. Conforme indica a última coluna do Quadro 6.1, a largura das bandas dos filtros de 1/1, 1/3, 1/6 e 1/10 oitava é, respectivamente, 71%, 23%, 12% e 7% da frequência central da banda.

Os filtros não vêm incorporados aos medidores de nível sonoro mais simples, sendo que alguns medidores possibilitam a montagem de módulos de filtragem independentes, como é o caso do medidor ilustrado na Fig. 6.1(a), onde se percebe o módulo de filtragem acoplado na parte inferior do medidor. Filtros com larguras de bandas de porcentagem constante normalmente disponibilizados comercialmente são os filtros de 1/1 oitava (n = 1), denominados simplesmente filtros de oitava, e filtros de 1/3 oitava (n = 3). Podem ser do tipo analógico ou digital, com estes últimos empregados nos medidores mais modernos. Normas e legislações relativas ao ruído, quando requerem a medição do espectro sonoro, normalmente recomendam a utilização de filtros de oitava.

A banda de oitava mede a energia sonora contida na banda de passagem de um filtro passa-banda, cuja frequência de corte superior da banda é o dobro da frequência de corte inferior da banda, daí o nome oitava. As diversas bandas dos filtros de 1/n oitava são especificadas através de suas frequências centrais. Por exemplo, na faixa de áudio, as bandas preferenciais (cf. norma internacional) dos filtros de oitava são: 31,5, 63, 125, 250, 500, 1.000, 2.000, 4.000, 8.000 e 16.000 Hz.

Como as larguras das bandas dos filtros de 1/n oitava são uma porcentagem constante da frequência central, elas crescem progressivamente com ela. No entanto, quando as funções de transferência dos filtros de 1/n oitava são traçadas em papel monologarítmico, a largura das bandas se mostra constante, independentemente da frequência, conforme ilustra a Fig. 6.12 para as bandas preferenciais dos filtros de oitava.

inferior da banda ($f_i$) e pela frequência de corte superior da banda da banda ($f_s$). A largura da banda dos filtros de 1/n oitava ($\Delta f$) é dada por $\Delta f = f_s - f_i$. As relações entre as frequências características dos filtros de 1/n oitava são:

- frequência de corte inferior da banda,
  $f_i = (2^{-1/2n}) \cdot f_c$;
- frequência de corte superior da banda,
  $f_s = (2^{1/2n}) \cdot f_c$;
- largura da banda, $\Delta f = f_s - f_i = (2^{1/2n} - 2^{-1/2n}) \cdot f_c$;
- frequências centrais dos filtros adjacentes,
  $f_{c_{i+1}} = (2^{1/n}) \cdot f_{c_i}$.

Como exemplo, o Quadro 6.1 apresenta as características dos filtros de 1/1, 1/3, 1/6 e 1/10 oitava na frequência central de 1.000 Hz.

| Quadro 6.1: Características dos filtros de 1/1, 1/3, 1/6 e 1/10 oitava para $f_c$ = 1.000 Hz ||||||||
|---|---|---|---|---|---|---|
| $n$ | 1/n | $f_c$ (Hz) | $f_i$ (Hz) | $f_s$ (Hz) | $\Delta f$ (Hz) | $\dfrac{\Delta f}{f_c} \cdot 100\%$ |
| 1 | 1/1 | 1.000 | 707 | 1.414 | 707 | 71% |
| 3 | 1/3 | 1.000 | 891 | 1.122 | 231 | 23% |
| 6 | 1/6 | 1.000 | 944 | 1.059 | 115 | 12% |
| 10 | 1/10 | 1.000 | 966 | 1.035 | 69 | 7% |

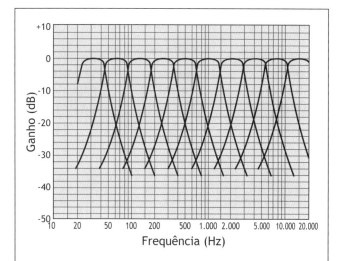

**Figura 6.12** *Funções de transferência de filtros de oitava, com frequências centrais compreendidas entre 31,5 e 16.000 Hz, com o eixo das frequências em escala logarítmica.*

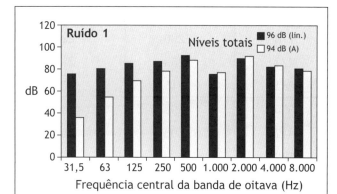

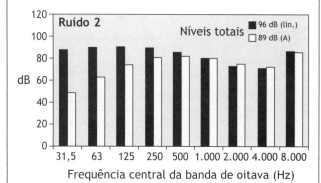

**Figura 6.13** *Espectro não ponderado e A-ponderado em bandas de oitava de dois ruídos distintos, 1 e 2. Os níveis sonoros totais não ponderados desses ruídos são os mesmos e iguais a 96 dB(lin.). Esses ruídos, no entanto, apresentam audibilidades diferentes, pois os respectivos níveis sonoros totais A-ponderados de 94 dB(A) e 89 dB(A) são diferentes.*

Observa-se ainda, no Quadro 6.1, que a largura da banda do filtro será tanto mais estreita quanto maior for n. Assim, por exemplo, o filtro de 1/3 oitava, centrado em 1 kHz, tem uma largura de banda de 231 Hz, enquanto o filtro de 1/1 oitava, centrado na mesma frequência, tem largura de banda bem maior, de 707 Hz. Em certas circunstâncias, é necessária uma maior resolução no espectro sonoro medido do que aquele que se obtém com filtros de oitava. Entende-se por maior resolução um maior detalhamento de como a energia sonora se distribui em frequências. Isso é possível utilizando-se filtros com larguras de bandas menores do que as dos filtros de oitava. A escolha da largura de banda a ser utilizada depende da natureza do ruído – o ruído é de banda larga ou contém tons puros significativos que necessitam ser identificados? Quando o ruído possui tons puros em frequências próximas, estes não aparecerão se forem utilizados filtros com bandas largas. Filtros de 1/3 oitava são normalmente utilizados quando se deseja espectros sonoros mais detalhados, embora sejam ainda inadequados na detecção de tons puros eventualmente contidos no espectro. Cada banda de um filtro de oitava contém três filtros de 1/3 oitava. Resoluções ainda maiores podem ser obtidas com filtros de 1/6 oitava, filtros de 1/10 oitava, e até mesmo com filtros de 1/24 oitava. A largura da banda de oitava contém seis filtros de 1/6 oitava, dez filtros de 1/10 oitava e 24 filtros de 1/24 oitava. Devido ao uso generalizado dos filtros de oitava e de 1/3 oitava, a Tab. 6.2 apresenta as frequências centrais e de corte padronizadas desses filtros.

Observe-se que o valor indicado pelo medidor de nível sonoro equipado com filtros com larguras de bandas de porcentagem constante é dB/banda; ou seja, o medidor indica o nível associado à energia sonora contida na banda. O nível sonoro de cada banda poderá ser ainda ponderado com os ganhos dos filtros ponderadores A, B, C ou D da Tab. 6.1, no sentido de simular a resposta do sistema auditivo ao som contido na banda.

A Fig. 6.13 apresenta o espectro não ponderado e A-ponderado em bandas de oitava de dois ruídos distintos, 1 e 2, que produzem o mesmo nível sonoro total de 96 dB(lin.). Observe-se que os respectivos espectros A-ponderados são diferentes, o que demonstra que esses ruídos produzem audibilidades (respostas subjetivas) diferentes. De fato, os níveis sonoros totais A-ponderados destes ruídos são 94 dB(A) e 89 dB(A). Assim, a medição do nível de ruído total sem ponderação em dB(lin.) é ambígua para revelar a resposta subjetiva ao ruído. Por isso, quando se deseja avaliar a audibilidade de determinado ruído através de número único, devem-se realizar as medições A-ponderadas. É por esse motivo que certos medidores de nível sonoro mais simples não disponibilizam medições em dB(lin.), conforme já discutido anteriormente.

## 6 – Fundamentos e instrumentos de medições acústicas

**Tabela 6.2  Frequências centrais e de corte padronizadas dos filtros de oitava e de 1/3 oitava**

| Oitava | | | 1/3 oitava | | |
|---|---|---|---|---|---|
| Limite inferior (Hz) | Frequência central (Hz) | Limite superior (Hz) | Limite inferior (Hz) | Frequência central (Hz) | Limite superior (Hz) |
| | | | 11,2 | 12,5 | 14,1 |
| 11 | 16 | 22 | 14,1 | 16 | 17,8 |
| | | | 17,8 | 20 | 22,4 |
| | | | 22,4 | 25 | 28,2 |
| 22 | 31,5 | 44 | 28,2 | 31,5 | 35,5 |
| | | | 35,5 | 40 | 44,7 |
| | | | 44,7 | 50 | 56,2 |
| 44 | 63 | 88 | 56,2 | 63 | 70,8 |
| | | | 70,8 | 80 | 89,1 |
| | | | 89,1 | 100 | 112 |
| 88 | 125 | 177 | 112 | 125 | 141 |
| | | | 141 | 160 | 178 |
| | | | 178 | 200 | 224 |
| 177 | 250 | 355 | 224 | 250 | 282 |
| | | | 282 | 315 | 355 |
| | | | 355 | 400 | 447 |
| 355 | 500 | 710 | 447 | 500 | 562 |
| | | | 562 | 630 | 708 |
| | | | 708 | 800 | 891 |
| 710 | 1.000 | 1.420 | 891 | 1.000 | 1.122 |
| | | | 1.122 | 1.250 | 1.413 |
| | | | 1.413 | 1.600 | 1.778 |
| 1.420 | 2.000 | 2.840 | 1.778 | 2.000 | 2.239 |
| | | | 2.239 | 2.500 | 2.818 |
| | | | 2.818 | 3.150 | 3.548 |
| 2.840 | 4.000 | 5.680 | 3.548 | 4.000 | 4.467 |
| | | | 4.467 | 5.000 | 5.623 |
| | | | 5.623 | 6.300 | 7.079 |
| 5.680 | 8.000 | 11.360 | 7.079 | 8.000 | 8.913 |
| | | | 8.913 | 10.000 | 11.220 |
| | | | 11.220 | 12.500 | 14.130 |
| 11.460 | 16.000 | 22.720 | 14.130 | 16.000 | 17.780 |
| | | | 17.780 | 20.000 | 22.390 |

## Exemplo 6.1

O ruído em determinado local de uma fábrica foi medido nas bandas de oitava padronizadas de 63 a 8.000 Hz, obtendo-se os níveis de ruído que estão lançados na linha 2 da Tab. Ex. 6.1. Pede-se calcular os níveis de ruído A e C-ponderados das bandas e o nível de ruído total em dB(lin.), dB(A) e dB(C).

**Tabela Exemplo 6.1** Cálculo dos níveis de ruído A e C-ponderados das bandas de oitava

| 1 | Freqüência central da banda de oitava (Hz) | 63 | 125 | 250 | 500 | 1.000 | 2.000 | 4.000 | 8.000 |
|---|---|---|---|---|---|---|---|---|---|
| 2 | Nível sonoro da banda (dB) – lin. | 95 | 93 | 70 | 70 | 70 | 60 | 62 | 60 |
| 3 | Ponderação A (Tab. 6.1) | –26,2 | –16,1 | –8,6 | –3,2 | 0 | 1,2 | 1,0 | –1,1 |
| 4 | Nível da banda A-ponderado (dB) – A | 69 | 77 | 61 | 67 | 70 | 61 | 63 | 59 |
| 5 | Ponderação C (Tab. 6.1) | –0,8 | –0,2 | 0 | 0 | 0 | –0,2 | –0,8 | –3,0 |
| 6 | Nível da banda C-ponderado (dB) – C | 94 | 93 | 70 | 70 | 70 | 60 | 61 | 57 |

Os ganhos das ponderações A e C estão indicados nas linhas 3 e 5, respectivamente. Os níveis de ruído A e C-ponderados estão indicados nas linhas 4 e 6, respectivamente.

O nível de ruído total poderá ser obtido a partir do nível de ruído das bandas por meio da Eq. (3.16), ou seja:

$$L_p = 10 \; \log \left( \sum_{i=1}^{N} 10^{(L_{p_i}/10)} \right).$$

De acordo com essa equação, os níveis de ruído em dB(lin.), dB(A) e dB(C) serão:

$$L_p = 10 \; \log \left( 10^{95/10} + 10^{93/10} + \ldots + 10^{60/10} \right) = 97,2 \; \text{dB(lin.)};$$

$$L_A = 10 \; \log \left( 10^{69/10} + 10^{77/10} + \ldots + 10^{59/10} \right) = 78,9 \; \text{dB}(A);$$

$$L_C = 10 \; \log \left( 10^{94/10} + 10^{93/10} + \ldots + 10^{57/10} \right) = 96,6 \; \text{dB}(C).$$

A grande diferença entre os níveis sonoros A e C-ponderados indica a presença de considerável energia sonora em baixas freqüências. O espectro em bandas de oitava confirma essa conclusão.

A Fig. Ex. 6.1 apresenta os espectros em bandas de oitava do ruído da Tab. Ex. 6.1, com os níveis sonoros das bandas em dB(lin.), dB(A) e dB(C). Observe-se que o espectro em dB(lin.) é praticamente coincidente com o espectro em dB(C), e correspondem à distribuição de energia sonora em função da freqüência que existe no ruído medido; enquanto que o espectro em dB(A) tenta aproximar a resposta do sistema auditivo ao ruído medido.

Observe-se ainda que o espectro em dB(A) neutraliza as baixas freqüências, procurando simular a baixa sensibilidade auditiva aos sons de baixa freqüência. Em outras palavras, necessita-se de mais energia sonora em baixas freqüências do que nas médias e altas, para provocar a mesma audibilidade (resposta subjetiva).

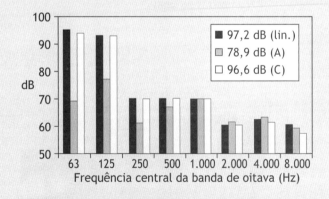

**Figura Exemplo 6.1** *Espectros em bandas de oitava, com os níveis de ruído das bandas em dB(lin.), dB(A) e dB(C), conforme a Tab. Ex. 6.1. O quadro inserido nos espectros fornece o nível de ruído total não-ponderado em dB(lin.) e o nível de ruído total A e C-ponderado.*

## 6.2 ANALISADORES FFT

Observa-se, no Quadro 6.1, que mesmo um filtro de 1/10 de oitava apresenta uma largura de banda igual a 7% da frequência central. Essa largura de banda poderá ser muito larga para certas medições, quando se necessita conhecer a distribuição da energia sonora em função da frequência com maiores detalhes, ou quando se deseja detectar a ocorrência de tons puros envolvidos por ruído. Nessas situações, utilizam-se instrumentos de medição que permitem a obtenção do espectro em bandas muito estreitas, porém não através de filtros de 1/n oitava com n elevado, conforme aqui apresentado, mas utilizando sistemas computarizados, que processam algoritmos de análise de sinais digitalizados, baseados na transformada de Fourier. Tais algoritmos são extremamente rápidos e eficientes, fornecendo resultados em curto espaço de tempo – praticamente em "tempo real". Diz-se então que são instrumentos que executam a transformada de Fourier de forma rápida. A análise espectral obtida dessa forma é chamada de *transformada rápida de Fourier* ("fast Fourier transform", FFT), e os instrumentos são chamados de *analisadores FFT*. Devido ao espantoso desenvolvimento de sistemas digitais e à consequente redução de preço dos processadores e computadores nos últimos anos, os analisadores FFT são cada vez mais utilizados.

Analisadores FFT convertem o sinal analógico gerado pelo microfone em sinal digital. O resultado dessa conversão é um conjunto de pontos, que associam valores numéricos às amplitudes do sinal a intervalos de tempo regulares, os quais reproduzem a forma de onda de forma discreta e não contínua. A transformada rápida de Fourier utiliza esse conjunto de pontos para transformar o sinal no domínio do tempo para o domínio da frequência. A Fig. 6.14(a) ilustra a transformação. Aqui, $N$ amostras do sinal (pontos) na forma de amplitude em instantes consecutivos, espaçados de $\Delta t$ (s), é a informação no domínio do tempo que é transformada pela FFT em espectro sonoro, na forma de amplitude em intervalos de frequência de largura $\Delta f$ (Hz). O algoritmo FFT requer um número finito de pontos, tipicamente obtidos de potências de 2, tal como 512 ($2^9$), ou 1.024 etc.

A Fig. 6.14(b) apresenta um analisador FFT para uso em laboratório. Atualmente, a análise espectral via FFT pode ser feita por meio de processadores acoplados a computadores portáteis, como se vê na Fig. 6.14(c), chamados de "front-ends".

A Fig. 6.14(d) mostra um medidor de nível sonoro com capacidade de realizar análise expectral em bandas estreitas (FFT).

Os analisadores FFT são normalmente do tipo largura de banda constante, em que a largura da banda de análise é função da faixa de frequências de interesse e do número de "linhas" do analisador. O número de linhas é um parâmetro característico do analisador. Por exem-

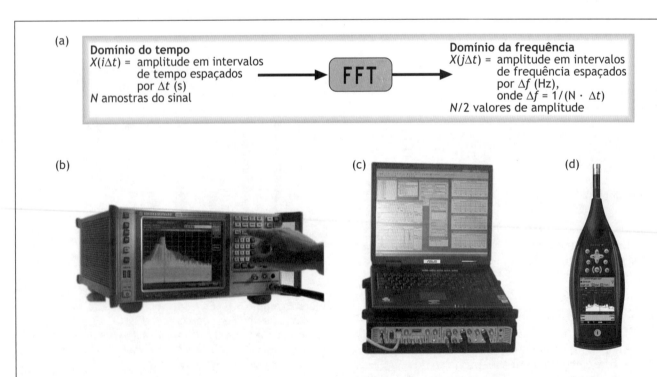

**Figura 6.14** *(a)Transformada rápida de Fourier; (b) analisador FFT para uso em laboratório; (c) processador FFT "front-end" acoplado a computador portátil; (d) medidor de nível sonoro com capacidade de realizar análise expectral em bandas estreitas (FFT).*

## 6.3 – Análise comparativa dos diferentes tipos de filtros

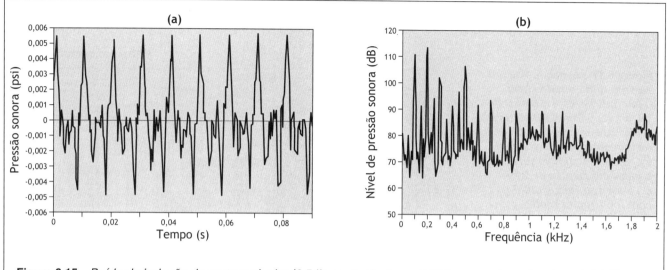

**Figura 6.15** *Ruído de indução de motor veicular (2,5 litros, 4 cilindros a 3.000 rpm, carburador aberto). (a) Sinal no domínio do tempo captado pelo microfone, (b) espectro sonoro obtido via FFT. Fonte: [1] Lamancusa.*

plo, o analisador FFT apresentado na Fig. 6.14(b) é de 400 linhas. Esse analisador tem a capacidade de realizar análises espectrais em várias faixas de frequência. Quando se escolhe a faixa de frequências de 0 a 1.000 Hz, a largura da banda de análise ($\Delta f$) é constante, dada por: $\Delta f$ = 1.000 Hz/400 linhas = 2,5 Hz/linha; ou seja, o analisador fornecerá o espectro sonoro em 400 bandas de frequência, compreendidas entre 0 e 1.000 Hz, sendo a largura de cada banda constante e igual a 2,5 Hz.

A Fig. 6.15 ilustra a forma de onda gerada pelo ruído de indução de um motor veicular de 2,5 litros e 4 cilindros, e o espectro sonoro associado obtido através do analisador FFT. Esse espectro tem as larguras das bandas estreitas e constantes, apresentando uma marcante resolução, o que possibilita detectar a existência de diversos tons puros no ruído medido. A análise espectral com largura de banda constante fornece mais detalhes do espectro em altas frequências do que os analisadores de banda de porcentagem constante, sendo de grande utilidade na identificação de tons puros e harmônicos.

### 6.3 ANÁLISE COMPARATIVA DOS DIFERENTES TIPOS DE FILTROS

A Fig. 6.16 ilustra filtros com bandas ideais (retangulares), com larguras de bandas de porcentagem constante e com larguras de bandas constantes, traçadas na escala logarítmica e linear de frequências. Na escala logarítmica de frequências, os filtros com larguras de bandas de porcentagem constante se revelam com bandas de largura constante (conforme também revela a Fig. 6.12), enquanto os filtros com larguras de bandas constantes se

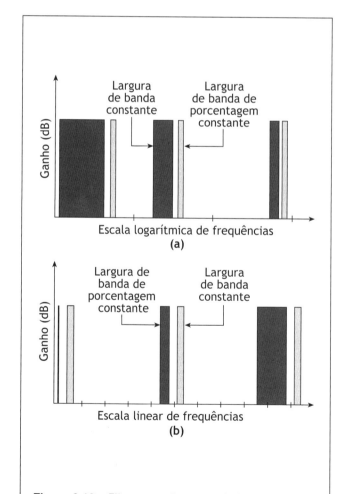

**Figura 6.16** *Filtros com larguras de bandas de porcentagem constante e com larguras de bandas constantes. (a) Escala logarítmica de frequências, (b) escala linear de frequências. Fonte: [2] Gerges.*

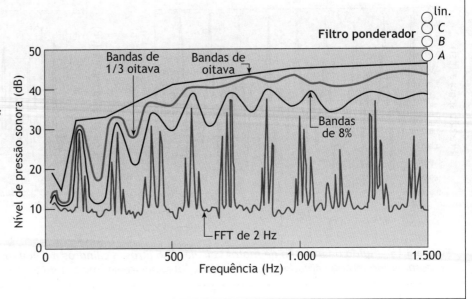

**Figura 6.17** Espectros de um mesmo ruído obtidos com diferentes filtros. (1) Filtros de oitava; (2) filtros de 1/3 oitava; (3) filtros com larguras de bandas de porcentagem constante de 8%; e (4) FFT com larguras de bandas constantes de 2 Hz. Os números únicos obtidos com um simples medidor de nível sonoro estão indicados com círculos no eixo vertical da direita. Nível sem ponderação: 57 dB(lin.); nível A-ponderado: 48 dB(A); nível B-ponderado: 52 dB(B); nível C-ponderado: 55 dB(C). Fonte: [3] Faulkner.

revelam com bandas de largura variável. O inverso ocorre quando filtros com essas características são traçados na escala linear de frequências.

A escala logarítmica de frequências é preferencial quando se utilizam filtros com larguras de bandas de porcentagem constante, quando normalmente se deseja abranger uma ampla faixa de frequências, obtendo-se assim o espectro sonoro em um quadro compacto. Porém perde-se resolução à medida que as frequências vão aumentando. Por outro lado, a escala linear de frequências é preferencial quando se utilizam filtros com larguras de bandas constantes, quando normalmente se deseja uma maior resolução do espectro, possibilitando assim uma melhor identificação de tons puros e harmônicos [ver Fig. 6.15(b)].

Para decidir qual tipo de instrumento deve ser utilizado em determinada medição, é essencial entender a forma como os diferentes filtros processam o sinal captado pelo microfone. Cada filtro tem sua utilidade e suas limitações, sendo que a maior preocupação está em entender qual o tipo de informação que podemos extrair de cada um deles. A melhor maneira de ilustrar as diferenças é apresentar comparativamente os resultados que esses filtros fornecem para um mesmo sinal acústico.

O primeiro exemplo consta dos espectros da Fig. 6.17, que se referem a um equipamento mecânico que tem uma periodicidade evidente no ruído produzido. A escala de frequências é linear e o nível sonoro está dado em decibéis.

O espectro do ruído obtido com o analisador FFT, com larguras de bandas constantes de 2 Hz, oferece uma representação bem detalhada da distribuição da energia sonora em função da frequência. Observa-se nesse espectro uma série de tons puros espaçados com certa regularidade. O nível de ruído básico está em torno de 10 dB. O espectro do ruído obtido com filtros com larguras de bandas de porcentagem constante de 8% apresenta menor resolução e não indica nenhum dos picos existentes no ruído original. O motivo é que todos os picos dentro de cada banda com largura de 8% são combinados em um único nível que representa o nível de ruído da banda. Para a frequência central de 1.000 Hz, a largura de banda é 80 Hz, de 960 a 1.040 Hz, sendo que todas as componentes espectrais dentro dessa banda de frequências são combinadas na obtenção do nível de ruído total da banda. No caso de haver dois picos de igual magnitude na banda, o nível indicado será 3 dB maior que o de um deles individualmente. Observa-se que o nível de ruído é ascendente com a frequência, nos espectros obtidos com filtros com larguras de bandas de porcentagem constante, pois as larguras das bandas aumentam com o aumento da frequência central, e, assim, mais componentes espectrais vão sendo incorporadas na determinação do nível de ruído da banda. Detalhes do espectro do ruído não podem ser revelados com filtros com larguras de bandas de porcentagem constante. O espectro obtido com filtros de 1/3 oitava fornece níveis ainda maiores para o mesmo sinal, pois esses filtros têm bandas com larguras maiores do que os filtros com larguras de bandas de 8%, adicionando mais componentes espectrais. Por exemplo, para a frequência central de 1.000 Hz, a largura da banda de 1/3 oitava vai de 891 a 1.122 Hz. A largura da banda do filtro de oitava centrada em 1.000 Hz vai de 710 a 1.420 Hz, fornecendo valor ainda maior para o nível de ruído da banda do que o filtro de 1/3 oitava de mesma frequência central.

## 6.3 – Análise comparativa dos diferentes tipos de filtros

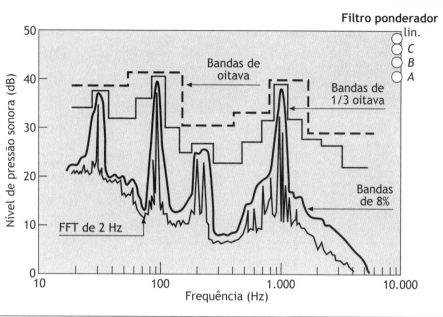

**Figura 6.18** *Espectros de um mesmo ruído obtidos com diferentes filtros. (1) Filtros de oitava; (2) filtros de 1/3 oitava; (3) filtros com larguras de banda de porcentagem constante de 8%; e (4) FFT com larguras de bandas constantes de 2 Hz. Os números únicos obtidos com um simples medidor de nível sonoro estão indicados com círculos no eixo vertical da direita. Nível sem ponderação: 48 dB (lin.); nível A-ponderado: 39 dB (A); nível B-ponderado: 44 dB (B); nível C-ponderado: 46 dB (C). Fonte: [3] Faulkner.*

Medições de níveis totais A-, B- e C-ponderados fornecem números únicos que representam o nível sonoro total dos respectivos espectros ponderados, cobrindo toda a faixa de frequências do medidor de nível sonoro. Esses números únicos, por se correlacionarem com a audibilidade, fornecem uma ideia da sensação subjetiva de intensidade do ruído medido.

Sabe-se que a ponderação A apresenta as maiores atenuações para frequências inferiores a 1.000 Hz, seguida da ponderação B, com a ponderação C apresentando as menores atenuações. Uma forma de se deduzir o conteúdo de frequências do ruído medido consiste em comparar os valores obtidos com as três ponderações. Caso esses valores estejam próximos, o ruído é predominantemente composto por frequências acima de 600 Hz, aproximadamente. Caso os valores obtidos com as ponderações B e C sejam maiores do que com a ponderação A, o ruído apresenta componentes significativas nas frequências abaixo de 600 Hz.

Alguns medidores fornecem o nível sonoro na escala linear, dB (lin.). Nesse caso, o valor fornecido é o nível de pressão sonora total do ruído na faixa de frequências coberta pelo medidor, sem qualquer ponderação. Esse resultado não é muito bem correlacionado com a sensação subjetiva de intensidade do ruído, ou seja, com a audibilidade, podendo eventualmente ser de interesse quando se deseja saber a energia sonora total contida no sinal.

No caso de medidas de ruído ao ar-livre, devido ao sobrevoo de aeronaves, a ponderação D é utilizada; no entanto essa ponderação não é utilizada nas medições de ruído ocupacional.

O segundo exemplo consta dos espectros da Fig. 6.18, que se refere a outro tipo de ruído. Nesse caso, a escala de frequências é logarítmica. A fonte de ruído não consiste só de tons puros, como ocorreu no exemplo anterior, pois se observa uma variação no nível de ruído básico no espectro obtido via FFT de 2 Hz.

Esses dois exemplos mostram claramente que apenas filtros com bandas estreitas e constantes podem fornecer um registro detalhado do ruído em função da frequência. Embora o preço dos analisadores FFT venha se reduzindo, a diferença de preço entre esses analisadores e aqueles com filtros com larguras de bandas de porcentagem constante de oitava e 1/3 oitava ainda é considerável. Assim, estes últimos ainda são bastante empregados na medição do ruído. Nas atividades de laboratório, para uma análise completa de uma determinada fonte sonora, é essencial a utilização de ambos os tipos de filtros; com larguras de bandas constantes tipo FFT, e com larguras de bandas de porcentagem constante. Analisadores do tipo FFT são comumente utilizados na determinação de detalhes do espectro sonoro normalmente relacionados com as características de operação da máquina ou equipamento. O nível sonoro total A-ponderado é um número único, útil na avaliação da resposta subjetiva ao ruído e, por ser uma medida simples, é prescrita pela maioria das normas e legislações relativas ao ruído.

Qual tipo de analisador utilizar? A resposta depende da aplicação e dos recursos financeiros disponíveis. O Quadro 6.2 apresenta uma comparação entre o medidor de nível sonoro com filtros de oitava e o analisador FFT.

| Quadro 6.2 Comparação entre medidor de nível sonoro e analisador FFT | |
|---|---|
| **Medidor de nível sonoro (com filtros de oitava)** | **Analisador FFT** |
| Pequeno número de dados para interpretar | Gera muitos dados (requer grande capacidade de memória/ armazenamento) |
| Análise espectral grosseira | Análise espectral detalhada |
| Útil na avaliação ao atendimento de normas e legislações | Permite separar a contribuição de fontes sonoras fisicamente próximas |
| Fácil de ser utilizado, recursos limitados | Complicado de usar, várias funções |
| Adequado para seleção de materiais | Útil em outras aplicações (análise de vibrações) |
| Relativamente barato: 500 a 3.000 dólares | Caro: 5.000 a 15.000 dólares |

---

**Exemplo 6.2**

Sabendo-se que os níveis sonoros nas bandas de 1/3 oitava em 400, 500 e 630 Hz são respectivamente 72, 74 e 69 dB, qual é o nível sonoro na banda de oitava em 500 Hz?

Como as três bandas de 1/3 oitava de 400, 500 e 630 Hz estão contidas na banda de oitava de 500 Hz, a aplicação direta da Eq. (3.16) fornece:

$10 \log (10^{7,2} + 10^{7,4} + 10^{6,9}) = 77$ dB,

para o nível sonoro da banda de oitava de 500 Hz.

## 6.4 CONVERSÃO DE NÍVEIS SONOROS ENTRE BANDAS DE DIFERENTES LARGURAS

Existem situações em que se obteve o espectro sonoro com um tipo de filtro e mais tarde se descobriu que seria necessário conhecer o espectro com um outro tipo de filtro. No caso de ter-se obtido o espectro em bandas estreitas, o espectro em bandas largas poderá ser obtido através do processo de sintetização, já visto na Sec. 3.5, e com o auxílio da Eq. (3.16).

Há casos em que se mediu o nível sonoro em uma banda estreita e se deseja saber, sem medir, o nível sonoro de uma banda larga que englobe a banda estreita medida. Nessa situação, não há informações suficientes para o cálculo correto. Porém, ao se assumir que a energia sonora distribuiu-se uniformemente na banda larga, com o mesmo nível sonoro por Hz da banda estreita medida, é possível fazer-se uma estimativa. Para tanto, define-se o *nível espectral* ($L_{espectral}$) com unidades de dB/Hz, como o nível sonoro obtido com um filtro de banda estreita com largura de 1 Hz. O nível sonoro de uma banda de largura $\Delta f$ poderá ser obtido a partir do nível espectral por meio de

$$L_{\Delta f} = L_{espectral} + 10 \log \Delta f \ \text{(dB)}, \tag{6.2}$$

onde $L_{\Delta f}$ é o nível sonoro da banda de largura $\Delta f$. Nessa equação, assume-se tacitamente o nível espectral como constante dentro da banda de largura $\Delta f$.

## 6.4 – Conversão de níveis sonoros entre bandas de diferentes larguras

### Exemplo 6.3

O espectro da Fig. Ex. 6.3 é do ruído de uma serra circular e foi obtido com um analisador FFT de 800 pontos, na faixa de frequências de 0 a 5.000 Hz. A Tab. Ex. 6.3 apresenta dados parciais do espectro do ruído da serra circular. Essa tabela também lista os níveis de ruído medidos com filtros de 1/3 oitava. Pede-se sintetizar, em bandas de 1/3 oitava normalizadas, o espectro obtido via FFT, e comparar os resultados com aqueles que foram medidos. Discutir a exatidão do espectro sintetizado em baixas frequências.

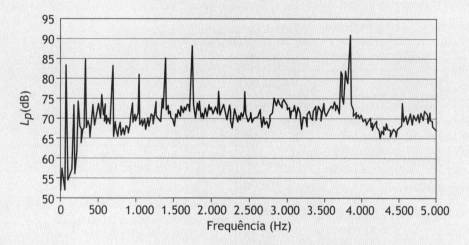

**Figura Exemplo 6.3** *Espectro do ruído da serra circular obtido via FFT. Fonte: [1] Lamancusa.*

Para a faixa de frequências de 0 a 5.000 Hz, a largura da banda de análise FFT, $\Delta f$, é dada por: $\Delta f$ = 5.000 Hz/800 linhas = 6,25 Hz/linha; ou seja, o espectro do ruído consta de 800 bandas de frequência, com a largura de cada banda constante e igual a 6,25 Hz.

Os níveis sintetizados em bandas de 1/3 oitava poderão ser obtidos aplicando a Eq. (3.16) para as bandas FFT contidas nas respectivas bandas de 1/3 oitava normalizadas, que constam da Tab. 6.2. Observa-se uma boa concordância dos níveis sintetizados com aqueles que foram medidos.

***Discussão*** Já que a FFT fornece dados em intervalos de frequências iguais e contíguos, as bandas de 1/3 oitava mais baixas conterão poucos pontos FFT. Isso degrada a exatidão do nível da banda sintetizada nas baixas frequências.

**Tabela Exemplo 6.3** Dados parciais do espectro do ruído da serra circular obtido via FFT e em bandas de 1/3 oitava sintetizadas e medidas

| Frequência (Hz) | $L_p$ (dB) (FFT, $\Delta f$ = 6,25 Hz) | $L_p$ (dB), (1/3 oitava) sintetizado | $L_p$ (dB), (1/3 oitava) medido |
|---:|---:|---:|---:|
| 81,25 | 67,68 | | |
| 87,50 | 82,24 | | |
| 93,75 | 83,24 | | |
| 100,00 | 71,29 | 83,5 | 83,2 |
| 106,25 | 56,79 | | |
| **112,50** | **54,36** | | |
| **118,75** | **55,42** | | |
| **125,00** | **55,54** | **62,6** | **61,3** |
| **131,25** | **55,59** | | |
| **137,50** | **56,81** | | |
| 143,75 | 56,27 | | |
| 150,00 | 55,99 | | |

continua...

# 6 – Fundamentos e instrumentos de medições acústicas

**Tabela Exemplo 6.3  Dados parciais do espectro do ruído da serra circular obtido via FFT e em bandas de 1/3 oitava sintetizadas e medidas (...continuação)**

| Frequência (Hz) | $L_p$ (dB)<br>(FFT, $\Delta f$ = 6,25 Hz) | $L_p$ (dB), (1/3 oitava)<br>sintetizado | $L_p$ (dB), (1/3 oitava)<br>medido |
|---|---|---|---|
| 156,25 | 56,35 | | |
| 162,50 | 62,25 | 70,1 | 70,2 |
| 168.75 | 64,95 | | |
| 175,00 | 66,20 | | |
| **181,25** | **73,53** | | |
| **187,50** | **70,31** | | |
| **193,75** | **57,68** | | |
| **200,00** | **55,78** | **75,7** | **75,1** |
| **206,25** | **59,06** | | |
| **212,50** | **61,45** | | |
| **218,75** | **60,33** | | |
| 225,00 | 60,68 | | |
| 231,25 | 61,99 | | |

---

## Exemplo 6.4

Determinar o nível espectral da banda de 1/3 oitava centrada em 125 Hz com nível sonoro de 58 dB.

Aqui, $L_{\Delta f}$ = 58 dB, e $\Delta f$ é igual a 23% de 125 Hz; logo, $\Delta f$ = 29 Hz. Aplicando a Eq. (6.2), temos:

$L_{espectral}$ = 58 - 10 log 29 = 58 - 14,6 = 43,4 dB/Hz.

---

## Exemplo 6.5

A partir do nível espectral do Ex. 6.4, determinar o nível sonoro da banda de oitava centrada em 125 Hz.

O nível espectral obtido no Ex. 6.4 é:

$L_{espectral}$ = 43,4 dB/Hz,

e $\Delta f$ é igual a 71% de 125 Hz; logo, $\Delta f$ = 89 Hz. Aplicando a Eq. (6.2), temos:

$L_{\Delta f}$ = 43,4 + 10 log 89 = 62,9 dB.

---

## 6.5 RUÍDO BRANCO E RUÍDO ROSA

*Ruído branco*[1] e *ruído rosa*[2] são ruídos aleatórios de banda larga. O espectro do ruído branco apresenta um nível constante para todas as frequências do espectro. O ruído de jatos de ar comprimido tem características de ruído branco. O espectro do ruído rosa apresenta um nível que cai 3 dB por oitava. O ruído de TV fora de sintonia tem características de ruído rosa. A Fig. 6.19 apresenta os espectros dos dois ruídos, branco e rosa.

A Fig. 6.20 apresenta os espectros de ruído branco e ruído rosa passando por filtros com larguras de bandas de porcentagem constante. O nível do ruído branco cresce 3 dB quando a frequência é duplicada (+3 dB/oitava), pois, cada vez que a frequência dobra, a largura da banda também dobra, sendo o resultado um aumento de 3 dB (10 log 2) em cada banda sucessiva. O ruído rosa foi especialmente concebido para fornecer um nível sonoro constante através de todas as bandas de porcentagem

---

[1] A designação ruído branco é feita por associação com o caso da luz branca.

[2] A designação ruído rosa decorre mais uma vez de uma associação com a luz; nesse caso, emitindo mais energia na faixa vermelha do espectro.

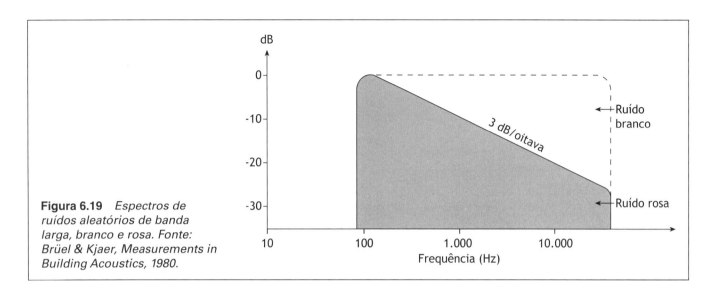

**Figura 6.19** *Espectros de ruídos aleatórios de banda larga, branco e rosa. Fonte: Brüel & Kjaer, Measurements in Building Acoustics, 1980.*

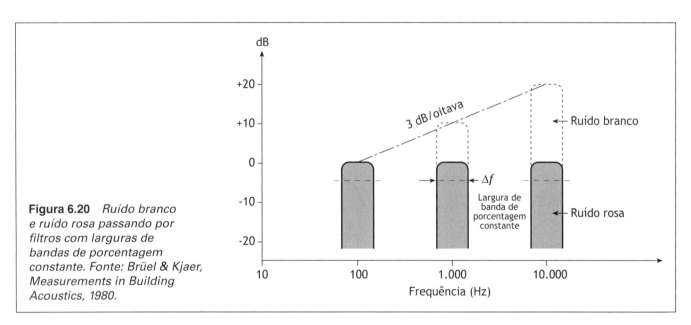

**Figura 6.20** *Ruído branco e ruído rosa passando por filtros com larguras de bandas de porcentagem constante. Fonte: Brüel & Kjaer, Measurements in Building Acoustics, 1980.*

constante. Assim, o nível do ruído rosa se reduz com a frequência na exata medida para compensar o aumento das larguras das bandas com a frequência nos filtros com larguras de bandas de porcentagem constante.

Ensaios acústicos normalmente requerem a utilização de um desses dois tipos de ruído. Nesses ensaios, utiliza-se um gerador de sinais, o qual envia para um alto-falante um sinal com características de ruído branco ou de ruído rosa, o qual excita o sistema sob teste. O ruído branco é frequentemente utilizado na obtenção da função de transferência de sistemas. O ruído rosa é útil quando, na análise de sistemas acústicos, se utilizam filtros com larguras de bandas de porcentagem constante, pois se garante que a mesma quantidade de energia excite o sistema nas bandas analisadas. Assim, a resposta do sistema poderá ser comparada nas diferentes bandas.

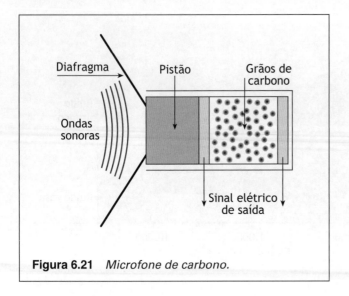

**Figura 6.21** *Microfone de carbono.*

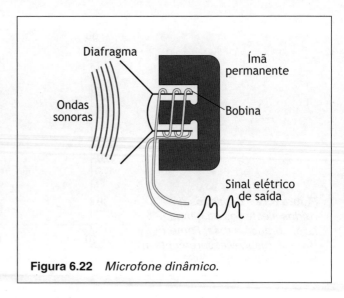

**Figura 6.22** *Microfone dinâmico.*

## 6.6 MICROFONES

O microfone é um transdutor eletroacústico, sensível à pressão sonora, a qual é transformada em um sinal elétrico equivalente. Esse sinal pode ser amplificado, filtrado, armazenado e manipulado de várias formas. Todos os microfones possuem um diafragma, que vibra em resposta à pressão sonora. Através do mecanismo de transdução do microfone, as vibrações do diafragma são transformadas em variações de tensão ou de corrente elétrica, correspondentes à pressão sonora incidente no diafragma.

### TIPOS DE MICROFONE

Existem seis tipos de microfone: de carbono, dinâmico, de fita, piezelétrico, de eletreto e de condensador.

### MICROFONE DE CARBONO

A Fig. 6.21 mostra um microfone de carbono. Esse tipo de microfone deixou de ser utilizado em vista de sua baixa qualidade. No entanto, é aqui apresentado, não apenas por seu valor histórico, por ter sido bastante utilizado nos primeiros telefones e rádios de comunicação, mas também pelo seu princípio de funcionamento, que forma a base dos demais microfones.

As ondas sonoras incidentes movimentam o diafragma, bem como o pistão solidário a ele. O pistão, por sua vez, comprime e descomprime grãos de carbono contidos numa câmara. As duas placas laterais da câmara conectam-se aos terminais elétricos de uma bateria. Quando a pressão sonora se encontra em seu ciclo positivo, o diafragma é forçado para dentro, comprimindo os grãos de carbono, com redução da resistência e aumento da corrente elétrica. Quando a pressão sonora está no seu ciclo negativo, o diafragma se move para fora, descomprimindo os grãos de carbono, com aumento da resistência e redução da corrente elétrica. Em resumo, a resistência dos grãos de carbono contidos na câmara varia em consonância com a pressão sonora que excita o diafragma, gerando uma variação de corrente (sinal elétrico) com a mesma forma de onda da pressão sonora. Um dos grandes inconvenientes desse tipo de microfone está no ruído elétrico autogerado. Isso ocorre quando os grãos de carbono se aglomeram, criando correntes espúrias e ruído característico de fritura.

### MICROFONE DINÂMICO

Nesse tipo de microfone (Fig. 6.22), o diafragma fica solidário a uma bobina de peso reduzido, a qual se move no interior de um ímã permanente. Quando a bobina se movimenta, sob a ação da pressão sonora agindo no diafragma, uma força eletromotriz (tensão) é induzida no fio da bobina. A tensão induzida (sinal elétrico) tem a mesma forma de onda da pressão sonora que incide sobre o diafragma. Esse microfone não necessita de bateria para operar.

Na realidade, a tensão induzida é proporcional à velocidade com que a bobina se movimenta. Diz-se então que esse tipo de microfone é sensível à velocidade. Podem ser fabricados com várias impedâncias[3].

Os microfones dinâmicos e suas variações são amplamente utilizados em telefonia, radiocomunicação e em estúdios de gravação. São robustos, relativamente bara-

---

[3] Resistência à corrente em circuitos de corrente alternada.

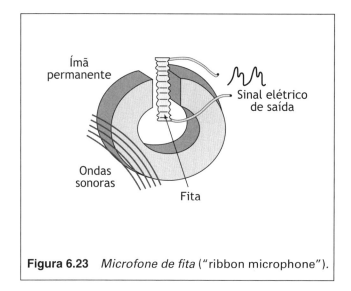

**Figura 6.23**  *Microfone de fita ("ribbon microphone").*

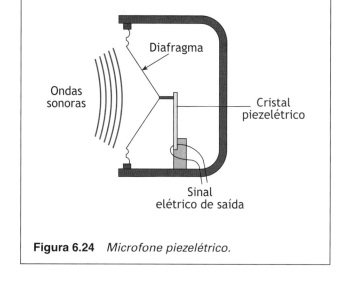

**Figura 6.24**  *Microfone piezelétrico.*

tos, de baixa distorção, e com ampla faixa dinâmica[4] e de resposta em frequência[5]. No entanto sua sensibilidade[6] varia em frequência mais do que os microfones de fita e de condensador.

## MICROFONE DE FITA

A Fig. 6.23 mostra um microfone de fita (*ribbon microphone*), cujo princípio de funcionamento é essencialmente igual ao do tipo dinâmico. A diferença é que, no lugar da bobina, há uma fita corrugada de alumínio. Esta oscila no interior do campo magnético quando incide uma onda sonora, induzindo tensão nos terminais elétricos do microfone. Esse microfone também é sensível à velocidade.

Os microfones de fita são conhecidos por apresentarem boa resposta a transientes. São bastante utilizados em estúdios de gravação, pois reproduzem sons musicais com mais "calor". Mas apresentam desvantagens: baixa sensibilidade, enfatizam as baixas frequências além do desejável e são sensíveis a correntes de vento, o que não os recomenda para uso ao ar-livre, a menos que estejam bem protegidos.

## MICROFONE PIEZELÉTRICO

Cristais que apresentam o efeito piezelétrico geram tensões elétricas quando deformados. O microfone piezelétrico (Fig. 6.24) utiliza uma lâmina de material piezelétrico acoplada ao diafragma, não necessitando de bateria. As duas faces da lâmina adquirem naturalmente cargas elétricas de sinais opostos quando o cristal se deforma por ação do diafragma. As cargas elétricas adquiridas são proporcionais à magnitude da deformação e desaparecem quando a lâmina não está deformada. Os primeiros microfones piezelétricos usavam sal de Rochelle, devido às elevadas tensões geradas, mas tinham a desvantagem de ser relativamente frágeis e sensíveis à umidade. Microfones piezelétricos mais modernos empregam materiais cerâmicos, a base de bário-titânio e chumbo-zircônio.

Os microfones piezelétricos geram tensões elétricas relativamente elevadas, sendo estáveis e baratos, podendo ser miniaturizados. Mostram-se pouco sensíveis a variações normais de temperatura e umidade, porém são mais sensíveis a vibrações, e sua faixa de resposta em frequência é menor do que a dos microfones dinâmicos e de condensador.

## MICROFONE DE ELETRETO

Utilizam como material do diafragma um eletreto – material plástico que possui carga elétrica permanente. Conforme ilustra a Fig. 6.25, o diafragma forma uma das placas do capacitor. A outra placa do capacitor consiste numa lâmina metálica perfurada, para permitir a passagem do ar na movimentação do diafragma. A variação da distância entre as placas, quando da incidência da onda sonora, altera a carga elétrica armazenada no capacitor, gerando uma corrente elétrica (sinal elétrico) com a mesma forma de onda da pressão sonora.

Microfones de eletreto não necessitam de bateria. O diafragma de eletreto tem espessura em torno de 0,002 cm, possuindo uma camada metálica condutiva

---

[4] Faixa de níveis sonoros possível de ser captada pelo microfone.

[5] Faixa de frequências possível de ser captada pelo microfone.

[6] Razão entre a tensão de saída e a pressão sonora incidente, em mV/Pa.

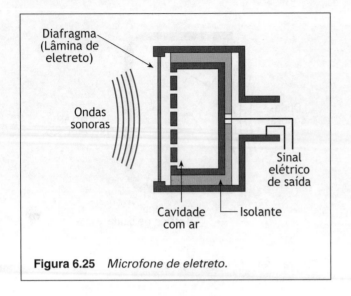

**Figura 6.25** *Microfone de eletreto.*

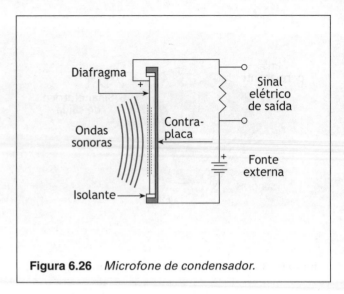

**Figura 6.26** *Microfone de condensador.*

depositada na superfície externa. A carga elétrica permanente (polarização) é obtida submetendo-se a membrana ao calor e a tensões elétricas elevadas durante o processo de fabricação. Bombardeamento de elétrons também pode ser utilizado na polarização.

Trata-se de um microfone barato, sendo bastante utilizado em gravadores portáteis. Os microfones de eletreto, no entanto, mostram-se mais sensíveis a variações de temperatura, o que altera a constante dielétrica do eletreto e a estabilidade dimensional do diafragma.

### MICROFONE DE CONDENSADOR

Esses microfones (Fig. 6.26), também chamados de eletrostáticos, utilizam o capacitor na geração do sinal elétrico, tal como nos microfones de eletreto. A diferença está no diafragma, que não é pré-polarizado, e na tensão de polarização, fornecida por uma fonte externa. Também são conhecidos como microfones de polarização externa.

Os microfones de condensador são os mais utilizados em medições acústicas. Sua resposta é plana numa ampla faixa de frequências, em função de a carga no diafragma só depender do espaçamento entre as placas, sendo que o diafragma não apresenta ressonâncias que possam alterar a resposta em frequência. Como o diafragma consiste numa membrana extremamente leve, esse microfone apresenta excelente resposta em altas frequências, o que implica em boa resposta transiente, já que os transientes muito rápidos geram altas frequências. Os microfones de condensador são, entretanto, mais caros, além de requererem polarização externa. A tensão de polarização geralmente é fornecida por um pré-amplificador, que recebe energia do próprio medidor de nível sonoro ou de uma fonte externa.

### MICROFONES PARA MEDIÇÕES ACÚSTICAS

O microfone de condensador com diafragma metálico ocupa a posição preferencial em medições acústicas. Isso se deve à sua ampla faixa dinâmica, ampla faixa de resposta em frequência, estabilidade, e pela quantidade de informações técnicas disponíveis para esse tipo de microfone. As principais desvantagens são o preço relativamente alto e sua sensibilidade à umidade – fator, particularmente crítico em microfones usados no monitoramento de níveis sonoros ao ar-livre.

A Fig. 6.27 ilustra as características básicas de um microfone de condensador, geralmente fornecido em quatro tamanhos (1/8, 1/4, 1/2 e 1 pol).

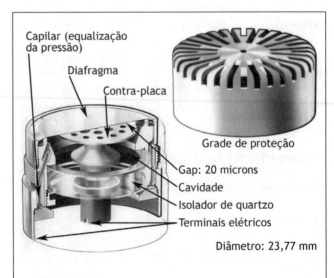

**Figura 6.27** *Vista aberta de um típico microfone de condensador. Brüel & Kjaer de 23,77 mm (1 pol.).*

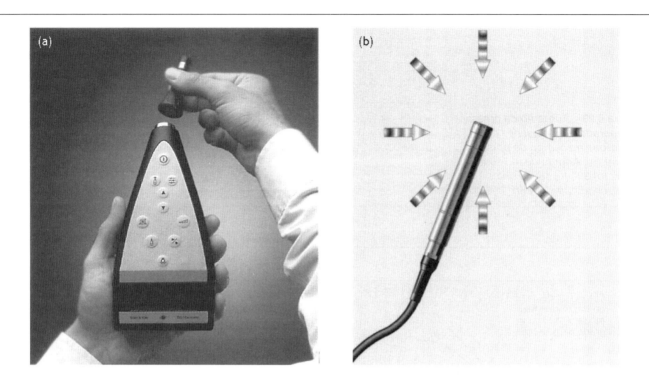

**Figura 6.28** *Montagem do conjunto microfone/pré-amplificador. (a) Diretamente no medidor de nível sonoro; (b) através de cabo.*

| QUADRO 6.3 Especificações de microfones de condensador Brüel & Kjaer ||||||
|---|---|---|---|---|---|
| **Modelo** | **4138** | **4135** | **4133** | **4145** ||
| Tamanho | 1/8 pol | 1/4 pol | 1/2 pol | 1 pol ||
| Resposta em frequência (±2 dB) | 6,5-140 kHz | 4-100 kHz | 4-40 kHz | 2,6-18 kHz ||
| Sensibilidade (mV/Pa) | 1,0 | 4,0 | 12,5 | 50 ||
| Coeficiente de temperatura (dB/°C) | - 0,1 | - 0,01 | - 0,002 | - 0,002 ||
| Estabilidade a 20 °C | - | > 600 anos/dB | > 1.000 anos/dB | > 1.000 anos/dB ||

Como se vê na Fig. 6.28(a), o conjunto microfone/pré-amplificador pode ser conectado diretamente ao medidor de nível sonoro ou através de um cabo, conforme indica a Fig. 6.28(b).

O Quadro 6.3 apresenta as especificações de microfones de condensador Brüel & Kjaer para medições acústicas.

O microfone perturba com sua presença o campo acústico no ponto de medição. Conforme ilustra a Fig. 6.29, o microfone obstaculiza a livre propagação das ondas sonoras, gerando no seu diafragma uma pressão que depende da orientação do microfone em relação à direção de propagação da frente de onda. A pressão que sensibiliza o diafragma do microfone é $p + \Delta p$, sendo p a pressão sonora original e $\Delta p$ o incremento de pressão gerado pela presença do microfone no campo acústico. O valor de $\Delta p$ depende do tamanho do microfone, da frequência do som incidente e do ângulo de incidência da frente de onda com relação ao microfone.

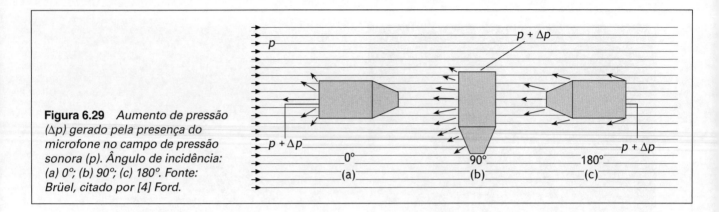

**Figura 6.29** *Aumento de pressão (Δp) gerado pela presença do microfone no campo de pressão sonora (p). Ângulo de incidência: (a) 0°; (b) 90°; (c) 180°. Fonte: Brüel, citado por [4] Ford.*

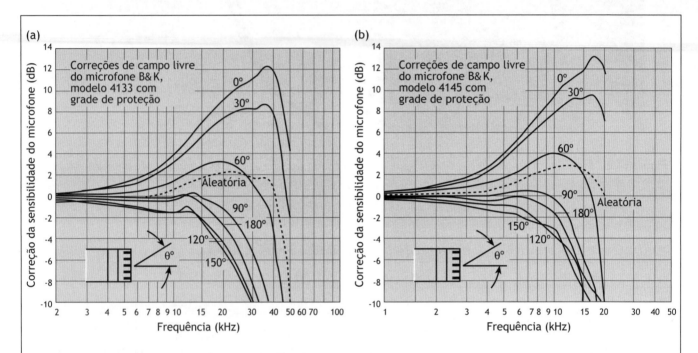

**Figura 6.30** *Aumento da pressão sonora (Δp), em decibéis, em função da frequência para microfones Brüel & Kjaer: (a) Modelo 4133 de 1/2 pol; (b) Modelo 4145 de 1 pol.*

A Fig. 6.30 fornece $\Delta p$, em decibéis, em função da frequência para o microfone Brüel & Kjaer Modelo 4133 de 1/2 pol [Fig. 6.30(a)], e para o microfone Brüel & Kjaer Modelo 4145 de 1 pol [Fig. 6.30(b)]. O valor de $\Delta p$ depende da relação entre o comprimento de onda na frequência de interesse e do tamanho do microfone. Assim, para um dado ângulo de incidência, quanto maior o microfone, menor a frequência para a qual a perturbação do campo acústico começa a acontecer. Por exemplo, para o microfone de 1/2 pol, com ângulo de incidência de 0°, o valor de $\Delta p$ ultrapassa +2 dB somente para frequências acima de 7 kHz; para o microfone de 1 pol, isso ocorre já para frequências acima de 3 kHz.

O microfone de 1/2 polegada é o mais utilizado em medições acústicas. A Fig. 6.30(a) mostra que, para frequências até aproximadamente 4 kHz, esse microfone pode ser considerado omnidirecional; isto é, com tolerância de ±1 dB, sua sensibilidade independe da orientação do aparelho com relação à direção de incidência das ondas sonoras. A perturbação do campo acústico devido à presença do microfone é desprezível, sendo que ele mede a pressão sonora que existe no ponto de medição na sua ausência.

Fabricantes de microfones em geral fornecem dois tipos de resposta em frequência: de *pressão* e de *campo livre*. A resposta de pressão é obtida submetendo-se o diafragma do microfone a uma pressão uniforme conhe-

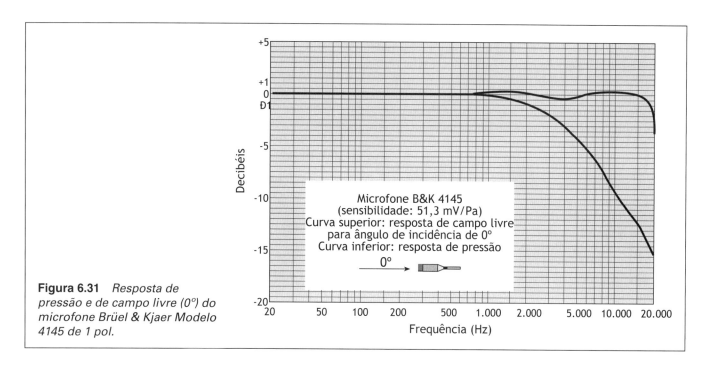

**Figura 6.31** *Resposta de pressão e de campo livre (0°) do microfone Brüel & Kjaer Modelo 4145 de 1 pol.*

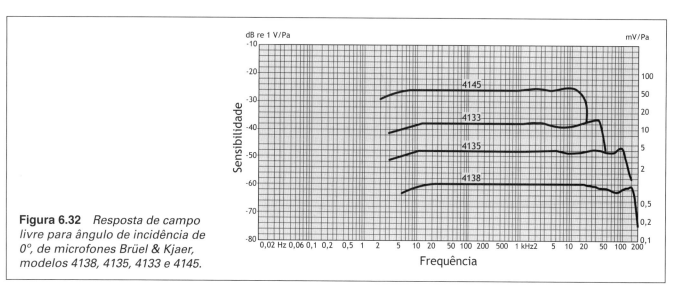

**Figura 6.32** *Resposta de campo livre para ângulo de incidência de 0°, de microfones Brüel & Kjaer, modelos 4138, 4135, 4133 e 4145.*

cida, gerada por um atuador eletrostático. A resposta de pressão (em mV/Pa) fornece então a resposta do mecanismo de transdução do microfone; ou seja, indica a tensão elétrica gerada nos terminais elétricos quando se aplica uma determinada pressão sonora no diafragma do microfone. A Fig. 6.31 fornece a resposta de pressão do microfone de condensador Brüel & Kjaer Modelo 4145 de 1 pol. Observa-se que essa curva de resposta em frequência começa a cair acima de aproximadamente 1 kHz. Isso significa que o microfone perde sensibilidade à medida que a frequência aumenta acima de 1 kHz. Porém, quando esse mesmo microfone é colocado a 0° com relação ao campo sonoro incidente, a sua curva de resposta em frequência deve se alterar conforme a Fig. 6.30(b) para 0°. O resultado da superposição da resposta de pressão com a curva de aumento da pressão da Fig. 6.30(b), para o ângulo de incidência 0°, é uma curva de resposta em frequência essencialmente plana (± 0,5 dB), na faixa de frequências de 20 Hz a 20 kHz (Fig. 6.31). Assim, o aumento da pressão para o ângulo de incidência de 0° compensa a queda de sensibilidade do microfone acima de 1 kHz, fornecendo uma curva de resposta plana. O efeito é que quando este microfone está sujeito a uma pressão sonora constante em qualquer frequência, entre 20 Hz e 20 kHz, a tensão elétrica gerada será também constante, independentemente da frequência. O aumento de pressão é detectado pelo mecanismo de transdução do microfone, que gera então uma tensão elétrica maior, que compensa a perda da sensibilidade na exata medida necessária para gerar uma curva de resposta plana. O resultado é a resposta de campo livre do microfone (no caso para incidência de 0°) que consta na Fig. 6.31. A resposta de campo livre fornece então a pressão sonora no ponto de medição na ausência do microfone.

A Fig. 6.32 apresenta a resposta de campo livre para ângulo de incidência de 0° dos microfones Brüel & Kjaer que constam do Quadro 6.3. As respostas de campo livre destes microfones, foram geradas a partir das respectivas respostas de pressão, reduzindo-se a sensibilidade de pressão de cada microfone, no sentido de compensar o aumento de pressão, de tal forma que a resposta de campo livre para incidência de 0° resultasse substancialmente independente da frequência. Observa-se, na Fig. 6.32, que a faixa de resposta em frequência reduz-se à medida que o tamanho do microfone aumenta, pois, quanto maior for o microfone, maior também será a perturbação do campo acústico devido à sua presença. Assim, para medir frequências elevadas, deve-se dar preferência a microfones menores. A figura também indica que a sensibilidade aumenta com o tamanho do microfone. Assim, para medir baixos níveis sonoros, deve-se dar preferência a microfones maiores, pois o nível inferior da faixa dinâmica desses microfones é mais baixo. Medições acústicas próximas desse nível não são recomendadas, pois o sinal do microfone não poderá ser distinguido do ruído eletrônico gerado pelos elementos que processam o sinal.

A faixa dinâmica de vários microfones Brüel & Kjaer está indicada na Fig. 6.33. Pode-se observar que os microfones de 1/8 pol tipo 4138, de 1/4 pol tipo 4135, de 1/2 pol tipo 4133 e de 1 pol tipo 4145 têm como limite inferior da faixa dinâmica: 55, 38, 21 e 11 dB(A), respectivamente. À medida que o tamanho do microfone aumenta, o limite inferior da faixa dinâmica diminui apreciavelmente.

## ESCOLHA DO MICROFONE

O microfone de 1/2 pol é provavelmente o mais utilizado em medições acústicas, por oferecer uma solução de compromisso entre faixa de resposta em frequência, direcionalidade e sensibilidade. O microfone de 1 pol é muito direcional em altas frequências, enquanto os de 1/8 e 1/4 pol mostram-se pouco sensíveis para as aplicações mais usuais.

Os fabricantes de microfones para medições acústicas comercializam seus produtos com a resposta em frequência otimizada (plana na faixa de frequências de interesse) para determinada aplicação. As três respostas em frequências normalmente oferecidas são a de pressão, a de campo livre, com incidência de 0°, e a de incidência aleatória (ou de campo difuso). Este último microfone é utilizado quando o ângulo de incidência da onda sonora não pode ser identificado, particularmente nas medições em ambientes fechados. (O aumento da pressão para incidência aleatória está indicado na Fig. 6.30.) Para medições de ruído no interior de fábricas, salas e ambientes fechados em geral, devem-se utilizar microfones de incidência aleatória.

Em medições ao ar-livre, é normalmente possível identificar a principal direção de propagação. No caso de a fonte sonora ser estacionária, o microfone de campo livre com incidência de 0° é o mais recomendado.

No caso de fontes móveis, em medições de ruído de tráfego ou de sobrevoos de aeronaves, o microfone com incidência de 0° somente fornecerá o valor correto no instante em que a fonte sonora (móvel) estiver na frente do microfone. Isso poderá ser satisfatório quando somente o nível sonoro máximo for de interesse. Este microfone, no entanto, não poderá ser utilizado quando o nível sonoro de fontes móveis precisar ser medido em função do tempo. A melhor alternativa aqui é o microfone de pressão orientado a 90°. Para essa orientação, o ângulo de inci-

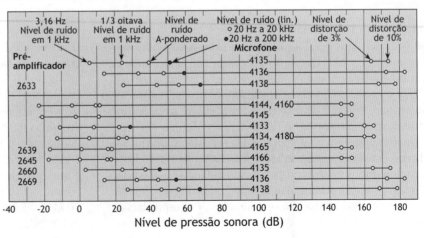

**Figura 6.33** *Faixas dinâmicas de microfones Brüel & Kjaer montados em pré-amplificadores. Os limites superiores são fornecidos para dois graus de distorção em 100 kHz; os inferiores indicam o nível de ruído do sistema para várias larguras de banda do equipamento de medição associado. Os limites para larguras de bandas de 3,16 Hz e 1/3 oitava são válidos somente para 1 kHz.*

dência, independentemente da posição da fonte sonora, será sempre 90°, que, de acordo com a Fig. 6.30, fornece um aumento do nível sonoro praticamente desprezível. Assim, o microfone com resposta de pressão otimizada (plana na faixa de frequências de interesse) é a melhor opção para medições de ruído de fontes móveis ao ar-livre.

## REFERÊNCIAS

[1] LAMANCUSA, J. S., Noise control course – lecture notes, The Pennsylvania State University, 2000.

[2] GERGES, S. N. Y., Ruído – fundamentos e controle, 2ª ed., NR Editora, Florianópolis, 2000.

[3] FAULKNER, L. L., "Noise measurements and instrumentation", in Faulkner, L. L. (ed.), Handbook of industrial noise control, Industrial Press Inc., New York, 1976.

[4] FORD, R. D., "Physical assessment of transportation noise", in Nelson, P. M. (ed.), Transportation noise reference book, Butterworths, Londres, 1987.

# 7

# GRANDEZAS, CRITÉRIOS, NORMAS E LEGISLAÇÕES PARA AVALIAÇÃO DO RUÍDO

A reação das pessoas ao ruído depende de fatores como audibilidade, tonalidade, características espectrais, hora de ocorrência, duração etc. Ocorre um problema de ruído quando há interferência com as atividades humanas, o que certamente depende do tipo de atividade que está sendo exercida. O fato que ruídos do cotidiano são de natureza bastante variável torna bastante complexa a avaliação de problemas de ruído.

Têm sido desenvolvidos métodos de avaliação de ruídos que levam em consideração os fatores físicos e comportamentais mais significativos para situações específicas. Tais métodos estão associados a critérios de aceitabilidade que refletem o grau de incômodo ou interferência com as atividades humanas. Os métodos, os critérios e as escalas de aceitabilidade tornam a avaliação do ruído objetiva, permitindo sua classificação, comparação de medidas mitigadoras, formando também a base de normas e legislações aplicáveis.

Cada país, através de seus órgãos normalizadores e agências reguladoras, procura estabelecer métodos para quantificar e avaliar o impacto que o ruído produz nas pessoas. Esses métodos tentam modelar as características complexas da audição e da psicologia humana com relação ao ruído. Diferentes métodos têm sido desenvolvidos para diferentes situações, tais como: ruído comunitário, ruído ambiental e ruído industrial. Este capítulo tem por objetivo apresentar os métodos empregados para avaliar o ruído, suas aplicabilidades e limitações.

## 7.1 GRANDEZAS PARA AVALIAR RUÍDOS ESTACIONÁRIOS

Níveis sonoros ponderados (totais ou em bandas de frequência) são as medidas mais básicas e elementares para se avaliar o grau de perturbação causado por ruídos estacionários. A quase totalidade das normas e legislações requerem a medição do nível sonoro total $A$-ponderado independentemente do nível sonoro. Embora a audibilidade de altos níveis sonoros esteja mais correlacionada com medições $C$-ponderadas, considera-se que o incômodo e o risco da perda de audição são mais bem avaliados com medições $A$-ponderadas.

Métodos baseados nas escalas de audibilidade (fones e sones) têm sido empregados na tentativa de se obter medidas mais correlacionadas com a sensação subjetiva que ruídos estacionários provocam nas pessoas.

O espectro de ruídos geralmente cobre uma ampla faixa de frequências, não sendo adequada a estimativa da audibilidade conforme a seção "Adição de Audibilidades" (Cap. 5, p.74), aplicável somente quando o ruído é uma combinação de tons puros. O método para determinação da audibilidade de ruídos de banda larga consiste na determinação da audibilidade de cada banda de frequências do ruído, as quais são então combinadas para determinação da audibilidade total em sones. Um dos procedimentos utilizados na determinação da audibilidade é dado pela norma ANSI S3.4-1980 (R 2003) [1]. O procedimento foi desenvolvido tendo por base dados empíricos de ruídos com espectros sonoros relativamente planos (sem tons puros). O método foi originalmente proposto por S. S. Stevens, sendo conhecido como Stevens-Mark VI [2], e consiste no seguinte procedimento:

- tabelar os níveis sonoros das bandas de oitava de 31,5 a 8.000 Hz;

# 7 – Grandezas, critérios, normas e legislações para avaliação do ruído

---

**Exemplo 7.1**

Calcular a audibilidade $N$ (sones) e o nível de audibilidade $L_N$ (fones) do ruído cujo espectro em bandas de oitava consta da Tab. Ex. 7.1.

**Tabela Exemplo 7.1  Cálculo da audibilidade com o método Stevens-Mark VI**

| Banda de oitava (Hz) | 31,5 | 63 | 125 | 250 | 500 | 1 kHz | 2 kHz | 4 kHz | 8 kHz |
|---|---|---|---|---|---|---|---|---|---|
| Nível sonoro da banda [dB(lin.)] | 76 | 72 | 70 | 75 | 80 | 74 | 65 | 65 | 66 |
| Índice de audibilidade da banda $S_i$ | 3,2 | 3,7 | 5,0 | 8,3 | 13,5 | 11,1 | 7,8 | 9,3 | 11,8 |
| Classificação | 9 | 8 | 7 | 5 | 1 | 3 | 6 | 4 | 2 |

Com base nos valores da Tab. Ex. 7.1, obtém-se:

$$S_{\text{total}} = \sum_{i=1}^{n} S_i = 73,7,$$

$S_{\text{máx}} = 13,5$

$N = 0,7 \times 13,5 + 0,3 \times 73,7 \cong 32$ sones

$L_N = 33,2 \log 32 + 40 \cong 90$ fones

O nível de audibilidade, $L_N$ (fones), poderá ser obtido alternativamente da última coluna da Tab. 7.1, a partir da audibilidade, $N$(sones), listada na penúltima coluna da tabela.

---

- obter da Tab. 7.1 o índice de audibilidade ($S$) de cada banda de oitava;
- calcular a audibilidade ($N$), em sones, por meio da fórmula

$$N \ (\text{sones}) = 0,7 S_{\text{max}} + 0,3 \sum_{i=1}^{n} S_i, \qquad (7.1)$$

sendo $S_{\text{máx}}$ o maior índice de audibilidade e $\sum_{i=1}^{n} S_i$ o somatório de todos os índices de audibilidade.

- o nível de audibilidade ($L_N$), em fones, poderá ser obtido a partir da audibilidade ($N$), em sones, com auxílio da Eq. (5.2), ou seja:

$$L_N = 33,2 \log N + 40 \text{ fones.}$$

Como resultado de uma extensa revisão de evidências relativas ao incômodo causado pelo ruído, S. S. Stevens aperfeiçoou o método Stevens-Mark VI, o qual ficou conhecido como método Stevens-Mark VII [3]. O procedimento de cálculo de audibilidade utilizando o método Stevens-Mark VII é mais trabalhoso que o métoto Stevens-Mark VI, além de ser baseado em níveis sonoros em bandas de 1/3 oitava. Um exemplo de cálculo utilizando o método Stevens-Mark VII é apresentado em [4].

Quando o ruído contém tons puros superpostos ao som de banda larga, o método de Zwicker [5] poderá ser utilizado, o qual é similar ao método Stevens-Mark VII.

O método de Zwicker tem se revelado preferencial para a estimativa da audibilidade, sendo agora uma norma internacional [6].

Medidas de audibilidade (em fones ou sones) não se difundiram na área de controle de ruído devido à complexidade dos cálculos envolvidos e também por se apresentarem fracamente correlacionadas com a perda da audição, mascaramento sonoro e incômodo. No entanto, essas medidas têm sido utilizadas na avaliação da *qualidade acústica* de produtos.

## 7.2 GRANDEZAS PARA AVALIAR RUÍDOS NÃO ESTACIONÁRIOS

Define-se *ruído ambiente* como uma superposição de ruídos, normalmente de naturezas diferentes e origens distintas, próximas ou remotas, nenhum deles, porém, é objeto de interesse, ou consideração específica. A Fig. 7.1 apresenta dois exemplos de registro de ruído ambiente em uma comunidade urbana (à tarde e à noite), em local próximo a uma via de tráfego. Devido a causas diversas indicadas na figura, os registros apresentam variações significativas no nível de ruído acima de um nível básico. Esse nível básico, denominado *nível de ruído de fundo*, é o nível sonoro mínimo, o qual parece não se reduzir durante o intervalo de tempo de medição. O nível de ruído

7.2 – Grandezas para avaliar ruídos não estacionários

**TABELA 7.1** Conversão do nível sonoro da banda em índice de audibilidade

| Nível sonoro da banda (dB) | Índice de audibilidade da banda | | | | | | | | | Audibilidade $N$(sones) | Nível de audibilidade $L_N$(fones) |
|---|---|---|---|---|---|---|---|---|---|---|---|
| | 31,5 | 63 | 125 | 250 | 500 | 1.000 | 2.000 | 4.000 | 8.000 | | |
| 20 | | | | | | 0,18 | 0,30 | 0,45 | 0,61 | 0,25 | 20 |
| 21 | | | | | | 0,22 | 0,35 | 0,50 | 0,67 | 0,27 | 21 |
| 22 | | | | | 0,07 | 0,26 | 0,40 | 0,55 | 0,73 | 0,29 | 22 |
| 23 | | | | | 0,12 | 0,30 | 0,45 | 0,61 | 0,80 | 0,31 | 23 |
| 24 | | | | | 0,16 | 0,35 | 0,50 | 0,67 | 0,87 | 0,33 | 24 |
| 25 | | | | | 0,21 | 0,40 | 0,55 | 0,73 | 0,94 | 0,35 | 25 |
| 26 | | | | | 0,26 | 0,45 | 0,61 | 0,80 | 10,2 | 0,38 | 26 |
| 27 | | | | | 0,31 | 0,50 | 0,67 | 0,87 | 1,10 | 0,41 | 27 |
| 28 | | | | 0,07 | 0,37 | 0,55 | 0,73 | 0,94 | 1,18 | 0,44 | 28 |
| 29 | | | | 0,12 | 0,43 | 0,61 | 0,80 | 1,02 | 1,27 | 0,47 | 29 |
| 30 | | | | 0,16 | 0,49 | 0,67 | 0,87 | 1,10 | 1,35 | 0,50 | 30 |
| 31 | | | | 0,21 | 0,55 | 0,73 | 0,94 | 1,18 | 1,44 | 0,54 | 31 |
| 32 | | | | 0,26 | 0,61 | 0,80 | 1,02 | 1,27 | 1,54 | 0,57 | 32 |
| 33 | | | | 0,31 | 0,67 | 0,87 | 1,10 | 1,35 | 1,64 | 0,62 | 33 |
| 34 | | | 0,07 | 0,37 | 0,73 | 0,94 | 1,18 | 1,44 | 1,75 | 0,66 | 34 |
| 35 | | | 0,12 | 0,43 | 0,80 | 1,02 | 1,27 | 1,54 | 1,87 | 0,71 | 35 |
| 36 | | | 0,16 | 0,49 | 0,87 | 1,10 | 1,35 | 1,64 | 1,99 | 0,76 | 36 |
| 37 | | | 0,21 | 0,55 | 0,94 | 1,18 | 1,44 | 1,75 | 2,11 | 0,81 | 37 |
| 38 | | | 0,26 | 0,62 | 1,02 | 1,27 | 1,54 | 1,87 | 2,24 | 0,87 | 38 |
| 39 | | | 0,31 | 0,69 | 1,10 | 1,35 | 1,64 | 1,99 | 2,38 | 0,93 | 39 |
| 40 | | 0,07 | 0,37 | 0,77 | 1,18 | 1,44 | 1,75 | 2,11 | 2,53 | 1,00 | 40 |
| 41 | | 0,12 | 0,43 | 0,85 | 1,27 | 1,54 | 1,87 | 2,24 | 2,68 | 1,07 | 41 |
| 42 | | 0,16 | 0,49 | 0,94 | 1,35 | 1,64 | 1,99 | 2,38 | 2,84 | 1,15 | 42 |
| 43 | | 0,21 | 0,55 | 1,04 | 1,44 | 1,75 | 2,11 | 2,53 | 3,00 | 1,23 | 43 |
| 44 | | 0,26 | 0,62 | 1,13 | 1,54 | 1,87 | 2,24 | 2,68 | 3,20 | 1,32 | 44 |
| 45 | | 0,31 | 0,69 | 1,23 | 1,64 | 1,99 | 2,38 | 2,84 | 3,40 | 1,41 | 45 |
| 46 | 0,07 | 0,37 | 0,77 | 1,33 | 1,75 | 2,11 | 2,53 | 3,00 | 3,60 | 1,52 | 46 |
| 47 | 0,12 | 0,43 | 0,85 | 1,44 | 1,87 | 2,24 | 2,68 | 3,20 | 3,80 | 1,62 | 47 |
| 48 | 0,16 | 0,49 | 0,94 | 1,56 | 1,99 | 2,38 | 2,84 | 3,40 | 4,10 | 1,74 | 48 |
| 49 | 0,21 | 0,55 | 1,04 | 1,69 | 2,11 | 2,53 | 3,00 | 3,60 | 4,30 | 1,87 | 49 |
| 50 | 0,26 | 0,62 | 1,13 | 1,82 | 2,24 | 2,68 | 3,20 | 3,80 | 4,60 | 2,00 | 50 |
| 51 | 0,31 | 0,69 | 1,23 | 1,96 | 2,38 | 2,84 | 3,40 | 4,10 | 4,90 | 2,14 | 51 |
| 52 | 0,37 | 0,77 | 1,33 | 2,11 | 2,53 | 3,00 | 3,60 | 4,30 | 5,20 | 2,30 | 52 |
| 53 | 0,43 | 0,85 | 1,44 | 2,24 | 2,68 | 3,20 | 3,80 | 4,60 | 5,50 | 2,46 | 53 |
| 54 | 0,49 | 0,94 | 1,56 | 2,38 | 2,84 | 3,40 | 4,10 | 4,90 | 5,80 | 2,64 | 54 |
| 55 | 0,55 | 1,04 | 1,69 | 2,53 | 3,00 | 3,60 | 4,30 | 5,20 | 6,20 | 2,83 | 55 |
| 56 | 0,62 | 1,13 | 1,82 | 2,68 | 3,20 | 3,80 | 4,60 | 5,50 | 6,60 | 3,03 | 56 |
| 57 | 0,69 | 1,23 | 1,96 | 2,84 | 3,40 | 4,10 | 4,90 | 5,80 | 7,00 | 3,25 | 57 |
| 58 | 0,77 | 1,33 | 2,11 | 3,00 | 3,60 | 4,30 | 5,20 | 6,20 | 7,40 | 3,48 | 58 |
| 59 | 0,85 | 1,44 | 2,27 | 3,20 | 3,80 | 4,60 | 5,50 | 6,60 | 7,80 | 3,73 | 59 |
| 60 | 0,94 | 1,56 | 2,44 | 3,40 | 4,10 | 4,90 | 5,80 | 7,00 | 8,30 | 4,00 | 60 |
| 61 | 1,04 | 1,69 | 2,62 | 3,60 | 4,30 | 5,20 | 6,20 | 7,40 | 8,80 | 4,29 | 61 |
| 62 | 1,13 | 1,82 | 2,81 | 3,80 | 4,60 | 5,50 | 6,60 | 7,80 | 9,30 | 4,59 | 62 |
| 63 | 1,23 | 1,96 | 3,00 | 4,10 | 4,90 | 5,80 | 7,00 | 8,30 | 9,90 | 4,92 | 63 |
| 64 | 1,33 | 2,11 | 3,20 | 4,30 | 5,20 | 6,20 | 7,40 | 8,80 | 10,50 | 5,28 | 64 |
| 65 | 1,44 | 2,27 | 3,50 | 4,60 | 5,50 | 6,60 | 7,80 | 9,30 | 11,10 | 5,66 | 65 |
| 66 | 1,56 | 2,44 | 3,70 | 4,90 | 5,80 | 7,00 | 8,30 | 9,90 | 11,80 | 6,06 | 66 |
| 67 | 1,69 | 2,62 | 4,00 | 5,20 | 6,20 | 7,40 | 8,80 | 10,50 | 12,60 | 6,50 | 67 |
| 68 | 1,82 | 2,81 | 4,30 | 5,50 | 6,60 | 7,80 | 9,30 | 11,10 | 13,50 | 9,96 | 68 |
| 69 | 1,96 | 3,00 | 4,70 | 5,80 | 7,00 | 8,30 | 9,90 | 11,80 | 14,40 | 7,46 | 69 |
| 70 | 2,11 | 3,20 | 5,00 | 6,20 | 7,40 | 8,80 | 10,50 | 12,60 | 15,30 | 8,00 | 70 |
| 71 | 2,27 | 3,50 | 5,40 | 6,60 | 7,80 | 9,30 | 11,10 | 13,50 | 16,40 | 8,60 | 71 |
| 72 | 2,44 | 3,70 | 5,80 | 7,00 | 8,30 | 9,90 | 11,80 | 14,40 | 17,50 | 9,20 | 72 |
| 73 | 2,62 | 4,00 | 6,20 | 7,40 | 8,80 | 10,50 | 12,60 | 15,30 | 18,70 | 9,80 | 73 |
| 74 | 2,81 | 4,30 | 6,60 | 7,80 | 9,30 | 11,10 | 13,50 | 16,40 | 20,00 | 10,60 | 74 |

*continua...*

# 7 – Grandezas, critérios, normas e legislações para avaliação do ruído

**TABELA 7.1 Conversão do nível sonoro da banda em índice de audibilidade (continuação...)**

| Nível sonoro da banda (dB) | Índice de audibilidade da banda | | | | | | | | | Audibilidade $N$(sones) | Nível de audibilidade $L_N$(fones) |
|---|---|---|---|---|---|---|---|---|---|---|---|
| | 31,5 | 63 | 125 | 250 | 500 | 1.000 | 2.000 | 4.000 | 8.000 | | |
| 75 | 3,00 | 4,70 | 7,00 | 8,30 | 9,90 | 11,80 | 14,40 | 17,50 | 21,40 | 11,30 | 75 |
| 76 | 3,20 | 5,00 | 7,40 | 8,80 | 10,50 | 12,60 | 15,30 | 18,70 | 23,00 | 12,10 | 76 |
| 77 | 3,50 | 5,40 | 7,80 | 9,30 | 11,10 | 13,50 | 16,40 | 20,00 | 24,70 | 13,00 | 77 |
| 78 | 3,70 | 5,80 | 8,30 | 9,90 | 11,80 | 14,40 | 17,50 | 21,40 | 26,50 | 13,90 | 78 |
| 79 | 4,00 | 6,20 | 8,80 | 10,50 | 12,60 | 15,30 | 18,70 | 23,00 | 28,50 | 14,90 | 79 |
| 80 | 4,30 | 6,70 | 9,30 | 11,10 | 13,50 | 16,40 | 20,00 | 24,70 | 30,50 | 16,00 | 80 |
| 81 | 4,70 | 7,20 | 9,90 | 11,80 | 14,40 | 17,50 | 21,40 | 26,50 | 32,90 | 17,10 | 81 |
| 82 | 5,00 | 7,70 | 10,50 | 12,60 | 15,30 | 18,70 | 23,00 | 28,50 | 35,30 | 18,40 | 82 |
| 83 | 5,40 | 8,20 | 11,10 | 13,50 | 16,40 | 20,00 | 24,70 | 30,50 | 38,00 | 19,70 | 83 |
| 84 | 5,80 | 8,80 | 11,80 | 14,40 | 17,50 | 21,40 | 26,50 | 32,90 | 41,00 | 21,10 | 84 |
| 85 | 6,20 | 9,40 | 12,60 | 15,30 | 18,70 | 23,00 | 28,50 | 35,30 | 44,00 | 22,60 | 85 |
| 86 | 6,70 | 10,10 | 13,50 | 16,40 | 20,00 | 24,70 | 30,50 | 38,00 | 48,00 | 24,30 | 86 |
| 87 | 7,20 | 10,90 | 14,40 | 17,50 | 21,40 | 26,50 | 32,90 | 41,00 | 52,00 | 26,00 | 87 |
| 88 | 7,70 | 11,70 | 15,30 | 18,70 | 23,00 | 28,50 | 35,30 | 44,00 | 56,00 | 27,90 | 88 |
| 89 | 8,20 | 12,60 | 16,40 | 20,00 | 24,70 | 30,50 | 38,00 | 48,00 | 61,00 | 29,90 | 89 |
| 90 | 8,80 | 13,60 | 17,50 | 21,40 | 26,50 | 32,90 | 41,00 | 52,00 | 66,00 | 32,00 | 90 |
| 91 | 9,40 | 14,80 | 18,70 | 23,00 | 28,50 | 35,30 | 44,00 | 56,00 | 71,00 | 34,30 | 91 |
| 92 | 10,10 | 16,00 | 20,00 | 24,70 | 30,50 | 38,00 | 48,00 | 61,00 | 77,00 | 36,80 | 92 |
| 93 | 10,90 | 17,30 | 21,40 | 26,50 | 32,90 | 41,00 | 52,00 | 66,00 | 83,00 | 39,40 | 93 |
| 94 | 11,70 | 18,70 | 23,00 | 28,50 | 35,30 | 44,00 | 56,00 | 71,00 | 90,00 | 42,20 | 94 |
| 95 | 12,60 | 20,00 | 24,70 | 30,50 | 38,00 | 48,00 | 61,00 | 77,00 | 97,00 | 45,30 | 95 |
| 96 | 13,60 | 21,40 | 26,50 | 32,90 | 41,00 | 52,00 | 66,00 | 83,00 | 105,00 | 48,50 | 96 |
| 97 | 14,80 | 23,00 | 28,50 | 35,30 | 44,00 | 56,00 | 71,00 | 90,00 | 113,00 | 52,00 | 97 |
| 98 | 16,00 | 24,70 | 30,50 | 38,00 | 48,00 | 61,00 | 77,00 | 97,00 | 121,00 | 55,70 | 98 |
| 99 | 17,30 | 26,50 | 32,90 | 41,00 | 52,00 | 66,00 | 83,00 | 105,00 | 130,00 | 59,70 | 99 |
| 100 | 18,70 | 28,50 | 35,30 | 44,00 | 56,00 | 71,00 | 90,00 | 113,00 | 139,00 | 64,00 | 100 |
| 101 | 20,30 | 30,50 | 38,00 | 48,00 | 61,00 | 77,00 | 97,00 | 121,00 | 149,00 | 68,60 | 101 |
| 102 | 22,10 | 32,90 | 41,00 | 52,00 | 66,00 | 83,00 | 105,00 | 130,00 | 160,00 | 73,50 | 102 |
| 103 | 24,00 | 35,30 | 44,00 | 56,00 | 71,00 | 90,00 | 113,00 | 139,00 | 171,00 | 78,80 | 103 |
| 104 | 26,10 | 38,00 | 48,00 | 61,00 | 77,00 | 97,00 | 121,00 | 149,00 | 184,00 | 84,40 | 104 |
| 105 | 28,50 | 41,00 | 52,00 | 66,00 | 83,00 | 105,00 | 130,00 | 160,00 | 197,00 | 90,50 | 105 |
| 106 | 31,00 | 44,00 | 56,00 | 71,00 | 90,00 | 113,00 | 139,00 | 171,00 | 211,00 | 97,00 | 106 |
| 107 | 33,90 | 48,00 | 61,00 | 77,00 | 97,00 | 121,00 | 149,00 | 184,00 | 226,00 | 104,00 | 107 |
| 108 | 36,90 | 52,00 | 66,00 | 83,00 | 105,00 | 130,00 | 160,00 | 197,00 | 242,00 | 111,00 | 108 |
| 109 | 40,30 | 56,00 | 71,00 | 90,00 | 113,00 | 139,00 | 171,00 | 211,00 | 260,00 | 119,00 | 109 |
| 110 | 44,00 | 61,00 | 77,00 | 97,00 | 121,00 | 149,00 | 184,00 | 226,00 | 278,00 | 128,00 | 110 |
| 111 | 49,00 | 66,00 | 83,00 | 105,00 | 130,00 | 160,00 | 197,00 | 242,00 | 298,00 | 137,00 | 111 |
| 112 | 54,00 | 71,00 | 90,00 | 113,00 | 139,00 | 171,00 | 211,00 | 260,00 | 320,00 | 147,00 | 112 |
| 113 | 59,00 | 77,00 | 97,00 | 121,00 | 149,00 | 184,00 | 226,00 | 278,00 | 343,00 | 158,00 | 113 |
| 114 | 65,00 | 83,00 | 105,00 | 130,00 | 160,00 | 197,00 | 242,00 | 298,00 | 367,00 | 169,00 | 114 |
| 115 | 71,00 | 90,00 | 113,00 | 139,00 | 171,00 | 211,00 | 260,00 | 320,00 | | 181,00 | 115 |
| 116 | 77,00 | 97,00 | 121,00 | 149,00 | 184,00 | 226,00 | 278,00 | 343,00 | | 194,00 | 116 |
| 117 | 83,00 | 105,00 | 130,00 | 160,00 | 197,00 | 242,00 | 298,00 | 367,00 | | 208,00 | 117 |
| 118 | 90,00 | 113,00 | 139,00 | 171,00 | 211,00 | 260,00 | 320,00 | | | 233,00 | 118 |
| 119 | 97,00 | 121,00 | 149,00 | 184,00 | 226,00 | 278,00 | 343,00 | | | 239,00 | 119 |
| 120 | 105,00 | 130,00 | 160,00 | 197,00 | 242,00 | 298,00 | 367,00 | | | 256,00 | 120 |
| 121 | 113,00 | 139,00 | 171,00 | 211,00 | 260,00 | 320,00 | | | | 274,00 | 121 |
| 122 | 121,00 | 149,00 | 184,00 | 266,00 | 278,00 | 343,00 | | | | 294,00 | 122 |
| 123 | 130,00 | 160,00 | 197,00 | 242,00 | 298,00 | 367,00 | | | | 315,00 | 123 |
| 124 | 139,00 | 171,00 | 211,00 | 260,00 | 320,00 | | | | | 338,00 | 124 |
| 125 | 149,00 | 184,00 | 226,00 | 278,00 | 343,00 | | | | | 362,00 | 125 |

Fonte: [4] Peterson e Gross.

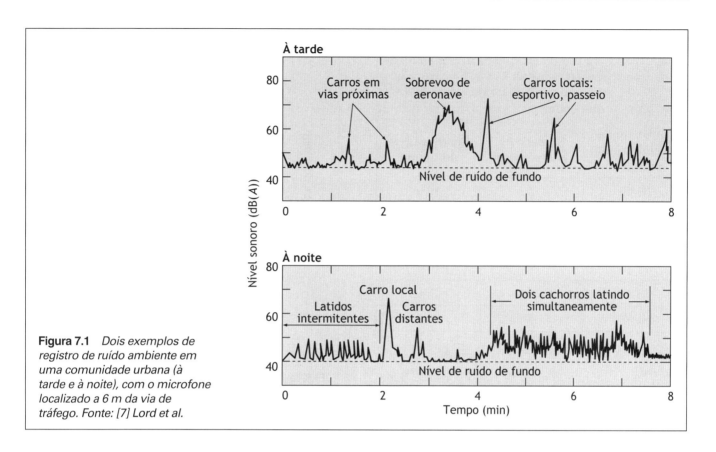

Figura 7.1 *Dois exemplos de registro de ruído ambiente em uma comunidade urbana (à tarde e à noite), com o microfone localizado a 6 m da via de tráfego. Fonte: [7] Lord et al.*

de fundo pode ser devido ao tráfego de veículos em vias mais distantes, ruído do movimento da vegetação causado pelo vento, ou outras fontes que, quando combinadas, geram um ruído estacionário básico. No registro da Fig. 7.1, o nível de ruído de fundo à tarde está em torno de 44 dB($A$). À noite, o nível de ruído de fundo se apresenta em torno de 40 dB($A$).

Observa-se nos registros da Fig. 7.1 que:

- a faixa de variação de níveis sonoros está em torno de 30 dB($A$);
- superpostos ao ruído de fundo, existem *ruídos intrusivos* associados a eventos bem caracterizados;
- existe um tempo de duração de cada ruído intrusivo que afeta o grau de incômodo.

O fato mais importante revelado pela Fig. 7.1 é que não é possível caracterizar ruídos não estacionários simplesmente por meio de registros de níveis sonoros em função do tempo, pois esses registros contêm muitos detalhes. É preciso então descrever ruídos não estacionários de uma forma mais simples e concisa. Alguns dos critérios mais utilizados para a descrição de ruídos não estacionários serão apresentados e discutidos ns seções seguintes.

## NÍVEIS ESTATÍSTICOS ($L_{10}$, $L_{50}$, $L_{90}$)

Registros de níveis sonoros em função do tempo, do tipo daqueles apresentados na Fig. 7.1, podem ser caracterizados mais concisamente usando-se grandezas estatísticas. A título de exemplo, consideremos o registro do nível de ruído da Fig. 7.2, tomado em uma comunidade.

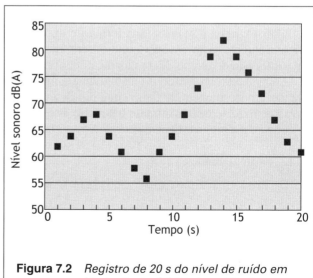

Figura 7.2 *Registro de 20 s do nível de ruído em uma comunidade. Fonte: [8] Mestre e Wooten.*

| TABELA 7.2 | Número de vezes e porcentagem do tempo em que os níveis sonoros registrados na Fig. 7.2 estiveram nas faixas com largura de 5 dB(A) indicadas |||
|---|---|---|
| Intervalo do nível de ruído, dB(A) | Número de ocorrências | Porcentagem do tempo |
| 56-60 | 2 | 10% |
| 61-65 | 8 | 40% |
| 66-70 | 4 | 20% |
| 71-75 | 2 | 10% |
| 76-80 | 3 | 15% |
| 81-85 | 1 | 5% |

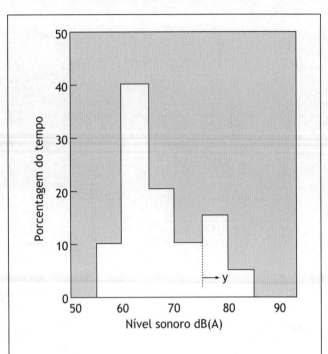

**Figura 7.3** *Histograma do ruído classificado na Tab. 7.2, em intervalos de níveis sonoros de 5 dB(A). Fonte: [8] Mestre e Wooten.*

A cada segundo, o nível de ruído pode ser lido e classificado em intervalos, por exemplo, de 5 dB(A). Ou seja, o ruído registrado na Fig. 7.2 pode ser considerado como composto de vinte medidas, em seguida classificadas na forma de número de medições (ou número de vezes) que o nível de ruído esteve entre 50 e 55 dB($A$), 56 e 60 dB($A$), 61 e 65 dB($A$) etc. A Tab. 7.2 apresenta o resultado dessa classificação para o registro de ruído da Fig. 7.2. A tabela também indica a porcentagem de vezes que o nível de ruído esteve em determinada faixa. A classificação de níveis sonoros da Tab. 7.2 pode ser apresentada de forma gráfica, em um histograma, o qual mostra a porcentagem do tempo em que o nível sonoro esteve em determinada faixa. A Fig. 7.3 apresenta o histograma do ruído classificado na Tab. 7.2, em intervalos de níveis sonoros de 5 dB($A$).

O histograma é apenas uma forma de apresentar estatisticamente os níveis sonoros que ocorreram durante certo intervalo de tempo. Na realidade, um critério mais usual e significativo obtido do histograma consiste em calcular a porcentagem do tempo que um determinado nível sonoro foi excedido durante o período de medição. Esses níveis sonoros são denominados *níveis estatísticos*, ou *níveis de excedência*, e os mais usuais são o $L_{90}$, $L_{50}$ e o $L_{10}$, assim definidos:

- $L_{90}$ nível sonoro que foi excedido em 90% do tempo de medição;
- $L_{50}$ nível sonoro que foi excedido em 50% do tempo de medição;
- $L_{10}$ nível sonoro que foi excedido em 10% do tempo de medição.

O $L_{90}$ é um medida do nível de ruído de fundo, o $L_{50}$ é o nível de ruído mediano (não necessariamente igual ao nível de ruído médio), e o $L_{10}$ é uma medida dos níveis de ruído de pico (intrusivos) que ocorreram durante o período de medição. A diferença $L_{10}$ - $L_{90}$ é um indicador da variabilidade do ruído durante o período de medição. O $L_{90}$ mede a condição mais característica do ruído medido, enquanto o $L_{10}$ é o nível a partir do qual estão os níveis de pico mais significativos. Grosso modo, quanto mais afastado estiver o $L_{10}$ do $L_{90}$, maior será o incômodo do ruído, devido a variações bruscas de nível.

O cálculo desses níveis estatísticos a partir do histograma pode ser feito da seguinte forma:

- Cálculo da área da poligonal formada pelo histograma. A área do histograma da Fig. 7.3 é dada por:

Área = 5 (10 + 40 + 20 + 10 + 15 + 5) = 500 unidades,

onde "unidades" refere-se ao produto entre porcentagem do tempo e nível sonoro.

- Cálculo do $L_{90}$: 10% da área é igual a 50 unidades. A partir do nível sonoro 55 dB($A$) e caminhando-se para a direita no histograma, uma área de 50 unidades é alcançada no nível sonoro 60 dB($A$). Logo, 60 dB($A$) é o nível sonoro excedido em 90% do tempo.

- Cálculo do $L_{50}$: a partir do nível sonoro 55 dB($A$) e caminhando-se para a direita no histograma, calcula-se a área igual a 50% da área do histograma, ou 250 unidades:

50% Área (a partir de 55 dB(A)) = $5 \times 10 + 5 \times 40$ = 250 unidades,

ou seja, 50% da área do histograma está abaixo de 65 dB($A$). Logo, 65 dB(A) é o nível sonoro excedido em 50% do tempo.

- Cálculo do $L_{10}$: 90% da área do histograma é igual a 450 unidades. A partir de 55 dB($A$), 450 unidades são obtidas da seguinte forma:

$(5 \times 10) + (5 \times 40) + (5 \times 20) + (5 \times 10) +$
$+ (y \times 15) = 450$ unidades,

sendo $y$ medido a partir de 75 dB($A$), conforme está indicado no histograma da Fig. 7.3. Assim $y$ é tal que:

$y \times 15 = 450 - 400 = 50$ unidades,

ou:  $y \cong 3,3$ dB(A).

Logo, $L_{10} = 75 + 3,3 = 78,3$ dB($A$); ou seja, 78,3 dB($A$) é o nível sonoro excedido em 10% do tempo.

Geralmente, os níveis estatísticos são obtidos com registros superiores a 20 s; portanto, mais de 20 níveis sonoros são utilizados nos cálculos. Dependendo da situação, podem-se registrar níveis sonoros em intervalos de tempo maiores que 1 s; por exemplo, em intervalos de 10 s durante um período que pode variar, digamos, de 15 min a 1 hora.

Há medidores de níveis sonoros comercialmente disponíveis que fornecem os níveis estatísticos em intervalos de tempo de livre escolha do operador.

Níveis estatísticos são geralmente utilizados para avaliar ruídos de sistemas de transporte tais como de tráfego de veículos, sobrevoos de aeronaves e de linhas ferroviárias. A Administração Federal de Rodovias dos Estados Unidos (FHWA – Federal Highway Administration) adota o $L_{10}$ como grandeza para avaliar o ruído em loteamentos destinados a residências. O *nível-critério*[1] em áreas onde há necessidade de tranqüilidade, como aquelas destinadas a anfiteatros ao ar-livre e certas áreas de parques, é $L_{10} = 60$ dB($A$). Para áreas residenciais, escolas e similares, o nível critério é $L_{10} = 70$ dB($A$). Nos Estados Unidos, a construção de estradas que necessitam de aprovação em nível federal deve atender a esses níveis-critério.

## NÍVEL EQUIVALENTE ($L_{eq}$)

Para registros de níveis sonoros como o da Fig. 7.2, é natural que se procure por um nível médio durante o período de registro. Define-se *nível equivalente* como sendo o nível sonoro estacionário, que se ocorresse durante o intervalo de registro, geraria a mesma energia sonora produzida pelos eventos sonoros registrados. A forma de se calcular o nível equivalente ($L_{eq}$) é através da seguinte expressão,

$$L_{eq} = 10 \, \log \left[ \frac{1}{T} \int_0^T 10^{L_p(t)/10} dt \right] \text{(dB)}, \qquad (7.2)$$

em que $L_p(t)$ é o nível sonoro no instante $t$, e $T$ é o intervalo de tempo de registro. Quando $L_p(t)$ é o nível sonoro $A$-ponderado, então a unidade de $L_{eq}$ será dB($A$).

Existem medidores comercialmente disponíveis que fornecem uma leitura direta do $L_{eq}$ em intervalos de tempo $T$ de livre escolha do operador.

Muito frequentemente a integral da Eq. (7.2) é avaliada numericamente (cálculo aproximado), tendo por base medições com um simples medidor de nível sonoro. O procedimento consiste em fazer $N$ leituras de níveis sonoros em intervalos de tempo iguais, e aplicando-se a seguinte fórmula

$$L_{eq} = 10 \, \log \left( \frac{1}{N} \sum_{i=1}^N n_i 10^{L_{p_i}/10} \right) =$$
$$= 10 \, \log \left( \sum_{i=1}^N f_i \cdot 10^{L_{p_i}/10} \right), \qquad (7.3)$$

sendo $n_i$ o número de leituras do nível sonoro $L_{p_i}$, e $f_i$ a fração do tempo em que o nível sonoro assumiu o valor $L_{p_i}$, dado por $f_i = n_i/N$.

A Eq. (7.3) revela então que o $L_{eq}$ é a média energética ponderada, onde cada fator de ponderação é a fração do tempo de ocorrência do nível sonoro. Por exemplo, digamos que o nível sonoro durante 10 min foi de 60 dB($A$), e 70 dB($A$) durante os 20 min seguintes. No período de 30 min, o $L_{eq}$, de acordo com a Eq. (7.3), será dado por

$L_{eq} = 10 \log (0,33 \times 10^{60/10} + 0,67 \times 10^{70/10}) = 68,5$ dB($A$).

Observe-se que o $L_{eq}$ é diferente da média energética: $10 \log [(10^{60/10} + 10^{70/10})/2] = 67,4$ dB($A$); diferente da média aritmética dos níveis sonoros: $(60 + 70)/2 = 65$ dB($A$), e também diferente da média ponderada dos níveis sonoros: $(0,33 \times 60 + 0,67 \times 70) = 66,7$ dB($A$).

O $L_{eq}$ é uma grandeza utilizada por diversas normas e legislações relativas à exposição a ruído. O $L_{eq}$ é uma medida questionável para avaliar a perturbação causada por ruídos impulsivos de curta duração, pois a energia contida nos impulsos "dilui-se" nas partes "silenciosas" do registro quando do cálculo do nível médio temporal. Apesar disso, o $L_{eq}$ tem sido bem aceito para avaliação de ruídos não estacionários.

---

[1] Nível-critério é o nível máximo recomendável para a grandeza.

**Exemplo 7.2** O histograma da Fig. Ex. 7.2 foi construído a partir do registro de níveis sonoros da Fig. 7.1 (à tarde), e compõe-se de 180 níveis sonoros extraídos em intervalos de tempos iguais dessa figura. A partir do histograma, obtenha $L_{10}$, $L_{50}$, $L_{90}$ e $L_{eq}$.

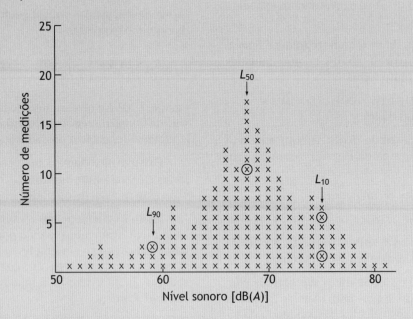

**Figura Exemplo 7.2** *Registro de 180 níveis sonoros extraídos em intervalos de tempo iguais da Fig. 7.1 (à tarde), com indicações do $L_{10}$, $L_{50}$ e $L_{90}$. Fonte: [8] Mestre e Wooten.*

O $L_{10}$ pode ser obtido somando-se o número de eventos a partir da última coluna à direita do histograma, passando-se à penúltima, e assim sucessivamente, até se atingir 1/10 do número total de eventos, ou seja, dezoito eventos. O nível sonoro correspondente ao da coluna em que se parou a contagem, é o $L_{10}$, ou o nível sonoro excedido em 10% do tempo total de medição.

O $L_{90}$ pode ser obtido invertendo-se o procedimento anterior, ou seja, soma-se o número de eventos a partir da primeira coluna à esquerda do histograma, passa-se à segunda, e assim sucessivamente, até se atingir novamente 1/10 do número total de eventos, ou seja, dezoito eventos. Também nesse caso, o $L_{90}$ será o nível sonoro correspondente ao da coluna em que se parou a contagem.

O $L_{50}$ é obtido de maneira análoga aos anteriores, somando-se o número de eventos a partir da primeira ou da última coluna do histograma até se atingir 50% do número total de eventos, ou seja, noventa eventos. O nível sonoro correspondente ao da coluna em que se parou a contagem é o $L_{50}$, ou o nível sonoro que é excedido em 50% do tempo total de medição.

O $L_{10}$, o $L_{50}$ e o $L_{90}$ estão circulados na Fig. Ex. 7.2 e correspondem a 75, 68 e 59 dB($A$).

Para a determinação do $L_{eq}$, a Eq. (7.3) poderá ser implementada diretamente a partir do histograma, com $N=180$. Uma simplificação consiste em classificar os níveis sonoros em intervalos de 5 dB($A$) (51-55, 56-60, 61-65, etc.), com o nível central de cada intervalo caracterizando o intervalo. Assim, com $L_{p_1} = 53$ dB($A$), $L_{p_2} = 58$ dB($A$), $L_{p_3} = 63$ dB($A$) etc., a Tab. Ex. 7.2 poderá ser construída.

**Tabela Exemplo 7.2  Número de medições no intervalo $L_{p_i}$, e fração do tempo $f_i$ correspondente**

| $L_{p_i}$ [dB($A$)] | Número de medições | $f_i$ |
|---|---|---|
| 53 | 9 | 0,05 |
| 58 | 13 | 0,07 |
| 63 | 33 | 0,18 |
| 68 | 70 | 0,39 |
| 73 | 39 | 0,22 |
| 78 | 15 | 0,08 |
| 83 | 1 | 0,01 |

Inserindo os valores da Tab. Ex. 7.2 na Eq. (7.3), obtemos:

$$L_{eq} = 10 \, \log \left( \sum_{i=1}^{N} f_i \cdot 10^{L_{p_i}/10} \right),$$

$L_{eq} = 10 \log (0,05 \times 10^{5,3} + 0,07 \times 10^{5,8} + 0,18 \times 10^{6,3} +$
$+ 0,39 \times 10^{6,8} + 0,22 \times 10^{7,3} + 0,08 \times 10^{7,8} +$
$+ 0,01 \times 10^{8,3})$

$L_{eq} = 71,6$ dB($A$)

## 7.2 – Grandezas para avaliar ruídos não estacionários

Similarmente ao cálculo dos níveis estatísticos, o $L_{eq}$ pode também ser calculado a partir de histogramas, conforme detalha o Ex. 7.2.

Quando o histograma apresenta distribuição gaussiana[2] (curva na forma de sino, como a da Fig. Ex. 7.2), o $L_{eq}$ pode ser aproximado utilizando os níveis estatísticos $L_{10}$, $L_{50}$ e $L_{90}$, através da expressão

$$L_{eq} \cong L_{50} + \frac{\left(L_{10} - L_{90}\right)^2}{60}; \tag{7.4}$$

e em termos dos níveis estatísticos $L_{10}$ e $L_{50}$, através da expressão

$$L_{eq} \cong L_{50} + \frac{\left(L_{10} - L_{50}\right)^2}{15}. \tag{7.5}$$

Utilizando os níveis estatísticos do Ex. 7.2, $L_{10} = 75$ dB($A$), $L_{50} = 68$ dB($A$), e $L_{90} = 59$ dB($A$), obtém-se, por meio da Eq. (7.4), $L_{eq} \cong 72,3$ dB($A$), e $L_{eq} \cong 71,3$ dB($A$) por meio da Eq. (7.5). Essas aproximações são razoáveis para o nível equivalente calculado de 71,6 dB($A$).

Observe-se que o $L_{eq}$ não é o mesmo que o nível mediano $L_{50}$, pois este é igual a 68 dB($A$), e aquele é igual a 71,6 dB($A$).

---

[2] A distribuição gaussiana, ou normal, de uma variável aleatória é caracterizada por dois parâmetros: a média e o desvio padrão.

## NÍVEL DIA E NOITE ($L_{dn}$)

O chamado *nível dia e noite* ($L_{dn}$) é uma grandeza desenvolvida pela Agência de Proteção Ambiental norte-americana (EPA – Environmental Protection Agency) para avaliação do ruído em comunidades, proveniente de todas as fontes. O $L_{dn}$ é uma medida similar ao nível equivalente, calculado durante um período de 24 horas, com a diferença de que os níveis sonoros, durante o período noturno, são penalizados em 10 dB. Essa penalização se deve ao fato de que, durante o período noturno, considerado o período normal de repouso da maioria das pessoas, os ruídos são julgados mais perturbadores do que durante o período diurno.

O $L_{dn}$, no ponto de interesse na comunidade, pode ser calculado a partir dos $L_{eq}$ obtidos a cada hora do dia. O procedimento consiste em somar energeticamente os $L_{eq}$ de cada hora do período diurno com os $L_{eq}$ de cada hora do período noturno, adicionando a estes últimos a penalidade de 10 dB, e calculando-se em seguida a média durante o período de 24 horas. A equação que expressa esse método de cálculo é a seguinte:

$$L_{dn} = 10 \log \left\{ \frac{1}{24} \left[ \sum_{i=1}^{15} 10^{L_{eq_i}/10} + \sum_{j=1}^{9} 10^{(L_{eq_j}+10)/10} \right] \right\} (dB) \tag{7.6}$$

---

> **Exemplo 7.3**
>
> A Tab. Ex. 7.3 lista os $L_{eq}$ a cada hora, medidos no ponto de interesse em uma comunidade, durante o período de 24 horas. Calcular o $L_{dn}$ correspondente.
>
> **Tabela Exemplo 7.3 $L_{eq}$ horário no ponto de interesse em uma comunidade**
>
> | | Período diurno | | | | | | | | | | | | | | | Período noturno | | | | | | | | |
> |---|---|---|---|---|---|---|---|---|---|---|---|---|---|---|---|---|---|---|---|---|---|---|---|---|
> | **Hora** | 7 | 8 | 9 | 10 | 11 | 12 | 13 | 14 | 15 | 16 | 17 | 18 | 19 | 20 | 21 | 22 | 23 | 24 | 1 | 2 | 3 | 4 | 5 | 6 |
> | **$L_{eq}$ [dB($A$)]** | 60 | 70 | 60 | 60 | 60 | 70 | 60 | 60 | 60 | 60 | 70 | 70 | 60 | 60 | 50 | 50 | 50 | 50 | 40 | 30 | 30 | 30 | 40 | 50 |
>
> Aplicando a Eq. (7.6), temos:
>
> $$L_{dn} = 10 \log \left\{ \frac{1}{24} \left[ \sum_{i=1}^{15} 10^{L_{eq_i}/10} + \sum_{j=1}^{9} 10^{(L_{eq_j}+10)/10} \right] \right\}$$
>
> $$L_{dn} = 10 \log \left\{ \frac{1}{24} \left[ \begin{array}{l} 10^{60/10} + 10^{70/10} + 10^{60/10} + 10^{60/10} + 10^{60/10} + 10^{70/10} + 10^{60/10} + 10^{60/10} + \\ 10^{60/10} + 10^{60/10} + 10^{70/10} + 10^{70/10} + 10^{60/10} + 10^{60/10} + 10^{50/10} + \\ 10^{(50+10)/10} + 10^{(50+10)/10} + 10^{(50+10)/10} + 10^{(40+10)/10} + 10^{(30+10)/10} + \\ 10^{(30+10)/10} + 10^{(30+10)/10} + 10^{(40+10)/10} + 10^{(50+10)/10} \end{array} \right] \right\}$$
>
> $$L_{dn} = 63,5 \text{ dB } (A).$$

em que $L_{eq_i}$ é o nível equivalente da $i$-ésima hora do período diurno (das 7 h às 22 h) e $L_{eq_j}$ é o nível equivalente da $j$-ésima hora do período noturno (das 22 h às 7 h).

Uma forma mais simples de cálculo do $L_{dn}$ utiliza a expressão

$$L_{dn} = 10 \log \left\{ \frac{1}{24} \left[ 15 \times 10^{L_d/10} + 9 \times 10^{(L_n+10)/10} \right] \right\}, \quad (7.7)$$

em que $L_d$ é o nível equivalente do período diurno e $L_n$ é o nível equivalente do período noturno.

Para os $L_{eq}$ listados na Tab. Ex. 7.3, obtém-se $L_d$ = 65,2, e $L_n$ = 46,7, valores estes que, levados à Eq. (7.7), fornecem $L_{dn}$ = 63,5 dB($A$).

## NÍVEL DE EXPOSIÇÃO SONORA (SEL)

O *nível de exposição sonora* ("sound exposure level", *SEL*) é definido como sendo o nível sonoro em $dB(A)$ que dissipa, *em um segundo*, a mesma quantidade de energia do ruído original.

Alguns medidores de nível sonoro integradores podem calcular e indicar o *SEL* diretamente. O cálculo baseia-se no nível equivalente $L_{eq}$, medido durante o intervalo de tempo $t$, ao qual é adicionado a quantidade $10 \log(t/1s)$, o que significa normalizar o $L_{eq}$ para o período de *1 segundo*. Em outras palavras – o *SEL* representa, como medida, a energia sonora contida num ruído qualquer, como se ela tivesse sido dissipada em um período de um segundo. Isto permite comparar diretamente eventos ruidosos distintos a partir dos seus respectivos valores de *SEL*.

A Fig. 7.4 apresenta o registro original do ruído durante o intervalo de tempo $t$, o $L_{eq}$ e o *SEL* correspondentes, os quais encontram-se relacionados pela seguinte expressão

$$SEL = L_{eq} + 10 \log \left( \frac{t}{1s} \right). \quad (7.8)$$

Quando o $L_{eq}$ for apurado durante o intervalo de tempo de *1 minuto* (*60 segundos*), o termo $10 \log(t/1s)$ se torna $10 \log(60) = 17,8\ dB$. Neste caso, a relação entre *SEL* e $L_{eq}$ é dada por

$$SEL = 60\ s\ L_{eq} + 17,8\ dB. \quad (7.9)$$

### ORIGEM DO SEL

A origem do *SEL* está associada a descrição do ruído de sobrevoos de aeronaves, onde cada sobrevoo é considerado como um único evento caracterizado pelo *SEL*. Uma série de valores de *SEL*, correspondentes a diferentes sobrevoos, poderá ser posteriormente comparada ou combinada, obtendo-se um valor de *SEL* global.

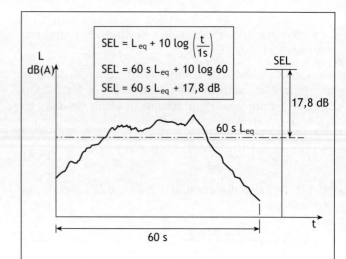

**Figura 7.4** *Registro de níveis de ruído em dB(A) durante o intervalo de tempo* t = 60 s *com indicação do* $L_{eq}$ *e do SEL correspondentes.*

Além de sobrevoos, o *SEL* é normalmente utilizado para caracterizar ruídos de outros eventos discretos, tais como passagem de trens, motocicletas etc.

Quando o registro de nível sonoro *versus* tempo se assemelha a um pulso triangular como o da Fig. 7.5, a seguinte expressão poderá ser utilizada para o cálculo aproximado do SEL:

$$SEL \cong L_{máx} + 10 \log t_{1/2}, \quad (7.10)$$

sendo $L_{máx}$ o máximo nível sonoro $A$-ponderado, e $t_{1/2}$ é a metade de $t_{10}$ (isto é, metade do tempo em que o nível sonoro esteve em até 10 dB(A) abaixo do máximo nível sonoro).

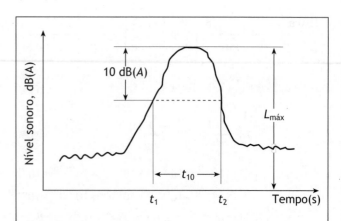

**Figura 7.5** *Grandezas utilizadas no cálculo aproximado do SEL de um único evento sonoro. Fonte: [8] Mestre e Wooten.*

# 7.2 – Grandezas para avaliar ruídos não estacionários    125

**Exemplo 7.4** O *SEL* apurado no ponto de interesse em uma comunidade durante um típico sobrevoo de helicóptero foi de *97,5 dB(A)*. Sabendo-se que a comunidade está exposta diuturnamente a *12* sobrevoos desse tipo, pede-se determinar o nível equivalente diário de exposição da comunidade.

Valores de *SEL* podem ser "somados" como valores normais em *dB*; logo, o *SEL* diário devido aos sobrevoos de helicóptero poderão ser obtidos por meio da Eq. (3.16), a qual, adaptada para o presente caso, poderá ser reescrita da seguinte forma:

$$(SEL)_{diário} = (SEL)_{sobrevoo} + 10\ log(n^o\ sobrevoos) = 97,5 + 10\ log\ 12 = 108,2\ dB(A).$$

O $(L_{eq})_{diário}$ de exposição da comunidade será obtido por meio da Eq. (7.8), isolando-se $L_{eq}$ no primeiro membro e com $t = 86.400\ s$ (*24 horas*):

$$(L_{eq})_{diário} = (SEL)_{diário} - 10\ log\left(\frac{86.400\ s}{1\ s}\right) = 108,2 - 49,4 = 58,8\ dB(A).$$

O *SEL* forma a base dos procedimentos para avaliação do ruído de tráfego (rodoviário, ferroviário e aéreo) em comunidades, os quais serão apresentados na Sec. 9.11.

## OUTROS EMPREGOS DO SEL

O *SEL* poderá ser também utilizado para avaliação da exposição ao ruído em ambientes do trabalho como mostra o exemplo a seguir.

**Exemplo 7.5** Um trabalhador de oficina de serralheria realiza diariamente uma média de *20* operações de corte de chapa com serra metálica, com duração média de *5 minutos* (*300 s*) por corte, e *10* operações de esmerilhamento de cordões de solda, com duração média de *10 minutos* (*600 s*) por esmerilhamento. A partir do $L_{eq}$ apurado em uma operação típica de corte e de esmerilhamento de *112,8 dB(A)* e *106,8 dB(A)*, respectivamente, determinar o *SEL* diário de corte e esmerilhamento, e o correspondente $L_{eq}$ que seria gerado numa jornada diária de *8 horas* (*28.800 s*) de trabalho.

O *SEL* de cada operação de corte e esmerilhamento será obtido por meio da Eq. 7.8:

$$(SEL)_{corte} = 112,8\ dB(A) + 10\ log\left(\frac{300\ s}{1\ s}\right) = 137,6\ dB(A),$$

$$(SEL)_{esmerilhamento} = 106,8\ dB(A) + 10\ log\left(\frac{600\ s}{1\ s}\right) = 134,6\ dB(A).$$

Por ser o *SEL* um nível normal dado em decibéis, o *SEL* total de *20* operações de corte e *10* operações de esmerilhamento poderá ser obtido utilizando-se o gráfico para "adição" de decibéis (Fig. 3.8) ou por meio da Eq. (3.16):

$$(SEL)_{diário\ de\ corte} = 10\ log\left[20 \times 10^{(137,6/10)}\right] = 150,6\ dB(A),$$

$$(SEL)_{diário\ de\ esmerilhamento} = 10\ log\left[10 \times 10^{(134,6/10)}\right] = 144,6\ dB(A).$$

Apesar de serem valores de *SEL* de diferentes fontes de ruído, uma vez estando normalizados para a mesma duração de *1 s*, estes valores poderão ser novamente "adicionados", utilizando mais uma vez a Eq. (3.16):

$$(SEL)_{diário} = 10\ log\left[10^{(150,6/10)} + 10^{(144,6/10)}\right] = 151,6\ dB(A).$$

Isolando-se o $L_{eq}$ no primeiro membro da Eq. (7.8), obtém-se o $(L_{eq})_{diário}$ a que o trabalhador estará exposto em sua jornada de 8 horas de trabalho na oficina de serralheria:

$$(L_{eq})_{diário} = (SEL)_{diário} - 10\ log\left(\frac{28.800\ s}{1\ s}\right) = 151,6 - 44,6 = 107\ dB(A),$$

A avaliação do ruído em ambientes de trabalho será vista com mais detalhes na Sec. 7.5.

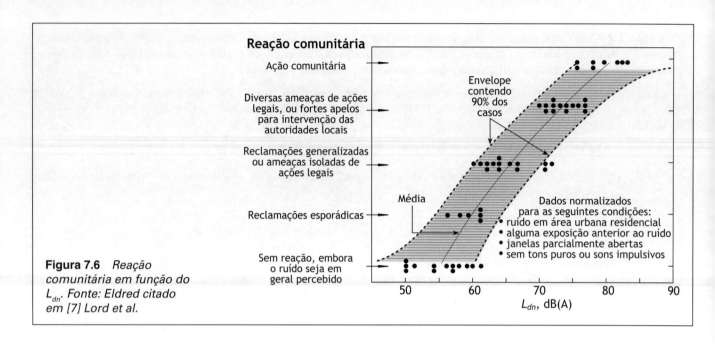

**Figura 7.6** *Reação comunitária em função do $L_{dn}$. Fonte: Eldred citado em [7] Lord et al.*

## 7.3 AVALIAÇÃO DO RUÍDO EM COMUNIDADES

O ruído incomoda as pessoas individualmente ao interferir na concentração, na conversação, no lazer, no sono e nas demais atividades do cotidiano. É possível, no entanto, caracterizar os efeitos do ruído num agregado de pessoas em comunidades sujeitas há vários tipos de ruído ambiental. Estudos demonstram uma significativa correlação entre a interferência em comunidades e os níveis de ruído.

A Fig. 7.6 apresenta 55 estudos de casos de ruído em comunidades, por meio de um gráfico de reação comunitária em função do nível dia e noite ($L_{dn}$). É importante ter-se em mente que tais estudos são apenas representativos da resposta de uma grande população (10 mil pessoas ou mais), não sendo recomendados para prever reações individuais ao ruído ambiente.

As pessoas reagem diferentemente ao mesmo ruído. O ruído que incomoda uma pessoa pode ser imperceptível para outra. Não importa o quão baixo possa ser o nível do ruído, contanto que seja audível, alguma pessoa fará objeção a ele por uma razão ou por outra. Diversos estudos têm sido desenvolvidos com o objetivo de determinar ao efeito que o ruído de tráfego veicular e aéreo provoca nas pessoas.

A Fig. 7.7 apresenta uma compilação dos resultados de estudos sobre a porcentagem de pessoas severamente perturbadas pelo ruído de tráfego veicular e aéreo, em diversas localidades dos Estados Unidos e da Europa. Vê-se na figura uma surpreendente correlação entre o $L_{dn}$ e a porcentagem de pessoas severamente perturbadas %$HA$.

A equação da curva apresentada na Fig. 7.6 é

$$\%HA = 0{,}00047 \cdot L_{dn}^3 - 0{,}0401 \cdot L_{dn}^2 + 0{,}8553 \cdot L_{dn} \quad (7.11)$$

O Quadro 7.1 fornece as porcentagens de pessoas severamente perturbadas pelo ruído de tráfego veicular e aéreo (%$HA$) calculadas pela Eq. (7.11), para alguns valores de $L_{dn}$.

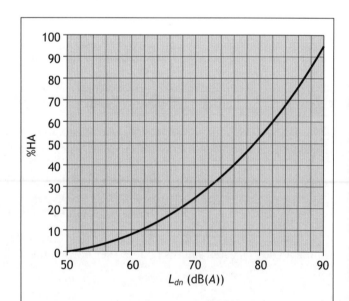

**Figura 7.7** *Porcentagem de pessoas severamente perturbadas pelo ruído de tráfego veicular e aéreo (%HA) versus $L_{dn}$, em diversas localidades dos Estados Unidos e da Europa, inclusive Londres, Paris e Munique. Fonte: Adaptada de Schultz, citado por [9] Lamancusa.*

# 7.3 – Avaliação do ruído em comunidades

**QUADRO 7.1** Porcentagens de pessoas severamente perturbadas pelo ruído de tráfego veicular e aéreo em função de $L_{dn}$, calculadas com a Eq. (7.9)

| $L_{dn}$ | %HA |
|---|---|
| 50 | 1,3 |
| 55 | 3,9 |
| 60 | 8,5 |

Além do ruído de tráfego (veicular, aéreo e ferroviário), existem atividades diversas que perturbam as áreas residenciais, tais como: fábricas, subestações de energia elétrica, torres de resfriamento de grandes sistemas de ar-condicionado, atividades comerciais, atividades de lazer, cultos religiosos, escolas, atividades esportivas etc.

A reação comunitária depende das características do ruído intrusivo. Um procedimento simples para avaliação do ruído em áreas residenciais e para estimativa da reação comunitária esperada é aqui adaptado da referência [4].

Mede-se primeiro o nível sonoro $A$-ponderado no ponto de interesse na comunidade. A esse nível sonoro medido aplicam-se correções que constam do Quadro 7.2, as quais levam em consideração as características do ruído, a hora da ocorrência, a duração do ruído, bem como o tipo de comunidade. De posse do nível sonoro corrigido, estima-se a reação comunitária através do Quadro 7.3.

**QUADRO 7.2** Correções do nível de ruído medido

| | Correção [dB(A)] |
|---|---|
| **Características do ruído** | |
| Tom puro | + 5 |
| Impulsivo ou intermitente | + 5 |
| Horário comercial | – 5 |
| **Duração do ruído** | |
| Contínuo | 0 |
| ≤ 30 min | – 5 |
| ≤ 10 min | – 10 |
| ≤ 5 min | – 15 |
| ≤ 1 min | – 20 |
| ≤ 15 s | – 25 |
| **Local** | |
| Residencial exclusivo | + 5 |
| Residencial | 0 |
| Residencial urbano | – 5 |
| Urbano próximo a indústrias | – 10 |
| Área de indústria pesada | – 15 |

*Fonte:* [4] Peterson e Gross.

**QUADRO 7.3** Reação comunitária ao nível de ruído corrigido

| Nível corrigido [dB(A)] | Reação esperada |
|---|---|
| < 45 | Não há reação |
| 45 – 55 | Reclamações esporádicas |
| 50 – 60 | Reclamações generalizadas |
| 55 – 65 | Ação da comunidade |
| > 65 | Forte reação comunitária |

*Fonte:* [4] Peterson e Gross.

## Exemplo 7.6

Em um local residencial exclusivo, mediu-se o nível de ruído de 50 dB($A$), devido a um transformador de subestação de energia elétrica. Verificou-se adicionalmente, no espectro sonoro medido, que o ruído predominante se deve a um tom puro na frequência de 120 Hz. Qual é a reação comunitária esperada?

Nível sonoro $A$-ponderado medido: 50 dB($A$).

Correções do nível de ruído medido (Quadro 7.2)

- característica do ruído: tom puro (em 120 Hz), +5 dB($A$);

- duração do ruído: contínuo, 0 dB($A$);

- local: residencial exclusivo, + 5 dB($A$).

Nível de ruído corrigido: 50 + 5 + 0 + 5 = 60 dB($A$).

Reação comunitária esperada (Quadro 7.3):

- reclamações generalizadas com potencial de ações legais.

## NÍVEIS-CRITÉRIO, LEGISLAÇÕES E NORMAS PARA AVALIAR RUÍDO EM COMUNIDADES

A EPA adotou o $L_{dn}$ como grandeza para avaliação da exposição de comunidades ao ruído. A fim de obter o nível-critério para o $L_{dn}$ exteriormente a habitações, a EPA recomenda que o $L_{eq}$ de 45 dB($A$) não deve ser excedido internamente. Considerando-se uma diferença média de 15 dB entre o nível de ruído externo e interno, estando a habitação com as janelas abertas, obtém-se o nível-critério externo $L_{eq}$ de 60 dB($A$). A EPA aplica então correções considerando outros fatores de perturbação, tais como a penalidade de 10 dB para ruídos noturnos e uma margem

# 7 – Grandezas, critérios, normas e legislações para avaliação do ruído

de segurança de 5 dB, obtendo o nível-critério $L_{dn}$ de 55 dB($A$) em áreas residenciais.

Os seguintes exemplos numéricos dão uma ideia do significado desse nível-critério em termos do $L_{eq}$ no período diurno e noturno. O $L_{eq}$ de 48,6 dB($A$) durante as 24 horas do dia, ou seja, $L_d = L_n = 48,6$ dB($A$), fornece, de acordo com a Eq. (7.7), um $L_{dn}$ igual ao nível-critério de 55 dB($A$). De acordo com essa mesma equação, quando no ponto de interesse em uma comunidade, o $L_d$ for de 53 dB($A$), o $L_n$ não poderá ultrapassar 47,2 dB($A$) para que o nível-critério $L_{dn}$ de 55 dB($A$) não seja ultrapassado.

Sabe-se, no entanto, que a maioria das áreas urbanas e suburbanas nos Estados Unidos encontram-se sujeitas a $L_{dn}$ superiores a 55 dB($A$).

No início dos anos 1970, a EPA estabeleceu níveis-critério para exposição de comunidades ao ruído. Embora os trabalhos na área tenham sofrido interrupção devido às atitudes antirregulamentadoras nos Estados Unidos no início dos anos 1980, as diretrizes estabelecidas pela EPA ainda formam a base da maioria das legislações relativas a ruído daquele país e de outros. Os níveis-critério da EPA visam proteger a saúde e o bem-estar das comunidades, e foram estabelecidos com uma "adequada" margem de segurança.

O Quadro 7.4 fornece os níveis-critério recomendados pela EPA interna e externamente a edificações. Esses níveis-critério visam proteger as atividades humanas (principalmente interferência na comunicação oral) e proteção contra perda de audição. No quadro, a

**QUADRO 7.4  Níveis-critério A-ponderados anuais médios\* identificados pela EPA como requisito para proteção da saúde e para o bem-estar da população, com uma "adequada" margem de segurança.**

| Tipo de ocupação | Grandeza | Interno | | | Externo | | |
|---|---|---|---|---|---|---|---|
| | | Interferência na atividade | Baseado na perda de audição(\*\*) | Para proteção contra ambos efeitos (b) | Interferência na atividade | Baseado na perda de audição(\*\*) | Para proteção contra ambos efeitos (b) |
| Residencial, com áreas externas de lazer e casas de campo | $L_{dn}$ $L_{eq\,(24h)}$ | 45 | 70 | 45 | 55 | 70 | 55 |
| Residencial sem áreas externas de lazer | $L_{dn}$ $L_{eq\,(24h)}$ | 45 | 70 | 45 | | | |
| Comercial | $L_{eq\,(24h)}$ | (a) | 70 | 70 (c) | (a) | 70 | 70 (c) |
| Transporte interno | $L_{eq\,(24h)}$ | (a) | 70 | (a) | | | |
| Industrial | $L_{eq\,(24h)}$ | (a) | 70 | 70 (c) | (a) | 70 | 70 (c) |
| Hospitais | $L_{dn}$ $L_{eq\,(24h)}$ | 45 | 70 | 45 | 55 | 70 | 55 |
| Educacional | $L_{dn}$ $L_{eq\,(24h)}$ (d) | 45 | 70 | 45 | 55 | 70 | 55 |
| Áreas de recreação | $L_{eq\,(24h)}$ | (a) | 70 | 70 (c) | (a) | 70 | 70 (c) |
| Áreas de cultivo e áreas não habitadas | $L_{eq\,(24h)}$ | | | | (a) | 70 | 70 (c) |

*Fonte:* [10] U. S. Environmental Protection Agency.

(\*) Refere-se à média energética, a qual poderá ser obtida por meio da Eq. (7.3).

(\*\*) Níveis-critério com potencial de provocar perda de audição após um período de 40 anos.

(a) Já que diferentes tipos de atividades parecem estar associados a níveis sonoros também diferentes, pode ser difícil o estabelecimento de um nível-critério para evitar interferências, exceto em locais onde a comunicação oral é uma atividade crítica.

(b) Utilizar o menor nível.

(c) Baseado somente na perda de audição.

(d) Um $L_{eq(8h)}$ de 75 dB(A) poderá ser tolerado nessas situações, contanto que a exposição no período remanescente de 16 h seja suficientemente baixa e que resulte numa contribuição desprezível para a média de 24 h, ou seja, um $L_{eq(16h)}$ inferior a 60 dB(A).

característica básica é o nível-critério $L_{dn}$ de 55 dB(A), externamente à edificação. Esse nível-critério tem sido amplamente utilizado na legislação norte-americana e de outros países.

Em 1993, a Organização Mundial da Saúde (OMS) publicou recomendações para proteção contra o ruído. Os níveis-critério estabelecidos levaram em consideração as perturbações (inclusive a do sono) e a interferência na comunicação oral. Os níveis-critério foram baseados em dados de laboratório e campo, sendo similares àqueles estabelecidos pela EPA. Os níveis-critério estabelecidos pela OMS são os seguintes:

- nível-critério $L_{eq}$ de 50 dB(A) – recomendado para que a maioria das pessoas não seja moderadamente incomodada pelo ruído;
- nível-critério $L_{eq}$ de 55 dB(A), em áreas habitadas durante o dia – recomendado para que a maioria das pessoas não seja severamente incomodada pelo ruído;
- nível-critério $L_{eq}$ de 45 dB(A), em áreas habitadas durante à noite – recomendado para que o nível de 30 dB(A) no interior de dormitórios, não seja ultrapassado com as janelas abertas.

Níveis-critério estatísticos são apresentados na Fig. 7.8, para três tipos de ocupação. A figura consta de uma proposta de norma de ruído comunitário [7].

Nos Estados Unidos não é comum, em nível estadual, a existência de legislação para ruído em comunidades. Sendo assim, a maioria das administrações municipais possui algum tipo de regulamentação local, que pode ser aplicada quando o ruído perturba o sossego (gera reclamações do cidadão). Porém, tais regulamentações são em geral subjetivas em sua aplicabilidade, gerando dificuldades de implementação e de adjudicação.

No Brasil, ocorre situação similar em nível municipal. No entanto, a Resolução n. 001 do Conselho Nacional do Meio Ambiente (Conama), de 9 de março de 1990, estabelece padrões para emissão de ruídos no território brasileiro. Trata-se de uma resolução que visa limitar a emissão de ruídos em decorrência de quaisquer atividades industriais, comerciais, sociais ou recreativas, no interesse da saúde e do sossego público. Não consta especificamente dessa resolução menção ao ruído de tráfego (veicular, aéreo ou ferroviário), indicando que a emissão de ruídos produzidos por veículos automotores obedecerá à norma expedida pelo Conselho Nacional de Trânsito (Contran). Essa mesma Resolução indica que todas as normas reguladoras da poluição sonora, emitidas a partir da data da Resolução, deverão ser compatibilizadas com a Resolução n. 001 do Conama.

No entanto, no Brasil, a ausência de métodos e critérios específicos para a avaliação do ruído em comunidades

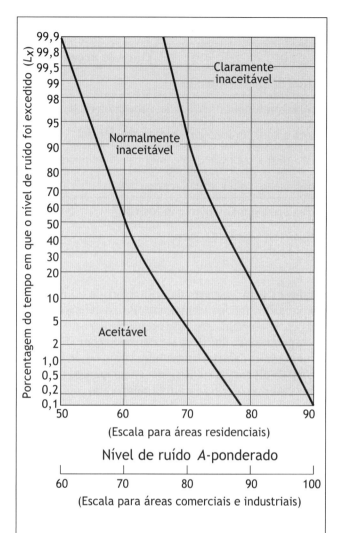

**Figura 7.8** *Níveis-critério estatísticos para ruído em áreas residenciais, comerciais e industriais. Fonte: Franken citado por [7] Lord et al.*

não tem impedido que relatórios de impacto ambiental considerem o impacto do ruído com base em legislações e experiências de outros países, particularmente dos Estados Unidos.

A antiga NBR 10151[3] baseava-se num procedimento similar ao apresentado nos Quadros 7.2 e 7.3, e que requeria a aplicação de correções ao nível sonoro A-ponderado medido no ponto de interesse na comunidade. O nível sonoro corrigido permitia a estimativa da resposta da comunidade ao ruído. Na mais recente edição da NBR 10151 [11], o objetivo passou a ser o estabelecimento das

---

[3] A Associação Brasileira de Normas Técnicas (ABNT) é o órgão responsável pela normalização técnica no Brasil. Uma norma emitida pela ABNT registrada no Instituto Nacional de Metrologia, Normalização e Qualidade Industrial (Inmetro) recebe a sigla NBR (Norma Brasileira Registrada), seguida de um numeral.

# 7 – Grandezas, critérios, normas e legislações para avaliação do ruído

**QUADRO 7.5  Nível-critério de avaliação para ambientes externos, em dB(A)**

| Tipos de áreas | Diurno | Noturno |
|---|---|---|
| Áreas de sítios e fazendas | 40 | 35 |
| Área estritamente residencial urbana ou de hospitais ou de escolas | 50 | 45 |
| Área mista, predominantemente residencial | 55 | 50 |
| Área mista, com vocação comercial e administrativa | 60 | 55 |
| Área mista, com vocação recreacional | 65 | 55 |
| Área predominantemente industrial | 70 | 60 |

*Fonte:* [11] NBR 10151, 2000.

condições para avaliação da aceitabilidade do ruído em comunidades, independentemente da existência de reclamações. Essencialmente, essa norma requer a medição do $L_{eq}$ A-ponderado, que deve ser corrigido com +5 dB caso o ruído tenha características impulsivas ou de impacto, e com +5 dB caso o ruído tenha componentes tonais. O *nível sonoro corrigido* é então comparado com o *nível--critério de avaliação* (NCA), conforme apresentado no Quadro 7.5.

A NBR 11415 [12] define os termos e grandezas empregados na área de ruído aeronáutico. A NBR 12859 [13] estabelece o procedimento para avaliação do impacto sonoro gerado por operações aeroportuárias. Nesse procedimento, a grandeza utilizada para avaliar a reação da comunidade é o *índice ponderado de ruído* (IPR), e a grandeza utilizada para caracterizar o ruído das aeronaves é o *nível efetivo de ruído percebido* ("effective perceived noise level", EPNL), que será apresentado no Cap. 9.

A NBR 8572 [14] fixa valores de redução de níveis de ruído a serem proporcionados por fachadas e/ou coberturas de edificações localizadas na "Área II" dos planos de zoneamento de ruídos em aeroportos, em termos da *redução do nível de ruído* (RR) requerida. O valor da RR, em dB(A), é obtido através da diferença entre os níveis de ruído A-ponderados externo e interno de uma edificação, causados pela mesma fonte sonora. A "Área II", se caracteriza por apresentar valores de IPR entre 53 e 60, faixa de valores em que "...*é esperado grande volume de reclamações por parte dos residentes...*" [13]. A NBR 8572 fixa valores de RR para edificações situadas na "Área II", no entorno de aeroportos brasileiros. Por exemplo, para os aeroportos de Congonhas e de Guarulhos, em São Paulo, o valor fixado para a RR é de 35 a 40 dB(A). Esses mesmos valores são requeridos para o Aeroporto Antonio Carlos Jobim (antigo Galeão), no Rio de Janeiro; enquanto a RR requerida para o Aeroporto Santos Dumont, na mesma cidade, é de 20 a 25 dB(A).

Métodos para avaliação do ruído e do incômodo por sobrevoo de aeronaves constam do Boletim Técnico IAC 4.102-058 [15], do Departamento de Aviação Civil do Ministério da Aeronáutica do Brasil.

## 7.4  AVALIAÇÃO DO RUÍDO EM AMBIENTES INTERNOS

Na seção anterior, foi mencionado que a EPA recomenda que o nível de ruído no interior das habitações não deve exceder 45 dB($A$). Esse nível-critério foi estabelecido levando-se em conta principalmente a interferência do ruído na comunicação oral. Esse exemplo ilustra bem a necessidade de se estabelecer o nível de ruído em função da atividade exercida em determinado ambiente.

No sentido de limitar os níveis de ruído em ambientes de ocupação humana, foram criadas, em, 1957 as *curvas--critério de ruído* ("noise criteria curves", NC), também conhecidas como "curvas NCê".

A Fig. 7.9 apresenta uma família de curvas NCê. Cada curva associa um valor de NC a um espectro em bandas de oitava. A fim de avaliar a significância dessas curvas, estão a elas associados os níveis sonoros A-ponderados aproximados, bem como uma classificação subjetiva da intensidade do ruído.

O método de utilização dessas curvas consiste em medir o nível de ruído em determinado ambiente nas bandas de oitava de 63 a 8.000 Hz e plotar sobre as curvas NCê. A curva NCê imediatamente acima do nível plotado mais elevado é aquela que classifica o nível do ruído do ambiente.

Por exemplo, encontram-se plotados sobre as curvas NCê, na Fig. 7.10, dois espectros de ruído. Para ambos, o maior nível de ruído ocorre na banda de 63 Hz. Para o espectro plotado com circunferências, é o nível de ruído

## 7.4 – Avaliação do ruído em ambientes internos

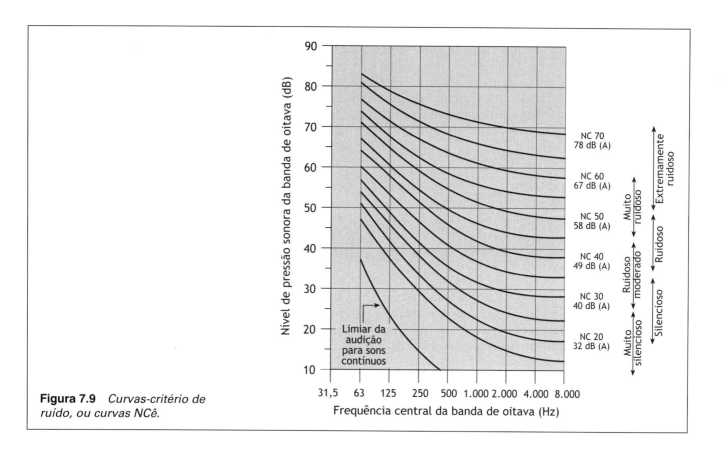

**Figura 7.9** *Curvas-critério de ruído, ou curvas NCê.*

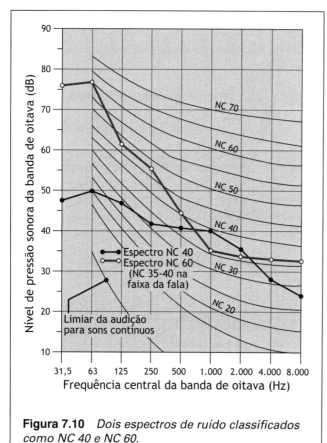

**Figura 7.10** *Dois espectros de ruído classificados como NC 40 e NC 60.*

dessa banda que determina a curva NCê atendida pelo ruído do ambiente, NC 60 no caso. Já para o espectro plotado com círculos, é o nível de ruído da banda de 1.000 Hz que determina a curva NCê atendida pelo ruído do ambiente, NC 40 nesse caso. Os ruídos que deram origem aos dois espectros são então classificados como NC 60 e NC 40, cujos níveis sonoros são de 53 e 45 dB($A$), respectivamente.

Observe-se que as curvas NCê têm aproximadamente a mesma configuração das curvas de mesmo nível de audibilidade da Fig. 5.6 e, assim, são curvas de mesma audibilidade percebida para ruídos em ambientes internos. Uma das vantagens da utilização das curvas NCê é que se associa um número único ao espectro do ruído em determinado ambiente.

Esse método de determinação do valor de NC de um espectro chama-se *método da tangente*. Embora seja adequado para avaliar o potencial de interferência do ruído nos sons da fala, esse método pode não avaliar adequadamente a "qualidade" do ruído. Por exemplo, quando o espectro tem energia predominantemente na banda de 1.000 Hz, embora o ruído possa estar atendendo a curva NCê requerida para o ambiente, o ruído será provavelmente percebido como "assoviante" (ruído excessivo em médias/altas frequências). Por outro lado, quando o espectro tem energia predominantemente na banda de 63 Hz, ele pode ser percebido como "retumbante" (ruído excessivo nas baixas frequências). Logo, ao estabelecer níveis-critério de ruído em ambientes baseados nas curvas NCê, é desejável garantir que o espectro do ruído tenha pelo menos três bandas contíguas que se alinhem com a curva NCê requerida. Assim, é tão importante garantir que o espectro do ruído corresponda aproximadamente a uma certa curva NCê, quanto assegurar que o ruído não exceda os seus limites.

Em certos ambientes, a curva NCê atendida pelo espectro do ruído em frequências muito baixas poderá ser ignorada, adotando-se em seu lugar a curva NCê atendida pelo espectro nas médias (250-1.000 Hz) e altas frequências (2.000-8.000 Hz), que são as faixas de frequências que mais afetam a inteligibilidade da fala. Na Fig. 7.10, o espectro correspondente a NC 60 se alinha com curvas NCê muito mais baixas na faixa de 500-8.000 Hz. Esse espectro será percebido por um observador como "retumbante", devido ao forte conteúdo de baixas frequências, o que é sem dúvida indesejável em termos de "conforto acústico", sem contudo afetar significativamente a inteligibilidade da fala.

Considera-se que as curvas NCê não avaliam adequadamente a qualidade do ruído de ambientes servidos por sistemas de ar-condicionado. Uma determinada curva NCê recomendada pode estar sendo atendida em certo local onde a principal contribuição do ruído medido é aquela proveniente do sistema de ar-condicionado. Apesar disso, o ruído poderá ser subjetivamente julgado como "retumbante", "assoviante", ou ambos. A fim de melhor avaliar situações com essas características, foram mais recentemente criadas novas curvas critério de ruído, que levam em consideração as características das bandas extremas do espectro do ruído.

As chamadas *curvas de avaliação de salas* ("room criteria curves", RC), ou "curvas RCê", são definidas pela norma ANSI S12.2 [16]. As curvas RCê foram criadas para melhor avaliação de ruídos de baixa frequência. Essas curvas diferem das NCê por possuírem uma inclinação constante de -5 dB/oitava, e por se estenderem até 16 Hz (Fig. 7.11). As curvas RCê são particularmente utilizadas para avaliar o ruído de sistemas de ar-condicionado, e tendem a avaliar ruídos de baixa e alta frequência com maior equilíbrio de que as curvas NCê.

Também definidas pela norma ANSI S12.2, as *curvas-critério de ruído balanceadas* ("balanced noise criteria curves", BNC), ou "curvas BNCê", são parecidas com as curvas NCê e, similarmente às curvas RCê, também se estendem até 16 Hz (Fig. 7.12). Tanto as curvas RCê quanto as BNCê permitem classificar o espectro sonoro como "neutro", "retumbante" ou "assoviante".

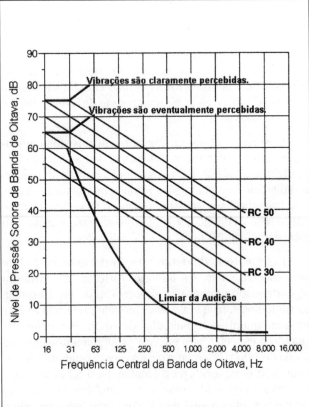

**Figura 7.11** *Curvas de avaliação de salas, ou curvas RCê.*

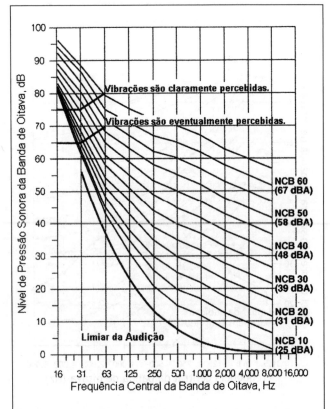

**Figura 7.12** *Curvas-critério de ruído balanceadas, ou curvas BNCê.*

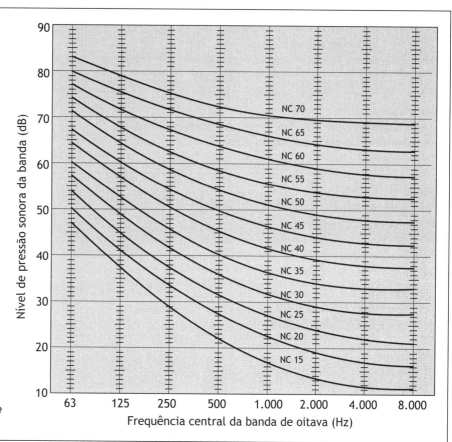

**Figura 7.13** *Curvas de avaliação de ruído (NC). Fonte: [17] NBR 10152.*

A NBR 10152 [17] adota as curvas NCê para estabelecer os níveis de ruído compatíveis com o conforto acústico em ambientes diversos. Nessa norma, as curvas NCê são denominadas *curvas de avaliação de ruído*, mantendo-se a sigla original NC em sua designação (Fig.7.13).

A Tab. 7.3 fixa as curvas de avaliação de ruído que devem ser atendidas pelo ruído ambiente em diversos locais, bem como os valores em dB(A) a elas associados.

A Tab. 7.4 lista os níveis de pressão sonora em bandas de oitava correspondentes às curvas de avaliação de ruído (NC).

## INTERFERÊNCIA NA FALA

Sabe-se da dificuldade de conversar, usar o telefone, ou mesmo de escutar avisos em áreas onde o nível de ruído é elevado. Em uma sala de aula barulhenta, é comum os alunos do fundo da sala não escutarem o que o professor está dizendo na frente da sala. Esses são alguns exemplos das dificuldades de comunicação oral em ambientes ruidosos. A interferência do ruído nos sons da fala causa frustração, perturbação e irritação. Há redução de eficiência quando a inteligibilidade da fala é reduzida pelo ruído nos ambientes de trabalho, aumentando as chances de erros por falta de comunicação. Incidentalmente, outros fatores reduzem a inteligibilidade da fala. Em um recinto "vivo"[4], onde o som sofre múltiplas reflexões antes de atingir o ouvinte, as sílabas da fala dos sons refletidos mascaram as sílabas dos sons diretos, e, consequentemente a inteligibilidade é reduzida.

A interferência do ruído nos sons da fala é essencialmente um processo de mascaramento sonoro. Como sabemos, o mascaramento provoca o deslocamento do limiar da audição, e o resultado é que se escutarão somente uns poucos, ou talvez nenhum, dos sons necessários para uma inteligibilidade satisfatória.

Os sons das consoantes transportam o maior conteúdo de informações da fala, porém são mais facilmente mascarados que os sons das vogais, já que os sons das consoantes são mais fracos que os das vogais. A energia dos diversos sons da fala está distribuída na faixa compreendida entre aproximadamente 100 e 10.000 Hz. A distribuição em frequências depende do som da sílaba em

---

[4] Diz-se de um recinto em que a reflexão dos sons é favorecida pela predominância no contorno de superfícies refletoras sonoras, normalmente de materiais duros e lisos. Em oposição, diz-se que um recinto é "surdo" quando a reflexão dos sons é muito reduzida pela presença de materiais e objetos de forte absorção sonora. Falaremos mais sobre esse assunto no Cap. 10.

# 7 – Grandezas, critérios, normas e legislações para avaliação do ruído

**TABELA 7.3** Curvas de avaliação de ruído (NC) recomendadas e níveis sonoros A-ponderados correspondentes

| Locais | dB(A) | NC |
|---|---|---|
| **Hospitais** | | |
| Apartamentos, enfermarias, berçários, centros cirúrgicos | 35 – 45 | 30 – 40 |
| Laboratórios, áreas para uso do público | 40 – 50 | 35 – 45 |
| Serviços | 45 – 55 | 40 – 50 |
| **Escolas** | | |
| Bilbiotecas, salas de música, salas de desenho | 35 – 45 | 30 – 40 |
| Salas de aula, laboratórios | 40 – 50 | 35 – 45 |
| Circulação | 45 – 55 | 40 – 50 |
| **Hotéis** | | |
| Apartamentos | 35 – 45 | 30 – 40 |
| Restaurantes, salas de estar | 40 – 50 | 35 – 45 |
| Portaria, recepção, circulação | 45 – 55 | 40 – 50 |
| **Residências** | | |
| Dormitórios | 35 – 45 | 30 – 40 |
| Salas de estar | 40 – 50 | 35 – 45 |
| **Auditórios** | | |
| Salas de concertos, teatros | 30 – 40 | 25 – 30 |
| Salas de conferência, cinemas, salas de uso múltiplo | 35 – 45 | 30 – 35 |
| **Restaurantes** | 40 – 50 | 35 – 45 |
| **Escritórios** | | |
| Salas de reunião | 30 – 40 | 25 – 35 |
| Salas de gerência, salas de projeto e de administração | 35 – 45 | 30 – 40 |
| Salas de computadores | 45 – 65 | 40 – 60 |
| Salas de mecanografia | 50 – 60 | 45 – 55 |
| **Igrejas e templos** (cultos meditativos) | 40 – 50 | 35 – 45 |
| **Locais para esporte** | | |
| Pavilhões fechados para espetáculos e atividades esportivas | 45 – 60 | 40 – 55 |

Observações:
- O valor inferior da faixa representa o nível sonoro para conforto; o valor superior significa nível sonoro aceitável para a finalidade.
- Níveis superiores aos estabelecidos nesta tabela são considerados de desconforto, sem necessariamente implicar risco para saúde.

*Fonte:* [17] NBR 10152.

particular. Por exemplo, o som "s" tem energia sonora distribuída na faixa de 4.000 a 8.000 Hz, aproximadamente. Experimentos têm demonstrado que a quase totalidade das informações nos sons da fala está contida na faixa de 200 a 6.000 Hz. Ao se dividir esse intervalo de frequências em vinte bandas que contribuem igualmente para o entendimento da fala, verifica-se que o nível de pressão sonora dos sucessivos sons da fala varia numa faixa dinâmica de aproximadamente 30 dB. Essas vinte bandas, que contribuem igualmente com a inteligibilidade da fala, são proporcionais às bandas críticas. Testes de inteligibilidade da fala demonstram que, se o ouvinte consegue escutar os níveis sonoros contidos em toda a faixa de 30 dB da banda, então a contribuição da banda com a inteligibilidade

## 7.4 – Avaliação do ruído em ambientes internos

**TABELA 7.4** Níveis de pressão sonora correspondentes às curvas de avaliação de ruído (NC)

| Curva NC | 63 Hz (dB) | 125 Hz (dB) | 250 Hz (dB) | 500 Hz (dB) | 1 kHz (dB) | 2 kHz (dB) | 4 kHz (dB) | 8 kHz (dB) |
|---|---|---|---|---|---|---|---|---|
| 15 | 47 | 36 | 29 | 22 | 17 | 14 | 12 | 11 |
| 20 | 50 | 41 | 33 | 26 | 22 | 19 | 17 | 16 |
| 25 | 54 | 44 | 37 | 31 | 27 | 24 | 22 | 21 |
| 30 | 57 | 48 | 41 | 36 | 31 | 29 | 28 | 27 |
| 35 | 60 | 52 | 45 | 40 | 36 | 34 | 33 | 32 |
| 40 | 64 | 57 | 50 | 45 | 41 | 39 | 38 | 37 |
| 45 | 67 | 60 | 54 | 49 | 46 | 44 | 43 | 42 |
| 50 | 71 | 64 | 58 | 54 | 51 | 49 | 48 | 47 |
| 55 | 74 | 67 | 62 | 58 | 56 | 54 | 53 | 52 |
| 60 | 77 | 71 | 67 | 63 | 61 | 59 | 58 | 57 |
| 65 | 80 | 75 | 71 | 68 | 66 | 64 | 63 | 62 |
| 70 | 83 | 79 | 75 | 72 | 71 | 70 | 69 | 68 |

*Fonte:* [17] NBR 10152.

será de 100%. No entanto, se o mascaramento pelo ruído elevar o limiar da audição em 15 dB, a contribuição da banda para a inteligibilidade da fala se reduzirá para 50%, e assim por diante.

Baseado nessas constatações, desenvolveu-se um método de estimativa da inteligibilidade da fala na presença de ruído, o qual, a partir dos espectros do ruído e dos sons da fala, permite obter um número único, denominado *índice de articulação* ("articulation index", AI), que se correlaciona com a inteligibilidade da fala na presença de ruído. O método de cálculo do AI consta da norma ANSI S3.5 [18]. Essa norma apresenta os procedimentos para o cálculo do AI com base nas vinte bandas que contribuem igualmente para a inteligibilidade da fala, bem como procedimentos simplificados utilizando bandas de oitava e 1/3 oitava.

A Fig. 7.14 apresenta um exemplo de cálculo do AI extraído da ANSI S3.5 [18]. Esse exemplo utiliza espectros (dos sons da fala e do ruído) em bandas de 1/3 oitava. O procedimento consiste em plotar os espectros dos sons da fala e do ruído que atingem as orelhas do ouvinte entre 200 e 5.000 Hz. Na realidade, deve-se plotar o espectro dos picos dos sons da fala, os quais são estimados adicionando-se 12 dB ao espectro idealizado de "longo-termo" dos sons da fala. As diferenças entre os níveis dos sons da fala e do ruído de cada banda são então lançadas na tabela que acompanha a Fig. 7.14. Aplica-se em seguida

uma ponderação à diferença de níveis sonoros (limitada a 30 dB) em cada banda, somando-se em seguida os valores assim obtidos. O resultado desse somatório é o AI.

O AI, um número único entre 0 e 1, se correlaciona com a inteligibilidade da fala na presença de ruído. A Fig. 7.15 apresenta a relação entre AI (medida física) e os resultados de diversos testes de inteligibilidade da fala (medida psicoacústica).

A norma ANSI S3.5 sofreu duas revisões mais recentes (1997 e 2000), tendo sido renomeada como *Methods for calculation of the speech intelligibility index* a partir de 1997 [19]. O procedimento para a estimativa da inteligibilidade da fala a partir de medidas físicas foi substancialmente revisto, sendo agora um procedimento mais abrangente e também mais complicado.

Um método mais simples de se prever a inteligibilidade da fala a partir de medidas físicas consiste em medir o nível $A$-ponderado do ruído interferente, a partir do qual se obtêm as condições de inteligibilidade da fala em função da distância entre orador e ouvinte, utilizando o gráfico da Fig. 7.16. Esse método será aplicável quando o ruído for estacionário, com espectro sonoro plano, em ambientes com pouca reverberação. As condições para comunicação oral que constam da Fig. 7.16, baseiam-se numa inteligibilidade da fala "satisfatória", para comunicação face a face, com fala não familiar ao ouvinte e para voz masculina de "média" intensidade.

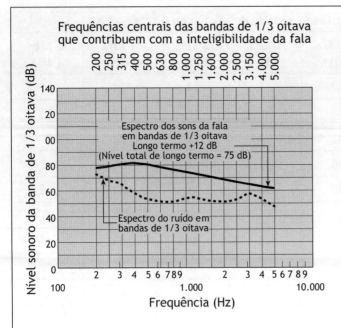

| Frequência central da banda (Hz) | Nível da fala menos nível do ruído (dB) | Ponderação | Coluna 2 × Coluna 3 |
|---|---|---|---|
| 200 | 4 | 0,0004 | 0,0016 |
| 250 | 10 | 0,0010 | 0,0100 |
| 315 | 13 | 0,0010 | 0,0130 |
| 400 | 24 | 0,0014 | 0,0336 |
| 500 | 26 | 0,0014 | 0,0364 |
| 630 | 26 | 0,0020 | 0,0520 |
| 800 | 24 | 0,0020 | 0,0480 |
| 1.000 | 21 | 0,0024 | 0,0504 |
| 1.250 | 18 | 0,0030 | 0,0540 |
| 1.600 | 18 | 0,0037 | 0,0666 |
| 2.000 | 15 | 0,0037 | 0,0555 |
| 2.500 | 15 | 0,0034 | 0,0510 |
| 3.150 | 6 | 0,0034 | 0,0204 |
| 4.000 | 8 | 0,0024 | 0,0192 |
| 5.000 | 12 | 0,0020 | 0,0240 |
|  |  |  | AI = 0,5357 |

**Figura 7.14** *Exemplo de cálculo do índice de articulação (AI) utilizando espectros sonoros (dos sons da fala e do ruído) em bandas de 1/3 oitava. Fonte: [18] ANSI S3.5.*

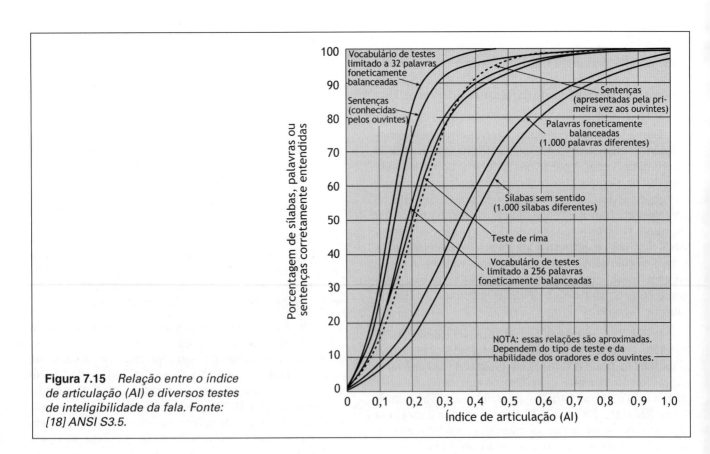

**Figura 7.15** *Relação entre o índice de articulação (AI) e diversos testes de inteligibilidade da fala. Fonte: [18] ANSI S3.5.*

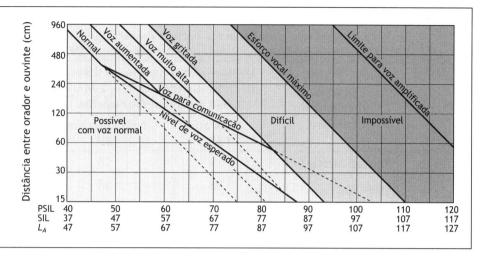

**Figura 7.16** *Gráfico para determinação da distância para comunicação face a face em função do ruído interferente dado em termos do nível sonoro A-ponderado, do SIL e do PSIL. Fonte: Webster citado por [4] Peterson e Gross.*

Um outro procedimento simplificado consiste em calcular a média aritmética dos níveis de ruído nas bandas de oitava de 500, 1.000, 2.000 e 4.000 Hz. O resultado é um número único, denominado *nível de interferência na fala* ("speech interference level", SIL).

Um outro procedimento também comumente utilizado consiste no cálculo da média aritmética dos níveis sonoros das bandas de oitava de 500, 1.000 e 2.000 Hz. O resultado é denominado *nível de interferência na fala preferencial* ("preferred speech interference level", PSIL).

A Fig. 7.16 também permite determinar as condições de inteligibilidade da fala a partir dos valores de SIL e de PSIL. Por exemplo, quando PSIL = 80 dB, que é um valor elevado, a Fig. 7.16 indica que a distância para comunicação face a face não poderá ir além de 30 cm para uma comunicação satisfatória. No caso de se falar pausadamente, selecionando-se as palavras e reduzindo-as em número, a inteligibilidade da fala será possível com distâncias maiores.

A Fig. 7.16 não poderá ser utilizada quando o ruído ambiente for causado pela conversação de pessoas. Esse é o caso em que diversos grupos conversam dentro de uma mesma sala, quando a conversação de um grupo estará sujeita à interferência das conversações de outros grupos. Esse tipo de interferência é conhecido como *efeito coquetel* ("cocktail party effect"), por ocorrer comumente em ambientes de confraternização. Não há ainda um procedimento universalmente aceito para determinação da interferência na comunicação oral sob tais condições.

O PSIL poderá também ser utilizado para prever as condições de utilização de telefones em ambientes ruidosos. O Quadro 7.6 fornece as condições de uso do telefone para faixas de PSIL.

## 7.5 AVALIAÇÃO DO RUÍDO EM AMBIENTES DE TRABALHO

Rosen *et. al.* [20] constataram que povos que vivem em comunidades relativamente sem barulho no Sudão apresentam pouca presbiacusia. Baseados nesse fato, os autores sugerem que a perda de audição caracterizada como presbiacusia pode ser na realidade o que eles chamam de *socioacusia*, ou perda de audição induzida pelo ruído das sociedades modernas.

A perda da audição acarreta alterações importantes na pessoa, que interferem na sua qualidade de vida. São elas: a *incapacidade auditiva* ("hearing disability") e a *desvantagem* ("handicap"). A incapacidade auditiva refere-se aos problemas auditivos vivenciados pelo indivíduo com relação à percepção da fala em ambientes ruidosos, televisão, rádio, cinema, teatro, sinais sonoros de alerta, música e sons ambientais. A desvantagem, por sua vez, relaciona-se às consequências não auditivas da perda, influenciada por fatores psicossociais e ambientais. Entre eles destacam-se estresse, ansiedade, isolamento e autoimagem pobre, as quais comprometem as relações

| QUADRO 7.6 Condições para uso de telefone em função do ruído interferente dado em termos do PSIL ||
|---|---|
| **Nível de interferência da fala** | **Uso do telefone*** |
| PSIL < 60 dB | Satisfatório |
| 60 dB < PSIL < 75 dB | Difícil |
| PSIL > 80 dB | Impossível |

* Telefone modelo F-1 da Western Electric.
*Fonte:* [4] Peterson e Gross.

## QUADRO 7.7 Relação entre o deslocamento médio do limiar da audição em 500, 1.000 e 2.000 Hz e graus de incapacidade auditiva em termos de inteligibilidade da fala, conforme estabelecido pelo Comitê de Audição da Academia Americana de Oftalmologia e Otorrinolaringologia

| Classe | Grau de incapacidade auditiva | Deslocamento médio do limiar de audibilidade em 500, 1.000 e 2.000 Hz na melhor orelha | | Inteligibilidade da fala |
|---|---|---|---|---|
| | | Mais que (dB) | Não mais que (dB) | |
| A | Não significativo | | 25 | Sem dificuldades com voz fraca |
| B | Pequeno | 25 | 40 | Dificuldade somente com voz fraca |
| C | Suave | 40 | 55 | Frequentemente difícil com voz normal |
| D | Expressivo | 55 | 70 | Frequentemente difícil com voz alta |
| E | Severo | 70 | 90 | Entendimento possível somente com voz gritada ou amplificada |
| F | Extremo | 90 | | Geralmente não consegue entender voz amplificada |

*Fonte:* Davis, citado por [7] Lord *et al.*

do indivíduo na família, no trabalho e na sociedade, prejudicando o desempenho de suas atividades de vida diária.

O Quadro 7.7 apresenta graus de incapacidade auditiva em termos de inteligibilidade da fala, baseados no deslocamento médio do limiar da audição em 500, 1.000 e 2.000 Hz, conforme estabelecido pelo Comitê de Audição da Academia Americana de Oftalmologia e Otorrinolaringologia. Uma perda de audição superior a 25 dB na melhor orelha já é considerada suficiente para dificultar a inteligibilidade da fala.

A causa mais comum de perda da audição se deve à exposição prolongada a níveis de ruído elevados nos ambientes de trabalho. O gráfico da Fig. 7.17 fornece o risco de perda da audição devido a ruído contínuo nos ambientes de trabalho. A idade do indivíduo está lançada no eixo horizontal, onde se assumiu que a vida de trabalho inicia-se aos 20 anos; logo, 65 anos caracterizam o indivíduo que trabalhou 45 anos em ambiente ruidoso. O parâmetro que caracteriza cada curva desse gráfico é o nível de ruído A-ponderado no ambiente de trabalho.

Por exemplo, um indivíduo com 50 anos de idade, e que portanto trabalhou durante 30 anos em um ambiente com nível de ruído de 90 dB(A), adquire 23% de risco de perda da audição; ou seja, 23 de cada 100 trabalhadores desse grupo apresentarão perda de audição com 50 anos de idade.

No gráfico da Fig. 7.17 observa-se que o risco de perda da audição não pode ser atribuído ao ruído quando o nível de ruído no ambiente do trabalho for inferior a 80 dB(A).

Observa-se também, no gráfico da Fig. 7.17, que trabalhadores com 65 anos, expostos ao nível de ruído de 90 dB(A) durante a vida de trabalho, têm risco de perda de audição 14% maior do que trabalhadores de mesma idade que trabalharam em ambientes com níveis de ruído inferiores a 80 dB(A).

Há um consenso entre os especialistas que a perda de audição induzida por ruído[5] (Pair) se deve à conjugação de dois fatores: pressão sonora e tempo de exposição. Estudos em populações expostas a ruídos em ambientes do trabalho indicam que a Pair segue aproximadamente uma relação de proporcionalidade do tipo

$$\text{Pair} \propto p_A^n \cdot T_e \tag{7.12}$$

em que $T_e$ é o tempo de exposição à pressão sonora A-ponderada ($p_A$) e $n$ é um expoente a ser determinado.

Essa relação de proporcionalidade indica que a Pair do trabalhador 1, sujeito à pressão sonora $p_{A_1}$ durante o tempo de exposição $T_{e_1}$, será igual à Pair do trabalhador 2, sujeito à pressão sonora $p_{A_2}$, durante a *metade* do tempo de exposição do trabalhador 1, $T_{e_2} = T_{e_1}/2$, quando

---

[5] Também conhecida como "perda auditiva por exposição a ruído no trabalho", "perda auditiva ocupacional", "surdez profissional", e "disacusia ocupacional", e algumas vezes designada com a sigla Pairo. A perda auditiva induzida por ruído relacionada ao trabalho é uma diminuição gradual da acuidade auditiva, decorrente da exposição continuada a níveis elevados de pressão sonora. Segundo a Ordem de Serviço 608, de 05 de agosto de 1998, do INSS, é mais adequada a expressão "perda auditiva neurossensorial por exposição continuada a níveis elevados de pressão sonora".

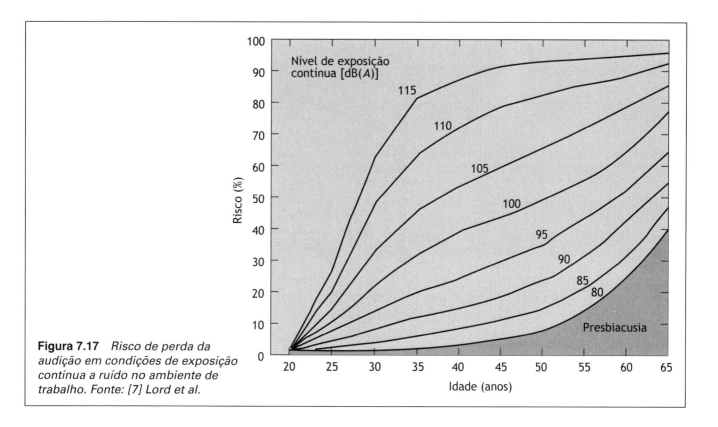

**Figura 7.17** *Risco de perda da audição em condições de exposição contínua a ruído no ambiente de trabalho. Fonte: [7] Lord et al.*

a pressão sonora $p_{A_2}$ a que está exposto o trabalhador 2 satisfizer a seguinte relação[6]:

$$\text{Pair}_2 = \text{Pair}_1$$

$$p_{A_2}^n \cdot T_{e_2} = p_{A_1}^n \cdot T_{e_1}$$

$$p_{A_2}^n \cdot \frac{T_{e_1}}{2} = p_{A_1}^n \cdot T_{e_1}$$

$$\frac{p_{A_2}^n}{2} = p_{A_1}^n$$

$$p_{A_2} = 2^{1/n} \cdot p_{A_1}$$

O incremento do nível de pressão sonora do trabalhador 2 em relação ao nível de pressão sonora do trabalhador 1 será, então, dado por

$$q = 20\ \log\ \frac{p_{A_2}}{p_{A_1}} = 20\ \log\ 2^{1/n}\ \text{dB(A)}, \qquad (7.13)$$

onde $q$ é chamado de *fator de troca*.

Então, para que ambos trabalhadores adquiram a mesma Pair, o fator de troca fornece o quanto deve aumentar o nível de ruído do trabalhador 2, em relação ao nível de ruído do trabalhador 1, quando o tempo de exposição do trabalhador 2 é reduzido à metade do tempo de exposição do trabalhador 1.

A Eq. (7.13) fornece para $n = 1$, $q = 6$ dB($A$); para $n = 1{,}2$, $q = 5$ dB($A$); para $n = 1{,}5$, $q = 4$ dB($A$) e, para $n = 2$, $q = 3$ dB($A$). O fator de troca é um dos parâmetros que formam a base das legislações relativas aos limites de exposição ao ruído nos ambientes de trabalho.

Um método de avaliação do risco de perda da audição que utiliza fator de troca $q = 6$ dB($A$) ($n = 1$) é aquele que permite obter o *índice de deterioração da audição* ("hearing deterioration index", HDI) [21]. O HDI é obtido por meio da seguinte expressão

$$\text{HDI} = 10\ \log \int_0^t 10^{L/20} dt, \qquad (7.14)$$

em que $L$ é o nível médio de ruído em dB($A$) e $t$ é o tempo de exposição em anos. O HDI assume exposição de 1.900 h/ano ao nível $L$.

Na Eq. (7.14), como $10^{L/10} = p/p_0$, a integração indica que HDI $\propto p_A \cdot t$, que é uma expressão do tipo fornecido pela Eq. (7.10), com $n = 1$ e, portanto, de acordo com a Eq. (7.11), $q = 6$ dB($A$). Isso significa que um acréscimo de 6 dB($A$) no nível de ruído equivale (causa a mesma Pair) à duplicação do tempo de exposição.

A Fig. 7.18 fornece o risco e a perda de audição média em dB, ambos obtidos do HDI. Essa figura indica que, no sentido de evitar perda de audição em 80% da população, deve-se adotar uma estratégia que previna a aquisição de um HDI maior que 59 durante a vida. Por exemplo, a Eq. (7.14) fornece HDI = 58 para uma exposição de 20 anos

---

[6] Assume-se que as pressões sonoras $p_{A_1}$ e $p_{A_2}$ sejam de magnitudes suficientes para dar início ao processo de Pair.

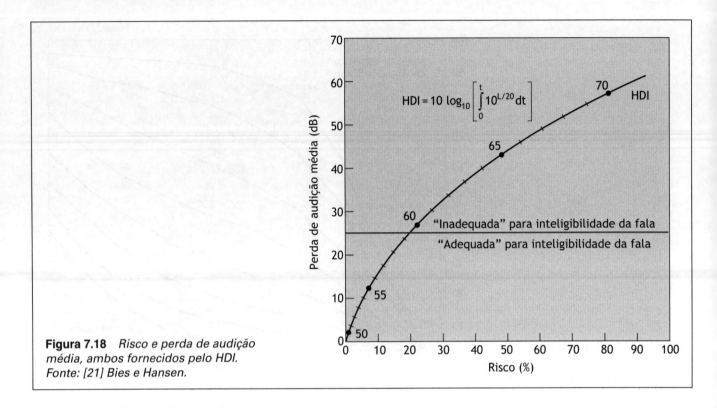

**Figura 7.18** *Risco e perda de audição média, ambos fornecidos pelo HDI. Fonte: [21] Bies e Hansen.*

ao nível de ruído médio de 90 dB(A). Para essas condições, a Fig. 7.18 informa que 15% da população (risco de 15%) apresentará 20 dB de perda de audição devido a exposição ao ruído.

O chamado *princípio de igual energia* postula que a Pair é proporcional à energia sonora recebida pela orelha. Já que a intensidade sonora é a energia sonora por unidade de tempo e por unidade de área, a energia sonora por unidade de área será dada pelo produto da intensidade sonora pelo tempo de exposição. Como a intensidade sonora é proporcional à pressão sonora ao quadrado, o princípio de igual energia se traduz matematicamente em termos da pressão sonora e do tempo de exposição em

$$\text{Pair} \propto p_A^2 \cdot T_e \qquad (7.15)$$

O princípio de igual energia adota, portanto, $n = 2$ e $q = 3$ dB(A); ou seja, um acréscimo de 3 dB(A) no nível de ruído equivale (causa a mesma Pair) à duplicação do tempo de exposição. De fato, como um acréscimo de 3 dB(A) equivale à duplicação da intensidade sonora (duplicação da energia sonora por unidade de tempo de exposição e por unidade de área), deverá haver uma correspondente redução pela metade do tempo de exposição para que a orelha receba a mesma quantidade de energia por unidade de área.

A grandeza-chave para determinação da Pair baseada no princípio de igual energia é o nível A-ponderado equivalente ($L_{A_{eq}}$). Isso porque, para exposições a níveis de ruído variáveis, o que é normalmente a regra nos ambientes de trabalho, a Pair em termos do $L_{A_{eq}}$, de acordo com a Eq. (7.13), será dada por

$$\text{Pair} \propto p_A^2 \cdot T_e = \int_0^{T_e} 10^{L_A(t)/10} dt = 10^{L_{A_{eq},T_e}} \cdot T_e, \qquad (7.16)$$

onde $L_{A_{eq},T_e}$ é o nível A-ponderado equivalente obtido durante o tempo de exposição ($T_e$).

Assim, o nível equivalente é aqui interpretado como o nível de ruído estacionário que, se ocorresse durante o tempo de exposição, produziria a mesma Pair que os eventos ruidosos reais a que o trabalhador está sujeito.

A norma ISO 1999 [22] fornece um método de estimativa da Pair baseado no princípio de igual energia. A estimativa da Pair de acordo com essa norma requer primeiro o cálculo do *nível normalizado de exposição ao ruído* ($L_{EX,8h}$), e dado por

$$L_{EX,8h} = L_{A_{eq},T_e} + 10 \log\left(\frac{T_e}{T_0}\right), \qquad (7.17)$$

sendo $T_0 = 8$ h o período de normalização.

No caso de exposições diárias variáveis, porém com periodicidade semanal, o *nível médio de exposição diária* ($\bar{L}_{EX,8h}$) poderá ser determinado a partir de $n$ níveis diários por meio da expressão

$$\bar{L}_{EX,8h} = 10 \log\left[\frac{1}{k}\sum_{i=1}^{n} 10^{(L_{EX,8h})_i/10}\right], \qquad (7.18)$$

## 7.5 – Avaliação do ruído em ambientes de trabalho

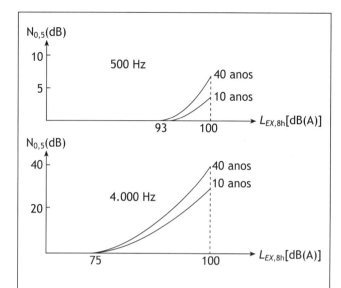

**Figura 7.19** *Mediana do deslocamento permanente do limiar da audição devido a ruído em função de $L_{EX,8h}$ e do tempo de exposição, para duas frequências.*

onde $(L_{EX,8h})_i$ é o nível normalizado de exposição ao ruído do $i$-ésimo dia e $k = 5$ para uma semana de 5 dias de trabalho.

Um conceito-chave da norma ISO 1999 é a distribuição estatística dos deslocamentos permanentes dos limiares da audição da população estudada. Indica-se com $N_Q$ o deslocamento do limiar, tal que uma fração $Q$ da população considerada tem um deslocamento permanente do limiar da audição devido ao ruído maior que $N_Q$. A fração $Q = 0,5$ é a *mediana*, e o deslocamento $N_{0,5}$ indica que 50% da população terá deslocamento permanente do limiar da audição maior que $N$.

A Fig. 7.19 apresenta curvas para determinação da mediana do deslocamento permanente do limiar da audição devido ao ruído em função de $L_{EX,8h}$. O parâmetro que caracteriza cada uma das curvas é o tempo de exposição em anos, sendo os deslocamentos permanentes do limiar da audição dados em dB para duas frequências.

A norma ISO 1999 descreve o método de determinação dos deslocamentos permanentes do limiar da audição correspondente a outras frações, o que será aqui omitido. Como exemplo, a Tab. 7.5 apresenta os deslocamentos permanentes do limiar da audição para várias frequências e frações, em função do tempo de exposição, e para $L_{EX,8h} = 90$ dB(A). Constam também da ISO 1999, tabelas similares à Tab. 7.5, para determinação dos deslocamentos permanentes do limiar da audição para $L_{EX,8h}$ iguais a 85, 95 e 100 dB(A).

Não há na ISO 1999 menção explícita de qual é o nível-critério para uma jornada diária de 8 h de trabalho. No entanto, conforme indica a Fig. 7.18, seu procedimento para estimativa da Pair considera que $L_{EX,8h}$, a partir de 75 dB($A$), provoca o deslocamento permanente do limiar da audição em 4.000 Hz. Já para 500 Hz, o $L_{EX,8h}$ deve elevar-se até 93 dB($A$) para que isso ocorra.

Conforme a própria ISO 1999, os limites de exposição ao ruído ocupacional requerem a consideração de fatores éticos, sociais, econômicos e políticos não passíveis de legislação internacional.

**TABELA 7.5** Deslocamentos permanentes do liminar da audição para várias frequências e frações, em função do tempo de exposição e para $L_{EX,8h} = 90$ dB(A)

| Frequência (Hz) | Deslocamento permanente do limiar da audição devido ao ruído (dB) ||||||||||||
|---|---|---|---|---|---|---|---|---|---|---|---|---|
| | Tempo de exposição (anos) ||||||||||||
| | 10 ||| 20 ||| 30 ||| 40 |||
| | Frações ||||||||||||
| | 0,9 | 0,5 | 0,1 | 0,9 | 0,5 | 0,1 | 0,9 | 0,5 | 0,1 | 0,9 | 0,5 | 0,1 |
| 500 | 0 | 0 | 0 | 0 | 0 | 0 | 0 | 0 | 0 | 0 | 0 | 0 |
| 1.000 | 0 | 0 | 0 | 0 | 0 | 0 | 0 | 0 | 0 | 0 | 0 | 0 |
| 2.000 | 0 | 2 | 5 | 2 | 4 | 8 | 3 | 5 | 9 | 4 | 6 | 10 |
| 3.000 | 4 | 8 | 13 | 7 | 10 | 16 | 8 | 11 | 18 | 9 | 12 | 19 |
| 4.000 | 7 | 11 | 15 | 9 | 13 | 18 | 10 | 14 | 19 | 11 | 15 | 20 |
| 5.000 | 3 | 7 | 12 | 4 | 8 | 14 | 5 | 9 | 15 | 6 | 10 | 15 |

*Fonte:* [22] ISO 1999.

# 142    7 – Grandezas, critérios, normas e legislações para avaliação do ruído

---

**Exemplo 7.7**

Um *disc jockey* (DJ) trabalha exposto a 98 dB(A) durante 4 h às sextas-feiras e aos sábados, e exposto a 96 dB(A) durante 2 h aos domingos. Estimar a mediana do deslocamento permanente do limiar de audição para 10 anos de exposição.

Como numa semana típica de trabalho os níveis sonoros e o tempo de exposição são variáveis, emprega-se primeiro a Eq. (7.17) para calcular o $L_{EX,\,8h}$ e em seguida a Eq. (7.18) para o cálculo do $\overline{L}_{EX,\,8h}$:

$$(L_{EX,8h})_1 = 98 + 10\log\left(\frac{4}{8}\right) = 95\ dB(A), \quad (L_{EX,8h})_2 = 98 + 10\log\left(\frac{4}{8}\right) = 95\ dB(A),$$

$$(L_{EX,8h})_3 = 96 + 10\log\left(\frac{2}{8}\right) = 90\ dB(A); \quad \overline{L}_{EX,8h} = 10\log\left[\frac{1}{5}\left(10^{95/10} + 10^{95/10} + 10^{90/10}\right)\right] = 91,7\ dB(A).$$

As curvas de deslocamento permanente do limiar da audição para 10 anos de exposição da Fig. 7.19 fornecem: $N \cong 0$ $dB$ em 500 Hz e $N \cong 20\ dB$ em 4.000 Hz.

A interpretação desse resultado é a seguinte: 50% da população terá deslocamento permanente do limiar da audição maior que 0 dB em 500 Hz, e maior que 20 dB em 4.000 Hz, após 10 anos de exposição nas condições de trabalho do DJ.

---

Um levantamento das legislações de diversos países relativamente aos limites de ruído nos ambientes do trabalho, realizado pelo International Institute of Noise Control Engineering [24], constatou que a maioria das legislações adota 85 ou 90 dB(*A*) como nível-critério normalizado por um período de 8 h. No estabelecimento desses níveis, aceita-se que, após um período de muitos anos, haverá perda de audição permanente numa "pequena" fração da população exposta. O mesmo levantamento indica que, num futuro próximo, na maioria dos países, a adoção de níveis-critério inferiores a 85 dB(*A*) é impedida por fatores socioeconômicos. Tendo em vista esses fatores não técnicos, 85 dB(A) é o nível-critério recomendado para uma exposição de 8 h.

Se de fato a grandeza física responsável pela Pair é a energia sonora recebida pela orelha, o fator de troca de 3 dB(*A*) é aquele que se encontra tecnicamente mais bem fundamentado. Esse fator de troca é normalmente adotado pela legislação de vários países. No entanto as indústrias norte-americanas adotam fator de troca de 5 dB(*A*), sendo que a Marinha dos Estados Unidos adota fator de troca de 4 dB(*A*).

Ainda, conforme consta na referência [24], as evidências científicas parecem indicar que o fator de troca de 3 dB(*A*) é o mais razoável para a exposição diária ao ruído. É também estatisticamente uma boa aproximação dos resultados de vários estudos epidemiológicos relativos à exposição a ruídos intermitentes e com níveis variáveis, muito embora esses estudos apresentem variações significativas em torno da média. A conclusão é que não há, por enquanto, formas de refiná-lo, sendo o fator de troca de 3 dB(*A*), em certas situações, uma medida apenas aproximada.

Normas e legislações que tratam do problema do ruído em ambientes de trabalho estabelecem limites baseados em um compromisso entre os riscos associados à exposição ocupacional a determinado nível de ruído e os benefícios que o indivíduo e a sociedade auferem do trabalho realizado nessas condições. Dessa forma, as decisões não podem se basear unicamente em considerações biológicas. Vários julgamentos de valor devem ser feitos levando em consideração fatores médicos, legais, sociológicos e econômicos.

A Tab. 7.6 apresenta o critério desenvolvido pelo Comitê de Audição, Bioacústica e Biomecânica da Academia Nacional de Ciências dos Estados Unidos. Na tabela, a *exposição tolerada* é definida como aquela que aumenta o risco de aquisição de incapacidade auditiva em não mais do que 10% daquele que poderá ser normalmente atribuído a presbiacusia.

Verifica-se, na Tab. 7.6, que a exposição a determinado nível de ruído é menos prejudicial quando ocorre de forma distribuída durante a jornada de trabalho. Por exemplo, o nível de ruído de 99 dB(*A*) poderá ser tolerado durante 4 h se a exposição ocorrer em 75 intervalos de tempo durante a jornada de trabalho de 8 h, e somente por 1 h se for exposição contínua. Observe-se que são intoleráveis exposições acima de 115 dB(*A*); enquanto 90 dB(*A*) é o limite recomendado para uma jornada de 8 h de trabalho.

Em 1970, a Administração de Saúde e Segurança Ocupacional dos Estados Unidos (OSHA – Occupational Safety and Health Administration) estabeleceu o nível-critério de 90 dB(*A*) para a jornada de trabalho de 8 h. Para obter o tempo máximo de exposição a níveis de ruídos superiores ao nível-critério de 90 dB(*A*) para 8 h,

## 7.5 – Avaliação do ruído em ambientes de trabalho

**TABELA 7.6  Níveis médios de ruído em dB(A) permissíveis para exposição contínua e intermitente ao ruído**

| Exposição cumulativa | Número de intervalos de exposição durante a jornada de trabalho de 8 h | | | | | | |
|:---:|:---:|:---:|:---:|:---:|:---:|:---:|:---:|
| | 1 | 3 | 7 | 15 | 35 | 75 | 150 ou mais |
| 8 h | 90 | | | | | | |
| 6 h | 91 | 92 | 93 | 94 | 94 | 94 | 94 |
| 4 h | 93 | 94 | 95 | 96 | 98 | 99 | 100 |
| 2 h | 96 | 98 | 100 | 103 | 106 | 109 | 112 |
| 1 h | 99 | 102 | 105 | 109 | 114 | 115 | |
| 30 min | 102 | 106 | 110 | 114 | 115 | | |
| 15 min | 105 | 110 | 115 | | | | |
| 8 min | 108 | 115 | | | | | |
| 4 min | 111 | | | | | | |

Como usar a tabela.

Selecionar a coluna que corresponde ao número de intervalos de exposição[a]. Em seguida, selecionar o nível médio[b] do ruído em dB($A$) entre os valores da coluna. Na mesma linha, obter na coluna extrema à esquerda, o tempo de exposição tolerado para o período de 24 h.

[a] O número de *intervalos de exposição* é o número de períodos durante os quais o nível de ruído permanece acima de 80 dB(A). Uma *interrupção na exposição* ocorre quando o nível de ruído cai abaixo de 80 dB($A$) por mais de 5 min, ou durante o período de tempo igual a um quinto da média dos intervalos de exposição.

[b] O nível médio é a média dos níveis de ruído $A$-ponderados que ocorreram durante os intervalos de exposição.

*Fonte:* [23] Glorig.

a OSHA adotou as exposições cumulativas associadas aos níveis médios de ruído da Tab. 7.6, com sete intervalos de exposição durante a jornada de trabalho, o que deu origem ao fator de troca de 5 dB($A$) daquela legislação.

Algumas pessoas são mais suscetíveis do que outras à perda de audição induzida por ruído. Assim, as legislações relativas à exposição a ruído ocupacional estabelecem limites que tentam enquadrar o risco de perda de audição dentro de limites "aceitáveis", reconhecendo, no entanto, que alguns indivíduos terão perda de audição mesmo em ambientes "moderadamente" ruidosos. Por exemplo, a OSHA considera que, quando os limites por ela estabelecidos não são ultrapassados, não haverá danos à audição em mais do que 20% da população exposta durante 35 anos de trabalho.

Há um consenso na Europa, em muitos países não europeus e em grande parte da comunidade científica de que os métodos definidos pela ISO 1999 são válidos, devendo servir de base para as agências reguladoras desenvolverem suas legislações específicas.

Em resumo, a maioria dos países – inclusive o Brasil – adota 85 dB($A$) como nível-critério para a jornada de trabalho de 8 h; porém há países que adotam 90 dB($A$). O fator de troca geralmente adotado é 3 dB($A$), mas há países que adotam 5 dB($A$), inclusive o Brasil.

De posse do nível-critério ($L_{crit}$) e do fator de troca ($q$), é possível obter o tempo de exposição tolerado ($T_t$) para um dado nível de ruído de exposição ($L_e$) por meio de

$$T_t = \frac{8}{2^{(L_e - L_{crit})/q}}, \tag{7.19}$$

e o nível de ruído tolerado ($L_t$) para um dado tempo de exposição ($T_e$) por meio de

$$L_t = L_{crit} + q\left(3 - \frac{\log T_e}{\log 2}\right). \tag{7.20}$$

Nessas expressões, $T_e$ e $T_t$ são dados em horas, e $L_e$, $L_t$, $L_{crit}$ e $q$ em dB($A$).

Quando o tempo de exposição e o nível de ruído assumem valores até aqueles tolerados, a maioria da população exposta não adquirirá Pair, de acordo com a legislação que adota os seus valores específicos de $L_{crit}$ e $q$.

A Tab. 7.7 fornece os limites de tolerância para ruído ocupacional dos países europeus, que adotam $L_{crit}$ = 85 dB($A$) e $q$ = 3 dB($A$); dos Estados Unidos, representados pelos critérios da OSHA, que adotam $L_{crit}$ = 90 dB($A$) e $q$ = 5 dB($A$); e do Brasil, que, através do Anexo n. 1 da NR-15 da CLT [25], adota $L_{crit}$ = 85 dB($A$) e $q$ = 5 dB($A$).

**TABELA 7.7** Limites de tolerância para ruído ocupacional adotados por países europeus, Estados Unidos e Brasil

| Nível de ruído [dB(A)] | | | Tempo de exposição diário tolerado (h) |
|---|---|---|---|
| Países europeus $L_{crit.} = 85$ dB(A) $q = 3$ dB(A) | EUA (OSHA) $L_{crit.} = 90$ dB(A) $q = 5$ dB(A) | Brasil (NR-15, CLT) $L_{crit.}$ 85 dB(A) $q = 5$ dB(A) | |
| 85 | 90 | 85 | 8 |
| 88 | 95 | 90 | 4 |
| 91 | 100 | 95 | 2 |
| 94 | 105 | 100 | 1 |
| 97 | 110 | 105 | 0,5 |
| 100 | 115 | 110 | 0,25 |

Os limites de tolerância para níveis de ruído e tempos de exposição que não constam da Tab. 7.7 poderão ser obtidos por meio das Eqs. (7.19) e (7.20), ou lidos diretamente do gráfico da Fig. 7.20. Observa-se nesse gráfico que os limites de tolerância adotados pela legislação brasileira representam um meio-termo entre a legislação norte-americana e a europeia.

A magnitude da Pair é função de outros fatores, inclusive se o ruído é contínuo (estacionário), variável, intermitente ou impulsivo. A ISO 1999 considera que a definição de exposição ao ruído é ampla, aplicando-se inclusive a ruídos impulsivos. No entanto, esta norma deixa em aberto a possibilidade de poder considerar-se ruídos de impacto/impulsivos tão prejudiciais quanto ruídos estacionários com níveis 5 dB superiores, aproximadamente.

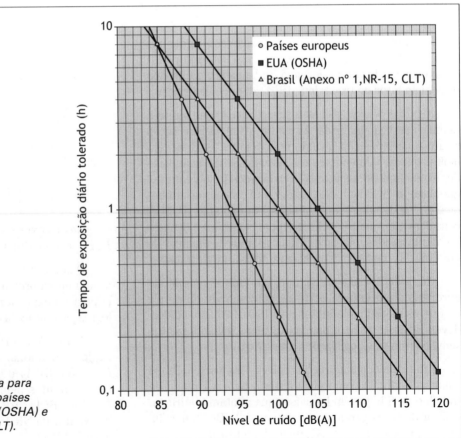

**Figura 7.20** Limites de tolerância para ruído ocupacional adotados por países europeus, pelos Estados Unidos (OSHA) e pelo Brasil (Anexo N. 1, NR-15, CLT).

# 7.5 – Avaliação do ruído em ambientes de trabalho

Já os limites de tolerância do Anexo n. 1 da NR-15 da CLT são para ruído contínuo ou intermitente. Essa legislação entende que, para fins de aplicação de seus limites de tolerância, ruído contínuo ou ruído intermitente é o ruído que não seja ruído de impacto[7].

O Anexo n. 2 da NR-15 da CLT estabelece como nível-critério para ruído de impacto 130 dB(lin.), medido com constante de tempo de resposta para "impacto". Em caso de não se dispor dessa constante de tempo de resposta no medidor de nível sonoro, o Anexo n. 2 da NR-15 da CLT informa que poderá ser medido o nível $C$-ponderado do impacto, com a constante de tempo de resposta "rápida". Nesse caso, o nível-critério será de 120 dB($C$).

Ainda conforme o levantamento das legislações de diversos países relativo aos limites de ruído nos ambientes do trabalho realizado pelo International Institute of Noise Control Engineering [24], o nível-critério para ruído de impacto varia de 115 dB($A$), "rápida" e "lenta", a 140 dB($C$), "pico". A referência [24] indica que medidas $C$-ponderadas são preferíveis às não ponderadas (linear), pois são precisamente definidas em normas, enquanto as não ponderadas não o são. Adicionalmente, os níveis de pico, mesmo quando medidos sem ponderação, são mais adequados para avaliar ruídos impulsivos, pois abrangem uma faixa maior de frequências.

Um critério para avaliação de ruídos de impactos ou ruídos impulsivos é aquele estabelecido pela Norma de Higiene Ocupacional (NHO) 01 da Fundacentro [26]. Nesse critério, o limite de exposição diária ao ruído de impacto é determinado pela expressão

$$N_p = 160 - 10 \log (n) \text{ dB}, \qquad (7.21)$$

em que $n$ é o número de impactos ou impulsos ocorridos durante a jornada diária de trabalho, e $N_p$ é o nível de pico, em dB(lin.), máximo admissível. Segundo a NHO 01[8], o nível-critério para ruído de impacto corresponde ao nível de pico de 140 dB(lin.).

Se, durante a jornada de trabalho, ocorrerem dois ou mais períodos de exposição a ruídos de diferentes níveis, o Anexo n. 1 da NR-15 da CLT requer que sejam considerados os seus efeitos combinados, de forma que, se a soma das frações

$$\frac{C_1}{T_1} + \frac{C_2}{T_2} + \frac{C_3}{T_3} + \cdots + \frac{C_n}{T_n} \qquad (7.22)$$

exceder a unidade, a exposição estará acima do limite de tolerância. Nessa equação, $C_i$ indica o tempo total que o trabalhador fica exposto a um nível de ruído específico, e $T_i$ indica a máxima exposição diária permissível a esse nível, calculada segundo a Eq. (7.19).

Para exposição a ruídos de diferentes níveis durante a jornada diária de trabalho, a NHO 01 [26] adota o critério de *dose diária de ruído D*, calculada através da Eq. (7.22), sendo o resultado expresso em porcentagem. Assim, o limite de tolerância da dose diária de ruído é 100%.

Essa norma requer que no cálculo da dose sejam computadas exposições a níveis iguais ou superiores a 80 dB($A$), com fator de troca $q = 3$ dB($A$) e $L_{crit} = 85$ dB($A$). São esses os valores inseridos na Eq. (7.19) para o cálculo dos $T_i$ da Eq. (7.22) segundo a NHO 01.

O *dosímetro de ruído* é um aparelho de monitoramento de uso pessoal, controlado por microprocessador, que possibilita a medição da dose e de outras grandezas que caracterizam a exposição do trabalhador ao ruído. Conforme ilustram as imagens da Fig. (7.21), o dosímetro de ruído tem tamanho que permite o seu transporte pelo usuário (no bolso ou preso ao cinto) e que, através de um cabo de extensão, possibilita fixar um pequeno microfone próximo à orelha do usuário (na borda do capacete ou na gola da camisa).

Os dosímetros de ruído seguem basicamente a mesma especificação dos medidores de nível de pressão sonora tipo 2. Um dosímetro de ruído é, na realidade, um decibelímetro dedicado, que tem internamente circuitos eletrônicos adicionais, funcionando como um cronômetro, calculadora e banco de dados. Assim, cada nível de ruído medido tem o seu tempo de duração determinado e armazenado, para comparação com os limites tolerados, cujos resultados vão sendo acumulados ao longo do tempo. São processados no dosímetro centenas de amostras (níveis sonoros) por segundo e que, através de cálculos, permitem analisar uma exposição ocupacional com grande precisão; e dependendo da sofisticação do aparelho, os resultados podem ser apresentados em formas de gráficos, médias ponderadas, projeções no tempo etc.

Atualmente, os dosímetros de ruído têm a capacidade de fornecer uma série de informações relativas a avaliação do ruído em ambientes de trabalho, procurando atender às diferentes normas e legislações adotadas em vários países. Nesse sentido, tem sido criada uma série de grandezas e parâmetros específicos que poderão ser acessados a depender do tipo de dosímetro que está sendo utilizado.

Apresentam-se a seguir alguns parâmetros e grandezas que costumam ser disponibilizados em dosímetros.

- *Nível Limiar de Integração $L_L$*, definido como o nível de ruído a partir do qual a dose começa a ser computada pelo dosímetro, normalmente adotado como $L_L = $ *nenhum, 75, 80, 85, 90 dB($A$)*. Alguns

---

[7] Ruído de impacto ou ruído impulsivo é aquele que apresenta picos de nível sonoro de duração inferior a 1 s, a intervalos superiores a 1 s.

[8] A nota na página 21 da NHO 01 esclarece: "*Os critérios estabelecidos na presente norma estão baseados em conceitos e parâmetros técnico-científicos modernos, seguindo tendências internacionais atuais, não havendo um compromisso de equivalência com o critério legal. Dessa forma, os resultados obtidos e sua interpretação quando da aplicação da presente norma podem diferir daqueles obtidos na caracterização da insalubridade pela aplicação do disposto na NR-15, Anexo 1, da Portaria 3.214, de 1978.*"

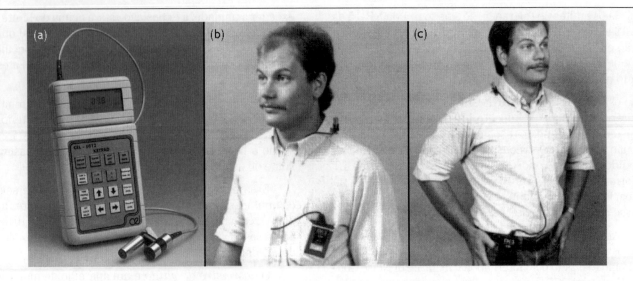

**Figura 7.21** (a) Dosímetro de ruído CEL-281, (b) no bolso da camisa e (c) preso ao cinto.

novos dosímetros podem operar com dois limiares mínimos de integração, em razão de uma resolução da OSHA, de 08/03/83, que definiu o programa de conservação auditiva baseando em um *nível de ação* de 50% da dose máxima, considerando-se níveis a partir de 80 dB(A), porém mantendo-se o PEL – Exposição Permitida ao Ruído ("Permissible Noise Exposure") de 90 dB(A) – 8 horas – 100%. Desse modo podem ser obtidas simultaneamente doses calculadas a partir de 80 dB(A) (Liminar de Integração Mínimo Inferior) e 85 ou 90 dB(A) (Liminar de Integração Mínimo Superior).

- *Nível Médio Ponderado no Tempo $L_{avg}$*, definido como o nível sonoro estacionário que produz a mesma dose de ruído que os eventos sonoros reais, podendo ser calculado a partir da dose $D(\%)$ obtida durante o tempo de exposição $T_e$ por meio da seguinte expressão

$$L_{avg} = L_{crit} + \frac{10 \cdot q}{3} \log \left[ \frac{8\ horas}{T_e} \cdot \frac{D(\%)}{100\%} \right]. \quad (7.23)$$

Quando o $L_{avg}$ é obtido com $q = 3\ dB(A)$ e com o nível limiar de integração $L_L = nenhum$, resulta no nível A-ponderado equivalente, definido conforme Eq. (7.2) com $T = T_e$; ou seja, resulta no $L_{A_{eq}\ T_e}$.

- *Nível Médio Ponderado no Tempo Normalizado TWA*, é o $L_{avg}$ normalizado para a jornada de trabalho nominal de 8 horas, podendo ser calculado a partir do $L_{avg}$ por meio da seguinte expressão

$$TWA = L_{avg} + \frac{10 \cdot q}{3} \cdot \log \left( \frac{T_e}{8\ horas} \right). \quad (7.24)$$

TWA é menor que o $L_{avg}$ quando este nível é obtido com $T_e = 8\ horas$, igual ao $L_{avg}$ com , e cresce acima do $L_{avg}$ com $T_e > 8\ horas$.

- *Dose Projetada $D_{proj}$*, é a dose projetada para um intervalo de tempo de projeção $T_{proj}$ diferente de $T_e$, podendo ser calculada a partir da dose $D(\%)$ obtida durante o tempo de exposição $T_e$ a partir da seguinte expressão

$$D_{proj}(\%) = \frac{T_{proj}}{T_e} D(\%). \quad (7.25)$$

Esta equação mostra que a dose varia linearmente com o tempo de projeção. A variação linear da dose com o tempo é uma das vantagens em expressar a exposição ao ruído em termos de dose, pois permite que medidas de dose de curta duração sejam realizadas e extrapoladas facilmente para períodos mais longos por meio da Eq. (7.25), na hipótese de que permaneça inalterado o histórico de ruído apurado durante a medida da dose de curta duração.

- *Nível Máximo $L_{máx}$*, é o nível máximo de ruído (normalmente A-ponderado) apurado durante a medição, levando em conta a constante de tempo de resposta selecionada (Rápida ou Lenta).

- *Nível de Pico $L_{pico}$*, é o maior nível instantâneo (ver tempos de resposta no item 6.1 – Ponderador Temporal) apurado durante a medição, podendo ser A, C ou Z-ponderado, a depender da legislação aplicável. Diferentemente do $L_{máx}$, o nível de pico é detectado independentemente do tempo de respos-

## 7.5 – Avaliação do ruído em ambientes de trabalho

ta selecionado. Trata-se do nível de pico da maior pressão sonora, positiva ou negativa, detectada pelo microfone durante a medição [ver Fig. 2.5(b)]. O circuito de detecção do valor de pico é muito sensível. Esta característica poderá ser facilmente observada soprando no microfone e verificando que a leitura de pico atinge o nível em torno de 120 dB ou mais.

Em dosimetrias de longo termo (tal como uma típica amostragem durante uma jornada de trabalho de 8 horas), o nível de pico é frequentemente muito elevado. Como o atrito do microfone com a gola da camisa ou uma batida acidental no microfone poderá gerar uma leitura muito elevada, sugere-se não colocar muita ênfase neste tipo de leitura.

---

**Exemplo 7.8**

Assumindo-se que os parâmetros das dosimetrias são aqueles estabelecidos no Anexo n. 1 da NR-15 da CLT; ou seja, $L_{crit} = 85\ dB(A)$ e $q = 5\ dB(A)$, calcular o que se pede.

1) No final da jornada de trabalho de $8\ h$, o dosímetro de ruído indica a dose de $300\%$. Pedem-se: a) o nível médio ponderado no tempo $L_{avg}$; b) o nível médio ponderado no tempo normalizado $TWA$.

Para $D = 300\%$ e $T_e = 8$ horas, a aplicação direta das Eqs. (7.23) e (7.24) fornece:

a) $$L_{avg} = L_{crit} + \frac{10 \cdot q}{3}\ log\left[\frac{8\ horas}{T_e} \cdot \frac{D(\%)}{100\%}\right] = L_{crit} + \frac{10 \cdot 5}{3}\ log\left[\frac{8\ horas}{8\ horas} \cdot \frac{300\%}{100\%}\right] =$$

$$L_{crit} + 16,7\ log(3) = 85\ dB(A) + 7,97 \cong 93\ dB(A);$$

b) $$TWA = L_{avg} + \frac{10 \cdot q}{3}\ log\left(\frac{T_e}{8\ horas}\right) = L_{avg} + \frac{10 \cdot 5}{3}\ log\left[\frac{8\ horas}{8\ horas}\right] =$$

$$L_{avg} + 16,7 \cdot 0 = L_{avg} = 93\ dB(A).$$

2) Após 4 h, o dosímetro de ruído indica 67 %. Pedem-se: a) o nível médio ponderado no tempo $L_{avg}$; b) o nível médio ponderado no tempo normalizado $TWA$; c) a dose projetada.

Para $D = 67\%$ e $T_e = 4\ h$, a aplicação direta das Eqs. (7.23) e (7.24) fornece:

a) $$L_{avg} = L_{crit} + \frac{10 \cdot q}{3} \cdot log\left[\frac{8\ horas}{T_e} \cdot \frac{D(\%)}{100\%}\right] = L_{crit} + \frac{10 \cdot 5}{3} \cdot log\left[\frac{8\ horas}{4\ horas} \cdot \frac{67\%}{100\%}\right] =$$

$$L_{crit} + 16,7 \cdot log(1,34) = 85\ dB(A) + 2,12 \cong 87\ dB(A);$$

b) $$TWA = L_{avg} + \frac{10 \cdot q}{3} \cdot log\left(\frac{T_e}{8\ horas}\right) = L_{avg} + \frac{10 \cdot 5}{3} \cdot log\left[\frac{4\ horas}{8\ horas}\right] =$$

$$L_{avg} + 16,7 \cdot (-0,30) = 87\ dB(A) - 5,1 \cong 82\ dB(A).$$

c) De acordo com a Eq. (7.25), a dose projetada para 8 h será de:

$$D_{proj}(\%) = \frac{T_{proj}}{T_e}\ D(\%) = \frac{8\ horas}{4\ horas}\ 67\% = 134\%.$$

3) O dosímetro de ruído forneceu a dose de 45 % após um período de medição de 2 h. O usuário trabalha nessas condições por 6 h. Pedem-se: a) a dose projetada para 6 h; b) o tempo de exposição para que o limite da dose diária de 100 % não seja ultrapassado.

a) De acordo com a Eq. (7.25), a dose projetada para 6 h será de:

$$D_{proj}(\%) = \frac{T_{proj}}{T_e}\ D(\%) = \frac{6\ horas}{2\ horas}\ 45\% = 135\%;$$

**148**  7 – Grandezas, critérios, normas e legislações para avaliação do ruído

---

b) Usando novamente a Eq. (7.25) com $D_{proj} = 100\%$, $D = 45\%$ e $T_e = 2$ horas, temos que

$$T_{proj} = \frac{D_{proj}(\%)}{D(\%)} T_e = \frac{100\%}{45\%} 2 \; horas \cong 4,44 \; horas.$$

---

### Exemplo 7.9

Estimar o nível médio de exposição diária ($\overline{L}_{EX,8h}$) da ISO 1999, para semana nominal de 5 dias de trabalho, a partir dos seguintes resultados de dosimetrias diárias: 129% na segunda-feira; 156% na terça-feira; 143% na quarta-feira; 138% na quinta-feira, e 111% na sexta-feira. Em todos os dias da semana, o tempo de exposição é de 7,5 h, com exceção da sexta-feira, que é de 7 h. As dosimetrias foram realizadas com o nível limiar de integração $L_L = nenhum$, com $q = 3 \; dB(A)$ e com $L_{crit} = 85 \; dB(A)$.

A primeira coisa a se observar é que como as dosimetrias foram realizadas com $L_L = nenhum$ e com $q = 3 \; dB(A)$ então o $L_{avg} = L_{A_{eq},T_e}$.

A partir dos dados fornecidos para as doses diárias, a Eq. (7.23) fornece o nível $A$-ponderado equivalente para cada dia da semana:

$$(L_{A_{eq},T_e})_{2^a feira} = 85 + 10 \cdot \log \left( \frac{8 \; horas}{7,5 \; horas} \frac{129\%}{100\%} \right) \cong 86,4 \; dB(A),$$

$$(L_{A_{eq},T_e})_{3^a feira} = 85 + 10 \cdot \log \left( \frac{8 \; horas}{7,5 \; horas} \frac{156\%}{100\%} \right) \cong 87,2 \; dB(A),$$

$$(L_{A_{eq},T_e})_{4^a feira} = 85 + 10 \cdot \log \left( \frac{8 \; horas}{7,5 \; horas} \frac{143\%}{100\%} \right) \cong 86,8 \; dB(A),$$

$$(L_{A_{eq},T_e})_{5^a feira} = 85 + 10 \cdot \log \left( \frac{8 \; horas}{7,5 \; horas} \frac{138\%}{100\%} \right) \cong 86,7 \; dB(A),$$

$$(L_{A_{eq},T_e})_{6^a feira} = 85 + 10 \cdot \log \left( \frac{8 \; horas}{7,0 \; horas} \frac{111\%}{100\%} \right) \cong 86,0 \; dB(A),$$

Observando que o $TWA$ resulta no $L_{EX,8h}$ quando o $L_{avg} = L_{A_{eq},T_e}$, a Eq. (7.24) fornece o nível normalizado de exposição ao ruído para cada dia da semana de:

$$(L_{EX,8h})_{2^a feira} = (L_{A_{eq},T_e})_{2^a feira} + 10 \cdot \log \left( \frac{T_e}{T_0} \right) = 86,4 + 10 \; \log \left( \frac{7,5}{8} \right) \cong 86,1 \; dB(A),$$

$$(L_{EX,8h})_{3^a feira} = (L_{A_{eq},T_e})_{3^a feira} + 10 \cdot \log \left( \frac{T_e}{T_0} \right) = 87,2 + 10 \; \log \left( \frac{7,5}{8} \right) \cong 86,9 \; dB(A),$$

$$(L_{EX,8h})_{4^a feira} = (L_{A_{eq},T_e})_{4^a feira} + 10 \cdot \log \left( \frac{T_e}{T_0} \right) = 86,8 + 10 \; \log \left( \frac{7,5}{8} \right) \cong 86,5 \; dB(A),$$

$$(L_{EX,8h})_{5^a feira} = (L_{A_{eq},T_e})_{5^a feira} + 10 \cdot \log \left( \frac{T_e}{T_0} \right) = 86,7 + 10 \; \log \left( \frac{7,5}{8} \right) \cong 86,4 \; dB(A),$$

$$(L_{EX,8h})_{6^a feira} = (L_{A_{eq},T_e})_{6^a feira} + 10 \cdot \log \left( \frac{T_e}{T_0} \right) = 86,0 + 10 \; \log \left( \frac{7,0}{8} \right) \cong 85,4 \; dB(A).$$

De acordo com a Eq. (7.18), o nível médio de exposição diária ($\overline{L}_{EX,8h}$) será dado por:

$$\overline{L}_{EX,8h} = 10 \; \log \left[ \frac{1}{k} \sum_{i=1}^{n} 10^{(L_{EX,8h})_i/10} \right] = 10 \; \log \left[ \frac{1}{5} \left( 10^{86,1/10} + 10^{86,9/10} + 10^{86,5/10} + 10^{86,4/10} + 10^{85,4/10} \right) \right]$$

$$\overline{L}_{EX,8h} = 86,3 \; dB(A).$$

## 7.5 – Avaliação do ruído em ambientes de trabalho

O Quadro 7.8, adaptado de [24], apresenta as principais características das legislações relativas a limites de tolerância para o ruído nos ambientes do trabalho de vários países. Constam também do quadro, níveis de ruído a partir dos quais devem ser tomadas medidas administrativas e de engenharia, e medidas de monitoramento auditivo. São medidas que devem constar do Programa de Conservação Auditiva (PCA)[9].

Para a viabilização do PCA, é necessário o envolvimento dos profissionais da área de saúde e segurança do trabalho, da gerência industrial e de recursos humanos da empresa e, principalmente, dos trabalhadores.

As medidas administrativas e de engenharia são os elementos mais importantes de um PCA, pois somente por meio da redução do nível de pressão sonora elevado ou da exposição é que se consegue reduzir o risco de perda da audição.

Entendem-se por medidas administrativas aquelas que têm por objetivo alterar o esquema de trabalho ou das operações, produzindo redução da exposição, como, por exemplo, rodízio de empregados nas áreas de nível de pressão sonora elevado, funcionamento de determinadas máquinas em turnos ou horários com menor número de pessoas presentes etc.

As medidas de engenharia são definidas como toda modificação ou substituição de equipamento que cause alteração física na origem ou na transmissão do nível de pressão sonora elevado (com exceção dos equipamentos de proteção individual – EPI), reduzindo os níveis sonoros que chegam à orelha do trabalhador.

Exemplos de medida de engenharia são a instalação de silenciadores, enclausuramento de máquinas, redução da vibração das estruturas, revestimento de paredes com materiais de absorção sonora, isolamento das áreas ruidosas daquelas mais sensíveis ao ruído etc.

Também constituem medidas de engenharia aquelas tomadas na fase de projeto de uma nova instalação, reforma ou modernização de instalações existentes e, nesses casos, são basicamente de dois tipos:

1) fazer constar nas especificações de máquinas e equipamentos a serem adquiridos o nível de potência sonora máximo tolerado;

2) requerer projeto acústico de absorção sonora nas áreas ruidosas e de isolação sonora entre as áreas ruidosas e aquelas mais sensíveis ao ruído.

Medidas de monitoramento auditivo, além de sua principal função de conservação auditiva dos trabalhadores, acabam também funcionando como uma das medidas de controle e avaliação da efetividade do PCA. Medidas de monitoramento auditivo incluem testes audiométricos quando da admissão de um novo trabalhador ou quando da mudança da função do trabalhador, e a cada 3 anos pelo menos, durante o exercício da função, e em intervalos de tempo mais curtos quando o nível de ruído normalizado por 8 h exceder 85 dB(A), ou quando o trabalhador apresentar histórico de problemas auditivos.

O EPI deve ser sempre disponibilizado ao trabalhador e tem por objetivo atenuar a energia sonora transmitida ao sistema auditivo. A seleção do EPI mais adequado a cada situação é de responsabilidade da equipe executora do PCA, a qual é também responsável pela orientação e treinamento dos trabalhadores quanto à correta utilização, higiene e manutenção desses protetores individuais. (Mais sobre EPI no Cap. 11, Sec. 11.3.)

---

[9] De acordo com a NR-9 da Portaria n 3.214 do Ministério do Trabalho e do Emprego, toda empresa deve ter um Programa de Prevenção de Riscos Ambientais (PPRA). Quando se tem o nível de pressão sonora elevado como um dos agentes de risco levantados por esse programa, a empresa deve organizar um PCA sob sua responsabilidade.

# 7 – Grandezas, critérios, normas e legislações para avaliação do ruído

| QUADRO 7.8 Principais características da legislação de vários países relativa a limites de tolerância para o ruído nos ambientes do trabalho | | | | | |
|---|---|---|---|---|---|
| País | Nível-critério (normalizado por 8 h) dB(A) | Fator de troca dB(A) | Nível de ruído para medidas administrativas e de engenharia dB(A) | Nível de ruído para medidas de monitoramento auditivo dB(A) | Nível-critério de pico/impacto dB |
| Alemanha | 85 | 3 | 90 | 85 | 140 $C$ pico |
| Argentina | 90 | 3 | | | 110 $A$ lenta |
| Austrália (varia conforme o estado) | 85 | 3 | 85 | 85 | 140 pico, sem ponderação |
| Áustria | 85 | | 90 | | |
| Brasil (NR-15, CLT) | 85 | 5 | | | 130 impacto sem ponderação ou 120 $C$ rápida |
| Canadá (federal) | 87 | 3 | 87 | 84 | 140 $C$ pico |
| Chile | 85 | 5 | | | 140 pico sem ponderação ou 115 $A$ lenta |
| China | 70-90 | 3 | | | 115 $A$ lenta |
| Espanha | 85 | 3 | 90 | 80 | 140 $C$ pico |
| Estados Unidos (Exército e Força Aérea) | 90 / 85 | 5 / 3 | 90 | 85 / 85 | 140 $C$ pico ou 115 $A$ lenta / 140 $C$ pico |
| Finlândia | 85 | 3 | 90 | | |
| França | 85 | 3 | 90 | 85 | 135 $C$ pico |
| Grã-Bretanha | 85 | 3 | 90 | 85 | 140 $C$ pico |
| Holanda | 85 | 3 | 90 | 80 | 140 $C$ pico |
| Hungria | 85 | 3 | 90 | | 140 $C$ pico ou 125 $A$ lenta |
| Índia | 90 | 3 | | | 140 $A$ pico |
| Israel | 85 | 5 | | | 140 $C$ pico ou 115 $A$ lenta |
| Itália | 85 | 3 | 90 | 85 | 140 $C$ pico |
| Japão | 90 | 3 | 85 proteção auditiva obrigatória em 90 | 85 | |
| Noruega | 85 | 3 | | 80 | 110 $A$ lenta |
| Nova Zelândia | 85 | 3 | 85 | 85 | 140 pico sem ponderação |
| Polônia | 85 | 3 | | | 135 $C$ pico ou 115 $A$ lenta |
| Suécia | 85 | 3 | 90 | 80 | 140 $C$ pico ou 115 $A$ rápida |
| Suíça | 85 ou 87 | 3 | 85 | 85 | 140 $C$ pico ou 125 $A$ (SEL) |
| Uruguai | 90 | 3 | | | 110 $A$ lenta |
| Este relatório recomenda (ref. [24]) | 85 | 3 | 85 | Quando da admissão e em intervalos regulares durante o exercício da atividade | 140 $C$ pico |

## REFERÊNCIAS

[1] ANSI S3.4-1980, *American national standard procedure for the computation of loudness of noise,* R 2003.

[2] STEVENS, S. S., "Procedure for calculating loudness, Mark VI", *J. Acoust. Soc. Am.*, 33 (11): 1.577-1.585, 1961.

[3] STEVENS, S. S., "Perceived level of noise by Mark VII and decibels (E)", *J. Acoust. Soc. Am.*, 51 (2), parte 2: 575-601, 1972.

[4] PETERSON, A. P. G; GROSS, E. E., *Handbook of noise measurements,* 8ª. ed. General Radio, Inc., Concord, Massachusetts, EUA, 1978.

[5] ZWICHER, E.; FASTL, H.; DALLMAYR, C., "Basic program for calculating the loudness of sounds from their 1/3 octave band spectra according to ISO 532 B", *Acustica*, 55: 63-67, 1984.

[6] ISO 532, *Acoustics – Method for calculating loudness level,* 1975.

[7] LORD, H. W.; GATLEY, W. S.; EVENSEN, H. A., *Noise control for engineers*, McGraw-Hill Book Company, New York, 1980.

[8] MESTRE, V. E.; WOOTEN, D. C., "Noise impact analysis", in: Rau, J. G.; Wooten, D. C. (eds.), *Environmental impact analysis handbook*, McGraw-Hill Book Company, New York, 1980.

[9] LAMANCUSA, J. S., *Noise control course – Lecture notes*, Pennsylvania State University, 2000.

[10] U. S. Environmental Protection Agency, 550/9-74-004, *Information on levels of environmental noise requisite to protect public health and welfare with an adequate margin of safety*, março de1974.

[11] NBR 10151, *Acústica – Avaliação do ruído em áreas habitadas visando o conforto da comunidade – Procedimento,* janeiro de 2000.

[12] NBR 11415 (TB-389), *Ruído aeronáutico,* novembro de 1990.

[13] NBR 12859, *Avaliação do impacto sonoro gerado por operações aeronáuticas,* maio de 1993.

[14] NBR 8572, *Fixação de valores de redução de nível de ruído para tratamento acústico de edificações expostas ao ruído aeronáutico,* agosto de 1984.

[15] Ministério da Aeronáutica, Departamento de Aviação Civil, Boletim Técnico IAC 4.102-058, *Métodos de avaliação dos níveis de ruído e de incômodo gerados pela operação de aeronaves em aeroportos*, maio de 1981.

[16] ANSI S12.2–1995, *American national standard criteria for evaluating room noise,* R 1999.

[17] NBR 10152, *Níveis de ruído para conforto acústico – Procedimento*, dezembro de 1987.

[18] ANSI S3.5-1969, *American national standard methods for the calculation of the articulation index*, R 1986.

[19] ANSI S3.5-1997, *American national standard methods for the calculation of the speech intelligibility index*, R 2002.

[20] ROSEN, S., BERGMAN, M., PLESTOR, D., EL-MOFTY, A., SATTI, M., "Presbycusis study of a relativily noise-free population in Sudan", *Ann. Otol. Rhinol. Laryngol.*, 71: 727-743, 1962.

[21] BIES, D. A.; HANSEN, C. H., *Engineering noise control theory and practice*, E&FN SPON, Londres, 1996.

[22] ISO 1999, *Acoustics – Determination of occupational noise exposure and estimation of noise-induced hearing impairment,* 1990.

[23] GLORIG, A., "Damage-risk criteria for hearing", in Beranek, L. L. (ed.), *Noise and vibration control*, McGraw-Hill Book Company, New York, 1971.

[24] International Institute of Noise Control Engineering, report "Upper limits of noise in the workplace", *Noise News International*, 5(4): 206-216, 1997.

[25] Consolidação das Leis do Trabalho (CLT), Norma Regulamentadora NR-15, Capítulo V, Título II, relativa à Segurança e Medicina do Trabalho, 17; Lei n. 6.514, de 22/12/1977, Portaria n. 3.214, de 8/6/1978.

[26] Fundacentro – Fundação Jorge Duprat Figueiredo de Segurança e Medicina do Trabalho, Ministério do Trabalho e do Emprego, Norma de Higiene Ocupacional NHO 01, *Avaliação da exposição ocupacional ao ruído*, 2001.

# 8

# FONTES SONORAS

Para estimativas de níveis de pressão sonora, é preciso conhecer os níveis de potência sonora das fontes em questão. É este o caso, por exemplo, quando se deseja determinar o nível de pressão sonora gerado pelo maquinário que opera em determinado ambiente industrial.

Idealmente, níveis de potência sonora deveriam constar dos dados de placa de máquinas e de equipamentos. Mas essa é uma prática incomum hoje em dia, e somente se tornará realidade se os usuários passarem a exigir a caracterização acústica de máquinas, equipamentos e de produtos de consumo em geral.

Fabricantes normalmente não disponibilizam dados de potência sonora. A caracterização acústica de equipamentos requer ensaios, instrumentação e pessoal especializado, que geralmente não estão disponíveis. Quando o objetivo é a redução dos níveis de potência sonora, a magnitude das dificuldades aumenta significativamente. Isso leva em geral ao reprojeto do equipamento, com impactos nas tecnologias adotadas, processos e custos de fabricação.

Os fabricantes somente fornecem dados de potência sonora de seus produtos e tomam medidas para redução de seus níveis por exigência dos consumidores e usuários, ou quando uma norma ou legislação específica passa a exigir isso.

O fato é que, na abordagem de um grande número de problemas de controle de ruído, há necessidade de se conhecer o nível de potência sonora gerado pela máquina ou equipamento. Até o momento, não existem procedimentos teóricos que permitam quantificar a potência sonora de qualquer máquina, equipamento ou processo industrial. Normalmente, a potência sonora é obtida por meio de ensaios especializados em laboratório, ou por meio de medidas de intensidade sonora em qualquer ambiente.

Existem, no entanto, métodos, em geral baseados em dados empíricos, para estimativa da potência sonora de algumas máquinas e equipamentos, comumente utilizados em instalações industriais e de serviços. O principal objetivo deste capítulo é apresentar tais métodos, os quais podem ser utilizados quando não se dispõe de informações específicas, e quando se tolera alguma incerteza nos valores obtidos.

## 8.1 FONTES SONORAS OMNIDIRECIONAIS E DIRECIONAIS

Sons e ruídos são gerados por diversos mecanismos. No Cap. 2, apresentamos um simples mecanismo de geração de som por meio de uma estrutura vibrante – o diapasão. O alto-falante usa a vibração do seu diafragma para geração de som.

Outro mecanismo de geração de som apresentado no Cap. 2 foi o da esfera pulsante. Ocorre que, enquanto a esfera pulsante gera ondas esféricas, o alto-falante gera ondas cujas características dependem da frequência do som gerado.

Quando o comprimento de onda é muito maior que a dimensão da fonte, as ondas geradas são esféricas; quando o comprimento de onda é da ordem da dimensão da fonte ou menor, a radiação sonora da fonte tende a ser direcional. Isso significa que, nas altas frequências (pequenos comprimentos de onda), a fonte apresentará direções preferenciais de radiação sonora. Os *tweeters*, alto-falantes que irradiam som em altas frequências, são altamente direcionais, ou seja, as direções preferenciais de radiação sonora estão no semiespaço frontal do *tweeter*, próximas ao eixo que passa pelo seu centro. Assim, *tweeters* devem ser apontados, em campo livre, na direção dos ouvintes.

Quando uma fonte sonora não apresenta direções preferenciais de radiação, caso da esfera pulsante, diz-se que se trata de uma fonte *omnidirecional*; caso contrário, trata-se de uma fonte *direcional*.

Fontes sonoras perdem a omnidirecionalidade por apresentarem forma não esférica, ou porque a amplitude e fase das vibrações de suas diferentes superfícies não são uniformes, ou ambas. O resultado é mais som irradiado em determinadas direções do que outras. Em outras palavras, diferentemente da esfera pulsante a uma mesma distância da fonte, a pressão sonora gerada por fontes direcionais, a uma mesma distância da fonte, será diferente em direções diferentes.

Como exemplo, observemos o campo sonoro no entorno de um grande transformador de energia elétrica, conforme ilustra a Fig. 8.1. Os contornos que envolvem a fonte sonora são de mesmo nível de pressão sonora. Essa fonte sonora é claramente direcional, já que os contornos não são circunferências. Observa-se na figura que uma das superfícies do transformador irradia mais som que as outras superfícies.

Quando a fonte sonora é omnidirecional e irradia em campo livre, longe de superfícies refletoras, a relação entre a potência sonora e a pressão sonora à distância $r$ da fonte é dada pela Eq. (2.12a), que, em termos do nível de pressão e de potência sonora, escreve-se

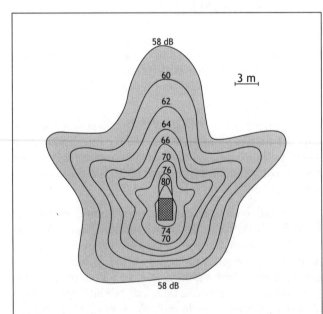

**Figura 8.1** *Contornos de mesmo nível de pressão sonora ao redor de um grande transformador de energia elétrica. Fonte: [1] Peterson e Gross.*

$$L_p = L_{W_o} - 20 \log r - 11 \text{ dB}, \qquad (8.1)$$

sendo $L_{W_o}$ a potência sonora da fonte omnidirecional.

Observa-se na Eq. (8.1) que, para uma fonte omnidirecional, o nível de pressão sonora, a uma mesma distância $r$ da fonte, é o mesmo em qualquer direção. No entanto, conforme ilustra a Fig. 8.1, o nível de pressão sonora de uma fonte direcional depende também da direção do receptor em relação à fonte sonora, e é dado por

$$L_{p_\theta} = L_{W_d} + DI_\theta - 20 \log r - 11 \text{ dB}, \qquad (8.2)$$

em que $L_{p_\theta}$ é o nível de pressão sonora na direção $\theta$; $L_{W_d}$ é o nível de potência sonora da fonte direcional; e $DI_\theta$ é o *índice de diretividade* da fonte na direção $\theta$, em decibéis.

A Eq. (8.2) mostra que, para fontes sonoras direcionais, a potência sonora não é suficiente para caracterizar acusticamente a fonte. Há necessidade de se conhecer o índice de diretividade em todas as direções para uma descrição completa de fontes direcionais.

Índices de diretividade são normalmente apresentados em diagramas polares. A Fig. 8.2 apresenta diagramas polares de índices de diretividade de um alto-falante no plano horizontal em função de $\theta$, nas bandas de oitava de 125 Hz a 16 kHz. Observa-se nos diagramas que o alto-falante é mais direcional em altas do que em baixas frequências. Essa é uma característica comum a muitas fontes sonoras.

O índice de diretividade pode ser obtido em um ensaio em campo livre, através de medidas de níveis de pressão sonora, e pela aplicação da fórmula

$$DI_\theta = L_{p_\theta} - \bar{L}_{p_{esf}}, \qquad (8.3)$$

em que $L_{p_\theta}$ é o nível de pressão sonora medido à distância $r$, na direção $\theta$; e $\bar{L}_{p_{esf}}$ o nível de pressão sonora médio espacial, calculado com a média dos quadrados dos valores eficazes de pressão sonora, medidos em diversos pontos numa superfície esférica hipotética de raio $r$ envolvendo a fonte sonora.

É também usual especificarem-se acusticamente fontes sonoras em termos do nível de pressão sonora a uma certa distância da fonte. A distância geralmente adotada é 1 m e, nesse caso, a Eq. (8.2) mostra que a relação entre o nível de pressão sonora e o nível de potência sonora de uma fonte direcional é

$$L_{p_\theta} = L_{W_d} + DI_\theta - 11 \text{ dB, para } r = 1 \text{ m}. \qquad (8.4)$$

No caso de a fonte ser omnidirecional e, para $r = 1$ m, a Eq. (8.1) mostra que

$$L_p = L_{W_o} - 11 \text{ dB, para } r = 1 \text{ m}. \qquad (8.5)$$

A Eq. (8.5) indica que no caso de fontes omnidirecionais, irradiando em campo livre, o nível de pressão e de potência sonora diferem de uma constante. Para a distância r = 1 m, essa constante vale -11dB.

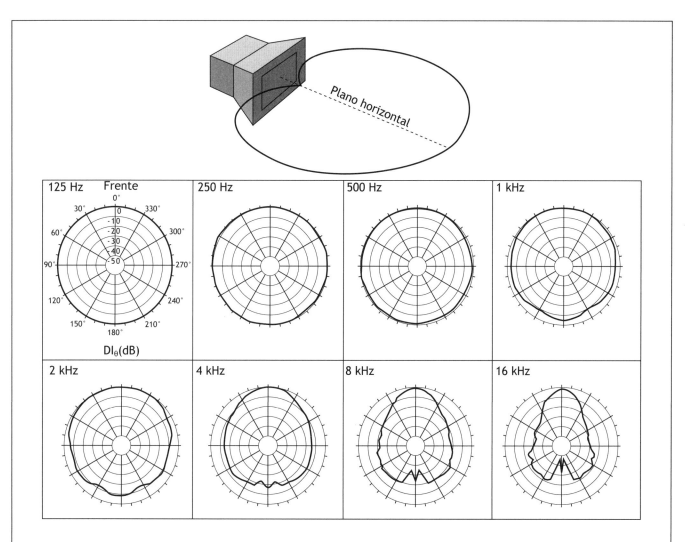

**Figura 8.2** *Diagramas polares de índices de diretividade de um alto-falante no plano horizontal em função da direção θ, nas bandas de oitava de 125 Hz a 16 kHz.*

## 8.2 O SISTEMA FONADOR

Uma importante fonte de sons é a voz humana. O conjunto que produz a voz humana é o *sistema fonador*, cuja anatomia pode ser vista na Fig. 8.3.

O chamado *trato vocal* é formado pelos articuladores ativos (língua, lábios, mandíbula e úvula), pelos articuladores passivos (dentes e palato), e por três cavidades (faringe, cavidade bucal e cavidade nasal).

A Fig. 8.4 ilustra a região central da laringe, onde se situam as *pregas vocais*. A região central entre as pregas vocais é denominada *glote*. A *epiglote* é uma lâmina óssea que cobre a glote durante a deglutição. As pregas vocais permanecem abertas durante a respiração, porém se fecham durante a fala e o canto, pivotando-se nas cartilagens aritenoides.

As pregas vocais são popularmente chamadas de *cordas vocais*. Esse nome se deve à similaridade mecânica com a corda vibrante, já que a tonalidade produzida depende do comprimento, da massa e da tensão das pregas vocais. No entanto, a excitação das pregas vocais é diferente da corda vibrante, uma vez que, nas pregas vocais, a vibração é causada pela passagem do ar através da abertura entre as pregas.

A produção da voz humana envolve as seguintes etapas básicas:

- o ar entra pelo nariz ou pela boca em direção aos pulmões;
- a caixa torácica se expande;
- as pregas vocais se fecham, criando uma pressão subglótica (região abaixo da glote);

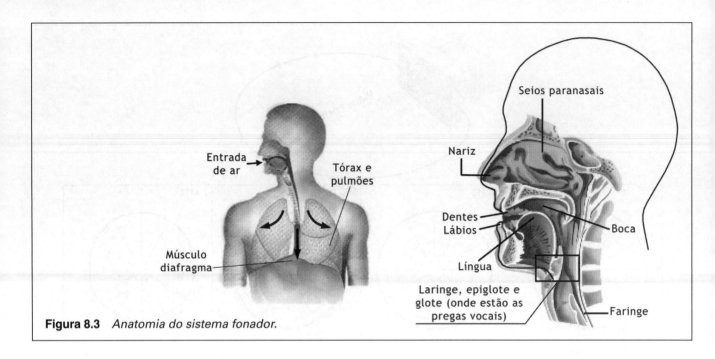

**Figura 8.3**  *Anatomia do sistema fonador.*

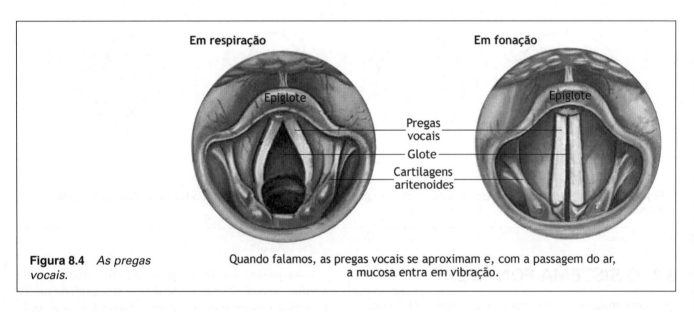

**Figura 8.4**  *As pregas vocais.*  Quando falamos, as pregas vocais se aproximam e, com a passagem do ar, a mucosa entra em vibração.

- com a diferença da pressão subglótica e supraglótica (acima da glote), o ar passa rapidamente pelas pregas vocais, causando a vibração da mucosa que as reveste, o que gera som;
- o som se propaga pelas "cavidades ressoantes" (faringe e cavidades bucal e nasal), que o modificam, resultando na voz;
- a voz é alterada pela ação dos articuladores ativos e passivos, produzindo a fala.

A fonte dos sons da voz humana é a vibração das pregas vocais. A faixa de frequências fundamentais de vibração das pregas vocais vai de 80 a 500 Hz. A frequência fundamental de vibração da voz masculina está em torno de 100 Hz e a da voz feminina e infantil, em torno de 220 e 300 Hz, respectivamente.

As pregas vocais, abrindo, vibrando e fechando, produzem um fluxo periódico de pulsos de ar, conforme ilustra a Fig. 8.5. Os sons gerados são bem diferentes do som da fala, assemelhando-se aos de campainha.

Os sons gerados pelas pregas vocais são modificados pelas ressonâncias do trato vocal, o qual pode ser modelado tal como um tubo de órgão, que ressoa nas suas frequências fundamentais. Essas frequências de ressonância chamam-se *frequências formantes*, ou simplesmente *formantes*, e ocorrem em torno de 500, 1.500 e 2.500 Hz.

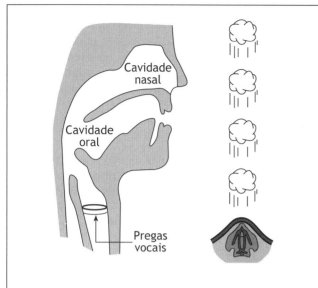

**Figura 8.5** *A ação diafragmática das pregas vocais produz uma sequência periódica de pulsos de ar, gerando som de campainha.*

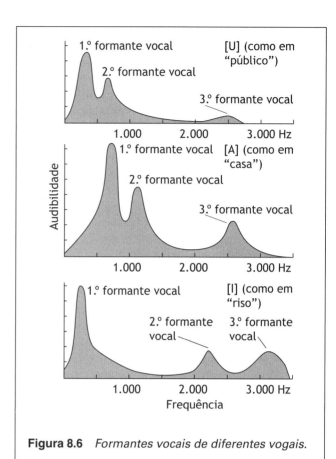

**Figura 8.6** *Formantes vocais de diferentes vogais.*

No entanto, na produção dos diferentes sons de vogais, os articuladores introduzem alterações consideráveis nas frequências formantes. As seguintes faixas de frequência têm sido sugeridas para as formantes da voz masculina:

- primeira formante, 150-850 Hz;
- segunda formante, 500-2.500 Hz;
- terceira formante, 1.500-3.500 Hz;
- quarta formante, 2.500-4.800 Hz.

Os sons das vogais possuem picos no espectro sonoro, denominados *formantes vocais*. As formantes vocais ocorrem em frequências distintas dentro de cada faixa de frequência das três primeiras formantes listadas acima. A Fig. 8.6 mostra que as formantes vocais dos sons das vogais ali indicadas são consideravelmente distintas.

No entanto, as formantes vocais são essencialmente as mesmas, nos sons da mesma vogal da voz masculina e feminina. A Fig. 8.7 mostra que as mesmas formantes vocais estão envolvidas no som da vogal *a* da palavra "pai", na voz masculina e na feminina, pois o envelope do espectro sonoro é essencialmente o mesmo, permitindo reconhecê-la, independentemente da tonalidade da voz.

Na produção da maioria dos sons da voz, três cavidades estão envolvidas: a faringe, a cavidade bucal e a cavidade nasal (esta última muito raramente). Os seres humanos são os únicos animais que possuem faringe grande, sendo essa cavidade indispensável à produção da fala. Laringe baixa e faringe grande são consideradas pré-requisitos anatômicos na produção de todos os sons da fala humana.

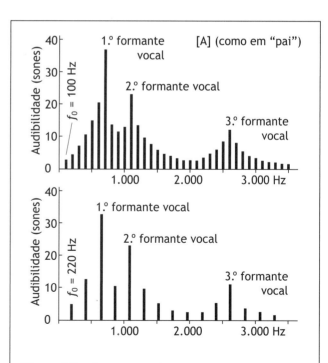

**Figura 8.7** *As mesmas formantes vocais estão envolvidas na produção da vogal* a *da palavra "pai" na voz masculina, com frequência fundamental em 100 Hz, e na voz feminina, com frequência fundamental em 220 Hz.*

Os articuladores ativos e passivos assumem diferentes configurações para cada som da fala. Alguns desses sons são produzidos pelo movimento turbulento do ar através de obstáculos. Na produção dos sons das consoantes fricativas, há uma aproximação incompleta de dois órgãos da boca; isso comprime a corrente de ar, permitindo que passe por uma fenda estreitada, como no caso das consoantes labiodentais (lábio inferior e arcada dental superior), como em "*f*aca", e das consoantes alveolares (ponta da língua e alvéolos dentais), como em "*s*apo" e "*c*ego". Na produção dos sons das consoantes surdas, não há vibração das pregas vocais como $p$, $z$, $f$ e $r$. Nas sonoras, há vibração das pregas vocais, como em $b$, $d$, $g$ e $v$. Nas nasais, a corrente de ar ressoa em parte da cavidade nasal, como em $m$, $n$ e $nh$.

Os sons da fala compreendem uma ampla faixa de frequências, que vai desde abaixo de 125 Hz até acima de 8.000 Hz. No espectro sonoro da fala, os sons das consoantes contribuem mais nas altas frequências, enquanto os sons das vogais contribuem mais nas baixas frequências. O nível sonoro das vogais é consistentemente mais elevado que o nível sonoro das consoantes (em torno de 12 dB na média), sendo a duração dos sons das vogais também maior. A duração dos sons das vogais está em torno de 90 ms, e o das consoantes em torno de 20 ms. Apesar dos níveis sonoros mais elevados e de sua maior duração, os sons das vogais contribuem menos na inteligibilidade da fala do que os sons das consoantes. Isso equivale a dizer que a inteligibilidade da fala é determinada principalmente pelos sons mais fracos e de menor duração das consoantes.

Como o nível da voz varia consideravelmente de instante a instante, é difícil extrair-se um valor representativo com o uso de um simples medidor de nível sonoro, a menos que a medida seja feita com a constante de tempo de resposta "lenta". Quando tais medições são feitas em laboratório, é comum medir-se o nível equivalente durante 1 ou 2 min de fala contínua. Verifica-se então que a média aritmética dos picos sonoros $A$-ponderados de cada palavra, em sentenças típicas, pronunciadas com nível de voz para conversação normal, quando medidos com um simples medidor de nível sonoro com a constante de tempo de resposta "lenta", é praticamente igual ao nível equivalente não ponderado, em decibéis.

É comum medir-se o nível da voz humana com um microfone na frente do orador a 1 m de distância dos lábios. A Fig. 8.8 apresenta o espectro médio de vozes em conversação normal, e a faixa de variação de níveis sonoros associada, a 1 m dos lábios. O nível total do espectro médio a 1 m é da ordem de 65 dB. O nível da voz feminina é tipicamente de 5 a 6 dB menor que o da voz masculina. Cantores podem gerar níveis sonoros, a 1 m, de aproximadamente 75 dB nos graves e até 90 dB nos agudos; já as cantoras podem gerar, a 1 m, níveis sonoros ao redor de até 85 dB.

A voz humana apresenta marcante direcionalidade, principalmente acima dos 500 Hz. A Fig. 8.9 apresenta os diagramas polares de índices de diretividade da voz humana em bandas de oitava.

## 8.3 ALTO-FALANTES E CAIXAS ACÚSTICAS

Empregam-se alto-falantes, instalados em caixas acústicas, para geração de sons em uma grande diversidade de situações. São portanto fontes sonoras por excelência. O alto-falante transforma um sinal elétrico em movimento vibratório do seu diafragma, que, por sua vez, gera o

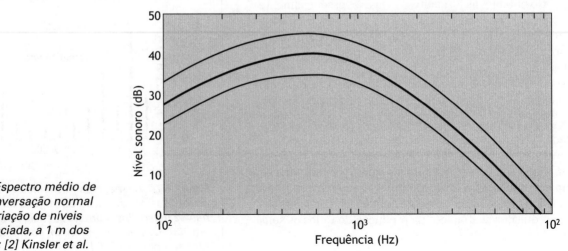

**Figura 8.8** *Espectro médio de vozes em conversação normal e faixa de variação de níveis sonoros associada, a 1 m dos lábios. Fonte: [2] Kinsler et al.*

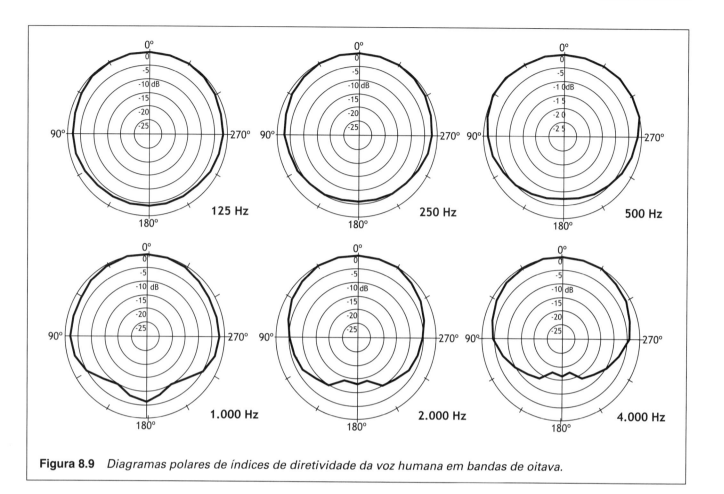

**Figura 8.9** *Diagramas polares de índices de diretividade da voz humana em bandas de oitava.*

movimento acústico das partículas de ar ao seu redor. O sinal elétrico pode ter origem em um microfone, ou em uma mídia do tipo disco de vinil, fita cassete, CD etc. Em qualquer uma dessas situações, a reprodução sonora fidedigna requer que o sistema alto-falante/caixa acústica funcione de forma integrada.

Um alto-falante suspenso no ar gera som, porém de baixa qualidade acústica. Isso significa que a qualidade do som reproduzido pelo alto-falante não atende às expectativas do ouvinte. O alto-falante, quando instalado em uma caixa acústica com características físicas e geométricas adequadas, reproduz sons de melhor qualidade do que o alto-falante nu. Assim, há necessidade de procedimentos que permitam o projeto integrado da caixa acústica com o alto-falante.

No passado, o projeto de caixas acústicas era empírico. O procedimento usado era o da tentativa e erro, de modo que as concepções de maior sucesso eram aquelas cujos autores já tinham tido a oportunidade de aperfeiçoar suas propostas em diversas tentativas anteriores. Isso ocorria porque a análise da qualidade do sistema era feita com base em atributos subjetivos e, assim, o projeto era ditado por "receitas" que atendessem àqueles critérios subjetivos. Hoje, apesar de a avaliação da qualidade acústica desses sistemas ter ainda um grande grau de subjetividade, o procedimento empírico foi deixado de lado, em favor de métodos mais técnicos de projeto, os quais permitem uma grande flexibilidade na concepção de caixas acústicas.

Atualmente, o processamento digital de sinais permite reprodução sonora envolvente (*surround*) de alta qualidade, através de sistemas conhecidos como 5.1 e 7.1 (cinco/sete alto-falantes e um *subwoofer*). Realmente, uma evolução considerável em relação aos tradicionais sistemas monofônicos e estereofônicos.

O objetivo desta seção é apresentar um procedimento técnico do projeto integrado caixa acústica/alto-falante. Trata-se apenas das noções básicas de um assunto complexo, mas que permite o projeto das caixas acústicas mais simples. Recomenda-se consultar publicações especializadas para um maior aprofundamento no assunto.

O alto-falante é um transdutor eletroacústico – transforma um sinal elétrico em movimento acústico das partículas de ar em contacto com o diafragma do alto-falante. Funciona, portanto, de forma recíproca ao microfone. Assim, a "entrada" do alto-falante é um sinal elétrico e a "saída" é a pressão sonora em determinado ponto do espaço.

A Fig. 8.10 mostra os componentes básicos do alto-falante dinâmico. O sinal elétrico é alimentado no fio da bobina. Como a bobina está imersa no campo magnético do ímã permanente, o resultado é a geração de uma força que movimenta o diafragma solidário à bobina.

O alto-falante dinâmico é utilizado para reprodução sonora em baixas e médias frequências. Nas altas frequências, utilizam-se *tweeters*, que, além do tipo dinâmico, podem ser do tipo eletrostático e piezelétrico. O princípio de funcionamento desses *tweeters* é recíproco ao dos microfones com as mesmas denominações.

O alto-falante dinâmico é um dispositivo barato de reprodução sonora, e, portanto, largamente utilizado. No entanto, apresenta eficiência extremamente baixa: apenas algo em torno de 1% da energia elétrica alimentada é transformada em energia sonora. Felizmente a energia envolvida nos fenômenos acústicos é extremamente baixa, o que torna viável a utilização do alto-falante dinâmico, mesmo em se tratando de um conversor energético de baixíssima eficiência.

O processo de geração de som no alto-falante dinâmico envolve, portanto, um sistema elétrico interligado a um sistema mecânico. Os parâmetros que caracterizam esses sistemas são os seguintes:

- $Bl$, o chamado *fator de força*, produto da densidade de fluxo do campo magnético ($B$) pelo comprimento do fio da bobina ($l$);
- $R$, a resistência elétrica do fio da bobina;
- $R_m$, o amortecimento mecânico do diafragma;
- $S$, a rigidez mecânica da suspensão do diafragma;
- $Q_e$, o fator de qualidade elétrico;
- $Q_m$, o fator de qualidade mecânico;
- $\omega_n$, a frequência angular natural ao "ar-livre" do alto-falante, dada por

$$\omega_n = \sqrt{\frac{S}{m_d}} \qquad (8.6)$$

- $m_d$, a massa do diafragma,
- $\omega = 2\pi f$, a frequência angular de excitação, ou pulsação de excitação, sendo $f$ a frequência em hertz.

Os fatores de qualidade elétrico e mecânico são dados, respectivamente, por

$$Q_e = \frac{S}{R_m \omega_n}, \qquad (8.7)$$

e

$$Q_m = \frac{RS}{(Bl)^2 \omega_n}. \qquad (8.8)$$

Define-se fator de qualidade total ($Q_t$) como

$$Q_t = \frac{Q_e + Q_m}{Q_e Q_m}. \qquad (8.9)$$

A rigidez mecânica da suspensão do diafragma ($S$) é uma medida da força necessária para deslocar o diafragma por uma certa distância. Mecanicamente se caracteriza por uma mola que requer certa força para deformar-se. A Fig. 8.11 ilustra o conceito de rigidez mecânica.

Define-se *volume equivalente* do alto-falante, $V_{as}$, como o volume de ar contido numa caixa hipotética que tem a mesma rigidez mecânica da suspensão. O volume equivalente é dado por

$$V_{as} = \frac{\rho c^2 S_d^2}{S}, \qquad (8.10)$$

sendo $\rho$ a massa específica do ar; $c$ a velocidade do som; e $S_d$ a área do diafragma do alto-falante.

A frequência natural marca o limite inferior de operação do alto-falante e depende essencialmente de suas

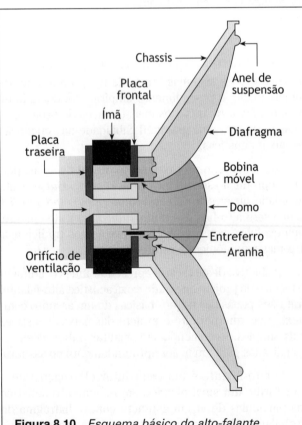

**Figura 8.10** *Esquema básico do alto-falante dinâmico.*

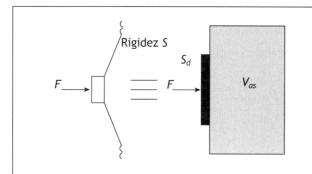

**Figura 8.11** *Volume equivalente $V_{as}$ de um alto-falante com diafragma de área $S_d$ e rigidez mecânica S.*

características construtivas. Quanto menor o diafragma, maior será a frequência natural do alto-falante. A rigidez do diafragma também influi no valor da frequência natural. Assim, um diafragma rígido tem uma frequência natural mais elevada que um flexível. A rigidez da suspensão também influi no valor da frequência natural do alto-falante.

Os parâmetros $\omega_n, Q_e, Q_m, Q_t, S_d$, e $V_{as}$ são conhecidos como *parâmetros de Thiele-Small*. São específicos de um determinado tipo de alto-falante e, portanto, devem ser fornecidos pelo seu fabricante.

O nível de pressão sonora gerado pelo alto-falante, à distância $r$ e quando se aplica em seus terminais elétricos uma tensão $V$, é dado por

$$L_p(r,V) = 20 \log \left[ \frac{\rho}{4\pi r} \frac{(Bl)S_d}{Rm_d} \left| G\left(\frac{\omega}{\omega_n}\right) \right| V \right] + 94 \text{ dB}.$$

(8.11)

Para o alto-falante, $\left| G\left(\frac{\omega}{\omega_n}\right) \right|$ é dado por

$$\left| G_{af}\left(\frac{\omega}{\omega_n}\right) \right| = \frac{1}{\sqrt{\left[\left(\frac{\omega_n}{\omega}\right)^2 - 1\right]^2 + \left[\frac{\omega_n}{\omega Q_t}\right]^2}},$$

(8.12)

onde $G_{af}$ é a função de transferência do alto-falante.

A Eq. (8.12) nada mais é que o módulo da função de transferência de um filtro passa-alta de segunda ordem, cuja resposta em frequência depende exclusivamente de $Q_t$. A Fig. 8.12 apresenta a resposta em frequência do filtro dado pela Eq. (8.12), para alguns valores $Q_t$.

Define-se a frequência angular de corte $\omega_c = 2\pi f_c$, sendo $f_c$ a frequência de corte, em Hz, como a frequência para a qual a amplitude da resposta em frequência é igual a -3 dB. Observa-se na Fig. 8.12 que a frequência de corte diminui à medida que $Q_t$ aumenta. Assim a radiação de sons de baixas frequências se torna mais eficaz com alto-falantes com fatores de qualidade total mais elevados. A Fig. 8.12 mostra, no entanto, que valores de $Q_t$ acima de determinado número produzem *overshoot* na curva de resposta em frequência, o que é uma característica indesejável em termos da qualidade do som gerado.

## PROJETO DE CAIXAS ACÚSTICAS

Todo alto-falante nu, isto é, operando suspenso no ar, apresenta baixa qualidade acústica devido à ausência dos sons graves (de baixa frequência). O motivo é que, quando o diafragma se move para diante, há compressão das partículas de ar que estão à sua frente. Simultaneamente, as partículas de ar atrás do diafragma sofrem ra-

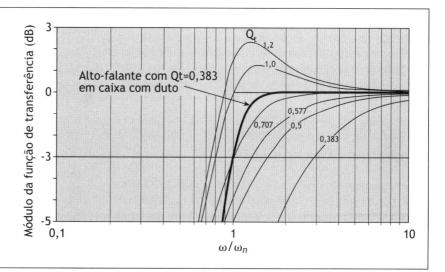

**Figura 8.12** *Módulo da função de transferência em função da frequência, para diversos valores do fator de qualidade total de alto-falantes.*

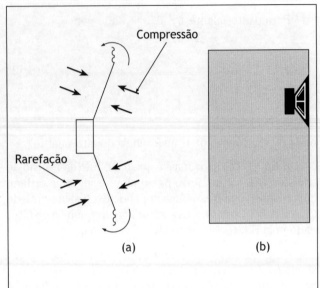

**Figura 8.13** *(a) Alto-falante nu; (b) alto-falante em caixa fechada.*

refação. Conforme ilustra a Fig. 8.13(a), o resultado é um vazamento das partículas de ar para a parte posterior do alto-falante, e uma uniformização das pressões na frente e atrás do diafragma, com redução da radiação sonora do alto-falante. O mesmo ocorre quando o diafragma se move para trás, só que com vazamento das partículas de ar para a parte da frente do alto-falante. Esse fenômeno é particularmente crítico para sons de grande comprimento de onda, ou seja, sons de baixa frequência.

A solução empregada para evitar esse problema é a instalação do alto-falante em uma caixa acústica, isolando as massas de ar adiante e atrás do diafragma, impedindo, portanto, a interferência destrutiva das ondas geradas na face anterior com aquelas geradas na face posterior do alto-falante.

Conforme se vê na Fig. 8.13(b), a caixa acústica mais simples consiste numa caixa com um orifício para montagem do alto-falante, isolando assim o campo acústico externo do campo acústico interno à caixa. O campo acústico interno é normalmente absorvido por revestimento da caixa internamente com lã de vidro ou outro material absorvente de som.

## PROJETO DE CAIXA FECHADA

Fazer com que a frequência de corte seja a mais baixa possível, porém sem *overshoot*, é a principal meta do projeto de caixas acústicas em baixas frequências. Para um dado alto-falante, a frequência de corte poderá ser reduzida abaixo daquela dada pelo seu valor $Q_t$, instalando-se o alto-falante em uma caixa fechada.

O nível de pressão sonora da caixa fechada com alto-falante será dado pela Eq. (8.11), com o módulo da função de transferência $\left|G\left(\dfrac{\omega}{\omega_n}\right)\right|$ dado por

$$\left|G_{ca}\left(\frac{\omega}{\omega_3}\right)\right| = \frac{1}{\sqrt{\left[\left(\dfrac{\omega_3}{\omega}\right)^2 - 1\right]^2 + \left[\dfrac{\omega_3}{\omega Q_b}\right]^2}}, \quad (8.13)$$

onde $G_{ca}$ é a função de transferência da caixa fechada,

$$\omega_3 = \sqrt{\frac{S + S_c}{m_d}}, \quad (8.14)$$

$$Q_b = Q_t \sqrt{1 - \frac{S}{S_c}}. \quad (8.15)$$

Nas Eqs. (8.14) e (8.15), $S_c$ é a rigidez mecânica do ar na caixa, dada por

$$S_c = \frac{\rho c^2 S_d^2}{V_c}, \quad (8.16)$$

sendo $V_c$ o volume da caixa.

A função de transferência do sistema alto-falante/caixa fechada (Eq. 8.13) tem a mesma forma da função de transferência do alto-falante nu (Eq. 8.12), porém com diferentes parâmetros. Assim, os resultados apresentados na Fig. 8.12 aplicam-se igualmente à caixa fechada, com $Q_b$ no lugar de $Q_t$, e $(\omega_3/\omega)$ no lugar de $(\omega_n/\omega)$.

Para um alto-falante com determinado valor de $Q_t$ ($Q_t < 1/\sqrt{2}$), existe um volume ideal da caixa fechada, $V_{ca}$, para o qual a resposta em frequência apresenta frequência de corte mínima, sem *overshoot*, e que é dado por

$$V_{ca} = \frac{V_{as}}{\left(\dfrac{1}{\sqrt{2}\,Q_t}\right)^2 - 1}, \quad \left(Q_t < \frac{1}{\sqrt{2}}\right). \quad (8.17)$$

Para alto-falantes com $Q_t < 1/\sqrt{2}$, a Eq. (8.17) fornecerá um valor de $V_{ca}$ tal que $Q_b = 1/\sqrt{2} = 0{,}707$, sempre. Nessas condições, a curva de resposta em frequência do sistema alto-falante/caixa fechada é aquela dada por $Q_t = 0{,}707$ da Fig. 8.12. Ainda, nessas condições, a frequência angular $\omega_3$ será igual à frequência angular de corte $\omega_c = 2\pi f_c$.

Em resumo, a curva de resposta em frequências de uma caixa fechada com volume $V_{ca}$ faz com que a curva de resposta em frequência de um alto-falante com $Q_t < 1/\sqrt{2}$, quando montado nessa caixa, seja aquela dada por $Q_t = 0{,}707$ na Fig. 8.12.

## PROJETO DE CAIXA REFLETORA DE BAIXOS
*(bass-reflex)*

É possível melhorar o desempenho em baixas frequências do sistema alto-falante/caixa acústica pela instalação de um duto na caixa, tal como mostrado na Fig. 8.14. O objetivo do duto é contribuir com a radiação de sons de baixas frequências.

O nível de pressão sonora da caixa refletora de baixos será também dado pela Eq. (8.11), porém com outro tipo de função de transferência. De fato, o movimento do pistão de ar no duto, acopla mais um componente mecânico ao conjunto, o que torna o equacionamento bem mais complexo. Pode-se mostrar que a função de transferência do sistema passa a ser a de um filtro passa-alta de quarta ordem.

O módulo da função de transferência da caixa refletora de baixos é dado por

$$\left|G_{cd}\left(\frac{\omega}{\omega_0}\right)\right| =$$
$$= \frac{1}{\sqrt{1 + A_1\left(\frac{\omega_0}{\omega}\right)^2 + A_2\left(\frac{\omega_0}{\omega}\right)^4 + A_3\left(\frac{\omega_0}{\omega}\right)^6 + \left(\frac{\omega_0}{\omega}\right)^8}}, \quad (8.18)$$

sendo $G_{cd}$ a função de transferência da caixa refletora de baixos;

$\omega_0 = \sqrt[4]{\omega_n^2 \cdot \omega_v^2}$;
$A_1 = \left(a_1^2 - 2a_2\right)$;
$A_2 = \left(a_2^2 + 2 - 2a_1 a_3\right)$ e
$A_3 = \left(a_3^2 - 2a_2\right)$.

Os diferentes $a_i$ estão relacionados com os parâmetros que caracterizam o alto-falante, a caixa e o duto através das seguintes expressões:

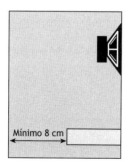

**Figura 8.14** *Alto-falante montado em caixa com duto (caixa refletora de baixos).*

$$a_1 = \frac{1}{Q_t}\sqrt{\frac{\omega_n}{\omega_v}}, \quad (8.19)$$

$$a_2 = \frac{\sqrt{2}}{Q_t}\sqrt{1 - Q_t^2}, \quad (8.20)$$

$$a_3 = \frac{1}{Q_t}\sqrt{\frac{\omega_v}{\omega_n}}. \quad (8.21)$$

Nessas equações, $\omega_n$ é a frequência angular natural ao ar-livre do alto-falante (parâmetro de Thiele-Small), e $\omega_v$ é a frequência angular natural da caixa com duto, dada por

$$\omega_v = c\sqrt{\frac{S_v}{V_c L_v}}, \quad (8.22)$$

em que $S_v$ é a área da seção transversal do duto, $V_c$ o volume da caixa e $L_v$ é dado por

$$L_v = L + 1{,}7\, d_v, \quad (8.23)$$

sendo $L$ o comprimento do duto e $d_v$ o diâmetro do duto.

Para um alto-falante com determinado valor de $Q_t$, a função de transferência do filtro depende exclusivamente das dimensões selecionadas para o duto. Isso significa que as dimensões do duto determinam os valores $a_i$. Na realidade, o processo que se adota é o inverso, ou seja, selecionam-se primeiro os valores dos $a_i$, de tal forma que a resposta em frequência do filtro satisfaça certas características. Uma vez definidos os $a_i$, as dimensões do duto resultam da aplicação das Eqs. (8.19)-(8.23). O processo de seleção dos $a_i$ chama-se *alinhamento*.

Um alinhamento comumente utilizado, denominado *quasi-Butterworth*, é aquele que gera um filtro com resposta plana e com baixa frequência de corte, cuja resposta em frequência é similar à de um filtro Butterworth de terceira ordem, e caracterizado pelos seguintes $a_i$:

$$a_1 = \sqrt{2a_2}, \quad a_2 > 2 + \sqrt{2} \quad \text{e} \quad a_3 = (a_2^2 + 2)/2a_1.$$

A restrição $a_2 > 2 + \sqrt{2}$ requer que o fator de qualidade total do alto-falante ($Q_t$) seja menor que 0,383 ($Q_t < 0{,}383$). Nessas condições, o volume da caixa com duto, $V_{cd}$, será determinado exclusivamente por $Q_t$ e $V_{as}$, e dado por

$$V_{cd} = V_{as}\frac{8Q_t^2\left(1 - Q_t^2\right)}{3 - 12Q_t^2 + Q_t^4} \quad (8.24)$$

($Q_t$ e $V_{as}$ são parâmetros de Thiele-Small do alto-falante).

E mais: $S_v$ e $L_v$ estão relacionados com $Q_t$ através de

$$\frac{S_v}{L_v} = \frac{\omega_n^2}{c^2}\frac{V_{as}}{3 - 12Q_t^2 + 8Q_t^4}. \quad (8.25)$$

Essa é a relação que deve existir entre a área da seção transversal do duto e seu comprimento no alinhamento

# 164    8 – Fontes sonoras

quasi-Butterworth. Uma vez escolhido um deles, o outro estará automaticamente determinado através da Eq. (8.25), para um alto–falante com determinado valor de $Q_t$.

Em síntese, para $Q_t < 0,383$, o filtro será definido por três dos parâmetros de Thiele-Small do alto-falante: $Q_t$, $V_{as}$ e $\omega_n$. Nessas condições, a frequência angular $\omega_0$ será dada por

$$\omega_0 = \omega_n \frac{1}{\left[ 2\sqrt{2}\ Q_t\ \sqrt{1-Q_t^2}\ \right]^{1/2}}. \qquad (8.26)$$

Essa equação mostra que para $Q_t = 0,383$, $\omega_0 = \omega_n$. Nessas condições, pode-se também mostrar que a frequên-

cia angular $\omega_0$ é igual à frequência angular de corte $\omega_c$ do filtro; ou seja, a frequência angular $\omega_0$ passa a ser aquela para a qual a amplitude da resposta em frequência é igual a -3 dB. Assim, a frequência de corte do filtro de quarta ordem com alinhamento quasi-Butterworth é igual à frequência natural ao ar-livre do alto-falante com $Q_t = 0,383$.

A Fig. 8.12 apresenta a resposta em frequência do filtro com alinhamento quasi-Butterworth, obtido com $Q_t = 0,383$, que produz os seguintes $a_i$: $a_1 = a_3 = \sqrt{2a_2}$, $a_2 = 2 + \sqrt{2}$. Observa-se na figura que o alto-falante com $Q_t = 0,383$, montando em uma caixa com duto com alinhamento quasi-Butterworth, apresenta frequência de corte bem menor do que o alto-falante nu.

---

## Exemplo 8.1

Projetar uma caixa fechada e uma caixa refletora de baixos, ambas com o alto-falante comercial da Selenium WPU 1206, com 12 pol (305 mm) de diâmetro nominal, e com as seguintes especificações técnicas.

### Alto-falante Selenium WPU 1206 de 12 pol

**Parâmetros de Thiele–Small   Outros parâmetros**

| | |
|---|---|
| $\omega_n = 396\ rad/s\ (f_n = 63Hz)$ | $(Bl) = 20,1\ Tm$ |
| $Q_e = 0,38$ | $R = 6,4\ \Omega$ |
| $Q_m = 10,14$ | $m_d = 60,7\ g$ |
| $Q_t = 0,36$ | $S = 9.514\ N/m$ |
| $S_d = 0,0515\ m^2$ | |
| $V_{as} = 39\ litros$ | |

### Alto-falante nu

O nível de pressão sonora do alto-falante nu $(L_{p_{af}})$, à distância $r = 1$ m e para a tensão unitária ($V = 1$ volt), será dado pela Eq. (8.11), com $\left| G\left( \dfrac{\omega}{\omega_n} \right) \right|$ fornecido pela Eq. (8.12). Para o alto-falante com as especificações fornecidas, temos então que:

$$L_{p_{af}}\ (r = 1\ m,\ 1\ V) = 20\ \log\ \left| G_{af}\left( \frac{\omega}{\omega_n} \right) \right| + 82\ (dB).$$

Esse resultado fornece a sensibilidade do alto-falante em função da frequência angular de excitação $\omega = 2\pi f$. A sensibilidade do alto-falante nu em função da frequência $f$ é apresentada graficamente na Fig. (1) Ex. 8.1. A frequência de corte de 150 Hz está indicada na figura.

### Caixa fechada

O nível de pressão sonora da caixa fechada $(L_{p_{ca}})$, à distância $r = 1$ m e para a tensão unitária (V = 1 volt), será dado pela Eq. (8.11), com $\left| G\left( \dfrac{\omega}{\omega_n} \right) \right|$ dado pela Eq. (8.13), ou seja:

$$L_{p_{ca}}\ (r = 1\ m,\ 1\ V) = 20\ \log\ \left| G_{ca}\left( \frac{\omega}{\omega_3} \right) \right| + 82\ dB.$$

O volume da caixa fechada, obtido pela aplicação da Eq. (8.17), é $V_{ca} = 14,7$ litros, o que fornece $Q_b = 1/\sqrt{2} = 0,707$. A Eq. (8.16) fornece $S_c = 25.028$ N/m, e a Eq. (8.14) fornece $f_3 = \omega_3/2\pi = 120$ Hz, valor que coincide com a frequência de corte da caixa.

Com base nesses resultados, a Fig. (1) Ex. 8.1 apresenta a sensibilidade da caixa fechada em função da frequência $f$. A frequência de corte de 120 Hz está indicada na figura.

## 8.3 – Alto-falantes e caixas acústicas

*Caixa refletora de baixos*

O nível de pressão sonora da caixa refletora de baixos ($L_{p_{cd}}$), à distância $r = 1$ m e para a tensão unitária ($V = 1$ volt), será dado pela Eq. (8.11), com $\left|G\left(\dfrac{\omega}{\omega_n}\right)\right|$ dado pela Eq. (8.18), ou seja:

$$L_{p_{cd}}(r=1\text{ m},\ 1\text{ V}) = 20\ \log\ \left|G_{cd}\left(\dfrac{\omega}{\omega_o}\right)\right| + 82\text{ dB}.$$

O comprimento $L_v = 30$ cm (adotado) fornece, por meio da Eq. (8.25), $S_v = 0{,}0105$ m²; ou seja, para duto de seção transversal circular, $d_v = 11{,}6$ cm. A Eq. (8.23) fornece, para o comprimento do duto, $L = 10{,}3$ cm. A Eq. (8.24) fornece para o volume da caixa refletora de baixos $V_{cd} = 24{,}5$ litros. A Eq. (8.22) fornece $\omega_v = 406$ rad/s. Este último resultado, juntamente com $\omega_n = 396$ rad/s, fornece $\omega_0 = \sqrt[4]{\omega_n^2 \cdot \omega_v^2} = 401$ rad/s. Finalmente, as Eqs. (8.19)-(8.21) fornecem, respectivamente, $a_1 = 2{,}66$, $a_2 = 3{,}55 > 2 + \sqrt{2}$ e $a_3 = 2{,}75$. Observar que $f_0 = w_0/2\pi = 64$ Hz é menor que a frequência de corte $f_c$ de 67 Hz pois $Q_t < 0{,}383$. Somente quando $Q_t = 0{,}383$ é que $f_0 = f_c$.

Com base nesses resultados, a Fig. (1) Ex. 8.1 apresenta a sensibilidade da caixa refletora de baixos em função da frequência $f$. A frequência de corte de 67 Hz está indicada na figura.

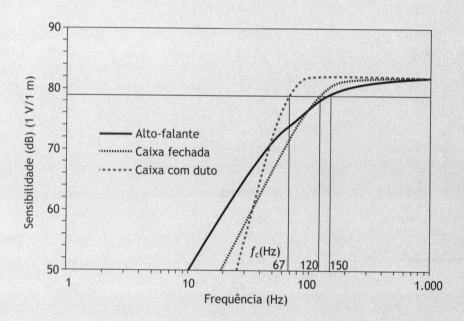

**Figura (1) Exemplo 8.1** *Sensibilidade em função da frequência, do alto-falante Selenium WPU 1206, nu, da caixa fechada e da caixa refletora de baixos, com indicação das respectivas frequências de corte.*

*Observações*

a) A Eq. (8.11) assume irradiação de ondas esféricas, o que impõe um limite superior de frequência para validade dos resultados obtidos com esta equação. Esse limite é tal que $f_{máx} \ll c/V_c^{1/3}$, sendo $f_{máx}$ a frequência máxima para validade da Eq. (8.11); $c$ a velocidade do som; e $V_c$ o volume da caixa (em m³). Para o volume da caixa com duto de $24{,}5 \times 10^{-3}$ m³, $c/V_c^{1/3} \cong 1.184$ Hz e, assumindo-se $f_{máx}$ dez vezes menor que 1.184 Hz, obtém-se $f_{máx} \approx 120$ Hz como uma aproximação do limite superior de frequência para validade dos resultados aqui obtidos.

b) Na Fig. (1) Ex. 8.1, apresenta-se a sensibilidade de cada caixa em dB/volt, a 1 m de distância da caixa; ou seja, o nível sonoro gerado quando se aplica 1 V nos terminais elétricos do alto-falante. Para outras voltagens, o nível sonoro dado pela Eq. (8.11) deverá ser corrigido em 20 $\log V$, sendo $V$ a tensão aplicada, uma vez observado o limite de potência de alimentação do alto-falante.

c) É mais comum apresentarem-se dados de sensibilidade em termos da potência elétrica unitária aplicada aos terminais do alto-falante. A potência elétrica no alto-falante varia com a frequência do sinal de alimentação, porém um valor médio aproximado poderá ser obtido através de: potência elétrica = $V^2/2R$ ($V$ é a tensão elétrica aplicada e $R$ é a resistência elétrica do fio da bobina). Para o alto-falante Selenium WPU 1206, $R$ = 6,4 Ω, e para potência = 1 W, $V$ = 3,58 volts.

Para se obter a sensibilidade de potência, a sensibilidade de tensão assintótica de aproximadamente 82 dB (1 V/1m) da Fig. (1) Ex. 8.1 deverá ser corrigida em 20 log (3,58) = 11 dB, obtendo-se a sensibilidade de potência assintótica de 93 dB (1 W/1 m). Uma correção de +3 dB é aplicada a esse último resultado, obtendo-se a sensibilidade em meio espaço de 96 dB (1 W/1 m), valor este em boa concordância com a sensibilidade média de 98 dB (1 W/1 m) especificada para esse alto-falante pelo fabricante.

d) A sensibilidade é normalmente especificada para o eixo que passa pelo centro do alto-falante. Para outras direções, a sensibilidade no eixo deve ser corrigida pelo índice de diretividade do alto-falante na direção desejada. A Fig. (2) Ex. 8.1 apresenta os diagramas polares de índices de diretividade do alto-falante Selenium WPU 1206 para algumas frequências. Observa-se nos diagramas que esse alto-falante é pouco direcional para frequências de até 100 Hz. Essa frequência está próxima daquela máxima em torno de 120 Hz para a qual são válidos os procedimentos aqui adotados para estimativa de sensibilidade desse alto-falante. Assim, a sensibilidade estimada de 96 dB (1 W/1 m) é válida para qualquer outra direção para sons nas frequências de até 100 Hz.

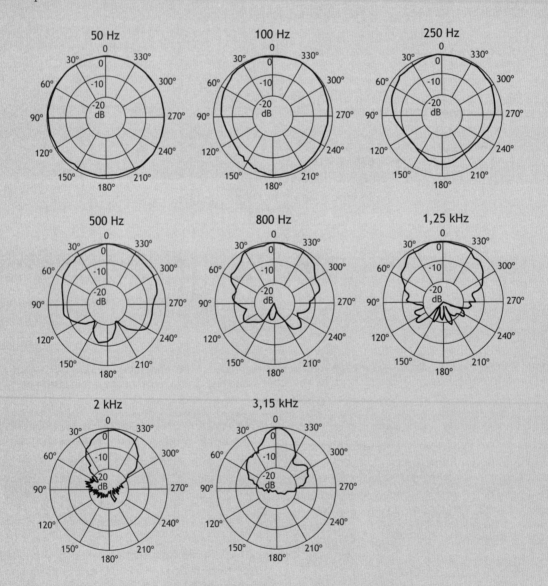

**Figura (2) Exemplo 8.1**  *Diagramas polares de índices de diretividade do alto-falante Selenium WPU 1206.*

## 8.4 RUÍDO DE VENTILADORES

Ventiladores são fontes de ruído bastante comuns e que encontram-se bem documentadas [3]. A potência sonora irradiada pela descarga e admissão de ar do ventilador pode ser estimada com razoável precisão com base nas informações das características do ventilador, e com o auxílio da fórmula

$$L_W = C_F + 10 \log Q + 20 \log P - E/3 + 18 \text{ dB}, \quad (8.27)$$

em que $C_F$ é a potência sonora específica; $Q$ é a vazão em volume, em m³/s; $P$ é o incremento de pressão através do ventilador, em Pa; e $E$ é a eficiência do ventilador, em porcentagem (quando desconhecida, adota-se $E = 99\%$).

Deve-se aplicar uma correção na potência sonora da banda de oitava na qual ocorre a *frequência de passagem da pá* ("blade passing frequency", BPF). Essa correção chama-se *incremento de frequência da pá* ("blade frequency increment", BFI). O BFI é aplicado à banda de oitava que contém a BPF, a qual é calculada por BPF = $n$ · RPM/60, sendo $n$ o número de pás do ventilador, e RPM o número de rotações por minuto da hélice.

A Tab. 8.1 lista valores de $C_F$ e de BFI para diversos tipos de ventilador. As incertezas associadas à estimativa da potência sonora irradiada pelo ventilador através da Eq. (8.27) são da ordem de ±2 dB nas bandas de oitava de 250 a 4.000 Hz, ±4 dB na banda de oitava de 125 Hz, e ±8 dB na banda de oitava de 63 Hz.

No caso de ventiladores do tipo hélice, com diâmetro maior que 3,5 m, utilizar a seguinte fórmula:

$$L_W = C_F + 70 \log D + 50 \log \text{RPM} - 223 \text{ dB}, \quad (8.28)$$

sendo $D$ o diâmetro da hélice, em metros, e RPM o número de rotações por minuto da hélice.

**TABELA 8.1  Potências sonoras específicas e incrementos de frequência da pá para vários tipos de ventilador**[*]

| Tipo de ventilador | | | Frequência central da banda de oitava (Hz) | | | | | | | | |
|---|---|---|---|---|---|---|---|---|---|---|---|
| | | | 63 | 125 | 250 | 500 | 1.000 | 2.000 | 4.000 | 8.000 | BFI |
| **Centrífugo** | **Aerofólio e Limit Load** | Acima de 0,9 m | 32 | 32 | 31 | 29 | 28 | 23 | 15 | 7 | 3 |
| | | Abaixo de 0,9 m | 36 | 38 | 36 | 34 | 33 | 28 | 20 | 12 | 3 |
| | **Sirocco** | | 47 | 43 | 39 | 33 | 28 | 25 | 23 | 20 | 2 |
| | **Radial** | Acima de 1 m | 45 | 39 | 42 | 39 | 37 | 32 | 30 | 29 | 8 |
| | | Entre 0,5 e 1 m | 55 | 48 | 48 | 45 | 45 | 40 | 38 | 37 | 8 |
| | | Abaixo de 0,5 m | 63 | 57 | 58 | 50 | 44 | 39 | 38 | 37 | 8 |
| **Axial** | **Axial com aletas fixas** | | | | | | | | | | |
| | Acima de 1 m | | 39 | 36 | 38 | 39 | 37 | 34 | 32 | 22 | 6 |
| | Abaixo de 1 m | | 37 | 39 | 43 | 43 | 43 | 41 | 38 | 32 | 6 |
| | **Axial tubular (s/aletas)** | | | | | | | | | | |
| | Acima de 1 m | | 41 | 39 | 43 | 41 | 39 | 37 | 34 | 27 | 5 |
| | Abaixo de 1 m | | 40 | 41 | 47 | 46 | 44 | 43 | 37 | 35 | 5 |
| | **Hélice (torre de resfriamento) – Diâmetro da hélice** | | | | | | | | | | |
| | Abaixo de 3,5 m | | 48 | 51 | 58 | 56 | 55 | 52 | 46 | 44 | 5 |
| | Acima de 3,5 m | | 56 | 57 | 56 | 55 | 55 | 52 | 48 | 46 | 5 |

[*]Os valores listados referem-se à potência sonora específica irradiada pela entrada ou saída do ventilador. Adicionar 3 dB aos valores listados, para obter a potência sonora específica total irradiada.

*Fonte:* [3] ASHRAE.

# 168    8 – Fontes sonoras

As Eqs. (8.27) e (8.28) fornecem estimativas da potência sonora irradiada para dentro da tubulação conectada ao ventilador. Utilizar as correções listadas na Tab. 8.2 para calcular a potência sonora irradiada para o ambiente externo através da carcaça do ventilador.

O manual da ASHRAE [3] contém o procedimento para a estimativa da potência sonora irradiada para os ambientes servidos pela tubulação de suprimento de ar do ventilador. Tal procedimento leva em consideração atenuações por revestimentos internos de tubulação, reflexões nas extremidades das tubulações, curvas, câmaras etc.

**TABELA 8.2  Correções do nível de potência sonora dentro do duto, para obtenção da potência sonora em bandas de oitava, irradiada pela carcaça do ventilador e tubulação adjacente**

| Frequência central da banda de oitava (Hz) | Correção (dB) |
|---|---|
| 63 | 0 |
| 125 | 0 |
| 250 | − 5 |
| 500 | − 10 |
| 1.000 | − 15 |
| 2.000 | − 20 |
| 4.000 | − 22 |
| 8.000 | − 25 |

*Fonte:* Exército, Força Aérea e Marinha dos Estados Unidos (1983), *Noise and vibration control for mechanical equipment*, citado por [4] Bies e Hansen.

---

**Exemplo 8.2**

Estimar a potência sonora de um ventilador centrífugo tipo *limit load*, com diâmetro de 0,5 m, que fornece uma vazão de 0,237 m³/s e um incremento de pressão de 125 Pa. O ventilador tem 30 pás, gira a 1.500 rpm e opera com eficiência de 90%.

- Inserir $Q = 0,237$ m³/s, $P = 125$ Pa e $E = 90\%$ na Eq. (8.27):
  $L_W = C_F + 10 \log 0,237 + 20 \log 125 - 90/3 + 18$ dB,
  $L_W = C_F - 6 + 42 - 30 + 18$ dB,
  $L_W = C_F + 24$ dB

- Extrair os valores de $C_F$ do ventilador *limit load* da Tab. 8.1, para calcular a potência sonora em bandas de oitava, conforme indica a Tab. Ex. 8.2.

- Calcular a frequência de passagem da pá (BPF), para determinar a banda na qual o incremento de frequência da pá (BFI) deve ser aplicado:

$$BPF = \frac{30 \times 1.500}{60} = 750 \text{ Hz}$$

A frequência de passagem da pá está dentro da banda de oitava de 1.000 Hz; portanto, o incremento da frequência da pá de 3 dB deve ser adicionado à potência sonora dessa banda, conforme indicado na Tab. Ex. 8.2.

**Tabela Exemplo 8.2  Potência sonora do ventilador *limit load***

| Grandeza | Frequência central da banda de oitava (Hz) | | | | | | | |
|---|---|---|---|---|---|---|---|---|
| | 63 | 125 | 250 | 500 | 1.000 | 2.000 | 4.000 | 8.000 |
| $C_F$ (dB) | 36 | 38 | 36 | 34 | 33 | 28 | 20 | 12 |
| BFI (dB) | - | - | - | - | 3 | - | - | - |
| $L_W$ (dB) | 60 | 62 | 60 | 58 | 60 | 52 | 44 | 36 |

## 8.5 RUÍDO DE COMPRESSORES DE AR

### PEQUENOS COMPRESSORES

Compressores de ar são fontes comuns de ruído. Neste item, apresentaremos, para estimativa da potência sonora de compressores, vários procedimentos que dependem em parte do tipo de compressor em consideração. No caso de compressores pequenos e médios, e conforme sua faixa de potência, os dados apresentados na Tab. 8.3 poderão ser utilizados na estimativa do nível de pressão sonora a 1 m. Na maioria das situações, os valores obtidos a partir da Tab. 8.3 são conservativos, isto é, ligeiramente superestimados.

### GRANDES COMPRESSORES (POTÊNCIA SONORA INTERNAMENTE À TUBULAÇÃO DE SAÍDA)

As fórmulas que se seguem poderão ser utilizadas na estimativa de níveis de potência sonora internamente à tubulação de saída de grandes compressores centrífugos axiais e alternativos (*Fonte:* Heitner, citado por [4] Bies e Hansen).

### COMPRESSORES CENTRÍFUGOS

O nível de potência sonora total internamente à tubulação de saída é estimado com auxílio da equação

$$L_W = 20 \log \text{kW} + 50 \log \text{U} - 45 \text{ dB}, \qquad (8.29)$$

em que kW é a potência do motor de acionamento, em quilowatts (kW) e $U$ é a velocidade da extremidade das pás da hélice, em m/s. Aqui, $U$ deverá estar na faixa de 30-230 m/s.

A frequência em que ocorre o nível de potência sonora máximo é dada por

$$f_p = 4,1 \cdot U \text{ (Hz)}. \qquad (8.30)$$

O nível de potência sonora na banda de oitava que contém $f_p$ é obtido subtraindo-se 4,5 dB do nível de potência sonora total estimado pela Eq. (8.29). O *roll-off* do espectro de potência sonora é 3 dB/oitava, tanto acima quanto abaixo da banda de oitava em que ocorre o nível máximo.

### COMPRESSORES ROTATIVOS OU AXIAIS

A fórmula seguinte poderá ser utilizada na estimativa do nível de potência sonora total internamente à tubulação de saída:

$$L_W = 20 \log \text{kW} + 68,5 \text{ dB}. \qquad (8.31)$$

**TABELA 8.3** Níveis de pressão sonora em bandas de oitava, a 1 m, em função da potência de compressores de ar

| Frequência central da banda de oitava (Hz) | Nível de pressão sonora a 1 m (dB) | | |
|:---:|:---:|:---:|:---:|
| | Potência do compressor de ar (kW) | | |
| | Até 1,5 | 2 a 6 | 7 a 75 |
| 31,5 | 82 | 87 | 92 |
| 63 | 81 | 84 | 87 |
| 125 | 81 | 84 | 87 |
| 250 | 80 | 83 | 86 |
| 500 | 83 | 86 | 89 |
| 1.000 | 86 | 89 | 92 |
| 2.000 | 86 | 89 | 92 |
| 4.000 | 84 | 87 | 90 |
| 8.000 | 81 | 84 | 87 |

*Fonte:* Exército, Força Aérea e Marinha dos Estados Unidos (1983), *Noise and vibration control for mechanical equipment*, citado por [4] Bies e Hansen.

A frequência em que ocorre o nível de potência sonora máximo corresponde ao segundo harmônico; ou seja, $f_p = n \cdot RPM/30$ (Hz), sendo $n$ o número de hélices do rotor axial, e RPM o número de rotações por minuto do rotor. O espectro do nível de potência sonora é obtido com o auxílio das seguintes fórmulas:

- Na banda de oitava de 63 Hz,

$$L_W = 10 \log kW + 76,5 \text{ dB.} \tag{8.32}$$

- Na banda de oitava de 500 Hz,

$$L_W = 13,5 \log kW + 72 \text{ dB.} \tag{8.33}$$

- Na banda de oitava que contém $f_p$,

$$L_W = 20 \log kW + 66,5 \text{ dB.} \tag{8.34}$$

- Na banda de oitava que contém $f_h$,

$$L_W = 13,5 \log kW + 72 \text{ dB,} \tag{8.35}$$

sendo $f_h = f_p^2/400$ (Hz).

O espectro de potência sonora é obtido unindo-se, através de uma reta, os pontos correspondentes aos níveis de potência sonora nas bandas de oitava de 63 e 500 Hz. Uma curva é ajustada, passando pelos pontos correspondentes aos níveis de potência sonora da banda de oitava de 500 Hz, e das bandas de oitava que contêm $f_p$ e $f_h$. Para as bandas de oitava acima de $f_h$, o espectro é dado por uma reta com a mesma inclinação do segmento da banda de oitava que contém $f_h$.

---

### Exemplo 8.3

Estimar o espectro de potência sonora de um compressor axial com rotor de quinze hélices e potência de 80 kW, operando a uma velocidade de 3.000 rpm.

- Determinar $f_p$:
  $f_p = 15 \times 3.000/30 = 1.500$ Hz

- Determinar $f_h$:
  $f_h = (1.500)^2/400 = 5.600$ Hz

- Usar as Eqs.(8.32)-(8.35) para obter os níveis de potência sonora das bandas de oitava:
  - banda de 63 Hz, $L_W = 10 \log 80 + 76,5$ dB $= 95,5$ dB;
  - banda de 500 Hz, $L_W = 13,5 \log 80 + 72$ dB $= 97,5$ dB;
  - $f_p$ ocorre na banda de oitava de 2.000 Hz;
  - banda de 2.000 Hz, $L_W = 20 \log 80 + 66,5$ dB $= 104,5$ dB;
  - $f_h$ ocorre na banda de oitava de 4.000 Hz;
  - banda de 4.000 Hz, $L_W = 13,5 \log 80 + 72$ dB $= 97,5$ dB.

- Seguir o procedimento descrito anteriormente para estimar o espectro de potência sonora do compressor axial.

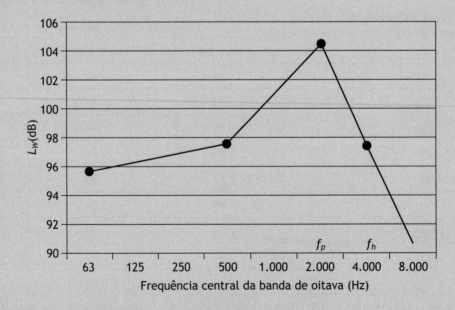

**Figura Exemplo 8.3** *Espectro de potência sonora do compressor axial.*

## COMPRESSORES ALTERNATIVOS

A fórmula seguinte poderá ser utilizada na estimativa do nível de potência sonora total internamente à tubulação de saída:

$$L_W = 10 \log kW + 106,5 \text{ dB.} \qquad (8.36)$$

Na estimativa do espectro de potência sonora, determina-se a banda de oitava que contém a frequência fundamental $f_p = n \cdot$ RPM/60 (Hz), sendo $n$ o número de cilindros do compressor, e RPM o número de rotações por minuto do compressor. O nível de potência sonora dessa banda é obtido subtraindo-se 4,5 dB do nível de potência sonora total estimado pela Eq. (8.36). O *roll-off* do espectro de potência sonora é 3 dB/oitava, tanto acima quanto abaixo da banda de oitava que contém $f_p$.

Supõe-se a potência sonora total, estimada por meio da Eq. (8.36), distribuindo-se uniformemente ao longo dos primeiros 15 m da tubulação de saída do compressor.

## GRANDES COMPRESSORES (POTÊNCIA SONORA IRRADIADA EXTERNAMENTE)

O nível de potência sonora irradiado externamente através da carcaça do compressor e da tubulação de saída poderá ser obtido subtraindo-se, dos níveis de potência sonora internos, a atenuação sonora da carcaça e tubulação, calculada com o auxilio da fórmula

$$\text{Atenuação} = 17 \log (mf) - 48 \text{ dB,} \qquad (8.37)$$

sendo $m$ a massa por unidade de área da parede da tubulação, em kg/m$^2$; e $f$ a frequência central da banda de oitava sob consideração, em Hz.

A Eq. (8.37) é o resultado aproximado de uma abordagem simplificada de um problema complexo, tendo como uma das hipóteses simplificadoras "uma rigidez estrutural adequada". Assim, no caso de tubulações de grande diâmetro, com paredes finas e inadequadamente apoiadas, a atenuação obtida por meio da Eq. (8.37) poderá ser na realidade menor.

Alternativamente, as seguintes fórmulas poderão ser utilizadas na estimativa direta da potência sonora total irradiada externamente (*Fonte:* Edison Electric Institute, *Electric power plant environmental noise guide*, citado por [4] Bies e Hansen):

- Compressores rotativos e alternativos (inclusive com admissão de ar "parcialmente" silenciada),

$$L_W = 10 \log kW + 90 \text{ dB.} \qquad (8.38)$$

- Compressores centrífugos (ruído irradiado pela carcaça, excluindo-se o ruído irradiado pela admissão de ar),

$$L_W = 10 \log kW + 79 \text{ dB.} \qquad (8.39)$$

- Compressores centrífugos (ruído irradiado pela admissão de ar não silenciada, excluindo-se o ruído irradiado pela carcaça),

$$L_W = 10 \log kW + 80 \text{ dB.} \qquad (8.40)$$

**TABELA 8.4** Correções do nível de potência sonora total, para estimativa dos níveis de potência sonora em bandas de oitava do ruído irradiado externamente por grandes compressores

| Frequência central da banda de oitava (Hz) | Correção (dB) | | |
|:---:|:---:|:---:|:---:|
| | **Compressores rotativos e alternativos** | **Compressor centrífugo (carcaça)** | **Compressor centrífugo (admissão de ar)** |
| 31,5 | –11 | –10 | –18 |
| 63 | –15 | –10 | –16 |
| 125 | –10 | –11 | –14 |
| 250 | –11 | –13 | –10 |
| 500 | –13 | –13 | – 8 |
| 1.000 | –10 | –11 | – 6 |
| 2.000 | – 5 | – 7 | – 5 |
| 4.000 | – 8 | – 8 | –10 |
| 8.000 | –15 | –12 | –16 |

*Fonte:* Edison Electric Institute, *Electric power plant environmental noise guide*, citado por [4] Bies e Hansen.

## 8.6 RUÍDO DE COMPRESSORES EM UNIDADES REFRIGERADORAS

Em geral, o compressor é a fonte de ruído dominante em unidades refrigeradoras. Normalmente, é suficiente considerar apenas essa fonte na análise do ruído do sistema de refrigeração como um todo. A Tab. 8.5 lista os níveis de pressão sonora, a 1 m, de compressores centrífugos, de compressores rotativos, e de compressores alternativos. Esses níveis de ruído não serão excedidos por 90–95% dos equipamentos comercialmente disponíveis (nos Estados Unidos, em 1983). Os compressores são identificados nessa tabela pelo tipo e capacidade de refrigeração. Variações de rotação entre unidades comercialmente disponíveis não influenciam de forma significativa os níveis de ruído gerados.

## 8.7 RUÍDO DE TORRES DE RESFRIAMENTO

Diversos tipos de torre de resfriamento estão ilustrados na Fig. 8.15, e seus níveis de potência sonora total poderão ser estimados através das equações a seguir:

- Torres de resfriamento do tipo hélice, com ventiladores com potência de até 75 kW,

$$L_W = 8 \log kW + 100 \text{ dB};\tag{8.41}$$

- com ventiladores de potência superior a 75 kW,

$$L_W = 10 \log kW + 96 \text{ dB}.\tag{8.42}$$

Subtrair 8 dB quando o ventilador opera a meia rotação nominal.

- Torres de resfriamento do tipo centrífuga, com ventiladores com potência de até 60 kW,

$$L_W = 11 \log kW + 85 \text{ dB};\tag{8.43}$$

- com ventiladores de potência superior a 60 kW,

$$L_W = 7 \log kW + 93 \text{ dB}.\tag{8.44}$$

Os níveis de potência sonora em bandas de oitava de torres de resfriamento poderão ser estimados aplicando-se, ao nível de potência sonora total calculado com auxílio das fórmulas anteriores, as correções listadas na Tab. 8.6.

A Tab. 8.7 fornece os índices de diretividade de torres de resfriamento, que devem ser utilizados quando se calculam níveis de pressão sonora a distâncias maiores que 6 m da torre de resfriamento.

A Tab. 8.8 fornece estimativas de níveis de pressão sonora junto às aberturas de admissão e de descarga de ar de torres de resfriamento.

**TABELA 8.5  Níveis de pressão sonora em bandas de oitava a 1 m de compressores de unidades de refrigeração[(*)]**

| Tipo de compressor e capacidade do sistema | Níveis de pressão sonora a 1 m (dB) | | | | | | | | |
|---|---|---|---|---|---|---|---|---|---|
| | Frequência central da banda de oitava (Hz) | | | | | | | | |
| | 31,5 | 63 | 125 | 250 | 500 | 1.000 | 2.000 | 4.000 | 8.000 |
| Alternativo | | | | | | | | | |
| 35-175 kW | 79 | 83 | 84 | 85 | 86 | 84 | 82 | 78 | 72 |
| 175-615 kW | 91 | 86 | 87 | 90 | 91 | 90 | 87 | 83 | 78 |
| Rotativo | | | | | | | | | |
| 350-1.050 kW | 70 | 76 | 80 | 92 | 89 | 85 | 80 | 75 | 73 |
| Centrífugo | | | | | | | | | |
| Abaixo de 1.750 kW | 92 | 93 | 94 | 95 | 91 | 91 | 97 | 80 | — |
| Acima de 1.750 kW | 92 | 93 | 94 | 95 | 93 | 98 | 98 | 93 | 87 |

[(*)]Esses níveis são geralmente mais elevados do que se observa (consultar sempre os dados do fabricante).

*Fonte:* Exército, Força Aérea e Marinha dos Estados Unidos (1983), *Noise and vibration control for mechanical equipment*, citado por [4] Bies e Hansen.

## 8.7 – Ruído de torres de resfriamento

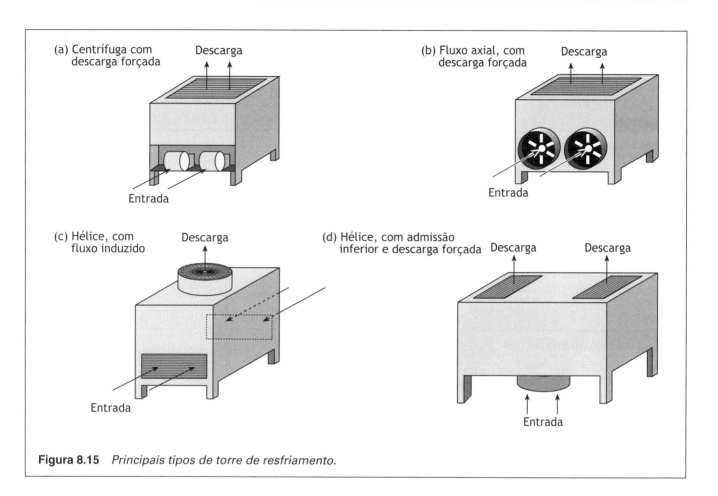

**Figura 8.15** *Principais tipos de torre de resfriamento.*

| TABELA 8.6 Correções do nível de potência sonora total, para obtenção do nível de potência sonora em bandas de oitava do ruído de torres de resfriamento |||
|:---:|:---:|:---:|
| **Frequência central da banda de oitava (Hz)** | **Correção (dB)** ||
|  | **Tipo hélice** | **Tipo centrífuga** |
| 31,5 | – 8 | – 6 |
| 63 | – 5 | – 6 |
| 125 | – 5 | – 8 |
| 250 | – 8 | –10 |
| 500 | –11 | –11 |
| 1.000 | –15 | –13 |
| 2.000 | –18 | –12 |
| 4.000 | –21 | –18 |
| 8.000 | –29 | –25 |

*Fonte:* Exército, Força Aérea e Marinha dos Estados Unidos (1983), *Noise and vibration control for mechanical equipment*, citado por [4] Bies e Hansen.

# 8 – Fontes sonoras

## TABELA 8.7 Índices de diretividade de torres de resfriamento[*]

| Tipo de torre e local de medição | Índice de diretividade (dB) | | | | | | | | |
|---|---|---|---|---|---|---|---|---|---|
| | Frequência central da banda de oitava (Hz) | | | | | | | | |
| | 31,5 | 63 | 125 | 250 | 500 | 1.000 | 2.000 | 4.000 | 8.000 |
| **Centrífuga com descarga forçada** | | | | | | | | | |
| Frente | + 3 | + 3 | + 2 | + 3 | + 4 | + 3 | + 3 | + 4 | + 4 |
| Lado | 0 | 0 | 0 | –2 | –3 | –4 | –5 | –5 | –5 |
| Atrás | 0 | 0 | –1 | –2 | –3 | –4 | –5 | –6 | –6 |
| Topo | –3 | –3 | –2 | 0 | + 1 | + 2 | + 3 | + 4 | + 5 |
| **Fluxo axial, descarga forçada** | | | | | | | | | |
| Frente | + 2 | + 2 | + 4 | + 6 | + 6 | + 5 | + 5 | + 5 | + 5 |
| Lado | + 2 | + 1 | + 1 | –2 | –5 | –5 | –5 | –5 | –4 |
| Atrás | –3 | –3 | –4 | –7 | –7 | –7 | –8 | –11 | –3 |
| Topo | –5 | –5 | –5 | –5 | –2 | 0 | 0 | + 2 | + 4 |
| **Hélice com fluxo induzido** | | | | | | | | | |
| Frente | 0 | 0 | 0 | + 1 | + 2 | + 2 | + 2 | + 3 | + 3 |
| Lado | –2 | –2 | –2 | –3 | –4 | –4 | –5 | –6 | –6 |
| Topo | + 3 | + 3 | + 3 | + 3 | + 2 | + 2 | + 2 | + 1 | + 1 |
| **Hélice com admissão inferior e descarga forçada** | | | | | | | | | |
| Qualquer lado | –1 | –1 | –1 | –2 | –2 | –3 | –3 | –4 | –4 |
| Topo | + 2 | + 2 | + 2 | + 3 | + 3 | + 4 | + 4 | + 5 | + 5 |

[*]Aplicam-se a distâncias superiores a 6 m da torre de resfriamento, quando não há superfícies refletoras próximas ou estruturas que obstruam a livre radiação sonora da torre.

*Fonte:* Exército, Força Aérea e Marinha dos Estados Unidos (1983), *Noise and vibration control for mechanical equipment*, citado por [4] Bies e Hansen.

## TABELA 8.8 Estimativas de níveis de pressão sonora junto às aberturas de admissão e de descarga de ar em torres de resfriamento

| Tipo de torre e local de medição | Níveis de pressão sonora (dB) | | | | | | | | |
|---|---|---|---|---|---|---|---|---|---|
| | Frequência central da banda de oitava (Hz) | | | | | | | | |
| | 31,5 | 63 | 125 | 250 | 500 | 1.000 | 2.000 | 4.000 | 8.000 |
| **Centrífuga com descarga forçada** | | | | | | | | | |
| Admissão | 85 | 85 | 85 | 83 | 81 | 79 | 76 | 73 | 68 |
| Descarga | 80 | 80 | 80 | 79 | 78 | 77 | 76 | 75 | 74 |
| **Fluxo axial com descarga forçada** | | | | | | | | | |
| Admissão | 97 | 100 | 98 | 95 | 91 | 86 | 81 | 76 | 71 |
| Descarga | 88 | 88 | 88 | 86 | 84 | 82 | 80 | 78 | 76 |
| **Hélice com fluxo induzido** | | | | | | | | | |
| Admissão | 97 | 98 | 97 | 94 | 90 | 85 | 80 | 75 | 70 |
| Descarga | 102 | 107 | 103 | 98 | 93 | 88 | 83 | 78 | 73 |

*Fonte:* Exército, Força Aérea e Marinha dos Estados Unidos (1983), *Noise and vibration control for mechanical equipment*, citado por [4] Bies e Hansen.

## 8.8 RUÍDO DE BOMBAS

A Tab. 8.9 fornece fórmulas para a estimativa dos níveis de pressão sonora total a 1 m em função da potência e rotação da bomba. Os níveis de pressão sonora em bandas de oitava poderão ser estimados aplicando-se, ao nível de pressão sonora total, as correções listadas na Tab. 8.10.

## 8.9 RUÍDO DE JATOS

### PROCEDIMENTO GERAL PARA ESTIMATIVA DO RUÍDO DE JATOS

Dispositivos industriais como válvulas de segurança e alívio ejetam gases a altas velocidades na atmosfera na forma de jatos. Tais jatos são fontes de ruído significativas.

O chamado *número de Mach* do jato ($M$) é dado por $V/c$, sendo $V$ a velocidade média do jato, e $c$ a velocidade do som no meio onde o jato flui. O gás, antes de ser ejetado, encontra-se a uma pressão maior que a pressão ambiente ($P_0$). Quando a pressão do gás estiver abaixo de $1,89P_0$, o número de Mach do jato será menor que 1, e o jato é chamado de *subsônico*. Nesse caso, o mecanismo

**TABELA 8.9  Níveis de pressão sonora total do ruído da bomba a 1 m**

| Faixa de rotação (rpm) | Nível de pressão sonora total (dB) | |
| --- | --- | --- |
| | Potência de placa do motor de acionamento | |
| | Abaixo de 75 kW | Acima de 75 kW |
| 3.000-3.600 | 10 log kW + 72 dB | 3 log kW + 86 dB |
| 1.600-1.800 | 10 log kW + 75 dB | 3 log kW + 89 dB |
| 1.000-1.500 | 10 log kW + 70 dB | 3 log kW + 84 dB |
| 450-900 | 10 log kW + 68 dB | 3 log kW + 82 dB |

*Fonte:* Exército, Força Aérea e Marinha dos Estados Unidos (1983), *Noise and vibration control for mechanical equipment*, citado por [4] Bies e Hansen.

**TABELA 8.10  Correções do nível de pressão sonora total estimado com as fórmulas da Tab. 8.9, para obtenção do nível de pressão sonora do ruído da bomba em bandas de oitava, a 1 m**

| Frequência central da banda de oitava (Hz) | Correção (dB) |
| --- | --- |
| 31,5 | –13 |
| 63 | –12 |
| 125 | –11 |
| 250 | –9 |
| 500 | –9 |
| 1.000 | –6 |
| 2.000 | –9 |
| 4.000 | –13 |
| 8.000 | –19 |

*Fonte:* Exército, Força Aérea e Marinha dos Estados Unidos (1983), *Noise and vibration control for mechanical equipment*, citado por [4] Bies e Hansen.

de geração do ruído é a turbulência gerada pela descarga do jato de alta velocidade na atmosfera quiescente.

Quando a pressão do gás estiver acima de 1,89 $P_0$, o número de Mach do jato será normalmente igual a 1, e diz-se que o jato é *sônico*. No caso de haver, no dispositivo que ejeta o gás para a atmosfera, uma contração seguida de uma expansão, o número de Mach do jato será maior que 1, e o jato recebe o nome de *supersônico*. Nesse caso, o mecanismo responsável pela geração de ruído passa a ser os choques gerados.

A potência sonora gerada por jatos ($W_a$) é dada por

$$W_a = \eta \cdot W_m, \tag{8.45}$$

em que $W_m$ é a *potência mecânica do jato* e $\eta$ o *fator de eficiência acústica* do jato.

A potência mecânica do jato é igual ao fluxo de energia cinética, o qual, para um jato de seção transversal circular, é dado por

$$W_m = \rho V^3 \frac{\pi d^2}{8}, \tag{8.46}$$

sendo $\rho$ a massa específica do gás no jato e $d$ o diâmetro do jato.

O fator de eficiência acústica de jatos subsônicos é dado por:

$$\eta = \left(\frac{T}{T_0}\right)^2 \left(\frac{\rho}{\rho_0}\right) K_a \cdot M^5,$$

[para $0,1 < M < 1$;

$$0,1 < (T/T_0)^2 (\rho/\rho_0) < 10] \tag{8.47}$$

em que $T$ é a temperatura absoluta do gás no jato, em kelvins; $T_0$ é a temperatura do ar ambiente, em kelvins; $\rho_0$ é a massa específica do ar ambiente; e $K_a$ é o *coeficiente de potência acústica*, aproximadamente igual a $5 \times 10^{-5}$.

A potência sonora total do jato será dada pela Eq. (3.8), com $W_a$, dado pela Eq. (8.45), no lugar de $W$, ou seja,

$$L_W = 10 \log W_a + 120 \text{ dB}. \tag{8.48}$$

Os índices de diretividade ($DI_\theta$) do ruído de jatos constam da Tab. 8.11, em função do ângulo a partir do eixo longitudinal do jato. E o diagrama polar de diretividade do ruído de jatos é mostrado na Fig. 8.16.

Na Fig. 8.17, vê-se o espectro do ruído de jatos, em que o nível de potência sonora em cada banda de oitava ($L_{W_b}$) é dado em relação ao nível de potência sonora total ($L_W$), calculado por meio da Eq. (8.48). A frequência no eixo horizontal dessa figura encontra-se normalizada pela frequência de pico $f_p$, dada por

$$f_p = N_S \frac{V}{d}, \tag{8.49}$$

em que $N_S$ é o chamado *número de Strouhal* (geralmente em torno de 0,2 para jatos subsônicos).

**TABELA 8.11** Índices de diretividade do ruído de jatos em função do ângulo, a partir do eixo longitudinal do jato

| Ângulo $\theta$ a partir do eixo longitudinal do jato | Índice de diretividade do jato, $DI_\theta$ (dB) |
|---|---|
| 0° | 0 |
| 20° | + 1 |
| 40° | + 8 |
| 60° | + 2 |
| 80° | – 4 |
| 100° | – 8 |
| 120° | –11 |
| 140° | –13 |
| 160° | –15 |
| 180° | –17 |

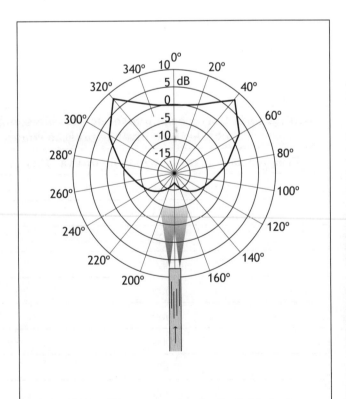

**Figura 8.16** *Diagrama polar de diretividade do ruído de jatos.*

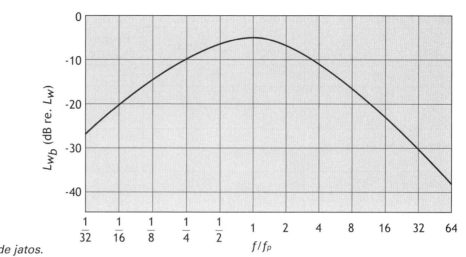

**Figura 8.17**  *Espectro do ruído de jatos.*

---

**Exemplo 8.4**

Um certo gás sob pressão será expelido para a atmosfera através de uma tubulação de 0,1 m de diâmetro, a uma velocidade média de 230 m/s. A massa específica do gás é 1,5 kg/m³ e sua temperatura no jato é essencialmente igual à temperatura ambiente. Estimar os níveis de potência sonora do jato em bandas de oitava.

- Determinar o fator de eficiência acústica do jato por meio da Eq. (8.47) com $T = T_0$, $\rho = 1,5$ kg/m³, $\rho_0 = 1,2$ kg/m³ (massa específica do ar ambiente) $K_a = 5 \times 10^{-5}$, $M = 230/344 = 0,67$:

$$\eta = \left(\frac{1,5}{1,2}\right) \cdot \left(5 \times 10^{-5}\right) \cdot (0,67)^5 = 8,4 \times 10^{-6}.$$

- Calcular a potência mecânica do jato por meio da Eq. (8.46):

$$W_m = 1,5(230)^3 \frac{\pi \cdot (0,1)^2}{8} = 7,16 \times 10^4 \text{ watts.}$$

Calcular a potência sonora total do jato por meio da Eq. (8.45):

$W_a = (8,4 \times 10^{-6}) \cdot (7,16 \times 10^4) = 0,60$ Watts.

- Calcular o nível de potência sonora total do jato por meio da Eq. (8.48):

$L_W = 10 \log 0,60 + 120$ dB $\cong 118$ dB.

- Determinar a banda de oitava em que a potência sonora máxima ocorre. Calcular primeiramente a frequência de pico do espectro ($f_p$), por meio da Eq. (8.49), com o número de Strouhal $N_S = 0,2$:

$$f_p = 0,2 \frac{230}{0,1} = 460 \text{ Hz,}$$

e, assim, a frequência de pico está na banda de oitava centrada em 500 Hz.

- Usar o espectro da Fig. 8.17 para construir a Tab. Ex. 8.4, na qual $f/f_p$ e $(L_{W_b} - L_W)$ foram extraídos da Fig. 8.17. O nível de potência sonora total calculado foi de 118 dB.

| Tabela Exemplo 8.4 Cálculo dos níveis de potência sonora em bandas de oitava do ruído do jato ||||
|---|---|---|---|
| $\dfrac{f}{f_p}$ | $(L_{W_b} - L_W)$ (dB) | Frequência central da banda de oitava (Hz) | $L_{W_b}$ (dB) |
| 1/16 | −20 | 31,5 | 98 |
| 1/8 | −15 | 63 | 103 |
| 1/4 | −10 | 125 | 108 |
| 1/2 | −7 | 250 | 111 |
| 1 | −5 | 500 | 113 |
| 2 | −8 | 1.000 | 110 |
| 4 | −10 | 2.000 | 108 |
| 8 | −18 | 4.000 | 100 |
| 16 | −23 | 8.000 | 95 |

O espectro de potência sonora em bandas de oitava do ruído do jato é apresentado na Fig. Ex. 8.4.

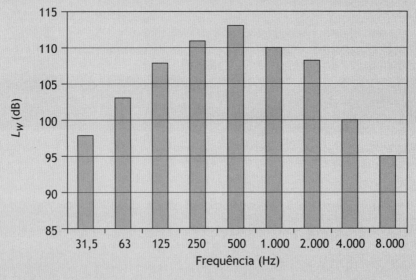

**Figura Exemplo 8.4**  *Espectro de potência sonora em bandas de oitava do ruído do jato.*

## PROCEDIMENTOS GERAIS PARA A REDUÇÃO DO RUÍDO DE JATOS

Alguns tipos de silenciador empregados na redução do ruído de jatos encontram-se ilustrados na Fig. 8.18. Embora esses silenciadores se destinem à descarga de jatos na atmosfera, alguns deles poderão resultar em reduções significativas do ruído de jatos confinados em tubulações. A turbulência gerada pelos elevados gradientes de velocidade entre o jato e a atmosfera quiescente é o principal mecanismo gerador de ruído em jatos subsônicos. O princípio de funcionamento desses silenciadores baseia-se essencialmente na redução do gradiente de velocidades do jato com a atmosfera quiescente.

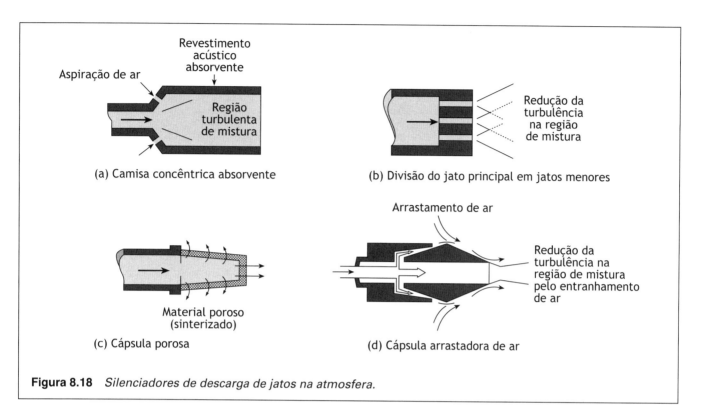

**Figura 8.18** *Silenciadores de descarga de jatos na atmosfera.*

## 8.10 RUÍDO DE VÁLVULAS DE CONTROLE

Válvulas de controle são fontes de ruído bastante comuns em muitas indústrias. A válvula de controle, como indica o próprio nome, é utilizada no controle da vazão e da pressão do escoamento de fluidos. Conforme ilustra a Fig. 8.19(a), o fluido armazenado em um reservatório à pressão $P_1$ escoa para o reservatório à pressão $P_2$ ($P_1 > P_2$), através de uma tubulação na qual se intercala uma válvula de controle, que dissipa a energia de pressão resultante da diferença $P_1 - P_2$. A queda de pressão através da válvula ($\Delta P$) é dada por $\Delta P = P_1 - P_2$.

A Fig. 8.19(b) apresenta a variação da pressão e da velocidade no interior da válvula. Observa-se que, à medida que a pressão se reduz, a velocidade do escoamento aumenta. Quando o diâmetro da tubulação de entrada é igual ao diâmetro da tubulação de saída, temos que $V_1 = V_2$. A seção, no interior da válvula, onde a pressão atinge o valor mínimo (e a velocidade o valor máximo) chama-se de *veia contraída*. Na veia contraída, a pressão tem o valor $P_{VC}$. Quando $P_{VC} < P_2$, ocorre a "recuperação" da pressão após a veia contraída.

A recuperação da pressão depende das características internas da válvula. O parâmetro que caracteriza a recuperação de pressão da válvula é o *fator de recuperação de pressão* ($F_L$), determinado experimentalmente, e definido da seguinte forma:

$$F_L = \left( \frac{P_1 - P_2}{P_1 - P_{VC}} \right)^{1/2}. \tag{8.50}$$

A Fig. 8.20 ilustra, para um mesmo $\Delta P = P_1 - P_2$, a variação da pressão e da velocidade do escoamento no interior de duas válvulas com diferentes recuperações de pressão. A pressão na veia contraída da válvula 1 ($P_{VC_1}$) é maior que a pressão na veia contraída da válvula 2 ($P_{VC_2}$) e, conforme indica a Eq. (8.50), temos que $F_{L_1} > F_{L_2}$. O jato que se forma na região da sede da válvula apresenta a sua menor seção transversal na veia contraída, e aí a velocidade do escoamento é máxima. Como $P_{VC_1} > P_{VC_2}$, temos que $V_{VC_1} < V_{VC_2}$.

O principal mecanismo gerador de ruído é o jato que se forma na sede da válvula; assim, o ruído da válvula é modelado como ruído de jato confinado. Quando o jato é subsônico, as Eqs. (8.45) e (8.46) indicam que o jato com maior velocidade será o mais ruidoso, de modo que a válvula com fator de recuperação de pressão $F_{L_2}$ deverá gerar mais ruído que a válvula com fator de recuperação de pressão $F_{L_1}$. Portanto, quanto menor o $F_L$, mais ruidosa tende a ser a válvula.

Valores típicos de $F_L$ situam-se na faixa de 0,5-0,9. A Tab. 8.12 apresenta fatores de recuperação de pressão para diversos tipos de válvula. Encontram-se também listados na tabela os valores dos coeficientes de vazão dessas válvulas, divididos pelo diâmetro interno da tubulação. O *coeficiente de vazão* ($C_V$) é também um parâmetro

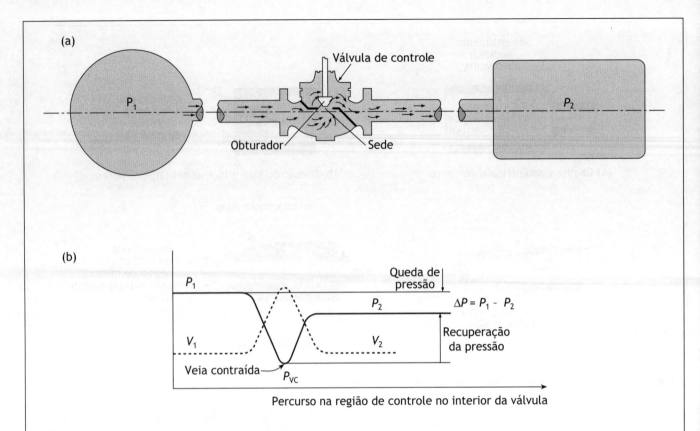

**Figura 8.19** *(a) Válvula de controle intercalada entre dois reservatórios com diferentes pressões; (b) variação da pressão e da velocidade no interior da válvula.*

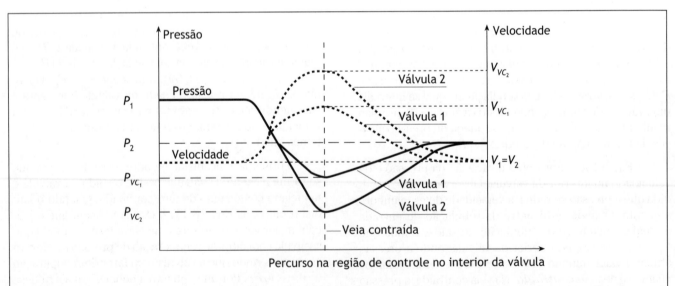

**Figura 8.20** *Variação da pressão e da velocidade no interior de duas válvulas com diferentes recuperações de pressão.*

## 8.10 – Ruído de válvulas de controle

**TABELA 8.12  Valores típicos dos parâmetros característicos de válvulas de controle**

| Tipo de válvula | Sentido do escoamento | Porcentagem da capacidade ou ângulo de abertura | $C_V/D^{2(*)}$ | $F_L$ |
|---|---|---|---|---|
| Globo, passagem única e obturador parabólico | Abrir | 100% | 0,020 | 0,90 |
| | Abrir | 75% | 0,015 | 0,90 |
| | Abrir | 50% | 0,010 | 0,90 |
| | Abrir | 25% | 0,005 | 0,90 |
| | Abrir | 10% | 0,002 | 0,90 |
| | Fechar | 100% | 0,025 | 0,80 |
| Globo, obturador com passagem em V | Abrir | 100% | 0,016 | 0,92 |
| | Abrir | 50% | 0,008 | 0,95 |
| | Abrir | 30% | 0,005 | 0,95 |
| Globo, gaiola com quatro passagens | Abrir | 100% | 0,025 | 0,90 |
| | Abrir | 50% | 0,013 | 0,90 |
| Globo, gaiola com seis passagens | Abrir | 100% | 0,025 | 0,90 |
| | Abrir | 50% | 0,013 | 0,90 |
| Borboleta, portinhola integral com eixo passante | — | 75° aberta | 0,050 | 0,56 |
| | — | 60° aberta | 0,030 | 0,67 |
| | — | 50° aberta | 0,016 | 0,74 |
| | — | 40° aberta | 0,010 | 0,78 |
| | — | 30° aberta | 0,005 | 0,80 |
| Borboleta, portinhola estriada | — | 75° aberta | 0,040 | 0,70 |
| | — | 50° aberta | 0,013 | 0,76 |
| | — | 30° aberta | 0,007 | 0,82 |
| Obturador rotativo excêntrico | Abrir | 50° aberta | 0,020 | 0,85 |
| | Abrir | 30° aberta | 0,013 | 0,91 |
| | Fechar | 50° aberta | 0,021 | 0,68 |
| | Fechar | 30° aberta | 0,013 | 0,88 |
| Esfera segmentada | Abrir | 60° aberta | 0,018 | 0,66 |
| | Abrir | 30° aberta | 0,005 | 0,82 |

| Tipo de válvula | $N_0$ Escoamento no sentido de | | $F_d$ Escoamento no sentido de | |
|---|---|---|---|---|
| | Abrir | Fechar | Abrir | Fechar |
| Globo, passagem única | 2,0 | 1,0 | 0,7 | 1,0 |
| Borboleta, padrão | 2,0 | 2,0 | 0,7 | 0,7 |
| Ângulo | 2,0 | 1,0 | 0,7 | 1,0 |
| Obturador rotativo excêntrico | 2,0 | 1,0 | 0,7 | 1,0 |
| Esfera | 1,0 | 1,0 | 1,0 | 1,0 |
| Gaiola | (**) | (**) | (**) | (**) |
| Sede dupla, obturador parabólico | 4,0 | 4,0 | 0,5 | 0,5 |

(*)$D$ é o diâmetro interno da tubulação, em milímetros.
(**)Consultar o fabricante.

# 182    8 – Fontes sonoras

característico de válvulas de controle, sendo numericamente igual à vazão de água, em galões por minuto, que escoa através da válvula quando se estabelece uma queda de pressão de 1 psi[1] entre a entrada e a saída da válvula. Esse coeficiente é determinado experimentalmente e, embora seja definido para vazão de água, é também utilizado para caracterizar a capacidade da válvula em escoar gases e vapores.

## ESCOAMENTO DE FLUIDO COMPRESSÍVEL ATRAVÉS DA VÁLVULA DE CONTROLE

Até aqui, não se fez qualquer distinção entre fluidos compressíveis (gases) e incompressíveis (líquidos). Tudo o que foi dito até aqui se aplica igualmente às duas classes de fluido. No entanto, o ruído gerado no escoamento de gases através de válvulas de controle é muito mais crítico do que o gerado por escoamento de líquidos. Trataremos exclusivamente do ruído gerado pelo escoamento de gases através de válvulas de controle.

O gás será suposto perfeito, obedecendo à equação de estado

$$P = \rho R_{gás} T,$$

sendo $P$ a pressão absoluta do gás, em Pa; $T$ a temperatura absoluta do gás, em K, $\rho$ a massa específica do gás, em kg/m³; e $R_{gás}$ a constante do gás, dada por $R_{gás} = \Lambda/M_{gás}$ (com $\Lambda = 8.314\ \text{m}^2/\text{s}^2 \cdot \text{K}$); e $M_{gás}$ o peso molecular do gás. Para o ar, $M_{ar} = 28,97$ e $R_{ar} = 287\ \text{m}^2/\text{s}^2 \cdot \text{K}$.

A geometria interna das válvulas de controle é geralmente complexa. No entanto, as características essenciais do escoamento, no que tange aos mecanismos de geração de ruído, poderão ser modeladas considerando-se o escoamento através de uma contração seguida de uma expansão gradual (sede da válvula), conforme ilustra a Fig. 8.21(a). Na sede da válvula, o escoamento é controlado através do obturador, no sentido de se conseguirem diferentes pressões na saída.

A pressão na entrada da válvula tem o valor $P_1$. O escoamento é induzido reduzindo-se a pressão $P_2$ após a válvula abaixo de $P_1$, resultando na sequência de estados $P_a - P_e$, conforme ilustra a Fig. 8.21(b).

De acordo com a Eq. (8.50), a razão de pressões $P_{VC}/P_1$, em função das pressões $P_1, P_2$, e de $F_L$ será dada por

$$\frac{P_{VC}}{P_1} = \left[ 1 - \frac{1}{F_L^2}\left( 1 - \frac{P_2}{P_1} \right) \right]. \tag{8.51}$$

Para uma redução moderada da pressão $P_2$, até valores correspondentes a $P_a$ ou $P_b$, a pressão na veia contraída ($P_{VC}$) é maior que a chamada *pressão crítica* ($P^*$), a qual, quando atingida, faz com que a velocidade do escoamento na veia contraída seja sônica. Então, para $P_2$ igual a $P_a$ ou $P_b$, a velocidade na veia contraída é subsônica.

A pressão crítica só depende da razão de calores específicos do gás ($\gamma$), sendo dada por

$$\frac{P^*}{P_1} = \left( \frac{2}{\gamma+1} \right)^{\gamma/\gamma-1}. \tag{8.52}$$

Para $P_2$ igual a $P_c$, a pressão na veia contraída ($P_{VC}$) atinge o valor $P^*$, e será indicada por $P_{VC}^*$. A razão de pressões $P_{VC}^*/P_1$ será dada então pela Eq. (8.52), ou seja,

$$\frac{P_{VC}^*}{P_1} = \left( \frac{2}{\gamma+1} \right)^{\gamma/\gamma-1}. \tag{8.53}$$

Para gases diatômicos, inclusive o ar, $\gamma = 1,4$ e, nesse caso,

$$\frac{P_{VC}^*}{P_1} = 0,53 \quad \text{e} \quad \frac{P_1}{P_{VC}^*} = 1,89, \quad \text{para } \gamma = 1,4. \tag{8.54a, b}$$

Nessas condições, a velocidade do escoamento na veia contraída é sônica, sendo que a velocidade do escoamento na entrada e saída da válvula permanece subsônica.

Na Eq. (8.51), uma vez colocado $P_{VC} = P_{VC}^*$ e usando a Eq. (8.53) para $P_{VC}^*/P_1$, e indicando $P_2/P_1$ como $P_{2crit}/P_1$, por se tratar da razão de pressões que gera a pressão crítica na veia contraída, obtém-se

$$\frac{P_{2crit}}{P_1} = 1 - F_L^2 \left[ 1 - \left( \frac{2}{\gamma+1} \right)^{\gamma/(\gamma-1)} \right]. \tag{8.55}$$

A Eq. (8.55) permite determinar a razão crítica entre as pressões de entrada e saída, para cada tipo de válvula, uma vez conhecido o seu respectivo fator de recuperação de pressão ($F_L$).

Para $\gamma = 1,4$, a Eq. (8.55) fornece

$$\frac{P_{2crit}}{P_1} = 1 - 0,4\ F_L^2. \tag{8.56}$$

Quando $P_2$ é reduzido para $P_d$ ou $P_e$, a pressão na veia contraída continuará no valor crítico, $P_{VC} = P_{VC}^*$, permanecendo inalterada a distribuição de pressões antes da veia contraída da válvula. Porém, após a veia contraída, o jato expande-se com velocidade supersônica, sendo em seguida recomprimido parcialmente devido à recuperação de pressão.

A recompressão parcial é obtida através de um choque normal, com a velocidade retornando a valores

---

[1] Unidades inglesas de pressão "**p**ound per **s**quare **i**nch" (libra por polegada quadrada), sendo 1 psi igual a 6.895 Pa.

## 8.10 – Ruído de válvulas de controle

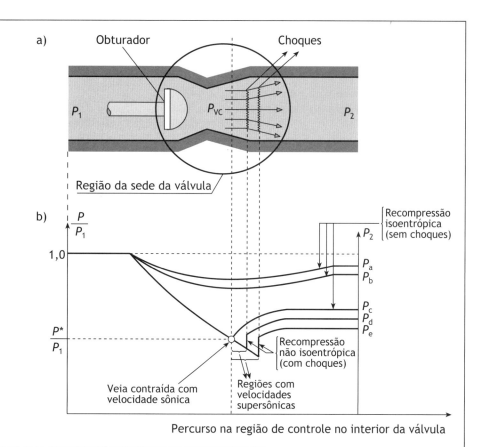

**Figura 8.21** (a) Região da sede da válvula; (b) distribuições de pressões no interior da válvula, obtidas pela redução da pressão na saída $P_2$.

subsônicos após o choque. Quando a recompressão se dá através de simples recuperação de pressão, diz-se que ela é *isoentrópica* (isso ocorre para $P_2$ igual a $P_a$, $P_b$ e $P_c$). Quando a recompressão ocorre com choques, ela é *não isoentrópica* (isso ocorre para $P_2$ igual a $P_d$ e $P_e$).

A Eq. (8.56) mostra que o regime crítico se estabelecerá na veia contraída com maiores valores de $P_{2crit}/P_1$, quanto menor for o valor de $F_L$ da válvula. Isso significa que as condições críticas são estabelecidas na veia contraída primeiro nas válvulas com baixos valores de recuperação de pressão. Numa válvula com $F_L = 0{,}50$, basta que $P_2$ se reduza a 88% de $P_1$, para que se estabeleçam condições críticas na veia contraída da válvula; enquanto numa válvula com $F_L = 0{,}90$ é necessário que $P_2$ se reduza a 62% de $P_1$ para que isso ocorra.

A vazão em massa ($G$) que escoa através da válvula é dada por

$$G = A_{VC} \cdot \rho_{VC} \cdot V_{VC} \text{ (kg/s)}, \qquad (8.57)$$

em que $A_{VC}$ é a área da seção transversal da veia contraída, dada por

$$A_{VC} = \frac{C_V \cdot F_L}{5{,}91 \times 10^4} \text{ (m}^2\text{)}. \qquad (8.58)$$

Na Eq. (8.57), $\rho_{VC}$ é a massa específica do gás na veia contraída, dada por

$$\rho_{VC} = \rho_1 \left( \frac{P_{VC}}{P_1} \right)^{1/\gamma}, \qquad (8.59)$$

sendo $\rho_1$ a massa específica do gás na entrada da válvula.

Na Eq. (8.57), $V_{VC} = M_{VC} \cdot c_{VC}$, é a velocidade do jato na veia contraída, $M_{VC}$ é o número de Mach na veia contraída, e $c_{VC}$ é a velocidade do som na veia contraída. O número de Mach na veia contraída é dado por

$$M_{VC} = \left\{ \frac{2}{\gamma - 1} \left[ \left( \frac{P_{VC}}{P_1} \right)^{(1-\gamma)/\gamma} - 1 \right] \right\}^{1/2}. \qquad (8.60)$$

E a velocidade do som na veia contraída é dada por

$$c_{VC} = c_1 \left( \frac{P_{VC}}{P_1} \right)^{(\gamma-1)/2\gamma}, \qquad (8.61)$$

sendo $c_1$ a velocidade do som na entrada da válvula.

A velocidade do som é uma propriedade do gás, função exclusiva de sua temperatura, e, sendo $T_1$ a temperatura do gás na entrada da válvula, a velocidade do som $c_1$ será dada por

$$c_1 = \sqrt{\gamma R_{gás} T_1}. \qquad (8.62)$$

A vazão em massa crítica é a vazão máxima que pode escoar através da válvula e que ocorrerá quando $P_2/P_1 \leq P_{2crit}/P_1$. A expressão para determinação da vazão em massa crítica ($G_{crit}$) será obtida por meio da Eq. (8.57), colocando-se $V_{VC} = M_{VC} \cdot c_{VC}$ e, como $M_{VC} = 1$ resulta que $V_{VC} = c^*_{VC}$. Aqui, $c^*_{VC}$ é dado pela Eq. (8.61), e $\rho_{VC} = \rho^*_{VC}$ é dado pela Eq. (8.59). Nessas duas últimas equações coloca-se, então, $P_{VC}/P_1 = P^*_{VC}/P_1$, sendo que $P^*_{VC}/P_1$ será dado pela Eq. (8.53). Com $A_{VC}$ dado pela Eq. (8.58), resulta da Eq. (8.57) a seguinte expressão para $G_{crit}$:

$$G_{crit} = 1{,}69 \times 10^{-5} C_V F_L \frac{P_1}{c_1} \gamma \left(\frac{2}{\gamma+1}\right)^{\frac{\gamma+1}{2(\gamma-1)}}. \qquad (8.63)$$

Para $\gamma = 1{,}4$, a Eq. (8.63) fornece

$$G_{crit} = 1{,}37 \times 10^{-5} C_V F_L \frac{P_1}{c_1}. \qquad (8.64)$$

A Fig. 8.22 apresenta a vazão em massa, normalizada pela vazão em massa crítica, em função da razão de pressões $P_2/P_1$. À medida que a razão de pressões $P_2/P_1$ é reduzida abaixo de 1, a vazão em massa aumenta até atingir a vazão em massa crítica para $P_2/P_1 = P_C/P_1$, permanecendo inalterada para razões de pressão menores do que essa.

A potência mecânica do jato é dada pela Eq. (8.46), que, quando calculada na veia contraída, com $\pi d^2/4 = A_{VC}$, $V = V_{VC}$ e $\rho = \rho_{VC}$, escreve-se

$$W_m = \rho V^3 \frac{\pi d^2}{8} = \frac{1}{2} A_{VC} \rho_{VC} V^3_{VC} =$$
$$= \frac{1}{2} A_{VC} \rho_{VC} V_{VC} V^2_{VC} = \frac{1}{2} G V^2_{VC}. \qquad (8.65a, b, c, d)$$

Como $V_{VC} = M_{VC} \cdot c_{VC}$, a Eq. (8.65b), com $A_{VC}$ dado pela Eq. (8.58), fornece

$$W_m = 8{,}5 \times 10^{-6} C_V F_L \rho_{VC} (M_{VC} \cdot c_{VC})^3 \text{ (watts)}. \qquad (8.66)$$

Particularmente, para condições onde escoa a vazão em massa crítica através da válvula, o número de Mach na veia contraída é igual a 1. Então, para $V_{VC} = 1$, temos $V_{VC} = 1 \cdot c_{VC}$, sendo que a Eq. (8.65d) fornece para $G = G_{crit}$ a expressão

$$W_{m_{crit}} = \frac{1}{2} c^{*2}_{VC} G_{crit} \qquad (8.67)$$

Finalmente, com $c^*_{VC}$ dado pela Eq. (8.61) e colocando nessa equação $P_{VC}/P_1 = P^*_{VC}/P_1$, com $P^*_{VC}/P_1$ dado pela Eq. (8.53), a Eq. (8.67), com $G_{crit}$ dado pela Eq. (8.63), fornece

$$W_{m_{crit}} = 8{,}5 \times 10^{-6} C_V F_L P_1 c_1 \gamma \left(\frac{2}{\gamma+1}\right)^{\frac{3\gamma-1}{2(\gamma-1)}},$$
$$\text{para } P_2/P_1 \leq P_{2crit}/P_1. \qquad (8.68)$$

Para $\gamma = 1{,}4$, a Eq. (8.68) resulta em

$$W_{m_{crit}} = 5{,}7 \times 10^{-6} C_V F_L P_1 c_1,$$
$$\text{para } P_2/P_1 \leq P_{2crit}/P_1, \text{ e para } \gamma = 1{,}4. \qquad (8.69)$$

A Eq. (8.69) fornece a máxima potência mecânica do jato, para uma dada válvula de controle (representada por $C_V \cdot F_L$), onde escoa um fluido com velocidade do som na entrada da válvula $c_1$, e para uma dada pressão $P_1$ na entrada da válvula. Isso não significa, porém, que a Eq. (8.69) impõe um limite na potência sonora gerada. Reduções da razão de pressões $P_2/P_1$ abaixo de $P_{2crit}/P_1$, apesar de não produzirem aumento da vazão em massa que escoa através da válvula, geram diferentes condições

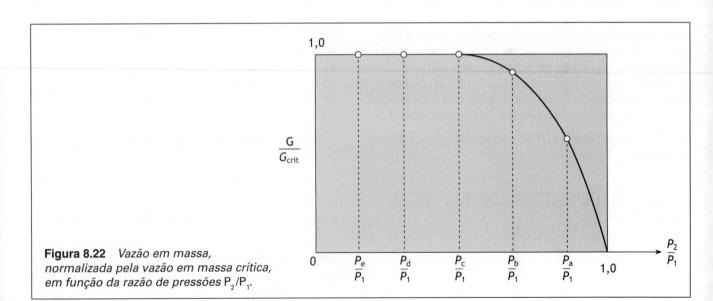

**Figura 8.22** Vazão em massa, normalizada pela vazão em massa crítica, em função da razão de pressões $P_2/P_1$.

## 8.10 – Ruído de válvulas de controle

de escoamento após a veia contraída, conforme ilustrado na Fig. 8.21b, sendo que diferentes mecanismos de geração de ruído passam a atuar.

## POTÊNCIA SONORA GERADA INTERNAMENTE

Os mecanismos geradores de ruído dependem da queda de pressão através da válvula e se devem:

- à turbulência do jato;
- à separação do escoamento no jato;
- à interação da turbulência com o corpo da válvula e a tubulação;
- a choques;
- à interação da turbulência com choques.

O procedimento para estimativa do ruído gerado por válvulas de controle tem por base a Eq. (8.45), função do fator de eficiência acústica. O valor desse fator depende do mecanismo de geração de ruído atuante na válvula, e que, portanto, irá depender da queda de pressão através da válvula.

Seguindo o procedimento de Howe e Baumann [5], a determinação do fator de eficiência acústica ($\eta$) requer primeiro o cálculo da razão de pressões ($X$) por meio da seguinte expressão

$$X = \left( \frac{P_{2_{\text{crit}}}}{P_2} \right). \tag{8.70}$$

Para $X \leq 1$, o fator de eficiência acústica será dado por

$$\eta = 10^{-4} F_L^2 \left[ \frac{X\left(\dfrac{P_1}{P_{2_{\text{crit}}}}\right) - 1}{X F_L^2 \left(\dfrac{P_1}{P_{2_{\text{crit}}}}\right) - X\left(\dfrac{P_1}{P_{2_{\text{crit}}}}\right) + 1} \right]^{2,6}. \tag{8.71}$$

Para $1 < X \leq 1,69$, o fator de eficiência acústica será dado por

$$\eta = 10^{-4} F_L^2 X^{3,7}. \tag{8.72}$$

Para $1,69 < X \leq 11,64$, o fator de eficiência acústica será dado por

$$\eta = 4,12 \times 10^{-4} F_L^2 X. \tag{8.73}$$

Para $X > 11,64$, o fator de eficiência acústica será dado por

$$\eta = 48 \times 10^{-4} F_L^2. \tag{8.74}$$

A potência sonora gerada internamente será calculada com base na potência mecânica do jato crítica ($W_{m_{\text{crit}}}$), dada pela Eq. (8.68). Embora para as vazões em massa

menores do que a vazão em massa crítica a potência mecânica do jato seja menor do que aquela dada pela Eq. (8.68), é possível calcular a potência sonora a partir de um valor superestimado para a potência mecânica do jato, contanto que o fator de eficiência acústica seja reduzido na mesma proporção. O valor de $\eta$, calculado com a Eq. (8.71) (escoamento subsônico), leva esse fato em consideração.

Finalmente, a potência sonora gerada internamente pela válvula de controle será obtida por meio de

$$W_a = \eta \cdot W_{m_{\text{crit}}} \text{ (watts)}, \tag{8.75}$$

com $W_{m_{\text{crit}}}$ dada pela Eq. (8.68), e com $\eta$ dado pelas Eqs. (8.71)-(8.74).

## NÍVEL DE PRESSÃO SONORA INTERNAMENTE À TUBULAÇÃO

Supondo que a pressão sonora distribui-se uniformemente na seção transversal interna da tubulação, na realidade supondo-se a propagação do ruído gerado pela válvula ao longo da tubulação ocorrendo na forma de ondas planas, então a intensidade sonora será dada pela razão entre a potência sonora gerada internamente e a área da seção transversal interna da tubulação. Dessa forma, fazendo uso da Eq. (2.12b), com a área da seção transversal interna da tubulação no lugar da área da superfície esférica que consta dessa equação, obtém-se a seguinte expressão para o valor eficaz da pressão sonora internamente à tubulação

$$p_{\text{eficaz}}^2 = 4\rho_2 c_2 \frac{W_a}{\pi D_i^2}, \tag{8.76}$$

sendo $D_i$ o diâmetro interno da tubulação de saída.

Supõe-se a temperatura do gás na entrada da válvula como essencialmente a mesma que a temperatura do gás na saída da válvula, então $\rho_2 = \rho_1(P_2/P_1)$, e $c_1 = c_2$, sendo possível mostrar que $\rho_2 c_2 = \gamma(P_2/c_1)$. Inserindo esse último resultado na Eq. (8.76) e substituindo $W_a$ nessa equação pela Eq. (8.75), com $W_{m_{\text{crit}}}$ dada pela Eq. (8.68) resulta

$$p_{\text{eficaz}}^2 = 7,3 \times 10^{-6} \frac{\eta \, C_V \, F_L \, \gamma \, P_1 \, P_2}{D_i^2}. \tag{8.77}$$

Para $\gamma = 1,4$, a Eq. (8.77) resulta em

$$p_{\text{eficaz}}^2 = 10^{-5} \frac{\eta C_V \, F_L \, P_1 \, P_2}{D_i^2}, \text{ para } \gamma = 1,4. \tag{8.78}$$

Finalmente, o nível de pressão sonora internamente à tubulação ($L_{p_i}$) será obtido inserindo-se $p_{\text{eficaz}}$ dado pela Eq. (8.77) na Eq. (3.9), resultando em

$$L_{p_i} = 10 \log \left( \frac{\eta C_V F_L \, \gamma P_1 P_2}{D_i^2} \right) + 42,6 \text{ dB}. \tag{8.79}$$

O espectro de pressão sonora internamente à tubulação apresentará um pico na frequência ($f_p$) que, de acordo com a Referência [4], pode ser calculado da seguinte forma

$$f_p = \frac{0{,}2M_j c_{VC}}{D_j}, \quad \text{para } M_j \leq \sqrt{2}, \tag{8.80a}$$

$$f_p = \frac{0{,}28 c_{VC}}{D_j \sqrt{M_j^2 - 1}}, \quad \text{para } M_j > \sqrt{2}. \tag{8.80b}$$

Nessas expressões, $D_j$ é o diâmetro do jato, que poderá ser estimado através da seguinte fórmula

$$D_j \cong 4{,}6 \times 10^{-3} F_d \sqrt{C_V \cdot F_L} \ \text{(m)}, \tag{8.81}$$

onde $F_d = 1/\sqrt{N_0}$, sendo $N_0$ o *número aparente de passagens independentes*.

A Tab. 8.12 fornece valores de $N_0$ e de $F_d$ para cada tipo de válvula.

Nas Eqs. (8.80), $M_j$ é o *número de Mach de livre expansão do jato*, calculado por meio da seguinte fórmula:

$$M_j = \left\{ \frac{2}{\gamma - 1} \left[ (1{,}89 X)^{(\gamma - 1/\gamma)} - 1 \right] \right\}^{1/2}. \tag{8.82}$$

O espectro do ruído internamente à tubulação em bandas de 1/3 oitava poderá ser estimado como segue, a partir do nível de pressão sonora total interno ($L_{p_i}$), calculado por meio da Eq. (8.79). O nível da banda que contém o pico $L_p$ será dado por $L_p = L_{p_i} - 8$ dB. Para as bandas de frequência maiores que aquela que contém a frequência de pico, o *roll-off* do espectro é de 3 dB/oitava. Para as bandas de frequência menores que aquela contendo a frequência de pico, o *roll-off* do espectro, para as primeiras duas bandas contíguas, é de 5 dB/oitava, e em seguida, o *roll-off* é de 3 dB/oitava para as bandas de frequência mais baixas.

## NÍVEL DE PRESSÃO SONORA EXTERNAMENTE À TUBULAÇÃO

Para determinação do nível de pressão sonora externo, necessita-se estimar a atenuação sonora conferida pela tubulação. Essa atenuação poderá ser calculada por meio da seguinte expressão [4]

$$\text{Atenuação} = 10 \log \left[ \frac{r \cdot t^2}{D_i^3} \left( \frac{P_2}{P_a} + 1 \right) \right] + \Delta + 69{,}5 \ \text{dB}, \tag{8.83}$$

sendo $r$ a distância entre o eixo da tubulação e o receptor; $t$ a espessura da parede da tubulação; e $P_a$ a pressão atmosférica ambiente, externamente à tubulação.

As demais grandezas já foram definidas anteriormente, à exceção do fator de correção $\Delta$, calculado através do procedimento que segue.

• Calculam-se as chamadas: *frequência de corte* ($f_0$) e *frequência do anel* ($f_r$), dadas por

$$f_0 = 0{,}586 \frac{c_2}{D_i}, \tag{8.84}$$

$$f_r = \frac{c_L}{\pi \cdot D_i}, \tag{8.85}$$

sendo $c_L$ a velocidade do som no material que constitui a tubulação (= 5.050 m/s para o aço).

• Para $f \leq f_0$,

$$\Delta = -20 \ \log \frac{f}{f_0}. \tag{8.86}$$

• Para $f_0 < f \leq f_r$,

$$\Delta = 13 \ \log \ \frac{f}{f_0} \tag{8.87}$$

• Para $f > f_r$,

$$\Delta = 20 \log \frac{f}{f_0} - 7 \log \frac{f_r}{f_0}. \tag{8.88}$$

Finalmente, os níveis de pressão sonora em bandas de 1/3 oitava ($L_B$), externamente, serão dados por

$$L_B = L_{p_i} - \text{Atenuação} + L_g + 5 \ \text{dB}, \tag{8.89}$$

sendo $L_g$ um fator de correção que leva em consideração o efeito do escoamento de gás na energia sonora transmitida através de parede da tubulação. Esse fator é dado por

$$L_g = -16 \ \log \left( 1 - \frac{1{,}3 \times 10^{-5} P_1 C_V F_L}{D_i^2 P_2} \right). \tag{8.90}$$

## Exemplo 8.5

Estimar o nível de pressão sonora total $A$-ponderado, a 1 m do eixo de uma tubulação (8 pol de diâmetro e parede com espessura de 8 mm), devido ao ruído gerado por uma válvula de controle tipo globo, de 4 pol, passagem única, com obturador parabólico e escoamento no sentido de fechar, com $C_V = 210$, $F_L = 0,8$, e $N_0 = 1$. Essa válvula está sendo usada na redução da pressão de alimentação de vapor de água, de 1.140 kPa (abs.) na entrada da válvula, para 480 kPa (abs.) na saída. O vapor de água encontra-se, na entrada da válvula, a 177 °C e com massa específica de 5,5 kg/m³. Considerar o vapor de água como gás perfeito, com razão de calores específicos $\gamma = 1,33$ e com peso molecular $M = 18$.

Como a razão de pressões, $\dfrac{P_2}{P_1} = \dfrac{480}{1.140} = 0,42$, é menor que a razão de pressões crítica, $\dfrac{P_{2_{crit}}}{P_1}$, dada pela Eq. (8.55):

$$\frac{P_{2_{crit}}}{P_1} = 1 - F_L^2 \left[ 1 - \left( \frac{2}{\gamma+1} \right)^{\gamma/(\gamma-1)} \right] = 1 - (0,8)^2 \left[ 1 - \left( \frac{2}{2,33} \right)^{4,03} \right] = 0,71;$$

então escoa através da válvula a vazão em massa crítica, dada pela Eq. (8.63), com $c_1$ dado pela Eq. (8.62):

$$c_1 = \sqrt{\gamma R_{gás} T_1} = \sqrt{1,33 \cdot (8.314/18) \times (177+273)} = 526 \text{ m/s}.$$

A Eq. (8.63) fornece, para a vazão em massa crítica:

$$G_{crit} = 1,69 \times 10^{-5} C_V F_L \frac{P_1}{c_1} \gamma \left( \frac{2}{\gamma+1} \right)^{\frac{\gamma+1}{2(\gamma-1)}} = 1,69 \times 10^{-5} \times 210 \times 0,8 \frac{1,14 \times 10^6}{526} 1,33 \left( \frac{2}{2,33} \right)^{3,53} = 4,77 \text{ kg/s}.$$

A potência mecânica do jato será dada pela Eq. (8.68):

$$W_{m_{crit}} = 8,5 \times 10^{-6} C_V F_L P_1 c_1 \gamma \left( \frac{2}{\gamma+1} \right)^{\frac{3\gamma-1}{2(\gamma-1)}} = 8,5 \times 10^{-6} \times 210 \times 0,8 \times 1,14 \times 10^6 \times 526 \times 1,33 \left( \frac{2}{2,33} \right)^{4,53} = 570 \text{ kW}.$$

A razão de pressões $X$ é dada pela Eq. (8.70), e igual a:

$$X = \left( \frac{P_{2_{crit}}}{P_2} \right) = \left( \frac{P_{2_{crit}}/P_1}{P_2/P_1} \right) = \left( \frac{0,71}{0,42} \right) = 1,69;$$

então o fator de eficiência acústica será calculado por meio da Eq. (8.72):

$$\eta = 10^{-4} F_L^2 X^{3,7} = 10^{-4} \times (0,8)^2 \times (1,69)^{3,7} = 4,5 \times 10^{-4}.$$

A potência sonora gerada internamente pela válvula será calculada por meio da Eq. (8.75):

$$W_a = \eta \cdot W_{m_{crit}} = 4,5 \times 10^{-4} \times 5,7 \times 10^5 = 257 \text{ watts}.$$

O nível de pressão sonora, internamente à tubulação, de diâmetro interno $D_i = 8$ pol. $= 0,203$ m, será calculado por meio da Eq. (8.79):

$$L_{p_i} = 10 \log \left( \frac{\eta C_V F_L \gamma P_1 P_2}{D_i^2} \right) + 42,6 \text{ dB} = 10 \log \left( \frac{4,5 \times 10^{-4} \times 210 \times 0,8 \times 1,33 \times 1,14 \times 10^6 \times 4,8 \times 10^5}{(0,203)^2} \right) + 42,6 = 164 \text{ dB}.$$

A determinação do espectro de pressão sonora internamente à tubulação requer primeiro o cálculo do número de Mach de livre expansão do jato, dado pela Eq. (8.82), e igual a:

$$M_j = \left\{ \frac{2}{\gamma-1} \left[ (1,89X)^{(\gamma-1)/\gamma} - 1 \right] \right\}^{1/2} = \left\{ \frac{2}{0,33} \left[ (1,89 \cdot 1,69)^{0,25} - 1 \right] \right\}^{0.5} = 1,43;$$

e o diâmetro do jato, dado pela Eq. (8.81), e igual a:

$$D_j \cong 4,6 \times 10^{-3} \cdot F_d \cdot \sqrt{C_V \cdot F_L} = 4,6 \times 10^{-3} \times 1 \times \sqrt{210 \times 0,8} = 0,06 \text{ m, onde obteve-se } F_d \text{ da Tab 8.12, ou alternativamente } F_d = 1/\sqrt{N_0}.$$

## 8 – Fontes sonoras

Como $M_j = 1{,}43 > \sqrt{2} = 1{,}41$, a frequência de pico do espectro sonoro será dada pela Eq. (8.80b), com $c_{VC} = c^*_{VC}$ dado pela Eq. (8.61):

$$c^*_{VC} = c_1 \left( \frac{P^*_{VC}}{P_1} \right)^{(\gamma-1)/2\gamma},$$

com $P^*_{VC}/P_1$ dado pela Eq. (8.53):

$$\frac{P^*_{VC}}{P_1} = \left( \frac{2}{\gamma+1} \right)^{\gamma/\gamma-1} = \left( \frac{2}{2{,}33} \right)^{4{,}0} = 0{,}54,$$

e assim

$$c^*_{VC} = c_1 \left( \frac{P^*_{VC}}{P_1} \right)^{(\gamma-1)/2\gamma} = 526(0{,}54)^{0{,}124} = 487 \ \text{m/s}.$$

A Eq. (8.80b) fornece para a frequência de pico:

$$f_p = \frac{0{,}28 c^*_{VC}}{D_j \sqrt{M_j^2 - 1}} = \frac{0{,}28 \times 487}{0{,}06\sqrt{(1{,}43)^2 - 1}} = 2.223 \ \text{Hz.}$$

A Fig. Ex. 8.5 apresenta o espectro do ruído internamente à tubulação em bandas de 1/3 oitava, obtido conforme procedimento descrito no final da seção "Nível de pressão sonora internamente à tubulação".

A Tab. Ex. 8.5 apresenta $L_{p_i}$ em bandas de 1/3 oitava, extraídos da Fig. Ex. 8.5.

A atenuação da tubulação será obtida conforme procedimento já descrito ("Nível de pressão sonora externamente à tubulação"), o qual requer primeiro a determinação das frequências de corte $(f_0)$ e do anel $(f_r)$, dadas respectivamente pelas Eqs. (8.84) e (8.85), a saber:

$$f_0 = 0{,}586 \frac{c_2}{D_i} = 0{,}586 \frac{526}{0{,}203} = 1.518 \ \text{Hz;} \quad f_r = \frac{c_L}{\pi \cdot D_i} = \frac{5.050}{\pi \cdot 0{,}203} = 7.918 \ \text{Hz.}$$

Determinação do fator de correção $\Delta$ por meio das Eqs. (8.86)–(8.88).

Para $f \leq f_0$, $\Delta = -20 \log \dfrac{f}{f_0} = -20 \ \log \dfrac{f}{1.518}$: $\Delta = 1{,}7$ dB para 1.250 Hz; $\Delta = 3{,}6$ dB para 1.000 Hz; $\Delta = 5{,}6$ dB para 800 Hz;

$\Delta = 7{,}6$ dB para 630 Hz; $\Delta = 9{,}6$ dB para 500 Hz; $\Delta = 11{,}6$ dB para 400 Hz; $\Delta = 13{,}6$ dB para 315 Hz; $\Delta = 15{,}6$ dB para 250 Hz; $\Delta = 17{,}6$ dB para 200 Hz; $\Delta = 19{,}5$ dB para 160 Hz; $\Delta = 21{,}7$ dB para 125 Hz.

Para $f_0 < f \leq f_r$, $\Delta = 13 \log \dfrac{f}{f_0} = 13 \ \log \dfrac{f}{1.518}$: $\Delta = 0{,}3$ dB para 1.600 Hz; $\Delta = 1{,}6$ dB para 2.000 Hz; $\Delta = 2{,}8$ dB para 2.500 Hz;

$\Delta = 4{,}1$ dB para 3.150 Hz; $\Delta = 5{,}5$ dB para 4.000 Hz.

A Tab. Ex. 8.5 apresenta os valores de $\Delta$ em bandas de 1/3 oitava.

Determinação da atenuação a 1 m do eixo da tubulação por meio da Eq. (8.83):

$$\text{Atenuação} = 10 \log \left[ \frac{r \cdot t^2}{D_i^3} \left( \frac{P_2}{P_a} + 1 \right) \right] + \Delta + 69{,}5 = 10 \log \left[ \frac{1 \times (0{,}008)^2}{(0{,}203)^3} \left( \frac{4{,}8 \times 10^5}{1{,}013 \times 10^5} + 1 \right) \right] + 69{,}5 + \Delta = \Delta + 55{,}9 \ \text{dB.}$$

A Tabela Ex. 8.5 apresenta os valores de atenuação em bandas de 1/3 oitava.

Finalmente, os níveis de pressão sonora em bandas de 1/3 oitava $(L_B)$, externamente, a 1 m do eixo da tubulação, serão calculados por meio da Eq. (8.89), com $L_g$ dado pela Eq. (8.90).

$$L_g = -16 \log \left( 1 - \frac{1{,}3 \times 10^{-5} \ P_1 C_V F_L}{D_i^2 P_2} \right) = -16 \ \log \left( 1 - \frac{1{,}3 \times 10^{-5} \times 1{,}14 \times 10^6 \times 210 \times 0{,}8}{(0{,}203)^2 \times 4{,}8 \times 10^5} \right) = 0{,}9 \ \text{dB.}$$

Determinação de $L_B$ por meio da Eq. (8.89):

$L_B = L_{p_i}$ − Atenuação + $L_g$ + 5 dB = $L_{p_i}$ − Atenuação + 5,9 dB = $L_{p_i}$ − Δ − 50 dB.

A Tab. Ex. 8.5 apresenta os valores de $L_B$ em bandas de 1/3 oitava, externamente à tubulação; bem como os níveis de pressão sonora A-ponderados em bandas de 1/3 oitava externamente à tubulação $L_{B_A}$, e o nível de pressão sonora total A-ponderado de 111 dB(A).

A Fig. Ex. 8.5 apresenta o espectro do ruído externamente à tubulação em bandas de 1/3 oitava.

**Tabela Exemplo 8.5 Cálculo do nível de ruído total A-ponderado da válvula a 1 m da tubulação**

| Frequência | 125 | 160 | 200 | 250 | 315 | 400 | 500 | 630 | 800 | 1.000 | 1.250 | 1.600 | 2.000 | 2.500 | 3.150 | 4.000 |
|---|---|---|---|---|---|---|---|---|---|---|---|---|---|---|---|---|
| $L_{p_i}$ | 144 | 145 | 146 | 147 | 148 | 149 | 150 | 151 | 152 | 153 | 154 | 155 | 156 | 155 | 154 | 153 |
| Δ | 21,7 | 19,5 | 17,6 | 15,6 | 13,6 | 11,6 | 9,6 | 7,6 | 5,6 | 3,6 | 1,7 | 0,3 | 1,6 | 2,8 | 4,1 | 5,5 |
| Atenuação | 77,6 | 75,4 | 73,5 | 71,5 | 69,5 | 67,5 | 65,5 | 63,5 | 61,5 | 59,5 | 57,6 | 56,2 | 57,5 | 58,7 | 60,0 | 61,4 |
| $L_B$ | 72,3 | 75,5 | 78,4 | 81,4 | 84,4 | 87,4 | 90,4 | 93,4 | 96,4 | 99,4 | 102,3 | 104,7 | 104,4 | 102,2 | 99,9 | 97,5 |
| Ganho do filtro ponderador A | −16,1 | −13,4 | −10,9 | −8,6 | −6,6 | −4,8 | −3,2 | −1,9 | −0,8 | 0 | +0,6 | +1,0 | +1,2 | +1,3 | +1,2 | +1,0 |
| $L_{B_A}$ | 56,2 | 62,1 | 67,5 | 72,8 | 77,8 | 82,6 | 87,2 | 91,5 | 95,6 | 99,4 | 102,9 | 105,7 | 105,6 | 103,5 | 101,1 | 98,5 |

Nível de pressão sonora total A-ponderado, a 1 m do eixo da tubulação: $L_A$ = 111 dB($A$)

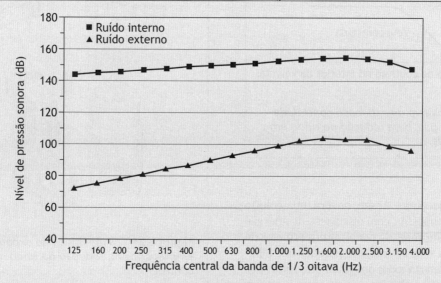

**Figura Exemplo 8.5** *Espectro do ruído da válvula de controle em bandas de 1/3 oitava internamente e externamente, à 1 m da tubulação.*

## REDUÇÃO DO RUÍDO DE VÁLVULAS DE CONTROLE

A válvula de controle opera como dispositivo dissipador de energia. Durante esse processo, uma parcela diminuta da energia dissipada é convertida em energia sonora na forma de ruído. A redução do ruído em válvulas de controle requer essencialmente evitar quedas abruptas de pressão no interior da válvula. Esta abordagem tem sido implementada na prática, eliminando-se a formação da veia contraída, por meio de uma série de elementos redutores de pressão, onde a expansão do gás no interior da válvula ocorre de forma controlada.

A Fig. 8.23 ilustra um dispositivo que confere uma expansão controlada para o gás, fazendo-o passar por uma série de cilindros concêntricos. Neste dispositivo, o gás é forçado a escoar radialmente através dos diversos estágios formados pelos cilindros. O obturador da válvula se movimenta internamente ao cilindro de menor diâmetro do conjunto. De acordo com a vazão/pressão desejada na saída da válvula, regula-se a abertura da válvula, o que implica na liberação de um certo número de orifícios para a passagem do gás, conforme a altura do obturador dentro do cilindro de menor diâmetro. O gás, ao sair de cada orifício, é primeiramente dividido em dois jatos em sentidos opostos, que percorrem a região anular formada

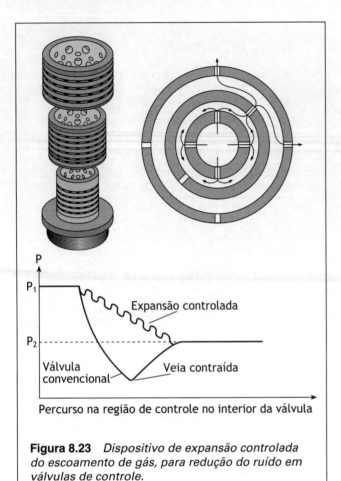

**Figura 8.23** *Dispositivo de expansão controlada do escoamento de gás, para redução do ruído em válvulas de controle.*

por dois cilindros adjacentes. Assim, haverá uma colisão dos jatos em sentidos opostos, com dissipação de energia, os quais se recombinam antes de penetrar nos orifícios do estágio seguinte. (As abas laterais nas paredes dos cilindros impedem a expansão axial dos jatos que saem dos orifícios.) As passagens múltiplas, que dividem e recombinam o fluxo de gás, conferem uma redução controlada da pressão, evitando os saltos abruptos e a recuperação de pressão. A queda de pressão entre a entrada e saída da válvula é distribuída no interior dos diversos cilindros, ao invés de ficar concentrada na região da veia contraída, como ocorre nas válvulas convencionais.

A Fig. 8.24 ilustra alguns tipos de dispositivo de expansão controlada empregados na redução do ruído de válvulas de controle.

## VÁLVULAS DE CONTROLE PARA LÍQUIDOS

A potência sonora gerada no escoamento de líquidos através de válvulas de controle pode ser calculada por meio da mesma fórmula que calcula a potência sonora gerada

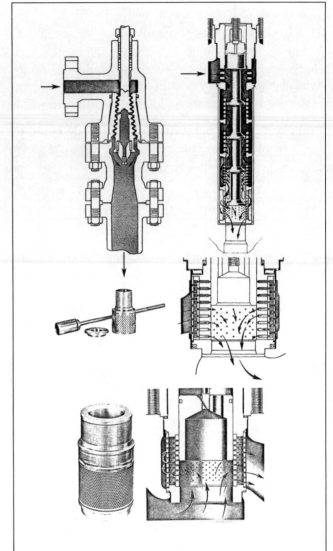

**Figura 8.24** *Dispositivos de expansão controlada empregados na redução do ruído de válvulas de controle.*

no escoamento de gases, ou seja, a Eq. (8.45), com o fator de eficiência acústica ($\eta$) dado por $6 \times 10^{-7} \cdot V^{0,85}$ para a água e líquidos similares, na *ausência de cavitação*. Aqui, $V$ é a velocidade média do escoamento na sede da válvula, em m/s.

O nível de potência sonora total interno é calculado por meio da Eq. (8.48). O nível de potência sonora total irradiado externamente pela tubulação adjacente será dado pelo nível de potência sonora total interno menos a atenuação da tubulação.

A atenuação é aplicada ao nível de potência sonora total, sendo calculada por meio da Eq. (8.37) com $f$ dado por $f = N_S \, (V/d)$, sendo $N_S$ o número de Strouhal (=0,5); $d$ o diâmetro da sede da válvula; e $V$ a velocidade média do escoamento na sede da válvula.

O espectro de potência sonora externo tem um pico na frequência que corresponde ao número de Strouhal $N_S = 0,2$, sendo o nível de potência sonora da banda de oitava que contém o pico tomado 7 dB abaixo do nível de potência sonora total. O nível de potência sonora das outras bandas de oitava é então calculado com o auxílio da Fig. 8.17.

## VÁLVULAS DE CONTROLE PARA VAPOR DE ÁGUA

Válvulas que operam com vapor de água são fontes comuns de ruído em muitas instalações industriais. Os níveis sonoros gerados deverão ser preferencialmente estimados por meio dos procedimentos aqui apresentados para válvulas que operam com gases.

No caso de o fator de eficiência acústica resultar inferior a $5 \times 10^{-6}$, estimativas mais realistas poderão ser obtidas adicionando-se 3 dB ao nível de potência sonora total calculado. Alternativamente, os níveis sonoros em bandas de oitava lançados na Tab. 8.13 poderão ser utilizados. Esses níveis sonoros são estimados conservadoramente (acima do que normalmente se verificam na realidade), e

**TABELA 8.13** Níveis de pressão sonora a 1 m de válvulas que operam com vapor de água(*)

| Frequência central da banda de oitava (Hz) | Nível de pressão sonora (dB) |
|:---:|:---:|
| 31,5 | 70 |
| 63 | 70 |
| 125 | 70 |
| 250 | 70 |
| 500 | 75 |
| 1.000 | 80 |
| 2.000 | 85 |
| 4.000 | 90 |
| 8.000 | 90 |

(*)Níveis para válvula e tubulação irradiando ruído, e se verificam em válvulas conectadas a tubulações revestidas com materiais de isolação térmica "simples" e "leves", sem chapas metálicas pesadas envolvendo o revestimento.

*Fonte:* Exército, Força Aérea e Marinha dos Estados Unidos (1983), *Noise and vibration control for mechanical equipment,* citado por [4] Bies e Hansen.

se baseiam em medições realizadas no campo, e incluem a radiação da tubulação conectada à válvula.

## 8.11 RUÍDO EM TUBULAÇÕES DE TRANSPORTE DE FLUIDOS

Em tubulações retilíneas, a turbulência provocada pela interação do escoamento com as paredes da tubulação é considerada a principal fonte de ruído. A parcela da potência mecânica responsável pela geração do ruído é proporcional à queda de pressão ($\Delta P$) ao longo da tubulação. A potência sonora ($W_a$) poderá ser calculada por meio da seguinte expressão

$$W_a = \eta \cdot \Delta P \cdot \frac{G}{\rho} = \eta \cdot \Delta P \cdot A \cdot V \text{ (watts)}, \qquad (8.91)$$

em que $A$ é a área da seção transversal da tubulação; $V$ é a velocidade média do escoamento; $G$ é a vazão em massa; $\rho$ é a massa específica do fluido; e $\eta$ é o fator de eficiência acústica, já definido anteriormente. Para o escoamento de gases, o fator de eficiência acústica é dado pela Eq. (8.47). Para o escoamento de líquidos, o fator de eficiência acústica é tão baixo, que resulta em ruído geralmente insignificante.

O nível de potência sonora interno será dado pela Eq. (8.48), com $W_a$, nessa equação, estimada por meio da Eq. (8.91). Os espectros de níveis de pressão sonora interna e externamente à tubulação poderão ser determinados como no caso de válvulas de controle, de acordo com as seções "Nível de pressão sonora internamente à tubulação" e "Nível de pressão sonora externamente à tubulação" com as devidas adaptações.

O presente procedimento subestima os níveis sonoros de 2 a 4 dB para gases com massas específicas próximas à do ar, e superestima os níveis sonoros de 2 a 4 dB para gases com massas específicas elevadas (da ordem de 30 vezes a do ar).

Para linhas que operam com vácuo parcial, a seguinte fórmula poderá ser utilizada na estimativa da potência sonora gerada

$$W_a = 1,2 \cdot \eta \cdot A \cdot V^3 \text{ (watts)}. \qquad (8.92)$$

## 8.12 RUÍDO DE CALDEIRAS

Para caldeiras "comuns", o nível de potência sonora total poderá ser estimado por meio de

$$L_W = 4 \log kW + 95 \text{ dB}, \qquad (8.93)$$

e, para caldeiras industriais "grandes", por meio de

$$L_W = 15 \log MW + 95 \text{ dB}. \qquad (8.94)$$

# 8 – Fontes sonoras

| TABELA 8.14 Correções do nível de potência sonora total, para obtenção do nível de potência sonora em bandas de oitava do ruído de caldeiras | | |
|:---:|:---:|:---:|
| **Frequência central da banda de oitava (Hz)** | **Correção (dB)** | |
| | **Caldeiras comuns** | **Caldeiras industriais grandes** |
| 31,5 | – 6 | – 4 |
| 63 | – 6 | – 5 |
| 125 | – 7 | – 10 |
| 250 | – 9 | – 16 |
| 500 | – 12 | – 17 |
| 1.000 | – 15 | – 19 |
| 2.000 | – 18 | – 21 |
| 4.000 | – 21 | – 21 |
| 8.000 | –24 | –21 |

*Fonte:* Edison Electric Institute (1978), *Electric power plant environmental noise guide*, citado por [4] Bies e Hansen.

Para ambos os tipos de caldeira, o espectro de potência sonora em bandas de oitava poderá ser obtido aplicando-se, ao nível de potência sonora total estimado com as fórmulas precedentes, as correções listadas na Tab. 8.14.

## 8.13 RUÍDO DE TURBINAS A GÁS E VAPOR

As principais fontes de irradiação de ruído nas turbinas a gás são a carcaça, a admissão de ar e a exaustão dos gases de combustão. O nível de potência sonora total das principais fontes (na ausência de qualquer sistema de controle de ruído) poderá ser estimado através das seguintes fórmulas:

- carcaça,
$$L_W = 5 \log MW + 120 \text{ dB}; \tag{8.95}$$

- admissão,
$$L_W = 15 \log MW + 127 \text{ dB}; \tag{8.96}$$

- exaustão,
$$L_W = 10 \log MW + 13 \text{ dB}. \tag{8.97}$$

O espectro de potência sonora em bandas de oitava poderá ser obtido aplicando-se, ao nível de potência

| TABELA 8.15 Correções do nível de potência sonora total, para obtenção do nível de potência sonora em bandas de oitava das principais fontes de ruído de turbinas | | | | |
|:---:|:---:|:---:|:---:|:---:|
| **Frequência central da banda de oitava (Hz)** | **Correção (dB)** | | | |
| | **Turbinas a gás** | | | **Turbinas a vapor** |
| | **Carcaça** | **Admissão** | **Exaustão** | |
| 31,5 | –10 | –19 | –12 | –11 |
| 63 | – 7 | – 18 | – 8 | – 7 |
| 125 | – 5 | – 17 | – 6 | – 6 |
| 250 | – 4 | – 17 | – 6 | – 9 |
| 500 | – 4 | – 14 | – 7 | – 10 |
| 1.000 | – 4 | – 8 | – 9 | – 10 |
| 2.000 | – 4 | – 3 | – 11 | – 12 |
| 4.000 | – 4 | – 3 | – 15 | – 13 |
| 8.000 | – 4 | – 6 | – 21 | – 17 |

*Fonte:* Exército, Força Aérea e Marinha dos Estados Unidos (1983), *Noise and vibration control for mechanical equipment*, citado por [4] Bies e Hansen.

sonora total estimado com as fórmulas precedentes, as correções listadas na Tab. 8.15.

A Tab. 8.16 lista reduções nos níveis de potência sonora por enclausuramento de turbinas a gás. Tais reduções referem-se exclusivamente ao ruído irradiado pela carcaça. A redução do ruído da admissão e exaustão é normalmente possível com a instalação de silenciadores na entrada e na saída dos gases.

Para turbinas a vapor, o nível de potência total irradiado poderá ser estimado pela fórmula

$$L_W = 4 \log kW + 93 \text{ dB}. \tag{8.98}$$

O espectro de potência sonora em bandas de oitava poderá ser obtido aplicando-se, ao nível de potência sonora total estimado com a Eq. (8.98), as correções listadas na Tab. 8.15.

## 8.14 RUÍDO DE MOTORES ESTACIONÁRIOS (DIESEL E GÁS)

As três fontes principais de irradiação de ruído são a exaustão dos gases de combustão, a admissão do ar e o bloco do motor. A estimativa de potência sonora irradiada por cada uma dessas fontes de ruído será apresentada nos próximos itens.

## RUÍDO DE EXAUSTÃO

O nível de potência sonora total irradiado pela exaustão não silenciada pode ser estimado por meio da equação

$$L_W = 10 \, \log \, kW - K - \left( \frac{l_{ex}}{1,2} \right) + 120 \text{ dB}, \tag{8.99}$$

em que $K = 0$ para motores sem turbocompressor, $K = 6$ para motores com turbocompressor, e $l_{ex}$ é comprimento da tubulação de exaustão, em metros.

**TABELA 8.16  Reduções da potência sonora irradiada pela carcaça de turbinas a gás para diversos tipos de enclausuramento**

| Frequência central da banda de oitava (Hz) | Redução (dB) | | | | |
|:---:|:---:|:---:|:---:|:---:|:---:|
| | Tipo 1[a] | Tipo 2[b] | Tipo 3[c] | Tipo 4[d] | Tipo 5[e] |
| 31,5 | 2 | 4 | 1 | 3 | 6 |
| 63 | 2 | 5 | 1 | 4 | 7 |
| 125 | 2 | 5 | 1 | 4 | 8 |
| 250 | 3 | 6 | 2 | 5 | 9 |
| 500 | 3 | 6 | 2 | 6 | 10 |
| 1.000 | 3 | 7 | 2 | 7 | 11 |
| 2.000 | 4 | 8 | 2 | 8 | 12 |
| 4.000 | 5 | 9 | 3 | 8 | 13 |
| 8.000 | 6 | 10 | 3 | 8 | 14 |

[a]Isolação térmica à base de lã de vidro ou lã mineral, recoberta com chapa metálica leve.
[b]Isolação térmica à base de lã de vidro ou lã mineral, recoberta com chapa de alumínio, chapa de aço ou argamassa, com espessuras mínimas de 20 gauge (0,81 mm), 24 gauge (0,61 mm) e 12 mm, respectivamente.
[c]Cabine metálica enclausurando todo o conjunto, sem revestimento interno em material acústico absorvente, e com aberturas para ventilação.
[d]Cabine metálica enclausurando todo o conjunto, com revestimento interno em material acústico absorvente, e com aberturas para ventilação.
[e]Cabine metálica enclausurando todo o conjunto, com revestimento interno em material acústico absorvente, e com todas as aberturas de ventilação providas de silenciadores instalados internamente à cabine.
*Fonte:* Exército, Força Aérea e Marinha dos Estados Unidos (1983), *Noise and vibration control for mechanical equipment*, citado por [4] Bies e Hansen.

## 8 – Fontes sonoras

O espectro de potência sonora em bandas de oitava poderá ser obtido aplicando-se, ao nível de potência sonora total calculado com o auxílio da Eq. (8.99), as correções listadas na Tab. 8.17.

A Tab. 8.18 lista as atenuações em bandas de oitava da potência sonora irradiada, com a incorporação de silenciadores comerciais típicos, na exaustão de motores estacionários.

Os índices de diretividade da tubulação de exaustão poderão ser obtidos do gráfico da Fig. 8.25, em função do número de Strouhal. Como esses índices são fornecidos em bandas de 1/3 oitava, adotar a média dos índices de diretividade de três bandas de 1/3 oitava como estimativa do índice de diretividade da banda de oitava correspondente a essas três bandas.

## RUÍDO DO BLOCO

O nível de potência sonora total do ruído irradiado pelo bloco de motores estacionários pode ser estimado pela equação

$$L_W = 10 \log kW + A + B + C + D + 93 \text{ dB}, \qquad (8.100)$$

cujos valores de A, B, C e D encontram-se na Tab. 8.19.

O espectro de potência sonora em bandas de oitava pode ser obtido aplicando-se, ao nível de potência sonora

**TABELA 8.17 Correções do nível de potência sonora total, para obtenção do nível de potência sonora em bandas de oitava do ruído irradiado pela exaustão de motores estacionários**

| Frequência central da banda de oitava (Hz) | Correção (dB) |
|---|---|
| 31,5 | – 5 |
| 63 | – 9 |
| 125 | – 3 |
| 250 | – 7 |
| 500 | – 15 |
| 1.000 | – 19 |
| 2.000 | – 25 |
| 4.000 | – 35 |
| 8.000 | – 43 |

*Fonte:* Exército, Força Aérea e Marinha dos Estados Unidos (1983), *Noise and vibration control for mechanical equipment,* citado por [4] Bies e Hansen.

**TABELA 8.18 Atenuações da potência sonora pela incorporação de silenciadores comerciais típicos à exaustão de motores estacionários[*]**

| Frequência central da banda de oitava (Hz) | Atenuação (dB) | | | | | |
|---|---|---|---|---|---|---|
| | Silenciador com perda de carga pequena | | | Silenciador com perda de carga grande | | |
| | Pequeno | Médio | Grande | Pequeno | Médio | Grande |
| 63 | 10 | 15 | 20 | 16 | 20 | 25 |
| 125 | 15 | 20 | 25 | 21 | 25 | 29 |
| 250 | 13 | 18 | 23 | 21 | 24 | 29 |
| 500 | 11 | 16 | 21 | 19 | 22 | 27 |
| 1.000 | 10 | 15 | 20 | 17 | 20 | 25 |
| 2.000 | 9 | 14 | 19 | 15 | 19 | 24 |
| 4.000 | 8 | 13 | 18 | 14 | 18 | 23 |
| 8.000 | 8 | 13 | 18 | 14 | 17 | 23 |

[*]Utilizar as especificações do fabricante, quando disponíveis.
*Fonte:* Exército, Força Aérea e Marinha dos Estados Unidos (1983), *Noise and vibration control for mechanical equipment,* citado por [4] Bies e Hansen.

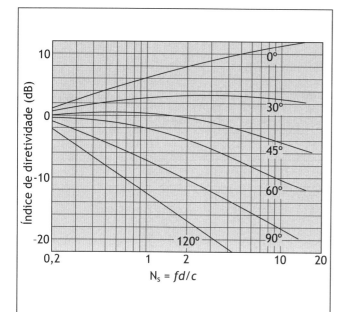

**Figura 8.25** *Gráfico para determinação dos índices de diretividade de tubulações de exaustão de gases em função do número de Strouhal $N_S = fd/c$. Aqui, d é o diâmetro da tubulação de exaustão, f é a frequência central da banda de 1/3 oitava, e c é a velocidade do som do gás na saída da tubulação. Fonte: [4] Bies e Hansen.*

total estimado com o auxílio da Eq. (8.100), as correções listadas na Tab. 8.20.

## RUÍDO DE ADMISSÃO

O ruído de admissão de ar de motores sem turbocompressor é desprezível quando comparado com o ruído da exaustão e do bloco. No entanto, para motores com turbocompressor, o nível de potência sonora total do ruído de admissão pode ser calculado por meio da fórmula

$$L_W = 5\ \log\ \text{kW} - \left(\frac{l}{1,8}\right) + 95\ \text{dB}, \qquad (8.101)$$

sendo $l$ o comprimento da tubulação de admissão de ar, em metros.

O espectro de potência sonora em bandas de oitava pode ser obtido aplicando-se, ao nível de potência sonora total estimado com a Eq. (8.101), as correções listadas na Tab. 8.21.

## 8.15 RUÍDO EM QUEIMADORES

O ruído em queimadores se deve à combinação de três mecanismos: o fluxo de gás combustível, o fluxo de ar e o processo de combustão.

**TABELA 8.19** Valores de A, B, C e D a serem utilizados na Eq. (8.100), para estimativa do nível de potência sonora total do ruído irradiado pelo bloco de motores estacionários

| | (dB) |
|---|---|
| **Fator de correção da rotação (A)** | |
| Inferior a 600 rpm | −5 |
| Entre 600 e 1.500 rpm | −2 |
| Superior a 1.500 rpm | 0 |
| **Fator de correção do combustível (B)** | (dB) |
| Diesel | 0 |
| Diesel e gás natural | 0 |
| Gás natural (incluindo pequena quantidade de óleo piloto) | −3 |
| **Fator de disposição dos cilindros (C)** | (dB) |
| Em linha | 0 |
| Em V | −1 |
| Radial | −1 |
| **Fator de correção de admissão de ar (D)** | (dB) |
| Admissão de ar para o *roots blower* não dutada e não silenciada. | +3 |
| Admissão de ar dutada externamente ao enclausuramento. | 0 |
| Admissão de ar para o *roots blower* silenciada. | 0 |
| Outros tipos de admissão de ar (com ou sem turbo compressor) | 0 |

*Fonte:* Exército, Força Aérea e Marinha dos Estados Unidos (1983), *Noise and vibration control for mechanical equipment*, citado por [4] Bies e Hansen.

**8 – Fontes sonoras**

**TABELA 8.20 Correções do nível de potência sonora total, para obtenção do nível de potência sonora em bandas de oitava do ruído irradiado pelo bloco de motores estacionários**

| Frequência central da banda de oitava (Hz) | Correção (dB) | | | |
|---|---|---|---|---|
| | Rotação inferior a 600 rpm | Rotação entre 600 e 1.500 rpm | | Rotação superior a 1.500 rpm |
| | | Com *roots blower* | Sem *roots blower* | |
| 31,5 | – 12 | – 14 | – 22 | – 22 |
| 63 | – 12 | – 9 | – 16 | – 14 |
| 125 | – 6 | – 7 | – 18 | – 7 |
| 250 | – 5 | – 8 | – 14 | – 7 |
| 500 | – 7 | – 7 | – 3 | – 8 |
| 1.000 | – 9 | – 7 | – 4 | – 6 |
| 2.000 | – 12 | – 9 | – 10 | – 7 |
| 4.000 | – 18 | – 13 | – 15 | – 13 |
| 8.000 | – 28 | – 19 | – 26 | – 20 |

*Fonte:* Exército, Força Aérea e Marinha dos Estados Unidos (1983), *Noise and vibration control for mechanical equipment*, citado por [4] Bies e Hansen.

**TABELA 8.21 Correções do nível de potência sonora total, para obtenção dos níveis de potência sonora em bandas de oitava do ruído de admissão de ar de motores estacionários**

| Frequência central da banda de oitava (Hz) | Correção (dB) |
|---|---|
| 31,5 | – 4 |
| 63 | – 11 |
| 125 | – 13 |
| 250 | – 13 |
| 500 | – 12 |
| 1.000 | – 9 |
| 2.000 | – 8 |
| 4.000 | – 9 |
| 8.000 | – 17 |

*Fonte:* Exército, Força Aérea e Marinha dos Estados Unidos (1983), *Noise and vibration control for mechanical equipment*, citado por [4] Bies e Hansen.

O ruído do fluxo de gás combustível é estimado usando-se o procedimento apresentado anteriormente para válvulas de controle. Esse ruído é o dominante no caso de queimadores que operam com gás combustível a alta pressão. Para queimadores que operam com óleo combustível, esse ruído é desprezível. No caso de a queda de pressão associada ao fluxo do gás combustível ser baixa, o ruído gerado poderá ser estimado assumindo-se tratar-se de um jato livre.

O nível de potência sonora total irradiado pelo fluxo de ar primário e secundário poderá ser estimado por meio da seguinte fórmula (*Fonte*: Heitner, citado por [4] Bies e Hansen)

$$L_W = 44 \log V + 17 \log G - 135 \text{ dB}, \qquad (8.102)$$

em que $V$ é a velocidade média do fluxo de ar através do registro (em m/s), e $G$ é a vazão em massa de ar (em kg/s).

Para estimar-se a frequência de pico ($f_p$) do espectro sonoro, utiliza-se o número de Strouhal ($N_S$) igual a 1,0; ou seja,

$$\frac{f_p \cdot d}{V} = 1,0, \qquad (8.103)$$

sendo $d$ o menor diâmetro de passagem do fluxo de ar.

O nível de potência sonora na banda de oitava que contém a frequência de pico encontra-se 3 dB abaixo do nível de potência sonora total estimado com a Eq. (8.102).

Para as bandas de oitava acima e abaixo da banda que contém a frequência de pico, o *roll-off* é de 5 dB/oitava.

O nível de potência sonora total irradiado pelo queimador é obtido adicionando-se, logaritmicamente, o nível de potência sonora do ruído do fluxo de combustível e do fluxo de ar, a cada banda de oitava.

O ruído da combustão não é geralmente tão significativo quanto o ruído dos fluxos de combustível e de ar, podendo ser estimado por meio da fórmula

$$W_C = 1.300 \cdot \eta \cdot G \cdot H, \qquad (8.104)$$

na qual $W_C$ é a potência sonora do ruído de combustão; $\eta$ é o fator de eficiência acústica (da ordem de $10^{-6}$); $G$ é a vazão em massa (em kg/s); e $H$ é o calor latente do combustível (em cal/kg - unidade do sistema MKS técnico). O pico do espectro sonoro ocorre na banda de oitava com frequência central em 500 Hz, e seu nível encontra-se 3 dB abaixo do nível de potência sonora total estimado com a Eq. (8.104). Nas bandas de oitava acima e abaixo de 500 Hz, o *roll-off* é de 6 dB/oitava.

## 8.16 RUÍDO DE MOTORES ELÉTRICOS

### RUÍDO DE MOTORES ELÉTRICOS PEQUENOS (ABAIXO DE 300 kW)

O nível de pressão sonora total a 1 m de pequenos motores elétricos poderá ser estimado, para motores totalmente enclausurados ou para motores com ventoinhas, através das fórmulas que seguem.

Abaixo de 40 kW,

$$L_p = 17 \log kW + 15 \log RPM + 17 \text{ dB.} \qquad (8.105)$$

Acima de 40 kW,

$$L_p = 10 \log kW + 15 \log RPM + 28 \text{ dB.} \qquad (8.106)$$

Motores à prova de respingos geram níveis de pressão sonora 5 dB abaixo dos níveis de pressão sonora de motores com ventoinhas.

Os níveis de pressão sonora em bandas de oitava poderão ser obtidos, para ambos os motores, aplicando-se, ao nível de pressão sonora total estimado com as fórmulas acima, as correções listadas na Tab. 8.22.

**TABELA 8.22** Correções do nível de pressão sonora total, para obtenção dos níveis de pressão sonora em bandas de oitava do ruído de motores elétricos pequenos

| Frequência central da banda de oitava (Hz) | Correção (dB) | |
|:---:|:---:|:---:|
| | Motor enclausurado e motor com ventoinha | Motor à prova de respingos |
| 31,5 | – 14 | – 9 |
| 63 | – 14 | – 9 |
| 125 | – 11 | – 7 |
| 250 | – 9 | – 7 |
| 500 | – 6 | – 6 |
| 1.000 | – 6 | – 9 |
| 2.000 | – 7 | – 12 |
| 4.000 | – 12 | – 18 |
| 8.000 | – 20 | – 27 |

*Fonte:* Exército, Força Aérea e Marinha dos Estados Unidos (1983), *Noise and vibration control for mechanical equipment*, citado por [4] Bies e Hansen.

# 8 – Fontes sonoras

**TABELA 8.23 Níveis de potência sonora em bandas de oitava de motores elétricos grandes[(*)]**

| Frequência central da banda de oitava (Hz) | Rotação (rpm) | | | | |
|---|---|---|---|---|---|
| | 1.800 e 3.600 | 1.200 | 900 | 720 e abaixo | 250 e 400 (vertical) |
| 31,5 | 94 | 88 | 88 | 88 | 86 |
| 63 | 96 | 90 | 90 | 90 | 87 |
| 125 | 98 | 92 | 92 | 92 | 88 |
| 250 | 98 | 93 | 93 | 93 | 88 |
| 500 | 98 | 93 | 93 | 93 | 88 |
| 1.000 | 98 | 93 | 96 | 98 | 98 |
| 2.000 | 98 | 98 | 96 | 92 | 88 |
| 4.000 | 95 | 88 | 88 | 83 | 78 |
| 8.000 | 88 | 81 | 81 | 75 | 68 |

[(*)]Níveis aplicáveis a motores de indução com potência na faixa de 750 a 4.000 kW. Inclusive para motores à prova de respingos e motores do tipo P-1 e WP-2 enclausurados (na ausência de especificação de desempenho acústico fornecida pelo cliente).
*Fonte:* Edison Electric Institute (1978), *Electric power plant environmental noise guide*, citado por [4] Bies e Hansen.

## RUÍDO DE MOTORES ELÉTRICOS GRANDES (ACIMA DE 300 kW)

A Tab. 8.23 lista os níveis de potência sonora irradiado por motores elétricos com potência na faixa de 750 a 4.000 kW. No caso de motores especiais de baixa rotação, os níveis de potência sonora poderão estar até 5 dB abaixo daqueles listados na tabela, e até 15 dB acima, no caso de motores de alta rotação. Para motores com potência acima de 4.000 kW, acrescentar 3 dB aos níveis de potência sonora tabelados. Para motores com potência na faixa de 300 a 750 kW, subtrair 3 dB dos níveis de potência sonora da tabela.

## 8.17 RUÍDO DE GERADORES ELÉTRICOS

O nível de potência sonora total irradiado por geradores elétricos (sem o sistema de acionamento) pode ser estimado por meio da fórmula

$$L_W = 10 \log MW + 6{,}6 \log RPM + 48 \text{ dB}. \qquad (8.107)$$

Os níveis de potência sonora em bandas de oitava poderão ser obtidos aplicando-se, ao nível de potência sonora total estimado com a fórmula acima, as correções listadas na Tab. 8.24.

**TABELA 8.24 Correções do nível de potência sonora total, para obtenção dos níveis de potência sonora em bandas de oitava do ruído de geradores elétricos**

| Frequência central da banda de oitava (Hz) | Correção (dB) |
|---|---|
| 31,5 | – 11 |
| 63 | – 8 |
| 125 | – 7 |
| 250 | – 7 |
| 500 | – 7 |
| 1.000 | – 9 |
| 2.000 | – 11 |
| 4.000 | – 14 |
| 8.000 | – 19 |

*Fonte:* Exército, Força Aérea e Marinha dos Estados Unidos (1983), *Noise and vibration control for mechanical equipment*, citado por [4] Bies e Hansen.

## 8.18 RUÍDO DE TRANSFORMADORES ELÉTRICOS

O nível de potência sonora em bandas de oitava irradiado por transformadores elétricos poderá ser obtido por meio da seguinte expressão

$$L_W = N_R + 10 \log S + C, \tag{8.108}$$

sendo $N_R$ a classificação Nema (National Electrical Manufacturers Association, 1980) relativa à geração de ruído; $S$ é a área total das quatro faces laterais do transformador (em m$^2$); e $C$ é a correção listada na Tab. 8.25.

A classificação $N_R$ da Nema é a média da pressão sonora medida ao redor do transformador à distância de 0,35 m. Geralmente, a $N_R$ é fornecida pelo fabricante do transformador.

| Frequência central da banda de oitava (Hz) | Correção C (dB) | | |
|---|---|---|---|
| | Local 1[b] | Local 2[c] | Local 3[d] |
| 31,5 | − 1 | − 1 | − 1 |
| 63 | 5 | 8 | 8 |
| 125 | 7 | 12 | 13 |
| 250 | 2 | 8 | 12 |
| 500 | 2 | 8 | 12 |
| 1.000 | − 4 | − 1 | 6 |
| 2.000 | − 9 | − 9 | 1 |
| 4.000 | − 14 | − 14 | − 4 |
| 8.000 | − 21 | − 21 | − 11 |

TABELA 8.25 Correções C da Eq. (8.108)[a]

[a]Para transformadores em óleo, os valores de $C$ são elevados, e baixos para transformadores em ar. Consultar as especificações do fabricante.
[b]Ao ar-livre, ou internamente a salas grandes com grande número de equipamentos mecânicos.
[c]Internamente a salas pequenas, ou em salas grandes com pequeno número de equipamentos.
[d]Em qualquer local crítico em que haja problemas quando o transformador gera ruído acima da classificação Nema após a instalação.
*Fonte:* Exército, Força Aérea e Marinha dos Estados Unidos (1983), *Noise and vibration control for mechanical equipment*, citado por [4] Bies e Hansen.

## Exemplo 8.6

Determinar os níveis de potência sonora em bandas de oitava de um transformador em óleo, com potência de 40 MVA e tensão de 138 kV, 80 m² de superfície equivalente, e que tem uma classificação Nema de 74 dB($A$). O transformador operará ao ar-livre em uma subestação de energia elétrica.

- Inserir $N_R$ = 74 dB(A) , S = 80 m² na Eq. (8.108): $L_W$ = $N_R$ + 10 log S + C dB, obtendo-se: $L_W$ = 74 + 10 log 80 + C dB = 93 + C dB.

- Construir a tabela abaixo, a partir dos valores de C listados na Tab. 8.25, para Local 1, tendo em vista que o transformador operará ao ar-livre.

**Tabela Exemplo 8.6** Cálculo dos níveis de potência sonora em bandas de oitava do ruído do transformador

| Grandeza | Frequência central da banda de oitava (Hz) | | | | | | | | |
|---|---|---|---|---|---|---|---|---|---|
| | 31,5 | 63 | 125 | 250 | 500 | 1.000 | 2.000 | 4.000 | 8.000 |
| $C$ (dB) | –1 | 5 | 7 | 2 | 2 | –4 | –9 | –14 | –21 |
| $L_W$ (dB) | 92 | 98 | 100 | 95 | 95 | 89 | 84 | 79 | 72 |

# 8.19 RUÍDO DE ENGRENAGENS

Para as bandas de oitava de 125 Hz e acima, os níveis de pressão sonora à distância de 1 m de caixas de engrenagens poderão ser estimados por meio da seguinte fórmula (*Fonte*: Exército, Força Aérea e Marinha dos Estados Unidos, 1983, *Noise and vibration control for mechanical equipment*, citado por [4] Bies e Hansen)

$$L_p = 4 \log kW + 3 \log RPM + 78 \text{ dB}, \qquad (8.109)$$

sendo kW a potência transmitida pela caixa de engrenagens, e RPM o número de rotações por minuto do eixo mais lento. Os níveis das bandas de oitava de 63 e 31,5 Hz são obtidos subtraindo-se 3 e 6 dB, respectivamente, do nível de pressão sonora estimado com a fórmula acima.

A Eq. (8.109) aplica-se a caixas com engrenagens de dentes retos. No caso de caixas com engrenagens mais silenciosas, do tipo helicoidal ou espinha de peixe, os níveis de pressão sonora poderão estar até 10 dB abaixo dos calculados.

## REFERÊNCIAS

[1] PETERSON, A. P. G; GROSS, E. E., *Handbook of noise measurements*, 8a. ed., General Radio, Inc., Concord, Massachusetts, EUA, 1978.

[2] KINSLER, L. E.; FREY A. R.; COPPENS A. B.; SANDERS, J. V., *Fundamentals of acoustics*, 4a. ed., John Wiley and Sons, Inc., New York, 2000.

[3] AMERICAN SOCIETY OF HEATING AND & REFRIGERATION ENGINEERS – ASHRAE, *Systems handbook* (Cap. 32), 1992.

[4] BIES, D. A.; HANSEN, C. H., *Engineering noise control theory and practice*. E. & F. N. Spon, Londres, 1996.

[5] HOWE, M. S.; BAUMANN, H. D., *Noise of gas flows*, in Beranek, L. L.; Ver, I. (Editors), *Noise and vibration control engineering*, McGraw Hill, New York, 1992.

# 9
# PROPAGAÇÃO SONORA AO AR-LIVRE E RUÍDO AMBIENTAL

A propagação sonora ao ar-livre é normalmente estudada em termos de três componentes: a fonte sonora, a trajetória de transmissão e o receptor. Primeiramente, a fonte emite uma certa potência sonora, gerando um nível sonoro que pode ser medido nas imediações da fonte. A partir daí, o nível sonoro é atenuado à medida que o som se propaga, entre a fonte e o receptor, ao longo de determinada trajetória.

A Fig. 9.1 ilustra os mecanismos mais significativos da atenuação sonora ao ar-livre. O nível sonoro se reduz com a distância, à medida que o som diverge da fonte, a qual poderá ser direcional. A absorção sonora do ar atmosférico atenua o som ao longo de sua trajetória. Reflexões no solo interferem com o som direto, causando atenuação ou, menos frequentemente, amplificação. Áreas densamente arborizadas, barreiras naturais e artificiais conferem atenuação adicional ao som. O espalhamento do som na copa de árvores pode reduzir a eficácia das barreiras. Gradientes verticais de vento e de temperatura refratam ("curvam") as trajetórias sonoras para cima e para baixo, gerando regiões de "sombra" acústica, alterando a interferência com o solo e modificando a efetividade das barreiras.

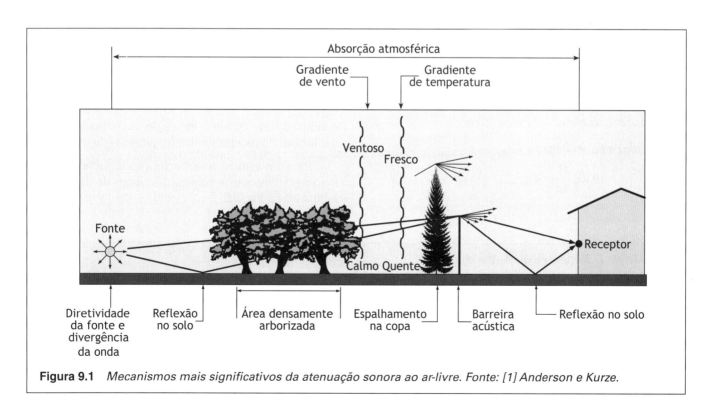

**Figura 9.1** *Mecanismos mais significativos da atenuação sonora ao ar-livre. Fonte: [1] Anderson e Kurze.*

O presente capítulo visa essencialmente fornecer elementos para análise dos mecanismos de atenuação envolvidos na propagação sonora ao ar-livre. Os métodos e os equacionamentos a serem apresentados baseiam-se em modelos físicos simplificados e em medições de campo, estas últimas interpretadas através da teoria aplicável. A atenuação é focalizada no nível sonoro total $A$-ponderado, no qual se pressupõe que o espectro sonoro associado não contenha tons puros evidentes. A incerteza na estimativa do nível sonoro total $A$-ponderado é de ±5 dB, para distâncias fonte-receptor de até 500 m. Embora neste capítulo se discutam níveis sonoros em bandas de oitava e até em bandas mais estreitas, a incerteza a 500 m pode ser de até ±15-20 dB nas bandas individuais.

A atenuação, à medida que o som se propaga a partir da fonte, depende da frequência. Assim, a redução do nível sonoro total $A$-ponderado depende da composição do espectro sonoro. As equações apresentadas neste capítulo para obtenção do nível sonoro total $A$-ponderado se aplicam a fontes cujo espectro seja similar (com tolerância de ±5 dB) àquele que consta do Quadro 9.1. Esse espectro é típico de motores diesel com silenciador, tráfego rodoviário, ferroviário e aéreo, sons impulsivos como os de arma de fogo, e de muitas fontes externas de ruído industrial. Esse espectro sonoro será aqui denominado *espectro de fonte típica*. Os valores lançados no Quadro 9.1 referem-se à diferença do nível sonoro da banda de oitava sob consideração e o nível sonoro total A-ponderado, ambos relativos à fonte sonora em questão.

## 9.1 EQUAÇÃO BÁSICA DA PROPAGAÇÃO SONORA AO AR-LIVRE

A Eq. (8.2), acrescida de duas parcelas, fornece a equação básica da propagação sonora ao ar-livre:

$$L_p\left(r,\theta\right) = L_W - 20 \log r + DI_\theta -$$

$$-10 \log \frac{\Omega}{4\pi} - A_{\text{combinada}} - 11 \text{ dB}. \qquad (9.1)$$

Aqui, $\Omega$ é o ângulo sólido disponibilizado para a fonte para livre propagação, e $A_{\text{combinada}}$, é a combinação de todos os mecanismos significativos de atenuação sonora entre a fonte e o receptor.

## DIVERGÊNCIA DA ONDA, DIRETIVIDADE DA FONTE E GRANDES SUPERFÍCIES

Com relação à divergência da onda, a Eq. (9.1) indica que o nível sonoro de uma fonte pontual sofre redução de 6 dB quando a distância fonte-receptor ($r$) é duplicada; havendo uma queda de 20 dB quando essa distância é aumentada por um fator 10.

Para fontes sonoras de tráfego rodoviário (e muitas outras), costuma-se omitir $DI_\theta$ da Eq. (9.1) por duas razões. A primeira é que a diretividade de tais fontes é minimizada por: a) múltiplas reflexões e espalhamento sonoro provocado por superfícies e obstáculos próximos; b) espalhamento sonoro devido a turbulências atmosféricas; e c) múltiplas fontes que assumem diferentes posições angulares em dado instante – por exemplo, quando os veículos estão enfileirados em uma via de tráfego. A segunda razão é que um índice de diretividade positivo numa determinada banda de frequências pode ser compensado por um índice negativo em outra banda, quando essas bandas são combinadas na determinação do nível sonoro total $A$-ponderado.

No entanto, duas fontes móveis para as quais não se pode ignorar a diretividade são os aviões a jato e a interação entre os rodantes de trens com as linhas férreas. O ruído de turbinas de aviões a jato é altamente direcional, para o espaço anterior, nas altas frequências, e, para o espaço posterior, nas baixas frequências. O ruído provocado pela interação dos rodantes de trens com a linha férrea é altamente direcional perpendicularmente à linha, nas altas frequências. A determinação dos níveis sonoros nessas condições deve incluir o índice de diretividade da fonte na direção do receptor e nas frequências de interesse.

Para fontes fixas na cobertura ou na fachada de edifícios, poderão ser utilizados os índices de diretividade indicados na Fig. 9.2.

| QUADRO 9.1  Espectro de fonte típica | | | | | | | | |
|---|---|---|---|---|---|---|---|---|
| Frequência central da banda de oitava (Hz) | 63 | 125 | 250 | 500 | 1.000 | 2.000 | 4.000 | 8.000 |
| $L_p$ (oitava) $- L_A$ (dB) | –2 (±5) | +1 (±5) | –1 (±5) | –3 (±5) | –5 (±5) | –8 (±5) | –12 (±5) | –23 (±5) |

*Fonte:* [1] Anderson e Kurze.

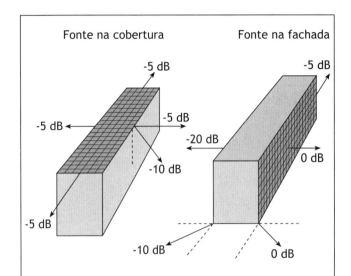

**Figura 9.2** *Índices de diretividade aproximados para fontes na cobertura e na fachada de edificações, ou para o som que emana de aberturas na cobertura/fachada de edificações. Fonte: [1] Anderson e Kurze.*

Quando da existência de grandes superfícies próximas da fonte, o termo na Eq. (9.1) que leva em consideração o ângulo sólido para livre propagação [$-10 \log (\Omega/4\pi)$] é uma aproximação de banda larga, para os efeitos de uma complexa interação entre o som direto e o refletido pelas superfícies. Essa aproximação baseia-se essencialmente no fato de grandes superfícies impedirem a propagação sonora nas direções por elas afetadas e, assim, a energia sonora se concentra nas direções de propagação não obstruídas.

Por exemplo, quando uma fonte está no solo ou próxima dele, a energia sonora que se propagaria para baixo é refletida para cima, resultando numa duplicação da energia sonora que estaria se propagando para cima, caso a fonte sonora estivesse longe do solo. Nesse caso, a energia sonora estará concentrada no ângulo sólido $2\pi$ (semiespaço), que é a metade do ângulo sólido $4\pi$ (espaço em torno de um ponto). Assim, o termo que leva em consideração o ângulo sólido é escrito $-10 \log (2\pi/4\pi)$, igual a +3 dB. Já para uma fonte situada próxima ao solo e a uma fachada vertical de edificação, o termo do ângulo sólido fica $-10 \log (\pi/4\pi)$, igual a +6 dB. Nessas situações deve-se omitir $DI_\theta$ da Eq. (9.1).

## APROXIMAÇÃO DE FONTES SONORAS COMO FONTES PONTUAIS

A utilização da Eq. (9.1) pressupõe que a fonte sonora é pontual, quer ela seja bem localizada ou grande, fixa ou móvel. Uma fonte pontual é aquela que (1) tem dimensões menores que metade da distância fonte-receptor, e (2) as condições de propagação de diferentes partes da fonte até o receptor são essencialmente as mesmas.

Fontes muito grandes que não satisfazem essas duas condições devem ser subdivididas em fontes elementares, cada uma satisfazendo as condições de fonte pontual. O nível sonoro de cada fonte elementar, $[L_p(r)]_{S_i}$, é obtido por meio da Eq. (9.1), sendo o nível sonoro combinado, $[L_p]_{\text{combinado}}$, obtido através da soma logarítmica usual

$$\left[L_p\right]_{\text{combinado}} = 10 \log \sum_{i=1}^{N} 10^{\left[L_p(r)\right]_{S_i}/10}. \qquad (9.2)$$

Fontes sonoras pontuais típicas incluem: máquinas e equipamentos mecânicos ou seus componentes específicos, sirenes, descarga de gases e vapores na atmosfera, uma carregadeira, quando confinada em área específica de operação, um grupo localizado e bem definido de equipamentos de construção civil e equipamentos industriais, uma porção de tubulação que irradie ruído etc. Em geral as fontes pontuais são mutuamente incoerentes, conforme discutido na Sec. 3.5. Do contrário (caso dos transformadores elétricos), a interferência dos sons irradiados pelas diversas faces do equipamento podem originar situações complexas, cuja análise foge aos objetivos deste capítulo.

## Exemplo 9.1

A Fig. Ex. 9.1 ilustra uma residência vizinha a uma subestação transformadora de energia elétrica. Essa residência está sujeita ao ruído gerado por dois grandes transformadores. Um com potência de 40 MVA e tensão de 138 kV, e outro com potência de 60 MVA e tensão de 88 kV. Os níveis de potência sonora em bandas de oitava do transformador de 40 MVA/138 kV foram calculados no Ex. 8.6. Os níveis de potência sonora do transformador de 60 MVA/88 kV são maiores nas bandas de oitava de 1, 2 e 4 kHz, devido ao seu sistema de ventilação forçada. Nessas bandas, os níveis de potência sonora do transformador de 60 MVA/88 kV são 4, 3 e 2 dB maiores do que do transformador de 40 MVA/138 kV, nas respectivas bandas. Considerando apenas os efeitos da divergência da onda e da presença do solo próximo aos transformadores, determinar o nível de ruído total $A$-ponderado na residência, assumindo-se que os transformadores podem ser modelados, em primeira aproximação, como fontes sonoras mutuamente incoerentes.

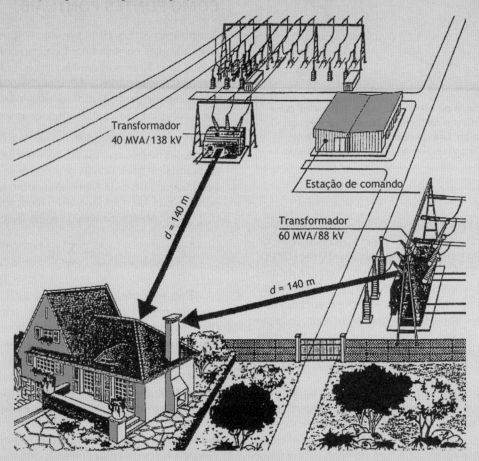

**Figura Exemplo 9.1**  *Residência próxima a uma subestação transformadora de energia elétrica. Determinar o nível de ruído devido aos transformadores.*

Tratando os transformadores como fontes sonoras pontuais e levando-se em consideração apenas os efeitos da divergência da onda e da presença do solo próximo aos transformadores, a Eq. (9.1) reduz-se a

$$L_p(r, \theta) = L_W - 20 \log r + DI_\theta - 10 \log \frac{\Omega}{4\pi} - 11 \text{ dB}.$$

Considerando, ainda, os transformadores como fontes sonoras omnidirecionais, temos que $DI_\theta = 0$ dB. Como, devido à presença do solo próximo aos transformadores, se trata de radiação hemisférica, o ângulo sólido para livre propagação é igual a $2\pi$ ($\Omega = 2\pi$). A distância entre cada transformador e a residência é a mesma, 140 m. Assim, temos que:

$$L_p(r = 140 \text{ m}) = L_W - 20 \log 140 + 0 - 10 \log \frac{2\pi}{4\pi} - 11 \text{ dB} = L_W - 43 + 0 + 3 - 11 = L_W - 51 \text{ dB}.$$

Constam da Tab. Ex. 9.1, em bandas de oitava, os níveis de potência sonora dos transformadores, o nível de pressão sonora que cada transformador gera na residência e os respectivos níveis sonoros $A$-ponderados.

| **Tabela Exemplo 9.1** Cálculo do nível de ruído causado por dois transformadores, em residência vizinha a uma subestação de energia elétrica | | | | | | | | | |
|---|---|---|---|---|---|---|---|---|---|
| **Grandeza** | | **Frequência central da banda de oitava (Hz)** | | | | | | | |
| | | **31,5** | **63** | **125** | **250** | **500** | **1.000** | **2.000** | **4.000** | **8.000** |

| | | 31,5 | 63 | 125 | 250 | 500 | 1.000 | 2.000 | 4.000 | 8.000 |
|---|---|---|---|---|---|---|---|---|---|---|
| **Transformador de 40 MVA/138 kV** | $L_W$ (dB) (do Ex. 8.6) | 92 | 98 | 100 | 95 | 95 | 89 | 84 | 79 | 72 |
| | $L_p$ ($r$ = 140 m) (dB) | 41 | 47 | 48 | 44 | 44 | 38 | 33 | 28 | 21 |
| | Ganho do filtro $A$ (dB) | –39,4 | –26,2 | –16,1 | –8,6 | –3,2 | 0 | 1,2 | 1,0 | –1,1 |
| | $L_A$ [dB($A$)] | 1,6 | 20,8 | 32,9 | 35,4 | 40,8 | 38 | 24,2 | 29 | 19,9 |

$$L_{A_{\text{transf.1}}} = 44\ \text{dB}(A)$$

| | | 31,5 | 63 | 125 | 250 | 500 | 1.000 | 2.000 | 4.000 | 8.000 |
|---|---|---|---|---|---|---|---|---|---|---|
| **Transformador de 60 MVA/88 kV** | $L_W$ (dB) | 92 | 98 | 100 | 95 | 95 | 93 | 87 | 81 | 72 |
| | $L_p$ ($r$ = 140 m) (dB) | 41 | 47 | 49 | 44 | 44 | 42 | 36 | 30 | 21 |
| | Ganho do filtro $A$ (dB) | –39,4 | –26,2 | –16,1 | –8,6 | –3,2 | 0 | 1,2 | 1,0 | –1,1 |
| | $L_A$ [dB($A$)] | 1,6 | 20,8 | 32,9 | 35,4 | 40,8 | 42 | 37,2 | 31 | 19,9 |

$$L_{A_{\text{transf.2}}} = 46\ \text{dB}(A)$$

A partir do nível de ruído que cada transformador gera na residência, o nível de ruído total $A$-ponderado será dado pela Eq. (9.2), ou seja:

$$\left[L_p\right]_{\text{combinado}} = 10 \log \sum_{i=1}^{N} 10^{\left[L_p(r)\right]_{Si}/10} = 10\ \log\left[10^{44/10} + 10^{46/10}\right] \cong 48\ \text{dB}(A).$$

## 9.2 PRINCIPAIS MECANISMOS DE ATENUAÇÃO SONORA AO AR-LIVRE

O Quadro 9.2 resume os principais mecanismos de atenuação sonora ao ar-livre, indicando sob que condições cada um deles é mais significativo. O quadro não inclui os efeitos da neblina, precipitação e turbulência atmosférica, por serem pouco significativos. Os principais mecanismos de atenuação sonora serão discutidos nas próximas seções deste capítulo.

## 9.3 ATENUAÇÃO SONORA DO AR ATMOSFÉRICO

Durante a propagação, o som é absorvido pelo ar atmosférico. Essa atenuação se deve a dois processos, o macroscópico e o microscópico. No processo macroscópico, a energia é extraída da onda sonora por condução de calor e pelo atrito viscoso entre as partículas do ar. No ar, a absorção associada com a condução de calor é menor do que aquela associada ao atrito viscoso. A absorção causada por esses dois mecanismos é denominada de *clássica*. Pode-se mostrar que a absorção clássica é proporcional ao quadrado da frequência do som [2].

No processo microscópico, a absorção se deve à *relaxação térmica molecular*. Cada molécula do fluido possui energia cinética translacional, energia cinética rotacional e energia de vibração interna. Quando o fluido não se encontra em equilíbrio interno (quando da passagem

## 9 – Propagação sonora ao ar-livre e ruído ambiental

**QUADRO 9.2  Principais mecanismos de atenuação sonora ao ar-livre**

| Mecanismo | Seção | Descrição sucinta | Atenuação aproximada de 5 dB | | |
|---|---|---|---|---|---|
| | | | Condições | À distância de | |
| Absorção do ar | 9.3 | Absorção sonora do ar atmosférico. | A 10 °C e 70% de umidade relativa. | 800 m | A |
| | | | | 1.500 m em 500 Hz 250 m em 4 kHz | Oitava |
| Solo macio | 9.4 | Interferência (quase sempre destrutiva) entre o som direto e o refletido sobre solo acusticamente "macio". | Para alturas da fonte e do receptor da ordem de 1.2 m. | 85 m | A |
| | | | | 10 m em 250 e 500 Hz 50 m em 125 e 1.000 Hz Não há em 63 e 2.000 Hz | Oitava |
| Barreira | 9.5 | Atenuação provocada por uma barreira acústica entre a fonte e o receptor, combinada com uma atenuação adicional de solo acusticamente "macio". | Quando o receptor encontra-se na sombra acústica gerada pela barreira, em temperaturas normais e sem vento. | Todas | — |
| Edificações | 9.6 | Atenuação provocada por edificações entre a fonte e o receptor. | Com uma fileira de edificações com aproximadamente 25% de abertura. | Todas | — |
| Vegetação densa | 9.7 | Atenuação provocada por vegetação densa entre a fonte e o receptor. | Áreas com muitas árvores e vegetação densa no solo. | 30 m | A |
| | | | | 100 m em 500 Hz 50 m em 4.000 Hz | Oitava |
| Reverberação urbana | 9.8 | Amplificação sonora devida a múltiplas reflexões em desfiladeiros urbanos. | Com edificações de no mínimo 10 m de altura em ambos os lados da rua. | — | — |
| Vento e temperatura | 9.9 | Alteração da atenuação do solo e/ou da barreira, ou criação de sombras acústicas causadas por gradientes verticais de temperatura e de ventos. | Em dias ensolarados, para alturas da fonte e do receptor da ordem de 1,2 m. | 150 m | A |
| | | | | 150 m em 500 Hz 50 m em 4.000 Hz | Oitava |

*Observações:*
Omitem-se atenuações causadas por neblina, precipitação e turbulência atmosférica, por não serem geralmente significativas.
*A* refere-se a níveis sonoros *A*-ponderados para espectro de fonte típica.
Omitem-se os efeitos da divergência da onda, da diretividade da fonte e de grandes superfícies refletoras próximas à fonte, por já terem sido abordados anteriormente.
*Fonte:* [1] Anderson e Kurze.

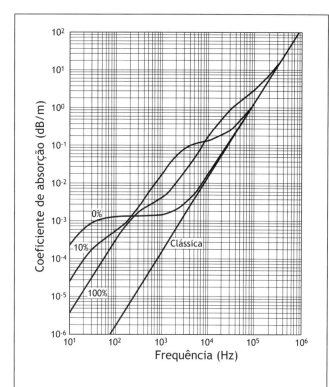

**Figura 9.3** *Atenuação sonora no ar atmosférico a 20 °C e 1 atm para três valores de umidade relativa. Fonte: [2] Kinsler et al.*

da onda sonora, no caso), há uma tendência de a energia ser redistribuída entre esses modos energéticos. O ar atmosférico é um gás poliatômico, formado por oxigênio e hidrogênio molecular, traços de outros gases, inclusive vapor de água, e dióxido de carbono. O vapor de água não contribui com mecanismos de absorção sonora adicionais, mas as partículas de água agem como inibidores das colisões moleculares, reduzindo a transferência de energia cinética translacional e rotacional para energia vibratória (e vice-versa), das partículas dos gases componentes.

A Fig. 9.3 apresenta a atenuação sonora do ar atmosférico em função da frequência, para três valores de umidade relativa. O considerável aumento da absorção com relação à absorção clássica para todas as frequências abaixo de 100 kHz é uma consequência da relaxação térmica molecular. Essa absorção adicional aumenta rapidamente com a temperatura.

## ATENUAÇÃO DOS NÍVEIS SONOROS A-PONDERADOS

A Fig. 9.4 fornece a distância fonte-receptor necessária para os primeiros 3 dB de redução nos níveis sonoros A-ponderados, causada pela absorção do ar atmosférico. Tal atenuação é para o espectro de fonte típica. Após os primeiros 3 dB de absorção atmosférica, o nível sonoro A-ponderado se reduz menos com a distância, pois a energia sonora de alta frequência foi parcialmente removida do espectro. Assim, as distâncias para atenuações adicionais de 3 dB são maiores do que as indicadas na Fig. 9.4.

## ATENUAÇÃO DOS NÍVEIS SONOROS DE TONS PUROS E DE BANDAS DE OITAVA

O cálculo da atenuação de tons puros pela atmosfera encontra-se normalizado pela norma ANSI S1.26-1995 (R2004) [3]. À temperatura de 10 °C e 70% de umidade relativa, a atenuação de tons puros é calculada pela fórmula

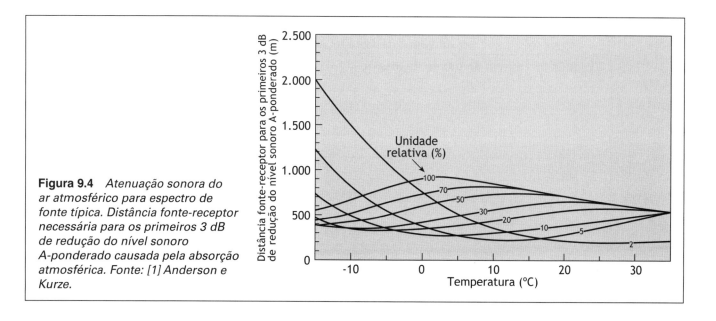

**Figura 9.4** *Atenuação sonora do ar atmosférico para espectro de fonte típica. Distância fonte-receptor necessária para os primeiros 3 dB de redução do nível sonoro A-ponderado causada pela absorção atmosférica. Fonte: [1] Anderson e Kurze.*

## Exemplo 9.2

A Fig. Ex. 9.2 ilustra um possível problema de poluição sonora ambiental, em que a descarga de vapor de água, a uma altura de 30 m, de uma planta petroquímica na atmosfera, poderá perturbar a comunidade que habita seu entorno. A comunidade é representada por uma residência distante 700 m da descarga. O jato de alta velocidade gera níveis de potência sonora em bandas de oitava conforme a Tab. (1) Ex. 9.2. Determinar o nível sonoro total $A$-ponderado na residência, sabendo-se que a atmosfera encontra-se quiescente, à temperatura de 25 °C, e umidade relativa de 50%. Discutir o resultado relativamente à NBR 10151.

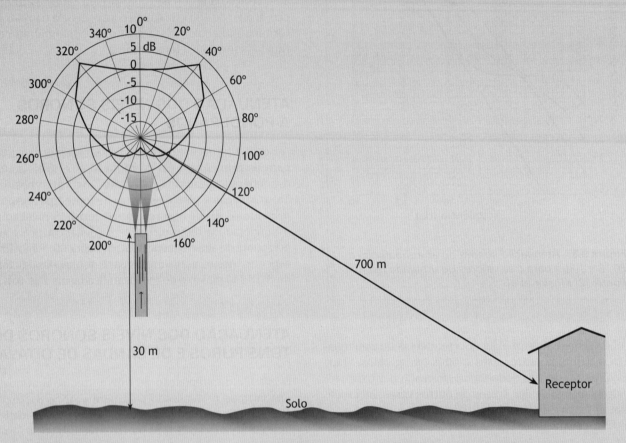

**Figura Exemplo 9.2** *Vapor de água descarregando na atmosfera com diagrama polar de índices de diretividade.*

| Tabela (1) Exemplo 9.2 Níveis de potência sonora do ruído gerado pela descarga de vapor de água na atmosfera ||
|---|---|
| **Frequência central da banda de oitava (Hz)** | $L_{W_b}$ **(dB)** |
| 31,5 | 101 |
| 63 | 116 |
| 125 | 118 |
| 250 | 114 |
| 500 | 116 |
| 1.000 | 113 |
| 2.000 | 111 |
| 4.000 | 103 |
| 8.000 | 98 |

## 9.3 – Atenuação sonora do ar atmosférico — 209

Aplica-se a equação básica da propagação sonora ao ar-livre (Eq. 9.1):

$$L_p(r,\theta) = L_W - 20 \log r + DI_\theta - 10 \log \frac{\Omega}{4\pi} - A_{\text{combinada}} - 11 \text{ dB}.$$

Aqui, $r = 700$ m, $\Omega = 4\pi$ (fonte sonora longe do solo a 30 m de altura); assim, o nível sonoro para cada banda de oitava será dado por:

$$L_{p_b}(r = 700 \text{ m},\theta) = L_{W_b} - 20 \log 700 + DI_\theta - 10 \log \frac{4\pi}{4\pi} - A_{\text{combinada}} - 11 \text{ dB},$$

$$L_{p_b}(r = 700 \text{ m},\theta) = L_{W_b} - 57 + DI_\theta - 0 - A_{\text{combinada}} - 11 \text{ dB},$$

$$L_{p_b}(r = 700 \text{ m},\theta) = L_{W_b} + DI_\theta - A_{\text{combinada}} - 68 \text{ dB}.$$

O diagrama polar de índices de diretividade é para o ruído total gerado pela descarga. Aqui, $A_{\text{combinada}}$ se deve exclusivamente à atenuação do ar atmosférico, fornecida na Fig. 9.4 para o nível sonoro total $A$-ponderado. Determinemos então, inicialmente, o nível sonoro em bandas de oitava considerando apenas o efeito da divergência da onda para, em seguida, determinar o nível sonoro total $A$-ponderado, omitindo portanto $DI_\theta - A_{\text{combinada}}$ da fórmula anterior, resultando em:

$$L_{p_b}(r = 700 \text{ m}, \theta) = L_{W_b} - 68 \text{ dB, sendo } L_{W_b} \text{ fornecido pela Tab. (1) Ex. 9.2.}$$

A Tab. (2) Ex. 9.2 apresenta os resultados dos cálculos realizados na determinação do nível sonoro total $A$-ponderado.

**Tabela (2) Exemplo 9.2  Cálculo do nível sonoro total A-ponderado devido à divergência da onda**

| Frequência central da banda de oitava (Hz) | $L_{W_b}$ (dB) [Tab.(1) Ex.9.2] | $L_{p_b}$ (r = 700 m) (dB) | Ganho do filtro $A$ (dB) | $L_{p_{b_A}}$ [dB(A)] |
|---|---|---|---|---|
| 31,5 | 101 | 33 | –39,4 | - |
| 63 | 116 | 48 | – 26,2 | 21,8 |
| 125 | 118 | 50 | –16,1 | 33,9 |
| 250 | 114 | 46 | – 8,6 | 37,4 |
| 500 | 116 | 48 | – 3,2 | 44,8 |
| 1.000 | 113 | 45 | 0 | 45 |
| 2.000 | 111 | 43 | 1,2 | 44,2 |
| 4.000 | 103 | 35 | 1,0 | 36 |
| 8.000 | 98 | 30 | – 1,1 | 28,9 |
| **Nível sonoro total A-ponderado** | | | | **50 dB(A)** |

Observar, na Tab. (3) Ex. 9.2, que o espectro do ruído da descarga de vapor de água é similar (com tolerância de ± 5 dB) ao espectro de fonte típica do Quadro 9.1. Essa similaridade é necessária para validade do modelo aqui utilizado.

**Tabela (3) Exemplo 9.2  Comparação do espectro do ruído da descarga de vapor de água com o espectro de fonte típica**

| Banda de oitava (Hz) | 63 | 125 | 250 | 500 | 1.000 | 2.000 | 4.000 | 8.000 |
|---|---|---|---|---|---|---|---|---|
| $L_p$ (oitava) $- L_A$ (dB) (Quadro 9.1) | –2 (±5) | + 1 (±5) | –1 (±5) | –3 (±5) | –5 (±5) | –8 (±5) | –12 (±5) | –23 (±5) |
| $L_p$ (oitava) $- L_A$ (total), (dB) (Tab. (2) Ex. 9.2) | – 2 | 0 | –4 | –2 | –5 | –7 | –15 | –20 |

Aqui, $A_{combinada}$ = atenuação do ar atmosférico. Para o espectro de fonte típica e para a temperatura e umidade relativa fornecidas, a distância para os primeiros 3 dB de redução do nível sonoro A-ponderado está em torno de 700 m, conforme gráfico de atenuação do ar atmosférico (Fig. 9.4).

Para $\theta = 120°$, o diagrama polar de índices de diretividade da Fig. Ex. 9.2 fornece: $DI_\theta \cong -12$ dB.

Logo, o nível sonoro total A-ponderado no receptor será:

50 – 12 – 3 = 35 dB(A)

A NBR 10151 estabelece o NCA de 70 e 60 dB(A) para o período diurno e noturno, respectivamente, em área predominantemente industrial. O nível de ruído gerado pela descarga de vapor na atmosfera está, portanto, bem abaixo dos limites estabelecidos pela NBR 10151.

$$A_{atm,f} = \frac{r}{1.000 \text{ m}}\left[0,6 + 1,6\left(\frac{f}{1 \text{ kHz}}\right) + 1,4\left(\frac{f}{1 \text{ kHz}}\right)^2\right]\text{dB}, \quad (9.3)$$

em que $A_{atm,f}$ é a atenuação do tom puro na frequência $f$ (em kHz), à distância $r$ (em m).

A expressão que se segue poderá ser utilizada para o cálculo da atenuação dos níveis sonoros em bandas de oitava:

$$A_{atm, banda} = \frac{r}{1.000 \text{ m}}\left[0,2 + 3,6\left(\frac{f_c}{1 \text{ kHz}}\right) + 0,36\left(\frac{f_c}{1 \text{ kHz}}\right)^2\right]\text{dB}, \quad (9.4)$$

sendo $A_{atm, banda}$ a atenuação da banda de oitava de frequência central $f_c$ (em kHz), à distancia $r$ (em m).

## 9.4 ATENUAÇÃO SONORA DO SOLO

Conforme ilustra a Fig. 9.5, a reflexão no solo gera um raio sonoro que interfere com o raio direto, resultando em atenuação ou amplificação do nível sonoro, dependendo das fases das duas ondas. Essa interferência entre as ondas é função da frequência do som, podendo gerar reduções de 20-30 dB (interferência destrutiva em frequências para as quais os dois raios estão defasados 180°), e amplificações de até 6 dB (duplicação da pressão sonora em frequências para as quais os raios estão com a mesma fase).

Para propagações não rasantes, sobre solos acusticamente "duros" (asfalto, terra batida, água, solo inundado, etc.), são observadas diversas regiões no espectro sonoro com interferências destrutivas e construtivas. O resultado é uma amplificação média de aproximadamente 3 dB, em relação ao som direto, tanto dos níveis das bandas de oitava como do nível sonoro total A-ponderado. Essa amplificação de 3 dB, no caso do solo duro, é normalmente levada em consideração no termo relativo ao ângulo sólido para livre propagação, $-10 \log (2\pi/4\pi) = +3$ dB, na equação básica (Eq. 9.1).

Por outro lado, propagações próximas da rasante, sobre solos acusticamente "macios" (com vegetação, terra arada ou aerada, neve ou outros solos "fissurados"), geram inversões de fase da onda refletida, exceto em frequências muito baixas. O resultado é uma significativa atenuação de banda larga do espectro sonoro. Nesta seção, vamos nos concentrar na propagação próxima da rasante sobre solo macio (principalmente solo coberto com vegetação

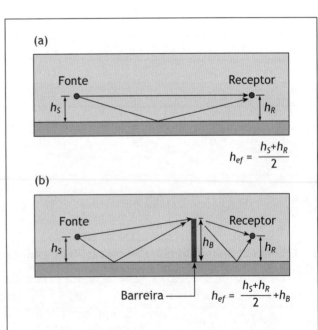

**Figura 9.5** *Parâmetros utilizados no cálculo da atenuação do solo coberto com vegetação. (a) Sem barreira acústica; (b) com barreira acústica. Fonte: [1] Anderson e Kurze.*

e terra arada), relativamente ao referencial de +3 dB do solo duro. Propagações em solos cobertos com neve e solos fissurados não serão abordadas.

## ATENUAÇÃO DOS NÍVEIS SONOROS A-PONDERADOS DE SOLOS MACIOS

Para o som gerado por veículos isolados em rodovias (fonte pontual), a atenuação de solo gramado[1], relativamente ao solo duro [$\Omega = 2\pi$ na Eq. (9.1)], à distância $r$, será dada por

$$A_{\text{grama}} = (10G) \log \left( \frac{r}{15 \text{ m}} \right) \geq 0 \text{ dB}, \qquad (9.5)$$

em que $0 \leq G = 0,75 \left( 1 - \dfrac{h_{ef}}{12,5 \text{ m}} \right) \leq 0,66$, e $h_{ef}$ é a altura efetiva dada por

$$h_{ef} = \begin{cases} \dfrac{1}{2}\left(h_S + h_R\right), \text{ sem barreira interveniente,} \\ \dfrac{1}{2}\left(h_S + h_R\right) + h_B, \text{ com barreira interveniente.} \end{cases}$$

$$\qquad (9.6)$$

Os parâmetros geométricos que aparecem na Eq. (9.6) encontram-se definidos na Fig. 9.5. Observe-se que, no caso de terrenos desnivelados, estes devem ser modelados como planos, devendo os ângulos dos raios sonoros envolvidos na situação real ser reproduzidos no modelo plano.

Somente será computada a atenuação do solo com a Eq. (9.5) para distâncias $r$ superiores a 15 m e com $h_{ef}$ menor que 12,5 m. Adicionalmente, para $h_{ef}$ entre 0 e 1,5 m, o limite superior de $G$ é 0,66, o que gera um valor constante da atenuação do solo para uma dada distância $r$.

Observe-se que, quando da existência de uma barreira acústica entre a fonte e o receptor, ocorre um aumento de $h_{ef}$, com consequente redução da atenuação do solo. Fisicamente, a barreira destrói parte da atenuação do solo macio, pois há um aumento do ângulo de incidência no solo, ocorrendo também (frequentemente) uma redução da trajetória do raio que atinge o receptor diretamente do topo da barreira. Discutiremos mais sobre essa redução de atenuação do solo na Seção 9.5, onde ela será incorporada à atenuação da barreira. Na Seção 9.10, os resultados gerados pela Eq. (9.5) serão comparados com dados experimentais.

Quando as fontes sonoras distribuem-se em linha, como nas vias de transporte rodoviário, a distância de

normalização de 15 m na Eq. (9.5) deve ser substituída por 8,8 m, e por 12,8 m, no caso do ruído gerado pela interação dos rodantes de trens com a linha férrea.

## ATENUAÇÃO DOS NÍVEIS SONOROS DE TONS PUROS DE SOLOS MACIOS

A Fig. 9.6 apresenta atenuações aproximadas de tons puros para solo coberto com vegetação ou terra arada, relativamente à atenuação de solo duro, obtidas através de um modelo teórico de propagação de tons puros. Nas médias frequências, para ângulos $\phi$ e para diferenças de trajetória $r_G - r_0$ suficientemente pequenas, o raio refletido no receptor encontra-se defasado 180° com relação ao direto, resultando em interferência destrutiva. As atenuações podem ser da ordem de 30 a 40 dB. Recomendam-se, no entanto, os limites de atenuação indicados na figura. Nas frequências mais altas, as diferenças de trajetória $r_G - r_0$ deixam de ser pequenas em relação ao comprimento de onda, não ocorrendo interferência destrutiva. Nas baixas frequências, o solo não pode mais ser considerado como suficientemente macio, não ocorrendo a defasagem de 180° do raio refletido com relação ao direto. Consequentemente, não ocorrerá interferência destrutiva nas baixas frequências.

Na Fig. 9.6, observa-se que a atenuação de solos macios é maior para ângulos $\phi$ pequenos (à esquerda), e para diferenças de trajetórias $r_G - r_0$ pequenas (à direita). À medida que a distância fonte-receptor aumenta, tanto $\phi$ como $r_G - r_0$ ficam menores e, consequentemente, a atenuação do solo macio aumenta com o aumento da distância fonte-receptor. Tanto $\phi$ como $r_G - r_0$ também ficam menores quando a fonte ou o receptor aproximam-se do solo e, assim, a atenuação do solo macio aumenta com a redução das alturas da fonte e do receptor.

## FATORES COMPLICADORES

### SOLO ONDULADO

Quando solos macios apresentam-se ondulados, o método para estimativa da atenuação sonora aqui apresentado não poderá ser aplicado, pois a interferência do raio refletido com o direto se torna muito complexa. Nesse caso, recomenda-se a realização de medidas em campo, para determinação da atenuação sonora de solos macios ondulados.

---

[1] Inclui solo com vegetação rasteira.

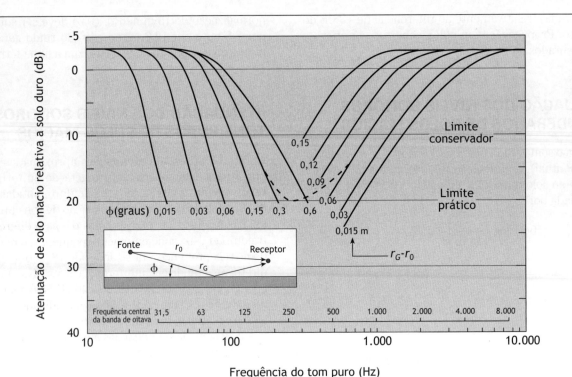

**Figura 9.6** *Valores aproximados de atenuação de tons puros para solos macios, cobertos com vegetação ou com terra arada, relativamente a solo duro [$\Omega = 2\pi$, na Eq. (9.1)]. Usar o ângulo φ para selecionar a curva de baixas frequências; em seguida, usar a diferença de trajetórias $r_G - r_0$ para selecionar a curva de altas frequências; finalmente, fazer a concordância das curvas selecionadas, conforme indica a linha tracejada dada como exemplo. Fonte: [1] Anderson e Kurze.*

### TURBULÊNCIA ATMOSFÉRICA

A atenuação de solos macios frequentemente varia com as condições climáticas devido aos efeitos de turbulência na atmosfera. A turbulência tende a reduzir a atenuação do solo, pois ela torna aleatória a diferença de fases entre o raio direto e o raio refletido. Quando o raio direto e o refletido atravessam regiões com diferentes intensidades de turbulências, a aleatoriedade destrói parcialmente a coerência entre os raios.

Em geral, a coerência entre raios adjacentes é inversamente proporcional à separação entre suas trajetórias, à intensidade da turbulência (que aumenta com a velocidade do vento, sendo também afetada pela temperatura da atmosfera). A coerência entre raios adjacentes é também inversamente proporcional ao quadrado da frequência. Quando se ignora a turbulência, os procedimentos analíticos geralmente superestimam a atenuação conferida por solos acusticamente macios.

## 9.5 ATENUAÇÃO DE BARREIRAS ACÚSTICAS

Uma barreira acústica é qualquer estrutura ou obstáculo que impede a visão da fonte pelo receptor – inclusive o próprio solo quando este se eleva interferindo com a *linha de visão*[2]. No caso de barreiras longas, em que a difração sonora nas bordas laterais da barreira não afeta o nível sonoro no receptor, o som que o atinge é aquele que, a partir da fonte, na frente da barreira, alcança o topo desta, sendo curvado por difração para baixo, a partir da chamada *zona de Fresnel*, localizada sobre o topo da barreira, gerando a zona de *sombra acústica* atrás da barreira.

O som que penetra na zona de sombra tem seu nível reduzido por difração. Essa redução chama-se *atenuação da barreira* ($A_{barreira}$). A presença da barreira deteriora parcialmente a atenuação de solos macios, conforme discutido na seção anterior. A atenuação do nível sonoro por difração, combinada com a redução parcial da ate-

---
[2] Segmento que une a fonte sonora ao receptor.

nuação do solo macio, é denominada *perda na inserção* ("insertion loss", IL) da barreira.

$$\text{IL}_{\text{barreira}} = A_{\text{barreira}} - (\text{redução da atenuação} \\ \text{do solo macio}),$$

$$= A_{\text{barreira}} - \left[ \left( A_{\text{solo}} \right)_{\text{s/barreira}} - \left( A_{\text{solo}} \right)_{\text{c/barreira}} \right]. \qquad (9.7)$$

A atenuação dos níveis sonoros A-ponderados de solos gramados com e sem barreira pode ser estimada por meio da Eq. (9.5). Apresentaremos nesta seção os procedimentos para o cálculo da atenuação da barreira ($A_{\text{barreira}}$), a ser utilizada na Eq. (9.7).

## ATENUAÇÃO DE TONS PUROS

As fórmulas que se seguem, permitem estimar a atenuação de tons puros de barreiras longas, isto é, barreiras onde a difração no topo (e não nas bordas laterais) é que determina a atenuação por elas conferida:

$$A_{\text{barreira}} = \begin{cases} 20 \log \dfrac{\sqrt{2\pi N}}{\tan \sqrt{2\pi N}} + 5 \text{ dB} \geq 0 \\ \quad \text{fora da sombra, (a),} \\ \left( 20 C_1 \right) \log \dfrac{\sqrt{2\pi N}}{\tanh \left( C_2 \sqrt{2\pi N} \right)} + 5 \text{ dB} \leq 20 \\ \quad \text{dentro da sombra, (b),} \end{cases} \qquad (9.8)$$

sendo $N$ o *número de Fresnel*.

Considera-se que o receptor está fora da sombra quando ele é capaz de visualizar a fonte, e dentro dela quando a sua visão da fonte é obstruída pela barreira.

Alternativamente, quando a propagação sonora se dá a favor do vento, pode-se utilizar a seguinte fórmula na estimativa da atenuação da barreira:

$$A_{\text{barreira}} = 10 \log \left[ 3 + (C) \cdot (N) \exp\left( \dfrac{-1}{2.000 \text{ m}} \right. \right. \\ \left. \left. \sqrt{\dfrac{r_{SB} \, r_{BR} \left( d_{SB} + d_{BR} \right)}{2 \left( r_{SB} + r_{BR} - d_{SB} - d_{BR} \right)}} \right) \right] \leq 20 \text{ dB}, \quad (9.9)$$

em que o termo raiz quadrada leva em consideração a propagação sonora a favor do vento.

Os parâmetros que aparecem nas Eqs. (9.8) e (9.9), inclusive o número de Fresnel ($N$), e as constantes $C_1$ e $C_2$ encontram-se todos definidos na Fig. 9.7. Na Eq. (9.9), a constante $C$ é igual a 20 para receptores bem acima do solo, e igual a 10 para receptores próximos de solo refletor. Não é necessário que a barreira seja perpendicular à linha de visão para validade das Eqs. (9.8) e (9.9). O Ex. 9.3 inclui o cálculo de uma barreria cuja linha de visão não é perpendicular à barreira.

A Eq. (9.8) está plotada na Fig. 9.7 para diferentes valores das constantes $C_1$ e $C_2$. Nessa figura, a atenuação da barreira está plotada em função da raiz quadrada do número de Fresnel ($\sqrt{N}$). Essa raiz quadrada é aproximadamente proporcional à altura efetiva da barreira $h_{B',ef}$, que é a altura da barreira acima da linha de visão. Observar, na Fig. 9.7, que a atenuação da barreira aumenta à medida que: (1) a altura efetiva da barreira aumenta e (2) a barreira aproxima-se da fonte ou do receptor.

Em certas situações, duas barreiras sucessivas intervêm entre a fonte e o receptor. A atenuação adicional gerada por tais "barreiras duplas" pode ser estimada multiplicando-se o $N$ da barreira mais eficaz pelo fator $[1+(5 \times \lambda/S)^2]/[1/3+(5 \times \lambda/S)^2]$, onde $\lambda$ é o comprimento de onda e $S$ a distância entre as barreiras. Esse fator limita a atenuação adicional em 5 dB.

## ATENUAÇÃO DOS NÍVEIS SONOROS A-PONDERADOS: SIMPLIFICAÇÃO

As Eqs. (9.8) e (9.9) poderão ser empregadas na estimativa da atenuação dos níveis sonoros A-ponderados, com a utilização da chamada *frequência efetiva da fonte*. Verificou-se que a atenuação do nível sonoro total A-ponderado do espectro de fonte típica, quando calculada banda por banda, é igual à atenuação de tons puros entre 500 e 1.000 Hz. Em outras palavras, reduz-se do nível sonoro total A-ponderado do espectro de fonte típica o valor de atenuação obtido com o número de Fresnel calculado com valores de $\lambda$ na faixa de 0,34 m (1.000 Hz) a 0,68 m (500 Hz).

## FATORES COMPLICADORES

### TRANSMISSÃO SONORA ATRAVÉS DA BARREIRA

Nas Eqs. (9.8) e (9.9) pressupõe-se que a transmissão sonora entre a fonte e o receptor se dá exclusivamente por difração no topo da barreira. Isso significa que a transmissão sonora através da barreira deve ser desprezível quando comparada com a transmissão sonora por difração. Para tanto, a barreira não deve apresentar aberturas na sua face e na região de contacto com o solo. Por intuição, tende-se a subestimar a transmissão sonora em aberturas desse tipo. Na realidade, tal transmissão poderá ser bastante significativa.

Para que a transmissão sonora através da barreira não comprometa o desempenho previsto, recomenda-se que a barreira tenha uma *densidade superficial*[3] de

---

[3] A densidade superficial é a massa por unidade de área da barreira, sendo obtida do produto da densidade do material da barreira (em kg/m³), pela espessura da barreira (em m).

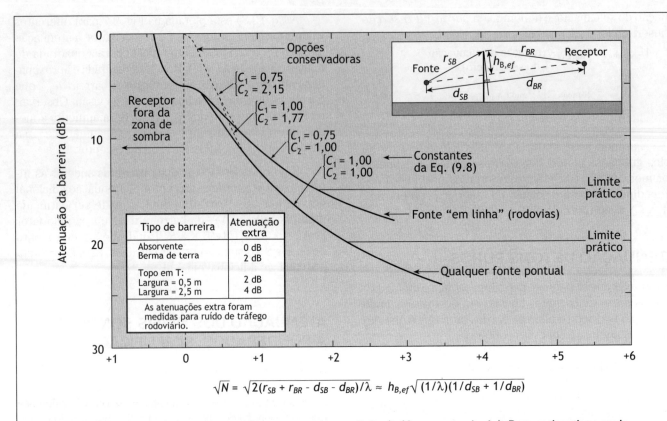

**Figura 9.7** *Atenuação de barreira para fonte pontual e em linha (tráfego em rodovia). Para estimativas mais conservadoras (menor atenuação), utilizar as curvas tracejadas em lugar das curvas sólidas. O número de Fresnel (N) é adimensional, e λ é o comprimento de onda. As constantes $C_1$ e $C_2$ diferem para fonte pontual/linha e, opcionalmente, para estimativas normais ou conservadoras. O destaque superior define os parâmetros geométricos associados à barreira/fonte/receptor. As dimensões que aparecem neste destaque são tomadas num plano vertical que contém a linha de visão. O quadro inferior apresenta a atenuação adicional para algumas características físicas específicas de barreiras. Fonte: [1] Anderson e Kurze.*

20 kg/m², excluindo as estruturas de suporte. Em geral, esse valor é facilmente conseguido com espessuras e materiais necessários para proporcionar a estabilidade mecânica requerida pela barreira. Isso significa que a barreira acústica não requer materiais especiais para proporcionar a atenuação esperada por difração.

## TRANSMISSÃO SONORA PELOS FLANCOS DA BARREIRA

Barreiras em rodovias frequentemente deixam sem proteção áreas próximas às bordas laterais de ambos os lados da barreira. O resultado é a penetração do ruído pelos flancos desta. A Fig. 9.8 apresenta limites aproximados de atenuação, devido à transmissão sonora pelos flancos da barreira. Comparando as Figs. 9.8(a) e (b), verificamos que a transmissão pelos flancos é menor para solos acusticamente macios, e para ruídos gerados nas altas frequências pela interação dos rodantes de trens com a linha férrea.

## TRANSMISSÃO SONORA POR CIMA DA BARREIRA

Três mecanismos que frequentemente espalham som por cima da barreira, reduzindo sua eficácia, são: (1) árvores próximas e com altura superior à da barreira, (2) elementos em edificações próximas e (3) turbulência atmosférica. A redução na atenuação da barreira causada por árvores se dá principalmente nas altas frequências, acima de 2.000 Hz. Esse é um dos fatores que, no caso de fontes pontuais, limita a atenuação de barreiras a 20 dB, conforme indica a Fig. 9.7. A redução na atenuação da barreira causada pelo espalhamento em edificações urbanas é mais séria, pois se dá também nas baixas frequências. Conservadoramente, esse tipo de espalhamento limita a atenuação da barreira em 5-10 dB, quando há uma trajetória clara de espalhamento envolvendo uma edificação próxima. A turbulência atmosférica na presença de ventos geralmente limita a atenuação da barreira em 15-25 dB, mesmo nas situações em que não haja qualquer outro fator prejudicial ao desempenho da barreira.

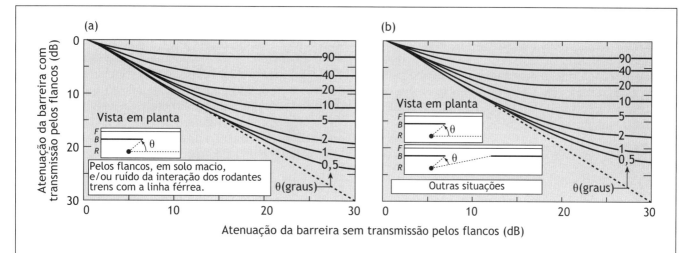

**Figura 9.8** *Decréscimo aproximado na atenuação da barreira para fonte em linha, causado pela transmissão através de uma grande penetração ou pelos flancos da barreira. (a) Para solo macio e/ou no caso do ruído gerado nas altas frequências pela interação dos rodantes de trens com a linha férrea; (b) outras situações. F refere-se à fonte em linha, B à barreira e R ao receptor. Fonte: [1] Anderson e Kurze.*

### EFEITOS DO VENTO

Conforme será discutido adiante, na Sec. 9.9, vento no sentido fonte-receptor pode reduzir a eficácia da barreira, particularmente no caso de barreiras situadas a meia distância. Essa redução é particularmente expressiva quando a barreira está no limiar de obstruir a linha de visão. Para essa condição, $N = 0$ e, conforme indica a Fig. 9.7, a atenuação será de 5 dB na ausência de vento. Mesmo ventos moderados no sentido fonte-receptor podem eliminar essa atenuação.

Existem três métodos para estimativa da redução da atenuação de barreiras causada por ventos. No primeiro método, cada linha de visão é aproximada por um arco circular com raio de curvatura de 3-5 km e com a curvatura voltada para baixo. Esse raio de refração é típico de situações em que a velocidade do vento e a temperatura aumentam, mesmo que moderadamente, com a distância vertical a partir do solo. A linha de visão curvada na ausência da barreira estará mais acima do solo do que a linha de visão reta, o que implicará numa redução da protusão efetiva da barreira e, consequentemente, numa redução da perda na inserção. Na Eq. (9.9), o termo raiz quadrada leva em consideração o efeito do vento no sentido fonte-receptor.

O segundo método para estimativa do efeito do vento envolve modificar o parâmetro $C_2$ na Eq. (9.8). Os valores sugeridos para $C_2$ (2,15 e 1,77) se devem aos efeitos do vento e dependem do tipo de fonte sonora (em linha ou pontual, respectivamente), conforme indica a Fig. 9.7. Esses valores de $C_2$ geram as linhas tracejadas da Fig. 9.7, e fornecem atenuação de 0 dB para linha de visão no limiar de ser obstruída pela barreira ($N = 0$).

O terceiro método de estimativa consiste da utilização de ajustes específicos, que levam em consideração o vento, conforme será discutido na Sec. 9.9.

### REDUÇÃO DA ATENUAÇÃO DA BARREIRA CAUSADA POR REFLEXÕES

Há situações em que existe uma barreira do lado oposto ao da fonte. Quando essa barreira está paralela àquela que se interpõe entre a fonte e o receptor, as múltiplas reflexões sonoras entre as barreiras paralelas produzirão som refletido. A redução da eficácia da barreira interveniente é maior quando o receptor enxerga a barreira oposta por cima da barreira interveniente, sendo que, nesse caso, a redução da atenuação pode ser superior a 5 dB. Também é possível ocorrerem reflexões envolvendo a superfície lateral do comboio de vagões de trens e uma barreira próxima, destinada à proteção contra o ruído gerado pela interação dos rodantes de trens com a linha férrea.

Soluções comumente empregadas para redução das reflexões entre barreiras incluem: (1) aplicação de material fonoabsorvente nas superfícies do lado da fonte, de uma ou ambas barreiras; (2) inclinação de uma ou ambas as barreiras para cima, o que refletirá os raios sonoros para o céu; ou (3) aumento da altura das barreiras. Geralmente, uma inclinação de 10° é suficiente para evitar que os raios refletidos passem muito próximos da borda de difração da barreira oposta, muito embora cada situação deva ser especificamente analisada.

**Exemplo 9.3**

Uma mineradora possui uma instalação de trituração de pedras com dimensões de 50 × 5 × 7,5 m. A principal fonte de ruído dessa instalação é o triturador, que pode ser considerado uma fonte sonora pontual, com centro de emissão sonora conforme indicado no esquema da Fig. Ex. 9.3. Em geral, o triturador opera ininterruptamente, gerando ruído estacionário, com níveis de potência sonora conforme a Tab. (1) Ex. 9.3. Também estão indicados na tabela os índices de diretividade, em bandas de oitava, a 110° com relação ao eixo que passa pelo centro da instalação, que é a direção em que se situa o receptor. Pede-se determinar: (a) o nível de pressão sonora no receptor; (b) o nível de pressão sonora no receptor após a inserção de uma barreira com 8,5 m de altura, na posição indicada no esquema da Fig. Ex. 9.3. Considerar a atmosfera quiescente, à temperatura de 25 °C e umidade relativa de 50%.

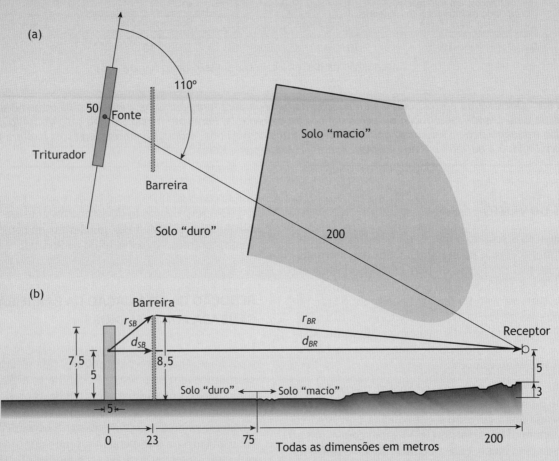

**Figura Exemplo 9.3** *Esquema da instalação de trituração de pedras. (a) Planta; (b) vista em corte por um plano vertical que contém a linha de visão.*

| Tabela (1) Exemplo 9.3 Níveis de potência sonora e índices de diretividade a 110° do ruído gerado pelo triturador de pedras |||
|---|---|---|
| Frequência central da banda de oitava (Hz) | $L_{W_b}$ (dB) | Índice de diretividade a 110° (dB) |
| 63 | 114 | −2 |
| 125 | 116 | −3 |
| 250 | 118 | −1 |
| 500 | 116 | −3 |
| 1.000 | 114 | −3 |
| 2.000 | 113 | −3 |
| 4.000 | 109 | −3 |
| 8.000 | 99 | −1 |

Aplica-se a equação básica da propagação sonora ao ar-livre (Eq. 9.1):

$$L_p(r, \theta) = L_W - 20 \log r + DI_\theta - 10 \log \frac{\Omega}{4\pi} - A_{\text{combinado}} - 11 \text{ dB}.$$

Aqui, $r = 200$ m; $\Omega = 2\pi$ (centro de emissão sonora a 5 m do solo, e que será considerado como fonte "próxima" ao solo); $DI_\theta = DI_{110°}$. Assim, o nível sonoro de cada banda de oitava será dado por:

$$L_{p_b}(r = 200 \text{ m}, \ \theta = 110°) = L_{W_b} - 20 \ \log \ 200 + DI_{110°} - 10 \ \log \ \frac{2\pi}{4\pi} - A_{\text{combinado}} - 11 \text{ dB},$$

$$L_{p_b}(r = 200 \text{ m}, \ \theta = 110°) = L_{W_b} - 46 + DI_{110°} + 3 - A_{\text{combinado}} - 11 \text{ dB}.$$

$$L_{p_b}(r = 200 \text{ m}, \ \theta = 110°) = L_{W_b} + DI_{110°} - A_{\text{combinado}} - 54 \text{ dB}.$$

Aqui, $A_{\text{combinado}}$ se deve à atenuação do ar atmosférico e à atenuação de solo macio (*Caso a*), mais a atenuação da barreira (*Caso b*). Essas atenuações serão calculadas em termos do nível sonoro total $A$-ponderado. Determinemos então, inicialmente, o nível sonoro em bandas de oitava, considerando apenas o efeito de divergência da onda e diretividade da fonte, omitindo portanto $A_{\text{combinado}}$ da fórmula acima para, em seguida, determinar o nível sonoro total $A$-ponderado, considerando as atenuações do ar e do solo.

$$L_{p_b}(r = 200 \text{ m}, \ \theta = 110°) = L_{W_b} + DI_{110°} - 54 \text{ dB}.$$

**Tabela (2) Exemplo 9.3  Determinação do nível sonoro total A-ponderado do ruído do triturador considerando-se apenas o efeito da divergência da onda e a diretividade da fonte**

| Frequência central da banda de oitava (Hz) | $L_{W_b}$ (dB) | $DI_{110°}$ (dB) | $L_{p_b}$ (r=200 m; $\theta$=110°) (dB) | Ganho do filtro $A$ (dB) | $L_{p_b}$ [dB(Å)] |
|---|---|---|---|---|---|
| 63 | 114 | –2 | 58 | –26,2 | 31,8 |
| 125 | 116 | –3 | 59 | –16,1 | 42,9 |
| 250 | 118 | –1 | 63 | – 8,6 | 54,4 |
| 500 | 116 | –3 | 59 | – 3,2 | 55,8 |
| 1.000 | 114 | –3 | 57 | 0 | 57 |
| 2.000 | 113 | –3 | 56 | 1,2 | 57,2 |
| 4.000 | 109 | –3 | 52 | 1,0 | 53 |
| 8.000 | 99 | –1 | 44 | – 1,1 | 42,9 |
| **Nível sonoro total $A$-ponderado** | | | | | **63 dB($A$)** |

Observar, na Tab. (3) Ex. 9.3, que o espectro sonoro do ruído do triturador é similar (até ± 5 dB) ao espectro de fonte típica. Essa similaridade é necessária para validade do modelo aqui utilizado.

**Tabela (3) Exemplo 9.3  Comparação do espectro do ruído do triturador com o espectro de fonte típica**

| Banda de oitava (Hz) | 63 | 125 | 250 | 500 | 1.000 | 2.000 | 4.000 | 8.000 |
|---|---|---|---|---|---|---|---|---|
| $L_p$ (oitava) – $L_A$ (dB) (Quadro 9.1) | –2 (±5) | + 1 (±5) | –1 (±5) | –3 (±5) | –5 (±5) | –8 (±5) | –12 (±5) | –23 (±5) |
| $L_p$ (oitava) – $L_A$ (total), (dB) (Tab. (2) Ex. 9.3) | – 5 | –4 | 0 | –4 | –6 | –7 | –11 | –19 |

### CASO A

$$A_{\text{combinado}} = A_{\text{ar}} + A_{\text{solo}}$$

### • Atenuação do ar ($A_{\text{ar}}$)

Para o espectro de fonte típica, e para o ar atmosférico à temperatura de 25 °C e 50% de umidade relativa, a distância para os primeiros 3 dB de redução do nível sonoro $A$-ponderado está em torno de 700 m, conforme gráfico de atenuação do ar atmosférico da Fig. 9.4. Portanto, para a distância fonte-receptor de 200 m, $A_{\text{ar}} \cong (200/700) \times 3$ dB $\cong 1$ dB.

**218**  9 – Propagação sonora ao ar-livre e ruído ambiental

---

### • Atenuação do solo ($A_{solo}$)

A distância fonte-receptor é de 200 m. O solo é duro até 75 m da fonte e macio a partir dessa distância. Portanto, o solo é macio a uma distância $r = 125$ m. Apliquemos a Eq. (9.5) para a estimativa da atenuação do solo macio:

$$h_{ef} = \frac{h_S + h_R}{2} = \frac{5+5}{2} = 5,0 \text{ m,}$$

$$G = 0,75\left(1 - \frac{h_{ef}}{12,5 \text{ m}}\right) = 0,75\left(1 - \frac{5,0}{12,5 \text{ m}}\right) = 0,45 < 0,66,$$

$$A_{grama} = (10G) \log\left(\frac{r}{15 \text{ m}}\right) = (10 \times 0,45) \log\left(\frac{125}{15 \text{ m}}\right) \cong 4 \text{ dB.}$$

A atenuação de 4 dB é em relação ao solo duro ($\Omega = 2\pi$ na equação básica).

Logo, o nível sonoro total $A$-ponderado no receptor no *Caso a* será: $63 - 1 - 4 = 58$ dB($A$).

### CASO B

$$L_{p_{c/barreira}} = L_{p_{s/barreira}} + IL_{barreira},$$

em que

$$IL_{barreira} = A_{barreira} - (\text{redução da atenuação do solo macio})$$

$$= A_{barreira} - \left[(A_{solo})_{s/barreira} - (A_{solo})_{c/barreira}\right]$$

Do esquema da instalação fornecido na Fig. Ex. 9.3, e conforme o destaque da Fig. 9.7 tem-se que:

$$d_{SB} = 23 \text{ m,}$$

$$d_{BR} = 177 \text{ m,}$$

$$r_{SB} = \sqrt{d_{SB}^2 + (8,5 - 5,0)^2} = \sqrt{23^2 + 3,5^2} = 23,26 \text{ m,}$$

$$r_{BR} = \sqrt{d_{BR}^2 + (8,5 - 5,0)} = \sqrt{177^2 + 3,5^2} = 177,03 \text{ m.}$$

Para o cálculo da atenuação da barreira, em termos do nível sonoro total $A$-ponderado, escolhe-se primeiro a frequência efetiva da fonte, entre 500 e 1.000 Hz. Na Tab. (2) Ex. 9.3, verifica-se que o nível sonoro $A$-ponderado da banda de 1.000 Hz é maior que aquele da banda de 500 Hz. Como, entre essas duas bandas, o nível sonoro da banda de 1.000 Hz é o mais crítico, então a frequência efetiva escolhida é a de 1.000 Hz, que corresponde a $\lambda = 0,34$ m. Logo:

$$\sqrt{N} = \sqrt{2(r_{SB} + r_{BR} - d_{SB} - d_{BR})/\lambda} = \sqrt{2(23,26 + 177,03 - 23 - 177)/0,34} = 1,306.$$

No esquema da instalação fornecido na Fig. Ex. 9.3, verifica-se que o receptor está na zona de sombra da barreira. Para receptor dentro da zona de sombra da barreira, a atenuação da barreira é dada pela Eq. 9.8(b), ou seja:

$$A_{barreira} = (20C_1) \log \frac{\sqrt{2\pi N}}{\tanh (C_2 \sqrt{2\pi N})} + 5 \text{ dB} = (20 \times 1) \log \frac{\sqrt{2\pi \cdot 1,706}}{\tanh (1,77\sqrt{2\pi \cdot 1,706})} + 5 \text{ dB} = 15,3 \text{ dB,}$$

valor que é confirmado no gráfico atenuação da barreira *versus* $\sqrt{N}$ para fonte pontual da Fig. 9.7.

$(A_{solo})_{s/barreira} = 4$ dB (calculado no *Caso a*)

Cálculo de $(A_{solo})_{c/barreira}$:

$$h_{ef} = \frac{h_s + h_R}{2} + h_B = \frac{5+5}{2} + 8,5 = 13,5 \text{ m,}$$

$$G = 0,75\left(1 - \frac{h_{ef}}{12,5 \text{ m}}\right) = 0,75\left(1 - \frac{13,5}{12,5 \text{ m}}\right) = -0,06, \quad \therefore \ G = 0$$

$$A_{grama} = (10G) \log\left(\frac{r}{15 \text{ m}}\right) = (10 \times 0) \log\left(\frac{125}{15 \text{ m}}\right) = 0 \text{ dB.}$$

Portanto

$(A_{solo})_{c/barreira} = 0$ dB,

$IL_{barreira} = A_{barreira} - \left[(A_{solo})_{s/barreira} - (A_{solo})_{c/barreira}\right] = 15{,}3 - (4 - 0) = 11{,}3$ dB.

Logo, o nível sonoro total $A$-ponderado no receptor no *Caso b* será:

$L_{p_{c/barreira}} = L_{p_{s/barreira}} - IL_{barreira} = 58 - 11{,}3 = 46{,}7$ dB($A$).

A estimativa da perda na inserção da barreira, poderá ser refinada levando-se em consideração a transmissão sonora pelos flancos da barreira, e que neste caso não deverá ser expressiva, tendo em vista tratar-se de fonte sonora pontual.

## 9.6 ATENUAÇÃO DE EDIFICAÇÕES

Edificações atenuam os níveis sonoros quando se interpõem entre a fonte e o receptor. O som que atinge o receptor é aquele que, a partir da fonte, é difratado no topo das edificações, e que se soma àquele que se transmite através das aberturas entre elas. Dessa forma, uma fileira de edificações confere menos atenuação que uma barreira contínua de mesma altura. A atenuação proporcionada por uma única fileira de edificações é dada aproximadamente por

$$A_{1\text{ fileira}} = -10 \log\left[1 - \min(F_L, F_\theta) + 10^{-IL_{barreira}/10}\right] \leq 10 \text{ dB}. \quad (9.10)$$

Nessa equação, mín $(F_L, F_\theta)$ é o valor mínimo entre $F_L$ e $F_\theta$. Aqui, $F_L$ é a fração do comprimento linear bloqueada pelas edificações, calculada através de $\Sigma l_i/L$, sendo $l_i$ e $L$ indicados na Fig. 9.9. Similarmente, $F_\theta$ é a fração angular bloqueada pelas edificações, calculada através de $\Sigma \theta_i/\theta$, sendo $\theta_i$ e $\theta$ também indicados na Fig. 9.9.

Na Eq. (9.10), $IL_{barreira}$ é a perda na inserção, considerando-se a fileira de edificações como uma barreira contínua (sem aberturas). O valor de atenuação máxima de 10 dB indicado na Eq. (9.10) baseia-se na experiência adquirida em campo.

A Eq. (9.10) se aplica a situações em que há apenas uma única fileira de edificações entre a fonte e o receptor. Fileiras subsequentes conferem atenuação menor. Uma estimativa conservadora é de 1,5 dB de atenuação para cada fileira adicional, até o limite de 10-15 dB de atenuação total.

No caso de propagação através de áreas com edificações industriais, onde os prédios não estão enfileirados, a atenuação é dada aproximadamente por (0,05 dB/m) · $r_{edificações}$, sendo $r_{edificações}$ o comprimento em metros do segmento que une a fonte ao receptor através das edificações. A atenuação nesse caso se deve principalmente ao espalhamento sonoro provocado pelas edificações da zona industrial.

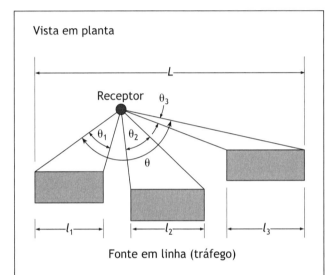

**Figura 9.9** *Parâmetros a serem utilizados na Eq. (9.10) para o cálculo da atenuação conferida por uma única fileira de edificações, interveniente entre a fonte e o receptor. Fonte: [1] Anderson e Kurze.*

## 9.7 ATENUAÇÃO DE VEGETAÇÃO DENSA

De um modo geral, folhagem, pequenos ramos e arbustos têm a propriedade de absorver o som, ainda que parcialmente. Já troncos, ramos grandes e folhagem densa espalham o som. Assim, um cinturão verde interposto entre a fonte e o receptor funcionará como uma barreira acústica vazada, podendo tanto absorver como espalhar o som que incide sobre ele. Constata-se, entretanto, na prática, que a capacidade de atenuação sonora do cinturão depende muito mais da densidade, largura e altura da vegetação do que de eventuais diferenças entre formas, tipos de folhas e galhos existentes. Conclui-se então, que o processo de espalhamento do som tem maior importância que a absorção na determinação do poder de atenuação do cinturão verde. A absorção sonora do cinturão só se torna significativa para valores elevados da frequência do som incidente.

Áreas ocupadas com vegetação densa, consistindo essencialmente de árvores que se interpõem entre a fonte e o receptor, atenuam os níveis sonoros gerados pela fonte. A atenuação é causada pelo espalhamento sonoro nos troncos e galhos das árvores (nas médias frequências) e pelo espalhamento e absorção sonora na folhagem (nas altas frequências). Uma atenuação adicional em baixas frequências é proporcionada pelo solo na área ocupada com vegetação densa, onde raízes, vegetação rasteira e arbustos conferem ao solo uma característica acústica "macia".

A atenuação sonora causada por áreas ocupadas com vegetação densa poderá ser estimada pela equação

$$A_{\text{veg. densa}} = 6\ldots10\left(\frac{f}{1\text{ kHz}}\right)^{1/3}\left(\frac{r_{\text{veg. densa}}}{100\text{ m}}\right) \leq 10\text{ dB},$$

(9.11)

em que $r_{\text{veg. densa}}$ é o comprimento da linha de visão dentro da área com vegetação densa.

O valor de atenuação máxima de 10 dB, indicado na Eq. (9.11), baseia-se na experiência adquirida em campo. A atenuação obtida por meio da Eq. (9.11) encontra-se plotada em função da frequência na Fig. 9.10, para uma cortina de vegetação com folhagem densa, de 30 m de largura, juntamente com as atenuações oferecidas por alguns tipos de vegetação. Observa-se na figura que a Eq. (9.11) gera estimativas de atenuação conservadoras, podendo a atenuação ser maior do que a estimada, dependendo do tipo de vegetação empregada. Observa-se, ainda, na figura, o efeito da folhagem na atenuação das altas frequências.

Devido à crescente preocupação com relação à poluição sonora, a construção de barreiras de vegetação tem sido proposta em diversas situações de controle de ruídos ambientais, porém tem encontrado aplicação mais satisfatória e imediata no setor aeroportuário. Nesses casos, o objetivo é atenuar o ruído das aeronaves nas corridas de pouso e decolagem, no taxiamento e no teste estático de motores. Embora a eficácia dessa medida se restrinja unicamente ao solo (uma vez que a barreira deixa de existir assim que a aeronave decola), o cinturão verde de insonorização vem ganhando aceitação no mundo inteiro, sobretudo pelos aspectos ecológico, estético-paisagístico e salutar que apresenta.

Com respeito à eficácia do isolamento acústico, quatro características são de fundamental importância na criação de uma área com vegetação de insonorização:

- a largura do cinturão;
- a localização do cinturão;
- a altura do cinturão; e
- a configuração do plantio.

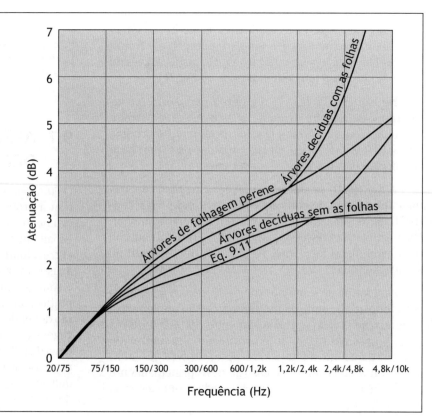

**Figura 9.10** *Atenuação sonora de um cinturão verde com 30 m de largura. Fonte: [4] Boletim Técnico IAC 4104.*

## LARGURA DO CINTURÃO

A vegetação de insonorização deve ter largura superior a 15 m; pois cortinas de vegetação com menos do que isso são geralmente ineficazes, por não gerar o espalhamento necessário para produzir atenuação sonora. Na faixa de frequências de 200 a 2.000 Hz, a atenuação será da ordem de 7 dB para cada 30 m de largura do cinturão verde. Essa atenuação somente ocorrerá após os primeiros 15 m de largura da vegetação de insonorização.

A Fig. 9.11 apresenta a atenuação em termos da redução do *nível de ruído percebido* (PNL – que será definido mais adiante, ainda neste capítulo), em função da largura do cinturão verde, para uma aeronave de quatro reatores tipo turbofan, no início da corrida de decolagem. Observa-se na figura que a eficácia da vegetação de insonorização aumenta com sua largura, mas somente até o valor-limite de 240 m, quando a atenuação para larguras superiores tende a um valor constante e igual a 15 dB (PNL).

## LOCALIZAÇÃO DO CINTURÃO

Outro aspecto importante na atenuação do ruído por vegetação de insonorização refere-se à posição relativa da fonte sonora, do cinturão e do receptor. Conforme pode ser observado na Fig. 9.12, a atenuação pelo cinturão poderá ser sensivelmente afetada, dependendo da maior ou menor proximidade da fonte (uma aeronave) ou do receptor (uma comunidade) em relação a ele. Verifica-se na figura que a posição menos favorável para o cinturão é a meio caminho entre a fonte e o receptor ($R/F = 1$). Por outro lado, a atenuação aumenta de forma acentuada quando o cinturão verde se situa mais próximo da fonte ($R/F \gg 1$). Ao se deslocar o cinturão verde na direção

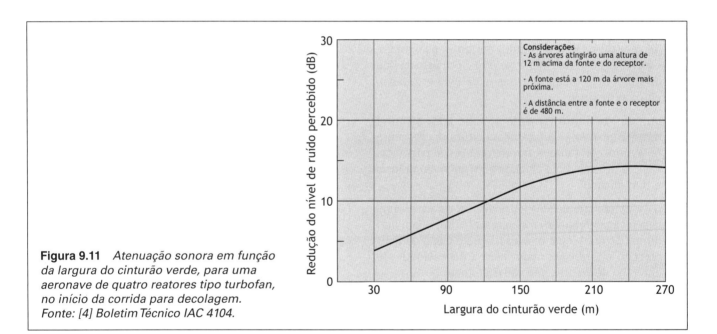

**Figura 9.11** *Atenuação sonora em função da largura do cinturão verde, para uma aeronave de quatro reatores tipo turbofan, no início da corrida para decolagem.*
Fonte: [4] Boletim Técnico IAC 4104.

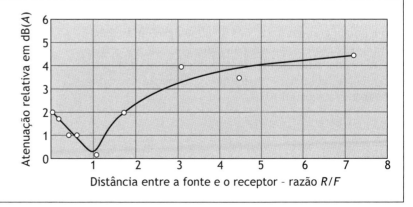

**Figura 9.12** *Efeito da posição da fonte e do receptor em relação ao cinturão verde, na atenuação sonora. R, distância entre o receptor e o cinturão verde; F, distância entre a fonte e o cinturão verde.*
Fonte: [4] Boletim Técnico IAC 4104.

oposta, mais próximo do receptor ($R/F < 1$), haverá algum benefício, porém inferior ao obtido na situação anterior.

## ALTURA DO CINTURÃO

Outro fator importante para que o cinturão verde seja efetivo na proteção de uma comunidade vizinha é que a área com vegetação de insonorização seja densamente ocupada com árvores que se elevem pelo menos 5 m acima da linha de visão.

## CONFIGURAÇÃO DO PLANTIO

Na implantação do cinturão verde, devem-se observar os seguintes fatores para que a atenuação pretendida seja alcançada:

- presença de um sub-bosque denso, para que o ruído não se propague por sob a copa do primeiro estrato;

- existência de uma vegetação densa o suficiente para impedir a propagação sonora por entre as árvores; essa situação normalmente se verifica quando a visão da fonte pelo receptor é impedida pela vegetação entre as árvores;

- no lado do cinturão verde voltado para a fonte, deve-se plantar vegetação com altura decrescente no sentido da fonte, a fim de direcionar parte das frentes de onda para cima, preservando ainda mais a comunidade;

- para evitar atenuações sazonais, é preferível uma vegetação perenifólia (não apresente desfolhamento durante o ano); quanto mais frio for o clima ou mais estreito o cinturão, maior será a necessidade do emprego de árvores que não desfolhem.

## FATORES COMPLICADORES

### VARIAÇÕES CAUSADAS POR DIFERENTES TIPOS DE ÁRVORE E SAZONALIDADE

Verificam-se grandes variações de atenuação em função do tipo de árvore e da sazonalidade. Por isso, em estimativas conservadoras de impacto ambiental devido a ruído, costuma-se não considerar a atenuação causada por vegetação existente.

## BENEFÍCIOS QUE MEDIÇÕES DE NÍVEIS SONOROS A-PONDERADOS NÃO CONSEGUEM AVALIAR

Mesmo quando medições objetivas indicam não haver atenuação significativa causada pela vegetação, muitas pessoas afirmam que a vegetação tornou o meio ambiente mais silencioso. Talvez a razão seja puramente psicológica (as pessoas gostam de árvores; as árvores tornam o ambiente menos inóspito...). Adicionalmente, talvez a nossa sensibilidade auditiva perceba nuanças que os medidores de nível sonoro não conseguem captar.

As folhagens das árvores espalham significativamente os sons de alta frequência, que transmitem a sensação de "aspereza mecânica" e, portanto, tendem a reduzir essa sensação auditiva negativa, sem que, contudo, tenha ocorrido uma redução mensurável do nível sonoro $A$-ponderado. O espalhamento sonoro provocado pelas árvores gera uma reverberação na área coberta com vegetação, mascarando as asperezas e sons impulsivos, que tendem a ser mais perturbadores. Ambos os mecanismos alteram para melhor a "qualidade" do som percebido, sem, contudo, alterar o nível sonoro $A$-ponderado. Adicionalmente, o movimento das folhagens pela ação de ventos, produz sons agradáveis, que mascaram parcialmente os sons mais incômodos.

## 9.8 AMPLIFICAÇÃO SONORA CAUSADA PELA REVERBERAÇÃO URBANA

Desfiladeiros urbanos podem amplificar o ruído de tráfego, devido às múltiplas reflexões nas fachadas das edificações que margeiam as vias de tráfego. De fato, as fachadas das edificações restringem a divergência da onda sonora, causando reverberação urbana, o que amplifica os níveis sonoros.

A amplificação sonora em desfiladeiros urbanos ($\text{AMP}_{\text{reverb}}$) pode ser estimada para uma via de tráfego de sentido único através da seguinte fórmula:

$$\text{AMP}_{\text{reverb}} = 10 \log \left[ 1 + \left( \frac{r}{r + 2d_{\text{fachada}}} \right)^2 (1 - \alpha) \right] + R,$$

$$(9.12)$$

sendo $R$ dado por

$$R = 4 \left( \frac{h_{\text{edificação}}}{w_{\text{via}}} \right) \le 3 \text{ dB}.$$

$$(9.13)$$

Na Eq. (9.12), $r$ é a distância perpendicular entre o receptor e a via, $d_{\text{fachada}}$ é a distância entre o receptor e a fachada da edificação mais próxima, $\alpha$ é o coeficiente de absorção sonora (que veremos no Cap. 10) da fachada da edificação, $h_{edificação}$ é a altura da edificação, e $w_{via}$ é a largura da via.

## 9.9 EFEITOS DE GRADIENTES DE TEMPERATURA E DE VELOCIDADE DO VENTO (REFRAÇÃO)

Gradientes de temperatura e de velocidade do vento são variações de temperatura e de velocidade do vento de acordo com a altitude. Estes gradientes, por sua vez, provocam gradientes de velocidade do som.

### GRADIENTES DE TEMPERATURA

A Fig. 9.13 ilustra três gradientes de temperatura e de velocidade do som. A velocidade do som é proporcional à temperatura. Assim, em regiões onde a temperatura é maior, a velocidade do som é também maior. Gradientes de temperatura produzem gradientes de velocidade do som com as mesmas características. Na Fig. 9.13(a), o gradiente de temperatura é zero, pois não há variação da temperatura com a altitude. Na Fig. 9.13(b), o gradiente de temperatura é positivo, pois há um aumento da temperatura com a altitude. Na Fig. 9.13(c), o gradiente de temperatura é negativo, pois há uma redução da temperatura com o a altitude. Ao unir as extremidades das setas que representam a velocidade do som em diferentes camadas de ar na vertical, obtemos a chamada *frente de onda*. O segmento ortogonal orientado segundo o sentido de propagação da frente de onda chama-se *raio sonoro*.

Observa-se então, na Fig. 9.13(a), que, quando o gradiente de temperatura é zero, a frente de onda permanece ortogonal ao solo e o raio sonoro, paralelo. A Fig. 9.13(b) ilustra que, quando o gradiente de temperatura é positivo, a frente de onda se inclina para o solo, e o raio sonoro passa a incidir sobre ele. Quando o gradiente de temperatura é negativo, a Fig. 9.13(c) mostra que a frente de onda se inclina para cima, e o raio sonoro se afasta do solo. O fenômeno em que o raio sonoro tem sua direção de propagação alterada por variações das características do meio de propagação chama-se *refração*. A refração encurva os raios sonoros na direção de menor velocidade de propagação.

A Fig. 9.14 ilustra o efeito de três gradientes de temperatura na propagação dos raios sonoros a partir da fonte. Esses três gradientes de temperatura são típicos de ocorrer durante um dia de 24 h. A Fig. 9.14(a) mostra o efeito de um gradiente negativo de temperatura, com os raios sonoros se desviando para cima, formando uma região de sombra acústica próxima ao solo. Essa situação é tipicamente diurna, quando há uma redução da temperatura com a altitude, e que se acentua ao entardecer de um dia ensolarado, quando a significativa insolação durante o dia causa elevadas temperaturas do solo e do ar próximo a ele.

A Fig. 9.14(b) ilustra o efeito de um gradiente positivo de temperatura, com os raios sonoros se desviando para baixo, favorecendo a propagação sonora próximo ao solo. Essa situação é tipicamente noturna, devido ao resfriamento do solo e do ar junto a ele, causado pela perda de calor por irradiação. Esse fenômeno explicaria a "melhor" propagação sonora durante a noite, pois os raios sonoros se concentram no solo, ao invés de serem desviados para cima.

Na Fig. 9.14(c), temos a situação mais propensa de ocorrer durante o inverno, ao fim da madrugada e início da manhã, quando se dá o pico de perda de calor do solo por irradiação. Nessa situação, o ar frio, por ser mais denso, fica retido nas baixas altitudes. Camadas mais elevadas da atmosfera são ocupadas com ar relativamente mais quente. Ocorre, assim, uma estabilização momentânea da circulação atmosférica local, caracterizada por uma inversão das camadas: o ar frio fica embaixo e o ar quente acima, fenômeno conhecido como *inversão térmica*. Durante o dia, à medida que vai ocorrendo o aquecimento do solo e do ar próximo a ele, o fenômeno vai gradativamente se desfazendo, reestabelecendo-se um gradiente negativo de temperatura, com retorno à situação indicada na Fig. 9.14(a).

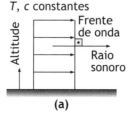 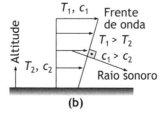 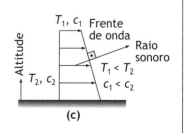

**Figura 9.13** *Gradientes de temperatura e de velocidade do som, frentes de onda e raios sonoros associados.*
*(a) Sem gradientes;*
*(b) gradientes positivos;*
*(c) gradientes negativos.*

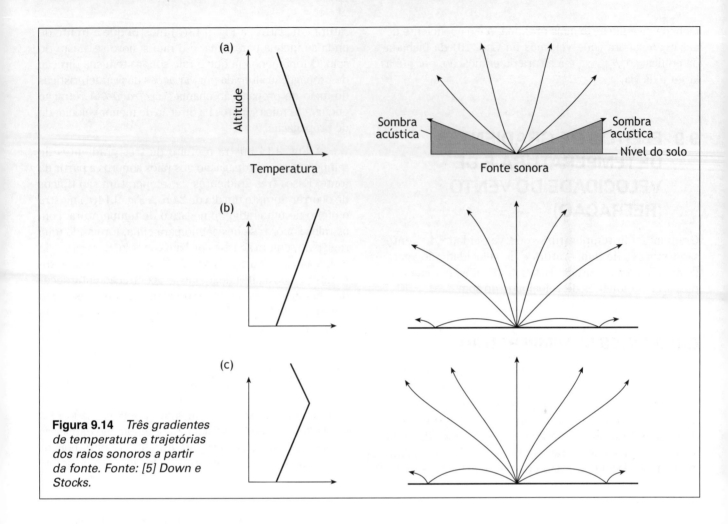

**Figura 9.14** Três gradientes de temperatura e trajetórias dos raios sonoros a partir da fonte. Fonte: [5] Down e Stocks.

## GRADIENTES DE VELOCIDADE DO VENTO

A velocidade do vento aumenta verticalmente para cima, pois as camadas de ar próximas ao solo tendem a frear por atrito. Portanto, os ventos são caracterizados por gradientes de velocidade positivos próximos ao solo. Conforme ilustra a Fig. 9.15, quando a propagação sonora se dá a sota-vento (a favor do vento), a frente da onda se inclina para o solo, e o raio sonoro passa a incidir sobre ele. Quando a propagação sonora se dá a barlavento (contra o vento), a frente da onda se inclina para cima e o raio sonoro se afasta do solo, com a formação de uma zona de sombra acústica.

## EFEITOS DA REFRAÇÃO

A Fig. 9.16 ilustra os efeitos da refração na trajetória dos raios sonoros. Nos dois quadros à esquerda, a refração altera a altura aparente da barreira acima da linha de visão. Nos dois quadros à direita, a refração produz regiões de sombra e de concentração de raios sonoros. Em geral, quando o gradiente de temperatura é negativo ou quando a propagação sonora se dá a barlavento, ocorre aumento da atenuação, enquanto, quando o gradiente de temperatura é positivo ou quando a propagação sonora se dá a sota-vento, ocorre redução da atenuação de barreiras, solos macios, e de áreas cobertas com vegetação.

Propagação sonora a sota-vento elimina a sombra acústica gerada pelo gradiente de temperatura negativo. Em direções ortogonais à da velocidade do vento não ocorre refração devida ao vento e, nessas direções, a sombra acústica gerada pelo gradiente de temperatura negativo não é neutralizada.

Para a realização de medições acústicas confiáveis, é importante entender os efeitos da refração na propagação sonora. Um consultor sem escrúpulos pode tirar vantagem da refração, realizando medições mais favoráveis à parte que ele representa. Se o objetivo é medir níveis sonoros mais baixos, as medições devem ser realizadas ao entardecer de um dia ensolarado e quente, ou a barlavento. Para realizar medições que sejam mais representativas do nível sonoro equivalente, estas devem ser feitas quando os efeitos da refração são mínimos – em um dia nebuloso e sem ventos.

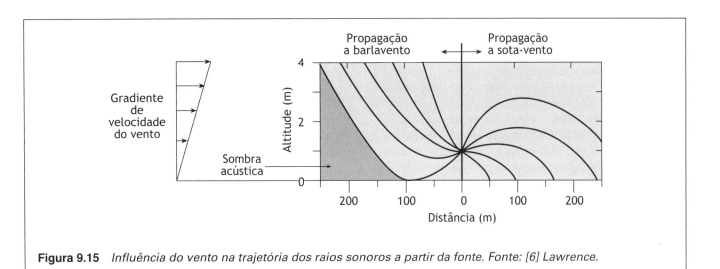

**Figura 9.15** *Influência do vento na trajetória dos raios sonoros a partir da fonte. Fonte: [6] Lawrence.*

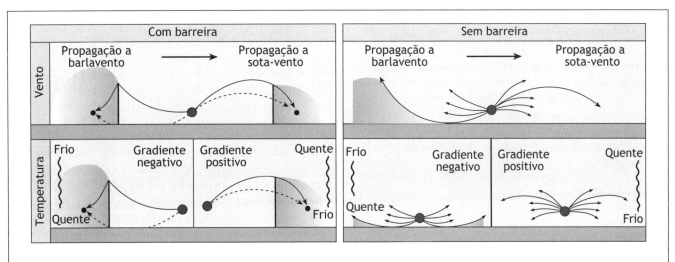

**Figura 9.16** *Efeitos da refração na trajetória dos raios sonoros, com e sem barreira acústica. Quadros superiores: vento com barreira acústica (linha sólida) e sem (linha tracejada). Quadros inferiores: temperatura com e sem barreira acústica. Fonte: [1] Anderson e Kurze.*

## ATENUAÇÃO DOS NÍVEIS SONOROS A-PONDERADOS

Como se viu, a refração devido a gradientes de temperatura e de velocidade do vento afeta a atenuação de solos macios e de barreiras. Na ausência de barreira, quando o som se propaga a uma distância $r$ sobre solo macio, a atenuação dos níveis sonoros $A$-ponderados, à altura $h$ acima do solo, causada por gradientes de velocidade do vento e de temperatura poderá ser estimada pelas equações

$$A_{\substack{\text{vento/}\\\text{temperatura}\\\text{s/barreira}}} = \begin{cases} \textbf{Caso 1:} \\ -30 \log \dfrac{r}{15\,\text{m}}\,\text{dB}; \\ \textbf{Caso 2:} \\ 0\,\text{dB}; \\ \textbf{Caso 3:} \\ \left(10 - \dfrac{6{,}2h}{1\,\text{m}} + \dfrac{0{,}03h^2}{1\,\text{m}^2}\right) \log\left(\dfrac{r}{15\,\text{m}}\right) \geq 0\,\text{dB}; \\ \textbf{Caso 4:} \\ \left(14 - \dfrac{7{,}9h}{1\,\text{m}} + \dfrac{0{,}3h^2}{1\,\text{m}^2}\right) \log\left(\dfrac{r}{15\,\text{m}}\right) \geq 0\,\text{dB}. \end{cases}$$

(9.14)

O caso 1 (gradientes negativos moderados) é aplicável quando um mecanismo (vento ou temperatura) provoca o desvio de raios sonoros para cima, estando neutro o outro mecanismo. O caso 2 (sem refração) se aplica quando ambos os mecanismos estão neutros ou quando um deles desvia os raios para cima e o outro para baixo. Aplica-se o caso 3 (gradientes positivos moderados) quando um mecanismo desvia os raios sonoros para baixo e o outro mecanismo está neutro. Finalmente, usa-se o caso 4 (gradientes positivos severos) quando ambos os mecanismos desviam os raios sonoros para baixo.

Quando há uma barreira interveniente, a atenuação dos níveis sonoros A-ponderados causada por gradientes de temperatura e de velocidade do vento é dada aproximadamente por

$$A_{\substack{\text{vento/} \\ \text{temperatura} \\ \text{c/barreira}}} = \begin{cases} -3 \text{ dB} & \textbf{Caso 1}; \\ 0 \text{ dB} & \textbf{Caso 2}; \\ +3 \text{ dB} & \textbf{Caso 3}. \end{cases} \qquad (9.15)$$

Com relação à velocidade dos ventos, as Eqs. (9.14) e (9.15) são aplicáveis para deslocamentos em torno de 5 m/s, medidos a 3 m acima do solo. O efeito do vento é proporcional à sua velocidade. Ventos de maior velocidade produzem efeitos mais severos. Em estimativas conservadoras e quando a direção dos ventos varia menos de 45°, recomenda-se utilizar o módulo do vetor velocidade no lugar do módulo de sua componente na direção de interesse. Na Sec. 9.10, comparam-se os resultados gerados pelas Eqs. (9.14) e (9.15) com levantamentos de campo longo termo.

## TRAJETÓRIAS DE REFRAÇÃO DE TEMPERATURA E VENTO

A Fig. 9.16 mostra que as trajetórias de refração são arcos circulares. A estimativa do raio de curvatura ($r_c$) poderá ser feita por meio de

$$\frac{r_c}{1 \text{ km}} = \frac{T_{10\text{ m}} - T_{0,5\text{ m}}}{1,9 \text{ K}} + \frac{S_{10\text{ m}} - S_{0,5\text{ m}}}{3,2 \text{ m/s}}, \qquad (9.16)$$

sendo $T$ é a temperatura do ar, em kelvins, e $S$ é a velocidade do vento, em metros por segundo, nas duas alturas indicadas. Nessa equação, $r_c$ é obtido em quilômetros.

## FATORES COMPLICADORES

### GRANDE VARIABILIDADE

O efeito dos gradientes de temperatura e de velocidade do vento é altamente variável com o tempo devido à turbulência atmosférica. Assim, é arriscado contar com atenuações permanentes geradas por gradientes negativos. Alguns métodos de predição de impacto ambiental devido a ruído requerem que as estimativas sejam feitas sob condições de propagação sonora a sota-vento, quando ocorre redução da perda na inserção da barreira, redução da atenuação de solos macios e redução da atenuação de áreas cobertas com vegetação.

A atenuação média causada por vento e temperatura ($A_{\text{média}}$), durante condições de propagação variável, contra e a favor do vento, poderá ser estimada para receptores com alturas de pelo menos 4 m, por meio de

$$A_{\text{média}} = \frac{3}{\left(10^5 \text{ m}^2\right)/r^2 + 1,6} \text{ dB,}$$

$$(9.17)$$

em que $r$ é a distância fonte-receptor.

### "CANALIZAÇÃO" SONORA SOBRE A ÁGUA

A propagação sonora a sota-vento sobre superfícies aquáticas durante o dia causa o fenômeno da "canalização". Durante o dia, normalmente ocorre gradiente de temperatura positivo sobre a água, o que direciona os raios sonoros para baixo. Esse direcionamento é reforçado para baixo pela propagação sonora a sota-vento. Devido à reflexão sem atenuação sobre a superfície da água, há um redirecionamento dos raios sonoros para cima. Uma série de refrações e reflexões seguidas resulta em "canalização da propagação sonora" em uma camada de ar moderadamente espessa acima da superfície da água. O resultado é um nível sonoro de 10 a 20 dB acima do que normalmente se esperaria a uma certa distância da fonte. Esse fenômeno justificaria relatos de que tiros de canhões disparados na França teriam sido ouvidos na Inglaterra.

## 9.10 INTERAÇÃO ENTRE OS MECANISMOS DE ATENUAÇÃO

O Quadro 9.3 resume as principais interações entre os mecanismos de atenuação mais significativos da propagação sonora ao ar-livre. Tais interações afetam significativamente os níveis sonoros resultantes. Os efeitos combinados são difíceis de estimar, pois a interação é inerentemente complexa.

As interações de maior impacto nos resultados numéricos são: (1) entre a barreira e o solo macio, cuja interação é computada através da equação de perda na inserção [Eq. (9.7)]; (2) entre os gradientes de temperatura/velocidade do vento e o solo, cuja interação é computada através da Eq. (9.14); e (3) entre os gradientes de temperatura/velocidade do vento e a barreira, cuja interação é computada através da Eq. (9.15).

## 9.10 – Interação entre os mecanismos de atenuação

**QUADRO 9.3 Principais interações entre os mecanismos de atenuação mais significativos da propagação sonora ao ar-livre**

| | | | | | | |
|---|---|---|---|---|---|---|
| Somar efeitos | Nota 1 | Nota 2 | Desconsiderar gradientes em edificações; somar efeitos à distância remanescente | Desconsiderar gradientes em áreas com vegetação; somar efeitos à distância remanescente | Desconsiderar gradientes em áreas urbanas | Vento/ temperatura |
| Somar efeitos | Ignorar atenuação do solo macio em áreas urbanas | Limitar $IL$ da barreira em 5-10 dB em áreas urbanas | Somar efeitos | Desconsiderar atenuação da vegetação em áreas urbanas | Reverberação urbana | |
| Somar efeitos | Usar o maior no lugar da soma | Usar o maior no lugar da soma | Usar o maior no lugar da soma | Vegetação densa | | |
| Somar efeitos | Usar o maior no lugar da soma | Usar o maior no lugar da soma | Edificações | | | |
| Somar efeitos | Computar $IL$ da barreira, e não somente a atenuação da barreira | Barreira | | | | |
| Somar efeitos | Solo macio | | | | | |
| Absorção atmosférica | | | | | | |

Nota 1: Somar as atenuações obtidas com as Eqs. (9.5) e (9.14), ou para $h_R$ maior que 4 m e em condições de propagação variável contra e a favor do vento, usar a Eq. (9.17) em lugar da (9.14).

Nota 2: Usar a Eq. (9.8) com $C_2$ igual a 1,77 ou 2,15, ou usar a Eq. (9.9) com o termo raiz quadrada, ou desenhar os raios curvados com $r_c$ entre 3-5 km [alternativamente pode-se obter $r_c$ através da Eq. (9.16)], em seguida obter o novo número de Fresnel $N$ (Fig. 9.7), e reempregar a Eq. (9.8) com $C_2 = 1$.

*Fonte:* [1] Anderson e Kurze.

A Fig. 9.17 resume os resultados de uma série de medições em campo, realizadas na Inglaterra, onde foram monitorados ventos e temperaturas simultaneamente com medições de níveis sonoros, durante um período superior a um ano, com e sem uma barreira interveniente. Nas medições sem barreira, utilizou-se um motor de avião como fonte sonora, a 2 m de altura, e microfones a 1,2 m do solo. Com barreira, um arranjo de alto-falantes serviu como fonte sonora, aproximadamente a 0,7 m de altura, e microfones a 1,5 e 12 m do solo. A barreira interveniente situava-se a 10 ou 15 m da fonte, com altura que variou entre 1,8 e 4,9 m.

Foram subtraídos os efeitos dos diversos mecanismos de atenuação mais significativos, utilizando-se a Eq. (9.1) para a divergência da onda, a Eq. (9.3) para a absorção atmosférica, a Eq. (9.5) para absorção do solo, as Eqs. (9.8) e (9.5) para a perda na inserção da barreira, e as Eqs. (9.14) e (9.15) para os efeitos de vento e temperatura.

Uma vez subtraídos os efeitos dos mecanismos de atenuação mais significativos, a perfeita concordância com as medições resultaria na diferença zero entre o previsto e o calculado – ou seja, uma linha paralela ao eixo horizontal em 0 dB na Fig. 9.17. Os pontos plotados nessa figura indicam o viés e as incertezas associadas às estimativas de atenuação.

Observa-se, na Fig. 9.17, que o viés é pequeno, e que as incertezas correspondem a um desvio padrão de aproximadamente 2,5 dB. Esses resultados revelam, portanto, a incerteza associada às estimativas de atenuação utilizando os métodos aqui apresentados.

## 9.11 PROCEDIMENTOS PARA ESTIMATIVA DO RUÍDO DE TRÁFEGO

Uma das principais fontes de poluição sonora ambiental é o tráfego (rodoviário, ferroviário, aéreo). Relatórios de impacto ambiental geralmente incluem estimativas do ruído de tráfego quando do projeto de novas vias ou da ampliação de vias existentes, a fim de que se possa avaliar o impacto causado pelo ruído nas comunidades no entorno da via.

A estimativa do ruído de tráfego rodoviário, ferroviário e aéreo é um processo complexo que requer a utilização de programas computacionais específicos para uma modelagem detalhada. Os procedimentos que serão aqui apresentados baseiam-se num modelo geral e simplificado de predição do nível equivalente, sendo esses procedimentos adequados quando não se dispõem de dados detalhados da situação. Esses procedimentos poderão ser utilizados na elaboração dos primeiros estudos de impacto ambiental em que, em geral, somente se dispõem de estimativas do tipo e número das fontes móveis, e quando detalhes da topografia da região a ser estudada e os receptores ainda não são precisamente conhecidos.

A vantagem na predição do nível equivalente é que se trata de uma medida da média energética temporal, e que, portanto, independe das características aleatórias do ruído de tráfego. Isso significa que não importa se o tráfego está fluindo livremente ou se está sujeito a congestionamentos, como no caso do tráfego urbano. Em contraste, os níveis estatísticos $L_{10}$, $L_{50}$ e $L_{90}$ mostram-se

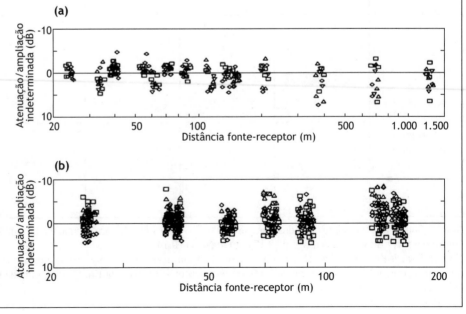

**Figura 9.17** *Resultado de medições de propagação sonora ao ar-livre ao se subtraírem os efeitos de: divergência da onda, absorção atmosférica, absorção do solo, efeitos do vento e temperatura. (a) Propagação sobre vegetação rasteira; (b) propagação sobre vegetação rasteira na presença de barreira. (∇) Refração causada por gradiente positivo moderado (raios desviados para baixo); (□) sem refração; (△) refração causada por gradiente negativo moderado (raios desviados para cima); (◇) refração causada por gradiente negativo severo (raios desviados severamente para cima).*
*Fonte: [1] Anderson e Kurze.*

muito sensíveis às características aleatórias do tráfego, sendo difíceis de estimar. Adicionalmente, os procedimentos que veremos podem ser igualmente aplicados quando o volume de tráfego é intenso ou baixo.

## TRÁFEGO RODOVIÁRIO

Vamos considerar o caso de rodovias infinitamente longas[4]. O modelo não tem a capacidade de lidar com vias de tráfego segmentadas, casos que vão além dos objetivos desta seção.

O modelo foi desenvolvido pela Administração Rodoviária Federal dos Estados Unidos (FHWA) e utiliza unidades de medida do Sistema Internacional (SI). O procedimento permite o cálculo do $L_{eq}$ durante o período de 1 h. De posse desses níveis equivalentes horários, o nível dia e noite $(L_{dn})$ poderá ser então calculado por meio da Eq. (7.6). O procedimento requer o cálculo do $L_{eq}$ horário para automóveis, caminhões leves e caminhões pesados[5], separadamente, sendo então tais níveis sonoros adicionados logaritmicamente.

O nível equivalente horário do $i$-ésimo tipo de veículo, $L_{eq}(h)$, é fornecido por

$$L_{eq}(h)_i = \overline{L_{0_i}} + 10 \log\left(\frac{N_i}{V_i T}\right) + 10 \log\left(\frac{15}{d}\right)^{1+\alpha} +$$
$$+ A_{combinado} - 13 \text{ dB}(A) \quad (9.18)$$

Os termos do segundo membro dessa equação referem-se às seguintes grandezas:

- $\overline{L_{0_i}}$ é o nível sonoro de referência para o $i$-ésimo tipo de veículo. É o nível sonoro emitido por um determinado tipo de veículo, e que poderá ser obtido através de medições ou em publicações especializadas;

- $N_i$ é o número do $i$-ésimo tipo de veículo que trafega no intervalo de tempo $T$ em horas; para cálculo do nível equivalente horário, $T = 1$ h;

- $V_i$ é a velocidade média do $i$-ésimo tipo de veículo (em km/h);

- $T$ é o tempo de duração para o qual deseja-se o $L_{eq}$, devendo corresponder ao $N_i$; normalmente, $T$ é 1 h, podendo ser mais longo ou mais curto;

- $d$ é a distância perpendicularmente à via de tráfego até o receptor, em metros; ou seja, o ponto onde se deseja estimar o nível equivalente;

- $\alpha$ é o fator de absorção, que depende das características de absorção sonora da cobertura do solo entre a rodovia e o receptor.

A Eq. (9.18) é aplicada três vezes: uma vez para automóveis, outra vez para caminhões leves, e uma última vez para caminhões pesados, obtendo-se três níveis equivalentes: $L_{eq_a}$ (automóveis), $L_{eq_{cl}}$ (caminhões leves) e $L_{eq_{cp}}$ (caminhões pesados). O nível equivalente total é então calculado através da soma logarítmica usual por meio de

$$L_{eq_{total}} = 10 \log\left(10^{L_{eq_a}/10} + 10^{L_{eq_{cl}}/10} + 10^{L_{eq_{cp}}/10}\right). \quad (9.19)$$

Discutem-se a seguir os termos que aparecem na Eq. (9.18). O termo $\overline{L_{0_i}}$ é o nível sonoro de referência da população de veículos sob avaliação. Esse nível sonoro é a média energética dos níveis sonoros máximos de um único veículo deslocando-se a velocidade constante, a uma distância de 15 m [daí o numeral 15, no terceiro termo do segundo membro da Eq. (9.18)]. Esse nível poderá ser medido e então utilizado no modelo, ou estimado a partir de dados obtidos de uma amostra representativa de veículos. A Fig. 9.18 fornece valores de $\overline{L_{0_i}}$ em função de velocidade média, relativos à população média de automóveis, caminhões leves e caminhões pesados dos Estados Unidos, obtidos pela FHWA.

Conforme indica a Fig. 9.19, a distância $d$, em metros, é a distância perpendicular entre o receptor e o eixo da

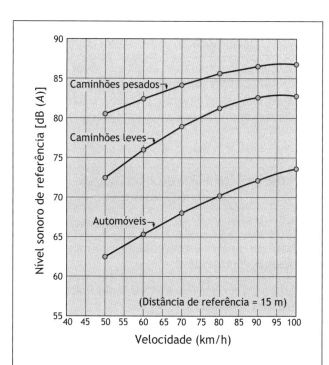

**Figura 9.18** *Nível sonoro de referência para três classes de veículo em função da velocidade média. Fonte: [7] Mestre e Wooten.*

---

[4] Para efeitos desse modelo, uma rodovia é infinitamente longa quando há uma visão não obstruída da via em ambas as direções.

[5] Para efeitos desse modelo, considera-se caminhão pesado aquele com três ou mais eixos e acima de 14 t. Um caminhão leve é aquele que tem dois ou três eixos e pesa entre 5 e 14 t.

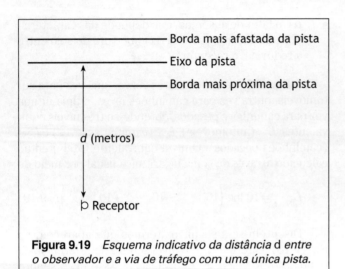

**Figura 9.19** *Esquema indicativo da distância d entre o observador e a via de tráfego com uma única pista.*

via de tráfego. No caso de rodovias com múltiplas pistas, pode-se supor a existência de um *eixo efetivo*, contanto que o tráfego seja uniformemente distribuído nas várias pistas. O eixo efetivo estará então localizado no eixo geométrico da rodovia.

Se o volume do tráfego não for uniforme entre as pistas, ou seja, intenso num sentido e leve no outro, então a via de tráfego poderá ser modelada como duas vias independentes. O nível equivalente total será obtido adicionando-se logaritmicamente os níveis equivalentes das duas vias. Na realidade, resultados satisfatórios são em geral obtidos usando-se $d$ baseado no eixo geométrico da via, mesmo quando modelam-se duas vias independentes.

O fator de absorção ($\alpha$) é empírico e varia com o tipo de cobertura do solo. No caso de o solo ser recoberto com vegetação, ou no caso de apresentar uma textura "macia", os níveis sonoros serão reduzidos em 4,5 dB para cada duplicação da distância entre a rodovia e o receptor (4,5 dB/*DD*). Isso resultará num valor de $\alpha$ igual a 0,5. No caso de o solo ser pavimentado ou "duro", os níveis sonoros serão reduzidos em 3 dB para cada duplicação da distância (3 dB/*DD*). Isso resultará em $\alpha$ igual a 0.

O Quadro 9.4 apresenta as características usuais de solos próximos a rodovias e os valores de $\alpha$ correspondentes. Observe-se que, no caso de solos compostos por áreas com diferentes tipos de cobertura entre a rodovia e o receptor, estes podem ser tratados em etapas, em que os níveis sonoros são calculados em cada área com cobertura uniforme. Na maioria das situações, o fator de absorção $\alpha = 0,5$ (4,5 dB/*DD*) é adequado.

Embora a atenuação combinada ($A_{combinada}$) tenha sido discutida com razoável detalhamento em grande parte deste capítulo, é importante ter-se aqui uma ideia dos principais fatores de atenuação considerados pelo modelo da FHWA. A Fig. 9.20 ilustra os principais fatores de atenuação no caso de rodovias. As Figs. 9.20(a) e (b) ilustram situações discutidas no parágrafo anterior, associadas ao fator de absorção $\alpha$. A Fig. 9.20(c) mostra que, para cada 30 m de vegetação densa (com pelo menos 5 m de altura), ocorre uma atenuação de 5 dB, até um máximo de 10 dB. Observe-se que esses valores estão em boa concordância com a atenuação de vegetação densa considerada na Sec. 9.7. Aqui, $\alpha$ deverá ser adotado como igual a 0 (3 dB/*DD*), quando se incorpora a atenuação de vegetação densa.

A atenuação provocada por edificações já foi discutida na Sec. 9.6. No modelo da FHWA, ilustrado na Fig. 9.20(d), quando a primeira fileira de casas bloqueia de 40 a 60% da área vertical, ocorre uma atenuação de 3 dB(*A*). Quando a área vertical bloqueada por edificações for de 70 a 90%, a atenuação será de 5 dB(*A*). Cada fileira subsequente de edificações contribuirá com uma

**QUADRO 9.4 Redução de níveis sonoros para cada duplicação da distância (dB/DD) e fatores de absorção $\alpha$ correspondentes**

| Situação | dB/*DD* | $\alpha$ |
|---|---|---|
| 1. Todos os casos em que: ou a fonte, ou o receptor, ou a linha de visão estão afastados a mais de 3 m do solo. | 3 | 0 |
| 2. Todos os casos em que a propagação sonora é obstruída por uma barreira de 3 m de altura ou maior. | 3 | 0 |
| 3. Todos os casos em que a linha de visão está afastada a menos de 3 m do solo e: <br> a) existe uma visão clara, não obstruída, da rodovia, o solo é "duro", e não há estruturas intervenientes; <br> b) a visão da rodovia é obstruída por edificações isoladas, vegetação, árvores esparsas, ou quando o solo é "macio" ou coberto com vegetação. | 3 <br><br> 4,5 | 0 <br><br> 0,5 |

*Fonte:* [7] Mestre e Wooten.

## 9.11 – Procedimentos para estimativa do ruído de tráfego

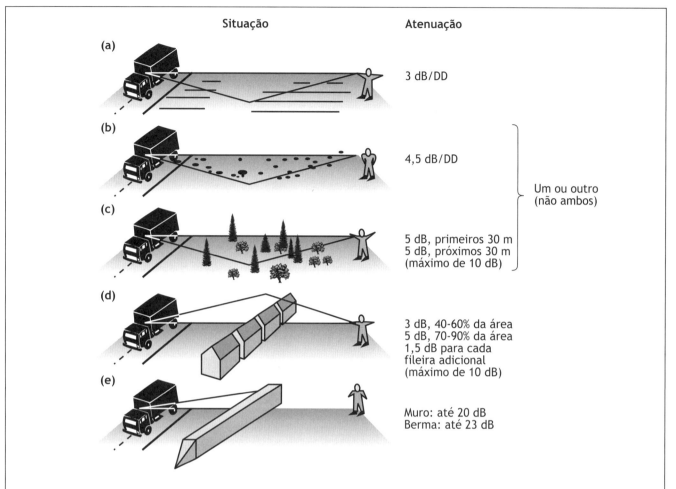

**Figura 9.20** *Atenuação sonora provocada por elementos normalmente encontrados ao longo de rodovias, segundo modelo da FHWA (DD, duplicação da distância). Fonte: [7] Mestre e Wooten.*

atenuação adicional de 1,5 dB($A$). Em qualquer caso, a atenuação provocada por edificações não deve exceder 10 dB($A$).

Conforme ilustra a Fig. 9.20(e), muros e bermas (barreiras de terra) são estruturas eficazes na atenuação do ruído de tráfego. A atenuação provocada por esses elementos já foi especificamente discutida na Sec. 9.5. Observe-se, no entanto, que, no caso de uma barreira sólida e uma berma de mesma altura, a berma oferece uma atenuação adicional de 3 dB, quando comparada com a barreira sólida. Isso se deve à absorção do som pela terra e ao fator de forma. Em qualquer circunstância, segundo a FHWA, a atenuação máxima de uma barreira sólida se situa em torno de 20 dB($A$), e a da berma de terra em torno de 23 dB($A$), atenuações essas em boa concordância com aquelas indicadas na Fig. 9.7.

## TRÁFEGO AÉREO

O ruído de aviões é hoje uma forma de poluição sonora ambiental das mais significativas. A avaliação do impacto sonoro causado por tráfego aéreo é de grande complexidade. Existem programas de computador especificamente desenvolvidos para mapeamento dos níveis sonoros no entorno de aeroportos. Aqui, o objetivo é apresentar um modelo simplificado que incorpora os procedimentos básicos da metodologia de avaliação.

A turbina a jato é a fonte sonora mais significativa nos aviões. A Fig. 9.21 ilustra as principais fontes de ruído nas turbinas: o ruído da hélice do compressor, o ruído da combustão e o ruído do jato. A hélice do compressor é o elemento que fornece o ar pressurizado para o processo de combustão. Trata-se basicamente de um grande ventilador, em que o ruído produzido se deve à interação do escoamento do ar com as pás da hélice, sendo esse tipo de ruído denominado *aerodinâmico*. O ruído aerodinâmico está associado a sons de alta frequência, sendo percebidos na aproximação da aeronave. O ruído de combustão está associado ao escoa-

# 232    9 – Propagação sonora ao ar-livre e ruído ambiental

---

### Exemplo 9.4

Considerar o caso de uma residência localizada próximo a uma importante rodovia. Deseja-se estimar o nível sonoro equivalente no jardim da residência. A distância da residência até a borda mais próxima da rodovia é de 50 m. A rodovia tem largura de 20 m, com quatro pistas. O tráfego médio diário é de 40 mil veículos, 3% dos quais composto por caminhões leves e 1% por caminhões pesados. A velocidade média dos veículos no trecho sob consideração é de 75 km/h. O solo entre a residência e a rodovia é coberto com vegetação rasteira, não havendo outras estruturas intervenientes. Obter o nível equivalente no horário de pico, quando o tráfego é de 10% da média diária.

- Obter os valores de $\overline{L_{0_i}}$ na Fig. 9.18:

$$\overline{L_{0_a}} = 69 \ \mathrm{dB}(A),$$

$$\overline{L_{0_{cl}}} = 80 \ \mathrm{dB}(A),$$

$$\overline{L_{0_{cp}}} = 84{,}6 \ \mathrm{dB}(A).$$

- Determinar o número de veículos $N_i$ que trafegam no horário de pico, para cada tipo de veículo:

$$N_a = (96\%) \times (10\%) \times (40.000) = 0{,}96 \times 0{,}10 \times 40.000 = 3.840,$$
$$N_{cl} = (3\%) \times (10\%) \times (40.000) = 0{,}03 \times 0{,}10 \times 40.000 = 120,$$
$$N_{cp} = (1\%) \times (10\%) \times (40.000) = 0{,}01 \times 0{,}10 \times 40.000 = 40,$$

- $V_a = V_{cl} = V_{cp} = 75$ km/h.

- Determinar a distância $d$ entre o receptor e o eixo geométrico da via:

$$d = 50 + (1/2) \times (20) = 60 \text{ m}$$

- Determinar o nível equivalente devido aos automóveis por meio da Eq. (9.18) com $\alpha = 0{,}5$ (solo acusticamente macio, coberto com vegetação rasteira):

$$L_{eq_a} = 69 + 10\log\left[\frac{3.840}{75 \times 1}\right] + 10\log\left[\frac{15}{60}\right]^{1+0,5} - 13 = 64{,}1 \ \mathrm{dB}(A).$$

- Determinar o nível equivalente devido aos caminhões leves:

$$L_{eq_{cl}} = 80 + 10\log\left[\frac{120}{75 \times 1}\right] + 10\log\left[\frac{15}{60}\right]^{1+0,5} - 13 = 60{,}0 \ \mathrm{dB}(A).$$

- Determinar o nível equivalente devido aos caminhões pesados:

$$L_{eq_{cp}} = 84{,}6 + 10\log\left[\frac{40}{75 \times 1}\right] + 10\log\left[\frac{15}{60}\right]^{1+0,5} - 13 = 59{,}8 \ \mathrm{dB}(A).$$

- Determinar o nível equivalente total através da Eq. (9.19):

$$L_{eq_{total}} = 10\log\left(10^{64,1/10} + 10^{60,0/10} + 10^{59,8/10}\right) = 66{,}6 \ \mathrm{dB}(A).$$

mento dos gases a altas velocidades e temperaturas através da turbina. O ruído do jato é gerado na exaustão dos gases a altas velocidades na atmosfera, e se deve aos elevados níveis de turbulência produzidos na exaustão. O ruído do jato se caracteriza por um retumbar de baixa frequência, sendo mais percebido após a passagem da aeronave.

O nível de exposição sonora (SEL), [Eq. (7.8)], é uma das grandezas utilizadas para caracterizar o ruído do sobrevoo. O ruído de tráfego aéreo pode ser avaliado através do nível dia e noite ($L_{dn}$).

São necessárias as seguintes informações para cálculo do $L_{dn}$ em um receptor situado próximo a um aeroporto: 1) número de operações (de pouso e de decolagem) e hora de ocorrência para cada tipo de avião; 2) SEL *versus* distância fonte-receptor ($d$), para cada tipo de avião. A Fig. 9.22 indica a distância $d$ a ser considerada.

Uma vez conhecida a distância $d$, o SEL médio, ($\overline{SEL}$) para determinado tipo de avião e operação pode ser obtido dos gráficos da Fig. 9.23.

Na estimativa dos $L_{dn}$ no receptor, cada combinação de tipo de avião e de operação deve ser tratada separadamente. A contribuição para o nível dia e noite da $i$-ésima aeronave, realizando a $j$-ésima trajetória de voo, é obtida por meio da expressão[6]

$$L_{dn_{ij}} = \overline{SEL}_{ij} + 10\log N_{t_{ij}} - 49,4 \text{ dB}(A), \qquad (9.20)$$

em que $N_{t_{ij}}$ é o *número de operações equivalentes*, calculado da seguinte forma:

$$N_{t_{ij}} = N_{dia} + 10 N_{noite}, \qquad (9.21)$$

sendo $N_{dia}$ o número de operações diurnas (das 7 h às 22 h) e $N_{noite}$ o número de operações noturnas (das 22 h às 7 h).

Observar, na Eq. (9.21), que uma operação noturna equivale a dez operações diurnas. Essa é a penalidade de atividades ruidosas noturnas que está prevista no cálculo do $L_{dn}$.

O $L_{dn}$ em determinado ponto de interesse é então calculado somando-se logaritmicamente os $L_{dn_{ij}}$ por meio da seguinte expressão

$$L_{dn} = 10\log\left[\sum_{i=1}^{a}\sum_{j=1}^{b} 10^{L_{dn_{ij}}/10}\right] \text{ dB}(A), \qquad (9.22)$$

em que $a$ corresponde ao número de tipos de aviões e $b$ ao número de trajetórias de voo.

A melhor maneira de validar as estimativas de níveis de ruído no entorno de aeroportos é através do monitoramento contínuo em determinados receptores, 24 horas por dia, 365 dias por ano. A desvantagem dessa

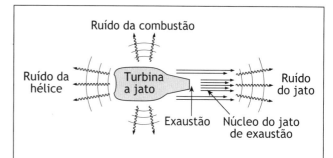

**Figura 9.21** *Principais fontes de ruído nas turbinas a jato. Fonte: [7] Mestre e Wooten.*

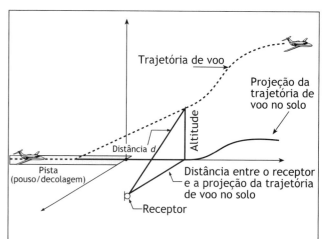

**Figura 9.22** *Geometria das operações aeroportuárias para efeito de estimativa do impacto devido ao ruído. Fonte: [7] Mestre e Wooten.*

abordagem é o seu custo e o tempo necessário. Pode-se adotar o monitoramento de curto prazo, usando técnicas estatísticas de amostragem.

No procedimento analítico de estimativa do $L_{dn}$ aqui utilizado, o $\overline{SEL}$ de determinado tipo de avião foi obtido em dados publicados na literatura especializada. No entanto, esse parâmetro poderia ter sido obtido no campo. A fim de evitar estimativas incorretas, recomendam-se no mínimo 20 medições em determinado receptor, estimando-se o $\overline{SEL}$ por meio da Eq. (9.20), para determinado tipo de avião através de medições de $L_{dn}$, e empregando a seguinte fórmula:

$$\overline{SEL} = L_{dn} - 10\log N_t + 49,4 \text{ dB}(A). \qquad (9.23)$$

Nos aeroportos em que as operações de voo são altamente variáveis (aeroportos militares, por exemplo), poderão ser necessárias até 1.000 medições, para se obter uma estima razoável da média real. Há medidores digitais comercialmente disponíveis que medem o SEL diretamente.

---
[6] Na Eq. (9.20), 49,4 = 10 log (24 x 3.600), que é o número de segundos num dia de 24 h, expresso em decibéis.

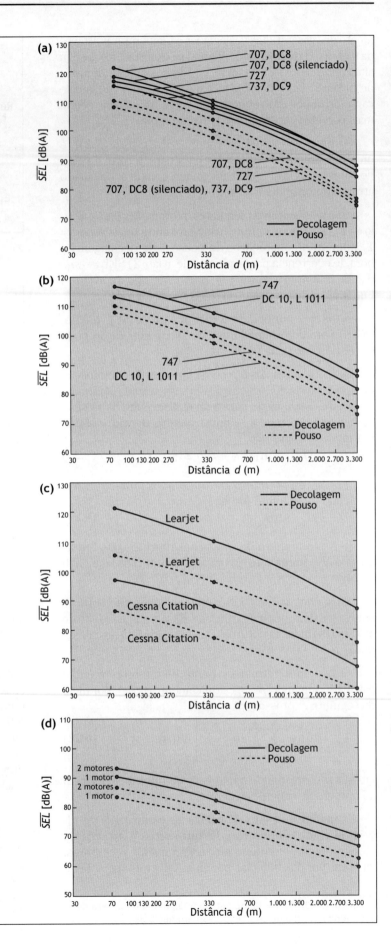

**Figura 9.23** *Níveis de exposição sonora médio* $\overline{SEL}$ *versus distância d para alguns tipos de avião. (a) Boeing 707, 727, 737 e Douglas DC8 e DC9. (b) Boeing 747, Douglas DC10 e Lockheed L-1011. (c) Pequenos jatos executivos. (d) Aviões com motor a hélice. Fonte: [7] Mestre e Wooten.*

## Exemplo 9.5

Considerar o caso de um receptor próximo a um pequeno aeroporto, de pista única, ao qual todos os voos chegam e partem no eixo da pista. A posição do receptor em relação ao aeroporto está esquematizada na Fig. (1) Ex. 9.5. As trajetórias de pouso e de decolagem estão indicadas na Fig. (2) Ex. 9.5. Calcular o $L_{dn}$ no receptor, devido ao ruído de um Boeing 737, que realiza operações médias diárias anualizadas conforme a Tab. Ex. 9.5.

**Tabela Exemplo 9.5** Número de operações diárias médias anualizadas do Boeing 737 no pequeno aeroporto

| Período do dia | Operações diárias (Boeing 737) ||
|---|---|---|
| | Decolagem | Pouso |
| Diurno (das 7 h às 22 h) | 50 | 50 |
| Noturno (das 22 h às 7 h) | 4 | 4 |

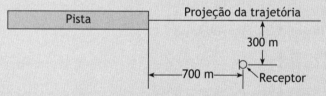

**Figura (1) Exemplo 9.5**  *Posição do receptor em relação à pista do pequeno aeroporto.*

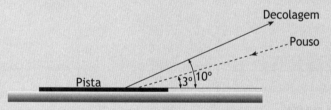

**Figura (2) Exemplo 9.5**  *Trajetórias de pouso e de decolagem do Boeing 737 no pequeno aeroporto.*

• Cálculo do número de operações equivalentes ($N_l$) por meio da Eq. (9.21).

$N_{pouso} = N_{decolagem} = N_{dia} + 10 \times N_{noite}$,

$N_{pouso} = N_{decolagem} = 50 + 10 \times 4$,

$N_{pouso} = N_{decolagem} = 90$ operações equivalentes por dia.

• Determinação do $L_{dn_{pouso}}$ por meio da Eq. (9.20).

a) Obter $\overline{SEL}$ de pouso do B 737

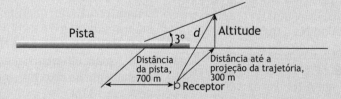

Obter a menor distância entre o receptor e a trajetória de voo: $d = (\text{altitude}^2 + \text{dist. proj. trajetória}^2)^{1/2}$;

Altitude = 700 tan 3°
        = 37 m

$d = (37^2 + 300^2)^{1/2}$
  = 302 m

Obter $\overline{SEL}$ de pouso para o Boeing 737 da Fig. 9.23(a), com $d = 302$ m:

$$\overline{SEL}_{pouso} = 97,5 \text{ dB(A)}.$$

b) $L_{dn_{pouso}} = \overline{SEL}_{pouso} + 10 \ \log \ N_{pouso} - 49,4,$

$$= 97,5 + 10 \ \log \ (90) - 49,4,$$

$$= 67,6 \text{ dB}(A).$$

• Determinação do $L_{dn_{decolagem}}$ por meio da Eq. (9.20).

a) Obter $\overline{SEL}$ de decolagem do Boeing 737:

altitude $= 700 \tan 10°,$

$$= 123 \text{ m};$$

$$d = (123^2 + 300^2)^{1/2},$$

$$= 324 \text{ m}.$$

Obter $\overline{SEL}$ de decolagem do Boeing 737 da Fig. 9.23(a), com $d = 318$ m:

$$\overline{SEL}_{decolagem} = 106 \text{ dB(A)}.$$

b) $L_{dn_{decolagem}} = \overline{SEL}_{decolagem} + 10 \ \log \ N_{decolagem} - 49,4,$

$$= 106 + 10 \ \log \ (90) - 49.4,$$

$$= 76,1 \text{ dB}(A).$$

• Determinação do $L_{dn}$ através da Eq. (9.22):

$$L_{dn} = 10 \log \left( 10^{L_{dn_{pouso}}/10} + 10^{L_{dn_{decolagem}}/10} \right),$$

$$L_{dn} = 10 \ \log \ (10^{67,6/10} + 10^{76,1/10}),$$

$$L_{dn} = 76,7 \text{ dB}(A).$$

## OUTRAS GRANDEZAS PARA CARACTERIZAR O RUÍDO DE OPERAÇÕES AEROPORTUÁRIAS

### NÍVEL DE RUÍDO PERCEBIDO

O *nível de ruído percebido* ("perceived noise level", PNL) foi desenvolvido nos anos 1960 especificamente para avaliar a perturbação causada por aviões a jato. Embora se argumente que se trata de uma medida que pode ser usada na avaliação de outros tipos de fonte de ruído, na realidade há poucas aplicações fora das áreas de certificação de aeronaves e planejamento de operações aeroportuárias, pois o cálculo do PNL é trabalhoso.

O método de cálculo do PNL baseia-se nas curvas de mesma ruidosidade percebida (Fig. 5.20). Durante um sobrevoo, o espectro do ruído em $n$ bandas de 1/3 oitava é registrado a intervalos de tempo de 0,5 s. Cada banda de ruído do intervalo é convertida em *noys*, utilizando a Fig. 5.20. O conjunto de *noys* associado às $n$ bandas de ruído do intervalo é combinado por meio da seguinte expressão

$$N = N_{máx} + 0,15\left[ \sum_{i=1}^{n} N_i - N_{máx} \right], \tag{9.24}$$

sendo $N_i$ o número de *noys* da $i$-ésima banda de ruído, e $N_{máx}$ o maior valor em *noys* entre as bandas de ruído.

O PNL do intervalo é então obtido por meio da expressão

$$PNL = 33,2 \log N + 40 \text{ dB}. \tag{9.25}$$

Esse procedimento é então repetido para cada um dos espectros sonoros obtidos nos diversos intervalos de tempo.

Observar que a Eq. (9.25) tem a mesma forma que a Eq. (5.7), a qual nos permite obter o nível de pressão sonora a partir de *noys* em 1 kHz. Então o PNL pode ser interpretado como o nível de pressão sonora na banda de ruído de 1 kHz, que gera $N$ *noys* de ruidosidade percebida. Assim, alternativamente, o PNL poderá ser obtido diretamente no eixo vertical da Fig. 5.21, a partir do valor de $N$ em 1 kHz.

Um método simplificado alternativo para obtenção do PNL consiste em medir, durante o sobrevoo, o nível sonoro $A$-ponderado, ou o nível sonoro $D$-ponderado, em intervalos de 0,5 s, evitando-se o trabalhoso procedimento acima descrito. As seguintes relações empíricas têm sido sugeridas para o PNL a partir do $L_A$ e do $L_D$:

$$\text{PNL} \cong L_A + 13 \text{ dB},  \quad (9.26)$$

$$\text{PNL} \cong L_D + 7 \text{ dB}. \quad (9.27)$$

Um método para se obter o valor máximo do PNL durante o sobrevoo ($\text{PNL}_{\text{máx}}$) consiste em determinar o espectro de ruído em $n$ bandas de oitava a cada 0,5 s, extraindo para cada banda o maior nível sonoro medido, independentemente do instante em que ele tenha ocorrido. Os níveis sonoros máximos de cada banda de oitava são convertidos em *noys* através da Fig. 5.20, sendo os valores em *noys* das $n$ bandas combinados pela expressão

$$N = Nm_{\text{máx}} + 0,3\left[\sum_{i=1}^{n} Nm_i - Nm_{\text{máx}}\right], \quad (9.28)$$

sendo $Nm_i$ o valor em *noys* da $i$-ésima banda, e $Nm_{\text{máx}}$ o maior valor em *noys* entre as bandas.

Assim, a partir do valor de $N$ obtido por meio da Eq. (9.28), o $\text{PNL}_{\text{máx}}$ será então determinado por meio da Eq. (9.25) ou da Fig. 5.20.

Caso o espectro apresente tons puros expressivos, um refinamento adicional do método consiste na correção para mais de cada valor de PNL obtido. Isso requer que se identifiquem picos relativamente elevados nos espectros medidos, aplicando-se então correções conforme as regras estabelecidas na norma ISO 3891 [8]. Nos piores casos, essa correção poderá ser de até +7 dB. O resultado é conhecido como *nível de ruído percebido tom-corrigido* ("tone-corrected perceived noise level", PNLT).

## NÍVEL EFETIVO DE RUÍDO PERCEBIDO

O *nível efetivo de ruído percebido* ("effective perceived noise level", EPNL) é calculado integrando-se o registro de PNLT no intervalo de tempo durante o qual este esteve em até 10 dB abaixo do valor máximo, sendo o resultado normalizado pelo intervalo de tempo de referência de 10 s. A Fig. 9.24 apresenta o registro de PNLT típico de sobrevoo de aeronaves, no qual o intervalo de tempo de integração está compreendido entre $t_1$ e $t_2$, sendo o EPNL obtido pela equação

$$\text{EPNL} = 10 \ \log\left[\frac{1}{10}\int_{t_1}^{t_2} 10^{\text{PNLT}(t)/10} dt\right] \text{dB}, \quad (9.29)$$

sendo $\text{PNLT}(t)$ o PNLT no instante $t$.

A ideia por trás da normalização com o valor de 10 s é penalizar aqueles aviões que fazem muito ruído durante muito tempo, considerando-se também que 10 s é um tempo razoável para um sobrevoo típico.

Na prática, a integração é substituída pelo somatório dos $\text{PNLT}_i$, obtidos em $n$ intervalos de tempo espaçados de 0,5 s, e sendo a Eq. (9.29) aproximada por meio de

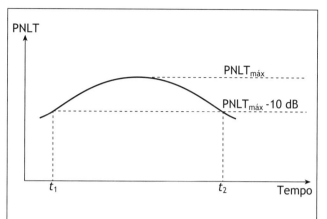

**Figura 9.24** *PNLT em função do tempo de sobrevoo. Fonte: [9] Ford.*

$$\text{EPNL} = 10 \ \log\left[\frac{0,5}{10}\sum_{i=1}^{n} 10^{\text{PNLT}_i/10}\right] =$$

$$= 10 \ \log\left[\sum_{i=1}^{n} 10^{\text{PNLT}_i/10}\right] - 13 \text{ dB}. \quad (9.30)$$

A norma brasileira NBR 10856 [10] apresenta o procedimento de cálculo do EPNL.

Um método simplificado de cálculo do EPNL tem por base a curva PNL *versus* tempo, na qual se assume que a energia total sob essa curva pode ser representada pela energia contida no retângulo de lados $\text{PNL}_{\text{máx}}$ e $T$ conforme indica a Fig. 9.25. O EPNL será então dado por

$$\text{EPNL} = 10\log\left[\frac{T}{10}\sum_{i=1}^{n} 10^{\text{PNL}_{\text{máx}}/10}\right] =$$

$$= \text{PNL}_{\text{máx}} + 10 \ \log\left(\frac{T}{10}\right) \text{ dB}. \quad (9.31)$$

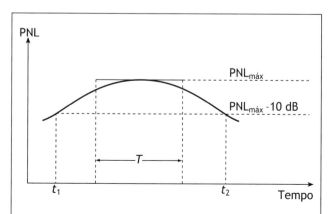

**Figura 9.25** *PNL em função do tempo de sobrevoo. Fonte: [9] Ford.*

Assume-se, adicionalmente, que $T$ é igual à metade do tempo compreendido entre os instantes $t_1$ e $t_2$ e, assim, o EPNL será dado por

$$\text{EPNL} = \text{PNL}_{\text{máx}} + 10 \ \log \left( \frac{t_2 - t_1}{20} \right) \text{dB}. \qquad (9.32)$$

Já que o $\text{PNL}_{\text{máx}}$ não é tom-corrigido, o valor de EPNL obtido por meio da Eq. (9.32) será menor do que aquele obtido por meio da Eq. (9.30). Esse método simplificado não é utilizado na certificação de aeronaves, sendo porém aceitável no planejamento de atividades aeroportuárias e na avaliação do impacto causado pelo ruído de sobrevoos em comunidades, situações em que se toleram estimativas com maiores incertezas.

## NÍVEL DE RUÍDO PREVISTO

O *nível de ruído previsto* ("noise exposure forecast", NEF) tem por base o EPNL, sendo calculado por meio da expressão

$$\text{NEF}_{ij} = \text{EPNL}_{ij} + 10 \ \log \left[ \frac{N_{d_{ij}}}{20} + \frac{N_{n_{ij}}}{1,2} \right] - 75 \ \text{dB},$$
$$(9.33)$$

sendo $\text{EPNL}_{ij}$, $N_{d_{ij}}$ e $N_{n_{ij}}$, respectivamente, o nível efetivo de ruído percebido, o número de operações diurnas e o número de operações noturnas da $i$-ésima aeronave, realizando a $j$-ésima trajetória de voo.

O NEF, em determinado observador, é dado pelo somatório das contribuições de todas as aeronaves, realizando todas as operações possíveis, sendo obtido por meio da expressão

$$\text{NEF} = 10 \ \log \left[ \sum_{i=1}^{a} \sum_{j=1}^{b} 10^{\text{NEF}_{ij}/10} \right] \text{dB}, \qquad (9.34)$$

correspondendo $a$ ao número de tipos de aviões e $b$ ao número de trajetórias de voo.

O $L_{dn}$ poderá ser estimado a partir do NEF por meio da expressão

$$L_{dn} = (NEF + 35) \pm 3 \ \text{dB}(A). \qquad (9.35)$$

O NEF tem sido utilizado pelo Departamento de Habitação e Desenvolvimento Urbano dos Estados Unidos (HUD) para zoneamento do ruído no entorno de aeroportos. O zoneamento é feito em termos de curvas de nível de ruído, sendo o NEF a grandeza que caracteriza as curvas. O zoneamento de ruído normalmente faz parte dos relatórios de impacto ambiental de operações aeroportuárias, auxiliando na análise do uso e ocupação do solo no entorno de aeroportos.

O seguinte procedimento permite a construção aproximada das curvas de nível de ruído baseadas no NEF, exclusivamente a partir do volume de tráfego de aviões a jato no aeroporto:

- Calcular o *índice de tráfego do aeroporto* ($X$) por meio de $X = N_d + 17 \cdot N_n$, sendo $N_d$ e $N_n$ o número de pousos mais o número de decolagens de aviões a jato, diurnos e noturnos, respectivamente.

- Com o valor de $X$, obter do quadro da Fig. 9.26 a relação $L/W$ da curva de nível de ruído.

- Localizar um ponto no centro da área ocupada pelas principais pistas do aeroporto, e em seguida traçar o segmento que une esse ponto ao receptor.

Consultar o Quadro 9.5 para obter a categoria de aceitabilidade do receptor quanto à exposição ao ruído de aeronaves baseado no NEF.

## INCERTEZA ASSOCIADA ÀS CURVAS DE NÍVEL DE RUÍDO

No Estado da Califórnia, nos Estados Unidos, as curvas de nível de ruído baseadas no $L_{dn}$ devem ser traçadas com uma incerteza de ±1,5 dB. À primeira vista, essa faixa de incertezas pode ser considerada muito estreita; porém, quando traduzida em variações nas curvas de nível, fica clara a necessidade dessa exigência. Por exemplo, para um aeroporto com uma média diária de 30 operações de aviões a jato, a incerteza de ±1,5 dB se traduz numa variação de ±110 m nas laterais da pista, e de ±1,2 km no ponto de fechamento da curva de nível correspondente a um $L_{dn} = 65$ dB (A). O ponto de fechamento está localizado diretamente sob a trajetória de voo. Para um aeroporto com trezentas operações diárias de jatos, essas variações serão de ±400 m nas laterais da pista, e de ±4,3 km no ponto de fechamento.

Percebe-se então que o mapeamento de níveis sonoros no entorno de aeroportos deve ser utilizado com bom senso. Não se pode simplesmente demarcar uma área como aceitável ou não tomando por base os contornos traçados. Estes devem ser utilizados juntamente com outros fatores relativos ao planejamento de uso e ocupação solo, com objetivo de fornecer um quadro que auxilie nas decisões relativas à aceitabilidade do ruído ambiental no entorno de aeroportos para diversos tipos de uso e de atividades humanas.

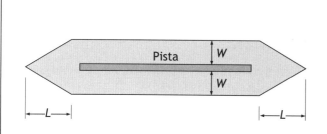

| X | L/W NEF-30 | L/W NEF-40 |
|---|---|---|
| 50 | 1,6 km/0,8 km | — |
| 50-500 | 4,8 km/0,8 km | 1,6 km/300 m |
| 500-1.300 | 9,6 km/2,4 km | 4,0 km/600 m |
| > 1.300 | 16,0 km/ 3,2 km | 6,4 km/900 m |

Valores da razão L/W recomendados para a construção aproximada das curvas de nível de ruído baseadas no NEF, a partir do índice de tráfego do aeroporto (X)

**Figura 9.26** *Valores da razão L/W para a construção das curvas de nível de ruído baseadas no NEF, a partir do índice de tráfego do aeroporto (X). Fonte: Magrab, citado por [11] Lord et al.*

**QUADRO 9.5 Categorias de aceitabilidade para exposição ao ruído de aeronaves baseadas no NEF**

| Posição do receptor até o centro da área que envolve as principais pistas do aeroporto. | Categoria de aceitabilidade |
|---|---|
| Exterior à curva de nível NEF-30 e a uma distância maior ou igual à distância entre as curvas de nível NEF-30 e NEF-40 | Claramente aceitável |
| Exterior à curva de nível NEF-30 e a uma distância menor que a distância entre as curvas de nível NEF-30 e NEF-40 | Normalmente aceitável |
| Entre as curvas de nível NEF-30 e NEF-40 | Normalmente inaceitável |
| Interior à curva de nível NEF-40 | Claramente inaceitável |

*Fonte: Noise Assessment Guidelines,* Departamento de Habitação e Desenvolvimento Urbano dos Estados Unidos (U.S. Dept. of Housing and Urban Development, HUD), citado por [11] Lord *et al.*

## TRÁFEGO FERROVIÁRIO

A dificuldade na estimativa do impacto pelo ruído de tráfego ferroviário é função do tipo de operação. Aqui será apresentado um caso simples, de uma única linha férrea, com operação "normal", para se ter uma ideia de como tratar o ruído de tráfego ferroviário. Para operações mais complexas, envolvendo manobras em pátios, cruzamento de linhas e múltiplas locomotivas, recomenda-se consultar a literatura especializada [12].

A equação que permite a estimativa do nível dia e noite de tráfego ferroviário é a mesma utilizada para a estimativa do $L_{dn}$ de tráfego aéreo, ou seja, a Eq. (9.20).

A chave na estimativa dos níveis sonoros é o real valor do SEL para o tipo de operação na linha. Uma metodologia simplificada será aqui adotada. Mesmo assim, o ruído da locomotiva deve ser tratado separadamente do ruído do comboio de vagões. A estimativa do $L_{dn}$ envolve as etapas a seguir enumeradas.

1. Calcular o tempo efetivo de duração da passagem através da fórmula

$$t_{1/2} = 3{,}6 \times L/V \text{ (s)}, \tag{9.36}$$

sendo $L$ o comprimento do trem (em m) e $V$ a velocidade do trem (em km/h). O tempo efetivo de duração da passagem é uma estimativa da metade do tempo em que o nível sonoro esteve em até 10 dB(A) abaixo do nível sonoro máximo ($L_{máx}$).

2. Determinar o $\overline{SEL}$ do comboio de vagões a 100 m da linha por meio da fórmula

$$\overline{SEL}_{comboio} = L_{máx} + 10 \log t_{1/2}, \tag{9.37}$$

em que $L_{máx}$ é o nível sonoro máximo, a 30 m, durante a passagem do comboio, que poderá ser obtido em função da velocidade do trem na Fig. 9.27.

O valor de $\overline{SEL}_{comboio}$ obtido da Eq. (9.37) deverá ser corrigido conforme as características da linha. O Qua-

## Exemplo 9.6

Considerar o caso de um aeroporto com 150 operações diurnas e 30 noturnas de aviões a jato. Traçar de forma aproximada as curvas de nível de ruído baseadas no NEF.

- O índice de tráfego do aeroporto será: $X = N_d + 17\,N_n = 150 + 17 \cdot 30 = 660$.
- Do quadro associado à Fig. 9.26, obtemos $L/W$ = 9,6 km/2,4 km para a curva de nível NEF-30, e $L/W$ = 4,0 km/600 m para a curva de nível NEF-40. A Fig. Ex. 9.6 mostra o traçado dessas curvas de nível.

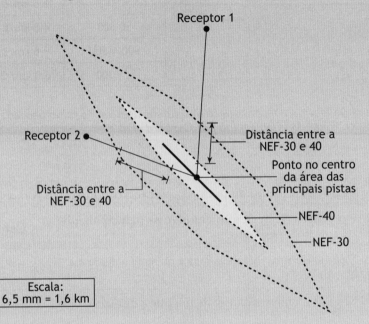

**Figura Exemplo 9.6** *Curvas de nível baseadas no NEF, no aeroporto com índice de tráfego X = 660. Fonte: Magrab, citado por [11] Lord et al.*

Do Quadro 9.5, obtém-se o critério de aceitabilidade do HUD: receptor 1, "Claramente aceitável"; receptor 2, "Normalmente aceitável", o que irá requerer que as edificações na localidade do receptor 2 recebam tratamento de isolação sonora contra o ruído das operações aeroportuárias.

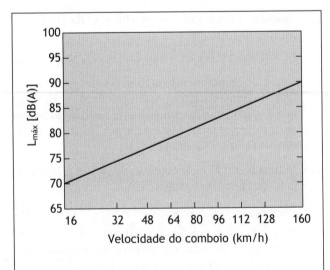

**Figura 9.27** *Nível sonoro máximo do comboio de vagões, a 30 m, em função da velocidade. Fonte: [7] Mestre e Wooten.*

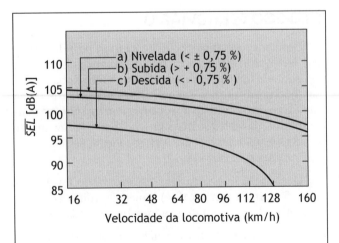

**Figura 9.28** $\overline{SEL}$ *a 30 m da locomotiva, em função da velocidade para linhas com diversas inclinações. Fonte: [7] Mestre e Wooten.*

# 9.11 – Procedimentos para estimativa do ruído de tráfego

dro 9.6 lista correções conforme as características da linha.

3. O $\overline{SEL}$ da locomotiva, a 30 m, em função da velocidade poderá ser obtido diretamente da Fig. 9.28 para uma dada inclinação da linha.

4. O $\overline{SEL}$ total devido à locomotiva e ao comboio de vagões, a 30 m, é obtido adicionando-se logaritmicamente os $\overline{SEL}$s individuais, como segue

$$\overline{SEL}_{total} = 10 \log \left[ 10^{\overline{SEL}_{locomotiva}/10} + 10^{\overline{SEL}_{comboio}/10} \right].$$
$$(9.38)$$

5. O $L_{dn}$ a 30 m poderá ser então obtido por meio da Eq. (9.20).

6. Para obter o $L_{dn}$ a outra distância, usar o seguinte fator de correção

$$\Delta L_{dn} = 15 \log \left( \frac{30}{d} \right), \qquad (9.39)$$

em que $\Delta L_{dn}$ é a variação do $L_{dn}$, como resultado de o observador estar localizado a uma distância $d$ da linha diferente de 30 m.

---

**QUADRO 9.6 Correções do $\overline{SEL}$ conforme as características da linha**

| Características da linha | Correção (dB) |
|---|:---:|
| 1. Linha soldada ou contínua | +0 |
| 2. Linha classificada como de baixa velocidade | +8 |
| 3. Presença de desvios ou cruzamentos | +8 |
| 4. Linhas curvas | |
|    a) Raio menor que 180 m | +8[*] |
|    b) Raio entre 180 e 270 m | +2[*] |
|    c) Raio maior que 270 m | 0 |
| 5. Existências de pontilhões | |
|    a) cavaletes leves em aço | +20 |
|    b) cavaletes robustos em aço | +10 |
|    c) estrutura de concreto | 0 |

[*]Refinar interpolando entre esses valores.
Nota: em caso de ocorrência simultânea desses fatores, aplicar somente a maior correção.
*Fonte:* [7] Mestre e Wooten.

---

**Exemplo 9.7**

Estimar o $L_{dn}$ para um receptor localizado a 120 m de uma linha férrea soldada, sem inclinação e sem cruzamentos, com o seguinte perfil de operações[7]:

| Velocidade (km/h) | Comprimento (m) | Número de operações | |
|:---:|:---:|:---:|:---:|
| | | **Dia** | **Noite** |
| 56 | 900 | 10 | 2 |

- Determinar o número de operações equivalente por meio da Eq. (9.21):

$N_t = 10 + 10 \cdot 2 = 30$.

- Determinar o $\overline{SEL}$ do comboio de vagões.

a) Calcular tempo efetivo de duração da passagem por meio da Eq. (9.36):

$$t_{1/2} = 3,6 \times \frac{900}{56} = 58 \text{ s}.$$

b) Obter o $L_{máx}$ a 30 m da Fig. 9.27:

$L_{máx}$ = 81 dB($A$)

c) Calcular o $\overline{SEL}_{comboio}$ a 30 m por meio da Eq. (9.37):

$\overline{SEL}_{comboio}$ = 81 + 10 log (58) = 98,6 dB($A$).

d) Correção da linha = 0 dB (Quadro 9.6).

- Obter o $\overline{SEL}$ da locomotiva da Fig. 9.28:

$\overline{SEL}_{locomotiva}$ = 102 dB($A$).

- Calcular o $\overline{SEL}_{total}$ a 30 m por meio da Eq. (9.38):

$\overline{SEL}_{total} = 10 \log \left[ 10^{98,6/10} + 10^{102/10} \right] = 103,6$ dB($A$).

- Calcular o $L_{dn}$ a 30 m através da Eq. (9.20):

$L_{dn}$ = 103,6 + 10 log 30 – 49,4 = 69,0 dB($A$).

- Calcular o fator de correção da distância através da Eq. (9.39):

$\Delta L_{dn} = 15 \log \left( \dfrac{30}{120} \right) = -9$ dB.

- O $L_{dn}$ total a 120 m será de:

$L_{dn}$ = 69,0 - 9,

$L_{dn}$ = 60,0 dB($A$).

## REFERÊNCIAS

[1] ANDERSON, G. S.; KURZE, U. J., "Outdoor sound propagation", in: Beranek L. L., Vér IL (eds.), *Noise and vibration control – principles and applications*, John Wiley and Sons, New York, 1992.

[2] KINSLER, L. E.; FREY A. R.; COPPENS A. B.; SANDERS J. V., *Fundamentals of acoustics*. 4a. ed., John Wiley and Sons, Inc., New York, 2000.

[3] ANSI S1.26, *American national standard method for the calculation of the absorption of sound by the atmosphere*, 1995 (R2004).

[4] Boletim Técnico IAC 4104, *Atenuação da poluição sonora por meio da vegetação florestal*, Ministério da Aeronáutica, Departamento de Aviação Civil, 1984.

[5] DOWN, C. S.; STOCKS, J., *Environmental impact of mining*. 2a. ed., Applied Science Publishers, Ltd., Londres, 1978.

[6] LAWRENCE, A., *Acoustics of the built environment*, Elsevier Applied Science, Londres, 1989.

[7] MESTRE, V. E.; WOOTEN, D. C., "Noise impact analysis", in: Rau, J. G.; Wooten, D. C. (eds.), *Environmental impact analysis handbook*, McGraw-Hill Book Company, New York, 1980.

[8] ISO 3891, *Acoustics – Procedure for describing aircraft noise heard on the ground*, 1978.

[9] LORD, R. D., "Physical assessment of transportation noise", in: Nelson, P. M. (ed.), *Transportation noise reference book*, Butterworths, Londres, 1987.

[10] NBR 10856 (NB-1240), *Determinação do nível efetivo de ruído percebido (EPNL) de sobrevôo de aeronaves*, 1989.

[11] FORD, H. W.; GATLEY, W. S.; EVENSEN, H. A., *Noise control for engineers*, McGraw-Hill Book Company, New York, 1980.

[12] NELSON, P. M. (ed.), *Transportation noise reference book*, Butterworths, Londres, 1987.

---

[7] Se houvesse mais trens, com diferentes perfis de operação, cada um deles seria tratado em separado, adicionando-se logaritmicamente os $L_{dn}$ assim obtidos.

# 10
# RUÍDO EM RECINTOS

Neste capítulo trataremos da acústica de recintos. O recinto poderá ser uma sala, um auditório, um estúdio de gravação, um grande galpão industrial, uma pequena oficina etc.

Os problemas causados pelo ruído em recintos incluem o risco da perda de audição numa indústria, a redução da inteligibilidade da fala numa sala de aula, a dificuldade de concentração numa biblioteca, a perturbação do sono num dormitório, a dificuldade de comunicação oral numa sala de estar etc.

Em campo livre, como o próprio nome indica, a propagação da onda se dá de forma livre, sem interferência de outras ondas. Já em recintos, a propagação da onda a partir da fonte sofre interferência das ondas que são refletidas nas superfícies que delimitam o recinto – paredes, teto e piso.

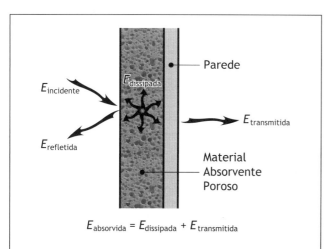

**Figura 10.1** *Balanço energético do som que incide sobre uma superfície.*

Conforme indica a Fig. 10.1, quando o som incide sobre uma superfície, uma parte da energia sonora é refletida, enquanto a outra parte, a qual desaparece atrás da superfície, se compõe de duas parcelas: a energia sonora dissipada e a energia sonora transmitida pela parede.

Uma medida da capacidade de uma superfície em absorver som é dada pelo *coeficiente de absorção sonora* ($\alpha$), definido da seguinte forma:

$$\alpha = \frac{E_{\text{absorvida}}}{E_{\text{incidente}}} = \frac{E_{\text{incidente}} - E_{\text{refletida}}}{E_{\text{incidente}}} = 1 - \frac{E_{\text{refletida}}}{E_{\text{incidente}}}, \quad (10.1)$$

em que:

$E_{\text{absorvida}}$ é a energia sonora absorvida ($E_{\text{absorvida}} = E_{\text{dissipada}} + E_{\text{transmitida}}$);

$E_{\text{refletida}}$ é a energia sonora refletida; e

$E_{\text{incidente}}$ é a energia sonora incidente.

O *coeficiente de reflexão sonora* ($\rho$) é definido da seguinte forma:

$$\rho = \frac{E_{\text{refletida}}}{E_{\text{incidente}}}. \quad (10.2)$$

Das duas fórmulas de definição anteriores, verifica-se que: $\alpha = 1 - \rho$. Assim, $\alpha = 1$ e $\rho = 0$ para uma superfície totalmente absorvente ($E_{\text{refletida}} = 0$); e $\alpha = 0$ e $\rho = 1$ para uma superfície totalmente reflexiva ($E_{\text{refletida}} = E_{\text{incidente}}$).

A parcela da energia sonora que é reirradiada pela face da superfície oposta à do som incidente é a energia sonora transmitida ($E_{\text{transmitida}}$). Associado à energia sonora transmitida, define-se o *coeficiente de transmissão sonora* ($\tau$) da seguinte forma:

$$\tau = \frac{E_{\text{transmitida}}}{E_{\text{incidente}}} \qquad (10.3)$$

O ambiente no qual a energia sonora transmitida se propaga pode ser o ar-livre ou um outro recinto.

## 10.1 ABSORÇÃO SONORA

Uma janela aberta é um excelente absorvedor de som, pois toda a energia sonora incidente escapa pela janela – nenhuma energia sonora é refletida. Logo, de acordo com a Eq. (10.1), como $E_{refletida} = 0$, $\alpha = 1$ para a janela aberta. Como a janela aberta não possui elementos de dissipação da energia sonora, $E_{dissipada} = 0$, então a energia sonora absorvida $E_{absorvida}$ se deve em sua totalidade à energia sonora transmitida $E_{transmitida}$; ou seja, $E_{absorvida} = E_{transmitida}$. Apesar da janela aberta apresentar o máximo valor possível do coeficiente de absorção sonora, nunca se utilizam janelas abertas para absorver som em recintos. Nessas situações, são empregados materiais ditos *absorventes acústicos*. Estes materiais fazem uso da energia dissipada na sua estrutura para absorver som.

Materiais tipicamente utilizados para absorver som são fibrosos (lã de vidro, lã de rocha etc.), ou porosos (espumas de poliuretano – do tipo das esponjas utilizadas em limpeza doméstica etc.). Materiais absorventes são leves e não possuem características estruturais.

Nesses materiais, a absorção se dá essencialmente pela dissipação da energia sonora por atrito, devido ao movimento das partículas do ar no interior do material, quando da passagem da onda sonora. Um bom absorvente de som é o material que "respira", ou seja, o material que permite às partículas do ar penetrar e se movimentar em seu interior. Tecidos com trama muito estreita que não permitem que o ar os atravesse (por exemplo, encerados de algodão) são ineficazes, assim como aqueles que apresentam trama muito esparsa, que permitem enxergar através deles (gaze, por exemplo). Assim percebe-se que o a propriedade fundamental dos materiais absorventes é a *resistência ao fluxo de ar* – a maximização da absorção sonora requer uma resistência ótima através do material.

Entretanto, se colocarmos uma manta de lã de vidro na abertura da janela, paradoxalmente, a energia sonora transmitida (e não a dissipada) continuará a ser a principal responsável pela absorção sonora, pois a estrutura aberta da lã de vidro não impede que a energia sonora incidente escape através da manta. Para que materiais porosos/fibrosos adquiram toda a sua capacidade de dissipar energia sonora, eles deverão ser aplicados sobre uma superfície sólida – fixados sobre a parede do recinto como mostra a Fig. 10.1. Nessa situação, a onda refletida se combina com a onda incidente, gerando uma *onda*

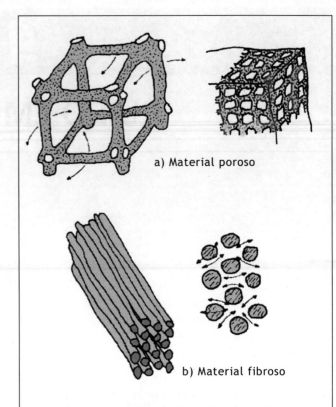

**Figura 10.2** *Estrutura de materiais porosos/fibrosos. Fonte: [1] Gerges.*

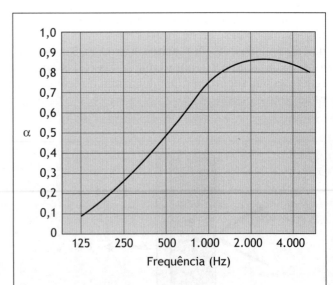

**Figura 10.3** *Variação típica do coeficiente de absorção sonora segundo a frequência de materiais absorventes de som porosos/fibrosos instalados sobre superfície sólida. Fonte: [2] Gonzalez.*

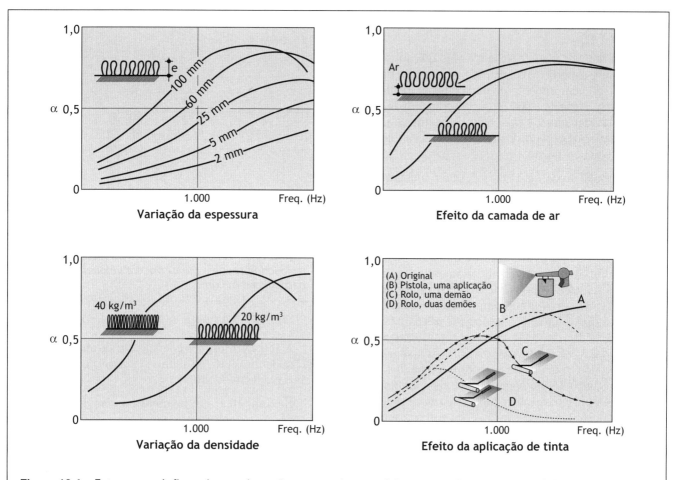

**Figura 10.4** *Fatores que influenciam a absorção sonora de materiais porosos/fibrosos. Fonte: [2] Gonzalez.*

*estacionária* na frente da parede que interage com o material absorvente, provocando a dissipação por atrito da energia sonora na estrutura porosa/fibrosa do material e que ultimamente se degrada em calor (por esta razão, a denominação mais adequada para os absorventes acústicos seria de *dissipadores acústicos*). Ainda, devido à presença da parede, a energia sonora transmitida é muito pequena quando comparada com a energia sonora dissipada na estrutura do material poroso/fibroso, sendo a dissipação estrutural o principal mecanismo de absorção sonora. Pode-se considerar, então, que nos materiais absorventes porosos/fibrosos instalados sobre superfícies sólidas $E_{absorvida} = E_{dissipada}$.

Consequentemente, torna-se importante a maneira como o material absorvente é montado, pois o coeficiente de absorção sonora varia muito com a frequência para diferentes montagens.

O coeficiente de absorção sonora normalmente utilizado nas aplicações é aquele obtido experimentalmente em uma câmara de testes especial denominada de *câmara reverberante* (que estudaremos em mais detalhes mais adiante, neste capítulo). O coeficiente de absorção sonora assim obtido é denominado *coeficiente de absorção sonora de Sabine*[1]. O coeficiente de absorção sonora aqui utilizado será sempre o de Sabine.

O coeficiente de absorção sonora de materiais absorventes porosos/fibrosos instalados sobre superfície sólida varia tipicamente com a frequência do som incidente como se vê na Fig. 10.3.

A curva do coeficiente de absorção sonora *versus* frequência desloca-se tanto vertical como horizontalmente, dependendo das características físicas e construtivas do material. A Fig. 10.4 ilustra os efeitos de alguns fatores na curva de absorção sonora de materiais porosos/fibrosos. Observa-se geralmente que α aumenta segundo a espessura e a densidade de materiais porosos/fibrosos.

---

(1) Wallace Clement Sabine, 1868-1919. Professor de física da Universidade de Harvard, nos Estados Unidos, é considerado o pai da moderna acústica arquitetônica, por seu pioneirismo em aplicar o método científico ao estudo da acústica de recintos. É dele a definição de coeficiente de absorção sonora.

A figura também ilustra o efeito da aplicação de tintas nesses materiais.

A espessura de materiais absorventes aplicados diretamente sobre superfícies sólidas deve ser de pelo menos um décimo do comprimento de onda do som incidente. Como na frequência de *1.000 Hz*, o comprimento de onda é de aproximadamente *34 cm*, então, de acordo com esta recomendação, a espessura do material absorvente deverá ser de pelo menos 3,4 cm.

Observa-se ainda, na Fig. 10.4, que o afastamento do material da superfície de uma parede/teto tende a aumentar a absorção sonora, principalmente nas baixas frequências. De fato, a eficácia dos materiais porosos/fibrosos é maior quando estes se localizam em regiões onde a velocidade das partículas (definida na Sec. 2.6) é maior. A Fig. 10.5 ilustra o comportamento da pressão sonora e da velocidade das partículas entre duas paredes de um recinto. Observa-se que, junto às paredes, a pressão sonora é máxima, enquanto a velocidade das partículas é zero – as partículas do ar não se movimentam junto a uma parede sólida. A velocidade das partículas é máxima onde a pressão sonora é mínima. Isso ocorre a uma distância da parede igual a 1/4 do comprimento de onda do som incidente. Assim, em baixas frequências, o material absorvente deverá ser mais espesso, ou estar suficientemente afastado da superfície, para interagir com as partículas do ar na região onde a velocidade das partículas é máxima.

Como geralmente os materiais porosos/fibrosos apresentam baixos coeficientes de absorção sonora nas baixas frequências, uma alternativa ao aumento da espessura – que é caro – seria instalar o material afastado λ/4 da superfície. Por exemplo, para aumentar a absorção sonora na banda de oitava de 125 Hz, a distância da superfície deverá ser de

$$\frac{\lambda}{4} = \frac{c}{4f} = \frac{340}{4 \times 125} = 0{,}68 \text{ m} = 68 \text{ cm}.$$

Essa distância é muito grande para aplicação do material absorvente afastado da parede. Distâncias dessa ordem de grandeza são mais facilmente viabilizadas no teto dos recintos.

Define-se *coeficiente de redução sonora* ("noise reduction coefficient", NRC) como a média aritmética dos coeficientes de absorção sonora das bandas de oitava de 250 a 2.000 Hz:

$$\text{NRC} = \frac{1}{4}\big[\alpha(250 \text{ Hz}) + \alpha(500 \text{ Hz}) + \\ + \alpha(1.000 \text{ Hz}) + \alpha(2.000 \text{ Hz})\big]. \qquad (10.4)$$

O NRC é um número único que sintetiza a capacidade de absorção sonora do material, sendo útil numa primeira análise comparativa de diferentes materiais.

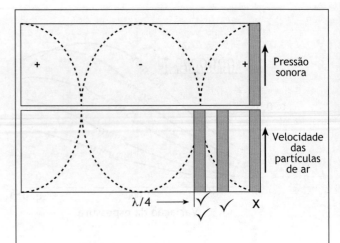

**Figura 10.5** *A absorção sonora de materiais porosos/fibrosos é maior onde a velocidade das partículas é máxima.*

A Tab. 10.1 fornece coeficientes de absorção sonora em bandas de oitava de alguns materiais porosos/fibrosos e seus respectivos NRCs.

Na Tab. 10.1, em algumas bandas de frequência, observam-se coeficientes de absorção sonora maiores que a unidade. Isso é fisicamente impossível, pois, de acordo com a definição desse coeficiente, implicaria em energia absorvida maior que a incidente. Uma das justificativas para essa inconsistência é que o teste em câmara reverberante para determinação de $\alpha$ não reproduz as condições idealizadas para aplicabilidade da sua fórmula de definição. Ocorre também que a amostra do material sob teste se comporta como que se suas dimensões fossem maiores em até meio comprimento de onda na frequência de interesse. Esse efeito se deve à difração sonora nas bordas da amostra. Em baixas frequências, esse efeito é mais pronunciado, diminuindo com o aumento da frequência. Em amostras com dimensões de 2,4 × 2,7 m, o efeito da difração em 4 kHz é desprezível, aumentando o coeficiente de absorção em cerca de 10%, em 1 kHz, e duplicando-o em 125 Hz.

A Tab. 10.2 fornece correções para dois tamanhos de amostra, que devem ser multiplicadas pelo coeficiente de absorção sonora obtido em câmara reverberante, quando o material é empregado em áreas "muito maiores e extensas" do que a da amostra testada. Os laboratórios, no entanto, são recomendados a *não* aplicá-las aos valores obtidos em seus testes, devendo o projetista ter conhecimento desses valores aumentados e corrigi-los nas aplicações.

A Tab. 10.3 fornece coeficientes de absorção sonora de materiais e de revestimentos de superfícies normalmente empregados em construções.

10.1 – Absorção sonora 247

**TABELA 10.1  Coeficientes de absorção sonora de materiais porosos/fibrosos***

| Material | | | | | | Frequência central da banda de oitava (Hz) | | | | | | NRC |
|---|---|---|---|---|---|---|---|---|---|---|---|---|
| | | | | | | 125 | 250 | 500 | 1.000 | 2.000 | 4.000 | |
| Fibrodso | Isover – Santa Marina Placa de lã de vidro aglomerado | Densidade (kg/m³) | 30 | Espessura (mm) | 25 | 0,08 | 0,27 | 0,50 | 0,87 | 0,98 | 1,04 | 0,66 |
| | | | | | 50 | 0,17 | 0,62 | 0,90 | 1,08 | 1,07 | 0,97 | 0,92 |
| | | | 60 | | 25 | 0,05 | 0,27 | 0,68 | 0,94 | 1,03 | 1,05 | 0,73 |
| | | | | | 50 | 0,13 | 0,75 | 0,96 | 1,03 | 0,88 | 0,96 | 0,91 |
| | Thermax – RockFibras Manta de lã de rocha basáltica | Densidade (kg/m³) | 32 | Espessura (mm) | 50 | 0,35 | 0,48 | 0,74 | 0,88 | 0,91 | 0,96 | 0,75 |
| | | | | | 100 | 0,85 | 0,98 | 1,10 | 1,11 | 1,09 | 1,18 | 1,07 |
| | | | 64 | | 50 | 0,50 | 0,59 | 0,91 | 1,05 | 1,06 | 1,06 | 0,90 |
| | | | | | 100 | 0,87 | 1,23 | 1,19 | 1,15 | 1,12 | 1,10 | 1,17 |
| Poroso | Espumex – Acústica São Luiz Espuma flexível de poliuretano poliéster incombustível | | | Espessura (mm) | 40 | 0,06 | 0,19 | 0,38 | 0,52 | 0,48 | 0,65 | 0,39 |
| | | | | | 60 | 0,10 | 0,28 | 0,49 | 0,53 | 0,47 | 0,82 | 0,44 |
| | | | | | 70 | 0,15 | 0,42 | 0,75 | 0,74 | 0,66 | 0,95 | 0,64 |
| | | | | | 75 | 0,15 | 0,50 | 0,90 | 0,99 | 1,00 | 1,00 | 0,85 |
| | Sonex – Illbruck Espuma flexível de poliuretano poliéster (com retardadores de chama) densidade: 32 kg/m³ | | | Espessura (mm) | 20 | 0,04 | 0,12 | 0,28 | 0,44 | 0,60 | 0,73 | 0,36 |
| | | | | | 35 | 0,06 | 0,20 | 0,45 | 0,71 | 0,95 | 0,89 | 0,58 |
| | | | | | 50 | 0,07 | 0,32 | 0,72 | 0,88 | 0,97 | 1,01 | 0,72 |
| | | | | | 75 | 0,13 | 0,53 | 0,90 | 1,07 | 1,07 | 1,00 | 0,89 |

*Valores indicativos. Utilizar sempre o coeficiente de absorção sonora fornecido pelo fabricante.

**TABELA 10.2  Correções a aplicar nos coeficientes de absorção sonora obtidos em câmara reverberante com amostras de tamanho limitado**

| Tamanho da amostra (m) | Frequência central da banda de oitava (Hz) | | | | | |
|---|---|---|---|---|---|---|
| | 125 | 250 | 500 | 1.000 | 2.000 | 4.000 |
| 2,4 × 2,7 | 0,49 | 0,66 | 0,79 | 0,88 | 0,94 | 0,97 |
| 1,8 × 2,4 | 0,43 | 0,60 | 0,75 | 0,86 | 0,92 | 0,96 |

# 248   10 – Ruído em recintos

| TABELA 10.3 Coeficientes de absorção sonora de materiais e de revestimentos de superfícies* | | | | | | |
|---|---|---|---|---|---|---|
| **Material** | **Frequência central da banda de oitava (Hz)** | | | | | |
| | **125** | **250** | **500** | **1.000** | **2.000** | **4.000** |
| Alvenaria de tijolos aparentes não pintados | 0,02 | 0,02 | 0,03 | 0,04 | 0,05 | 0,07 |
| Alvenaria de tijolos aparentes pintados | 0,01 | 0,01 | 0,02 | 0,02 | 0,02 | 0,03 |
| Reboco liso sobre alvenaria de tijolos ou blocos | 0,03 | 0,03 | 0,04 | 0,04 | 0,04 | 0,04 |
| Alvenaria de blocos aparentes pintados | 0,01 | 0,05 | 0,06 | 0,07 | 0,09 | 0,08 |
| Reboco ou gesso rústico sobre quaisquer alvenarias | 0,02 | 0,03 | 0,04 | 0,05 | 0,04 | 0,03 |
| Reboco ou gesso desempenado sobre quaisquer alvenarias | 0,02 | 0,02 | 0,03 | 0,04 | 0,04 | 0,03 |
| Concreto ou cimentado liso desempenado | 0,01 | 0,01 | 0,01 | 0,02 | 0,02 | 0,02 |
| Concreto aparente, tratado e polido | 0,01 | 0,01 | 0,01 | 0,02 | 0,02 | 0,02 |
| Azulejos ou pastilhas | 0,02 | 0,02 | 0,03 | 0,04 | 0,05 | 0,05 |
| Mármore, cerâmica ou granito polido | 0,01 | 0,01 | 0,01 | 0,01 | 0,02 | 0,02 |
| Painel de cortiça sobre qualquer alvenaria | 0,05 | 0,05 | 0,05 | 0,08 | 0,10 | 0,13 |
| Assoalho em tábua corrida, com espaço livre até o contrapiso | **0,40**\*\* | **0,30** | **0,20** | **0,17** | 0,15 | 0,10 |
| Tacos de madeira colados sobre contrapiso | 0,04 | 0,04 | 0,07 | 0,06 | 0,06 | 0,07 |
| Carpete tipo forração simples, colado sobre contrapiso | 0,05 | 0,05 | 0,10 | 0,20 | 0,30 | 0,40 |
| Carpete tipo forração alto-tráfego | 0,05 | 0,10 | 0,15 | 0,30 | 0,50 | 0,55 |
| Carpete de náilon de 6 mm sobre manta de feltro | 0,05 | 0,10 | 0,10 | 0,30 | 0,40 | 0,50 |
| Carpete de náilon de 10 mm sobre manta de feltro | 0,05 | 0,15 | 0,30 | 0,40 | 0,50 | 0,60 |
| Carpete tipo forração simples, colado sobre contrapiso | 0,05 | 0,05 | 0,10 | 0,20 | 0,30 | 0,40 |
| Paviflex ou plurigoma, colado sobre contrapiso desempenado | 0,02 | 0,03 | 0,03 | 0,03 | 0,03 | 0,02 |
| Cortina de tecido leve, esticada, em contacto com a parede | 0,03 | 0,04 | 0,11 | 0,17 | 0,24 | 0,35 |
| Cortina de tecido médio, drapeada, em 50% da área | 0,07 | 0,31 | 0,49 | 0,75 | 0,70 | 0,60 |
| Cortina de tecido pesado, drapeada, em 50% da área | 0,14 | 0,35 | 0,55 | 0,72 | 0,70 | 0,65 |
| Superfície de água (piscinas, espelhos d'água etc.) | 0,01 | 0,01 | 0,01 | 0,01 | 0,02 | 0,02 |
| Vidro fixo, temperado ou laminado, com grande superfície | **0,18** | **0,06** | **0,04** | **0,03** | 0,02 | 0,02 |
| Vidro comum montado em caixilho | **0,35** | **0,25** | **0,18** | **0,12** | 0,07 | 0,04 |
| Divisória de gesso tipo *dry-wall* com ou sem enchimento | **0,10** | **0,08** | **0,05** | **0,03** | 0,03 | 0,03 |
| Divisória de lambris de madeira compensada | **0,58** | **0,22** | **0,07** | **0,04** | 0,03 | 0,07 |
| Lambris tipo macho-fêmea, contra a parede | **0,24** | **0,19** | **0,14** | **0,08** | 0,13 | 0,10 |
| Forro de gesso acartonado com ou sem enchimento | **0,10** | **0,08** | **0,05** | **0,03** | 0,03 | 0,03 |
| Assoalho em tábua corrida sobre contrapiso | **0,15** | **0,11** | **0,10** | **0,07** | 0,06 | 0,07 |
| Porta de madeira comum, pintada ou envernizada | **0,24** | **0,19** | **0,14** | **0,08** | 0,13 | 0,10 |
| Porta acústica, com faces de madeira, pintadas ou envernizadas | **0,15** | **0,11** | **0,10** | **0,07** | 0,06 | 0,07 |

*Valores indicativos. Utilizar sempre coeficientes de absorção sonora fornecidos pelo fabricante.

\*\* *Observação*: os valores em **negrito** se devem provavelmente à absorção sonora de "painel ressonante".

Os principais mecanismos de absorção sonora não existem nos materiais sólidos, pois estes não permitem que as partículas do ar interajam com a sua estrutura. A absorção sonora é drasticamente reduzida nesses materiais, e passa então a depender das características superficiais de cada material. Uma análise dos dados experimentais revela que o coeficiente de absorção sonora de materiais sólidos depende basicamente da frequência do som incidente e da rugosidade superficial. Observa-se que, para uma dada frequência, o coeficiente de absorção sonora diminui quanto menos rugosa é a superfície. Por exemplo, em 1 kHz, o mármore apresenta coeficiente de absorção sonora de apenas 0,01, o concreto aparente de 0,02, e a alvenaria não pintada de 0,04. Observa-se também que, para uma dada rugosidade superficial, o coeficiente de absorção sonora tende a aumentar com a frequência. Por exemplo, os coeficientes de absorção sonora da alvenaria de tijolos aparentes não pintados são 0,02, 0,02, 0,03, 0,04, 0,05, 0,07, nas bandas de oitava que vão de 125 Hz a 4 kHz, respectivamente.

Quando um painel de revestimento é montado numa parede, piso ou teto, ou mesmo quando um painel divide dois recintos, ele fica livre para vibrar quando da incidência das ondas sonoras. Poderá ocorrer, então, dissipação de energia sonora devido à flexão do painel. Dependendo da frequência do som incidente, o painel ressoa e passa a absorver som nessa frequência (mais detalhes mais adiante no capítulo). Esse é outro mecanismo de absorção sonora que normalmente se manifesta nas baixas frequências em painéis de forro, assoalhos em tábuas de madeira, lambris em paredes, divisórias, portas, janelas etc. Nas últimas linhas da Tab. 10.3, apresentam-se, em negrito, coeficientes de absorção sonora aumentados nas baixas frequências, provavelmente devido ao efeito "painel ressonante" das superfícies indicadas.

A capacidade de absorção sonora de uma superfície depende, além do coeficiente de absorção sonora, da área da superfície. A *absorção sonora de uma superfície* ($A_{sup}$) é calculada através da fórmula

$$A_{sup} = \alpha S \ \text{m}^2 \ (\text{Sabine}), \tag{10.5}$$

sendo $S$ a área da superfície, em metros quadrados. Nessa fórmula, como $\alpha$ é adimensional, $A_{sup}$ tem unidades de $S$, ou seja, $\text{m}^2$. Vê-se então que $A_{sup}$ é a área $S$ ponderada pelo coeficiente de absorção $\alpha$ da superfície. A fim de diferenciar unidades de área de unidades de absorção, inclui-se "Sabine" entre parênteses, após $\text{m}^2$, como indicativo de que se trata de área de absorção. Por definição, $1\text{m}^2(\text{Sabine}) = 1\text{m}^2$ de material 100% absorvente.

As superfícies que delimitam um recinto podem constituir-se de variados materiais, cada um deles com diferentes coeficientes de absorção sonora. A absorção sonora das superfícies do recinto ($A_{sup.recinto}$) é calculada da seguinte forma

$$A_{sup.recinto} = \sum_{i=1}^{N} \alpha_i \cdot S_i, \tag{10.6}$$

em que $\alpha_i$ é o coeficiente de absorção sonora da $i$-ésima superfície com área $S_i$; e $N = 6$ para recintos em forma de paralelepípedo, com quatro paredes, teto e piso.

Define-se *coeficiente de absorção sonora médio das superfícies* ($\bar{\alpha}$) da seguinte forma:

$$\bar{\alpha} = \frac{A_{sup.recinto}}{S_{total}} = \frac{\displaystyle\sum_{i=1}^{N} \alpha_i \cdot S_i}{\displaystyle\sum_{i=1}^{N} S_i}. \tag{10.7}$$

## ABSORÇÃO SONORA EM RECINTOS

Existem outros tipos de absorção sonora em recintos, além daquela conferida pelas paredes, teto e piso. A absorção sonora total de um recinto, ($A_{recinto}$) é dada por

$$A_{recinto} = A_{sup.recinto} + A_{diversos} + A_{ar}, \tag{10.8}$$

sendo $A_{diversos}$ a absorção sonora de pessoas e mobiliário presentes no recinto, e $A_{ar}$ a absorção sonora do ar ambiente.

A absorção sonora de pessoas e do mobiliário é normalmente dada diretamente em termos de unidades de absorção, pois é difícil definir-se uma área equivalente nesses casos. A Tab. 10.4 fornece a absorção sonora, em metros quadrados (Sabine), de pessoas e de mobiliário usado em ambientes destinados a reunião de pessoas.

Normalmente se considera apenas a absorção sonora de pessoas em recintos destinados a reunir uma grande assembleia, tais como em igrejas, em auditórios, em salas de aula e de conferência. Despreza-se a absorção sonora do mobiliário em recintos com mobílias simples e em número relativamente pequeno quando comparado com o volume do recinto. Normalmente não se computa a absorção sonora de pessoas, bem como de máquinas, equipamentos e de estruturas metálicas presentes em galpões industriais e oficinas, pois frequentemente essa contribuição é de segunda ordem.

A absorção sonora do ar ambiente á calculada pela fórmula

$$A_{ar} = 4V \cdot m, \tag{10.9}$$

sendo $V$ o volume do recinto (em $\text{m}^3$) e $m$ a *constante de absorção sonora do ar* (em $\text{m}^{-1}$). Conforme foi visto na Sec. 9.3, a absorção do ar depende da temperatura e da umidade relativa. A Tab. 10.5 lista valores de $m$, em bandas de oitava, para o ar a 25 °C e para diversas umidades relativas. Observa-se nesta tabela que não ocorre absorção sonora no ar em recintos abaixo de 500 Hz.

# 10 – Ruído em recintos

**TABELA 10.4  Absorções sonoras de pessoas e de mobiliário**

| Pessoas e mobiliário | Absorção sonora (m² – Sabine), para as bandas de oitava indicadas (Hz) | | | | | |
|---|---|---|---|---|---|---|
| | 125 | 250 | 500 | 1.000 | 2.000 | 4.000 |
| Pessoa de pé | 0,19 | 0,33 | 0,44 | 0,42 | 0,46 | 0,37 |
| Pessoa sentada no chão (uma pessoa por metro quadrado) | 0,17 | 0,36 | 0,47 | 0,52 | 0,53 | 0,46 |
| Adulto sentado, incluindo a cadeira | 0,20 | 0,28 | 0,32 | 0,37 | 0,41 | 0,44 |
| Criança sentada, incluindo a cadeira | 0,17 | 0,21 | 0,26 | 0,30 | 0,33 | 0,37 |
| Músico de orquestra com instrumento | 0,40 | 0,85 | 1,15 | 1,40 | 1,30 | 1,20 |
| Cadeira de madeira, simples, vazia, ou pequena mesa | 0,01 | 0,01 | 0,01 | 0,02 | 0,04 | 0,05 |
| Cadeira de palhinha | 0,01 | 0,02 | 0,02 | 0,02 | 0,02 | 0,02 |
| Carteira escolar, vazia | 0,02 | 0,02 | 0,03 | 0,04 | 0,06 | 0,08 |
| Carteira escolar, ocupada | 0,18 | 0,24 | 0,28 | 0,33 | 0,37 | 0,39 |
| Poltrona de auditório, de madeira | 0,01 | 0,01 | 0,02 | 0,03 | 0,05 | 0,06 |
| Poltrona de auditório, de madeira, com assento móvel levantado | 0,02 | 0,02 | 0,02 | 0,04 | 0,04 | 0,03 |
| Poltrona de auditório, estofada, com assento móvel levantado | 0,08 | 0,16 | 0,22 | 0,23 | 0,24 | 0,24 |
| Poltrona de auditório, estofada, ocupada | 0,39 | 0,38 | 0,38 | 0,38 | 0,42 | 0,42 |

**TABELA 10.5  Constantes de absorção sonora do ar ($m$) a 25°C**

| Umi-dade relativa | Frequência central da banda de oitava (Hz) | | | | | | | | | |
|---|---|---|---|---|---|---|---|---|---|---|
| | 31,5 | 63 | 125 | 250 | 500 | 1.000 | 2.000 | 4.000 | 8.000 | 16.000 |
| | Constante de absorção sonora do ar ($m$) em 1/m | | | | | | | | | |
| 10 | - | - | - | - | 0,0030 | 0,0060 | 0,0080 | 0,0200 | 0,0450 | 0,0625 |
| 20 | - | - | - | - | 0,0010 | 0,0020 | 0,0040 | 0,0150 | 0,0460 | 0,0830 |
| 30 | - | - | - | - | - | 0,0015 | 0,0028 | 0,0078 | 0,0171 | 0,0675 |
| 40 | - | - | - | - | - | 0,0010 | 0,0025 | 0,0064 | 0,0130 | 0,0500 |
| 50 | - | - | - | - | - | 0,0010 | 0,0024 | 0,0059 | 0,0111 | 0,0410 |
| 60 | - | - | - | - | - | 0,0010 | 0,0022 | 0,0055 | 0,0102 | 0,0340 |
| 70 | - | - | - | - | - | 0,0010 | 0,0021 | 0,0052 | 0,0097 | 0,0300 |
| 80 | - | - | - | - | - | 0,0010 | 0,0020 | 0,0050 | 0,0093 | 0,0260 |
| 90 | - | - | - | - | - | 0,0010 | 0,0020 | 0,0050 | 0,0093 | 0,0258 |

Normalmente só se considera a absorção do ar em recintos com grandes volumes, como igrejas, auditórios, galpões industriais, ginásio de esportes etc.

Em resumo, pode-se dizer que, como primeira aproximação, a absorção sonora de um recinto é dada essencialmente pela absorção sonora das superfícies que o delimitam, a não ser que o recinto possua grande volume, tenha uma grande quantidade de mobiliário e seja ocupado por muitas pessoas. Nesses casos, deve-se acrescentar a absorção sonora correspondente.

## DISPOSITIVOS ESPECIALIZADOS DE ABSORÇÃO SONORA

A característica comum dos materiais destinados a absorver som, como os porosos/fibrosos, é a reduzida absorção nas baixas frequências. Ocorre que, em certas situações, necessitamos aumentar a absorção nessas frequências, ou de mais absorção numa faixa específica de frequências. Nesses casos, pode-se recorrer a dispositivos especializados de absorção sonora. A Fig. 10.6 ilustra alguns desses dispositivos, juntamente com suas curvas de absorção sonora. Observar que tais curvas são qualitativas e visam dar uma ideia do comportamento desses dispositivos quanto às suas características de absorção sonora.

## PAINEL PERFURADO SOBRE MATERIAL POROSO/FIBROSO

Quando o material poroso/fibroso necessita de proteção mecânica, é comum recobri-lo com painéis perfurados de madeira, plástico ou metal. Quando a área aberta das perfurações ultrapassa 20% da área do painel, a absorção sonora do conjunto é controlada exclusivamente pelo material absorvente. Quando a área perfurada é inferior a 20% da área do painel, ocorre um pico na curva de absorção sonora do conjunto na frequência, dada por

$$f_{pico} = \frac{c}{2\pi} \left\{ \frac{P/100}{L[t+0,85d(1-0,22d/q)]} \right\}^{1/2}, \quad (10.10)$$

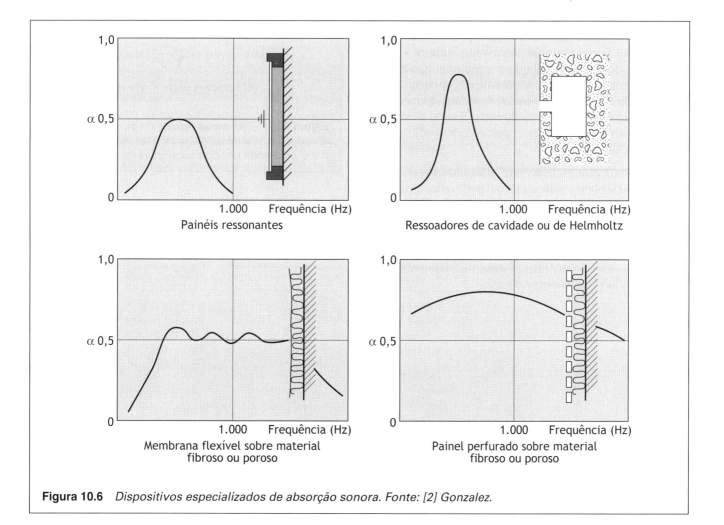

**Figura 10.6** *Dispositivos especializados de absorção sonora. Fonte: [2] Gonzalez.*

em que $c$ é a velocidade do som no ar, $P$ a porcentagem de área aberta do painel, $L$ a profundidade da cavidade formada pelo painel, incluindo a espessura do material absorvente, $t$ é a espessura do painel, $d$ é o diâmetro das perfurações, e $q$ é o espaçamento entre furos.

A condição $fL/c < 0,1$ deve ser satisfeita para que a Eq. (10.10) forneça resultados com incertezas menores que 15%. Quando o material absorvente preenche integralmente a espessura da cavidade, caso em que $L$ é igual à espessura do material absorvente, então a velocidade do som ($c$) deve ser substituída na fórmula por $0,85c$.

A Fig. 10.7 apresenta dois esquemas típicos de perfuração que podem ser adotados nas chapas de revestimento quando se deseja modificar a curva de absorção de materiais porosos/fibrosos.

## MEMBRANA FLEXÍVEL SOBRE MATERIAL POROSO/FIBROSO

Materiais absorventes porosos/fibrosos frequentemente necessitam de proteção contra pó, respingos sujeira, etc. Nessas situações, é comum ensacar-se o painel absorvente em membrana flexível de polietileno (plástico de saco de lixo) com espessura de 6 a 35 $\mu$m (1 micrometro = $10^{-6}$ m). Para que o material absorvente cumpra a sua função acústica, é essencial que a membrana não fique esticada, permitindo que o movimento das partículas de ar do lado de fora gere, através da membrana, movimento das partículas de ar dentro do saco. Mantas flexíveis deterioram a absorção sonora de painéis porosos/fibrosos nas altas frequências.

Quando o material absorvente ensacado em membrana flexível é recoberto com um painel perfurado, torna-se necessário evitar a compactação do conjunto. Caso isso ocorra, a absorção se degradará consideravelmente. Para evitar esse inconveniente, recomenda-se a instalação de um espaçador de tela de arame com malha de 12 mm dentro do saco – entre o material absorvente e a membrana flexível – do lado do painel perfurado.

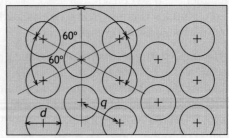

(a) Disposição alternada

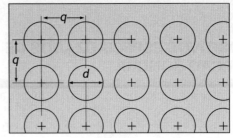

(b) Disposição reta

Disposição alternada

$$P = 90\left(\frac{d}{q}\right)^2 ; \quad q = d\sqrt{\frac{90}{P}}; \quad d = q\sqrt{\frac{P}{90}}$$

Disposição reta

$$P = 78,5\left(\frac{d}{q}\right)^2 ; \quad q = d\sqrt{\frac{78,5}{P}}; \quad d = q\sqrt{\frac{P}{78,5}}$$

(c) Relações entre P, d e q

**Figura 10.7** *Esquemas típicos de perfuração de chapas: (a) alternado, (b) reto; e (c) relações entre* P, d *e* q *para cada um dos esquemas de perfuração.*

## 10.1 – Absorção sonora · 253

### Exemplo 10.1

Uma chapa de compensado, de 2,4 × 2,7 m, será instalada como painel ressonante, estando a cavidade preenchida com uma placa de lã de vidro Isover (Santa Marina), com densidade de 30 kg/m³ e espessura de 25 mm. O objetivo é obter um coeficiente de absorção sonora de Sabine unitário em 60 Hz. Pede-se: 1) obter os coeficientes de absorção sonora de Sabine em bandas de oitava do painel ressonante; 2) a espessura da chapa de compensado, sabendo-se que a densidade do compensado é da ordem de 630 kg/m³; e 3) a profundidade da cavidade. Na hipótese de se perfurar uma chapa de alumínio de 9,5 mm de espessura, com furos de 6 mm de diâmetro, espaçados alternados a 45 mm, pede-se estimar também a nova frequência de pico de absorção sonora. A chapa de alumínio estará afastada 5 cm da parede, e a cavidade será preenchida com a lã de vidro acima especificada. Pede-se repetir os cálculos com chapa de aço de 0,8 mm de espessura, furos de 2,8 mm, espaçados alternados a 27 mm. Plotar a absorção sonora em metros quadrados (Sabine) da placa de lã de vidro, juntamente com a absorção sonora das três montagens.

### Painel ressonante

- A frequência requerida para máxima absorção sonora é a de ressonância do painel ressonante. Portanto $f_0 = 60$ Hz.

- Como se deseja coeficiente de absorção sonora unitário na frequência de ressonância e uma vez que haverá material absorvente na cavidade, selecionemos a curva de absorção B da Fig. 10.9(a), obtendo os coeficientes de absorção sonora de Sabine em bandas de oitava conforme Tab. (1) Ex. 10.1.

- A absorção sonora do painel ressonante é obtida multiplicando-se o coeficiente de absorção sonora pela área da chapa $S = 2,4 \times 2,7$ m $= 6,48$ m²; ou seja, $A_{painel\ res.} = \alpha \times S$ (m² – Sabine). A absorção sonora do painel ressonante encontra-se listada em bandas de oitava na Tab. (1) Ex. 10.1.

### Tabela (1) Exemplo 10.1  Cálculo da absorção sonora do painel ressonante

| $f/f_0$ | 0,5 | 1 | 2 | 4 | 8 |
|---|---|---|---|---|---|
| $f$ (Hz) | 31,5 | 63 | 125 | 250 | 500 |
| $\alpha_{Sabine}$ | 0,6 | 1,0 | 0,55 | 0,25 | 0,1 |
| $A_{painel\ res.} = \alpha \cdot S$, m², (Sabine) | 3,9 | 6,5 | 3,6 | 1,6 | 0,6 |

- Obtém-se da Fig. 10.9(b) a profundidade da cavidade, $H \cong 550$ mm, e a densidade superficial do painel, aproximadamente 1,8 kg/m². Portanto, a espessura da placa de compensado deverá ser de 1,8/630 = 0,003 m = 3 mm, aproximadamente.

Provavelmente não se encontra no comércio uma madeira compensada com essa espessura. Pode-se então recorrer a uma placa de revestimento de madeira laminada com espessura em torno de 3 mm.

### Painel perfurado

#### Caso a

Orifícios com diâmetro de 6 mm, espaçados alternados a 45 mm, em chapa de alumínio com 9,5 mm de espessura. Profundidade da cavidade, $L = 5$ cm. A chapa perfurada tem as seguintes dimensões: $t = 9,5$ mm, $d = 6$ mm, e $q = 45$ mm. A porcentagem ($P$) de área perfurada, para disposição alternada, é obtida da fórmula correspondente na Fig. 10.7(c):

$$P = 90\left(\frac{d}{q}\right)^2 = 90\left(\frac{6}{45}\right)^2 = 1,6\%.$$

A frequência de pico de absorção é obtida da Eq. (10.10):

$$f_{pico} = \frac{c}{2\pi}\left\{\frac{P/100}{L\left[t + 0,85d(1 - 0,22d/q)\right]}\right\}^{1/2}.$$

Substituindo os valores numéricos nessa fórmula, obtém-se

$$f_{\text{pico}} = \frac{344}{2\pi} \left\{ \frac{1,6/100}{0,05[0,0095+0,85\times0,006(1-0,22\times6/45)]} \right\}^{1/2} \cong 257 \text{ Hz.}$$

A condição $f_{\text{pico}} L/c < 0,1$ é satisfeita, pois $257 \times 0,05/344 \cong 0,037$, então a incerteza na estimativa da frequência de pico de absorção é menor que 15%.

### Caso b

Orifícios com diâmetro de 2,8 mm, espaçados alternados a 27 mm, em chapa de aço com 0,8 mm de espessura. Profundidade da cavidade, $L = 5$ cm. A chapa perfurada tem as seguintes dimensões: $t = 0,8$ mm, $d = 2,8$ mm, e $q = 27$ mm. Nesse caso, de forma análoga ao "Caso a", obtém-se:

$$P = 90\left(\frac{d}{q}\right)^2 = 90\left(\frac{2,8}{27}\right)^2 = 1,0\%,$$

$$f_{\text{pico}} = \frac{344}{2\pi} \left\{ \frac{1,0/100}{0,05[0,0008+0,85\times0,0028[1-0,22\times2,8/27)]} \right\}^{1/2} = 438 \text{ Hz.}$$

A condição $f_{\text{pico}} L/c < 0,1$, também nesse caso, é satisfeita, pois $438 \times 0,05/344 \cong 0,064$; então a incerteza na estimativa da frequência de pico de absorção é, também aqui, menor que 15%.

Não há como se determinar a absorção sonora em função da frequência das montagens com painel perfurado, a não ser experimentalmente, numa câmara reverberante. A única informação disponível é que a absorção do painel de lã de vidro se alterará após a instalação da chapa perfurada sobre ele, apresentando um pico na frequência de 257 Hz no "Caso a", e de 438 Hz no "Caso b". Portanto haverá um pico de absorção na banda de oitava de 250 Hz no primeiro caso, e na banda de oitava de 500 Hz no segundo caso. Observa-se, no entanto, na Fig. 10.8, que a curva de absorção sonora desse tipo de montagem assume a forma de sino, com o valor de pico do coeficiente de absorção sonora próximo a 1,0. Baseados nessas constatações, estimam-se, precariamente, apenas os coeficientes de absorção sonora das bandas de oitava contíguas à de pico. Nessas bandas, assume-se que sejam da ordem de 0,9. Com base nesses valores, as absorções sonoras dos painéis perfurados, nas três bandas, encontram-se calculadas na Tab. (2) Ex. 10.1.

**Tabela (2) Exemplo 10.1  Absorção sonora das montagens de painel perfurado sobre a lã de vidro**

| $f$ (Hz) | | 125 | 250 | 500 | 1.000 | 2.000 | 4.000 |
|---|---|---|---|---|---|---|---|
| **Caso (a)** | $\alpha_{\text{Sabine}}$ | 0,90 | 1,00 | 0,90 | - | - | - |
| Chapa perfurada $d = 6$ mm, $q = 45$ mm, + placa de lã de vidro, $f_0 = 257$ Hz | $A_{\text{painel perf.}} = \alpha \cdot S$ (m² - Sabine) | 5,80 | 6,50 | 5.80 | - | - | - |
| **Caso (b)** | $\alpha_{\text{Sabine}}$ | - | 0,90 | 1,00 | 0,90 | - | - |
| Chapa perfurada $d = 2,8$ mm, $q = 27$ mm, + placa de lã de vidro, $f_0 = 438$ Hz | $A_{\text{painel perf.}} = \alpha \cdot S$ (m² - Sabine) | - | 5,80 | 6,50 | 5,80 | - | - |

A Tab. (3) Ex. 10.1 lista os coeficientes de absorção sonora da placa de lã de vidro extraídos da Tab. 10.1 e as respectivas absorções sonoras.

**Tabela (3) Exemplo 10.1  Coeficientes de absorção sonora e absorção sonora da placa de lã de vidro**

| $f$ (Hz) | | 125 | 250 | 500 | 1.000 | 2.000 | 4.000 |
|---|---|---|---|---|---|---|---|
| Placa de lã de vidro Isover (Santa Marina), $2,4 \times 2,7$ m | $\alpha_{\text{Sabine}}$ | 0,08 | 0,27 | 0,50 | 0,87 | 0,98 | 1,04 |
| Densidade, 30 kg/m³, espessura, 25 mm | $A_{\text{p.lã}} = \alpha \cdot S$ (m² - Sabine) | 0,50 | 1,70 | 3,20 | 5,60 | 6,40 | 6,70 |

As absorções sonoras da placa de lã de vidro e das três montagens, encontram-se plotadas na Fig. Ex. 10.1.

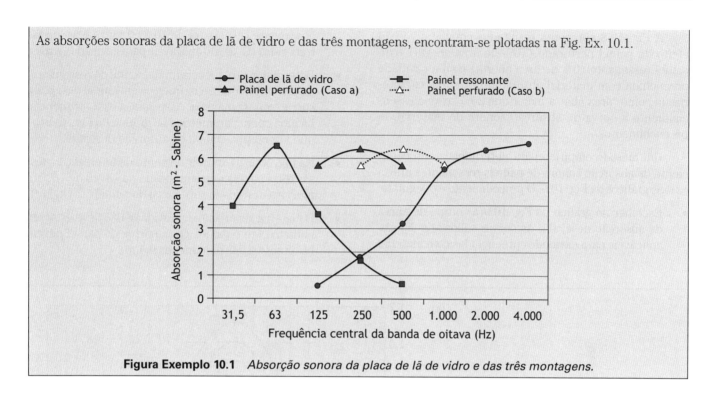

**Figura Exemplo 10.1** *Absorção sonora da placa de lã de vidro e das três montagens.*

## PAINEL RESSONANTE

O painel ressonante nada mais é que uma chapa fina de madeira ou de metal (aço, alumínio, etc.), montada sobre espaçadores fixados a uma parede, ou no teto, formando uma cavidade com ar no espaço interveniente. O painel é caracterizado pela sua *densidade superficial* (em kg/m²), dada pelo produto da espessura da chapa (em m), pela densidade do material da chapa (em kg/m³).

Para ser eficaz, o painel deve ser excitado pelo campo acústico. A energia acústica é então dissipada no movimento de flexão do painel. Adicionalmente, quando a cavidade é preenchida com material poroso/fibroso, há dissipação adicional de energia no material de preenchimento. A absorção sonora máxima ocorre na primeira frequência de ressonância do sistema painel-cavidade.

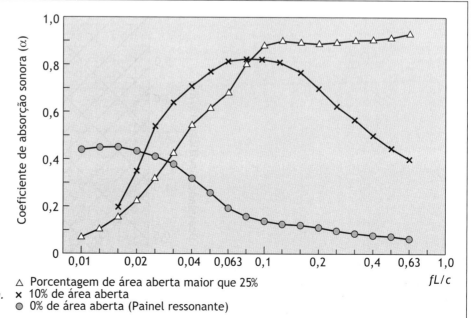

**Figura 10.8** *Efeito de painéis sobre material poroso. Painel com espessura de 3 mm e densidade superficial de 2,5 kg/m². Material de preenchimento com espessura de 50 mm. Fonte: [3] Bies e Hansen.*

A Fig. 10.8 apresenta resultados comparativos do efeito de painel perfurado (10% de área aberta) e do painel ressonante (0% de área aberta) com a cavidade preenchida com material absorvente. A curva caracterizada como "área aberta maior que 25%" revela essencialmente a curva de absorção sonora do material de preenchimento.

Um método empírico para determinação do coeficiente de absorção sonora de painéis ressonantes utiliza os dois gráficos da Fig. 10.9. O procedimento é o seguinte:

- Escolher no gráfico da Fig. 10.9(a) o tipo de curva de absorção desejada. As curvas sólidas (A–F) são aplicáveis para cavidades preenchidas com material absorvente (espessura de 10 a 50 mm); e as curvas tracejadas (G–J) são aplicáveis para cavidades vazias.

- Determinar a frequência fundamental de ressonância do painel ($f_0$), que é a frequência em que se deseja absorção sonora máxima. Associada a essa frequência, há uma curva paramétrica no gráfico da Fig. 10.9(b) que intercepta a curva de absorção desejada.

- Na Fig. 10.9(b), extrair do ponto de intersecção dessas duas curvas a profundidade da cavidade ($H$, em mm) e a densidade superficial do painel (em kg/m$^2$).

- O material absorvente na cavidade não deve estar em contato com o painel. Os suportes do painel devem estar separados pelo menos 0,4 m.

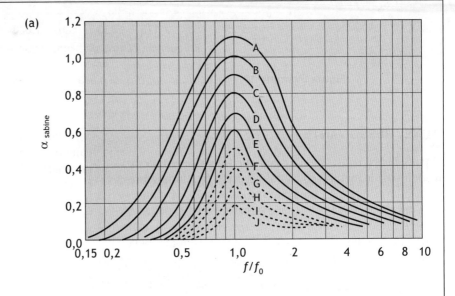

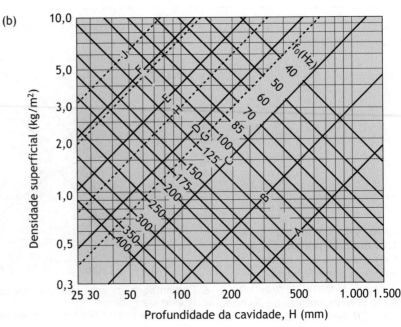

**Figura 10.9** *Gráficos para dimensionamento de painéis ressonantes. Fonte: [3] Bies e Hansen.*

## RESSONADORES DE CAVIDADE OU DE HELMHOLTZ

Conforme ilustra a Fig. 10.10, esse tipo de absorvedor de som tem a forma de uma garrafa. A frequência onde ocorre a absorção sonora máxima coincide com a frequência de ressonância da garrafa, sendo dada por

$$f_0 = \frac{c}{2\pi}\sqrt{\frac{S}{L'V}}, \qquad (10.11)$$

em que $L$ é o comprimento e $S$ a área da seção transversal do pescoço, respectivamente, e $V$ o volume. Aqui, $L'$ é o comprimento efetivo do pescoço, dado por

$L' = L + 1{,}7a$ (para boca flangeada),

$L' = L + 1{,}4a$ (para boca não flangeada),

sendo $a$ o raio da seção transversal do pescoço.

O ar contido na garrafa se comporta como uma mola, sendo comprimida pela pressão sonora. O atrito do ar junto às paredes internas é o mecanismo responsável pela absorção sonora. Com esse tipo de ressonador, é possível sintonizar a absorção máxima numa faixa estreita de frequências, conforme se vê na Fig. 10.11. Nas aplicações, essa faixa é normalmente de baixas frequências, onde materiais porosos/fibrosos são pouco eficazes. A forma da curva de ressonância do ressonador é caracterizada pelo *fator de qualidade*. Quanto mais pontiaguda for a curva de ressonância, maior será o fator de qualidade do ressonador. Ressonadores de Helmholtz são caracterizados por fatores de qualidade elevados. O fator de qualidade poderá ser reduzido inserindo-se material absorvente na

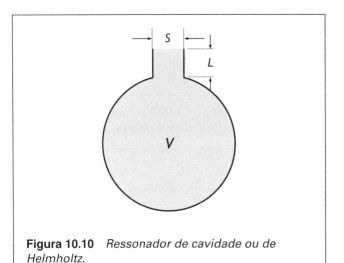

**Figura 10.10** *Ressonador de cavidade ou de Helmholtz.*

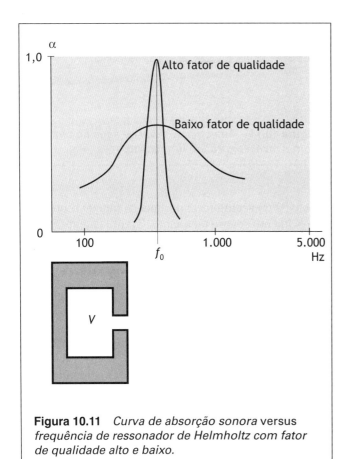

**Figura 10.11** *Curva de absorção sonora versus frequência de ressonador de Helmholtz com fator de qualidade alto e baixo.*

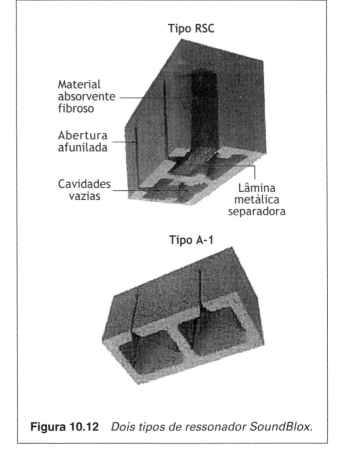

**Figura 10.12** *Dois tipos de ressonador SoundBlox.*

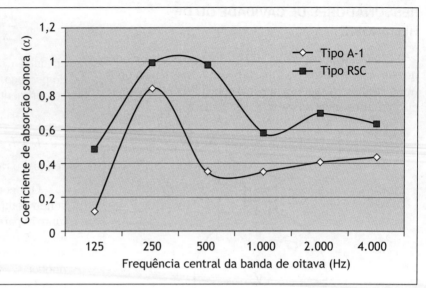

**Figura 10.13** *Coeficientes de absorção sonora do SoundBlox Tipo A-1 e Tipo RSC.*

cavidade do ressonador, quando se deseja absorção numa faixa mais ampla de frequências.

Existe um tipo de ressonador de cavidade disponível comercialmente nos Estados Unidos, conhecido como SoundBlox, construído a partir de blocos de cimento.

Conforme indica o gráfico da Fig. 10.13, o ressonador SoundBlox Tipo RSC, por incorporar material absorvente em sua cavidade, apresenta fator de qualidade mais baixo quando comparado com o ressonador SoundBlox Tipo A-1 com cavidade vazia. Assim, a inserção de material absorvente na cavidade tende a ampliar a faixa de frequências de absorção do ressonador.

## 10.2 CRESCIMENTO E DECAIMENTO SONORO EM RECINTOS

Quando se liga uma fonte sonora em um recinto, a energia sonora se eleva até atingir uma condição de equilíbrio, situação representada por um nível sonoro estacionário. Nessas condições, a energia sonora injetada pela fonte no recinto é exatamente equilibrada pela energia sonora absorvida no recinto.

Uma analogia do crescimento sonoro em um recinto é aquela em que um tanque vai sendo preenchido com água, com simultânea saída por uma torneira no fundo do tanque (Fig. 10.14). A alimentação de água representa a energia sonora injetada pela fonte no recinto, o nível da água no tanque representa o nível sonoro no recinto, enquanto a saída da água no fundo do tanque representa a energia sonora absorvida no recinto – uma maior vazão de saída corresponde a uma maior absorção sonora no

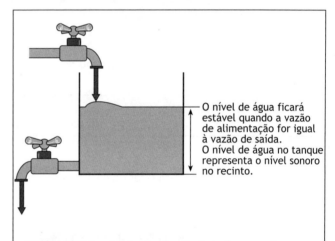

**Figura 10.14** *Analogia do nível de água no tanque com o nível sonoro em um recinto.*

recinto. O crescente nível de água no tanque representa o crescimento sonoro no recinto. Eventualmente, o nível de água no tanque ficará estável quando a vazão de alimentação for igual à de escape. Essa situação corresponde ao nível sonoro estacionário que é atingido no recinto.

Ao se desligar a fonte sonora, o nível sonoro no recinto cai, da mesma forma que cai o nível de água no tanque ao se fechar a torneira de alimentação. A queda do nível de água no tanque será tanto mais rápida quanto mais aberta estiver a torneira no fundo do tanque. Da mesma forma, a queda do nível sonoro no recinto será tanto mais rápida quanto maior for a absorção sonora do recinto.

Conforme ilustra a Fig. 10.15, associado ao decaimento sonoro no recinto, define-se *tempo de reverberação* ($T_{60}$) como o tempo necessário para que o nível sonoro do recinto caia 60 dB, após o desligamento da fonte sonora.

## 10.2 – Crescimento e decaimento sonoro em recintos

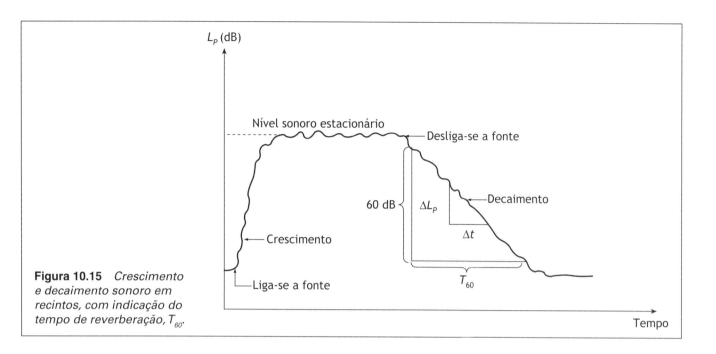

**Figura 10.15** *Crescimento e decaimento sonoro em recintos, com indicação do tempo de reverberação, $T_{60}$.*

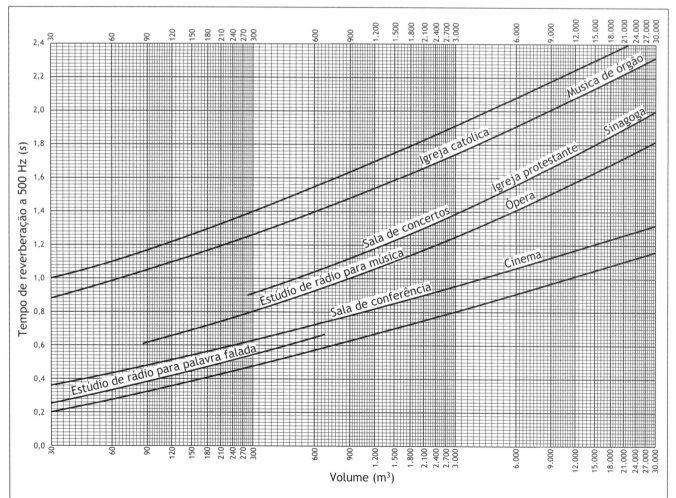

**Figura 10.16** *Tempos de reverberação recomendados em 500 Hz, para recintos destinados a diversos usos. Fonte: [4] NB-101.*

O tempo de reverberação será longo em recintos com pouca absorção sonora, e curto em recintos com muita absorção sonora.

Uma das grandes contribuições de Sabine foi estabelecer, em 1896, uma relação entre tempo de reverberação e absorção sonora, dada por

$$T_{60} = 0{,}161 \frac{V}{A_{recinto}} \text{ s,} \qquad (10.12)$$

sendo $V$ o volume do recinto. Essa equação, conhecida como *fórmula de Sabine*, não é dimensionalmente homogênea. Nessa fórmula, $V$ é dado em metros cúbicos, $A_{recinto}$ em metros quadrados (Sabine), resultando $T_{60}$ em segundos. Assim como a absorção sonora, o tempo de reverberação varia conforme a frequência.

É importante que o tempo de reverberação seja compatível com o tipo de uso de determinado recinto. Um tempo de reverberação longo é inadequado para recintos destinados à palavra falada, tais como salas de aula, salas de conferência e teatros para drama. Nesses recintos, a inteligibilidade da fala é prejudicada quando o tempo de reverberação é longo, pois o som refletido permanece no recinto na forma de reverberação por tempo maior que o ideal, interferindo no som direto, e reduzindo sua inteligibilidade. Assim, devem-se projetar salas destinadas a comunicação através da fala com tempos de reverberação relativamente curtos. Por outro lado, em salas de concerto, a reverberação é até certo ponto necessária, a fim de imprimir qualidade acústica à música orquestral, sendo então recomendados tempos de reverberação mais longos nessas salas. A Fig. 10.16 fornece tempos reverberação recomendados para recintos destinados a diversos usos.

Os tempos de reverberação da Fig. 10.16 são dados em função do volume do recinto para a frequência de 500 Hz. Os tempos de reverberação recomendados nas outras frequências poderão ser obtidos do gráfico da Fig. 10.17, como porcentagem daquele em 500 Hz.

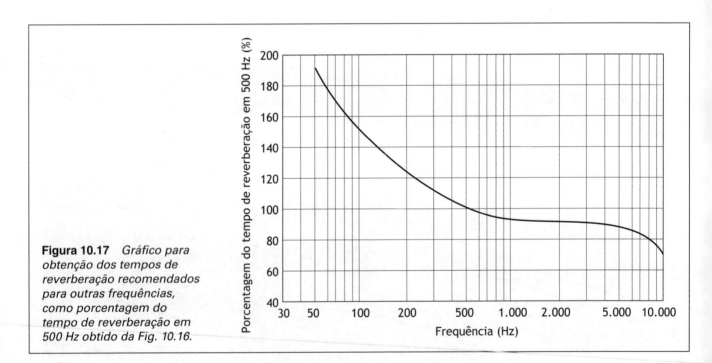

**Figura 10.17** *Gráfico para obtenção dos tempos de reverberação recomendados para outras frequências, como porcentagem do tempo de reverberação em 500 Hz obtido da Fig. 10.16.*

## 10.2 – Crescimento e decaimento sonoro em recintos 261

**Exemplo 10.2**

Determinar os tempos de reverberação nas bandas de oitava de 125, 500 e 2.000 Hz, de uma sala retangular destinada a seminários, ocupada por oito pessoas sentadas em cadeiras de madeira, com piso e teto de $7,0 \times 7,0$ m, e pé-direito de 2,8 m. O piso será revestido com carpete tipo forração simples. O teto será revestido com Sonex – Illbruck de 20 mm de espessura e densidade de 32 kg/m$^3$, cujos coeficientes de absorção sonora foram obtidos com amostras de $2,4 \times 2,7$ m. As paredes são de alvenaria, revestidas com gesso desempenado e pintadas. Existe, em uma das paredes, uma porta de acesso de madeira de $2,1 \times 0,9$ m. Se for o caso, que recomendações você faria para colocar o tempo de reverberação dentro do recomendado para o uso destinado a essa sala?

A Eq. (10.12) será utilizada no cálculo dos tempos de reverberação:

$$T_{60} = 0,161 \frac{V}{A_{recinto}} = 0,161 \frac{V}{\displaystyle\sum_{i=1}^{6} \alpha_i S_i + A_{pessoas}}.$$

*Observação:* Como a sala é pequena, não será incluída a absorção sonora do ar ambiente.

As áreas das superfícies da sala são as seguintes:

área do piso, $7 \times 7 = 49$ m$^2$;
área do teto, $7 \times 7 = 49$ m$^2$;
área das paredes, $4$ x $(7 \times 2,8) - (2,1 \times 0,9) = 76,5$ m$^2$;
área da porta, $2,1 \times 0,9 = 1,9$ m$^2$.
Volume da sala, $7 \times 7$ x $2,8 = 137$ m$^3$.

A Tab. Ex. 10.2 apresenta o cálculo dos tempos de reverberação na sala de seminários.

**Tabela Exemplo 10.2  Cálculo dos tempos de reverberação na sala de seminários**

| Grandeza | Frequência central da banda de oitava (Hz) | | |
|---|---|---|---|
| | **125** | **500** | **2.000** |
| Coeficiente de absorção sonora da forração do piso (Tab. 10.3) | 0,05 | 0,10 | 0,30 |
| Absorção sonora do piso (m$^2$ – Sabine) | 2,45 | 4,90 | 14,70 |
| Coeficiente de absorção sonora do material absorvente do teto (Tab. 10.1) | 0,04 | 0,28 | 0,60 |
| Correção do coeficiente de absorção, amostras de $2,4 \times 2, 7$ m (Tab. 10.2) | 0,49 | 0,79 | 0,94 |
| Coeficiente de absorção sonora corrigido do teto | 0,02 | 0,22 | 0,56 |
| Absorção sonora do teto (m$^2$ – Sabine) | 0,98 | 10,80 | 27,44 |
| Coeficiente de absorção sonora, paredes revestidas com gesso (Tab. 10.3) | 0,02 | 0,03 | 0,04 |
| Absorção sonora das paredes (m$^2$ – Sabine) | 1,53 | 2,29 | 3,06 |
| Coeficiente de absorção sonora da porta em madeira (Tab. 10.3) | 0,24 | 0,14 | 0,13 |
| Absorção sonora da porta (m$^2$ – Sabine) | 0,45 | 0,26 | 0,25 |
| Absorção sonora, pessoa sentada em cadeira simples (m$^2$ – Sabine) (Tab. 10.4) | 0,20 | 0,32 | 0,41 |
| Aborção sonora, oito pessoas sentadas em cadeiras simples (m$^2$ – Sabine) | 1,60 | 1,56 | 3,28 |
| Absorção sonora total da sala (m$^2$ – Sabine) | 7,01 | 20,81 | 48,73 |
| Tempo de reverberação (s) (Eq. 10.12) | 3,15 | 1,06 | 0,45 |

Conforme a Fig. 10.16, para uma sala de conferências de 137 m³, o tempo de reverberação recomendado em 500 Hz está em torno de 0,5 s. Em 125 Hz, o tempo de reverberação recomendado, conforme a Fig. 10.17, é aproximadamente 150% daquele em 500 Hz, o que dá 0,75 s; e, em 2 kHz, 95% daquele em 500 Hz, o que dá 0,48 s.

Verifica-se, portanto, que o tempo de reverberação em 2 kHz está adequado ao uso da sala. Porém há necessidade de se introduzir mais absorção na sala para reduzir o tempo de reverberação de 3,15 s para 0,75 s em 125 Hz, e de 1,06 para 0,5 s em 500 Hz.

A opção de aumentar a quantidade do material absorvente colocado no forro, por exemplo, adicionando-o às paredes, irá reduzir o tempo de reverberação em 2 kHz, o que é inconveniente, pois esse tempo de reverberação está adequado. Haverá pouco impacto na redução dos tempos de reverberação nas frequências mais baixas, pois esse material é pouco absorvente nas baixas frequências.

A recomendação é que se introduzam dispositivos especializados de absorção sonora. Por exemplo, instalando, nas paredes da sala, painéis ressonantes ou painéis perfurados sobre material absorvente poroso/fibroso, sintonizados, para aumentar a absorção sonora nas bandas de 125 Hz e de 500 Hz.

## 10.3 NÍVEIS SONOROS EM RECINTOS

O campo acústico no interior de recintos é uma combinação do som que provém diretamente da fonte, com o som que é refletido pelas superfícies que delimitam o recinto. De fato, em campo livre, o observador está sujeito somente ao som direto; já no interior de recintos, há a contribuição adicional do som refletido.

Vimos no Cap. 2 que, em campo livre, a relação entre a potência sonora de fontes omnidirecionais e a pressão sonora à distância $r$ da fonte é dada por

$$p_d^2 = \rho c \frac{W}{4\pi r^2}, \qquad (10.13)$$

sendo $p_d$ a pressão sonora do som direto.

Para fontes sonoras direcionais, a Eq. (10.13) é modificada por um fator que leva em conta a diretividade da fonte, sendo reescrita na forma

$$p_d^2 = \rho c \frac{W}{4\pi r^2} Q_\theta, \qquad (10.14)$$

em que $Q_\theta$ é o *fator de diretividade* da fonte, dado por

$$Q_\theta = \frac{p_\theta^2}{\overline{p}_{esf}^2}, \qquad (10.15)$$

sendo $p_\theta^2$ o quadrado da pressão sonora à distância $r$ da fonte, na direção angular $\theta$, $\overline{p}_{esf}^2$ o quadrado da pressão sonora média espacial, calculada através da média dos valores eficazes de pressão sonora elevados ao quadrado, os quais são medidos numa superfície esférica hipotética de raio $r$ envolvendo a fonte sonora.

O fator de diretividade se relaciona com o índice de diretividade ($DI_\theta$), já definido anteriormente através de

$$Q_\theta = 10^{DI_\theta/10} = 10^{(L_{p_\theta} - \overline{L}_{p_{esf}})/10}, \qquad (10.16)$$

onde $L_{p_\theta} = 10 \log (p_\theta^2/p_0^2)$ e $\overline{L}_{p_{esf}} = 10 \log (\overline{p}_{esf}^2/p_0^2)$, grandezas essas já apresentadas quando da definição do índice de diretividade, no Cap. 8.

Similarmente ao som direto, existe uma relação entre pressão e potência sonora para o som refletido que é dada por

$$p_r^2 = 4\rho c \frac{W}{A_{recinto}}, \qquad (10.17)$$

sendo $p_r$ a pressão sonora do som refletido; as demais grandezas que aparecem na equação já foram definidas anteriormente.

Observa-se na Eq. (10.17) que a pressão sonora do som refletido é inversamente proporcional à absorção sonora do recinto, e que essa pressão sonora independe da distância fonte-receptor; ou seja, a pressão sonora do som refletido é uniforme em todo o volume do recinto. Essa condição do campo sonoro refletido é característica do chamado *campo difuso*. Campo difuso é uma aproximação – em muitas situações, grosseira – do campo sonoro gerado pelo som refletido.

Finalmente, o quadrado da pressão sonora a que está sujeito um receptor à distância $r$ de uma fonte sonora de potência $W$, com fator de diretividade $Q_\theta$, num recinto com absorção sonora $A_{recinto}$, é dado dada pela soma das Eqs. (10.14) e (10.17), ou seja,

$$p^2 = p_d^2 + p_r^2 = \rho c W \left( \frac{Q_\theta}{4\pi r^2} + \frac{4}{A_{recinto}} \right). \qquad (10.18)$$

Em termos de nível de pressão sonora, a Eq. (10.18) é escrita

$$L_p = L_W + 10 \log \left( \frac{Q_\theta}{4\pi r^2} + \frac{4}{A_{recinto}} \right). \qquad (10.19)$$

## 10.3 – Níveis sonoros em recintos

A Eq. (10.19) permite obter o nível de pressão sonora em qualquer ponto do recinto, sendo dada a distância fonte-receptor ($r$), uma vez conhecidos os parâmetros que caracterizam a fonte sonora ($L_w$ e $Q_\theta$) e o parâmetro que caracteriza acusticamente o recinto, ou seja, a absorção sonora do recinto ($A_{recinto}$).

A importância relativa do som direto e do som refletido pode ser avaliada comparando-se as magnitudes das quantidades $Q_\theta/4\pi r^2$ e $4/A_{recinto}$. Quando $Q_\theta/4\pi r^2$ predomina sobre $4/A_{recinto}$, então o nível de pressão sonora é em grande parte devido ao som direto. Esta é a situação que ocorre próximo às fontes sonoras, quando $r$ é pequena. Em recintos com pouca absorção sonora e quando $r$ for grande, $4/A_{recinto}$ tende a predominar sobre $Q_\theta/4\pi r^2$, e nesse caso o nível de pressão sonora será em grande parte devido ao som refletido.

Conforme ilustra a Fig. 10.18, um exemplo prático é a situação dos trabalhadores de um recinto industrial. Caso o trabalhador esteja próximo a uma máquina ruidosa, ele será mais afetado pelo som direto, pois $r$ é pequena, e a quantidade $Q_\theta/4\pi r^2$ tende a predominar sobre $4/A_{recinto}$. Nesse caso, a absorção do recinto terá pouca influência no nível sonoro na posição deste trabalhador. Por outro lado, um trabalhador afastado da máquina, estará mais sujeito ao som refletido, pois $4/A_{recinto}$ tende a predominar sobre $Q_\theta/4\pi r^2$, pois $r$ é grande nesse caso, e a incorporação de absorção nas superfícies do recinto reduzirá o som refletido, beneficiando, portanto, mais este trabalhador do que aquele que está próximo da máquina.

A Fig. 10.19 apresenta curvas que foram geradas com utilização da Eq. (10.19). Dada a distância $r$ e o fator de diretividade da fonte ($Q_\theta$), calcula-se o valor a ser lançado no eixo horizontal, $r/\sqrt{Q_\theta}$. Uma vez conhecida $A_{recinto}$, escolhe-se a curva correspondente, obtendo-se no eixo vertical o valor de $L_p - L_W$. De posse desse valor e do nível

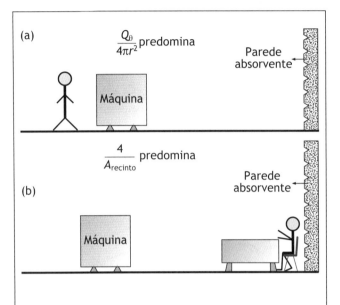

**Figura 10.18** *(a) Receptor numa posição onde o som direto é o dominante; (b) receptor numa posição onde o som refletido é o dominante.*

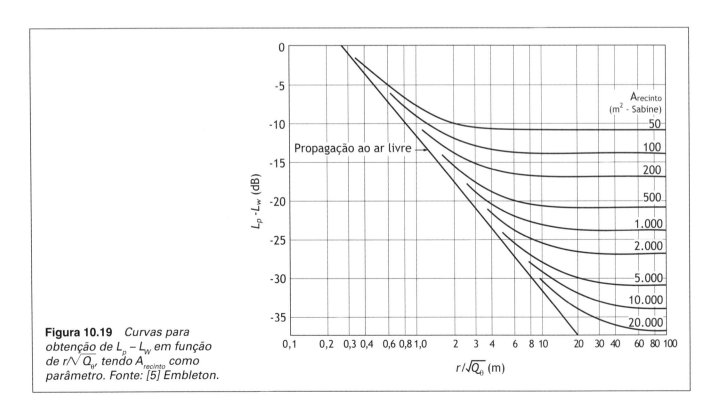

**Figura 10.19** *Curvas para obtenção de $L_p - L_W$ em função de $r/\sqrt{Q_\theta}$, tendo $A_{recinto}$ como parâmetro. Fonte: [5] Embleton.*

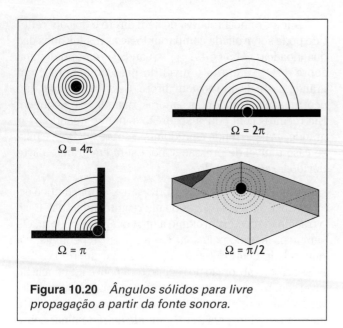

**Figura 10.20** *Ângulos sólidos para livre propagação a partir da fonte sonora.*

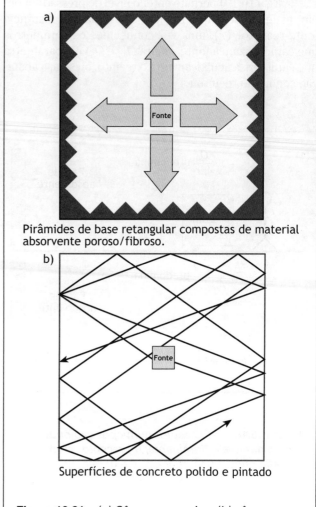

Pirâmides de base retangular compostas de material absorvente poroso/fibroso.

Superfícies de concreto polido e pintado

**Figura 10.21** *(a) Câmara anecoica; (b) câmara reverberante. Fonte: Brüel & Kjaer, Lecture guide n. 310.*

de potência sonora da fonte ($L_W$), determina-se o nível de pressão sonora ($L_p$) no receptor.

Quando a fonte sonora está afastada das superfícies do recinto, o ângulo sólido para livre propagação é $\Omega = 4\pi$. A situação mais comum, porém, é a fonte estar sobre o piso do recinto; nesse caso, $\Omega = 2\pi$. Observa-se então que, cada vez que uma superfície de grandes dimensões restringe a livre propagação sonora, o ângulo sólido reduz-se pela metade. Assim, quando a fonte está sobre o piso e próxima a uma das paredes do recinto, $\Omega = \pi$; e, quando a fonte está sobre o piso e num dos cantos do recinto, $\Omega = \pi/2$.

A equação para estimativa do nível sonoro em recintos que leva em consideração o ângulo sólido para livre propagação é escrita

$$L_p = L_W + 10\ \log\left(\frac{Q_\theta}{\Omega r^2} + \frac{4}{A_{\text{recinto}}}\right). \qquad (10.20)$$

## 10.4 RECINTOS ESPECIAIS – CÂMARA ANECOICA E CÂMARA REVERBERANTE

Existem recintos particulares, do ponto de vista acústico, conhecidos como *câmara anecoica* e *câmara reverberante*. Esses recintos são utilizados em laboratórios que realizam ensaios especializados em acústica.

Numa câmara anecoica, as superfícies são construídas de forma tal que absorvem toda a energia sonora incidente – não há som refletido. Câmaras anecoicas simulam, portanto, condições de campo livre. No extremo oposto, temos as câmaras reverberantes, cujas superfícies são construídas de tal forma a maximizar o som refletido, no sentido de gerar campo difuso.

Um ensaio acústico comumente realizado nessas câmaras é o de determinação da potência sonora de máquinas e equipamentos. Existem métodos normalizados para determinação da potência sonora tanto em câmara anecoica como em câmara reverberante. Ensaios para determinação de índices de diretividade de fontes sonoras somente podem ser realizados em campo livre ou em câmara anecoica. Ensaios para determinação do coeficiente de absorção sonora de Sabine e do coeficiente de transmissão sonora (que veremos mais adiante, neste capítulo) são realizados em câmaras reverberantes.

## DETERMINAÇÃO DO COEFICIENTE DE ABSORÇÃO SONORA DE SABINE EM CÂMARA REVERBERANTE

Esse ensaio, normalizado pela ISO 354 [6], consiste em colocar uma amostra do material no piso da câmara reverberante, medindo-se o tempo de reverberação da câmara com a amostra ($T_{60}$). Em seguida, a amostra é removida, medindo-se o tempo de reverberação da câmara sem a amostra ($T'_{60}$). O coeficiente de absorção sonora de Sabine da amostra é então calculado por meio da equação

$$\alpha_{\text{Sab}} = 0{,}161 \frac{V}{S} \left( \frac{1}{T_{60}} - \frac{1}{T'_{60}} \right), \tag{10.21}$$

sendo $V$ o volume da câmara (m³) e $S$ a área da amostra (m²). A origem dessa fórmula é a aplicação da fórmula de Sabine duas vezes – com e sem a amostra no interior da câmara.

## DETERMINAÇÃO DA POTÊNCIA SONORA EM CÂMARA REVERBERANTE – MÉTODO COMPARATIVO

Esse ensaio é normalizado pela ISO 3747 [7], para testes *in situ*, e pela ISO 3743-1 [8], para testes em câmara reverberante. Uma fonte sonora de referência é utilizada para efeito de comparação com a fonte sob teste. Existem diversos fabricantes de fontes sonoras de referência, as quais consistem, em geral, basicamente de um ventilador centrífugo, especialmente projetado, acionado por um motor elétrico.

O espectro de potência sonora em bandas de 1/3 oitava da fonte sonora de referência Brüel & Kjaer Tipo 4204 é apresentado na Fig. 10.22, para duas tensões e duas frequências de alimentação elétrica.

O procedimento para determinação da potência sonora em câmara reverberante consiste em medir o nível de pressão sonora médio espacial da fonte sonora de referência e da fonte sob teste, $\bar{L}'_p$ e $\bar{L}_p$, respectivamente. O nível de potência sonora da fonte sob teste ($L_W$), numa dada banda de frequência, é então dado pela equação

$$L_W = L'_W + (\bar{L}_p - \bar{L}'_p), \tag{10.22}$$

na qual $L'_W$ é o nível de potência sonora da fonte de referência na respectiva banda, obtido da Fig. 10.23, para a fonte de referência Brüel & Kjaer Tipo 4204 da Fig. 10.22.

**Figura 10.22** *Fonte sonora de referência Brüel & Kjaer Tipo 4204.*

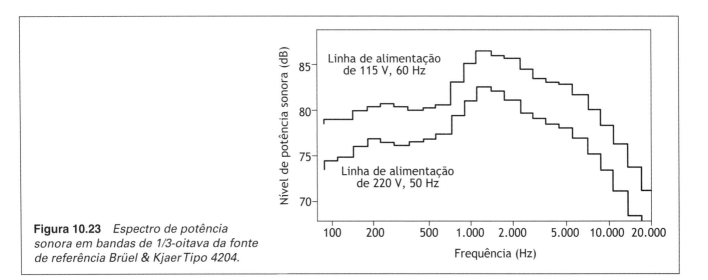

**Figura 10.23** *Espectro de potência sonora em bandas de 1/3-oitava da fonte de referência Brüel & Kjaer Tipo 4204.*

### Exemplo 10.3

Num ensaio para determinação da potência sonora de um motor elétrico pelo método comparativo em câmara reverberante, obteve-se, na banda de 1/3 oitava de 1 kHz, o nível de pressão sonora médio espacial de 70 dB para a fonte de referência Brüel & Kjaer Tipo 4204, operando em 110 V e 60 Hz, e o nível de pressão sonora médio espacial de 100 dB para o motor elétrico. Qual é o nível de potência sonora do motor elétrico?

Do espectro de potência sonora da fonte de referência Brüel & Kjaer Tipo 4204, operando em 115 V e 60 Hz, obtém-se, da Fig. 10.23, $L'_W = 85$ dB em 1 kHz. A direta aplicação da Eq. (10.22), $L_W = L'_W + (\bar{L}_p - \bar{L}'_p)$, com $\bar{L}_p = 100$ dB e $\bar{L}'_p = 70$, fornece para o nível de pressão sonora do motor elétrico: $L_W = 85 + (100 - 70) = 115$ dB em 1 kHz.

## 10.5 SALA PRÁTICA

Recintos para as mais diversas finalidades não são totalmente anecoicos e nem totalmente reverberantes, embora salas vazias com superfícies duras e reflexivas apresentem um campo acústico próximo daquele que se verifica numa câmara reverberante. Esses recintos são denominados de *sala prática*. A Fig. 10.24 ilustra o comportamento do nível sonoro em função da distância da fonte numa sala prática.

É comum subdividir-se o campo sonoro no entorno da fonte sonora na sala prática em quatro campos: $A$, próximo; $B$, afastado; $C$, livre; e $D$, reverberante.

O *campo próximo* ($A$) é caracterizado por uma região perto da fonte sonora onde o nível sonoro pode variar significativamente a partir de uma pequena mudança na posição do microfone. Esse efeito é maior para tons puros do que para bandas de ruído. Essa região estende-se a uma distância da ordem da metade do comprimento de onda da menor frequência emitida pela máquina, ou do dobro da dimensão característica da máquina, prevalecen-

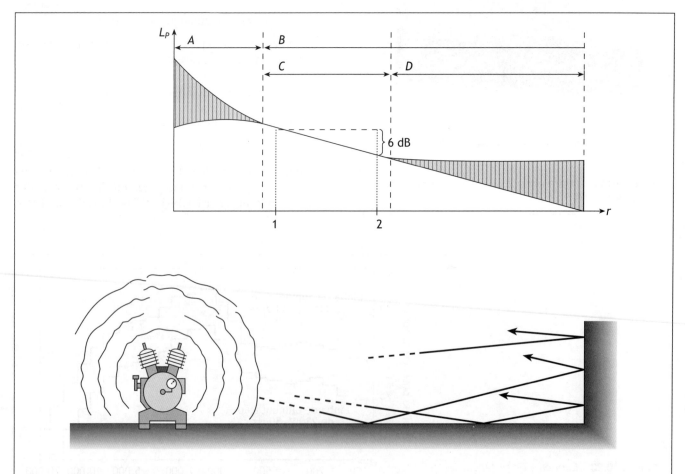

**Figura 10.24** *Variação do nível sonoro numa sala prática em função da distância da fonte. Fonte: Brüel & Kjaer, Lecture guide n. 310.*

do a distância que for maior. Devem-se evitar medições de níveis sonoros nessa região.

O *campo afastado* (B) subdivide-se em *campo livre* e *campo reverberante*. Como indica o próprio nome, no campo livre há pouca contribuição do som refletido pelas superfícies do recinto, prevalecendo o som direto, ocorrendo, portanto, uma queda aproximada de 6 dB para cada duplicação da distância fonte-receptor. Já no campo reverberante, as múltiplas reflexões das paredes e objetos poderão ser da mesma ordem de grandeza do som direto.

Dependendo das dimensões do recinto e da absorção sonora presente, condições de campo livre poderão não ocorrer, sendo o campo afastado totalmente reverberante. Esse é o caso de salas de aula pequenas, salas de estar etc. Já em grandes galpões industrias, onde normalmente a absorção sonora é pequena, poderá haver regiões próximas à fonte nas quais o campo sonoro se aproxima da condição de campo livre.

Na sala prática, os níveis de pressão sonora são estimados por meio da Eq. (10.20).

---

**Exemplo 10.4**

Uma nova máquina, com níveis de potência sonora ($L_W$), em bandas de oitava conforme a Tab. (1) Ex. 10.4, será instalada sobre o piso de um galpão industrial, longe das paredes. A característica de irradiação sonora da máquina é omnidirecional. Os níveis de ruído ambiente ($L_{p_a}$), em bandas de oitava antes da instalação da nova máquina, encontram-se listados na Tab. (1) Ex. 10.4. O galpão tem formato aproximado de um paralelepípedo, com dimensões de 50 x 40 x 10 m, com forro acústico montado com espaçamento de ar de 40 cm até o teto, piso de ladrilho asfáltico e paredes em alvenaria de blocos aparentes pintados. Os coeficientes de absorção sonora desses materiais também estão listados na tabela. Deseja-se comparar o nível de pressão sonora total $A$-ponderado, após a instalação da nova máquina no galpão, com os limites estabelecidos pela OSHA e CLT, a 2, 5, 10 e 20 m da nova máquina.

**Tabela (1) Exemplo 10.4 Dados fornecidos para determinação do nível sonoro no galpão após a instalação de uma nova máquina**

| Dados | Frequência (Hz) | | | | | |
|---|---|---|---|---|---|---|
| | **125** | **250** | **500** | **1.000** | **2.000** | **4.000** |
| Nível de potência sonora da máquina, $L_W$ (dB) | 100 | 99 | 100 | 101 | 101 | 100 |
| Ruído ambiente, $L_{p_a}$ (dB) | 86 | 84 | 84 | 83 | 83 | 82 |
| Coeficiente de absorção sonora do forro acústico | 0,90 | 0,80 | 0,75 | 0,90 | 0,78 | 0,45 |
| Coeficiente de absorção sonora do piso asfáltico | 0,01 | 0,05 | 0,10 | 0,10 | 0,10 | 0,12 |
| Coeficiente de absorção sonora das paredes | 0,01 | 0,05 | 0,06 | 0,07 | 0,09 | 0,08 |

Na sala prática, o nível de pressão sonora no campo afastado é obtido por meio da Eq. (10.20):

$$L_p = L_W + 10 \, \log \left( \frac{Q_\theta}{\Omega r^2} + \frac{4}{A_{\text{recinto}}} \right),$$

nas seguintes condições:

- volume do galpão, $50 \times 40 \times 10 = 20.000 \, \text{m}^3$;
- área do teto = área do piso = $50 \times 40 = 2.000 \, \text{m}^2$;
- área das paredes = $2 \times (50 \times 10) + 2 \times (40 \times 10) = 1.800 \, \text{m}^2$.

Aqui, $Q_\theta = 1$ (fonte omnidirecional); $\Omega = 2\pi$ (fonte sobre o piso e longe do teto e paredes). Logo, $Q_\theta/\Omega = 1/2\pi r^2$ assume os seguintes valores em função da distância fonte-receptor ($r$):

| $r$ (m) | $Q_\theta/\Omega = 1/2\pi r^2$ |
|---|---|
| 2 | 0,0400 |
| 5 | 0,0064 |
| 10 | 0,0016 |
| 20 | 0,0004 |

A Tab. (2) Ex. 10.4 resume o procedimento para cálculo dos níveis sonoros após a instalação da nova máquina no galpão.

| Grandeza | Frequência (Hz) | | | | | |
|---|---|---|---|---|---|---|
| | 125 | 250 | 500 | 1.000 | 2.000 | 4.000 |
| Nível de potência sonora da nova máquina, $L_W$ (dB) | 100 | 99 | 100 | 101 | 101 | 100 |
| Ruído ambiente, $L_{p_a}$ (dB) | 86 | 84 | 84 | 83 | 83 | 82 |
| Coeficiente de absorção sonora do forro acústico | 0,90 | 0,80 | 0,75 | 0,90 | 0,78 | 0,45 |
| Coeficiente de absorção sonora do piso asfáltico | 0,01 | 0,05 | 0,10 | 0,10 | 0,10 | 0,12 |
| Coeficiente de absorção sonora das paredes | 0,01 | 0,05 | 0,06 | 0,07 | 0,09 | 0,08 |
| Absorção sonora do teto (m² - Sabine) | 1.800 | 1.600 | 1.500 | 1.800 | 1.560 | 900 |
| Absorção sonora do piso (m² - Sabine) | 20 | 100 | 200 | 200 | 200 | 240 |
| Absorção sonora das paredes (m² - Sabine) | 18 | 90 | 108 | 126 | 162 | 144 |
| Const. de abs. son. do ar $(m)$ - 25°C, 50% de um. relat. (m⁻¹) | - | - | - | 0,0010 | 0,0024 | 0,0059 |
| Absorção sonora do ar do galpão (m² - Sabine) | - | - | - | 20 | 48 | 118 |
| Absorção sonora do recinto, $A_{recinto}$, (m² - Sabine) | 1.838 | 1.790 | 1.808 | 2.126 | 1.970 | 1.402 |
| $4/A_{recinto}$ | 0,0022 | 0,0022 | 0,0022 | 0,0019 | 0,0020 | 0,0029 |

| | | 125 | 250 | 500 | 1.000 | 2.000 | 4.000 |
|---|---|---|---|---|---|---|---|
| $\left(\dfrac{Q_\theta}{\Omega r^2} + \dfrac{4}{A_{recinto}}\right)$ (dB) | $r = 2$ m | 0,0422 | 0,0422 | 0,0422 | 0,0419 | 0,0420 | 0,0429 |
| | $r = 5$ m | 0,0086 | 0,0086 | 0,0086 | 0,0083 | 0,0084 | 0,0093 |
| | $r = 10$ m | 0,0038 | 0,0038 | 0,0038 | 0,0035 | 0,0036 | 0,0045 |
| | $r = 20$ m | 0,0026 | 0,0026 | 0,0026 | 0,0023 | 0,0024 | 0,0033 |
| $10 \log\left(\dfrac{Q_\theta}{\Omega r^2} + \dfrac{4}{A_{recinto}}\right)$ (dB) | $r = 2$ m | −13,7 | −13,7 | −13.7 | −13,8 | −13,8 | −13,7 |
| | $r = 5$ m | −20,7 | −20,7 | −20,7 | −20,8 | −20,8 | −20,3 |
| | $r = 10$ m | −24,2 | −24,2 | −24,2 | −24,6 | −24,4 | −23,5 |
| | $r = 20$ m | −25,9 | −25,9 | −25,9 | −26,4 | −26,2 | −24,8 |
| $L_p = L_W + 10 \log\left(\dfrac{Q_\theta}{\Omega r^2} + \dfrac{4}{A_{recinto}}\right)$ (dB) | $r = 2$ m | 86,3 | 85,3 | 86,3 | 87,2 | 87,2 | 86,3 |
| | $r = 5$ m | 79,3 | 78,3 | 79,3 | 80,2 | 80,2 | 79,7 |
| | $r = 10$ m | 75,8 | 74,8 | 75,8 | 76,4 | 76,6 | 76,5 |
| | $r = 20$ m | 74,1 | 73,1 | 74,1 | 74,6 | 74,8 | 75,2 |
| $L_p$ "+" $L_{p_a}$ (dB) | $r = 2$ m | 89,2 | 87,7 | 88,3 | 88,6 | 88,6 | 87,7 |
| | $r = 5$ m | 86,8 | 85,0 | 85,3 | 84,8 | 84,8 | 84,0 |
| | $r = 10$ m | 86,4 | 84,5 | 84,6 | 83,9 | 83,9 | 83,1 |
| | $r = 20$ m | 86,3 | 84,3 | 84,4 | 83,6 | 83,6 | 82,8 |
| Ponderação do filtro A (dB) | | −16,1 | −8,6 | −3,2 | 0 | 1,3 | 1,0 |
| $L_p$ "+" $L_{p_a}$ [dB(A)] | $r = 2$ m | 73,1 | 79,1 | 85,1 | 88,6 | 89,8 | 88,7 |
| | $r = 5$ m | 70,7 | 76,4 | 82,1 | 84,8 | 86,0 | 85,0 |
| | $r = 10$ m | 70,3 | 75,9 | 81,4 | 83,9 | 85,1 | 84,1 |
| | $r = 20$ m | 70,2 | 75,7 | 81,2 | 83,6 | 84,8 | 83,8 |
| $L_{p_{total}}$ [dB(A)] | $r = 2$ m | 94,5 | | | | | |
| | $r = 5$ m | 90,9 | | | | | |
| | $r = 10$ m | 90,1 | | | | | |
| | $r = 20$ m | 89,8 | | | | | |

Os níveis sonoros em função da distância da nova máquina encontram-se plotados na Fig. Ex. 10.4, onde estão também indicados os limites de tolerância estabelecidos pela OSHA e pela CLT para uma jornada de 8 h de trabalho.

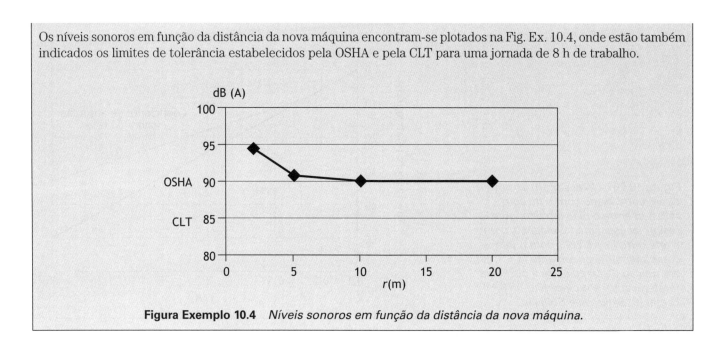

**Figura Exemplo 10.4** *Níveis sonoros em função da distância da nova máquina.*

## NÍVEIS SONOROS EM RECINTOS ACUSTICAMENTE EXTENSOS – GALPÕES INDUSTRIAIS

Um recinto é considerado acusticamente "extenso" quando suas dimensões em planta são maiores que cinco vezes o pé-direito. Nestes recintos, as reflexões nas paredes contribuem marginalmente com o campo sonoro refletido, sendo este campo controlado pelas reflexões que ocorrem entre o piso e o teto.

Na redução dos níveis sonoros nesses recintos, a aplicação de material absorvente no teto é mais eficaz do que nas paredes. Ocorre que a eficácia do tratamento de absorção sonora no teto depende não só da distância fonte-receptor, como também do pé-direito. Define-se então um parâmetro geométrico adicional, a *razão entre a distância fonte-receptor e o pé-direito* ($r/H$).

A Fig. 10.26, mostra como que o nível sonoro varia com a razão $r/H$. Próximo à fonte ($r/H < 0,5$), as reflexões no teto não contribuem com o campo sonoro no receptor, pois o nível sonoro é o mesmo tanto para teto "duro" ($\alpha = 0,02$) como para teto absorvente ($\alpha = 1,00$). A incorporação de absorção sonora no teto não produzirá reduções dos níveis sonoros quando $r/H$ for pequeno. Porém, longe da fonte, o som refletido no teto duro apresentará a mesma ordem de grandeza que o som direto, sendo aqui mais eficaz a incorporação de absorção sonora no teto.

Observa-se, na Fig. 10.26, que o efeito da absorção sonora no teto aumenta com a distância fonte-receptor. Uma redução em torno de 10 dB é obtida a distâncias de aproximadamente 10 vezes o pé-direito, quando se aumenta o coeficiente de absorção sonora do teto de 0,02 para 1,00.

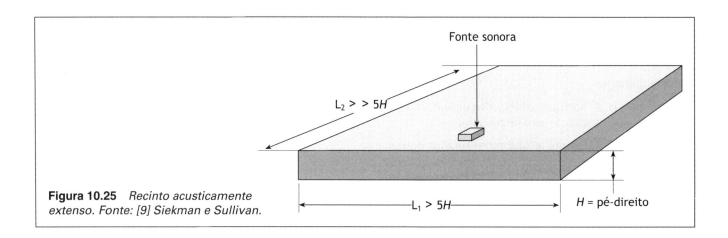

**Figura 10.25** *Recinto acusticamente extenso. Fonte: [9] Siekman e Sullivan.*

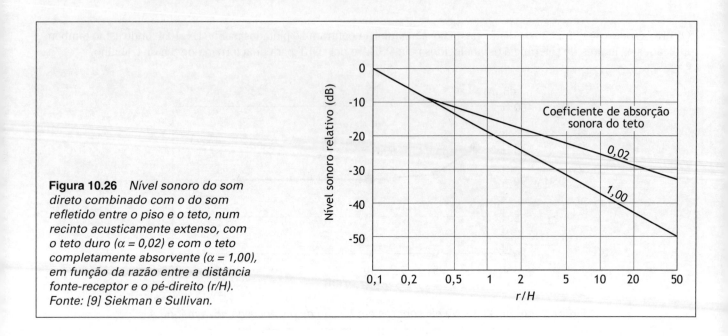

**Figura 10.26** Nível sonoro do som direto combinado com o do som refletido entre o piso e o teto, num recinto acusticamente extenso, com o teto duro ($\alpha = 0{,}02$) e com o teto completamente absorvente ($\alpha = 1{,}00$), em função da razão entre a distância fonte-receptor e o pé-direito (r/H).
Fonte: [9] Siekman e Sullivan.

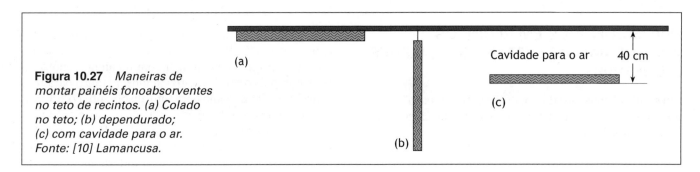

**Figura 10.27** Maneiras de montar painéis fonoabsorventes no teto de recintos. (a) Colado no teto; (b) dependurado; (c) com cavidade para o ar.
Fonte: [10] Lamancusa.

A Fig. 10.26 também revela que, num recinto acusticamente extenso, a incorporação de material absorvente num teto de pé-direito baixo é mais eficaz na redução dos níveis sonoros do que num teto de pé-direito alto. Na prática, pode-se conseguir esse efeito dependurando verticalmente, no teto do recinto, placas de material poroso/fibroso de 0,60 m × 1,20 m. Uma cobertura em torno de cem placas para cada 100 m² de área de teto equivale a um teto com coeficiente de absorção sonora unitário. A distribuição das placas é de importância secundária, sendo que as principais desvantagens dessa solução são: (1) o potencial de interferência com a movimentação de objetos e materiais, e (2) interferência com a iluminação.

A Figura 10.27 apresenta diferentes formas de montar painéis absorventes no teto de recintos.

A Tab. 10.6 apresenta as absorções sonoras correspondentes às montagens da Fig. 10.27. Observa-se nessa tabela que, com exceção da banda de 125 Hz, o painel dependurado no teto apresenta maiores absorções sonoras do que a montagem com cavidade para o ar.

Grandes galpões industriais são em geral recintos acusticamente extensos. A Fig. 10.28 apresenta curvas $L_p - L_W$ em função da distância fonte-receptor, obtidas em um grande número de recintos industriais acusticamente extensos. Essas curvas são conhecidas como *curvas de propagação sonora*, devendo ser contrastadas com aquelas da Fig. 10.19, baseadas em campo sonoro difuso. As curvas de propagação sonora da Fig. 10.28 revelam que os níveis sonoros não se estabilizam a grandes distâncias da fonte como as da Fig. 10.19, e que, com o eixo horizontal da distância fonte-receptor em escala logarítmica, tais curvas são aproximadamente retas com diferentes inclinações. Portanto as curvas de propagação da Fig. 10.19 apresentam uma grande incerteza na estimativa dos níveis sonoros em recintos acusticamente extensos.

O tratamento de galpões industriais com material absorvente para a redução do ruído é uma opção que deve ser analisada com critério, pois a relação custo/benefício pode não ser atraente, conforme demonstra o Ex. 10.5.

**TABELA 10.6** Absorções sonoras de painéis de lã de vidro (0,60 × 1,20 m × 4 cm de espessura) nas montagens indicadas na Fig. 10.27

| Tipo de montagem | Absorção sonora (m² – Sabine) Frequência (Hz) ||||||
|---|---|---|---|---|---|---|
| | 125 | 250 | 500 | 1.000 | 2.000 | 4.000 |
| Colado no teto | 0,1 | 0,3 | 0,6 | 0,7 | 0,6 | 0,6 |
| Dependurado | 0,4 | 0,6 | 0,9 | 1,2 | 1,3 | 1,0 |
| Com cavidade para o ar | 0,7 | 0,6 | 0,6 | 0,7 | 0,6 | 0,3 |

*Fonte:* [10] Lamancusa.

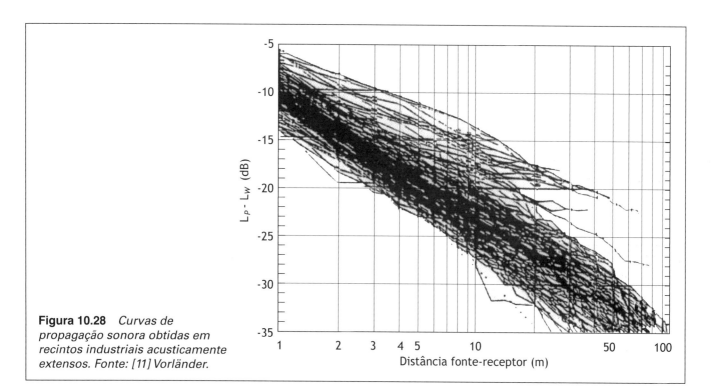

**Figura 10.28** *Curvas de propagação sonora obtidas em recintos industriais acusticamente extensos. Fonte: [11] Vorländer.*

**Exemplo 10.5**

Um grande ventilador, no canto de uma oficina, gera um nível sonoro $A$-ponderado de 93 dB(A) na área de trabalho situada a uma certa distância dele. O nível de ruído restringe o tempo de permanência dos trabalhadores na oficina, pois está acima do limite de tolerância de 85 dB(A) exigido pela NR-15 da CLT, para uma jornada de 8 h de trabalho. Deseja-se analisar a possibilidade de tratar a oficina com absorção sonora, a fim de colocar o ruído na área de trabalho dentro do limite de tolerância. A área da oficina é de 15 m × 27 m, com pé-direito de 12 m. Devido a restrições físicas, somente o teto e uma das paredes mais longas poderão receber tratamento de absorção sonora. O espectro do ruído medido na área de trabalho consta da Tab. (1) Ex. 10.5.

**Tabela (1) Exemplo 10.5** Espectro do ruído na área de trabalho da oficina

| Nível sonoro na oficina [dB(lin.)] Frequência (Hz) ||||||||
|---|---|---|---|---|---|---|---|
| 63 | 125 | 250 | 500 | 1.000 | 2.000 | 4.000 | 8.000 |
| 79 | 99 | 95 | 91 | 88 | 82 | 74 | 52 |

# 10 – Ruído em recintos

Observa-se na Tab. (1) Ex. 10.5 que os níveis das bandas de 63 Hz e de 8 kHz estão bem abaixo dos níveis das demais bandas. Assim, a análise será feita utilizando-se somente as seis bandas de oitava de 125 Hz a 4 kHz. Se, em uma outra situação, fosse necessária a inclusão dessas bandas, o procedimento de cálculo por bandas a ser aqui adotado se aplicaria igualmente a essas bandas extremas.

Já que será analisada a possibilidade de tratar a oficina com material absorvente, a primeira tarefa consiste em determinar a absorção sonora existente na oficina. Dois procedimentos poderão ser adotados: o analítico e o experimental.

## Analítico

Consiste no cálculo da absorção sonora do recinto ($A_{recinto}$) por meio da Eq. (10.8). Esse procedimento requer o conhecimento dos coeficientes de absorção sonora das superfícies e da absorção sonora de máquinas, equipamentos, móveis, utensílios e demais estruturas existentes na oficina. Tais informações geralmente não estão facilmente disponíveis, o que torna o procedimento analítico normalmente inviável.

## Experimental com medição do tempo de reverberação

Consiste na medição do tempo de reverberação, o que permite o cálculo de $A_{recinto}$ através da fórmula de Sabine (Eq. 10.12). Existem vários procedimentos experimentais para a obtenção do tempo de reverberação. O mais direto utiliza uma fonte sonora de banda larga, filtros de oitava e um medidor de nível sonoro com saída que permita o acoplamento de um registrador gráfico, a fim de obter-se o registro do nível sonoro em função do tempo. O procedimento consiste essencialmente na obtenção da curva de decaimento sonoro ilustrada na Fig. 10.15, da qual se extrai $T_{60}$. Esse sistema para obtenção do tempo de reverberação não se encontra normalmente disponível nas indústrias. Assim, um procedimento experimental alternativo será aqui apresentado e utilizado.

## Experimental utilizando uma fonte sonora de referência

Como as dimensões da oficina são tais que o recinto não é acusticamente extenso, esse procedimento experimental consiste em estimar a absorção do local utilizando a fórmula da sala prática, a Eq. (10.20). Se o recinto fosse acusticamente extenso, o campo sonoro seria provavelmente não difuso, não sendo então aplicável a Eq. (10.20). Então, isolando-se $A_{recinto}$ no primeiro membro da Eq. (10.20), obtemos

$$A_{recinto} = \frac{4}{10^{(L_p - L_W)/10} - Q_\theta / \Omega r^2}. \qquad (10.23)$$

Observa-se que a estimativa de $A_{recinto}$ com base na Eq. (10.23) requer a utilização de uma fonte sonora de referência para a qual se conheça $L_W$ e $Q_\theta$, e medições de $L_p$ à distância $r$ da fonte. Essa fórmula poderá ser simplificada na hipótese de $r$ ser suficientemente grande, o que irá requerer medições de $L_p$ no campo reverberante do recinto. Nesse caso, a Eq. (10.23) se simplifica e escreve-se

$$A_{recinto} = \frac{4}{10^{(L_p - L_W)/10}} = \frac{10^{6/10}}{10^{(L_p - L_W)/10}} = 10^{(L_W - L_p + 6)/10}. \qquad (10.24)$$

A Eq. (10.24) é válida para $Q_\theta / \Omega r^2 << 4/A_{recinto}$, desigualdade essa que, ao se supor a fonte omnidirecional ($Q_\theta = 1$), sob o piso e longe das paredes ($\Omega = 2\pi$), se reduz a $r >> \sqrt{A}/5$, resultado que pode ser traduzido em

$$r > \sqrt{A_{recinto}} \text{ m.} \qquad (10.25)$$

Já que $A_{recinto}$ é desconhecido, não fica evidente o quão distante da fonte de referência se devem realizar as medições de $L_p$. Para galpões industriais, $r = 15$ m é uma distância que poderá ser inicialmente adotada. Após o cálculo de $A_{recinto}$, um novo valor de $r$ poderá ser obtido através de $r = \sqrt{A_{recinto}}$, confirmando-se ou não se a distância de 15 m inicialmente adotada foi adequada. Caso contrário, deve-se medir $L_p$ na nova distância calculada, estimando-se em seguida o novo valor de $A_{recinto}$ por meio da Eq. (10.24).

Caso seja impossível separar a fonte sonora do ponto de medição de uma distância suficiente longa, deve-se então utilizar a fórmula para obtenção de $A_{recinto}$ na sua forma original [Eq. (10.23)], ou utilizar o procedimento experimental de medição do tempo de reverberação conforme acima descrito.

A Tab. (2) Ex. 10.5 resume o procedimento de cálculo de $A_{recinto}$ por meio da Eq. (10.24). A fonte de referência utilizada foi Brüel & Kjaer Tipo 4204 (Fig. 10.22). O espectro de potência sonora dessa fonte consta da Fig. 10.23, em bandas de 1/3 oitava. Para obtenção do espectro de potência em bandas de oitava, deve-se adicionar, logaritmicamente, ao nível de potência da frequência central, os níveis de potência das bandas de 1/3 oitava contíguas. Os níveis de potência sonora em bandas de oitava assim obtidos constam da Tab. (2) Ex. 10.5 e são para linhas de alimentação elétrica de 115 V e 60 Hz.

**Tabela (2) Exemplo 10.5  Cálculo da absorção sonora total na oficina**

| Grandeza | Frequência (Hz) | | | | | |
|---|---|---|---|---|---|---|
| | 125 | 250 | 500 | 1.000 | 2.000 | 4.000 |
| Nível de potência sonora da fonte Brüel & Kjaer Tipo 4204, $L_W$ (dB) (Fig. 10.23) | 79 | 81 | 81 | 87 | 86 | 84 |
| Nível sonoro da fonte Brüel & Kjaer Tipo 4204 medido no campo reverberante da oficina, $L_p$ (dB) | 64 | 68 | 67 | 71 | 70 | 67 |
| $A_{oficina} = 10^{(L_W - L_p + 6)/10}$ (m² - Sabine) | 126 | 79 | 100 | 158 | 158 | 200 |

Tomaremos agora, conservadoramente, o maior valor de absorção sonora obtido, a fim de validar os resultados de absorção sonora total calculados através de medições de $L_p$ à distância de 15 m da fonte de referência. Na Tab. (2) Ex. 10.5, observa-se que esse valor foi de 200 m² (Sabine), na banda de oitava de 4 kHz. Calculemos o valor de $r$ correspondente, por meio de $r = \sqrt{A_{recinto}}$, obtendo $r = \sqrt{200} = 14,14$ m resultado que valida a distância de 15 m inicialmente adotada.

O valor de $A_{sup.oficina}$ será obtido por meio da Eq. (10.8), com $A_{diversos} \cong 0$; ou seja,

$A_{sup.oficina} = A_{oficina} - A_{ar}$.

Os valores da constante de absorção sonora do ar $(m)$, a 25°C e 50% de umidade relativa, encontram-se listados na Tab. 10.5. A absorção do ar é calculada por meio da Eq. (10.9), com $V = 15$ m $\times$ 27 m $\times$ 12 m = 4.860 m³.

O resultado de $A_{sup.oficina}$ consta da Tab. (3) Ex. 10.5.

**Tabela (3) Exemplo 10.5  Cálculo da absorção sonora das superfícies da oficina**

| Grandeza | Frequência (Hz) | | | | | |
|---|---|---|---|---|---|---|
| | 125 | 250 | 500 | 1.000 | 2.000 | 4.000 |
| $A_{oficina}$ (m² - Sabine) | 126 | 79 | 100 | 158 | 158 | 200 |
| Constante de absorção sonora do ar $(m)$, a 25°C e 50% de um. rel. (m⁻¹, Tab. 10.5) | - | - | - | 0,0010 | 0,0024 | 0,0059 |
| Absorção do ar na oficina, $A_{ar} = 4mV$ (m² - Sabine) | - | - | - | 19 | 47 | 115 |
| $A_{sup.oficina} = A_{oficina} - A_{ar}$ (m² - Sabine) | 126 | 79 | 100 | 139 | 111 | 85 |

Continuemos na solução, na hipótese de que o teto da oficina seja tratado com painéis de 0,60 m × 1,20 m de lã de vidro com 4 cm de espessura, dependurados, conforme mostra a Fig. 10.27(b), e que a parede será tratada com os mesmos painéis, só que colados diretamente sobre ela, conforme a Fig. 10.27(a). As absorções dessas montagens constam da Tab. 10.6. Os painéis serão dependurados no teto à razão de cem painéis para cada 100 m² de superfície do teto. A área do teto mede 15 m × 27 m = 405 m². Portanto, serão dependurados 405 painéis no teto. A área da parede a ser tratada é de 27 m × 12 m = 324 m². Como cada painel tem 0,60 m × 1,2 m = 0,72 m² de área, serão utilizados, portanto, 450 painéis absorventes colados na parede. A Tab. (4) Ex. 10.5 resume o cálculo da nova absorção das superfícies tratadas.

## Tabela (4) Exemplo 10.5 Cálculo da nova absorção das superfícies tratadas

| Grandeza | Frequência (Hz) | | | | | |
|---|---|---|---|---|---|---|
| | 125 | 250 | 500 | 1.000 | 2.000 | 4.000 |
| Absorção sonora do painel dependurado ($m^2$ – Sabine) (Tab. 10.6) | 0,4 | 0,6 | 0,9 | 1,2 | 1,3 | 1,0 |
| Absorção sonora de 405 painéis dependurados ($m^2$ – Sabine) | 162 | 243 | 365 | 486 | 527 | 405 |
| Absorção sonora do painel colado ($m^2$ – Sabine) (Tab. 10.6) | 0,1 | 0,3 | 0,6 | 0,7 | 0,6 | 0,6 |
| Absorção sonora de 450 painéis colados ($m^2$ – Sabine) | 45 | 135 | 270 | 315 | 270 | 270 |
| Nova absorção sonora das superfícies tratadas ($m^2$ – Sabine) (linha 2 + linha 4) | 207 | 378 | 635 | 801 | 797 | 675 |

A absorção sonora total da oficina, depois do tratamento, poderá ser obtida utilizando a seguinte abordagem. Considerando que apenas duas das superfícies da oficina tiveram sua absorção alterada para mais, a absorção das superfícies que não foram tratadas permaneceu inalterada. Como a razão entre as áreas das superfícies não tratadas sobre a área total das superfícies da oficina é 2.259 $m^2$/2.988 $m^2$ = 0,76, pode-se, portanto, admitir que 76% das superfícies permaneceram com a absorção sonora "antiga". Então a absorção sonora total da oficina depois do tratamento será de 76% da absorção das superfícies anterior ao tratamento, e que foi calculada na Tab. (3) Ex. 10.5, mais a nova absorção das superfícies que foram tratadas, e que foi calculada na Tab. (4) Ex. 10.5. Aqui se justifica a necessidade de ter-se subtraído a absorção do ar ambiente quando do cálculo da absorção das superfícies na Tab. 3 (Ex. 10.5). Assim, de posse da "nova" absorção das superfícies da oficina, podemos então adicionar a absorção do ar ambiente, a fim de obter a nova absorção sonora total da oficina. A Tab. (5) Ex. 10.5 resume o procedimento de cálculo da nova absorção sonora total da oficina.

## Tabela (5) Exemplo 10.5 Cálculo da nova absorção sonora total da oficina

| Grandeza | Frequência (Hz) | | | | | |
|---|---|---|---|---|---|---|
| | 125 | 250 | 500 | 1.000 | 2.000 | 4.000 |
| Antiga absorção sonora das superfícies ($m^2$ – Sabine), Tab. (3) Ex. 10.5 | 126 | 79 | 100 | 139 | 111 | 85 |
| 76% da antiga absorção sonora das superfícies ($m^2$ – Sabine) | 96 | 60 | 76 | 106 | 84 | 65 |
| Absorção sonora das superfícies que foram tratadas ($m^2$ – Sabine), Tab.(4) Ex. 10.5 | 207 | 378 | 635 | 801 | 797 | 675 |
| Absorção sonora do ar na oficina ($m^2$ – Sabine), Tab. (3) Ex. 10.5 | - | - | - | 19 | 47 | 115 |
| Nova absorção sonora total da oficina ($m^2$ – Sabine), (linha 2 + linha 3 + linha 4) | 303 | 438 | 711 | 926 | 928 | 855 |

Na hipótese de a área de trabalho situar-se no campo reverberante do ruído gerado pelo ventilador, a fórmula da sala prática [Eq. (10.20)] se simplifica, escrevendo-se:

$$L_p = L_W + 10 \, \log\left( \frac{4}{A_{recinto}} \right). \qquad (10.26)$$

## 10.5 – Sala prática

Observa-se então, nessa equação, que, para uma dada potência sonora da fonte, o nível sonoro no campo reverberante depende exclusivamente da absorção sonora do recinto. Então, na oficina, o nível sonoro antes do tratamento de absorção sonora será dado por

$$L_{p_{antes}} = L_W + 10 \, \log \left( \frac{4}{A_{antes}} \right)$$

e, depois do tratamento de absorção sonora, será dado por

$$L_{p_{depois}} = L_W + 10 \, \log \left( \frac{4}{A_{depois}} \right),$$

sendo $A_{antes}$ e $A_{depois}$ as absorções sonoras da oficina antes e depois do tratamento de absorção sonora, obtidas das Tabs. (2) e (5) Ex. 10.5, respectivamente.

A redução do nível sonoro ($\Delta L_p$) depois do tratamento de absorção sonora na oficina será dada por

$$\Delta L_p = L_{p_{antes}} - L_{p_{depois}} = 10 \, \log \left( \frac{A_{depois}}{A_{antes}} \right). \qquad (10.27)$$

A Tab. (6) Ex. 10.5 apresenta as reduções de nível sonoro em bandas de oitava na oficina, calculadas com o auxílio da Eq. (10.27).

**Tabela (6) Exemplo 10.5  Cálculo das reduções do nível sonoro em bandas de oitava na oficina**

| Grandeza | Frequência (Hz) | | | | | |
|---|---|---|---|---|---|---|
| | **125** | **250** | **500** | **1.000** | **2.000** | **4.000** |
| Nova absorção sonora total da oficina, $A_{depois}$ (m² – Sabine), Tab. (5) Ex. 10.5 | 303 | 438 | 711 | 926 | 928 | 855 |
| Antiga absorção sonora total da oficina, $A_{antes}$ (m² – Sabine), Tab. (2) Ex. 10.5 | 126 | 79 | 100 | 158 | 158 | 200 |
| $\Delta L_p = 10 \, \log = \left( \frac{A_{depois}}{A_{antes}} \right)$ (dB) | 3,8 | 7,4 | 8,5 | 7,7 | 7,7 | 6,3 |

Os níveis sonoros depois do tratamento de absorção sonora na oficina estão lançados em bandas de oitava na Tab. (7) Ex. 10.5, e foram calculados subtraindo-se, dos níveis sonoros da Tab. (1) Ex. 10.5, as reduções de nível sonoro calculadas na Tab. 6 (Ex. 10.5).

**Tabela (7) Exemplo 10.5  Cálculo dos níveis sonoros em bandas de oitava na oficina depois do tratamento de absorção sonora**

| Grandeza | Frequência (Hz) | | | | | |
|---|---|---|---|---|---|---|
| | **125** | **250** | **500** | **1.000** | **2.000** | **4.000** |
| $L_{p_{antes}}$ (dB), Tab. (1) Ex. 10.5 | 99 | 95 | 91 | 88 | 82 | 74 |
| $\Delta L_p$ (dB), Tab. (6) Ex. 10.5 | 3,8 | 7,4 | 8,5 | 7,7 | 7,7 | 6,3 |
| $L_{p_{depois}}$ (dB) | 95,2 | 87,6 | 82,5 | 80,3 | 74,3 | 67,7 |

A Tab. (8) Ex. 10.5 resume o cálculo dos níveis sonoros $A$-ponderados antes e depois do tratamento de absorção sonora na oficina.

## 10 – Ruído em recintos

**Tabela (8) Exemplo 10.5   Cálculo dos níveis sonoros A-ponderados antes e depois do tratamento de absorção sonora na oficina**

| Grandeza | Frequência (Hz) | | | | | | |
|---|---|---|---|---|---|---|---|
| | **125** | **250** | **500** | **1.000** | **2.000** | **4.000** | |
| Ponderação do Filtro A (dB) | –16,1 | –8,6 | –3,2 | 0 | 1,3 | 1,0 | |
| $L_{p_{antes}}$ (dB), Tab. (1) Ex. 10.5 | 99 | 95 | 91 | 88 | 82 | 74 | |
| $L_{p_{depois}}$ (dB), Tab. (7) Ex. 10.5 | 95,2 | 87,6 | 82,5 | 80,3 | 74,3 | 67,7 | |
| $L_{p_{antes}}$ [dB(A)] | 82,9 | 86,4 | 87,8 | 88,0 | 83,2 | 75,0 | $L_{p_{antes}}$ = 93 dB(A) |
| $L_{p_{depois}}$ [dB(A)] | 79,1 | 79,0 | 79,3 | 80,3 | 75,5 | 68,7 | $L_{p_{depois}}$ = 86 dB(A) |

Esses resultados mostram que o tratamento de absorção sonora reduz de 93 para 86 dB($A$) o nível sonoro total $A$-ponderado na oficina; ou seja, uma redução de 7 dB($A$).

Embora o objetivo inicial fosse colocar o nível sonoro na oficina dentro do limite de tolerância de 85 dB($A$), para uma jornada de 8 h de trabalho previsto pela NR-15 da CLT, observa-se, no entanto, que o tratamento proposto está na iminência de atingir tal objetivo.

Uma nova tentativa poderá ser feita no sentido de obter-se a redução adicional necessária de 1 dB($A$). Para tanto, observe-se primeiramente, na Tab. (8) Ex. 10.5, que o nível sonoro total pós-tratamento está sendo determinado pelos níveis sonoros das bandas de oitava de 125 Hz a 1 kHz. O objetivo então seria incorporar absorção que reduzisse os níveis sonoros dessas bandas mais críticas. Um cálculo aproximado da absorção sonora requerida poderia ser feito adotando-se uma redução de 1 dB em cada uma dessas bandas mais críticas, o que irá requerer uma absorção adicional que pode ser calculada por

$$1 \text{ dB} = 10 \ \log \left( \frac{A + \Delta A}{A} \right),$$

sendo $\Delta A$ a absorção adicional requerida para obter-se uma redução adicional de 1 dB no nível sonoro das bandas mais críticas, e $A$ a absorção sonora depois do tratamento, já determinada na Tab. (6) Ex. 10.5 e indicada como $A_{depois}$; ou seja, $\Delta A$ seria dada por

$$\frac{\Delta A}{A_{depois}} = (10^{1/10} - 1) = 0,26.$$

Esse resultado indica que seria necessário um incremento de 26% na absorção sonora nas bandas mais críticas, para se conseguir uma redução adicional de 1 dB em cada uma dessas bandas, o que deve colocar o nível sonoro total $A$-ponderado na oficina abaixo do limite de tolerância de 85 dB($A$).

### *Discussão*

- Pretendeu-se, neste exemplo de aplicação, reduzir em 8 dB(A) o nível sonoro total $A$-ponderado com tratamento de absorção sonora na oficina. Na prática, tal redução é ambiciosa e normalmente não é conseguida. Um limite prático de redução do nível sonoro com tratamento de absorção, em galpões industriais, é da ordem de 5 dB($A$). Um valor mais conservador e realista de redução é 3 dB($A$).

- Em 2004, o custo da aplicação de material absorvente poroso/fibroso era da ordem de 40 reais/m$^2$. A quantidade de painéis necessária calculada foi de 855 (405 painéis dependurados no teto, mais 450 painéis colados na parede). Se adicionarmos 26% a essa quantidade de painéis, a fim de colocarmos o nível sonoro abaixo do limite de tolerância de 85 dB($A$), necessitaríamos instalar em torno de 1.080 painéis. Como cada painel tem área de 0,72 m$^2$, a área total de painéis necessária seria de 780 m$^2$, a um custo de 31.200 reais. Esse custo e a redução estimada de 8 dB($A$) colocam a relação custo/benefício em 31.200 reais/8 dB($A$) = 3.900 reais/dB($A$). Se admitirmos uma redução do nível sonoro mais realista de 5 dB($A$), a relação custo/benefício sobe para 6.240 reais/dB($A$).

- Embora o tratamento de absorção sonora para redução do nível de ruído em recintos possa, em alguns casos, não apresentar uma relação custo/benefício atraente, ele não deve ser considerado supérfluo. A absorção reduz o tempo de reverberação, o que melhora o conforto acústico e a inteligibilidade na comunicação, aumentando também a capacidade do trabalhador em localizar a fonte de ruído – um fator de segurança.

- Observe-se que a redução do nível sonoro foi calculada no campo reverberante, ou seja, essa redução não ocorrerá no campo direto da fonte (próximo ao ventilador, neste exemplo de aplicação). Assim, os trabalhadores que atuam próximo ao ventilador não se beneficiarão do tratamento de absorção sonora, o que é sempre um fator que reduz os benefícios do tratamento de absorção.

## NÍVEIS SONOROS EM SALAS DOMÉSTICAS E ESCRITÓRIOS

A eq. (10.28) é empírica e tem por base uma série de medições realizadas em salas domésticas e escritórios. Nessas medições, observou-se que normalmente o nível sonoro nunca atinge um valor constante com a distância da fonte, conforme prevê o modelo de campo difuso. Verificou-se que as curvas de propagação sonora apre- sentam uma inclinação em torno de –3 dB para cada duplicação da distância. Observar, na Eq. (10.28), que o nível sonoro independe da absorção sonora presente nesses tipos de recinto:

$$L_p = L_W - 10 \ \log \ r - 5 \ \log \ V - 3 \ \log f - 12 \ dB, \tag{10.28}$$

sendo $r$ a distância fonte-receptor (em m), $V$ o volume do recinto (em m³) e $f$ a frequência (em Hz).

---

**Exemplo 10.6**

Deseja-se especificar os níveis máximos de potência sonora, em bandas de oitava, que não deverão ser excedidos por uma impressora de alta velocidade a ser instalada em um escritório. Pretende-se que o nível de pressão sonora, a 2 m da impressora, não ultrapasse a curva de avaliação de ruído NC-40. O escritório tem um volume de 340 m³, e os níveis de ruído ambiente em bandas de oitava estão listados na Tab. Ex. 10.6.

Os níveis sonoros em bandas de oitava estabelecidos para a curva de avaliação de ruído NC-40 encontram-se listados na Tab. Ex. 10.6. Estes são os níveis sonoros que não devem ser ultrapassados pelo ruído de fundo combinado com o ruído da impressora. Portanto deve-se subtrair, logaritmicamente, do nível-critério estabelecido pela NC-40, o nível de ruído ambiente, a fim de obter-se o nível sonoro que não deve ser ultrapassado pela impressora isoladamente. Os níveis de pressão sonora máximos, em bandas de oitava, admitidos para a impressora encontram-se calculados na Tab. Ex. 10.6.

Os níveis de potência sonora máximos em bandas de oitava admitidos para a impressora foram obtidos por meio da Eq. (10.28), com $r = 2$ m e $V = 340$ m³, ou seja,

$$L_W = L_p + 10 \ \log \ 2 + 5 \ \log \ 340 + 3 \ \log f + 12 \ dB = L_p + 3 \ \log f + 27,7 \ dB.$$

Esses níveis de potência sonora encontram-se listados na Tab. Ex. 10.6.

**Tabela Exemplo 10.6  Cálculo dos níveis de potência sonora em bandas de oitava da impressora**

| Grandeza | Frequência (Hz) | | | | | |
|---|---|---|---|---|---|---|
| | **125** | **250** | **500** | **1.000** | **2.000** | **4.000** |
| Nível de ruído ambiente no escritório (dB) | 55 | 48 | 41 | 35 | 34 | 30 |
| Curva de avaliação de ruído NC-40 (dB) (Tab. 7.4) | 57 | 50 | 45 | 41 | 39 | 38 |
| Nível sonoro máximo admitido para a impressora (dB) | 52,7 | 45,7 | 42,8 | 39,7 | 37,3 | 37,3 |
| Nível de potência sonora máximo da impressora (dB) | 86,7 | 80,6 | 78,6 | 76,4 | 74,9 | 75,8 |

## Discussão

Compreensivelmente, fabricantes de máquinas e equipamentos normalmente não dispõem de instalações, instrumentação e pessoal técnico qualificado para realização de ensaios para determinação da potência sonora de seus produtos. Nesses casos, pode-se recomendar a realização de um ensaio em condições de campo semilivre, colocando-se, por exemplo, a máquina ou equipamento ao ar-livre, sobre um piso duro e reflexivo – o pátio de estacionamento da empresa, por exemplo. Nessas condições, a fórmula que relaciona o nível de potência com o nível de pressão sonora, na hipótese de se tratar de uma fonte omnidirecional, é dada pela Eq. (8.5). Essa equação vale para condição de campo livre, representada pelo ângulo sólido $\Omega = 4\pi$. Sobre piso duro reflexivo, as condições são tais que o ângulo sólido para livre propagação é $2\pi$ ($\Omega = 2\pi$), ou seja, deve-se acrescentar ao segundo membro da Eq. (8.5) o termo relativo ao ângulo sólido, $-10 \log (2\pi/4\pi) = 3$ dB. Então, a Eq. (8.5), modificada pelo termo relativo ao ângulo sólido, no caso de a fonte estar em campo semilivre, permite relacionar o nível de potência sonora com o nível de pressão sonora a 1 m da fonte por meio de

$$L_p = L_W - 8 \text{ dB},$$

ou $L_W = L_p + 8$ dB.

Essa fórmula revela que basta acrescentar 8 dB ao nível de pressão sonora medido a 1 m da máquina ou equipamento, para se obter seu nível de potência sonora.

## Considerações de ordem prática

- O método sugerido não é normalizado e, portanto, desconhecem-se as incertezas associadas. No entanto, esse método poderá ser utilizado na fase de desenvolvimento do produto – em protótipos, por exemplo –, com o objetivo de, grosso modo, procurar atender-se às exigências de determinado cliente. Serve também para uma avaliação aproximada dos níveis de potência sonora de produtos existentes. Porém, em ambos os casos, existe sempre a possibilidade de recorrer-se a laboratórios especializados, no sentido de realizar-se um ensaio normalizado e obter um certificado de comprovação reconhecido.

- O método não se aplica a fontes direcionais.

- Devem-se evitar medições no campo próximo da fonte. Dependendo das dimensões da máquina/equipamento, e da menor banda de frequências de interesse, isso poderá requerer medições a distâncias $r$ maiores que 1 m. Nesses casos, a equação aplicável deixa de ser a Eq. (8.5), e passa a ser a Eq. (8.1), adicionando-se 3 dB ao seu segundo membro, para levar-se em consideração o ângulo sólido de livre propagação de $2\pi$.

- Recomenda-se a realização de várias medições de níveis de pressão sonora no entorno da fonte, obtendo-se uma média (aritmética ou energética) dessas medições. Assim, o nível de potência sonora da fonte será dado por

  $L_W = \bar{L}_p + 8$ dB, sendo $\bar{L}_p$ a média dos níveis de pressão sonora.

- A fim de se evitar, nas baixas frequências, eventual interferência do som direto com o som refletido pelo piso no ponto de medição, as medidas devem ser realizadas a uma altura em torno de 1,5 m do piso, conforme ilustra a Fig. 10.29.

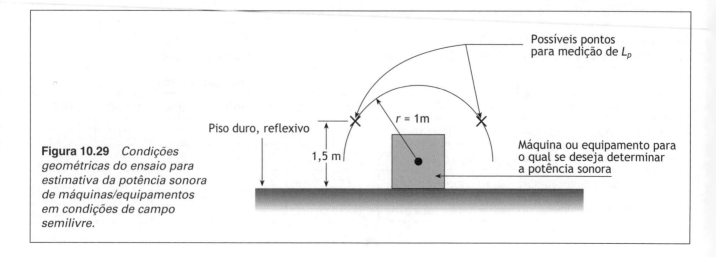

**Figura 10.29** Condições geométricas do ensaio para estimativa da potência sonora de máquinas/equipamentos em condições de campo semilivre.

## 10.6 ISOLAÇÃO DE PAREDES PARA SONS AÉREOS

Uma parede entre dois recintos reduz a transmissão sonora entre eles. De fato, uma frente de onda, ao incidir sobre uma parede sólida, encontra um meio material com propriedades distintas do ar no recinto. A frente de onda deve então propagar-se através do material sólido, percorrendo a espessura da parede, encontrando do outro lado da parede o ar do recinto contíguo. Toda vez que ocorre uma mudança das características do meio de propagação, há uma redução na intensidade sonora transmitida para o meio seguinte. Portanto, uma parede reduz a intensidade sonora transmitida entre recintos, pois ocorrem duas mudanças do meio de propagação: ar-parede e parede-ar.

Conforme apresentado no início do capítulo, o parâmetro que caracteriza a capacidade de uma parede transmitir (ou isolar) som é o coeficiente de transmissão sonora ($\tau$). Quanto menor for o valor de $\tau$, menor será a intensidade sonora transmitida; ou seja, mais isolante será a parede.

Diferentemente da absorção sonora da parede, cujo parâmetro característico é o coeficiente de absorção sonora ($\alpha$), o parâmetro que normalmente se utiliza para caracterizar a isolação sonora de uma parede não é o coeficiente de transmissão sonora ($\tau$), mas sim uma grandeza dele derivada chamada de *perda na transmissão sonora* ($PT$), dada por

$$PT = 10 \ \log\frac{1}{\tau}. \tag{10.29}$$

Observe-se nessa expressão que, quanto menor for $\tau$, mais isolante será a parede, e, portanto, maior a sua perda na transmissão, $PT$.

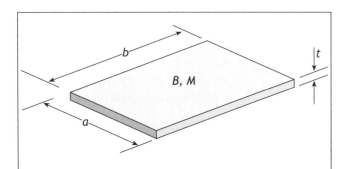

**Figura 10.30** *Painel sólido e homogêneo, de dimensões a, b e t, com rigidez à flexão B e densidade superficial M. Fonte: [10] Lamancusa.*

### ESTIMATIVA TEÓRICA DA PERDA NA TRANSMISSÃO SONORA

A estimativa teórica da perda na transmissão baseia-se num modelo idealizado, representado por um painel sólido e homogêneo, conforme ilustra a Fig. 10.30. O painel é caracterizado por suas dimensões $a$, $b$ e $t$, e por suas características físicas, representadas pela rigidez à flexão do painel ($B$), calculada por $B = Et^3/12$ (em que $E$ é o módulo de elasticidade do material do painel) e pela densidade superficial do painel ($M$), já definida an-

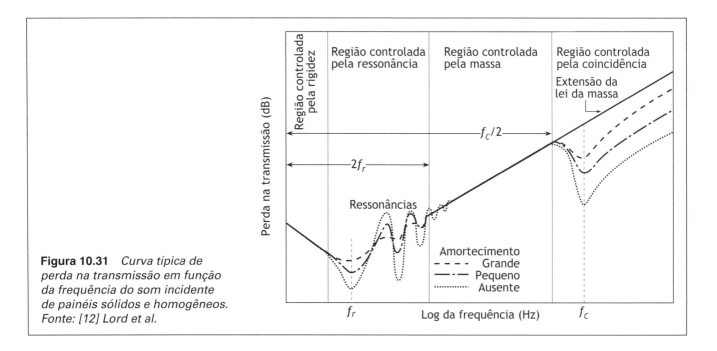

**Figura 10.31** *Curva típica de perda na transmissão em função da frequência do som incidente de painéis sólidos e homogêneos. Fonte: [12] Lord et al.*

teriormente como o produto da espessura do painel pela densidade do material do painel.

A perda na transmissão de painéis é fortemente dependente da frequência do som incidente. A Fig. 10.31 ilustra uma curva típica de perda na transmissão em função da frequência, de painéis sólidos e homogêneos. Essa curva pode ser subdividida em diversas regiões, que revelam a propriedade da parede que mais influencia na perda na transmissão. Quanto menor a frequência, menor será a isolação sonora da parede. O som que é transmitido para o recinto receptor apresentará um espectro diferente do som original, pois as altas frequências serão mais atenuadas que as baixas. É por isso que, quando ouvimos conversação em um recinto vizinho, percebemos um som "abafado", devido à maior perda dos sons de alta frequência na transmissão sonora através da parede.

Na Fig. 10.31, observam-se quatro regiões: nas baixas frequências, a região controlada pela rigidez e a região controlada pela ressonância do painel; nas médias frequências, a região controlada pela massa do painel; e, nas altas frequências, a região controlada pelo fenômeno de coincidência. Os limites dessas diversas regiões estão relacionados com a *frequência de ressonância* ($f_r$) e com a *frequência crítica* ($f_c$) do painel, que serão definidas a seguir.

## REGIÃO CONTROLADA PELA RESSONÂNCIA

É a região controlada pelas ressonâncias mecânicas do painel no movimento de flexão. Existem diversas frequências de ressonância na flexão no painel, que são dadas por

$$f_{r_{ij}} = \frac{\pi}{2}\sqrt{\frac{B}{M}}\left(\frac{i}{a^2} + \frac{j}{b^2}\right) \text{ Hz } [i,j, = 1,2,3,\ldots]. \quad (10.30)$$

As frequências de ressonância se devem à combinação construtiva de ondas de flexão que se propagam pelo painel e que são refletidas nas suas bordas. Portanto, as frequências de ressonância dependem das condições de contorno nas bordas do painel. A Eq. (10.30) se aplica a painéis simplesmente apoiados. Para painéis com bordas engastadas, as frequências de ressonância são dadas pelo o dobro daquelas obtidas pela Eq. (10.30).

Cada frequência de ressonância está associada a um modo particular de vibração do painel. As frequências de ressonância são obtidas variando-se os índices $i$ e $j$ na Eq. (10.30). Por exemplo, a frequência de ressonância associada ao modo (2,1) de vibrar do painel é obtida com $i = 2$ e $j = 1$. Para um painel quadrado de 76 cm de lado e 3,2 mm de espessura, de aço, com $B = 565$ Nm, e $M = 25$ kg/m², essa frequência de ressonância é aproximadamente de 63,7 Hz. A Fig. 10.32 apresenta os seis primeiros modos de vibrar desse painel e as respectivas frequências de ressonância.

**Figura 10.32** *Os seis primeiros modos de vibrar de um painel de aço quadrado, de 76 cm de lado e 3,2 mm de espessura, com as respectivas frequências de ressonância. Fonte: [10] Lamancusa.*

Na ressonância, o movimento do painel é amplificado, sendo o som incidente eficazmente transmitido pela parede, com queda da perda na transmissão. O movimento do painel é controlado pelo amortecimento e, portanto, a perda na transmissão na região controlada pela ressonância também será. Observar que, na ressonância, a energia sonora é também absorvida no movimento vibratório do painel, conforme se viu anteriormente quando do estudo de painéis ressonantes.

Na maioria das situações práticas de controle de ruído, a menor frequência de ressonância de partições, com superfícies relativamente grandes (paredes divisórias), está bem abaixo da menor frequência de interesse. De fato, para uma parede de vidro de 4 × 2,5 m, com espessura de 1 cm e bordas engastadas, a menor frequência de ressonância é da ordem de 10 Hz; já para uma parede de chapa de aço com as mesmas dimensões e espessura de 0,5 cm, essa frequência é da ordem de 5 Hz; frequências essas abaixo do limite inferior da faixa de áudio.

Conforme indica a Fig. 10.31, a região controlada pela ressonância se estende aproximadamente até $2f_r$. Aqui $f_r$ é a menor frequência de ressonância, obtida por meio da Eq. (10.30), com $i = j = 1$.

### REGIÃO CONTROLADA PELA COINCIDÊNCIA

À medida que a frequência do som incidente se eleva acima das frequências de ressonância, os comprimentos das ondas no ar se reduzem, aproximando-se dos comprimentos das ondas de flexão no painel. Conforme ilustra a Fig. 10.33, a "coincidência", ou igualdade de comprimentos de onda, ocorre quando $\lambda_B = \lambda/\text{sen }\theta$. Aqui, $\lambda_B$ é o comprimento da onda de flexão e $\lambda$ é o comprimento da onda que se propaga no ar. Como $\lambda = c/f$ e $\lambda_B = c_B/f$ (sendo $c_B$ a velocidade da onda de flexão no painel), então a igualdade de comprimentos de onda na coincidência requer $c_B = c/\text{sen }\theta$.

Ocorre que, enquanto, para as ondas que se propagam no ar, a velocidade de propagação ($c$) é constante, a velocidade da onda de flexão no painel ($c_B$) depende da frequência de excitação, sendo dada por

$$c_B = \sqrt[4]{(2\pi f)^2 B/M}.\qquad(10.31)$$

A coincidência ocorrerá quando $c_B = c/\text{sen }\theta$, ou seja, nas frequências do som incidente sobre o painel (frequências de excitação) que satisfaçam a relação

$$f_{\text{coinc}} = \frac{c^2}{2\pi\ \text{sen}^2\ \theta}\sqrt{\frac{M}{B}}.\qquad(10.32)$$

Nas frequências de coincidência, ocorre amplificação do movimento de flexão do painel, sendo o som incidente eficazmente transmitido pela parede, com queda da perda na transmissão.

A *frequência crítica* ($f_c$) é a menor frequência de coincidência. A menor frequência de coincidência se dá para a onda que se propaga rasante ao painel, ou seja, para $\theta = 90°$. Assim, a frequência crítica será dada por

$$f_c = \frac{c^2}{2\pi}\sqrt{\frac{M}{B}}.\qquad(10.33)$$

Dentro de um recinto, com campo difuso, as ondas provêm de todas as direções, com frentes de onda formando diferentes ângulos $\theta$ em relação ao painel. Na prática, o som incidente é ruído, que normalmente cobre uma ampla faixa de frequências. Assim, sempre haverá um ângulo $\theta$ para o ruído incidente no qual há coincidência para frequências maiores que a frequência crítica. As coincidências ocorrerão numa faixa de frequências conhecida como "vale de coincidência". Conforme observa-se na Fig. 10.31, similarmente à região controlada pela ressonância, na região controlada pela coincidência, a perda na transmissão é também controlada pelo amortecimento do painel.

Observe-se que a frequência crítica depende da rigidez à flexão do painel ($B$); à medida que $B$ diminui, a frequência crítica se eleva. Um painel com baixo valor de $B$ – por exemplo, uma manta de chumbo – apresenta elevada frequência crítica, o que não compromete a isolação do painel na faixa de frequências de maior interesse.

O gráfico da Fig. 10.34 poderá ser utilizado para determinação da frequência crítica em função do material e da espessura do painel. Por exemplo, uma divisória de compensado com 3 cm de espessura tem uma frequência crítica em torno de 700 Hz, a qual, infelizmente, encontra-se na região central da faixa de frequências coberta pela fala, o que irá prejudicar a privacidade.

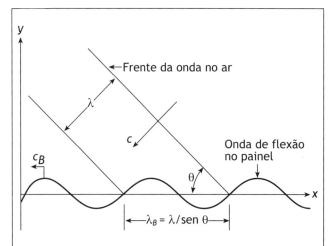

**Figura 10.33** *A coincidência ocorre quando o comprimento da onda de flexão ($\lambda_B$), é igual a $\lambda/\text{sen }\theta$.*

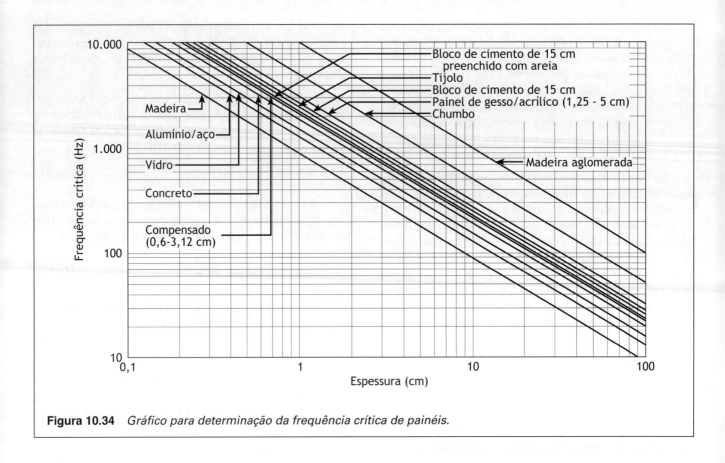

**Figura 10.34** *Gráfico para determinação da frequência crítica de painéis.*

### REGIÃO CONTROLADA PELA MASSA

Nessa região, a perda na transmissão é idealmente dada por

$$PT = 20 \log (f \cdot M) - 47 \text{ dB}, \tag{10.34}$$

sendo $f$ a frequência do som incidente (em Hz), e $M$ a densidade superficial da parede (em kg/m²).

A Eq. (10.34), conhecida como *lei da massa*, admite $f \cdot M > \rho c$, sendo $\rho c$ a impedância característica do meio de propagação. Essa equação não é válida para frequências inferiores a $2f_r$ e superiores a $f_c/2$ (Fig. 10.31).

Na região controlada pela massa, e para uma dada densidade superficial, $PT$ aumenta 6 dB por oitava (6 dB para cada duplicação da frequência). A $PT$ também aumenta 6 dB, em toda a faixa de frequências da região controlada pela massa, toda vez que a densidade superficial do painel é duplicada. A Fig. (10.31) indica que essa região é delimitada, nas baixas frequências, pela região controlada pela ressonância, mais especificamente por $2f_r$, e, nas altas frequências, pela região controlada pela coincidência, mais especificamente por $f_c/2$.

### REGIÃO CONTROLADA PELA RIGIDEZ

Conforme se observa na Fig. 10.31, nessa região, a perda na transmissão aumenta com a redução da frequência abaixo de $f_r$ em aproximadamente 6 dB para cada redução da frequência pela metade, numa espécie de "inverso da lei da massa". Em certas situações de isolação sonora de máquinas com enclausuramentos leves, os painéis são dimensionados para fornecer a requerida perda na transmissão na região controlada pela rigidez.

### COMPORTAMENTO DA PERDA NA TRANSMISSÃO DE PAINÉIS SIMPLESMENTE APOIADOS

As fórmulas anteriormente apresentadas aplicam-se a painéis simplesmente apoiados, o que limita a aplicabilidade dessas fórmulas na prática. As ondas de flexão geradas no painel pelo som incidente são refletidas nas suas bordas. Quando o painel está simplesmente apoiado, as ondas de flexão refletidas estão defasadas 180° das ondas de flexão incidentes nas bordas. A combinação das ondas de flexão incidentes e refletidas nas bordas gera as chamadas *ondas estacionárias*. Dependendo das condições de contorno nas bordas do painel e das frequências de ressonância, essas ondas se reforçam mutuamente, provocando deslocamentos relativamente grandes do painel. O número de frequências de ressonância aumenta rapidamente para frequências acima da primeira ressonância.

À medida que a frequência do som incidente cresce, atingindo a região controlada pela massa, a rigidez à flexão do painel é de importância secundária, pois o painel se comporta como um meio uniforme de propagação com impedância característica $(\rho c)_{painel}$. Embora ondas de flexão continuem presentes na superfície do painel, elas não são radiadores eficientes de som nessa região. Para frequências abaixo da crítica, o comprimento das ondas de flexão é menor do que o comprimento das ondas que se propagam no ar. Portanto, a distância entre os deslocamentos máximos e mínimos na superfície do painel é menor que o comprimento de onda do som incidente. Nessas condições, o painel é um ineficiente irradiador de som, pois a energia é simplesmente transferida entre as regiões adjacentes de pressão "positiva" e de pressão "negativa" [Fig. 10.35(a)]. O resultado é o "cancelamento de pressões", com pouca energia sonora criada pelo movimento do painel.

Já nas bordas e nos cantos do painel, o cancelamento de pressões é incompleto, ocorrendo radiação sonora quando a distância entre as áreas de pressão máxima e mínima se aproxima ou excede o comprimento de onda do som incidente. No entanto, em muitas situações práticas, a radiação sonora das bordas e dos cantos do painel não altera significativamente a perda na transmissão na região controlada pela massa nas frequências inferiores a $f_c/2$. Porém, na faixa de frequências compreendida entre $f_c/2$ e $f_c$, a radiação sonora das bordas e dos cantos poderá alterar significativamente a perda na transmissão do painel.

Conforme ilustra a Fig. 10.35(b), nas frequências próximas e acima de $f_c$, a separação entre as regiões de pressão máxima e mínima é igual ou maior que o comprimento de onda do som incidente, sendo que as ondas de flexão tornam-se radiadores sonoros eficientes. A perda na transmissão do painel será, portanto, controlada pela radiação sonora combinada da coincidência e das vibrações ressonantes do painel.

Já nas baixas frequências, quando o comprimento das ondas de flexão se aproxima ou excede as dimensões do painel, é a rigidez do painel que controla a amplitude das vibrações deste. O resultado é o aumento da perda na transmissão, para frequências inferiores à menor frequência de ressonância do painel. O aumento teórico da perda na transmissão na região controlada pela rigidez é de 6 dB para cada redução da frequência pela metade, conforme indica a Fig. 10.31. No entanto, os resultados experimentais geralmente revelam um acréscimo menor, ou até mesmo nenhum acréscimo.

## MÉTODO GRÁFICO PARA ESTIMATIVA DA PERDA NA TRANSMISSÃO NA REGIÃO CONTROLADA PELA COINCIDÊNCIA

A Fig. 10.36 ilustra um método gráfico de estimativa da perda na transmissão de painéis sólidos e homogêneos, na região controlada pela coincidência. Na figura, o ponto $A$ tem coordenadas $0,5f_c$ e $PT_A$:

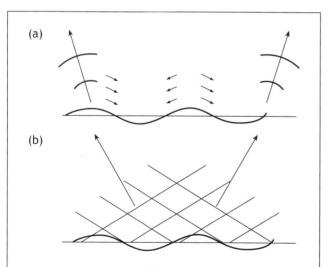

**Figura 10.35** *Acoplamento do campo acústico no ar com o movimento de flexão do painel. (a) Nas frequências abaixo da crítica, a perturbação do painel é local – ele não irradia som, com exceção das bordas e dos cantos. (b) Na frequência crítica e acima dela, o painel irradia som. Fonte: [3] Bies e Hansen.*

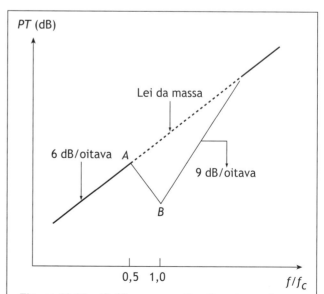

**Figura 10.36** *Gráfico para estimativa da perda na transmissão de painéis sólidos e homogêneos, na região controlada pela coincidência. Fonte: [3] Bies e Hansen.*

$$PT_A = 20 \log (f_c \cdot M) - 54 \text{ dB}.\qquad(10.35)$$

E o ponto $B$ tem coordenadas $f_c$ e $PT_B$:

$$PT_B = 20 \log (f_c \cdot M) + 10 \log \eta - 45 \text{ dB},\qquad(10.36)$$

**TABELA 10.7** Fatores de amortecimento interno típicos de materiais estruturais, à temperatura ambiente, em movimento vibratório de pequena amplitude e para frequências na faixa de áudio

| Material | Fator de amortecimento interno ($\eta$) |
|---|---|
| Alumínio | $10^{-4}$ |
| Latão, bronze | $< 10^{-3}$ |
| Tijolo | $1 \text{ a } 2 \times 10^{-2}$ |
| Concreto — Leve | $1,5 \times 10^{-2}$ |
| Concreto — Poroso | $1,5 \times 10^{-2}$ |
| Concreto — Denso | $1 \text{ a } 5 \times 10^{-2}$ |
| Cobre | $2 \times 10^{-3}$ |
| Cortiça | $0,13 \text{ a } 0,17$ |
| Vidro | $0,6 \text{ a } 2 \times 10^{-3}$ |
| Placa de gesso (*dry-wall*) | $0,6 \text{ a } 3 \times 10^{-2}$ |
| Chumbo | $0,5 \text{ a } 2 \times 10^{-3}$ |
| Magnésio | $10^{-4}$ |
| Blocos de cimento | $5 \text{ a } 7 \times 10^{-3}$ |
| Madeira (pinho, carvalho) | $0,8 \text{ a } 1 \times 10^{-2}$ |
| Argamassa | $5 \times 10^{-3}$ |
| Acrílico | $2 \text{ a } 4 \times 10^{-2}$ |
| Madeira compensada | $1 \text{ a } 1,3 \times 10^{-2}$ |
| Areia (seca) | $0,12 \text{ a } 0,60$ |
| Aço, ferro | $1 \text{ a } 6 \times 10^{-4}$ |
| Estanho | $2 \times 10^{-3}$ |
| Placa de fibras de madeira | $1 \text{ a } 3 \times 10^{-2}$ |
| Zinco | $3 \times 10^{-4}$ |

sendo $\eta$ o *fator de amortecimento interno* do material do painel.

Esse fator expressa a razão entre a energia dissipada pelo material do painel por ciclo e a energia total do sistema no movimento vibratório. O mecanismo de dissipação de energia é o atrito interno no material do painel. A Tab. 10.7 lista fatores de amortecimento interno típicos de alguns materiais. Observa-se na tabela que o fator de amortecimento interno varia de aproximadamente 0,0001 para o alumínio e o aço, até aproximadamente 0,04 para o acrílico.

Na Fig. 10.36, a perda na transmissão a partir de $f_c$ (ponto $B$) é estimada por meio da equação

$$PT = 20 \log (f \cdot M) + 10 \log (\eta \cdot f/f_c) - 45 \text{ dB},\qquad(10.37)$$

válida para $f > f_c$. A Eq. (10.37) é utilizada até a frequência para a qual a $PT$ é igual àquela calculada usando a lei da massa dada pela Eq. (10.34).

A perda na transmissão entre $0,5 f_c$ e $f_c$ é aproximada conectando-se os pontos $A$ e $B$ por meio de uma reta em um gráfico de $PT$ *versus* log (frequência).

## DETERMINAÇÃO DA PERDA NA TRANSMISSÃO EM CÂMARA REVERBERANTE

A perda na transmissão é determinada experimentalmente através de um ensaio normalizado pela ISO 140-3 [13]. Conforme ilustra a Fig. 10.37, o ensaio requer a instalação da parede sob teste como divisória entre duas câmaras reverberantes – a sala da fonte e a sala de recepção. A per-

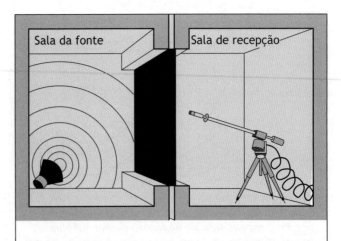

**Figura 10.37** *Parede instalada entre duas câmaras reverberantes, no ensaio de determinação da perda na transmissão. Fonte: [14] Brüel & Kjaer.*

da na transmissão é obtida medindo-se o nível de pressão sonora na sala da fonte ($L_{p_1}$) e na sala de recepção ($L_{p_2}$). A perda na transmissão da parede é dada por

$$PT = L_{p_1} - L_{p_2} + 10 \log\left(\frac{S}{A_{s.recepção}}\right) \text{dB}, \qquad (10.38)$$

sendo $S$ a área da parede (em m$^2$), e $A_{s.recepção}$ é a absorção sonora na sala de recepção (em m$^2$ - Sabine).

A diferença entre os níveis sonoros na sala da fonte e na sala de recepção chama-se *redução de ruído* ("noise reduction", NR), e é calculada por

$$NR = L_{p_1} - L_{p_2}. \qquad (10.39)$$

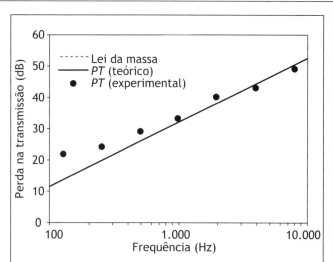

**Figura 10.38(a)** *Painel de chumbo. Espessura, 0,8 mm; B = 0,7 N · m; M = 9,0 kg/m²; $f_r$ = 0,1 Hz; e $f_c$ = 67.500 Hz. A frequência crítica está bem acima da faixa de frequências de interesse, não comprometendo a isolação sonora deste painel.*

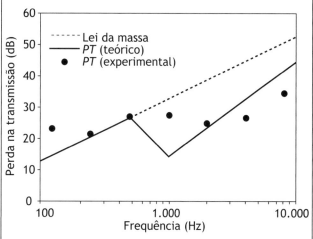

**Figura 10.38(b)** *Painel de madeira compensada. Espessura, 19 mm; η = 0,01; B = 4.973 N · m; M = 10,4 kg/m²; $f_r$ = 7,6 Hz; e $f_c$ = 1.100 Hz.*

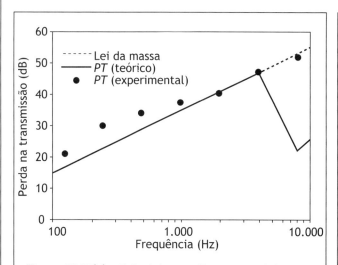

**Figura 10.38(c)** *Painel de aço. Espessura, 1,6 mm; η = 0,0006; B = 71 N · m; M = 12,5 kg/m²; $f_r$ = 0,8 Hz; e $f_c$ = 7.900 Hz. A frequência crítica está próxima do limite superior da faixa de frequências de interesse.*

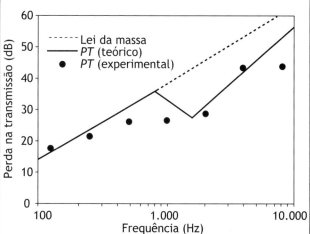

**Figura 10.38(d)** *Painel de acrílico. Espessura, 25 mm; η = 0,03; B = 4.262 N · m; M = 27,6 kg/m²; $f_r$ = 4,3 Hz; e $f_c$ = 1.516 Hz.*

**Figura 10.38** *Perda na transmissão de diversos painéis sólidos e homogêneos obtidos em câmara reverberante, comparativamente com estimativas da perda na transmissão utilizando a lei da massa [Eq. (10.34)] e o método gráfico da Fig. 10.36. (continua...)*

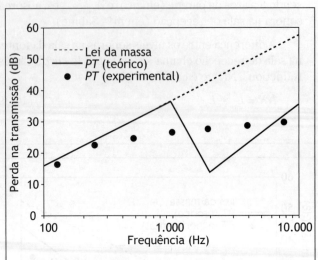

**Figura 10.38(e)** *Painel de vidro. Espessura, 6 mm;* η = 0,001; B = 1.217 N · m; M = 15,0 kg/m²; $f_r$ = 3,2 Hz; e $f_c$ = 2.090 Hz.

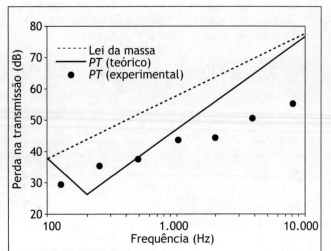

**Figura 10.38(f)** *Painel de concreto. Espessura,* 100 mm; η = 0,01; B = 1.633.000 N · m; M = 170 kg/m²; $f_r$ = 34 Hz; e $f_c$ = 192 Hz.

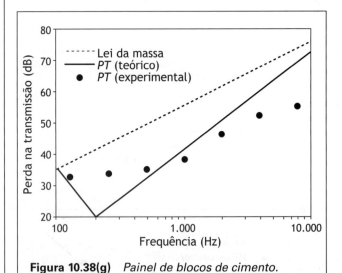

**Figura 10.38(g)** *Painel de blocos de cimento.* Espessura, 150 mm; η = 0,005; B = 1.350.000 N ·m; M = 135 kg/m²; $f_r$ = 35 Hz; e $f_c$ = 188 Hz.

**Figura 10.38** Perda na transmissão de diversos painéis sólidos e homogêneos obtidos em câmara reverberante, comparativamente com estimativas da perda na transmissão utilizando a lei da massa [Eq. (10.34)] e o método gráfico da Fig. 10.36. (...continuação)

Uma vez determinada a perda na transmissão no ensaio em laboratório, o coeficiente de transmissão sonora da parede (τ) pode ser obtido pela expressão

$$\tau = 10^{-PT/10}. \qquad (10.40)$$

As Figs. 10.38(a)-(g) apresentam a perda na transmissão de diversos painéis sólidos e homogêneos obtidos em câmara reverberante, comparativamente com estimativas da perda na transmissão utilizando a lei da massa [Eq. (10.34)] e o método gráfico da Fig. 10.36.

## 10.6 – Isolação de paredes para sons aéreos

**Exemplo 10.7**

Deseja-se criar uma sala de descanso adjacente a uma oficina. Os níveis de ruído, em bandas de oitava, na oficina estão listados na Tab. Ex. 10.7. A parede divisória entre a sala de descanso e a oficina tem comprimento de 20 m e altura de 4 m. As absorções totais, em bandas de oitava, da sala de descanso encontram-se também listadas na Tab. Ex. 10.7. Determinar a perda na transmissão, em bandas de oitava, requerida da parede divisória, a fim de atender à curva de avaliação de ruído NC-45 na sala de descanso.

**Tabela Exemplo 10.7** Determinação da perda na transmissão requerida da parede divisória

| Grandeza | | 125 | 250 | 500 | 1.000 | 2.000 | 4.000 |
|---|---|---|---|---|---|---|---|
| **Dados** | Nível de ruído na oficina, $L_{p_1}$ (dB) | 92 | 85 | 85 | 80 | 78 | 75 |
| | Absorção sonora total na sala de descanso, $A_{s\,recepção}$ (m² – Sabine) | 250 | 350 | 430 | 570 | 600 | 510 |
| Curva de avaliação de ruído NC-45, $L_{p_2}$ (dB) (Tab. 7.4) | | 60 | 54 | 49 | 46 | 44 | 43 |
| Redução de ruído, $NR$ (dB), $(L_{p_1} - L_{p_2})$ | | 32 | 31 | 36 | 34 | 34 | 32 |
| $PT = L_{p_1} - L_{p_2} + 10\,\log\left(\dfrac{S}{A_{s.recepção}}\right)$ dB   ($S = 20 \times 4 = 80\,\mathrm{m}^2$) | | 27 | 25 | 29 | 25 | 25 | 24 |

Cabeçalho de coluna: **Frequência (Hz)**

## PERDA NA TRANSMISSÃO DE PAREDES DUPLAS

Paredes duplas são recomendadas quando se deseja uma elevada perda na transmissão com menor peso e custo. Melhores resultados são obtidos quando os dois painéis da parede dupla são mecânica e acusticamente isolados um do outro.

Conforme indica a Figura 10.39, a isolação mecânica pode ser conseguida montando-se os painéis em caibros independentes. Observar, na figura, que a perda na transmissão média aumenta com o espaçamento entre os painéis e com a presença de material absorvente na cavidade, devendo-se, no entanto, assegurar que o material na cavidade não forme uma ponte mecânica entre os painéis. Com esse objetivo, pode-se fixar o material absorvente em

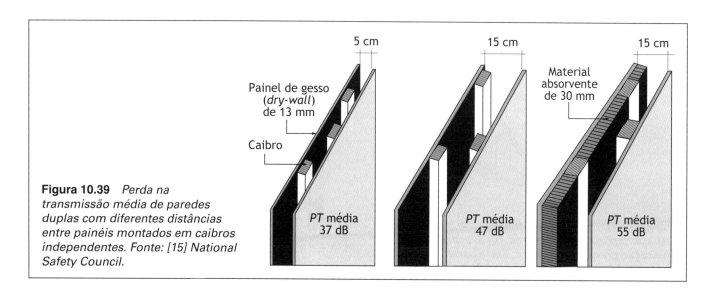

**Figura 10.39** *Perda na transmissão média de paredes duplas com diferentes distâncias entre painéis montados em caibros independentes. Fonte: [15] National Safety Council.*

um dos painéis, evitando-se simultaneamente o contacto com o outro painel. O material absorvente deve ser o mais espesso possível. A espessura mínima recomendada é $15/f$ (m), sendo $f$ a menor frequência de interesse.

Alternativamente, conforme indica a Fig. 10.40(a), os painéis poderão ser fixados a um mesmo caibro ou perfil metálico, através de barras resilientes, com o objetivo de reduzir a transmissão de vibrações mecânicas. A Fig. 10.40(b) mostra detalhes da fixação dos painéis ao caibro através de barra resiliente.

Já que é a maneira como se fixa o painel que determina a eficiência de sua transmissão sonora, será necessário distinguir as duas formas usuais de fixação, as quais geram quatro possíveis combinações de fixação. Quando o painel é fixado diretamente ao caibro ou perfil metálico, gera-se uma linha de contato entre esses elementos. Esse

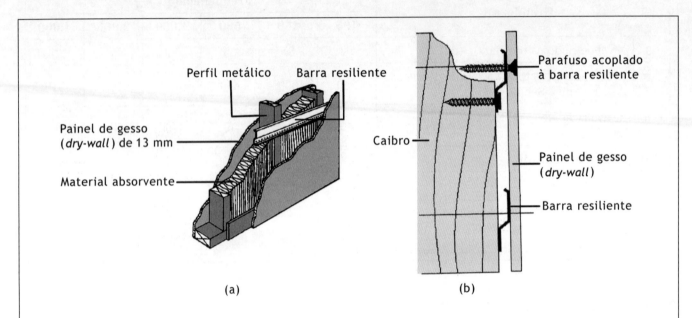

**Figura 10.40** *(a) Painéis fixados em perfis metálicos através de barras resilientes; (b) detalhes da fixação do painel em caibro através da barra resiliente.*

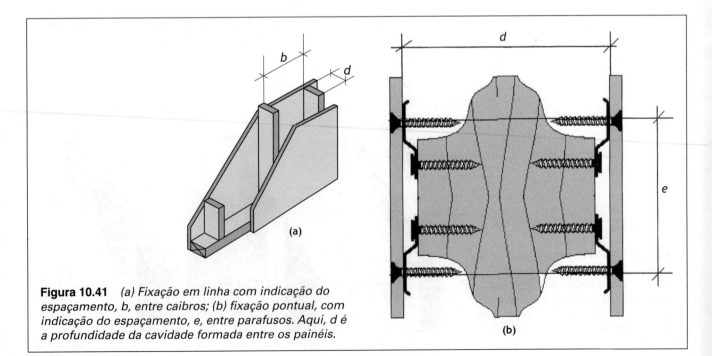

**Figura 10.41** *(a) Fixação em linha com indicação do espaçamento, b, entre caibros; (b) fixação pontual, com indicação do espaçamento, e, entre parafusos. Aqui, d é a profundidade da cavidade formada entre os painéis.*

## 10.6 – Isolação de paredes para sons aéreos

tipo de fixação chama-se *fixação em linha*. Nesse caso, e conforme indica a Fig. 10.41(a), o espaçamento entre os caibros ou perfis (*b*) será suposto uniforme. A fixação através de barras resilientes será denominada *fixação pontual*. Conforme indica a Fig. 10.41(b), o espaçamento (*e*) entre os diversos pontos de fixação também será suposto uniforme. Aqui, *d* é a profundidade da cavidade formada entre os painéis.

Na discussão que se segue, o numeral 1 é associado ao painel que tem a menor frequência crítica, podendo essa frequência ser no máximo igual à do painel ao qual se associa o numeral 2. Quatro combinações de fixação dos painéis são possíveis: linha-linha, linha-pontual, pontual-linha e pontual-pontual. Dessas quatro possíveis combinações, a pontual-linha será excluída, pois a perda na transmissão a ela associada é sempre menor do que a linha-pontual. Em outras palavras, ao se considerar a fixação pontual, os melhores resultados são obtidos quando o painel com a maior frequência crítica é fixado pontualmente.

A Fig. 10.42 ilustra um método gráfico de estimativa da perda na transmissão de paredes duplas. Esse método se aplica para fixação em linha ou pontual quando os painéis são fixados ao mesmo caibro ou perfil metálico, conforme se vê na Fig. 10.41.

Na Fig. 10.42, o ponto $A$ tem coordenadas $f_0$ e $PT_A$ dadas respectivamente por

$$f_0 = 80\sqrt{(M_1 + M_2)/dM_1M_2} \text{ (Hz)}, \quad (10.41)$$

$$PT_A = 20 \log (M_1 + M_2) + 20 \log f_0 - 48 \text{ dB}, \quad (10.42)$$

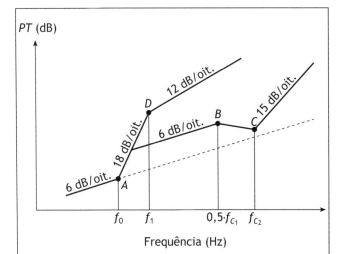

**Figura 10.42** *Gráfico para estimativa da perda na transmissão em paredes duplas com os painéis fixados no mesmo caibro ou em perfil metálico. Fonte: [3] Bies e Hansen.*

sendo $f_0$ a menor frequência de ressonância do conjunto painel-cavidade-painel; $d$ (em m) o espaçamento entre os painéis; e $M_1$ e $M_2$ as densidades superficiais dos painéis 1 e 2, respectivamente (em kg/m²).

O ponto $B$ na Fig. 10.42 tem coordenadas $0,5 \cdot f_{c_1}$ e $PT_B$. Aqui, $f_{c_2}$ é a frequência crítica do painel 2, dada pela Eq. (10.33), e $PT_B$ é igual a $PT_{B_1}$ quando não há material absorvente na cavidade, sendo dada por

$$PT_{B_1} = PT_A + 20 \log (f_{c_1}/f_0) - 6 \text{ dB}, \quad (10.43)$$

em que $f_{c_1}$ é a frequência crítica do painel 1, dada pela Eq. (10.33).

Quando a cavidade contém material absorvente, $PT_B$ é dada pelo maior valor entre $PT_{B_1}$ e $PT_{B_2}$, sendo esta última calculada como segue.

a) Para fixação linha-linha:

$$PT_{B_2} = 20 \log M_1 + 10 \log b + 30 \log f_{c_2} +$$
$$+ 20 \log \left[ 1 + \frac{M_2 f_{c_1}^{1/2}}{M_1 f_{c_2}^{1/2}} \right] - 77 \text{ dB}. \quad (10.44)$$

b) Para fixação linha-pontual:

$$PT_{B_2} = 20 \log M_1 e + 40 \log f_{c_2} - 9 \text{ dB}. \quad (10.45)$$

c) Para fixação pontual-pontual, $PT_{B_2}$ é obtida adicionando-se 2 dB ao valor calculado através da Eq. (10.45).

O ponto $C$ na Fig. 10.42 tem coordenadas $f_{c_2}$ e $PT_C$, sendo $PT_C$ obtida por meio de:

a) Para $f_{c_2} \neq f_{c_1}$:
$$PT_C = PT_B + 10 \log \eta_2 + 6 \text{ dB}; \quad (10.46)$$

b) Para $f_{c_2} = f_{c_1}$:
$$PT_C = PT_B + 10 \log \eta_2 + 5 \log \eta_1 + 6 \text{ dB}. \quad (10.47)$$

Na Fig. 10.42, a frequência associada ao ponto $D$ é dada por

$$f_l = \frac{55}{d} \text{ Hz}. \quad (10.48)$$

Nessa equação, $f_l$ é uma frequência "limite", que está relacionada com a profundidade da cavidade (*d*) em m.

O método gráfico de estimativa de $PT$ por meio da Fig. 10.42 admite que seja satisfeita a desigualdade $M \cdot f > 2(\rho c)_{ar}$.

## Exemplo 10.8

Uma parede dupla de gesso, de 3,00 m de altura por 2,44 m de largura, será montada como divisória entre duas salas de escritório, com os painéis fixados pelas bordas. A profundidade da cavidade é $d = 0,1$ m e será preenchida com material absorvente. Os dois painéis têm a mesma densidade superficial, $M_1 = M_2 = 12,67$ kg/m², e frequência crítica $f_{c_1} = f_{c_2} = 2.500$ Hz. Estimar a perda na transmissão da parede dupla utilizando o método gráfico da Fig. 10.42.

O cálculo das coordenadas do ponto $A$ é realizado por meio das Eqs. (10.41) e (10.42):

$$f_0 = 80\sqrt{\frac{2 \times 12,67}{0,1 \times 12,67^2}} = 100 \text{ Hz,}$$

$PT_A = 20 \log (2 \times 12,67) + 20 \log 100 - 48 = 20$ dB.

As coordenadas do ponto $B$ são dadas por $f_{c_1}/2 = 1.250$ Hz e por $PT_B$. Por meio da Eq. (10.43), obtém-se:

$PT_{B_1} = 20 + 20 \log (2.500/100) - 6 = 42$ dB.

Para fixação linha-linha, a Eq. (10.44) fornece:

$PT_{B_2} = 20 \log 12,67 + 10 \log 2,44 + 30 \log 2.500 + 20 \log 2 - 77$ dB

$PT_{B_2} = 22 + 4 + 102 + 6 - 77 = 57$ dB.

Como a cavidade será preenchida com material absorvente e, sendo $PT_{B_2} > PT_{B_1}$, $PT_B$ será dada por $PT_{B_2}$. Deve-se, no entanto, acrescer 3 dB ao valor de $PT_{B_2}$, pois, como os painéis são fixados pelas bordas laterais, a área associada a cada linha de fixação é metade daquela suposta para o desenvolvimento da Eq. (10.44); e, sendo assim:

$PT_B = PT_{B_2} + 3 = 57 + 3 = 60$ dB.

As coordenadas do ponto $C$ são dadas por $f_{c_2} = 2.500$ Hz e por $PT_C$, que será obtido por meio da Eq. (10.47), com $\eta_1 = \eta_2 = \eta$, onde, na falta de maiores informações, se admite $\eta = 0,1$. Assim, temos:

$PT_C = 60 + 10 \log 0,1 + 5 \log 0,1 + 6 = 60 - 10 - 5 + 6 = 51$ dB.

Com base na Fig. 10.42, a Fig. Ex. 10.8 apresenta a curva da perda na transmissão estimada comparativamente com os pontos experimentais.

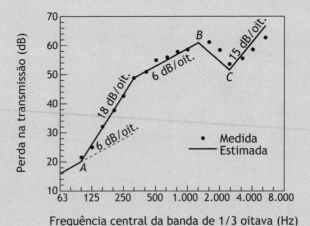

**Figura Exemplo 10.8** *Perda na transmissão estimada da parede dupla, de gesso, comparativamente com dados experimentais. Fonte: [3] Bies e Hansen.*

Paredes duplas com painéis montados em caibros independentes, conforme ilustra a Fig. 10.39, são comumente utilizadas para obter-se elevada perda na transmissão. Nesse tipo de construção, o único apoio comum entre os painéis opostos se dá no perímetro da montagem.

Na estimativa da perda na transmissão, esse tipo de construção poderá ser modelado como uma parede dupla com fixação nas bordas, como a do Ex. 10.8. Ocorre que os caibros adicionais de suporte de cada painel tendem a deteriorar a perda na transmissão, pois a transmissão estrutural se torna mais eficaz. Por exemplo, segundo Bies e Hansen [3], a fixação adicional de cada painel da parede dupla considerada no Ex. 10.8, com caibros na vertical distanciados de 0,61 m um do outro, degrada a perda na transmissão calculada em torno de 10 dB. Por outro lado, segundo estes autores, se pelo menos um dos painéis for "bem" amortecido, valores até mais elevados do que os estimados no Ex. 10.8 poderão ser obtidos.

Em resumo, quando pelo menos um dos painéis não for bem amortecido, a perda na transmissão de uma parede dupla com painéis montados em caibros independentes estará entre aquela de uma parede dupla com fixação nas bordas (Ex. 10.8) e aquela dada pela Eq. (10.44). Por outro lado, quando pelo menos um dos painéis for bem amortecido, então a parede dupla poderá ser modelada como uma parede com fixação nas bordas, sendo que, nessa situação, uma perda na transmissão ligeiramente superior à estimada no Ex. 10.8 poderá ser obtida.

Conforme ilustra a Fig. 10.43, o citado painel "bem" amortecido poderá ser obtido justapondo-se dois painéis menos espessos e colando-os em pontos regularmente espaçados, formando uma malha – o pequeno movimento entre painéis resulta em amortecimento devido à perda de energia por atrito no movimento relativo dos painéis.

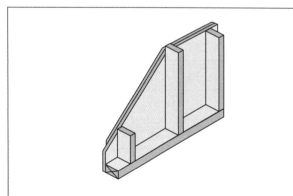

**Figura 10.43** *Painéis justapostos e colados para amortecimento.*

Alternativamente, o painel poderá ter uma de suas faces revestida com material viscoelástico comercialmente disponível, observando-se porém que, para que essa medida seja eficaz, a espessura do revestimento deverá ser pelo menos igual à do painel.

## CLASSE DE TRANSMISSÃO SONORA (STC)

Na prática, é desejável caracterizar a perda na transmissão de uma partição por meio de um número único, com o objetivo de facilitar a comparação de desempenho de diferentes partições. Com esse objetivo, foi desenvolvido um método para geração desse número único, normalizado pela ASTM E413-04 [16], chamado de *classe de transmissão sonora* ("sound transmission class", STC). Para determinação da STC, utiliza-se um processo simples de comparação de valores de perda na transmissão da partição, medidos ou estimados, com contornos padronizados. Conforme indica a Tab. 10.8, cada contorno é constituído por um segmento horizontal entre 1.250 e 4.000 Hz, conectado a um segmento intermediário com inclinação de 5 dB entre 400 e 1.250 Hz, sendo esse segmento conectado a um último segmento com inclinação de 15 dB entre 125 e 400 Hz. O contorno STC atribuído à partição é aquele que, quando comparado com os valores de $PT$ em bandas de 1/3 oitava da partição, atenda simultaneamente a duas condições:

- a diferença entre o valor de $PT$ do contorno e da partição (deficiência) não deve exceder 8 dB, em nenhuma banda de 1/3 oitava;

- a soma das "deficiências" (valores de $PT$ da partição abaixo dos valores de $PT$ do contorno), nas dezesseis bandas de 1/3 oitava entre 125 e 4.000 Hz, não deve exceder 32 dB.

A denominação da partição é STC $x$, sendo $x$ o valor de $PT$ do contorno em 500 Hz.

A Tab. 10.9 apresenta valores de STC, condições de privacidade e de classificação subjetiva associadas.

A Tab. 10.10 apresenta valores de STC de partições feitas de materiais construtivos mais comuns.

## PERDA NA TRANSMISSÃO DE PARTIÇÕES DIVERSAS

A Tab. 10.11 apresenta valores representativos da perda na transmissão de partições diversas. Recomenda-se, no entanto, utilizar sempre valores fornecidos pelo fabricante.

## Tabela 10.8 Contornos de classe de transmissão sonora (STC)

| Frequência central da banda de 1/3-oitava (Hz) | | | | | | | | | | | | | | | |
|---|---|---|---|---|---|---|---|---|---|---|---|---|---|---|---|
| 125 | 160 | 200 | 250 | 315 | 400 | 500 | 630 | 800 | 1.000 | 1.250 | 1.600 | 2.000 | 2.500 | 3.150 | 4.000 |
| Perda na transmissão do contorno (dB) | | | | | | | | | | | | | | | |
| 39 | 42 | 45 | 48 | 51 | 54 | 55 | 56 | 57 | 58 | 59 | 59 | 59 | 59 | 59 | 59 |
| 38 | 41 | 44 | 47 | 50 | 53 | 54 | 55 | 56 | 57 | 58 | 58 | 58 | 58 | 58 | 58 |
| 37 | 40 | 43 | 46 | 49 | 52 | 53 | 54 | 55 | 56 | 57 | 57 | 57 | 57 | 57 | 57 |
| 36 | 39 | 42 | 45 | 48 | 51 | 52 | 53 | 54 | 55 | 56 | 56 | 56 | 56 | 56 | 56 |
| 35 | 38 | 41 | 44 | 47 | 50 | 51 | 52 | 53 | 54 | 55 | 55 | 55 | 55 | 55 | 55 |
| 34 | 37 | 40 | 43 | 46 | 49 | 50 | 51 | 52 | 53 | 54 | 54 | 54 | 54 | 54 | 54 |
| 33 | 36 | 39 | 42 | 45 | 48 | 49 | 50 | 51 | 52 | 53 | 53 | 53 | 53 | 53 | 53 |
| 32 | 35 | 38 | 41 | 44 | 47 | 48 | 49 | 50 | 51 | 52 | 52 | 52 | 52 | 52 | 52 |
| 31 | 34 | 37 | 40 | 43 | 46 | 47 | 48 | 49 | 50 | 51 | 51 | 51 | 51 | 51 | 51 |
| 30 | 33 | 36 | 39 | 42 | 45 | 46 | 47 | 48 | 49 | 50 | 50 | 50 | 50 | 50 | 50 |
| 29 | 32 | 35 | 38 | 41 | 44 | 45 | 46 | 47 | 48 | 49 | 49 | 49 | 49 | 49 | 49 |
| 28 | 31 | 34 | 37 | 40 | 43 | 44 | 45 | 46 | 47 | 48 | 48 | 48 | 48 | 48 | 48 |
| 27 | 30 | 33 | 36 | 39 | 42 | 43 | 44 | 45 | 46 | 47 | 47 | 47 | 47 | 47 | 47 |
| 26 | 29 | 32 | 35 | 38 | 41 | 42 | 43 | 44 | 45 | 46 | 46 | 46 | 46 | 46 | 46 |
| 25 | 28 | 31 | 34 | 37 | 40 | 41 | 42 | 43 | 44 | 45 | 45 | 45 | 45 | 45 | 45 |
| 24 | 27 | 30 | 33 | 36 | 39 | 40 | 41 | 42 | 43 | 44 | 44 | 44 | 44 | 44 | 44 |
| 23 | 26 | 29 | 32 | 35 | 38 | 39 | 40 | 41 | 42 | 43 | 43 | 43 | 43 | 43 | 43 |
| 22 | 25 | 28 | 31 | 34 | 37 | 38 | 39 | 40 | 41 | 42 | 42 | 42 | 42 | 42 | 42 |
| 21 | 24 | 27 | 30 | 33 | 36 | 37 | 38 | 39 | 40 | 41 | 41 | 41 | 41 | 41 | 41 |
| 20 | 23 | 26 | 29 | 32 | 35 | 36 | 37 | 38 | 39 | 40 | 40 | 40 | 40 | 40 | 40 |

*Fonte:* [16] ASTM E413-04

## 10.6 – Isolação de paredes para sons aéreos

### Exemplo 10.9

Determinar a STC da partição com valores de perda na transmissão, nas bandas de 1/3 oitava, de 125 Hz a 4 kHz, de: 19, 24, 28, 32, 35, 38, 41, 44, 47, 50, 52, 54, 52, 46, 41 e 47.

**Quadro para determinação do contorno STC da partição do Ex. 10.9**

| Contorno STC | Frequência central da banda de 1/3-oitava (Hz) | | | | | | | | | | | | | | | |
|---|---|---|---|---|---|---|---|---|---|---|---|---|---|---|---|---|
| | 125 | 160 | 200 | 250 | 315 | 400 | 500 | 630 | 800 | 1.000 | 1.250 | 1.600 | 2.000 | 2.500 | 3.150 | 4.000 |
| STC 41 | 25 | 28 | 31 | 34 | 37 | 40 | 41 | 42 | 43 | 44 | 45 | 45 | 45 | 45 | 45 | 45 |
| *PT* da partição | 19 | 24 | 28 | 32 | 35 | 38 | 41 | 44 | 47 | 50 | 52 | 54 | 52 | 46 | 41 | 47 |
| Deficiência | 6 | 4 | 3 | 2 | 2 | 2 | 0 | 0 | 0 | 0 | 0 | 0 | 0 | 0 | 4 | 0 |
| Soma das deficiências em STC 41 = 23 | | | | | | | | | | | | | | | | |
| STC 42 | 26 | 29 | 32 | 35 | 38 | 41 | 42 | 43 | 44 | 45 | 46 | 46 | 46 | 46 | 46 | 46 |
| *PT* da partição | 19 | 24 | 28 | 32 | 35 | 38 | 41 | 44 | 47 | 50 | 52 | 54 | 52 | 46 | 41 | 47 |
| Deficiência | 7 | 5 | 4 | 3 | 3 | 3 | 1 | 0 | 0 | 0 | 0 | 0 | 0 | 0 | 5 | 0 |
| Soma das deficiências em STC 42 = 31 | | | | | | | | | | | | | | | | |
| STC 43 | 27 | 30 | 33 | 36 | 39 | 42 | 43 | 44 | 45 | 46 | 47 | 47 | 47 | 47 | 47 | 47 |
| *PT* da partição | 19 | 24 | 28 | 32 | 35 | 38 | 41 | 44 | 47 | 50 | 52 | 54 | 52 | 46 | 41 | 47 |
| Deficiência | 8 | 6 | 5 | 4 | 4 | 4 | 2 | 0 | 0 | 0 | 0 | 0 | 0 | 1 | 6 | 0 |
| Soma das deficiências em STC 43 = 40 | | | | | | | | | | | | | | | | |

### *Conclusão*

A partição atende ao contorno STC 42, já que, para esse contorno, nenhuma das deficiências é maior que 8 dB, sendo a soma das deficiências inferior a 32 dB.

**Tabela 10.9 Classes de transmissão sonora, condições de privacidade e classificações subjetivas associadas**

| STC | Privacidade | Classificação |
|---|---|---|
| 25 | Voz normal facilmente inteligível | Precária |
| 30 | Voz elevada razoavelmente inteligível; voz normal pouco inteligível. | Fraca |
| 35 | Voz elevada pouco inteligível; voz normal não inteligível. | Razoável |
| 40 | Voz elevada não inteligível; voz normal inaudível | Boa |
| 45 | Voz elevada ouvida muito fracamente | Muito boa |
| 50 | Voz elevada inaudível | Excelente |

## 10 – Ruído em recintos

**Tabela 10.10 Classes de transmissão sonora de partições feitas de materiais construtivos mais comuns***

| Partição | STC |
|---|---|
| Vidro de 6 mm de espessura | 26 |
| Chapa de madeira compensada de 18 mm de espessura | 28 |
| Parede dupla de chapas *dry-wall* de 12 mm de espessura, fixadas em caibros de 5 × 10 cm | 33 |
| Chapa de aço de 6 mm de espessura | 36 |
| Parede de tijolos de 10 cm de espessura | 41 |
| Parede de blocos de cimento de 15 cm de espessura | 42 |
| Parede de concreto armado de 30 cm de espessura | 56 |
| Parede dupla: tijolos de 20 cm, cavidade de 5 cm, tijolos de 10 cm de espessura | 65 |

*Valores indicativos. Utilizar sempre valores de STC fornecidos pelo fabricante.

**Tabela 10.11 Valores da perda na transmissão para sons aéreos de partições diversas***

| Tipo de partição | Esp. (mm) | Dens. sup. (kg/m²) | Frequência central da banda de oitava (Hz) | | | | | | | |
|---|---|---|---|---|---|---|---|---|---|---|
| | | | 63 | 125 | 250 | 500 | 1.000 | 2.000 | 4.000 | 8.000 |
| *Painéis simples* | | | | | | | | | | |
| Manta de chumbo | 1,5 | 17 | 22 | 28 | 32 | 33 | 32 | 32 | 33 | 36 |
| Manta de chumbo | 3,0 | 34 | 24 | 30 | 31 | 27 | 38 | 44 | 33 | 38 |
| Chapa de alumínio, enrijecida | 0,9 | 2,5 | 8 | 11 | 19 | 10 | 18 | 23 | 25 | 30 |
| Chapa de aço galvanizado | 0,6 | 6 | 3 | 8 | 14 | 20 | 23 | 26 | 27 | 35 |
| Chapa de aço galvanizado | 0,9 | 7 | 3 | 8 | 14 | 20 | 26 | 32 | 38 | 45 |
| Chapa de aço galvanizado | 1,2 | 10 | 8 | 13 | 20 | 24 | 29 | 33 | 39 | 44 |
| Chapa de aço galvanizado | 1,6 | 13 | 9 | 14 | 21 | 27 | 32 | 37 | 43 | 42 |
| Chapa canelada de aço, enrijecida nas bordas, juntas seladas | 1,2 | 39 | 25 | 30 | 20 | 22 | 30 | 28 | 31 | 31 |
| Placa corrugada de amianto, enrijecida e selada | 6 | 10 | 20 | 25 | 30 | 33 | 33 | 38 | 39 | 42 |
| Placa de lascas de madeira, em esquadria de madeira | 19 | 11 | 14 | 17 | 18 | 25 | 30 | 26 | 32 | 38 |
| Placa de fibras de madeira, em esquadria de madeira | 12 | 4 | 10 | 12 | 16 | 20 | 24 | 30 | 31 | 36 |
| Placa de gesso, em esquadria de madeira | 9 | 7 | 9 | 15 | 20 | 24 | 29 | 32 | 35 | 38 |

*continua...*

## 10.6 – Isolação de paredes para sons aéreos 295

**Tabela 10.11  Valores da perda na transmissão para sons aéreos de partições diversas (...continuação)**

| Tipo de partição | Esp. (mm) | Dens. sup. (kg/m²) | Frequência central da banda de oitava (Hz) | | | | | | | |
|---|---|---|---|---|---|---|---|---|---|---|
| | | | 63 | 125 | 250 | 500 | 1.000 | 2.000 | 4.000 | 8.000 |
| Chapa compensada, em esquadria de madeira | 6 | 3,5 | 6 | 9 | 13 | 16 | 21 | 27 | 29 | 33 |
| Chapa compensada, em esquadria de madeira | 12 | 7 | - | 10 | 15 | 17 | 19 | 20 | 26 | - |
| Tábua de madeira maciça (mogno) | 50 | 25 | 15 | 19 | 23 | 25 | 30 | 37 | 42 | 46 |
| Madeirame, sem revestimento | 25 | 19 | 0 | 0 | 2 | 6 | 6 | 8 | 8 | 10 |
| Madeirame revestido com gesso em ambos os lados (12 mm em cada face) | 50 | 75 | 18 | 23 | 27 | 30 | 32 | 36 | 39 | 43 |
| Chapa compensada | 6 | 3,5 | - | 17 | 15 | 20 | 24 | 28 | 27 | - |
| Chapa compensada | 18 | 10 | - | 24 | 22 | 27 | 28 | 25 | 27 | - |
| Cortinado de vinil com chumbo | 3 | 7,3 | - | 22 | 23 | 25 | 31 | 35 | 42 | - |
| Cortinado de vinil com chumbo | 2 | 4,9 | - | 15 | 19 | 21 | 28 | 33 | 37 | - |
| *Painéis tipo sanduíche* | | | | | | | | | | |
| Painéis para enclausuramento de máquinas: chapa de aço de 1,6 mm + manta de lã de vidro de 100 mm, revestida com chapa perfurada de aço de 0,6 mm | 100 | 25 | 20 | 21 | 27 | 38 | 48 | 58 | 67 | 66 |
| Mesma montagem acima, porém com chapa de aço de 5 mm no lugar da chapa de aço de 1,6 mm | 100 | 50 | 31 | 34 | 35 | 44 | 54 | 63 | 62 | 68 |
| Manta de chumbo de 1,5 mm, entre duas chapas compensadas de 5 mm | 11,5 | 25 | 19 | 26 | 30 | 34 | 38 | 42 | 44 | 47 |
| Placa de amianto de 9 mm, entre duas chapas de aço de 1,2 mm | 12 | 37 | 16 | 22 | 27 | 31 | 27 | 37 | 44 | 48 |
| Palha comprimida entre duas chapas de madeira de 3 mm | 56 | 25 | 15 | 22 | 23 | 27 | 27 | 35 | 35 | 38 |
| *Paredes simples de alvenaria* | | | | | | | | | | |
| Tijolos revestidos com argamassa | 125 | 240 | 30 | 36 | 37 | 40 | 46 | 54 | 57 | 59 |
| Tijolos revestidos com argamassa | 255 | 480 | 34 | 41 | 45 | 48 | 56 | 65 | 69 | 72 |
| Tijolos revestidos com argamassa | 360 | 720 | 36 | 44 | 43 | 49 | 57 | 66 | 70 | 72 |
| Tijolos de resíduos sólidos de carvão ou de carvão miúdo, revestidos com argamassa (12 mm em ambos os lados) | 125 | 145 | 20 | 27 | 33 | 40 | 50 | 58 | 56 | 59 |

*continua...*

## 10 – Ruído em recintos

**Tabela 10.11  Valores da perda na transmissão para sons aéreos de partições diversas (continuação)**

| Tipo de partição | Esp. (mm) | Dens. sup. (kg/m²) | Frequência central da banda de oitava (Hz) | | | | | | | |
|---|---|---|---|---|---|---|---|---|---|---|
| | | | 63 | 125 | 250 | 500 | 1.000 | 2.000 | 4.000 | 8.000 |
| Blocos de resíduos sólidos de carvão ou de carvão miúdo, sem revestimento | 75 | 85 | 12 | 17 | 18 | 20 | 24 | 30 | 38 | 41 |
| Blocos de concreto de cinzas (de carvão mineral), pintados com tinta à base de cimento | 100 | 75 | 22 | 30 | 34 | 40 | 50 | 50 | 52 | 53 |
| Blocos de concreto de cinzas (de carvão mineral), sem pintura | 100 | 75 | 22 | 27 | 32 | 32 | 40 | 41 | 45 | 48 |
| Blocos de Thermalite (cimento aerado para isolação térmica) | 100 | 125 | 20 | 27 | 31 | 39 | 45 | 53 | 38 | 62 |
| Blocos de vidro | 200 | 510 | 25 | 30 | 35 | 40 | 49 | 49 | 43 | 45 |
| Tijolos simples | 100 | 200 | - | 30 | 36 | 37 | 37 | 37 | 43 | - |
| ***Paredes duplas de alvenaria*** | | | | | | | | | | |
| Parede dupla de tijolos com espessura de 140 mm cada, conectadas com tirantes metálicos, formando cavidade de 56 mm, e com as faces externas revestidas com gesso de 12 mm | 360 | 380 | 28 | 34 | 34 | 40 | 56 | 73 | 76 | 78 |
| Parede dupla de tijolos com espessura de 140 mm cada, conectadas com telas metálicas expansíveis, formando cavidade de 56 mm, e com as faces externas revestidas com gesso de 12 mm | 360 | 380 | 27 | 27 | 43 | 55 | 66 | 77 | 85 | 85 |
| ***Paredes duplas com caibros*** | | | | | | | | | | |
| Faces em *dry-wall* de 12 mm, fixadas em caibros de 50 × 100 mm | 125 | 19 | 12 | 16 | 22 | 28 | 38 | 50 | 52 | 55 |
| Faces em *dry-wall* de 9 mm, com revestimento de 12 mm em gesso, fixadas em caibros de 50 × 100 mm | 142 | 60 | 20 | 25 | 28 | 34 | 47 | 39 | 50 | 56 |
| ***Janelas de vidro*** | | | | | | | | | | |
| Vidro simples em esquadria robusta | 6 | 15 | 17 | 11 | 24 | 28 | 32 | 27 | 35 | 39 |
| Vidro simples em esquadria robusta | 8 | 20 | 18 | 18 | 25 | 31 | 32 | 28 | 36 | 39 |
| Vidro simples em esquadria robusta | 9 | 23 | 18 | 22 | 26 | 31 | 30 | 32 | 39 | 43 |
| Vidro simples em esquadria robusta | 16 | 40 | 20 | 25 | 28 | 33 | 30 | 38 | 45 | 48 |

*continua...*

## 10.6 – Isolação de paredes para sons aéreos

**Tabela 10.11 Valores da perda na transmissão para sons aéreos de partições diversas (...continuação)**

| Tipo de partição | Esp. (mm) | Dens. sup. (kg/m²) | Frequência central da banda de oitava (Hz) | | | | | | | |
|---|---|---|---|---|---|---|---|---|---|---|
| | | | 63 | 125 | 250 | 500 | 1.000 | 2.000 | 4.000 | 8.000 |
| Vidro simples em esquadria robusta | 25 | 63 | 25 | 27 | 31 | 30 | 33 | 43 | 48 | 53 |
| Vidro laminado | 13 | 32 | - | 23 | 31 | 38 | 40 | 47 | 52 | 57 |
| **Janelas de vidro duplo** | | | | | | | | | | |
| Faces de 2,44 mm, cavidade de 7 mm | 12 | 15 | 15 | 22 | 16 | 20 | 29 | 31 | 27 | 30 |
| Faces de 9 mm em esquadrias independentes, cavidade de 50 mm | 68 | 34 | 18 | 25 | 29 | 34 | 41 | 45 | 53 | 50 |
| Faces de 6 mm em esquadrias independentes, cavidade de 100 mm | 112 | 34 | 20 | 28 | 30 | 38 | 45 | 45 | 53 | 50 |
| Faces de 6 mm em esquadrias independentes, cavidade de 188 mm | 200 | 34 | 25 | 30 | 35 | 41 | 48 | 50 | 56 | 56 |
| Faces de 6 mm em esquadrias independentes, cavidade de 188 mm, com manta absorvente entre o caixilho e o recesso na parede | 200 | 34 | 26 | 33 | 39 | 42 | 48 | 50 | 57 | 60 |
| Faces de 6 mm e 9 mm em esquadrias independentes, cavidade de 200 mm, com manta absorvente entre o caixilho e o recesso na parede | 215 | 42 | 27 | 36 | 45 | 58 | 59 | 55 | 66 | 70 |
| Faces de 3 mm, cavidade de 55 mm | 63 | 25 | - | 13 | 25 | 35 | 44 | 49 | 53 | - |
| Faces de 6 mm, cavidade de 55 mm | 70 | 35 | - | 27 | 32 | 36 | 43 | 38 | 51 | - |
| Faces de 6 mm e 5 mm, cavidade de 100 mm | 112 | 34 | - | 27 | 37 | 45 | 56 | 56 | 60 | - |
| Faces de 6 mm e 8 mm, cavidade de 100 mm | 115 | 40 | - | 35 | 47 | 53 | 55 | 50 | 55 | - |
| **Portas** | | | | | | | | | | |
| Porta com faces coladas em estrutura com interior vazado, montada normalmente em batente | 43 | 9 | 1 | 12 | 13 | 14 | 16 | 18 | 24 | 26 |
| Porta em madeira sólida, montada normalmente em batente | 43 | 28 | 13 | 17 | 21 | 26 | 29 | 31 | 34 | 32 |
| Porta acústica "típica", faces em chapa de aço pesada, com material absorvente na cavidade, vedada em batente metálico | 100 | - | 37 | 36 | 39 | 44 | 49 | 54 | 57 | 60 |

*continua...*

# 298    10 – Ruído em recintos

**Tabela 10.11  Valores da perda na transmissão para sons aéreos de partições diversas (...continuação)**

| Tipo de partição | Esp. (mm) | Dens. sup. (kg/m²) | Frequência central da banda de oitava (Hz) | | | | | | | |
|---|---|---|---|---|---|---|---|---|---|---|
| | | | 63 | 125 | 250 | 500 | 1.000 | 2.000 | 4.000 | 8.000 |
| Porta com faces em chapa de aço | 35 | 16 | - | 26 | 26 | 28 | 32 | 32 | 40 | - |
| Porta com faces em material plástico laminado, bem encaixada no batente | 44 | 20 | - | 14 | 18 | 17 | 23 | 18 | 19 | - |
| Porta de madeira envernizada, bem encaixada no batente | 44 | 25 | - | 22 | 26 | 29 | 26 | 26 | 32 | - |
| Porta metálica com faces amor-tecidas, cavidade com material absorvente, vedada no batente | 100 | 94 | - | 43 | 47 | 51 | 54 | 52 | 50 | - |
| Porta metálica com faces amor-tecidas, cavidade com material absorvente, vedada no batente | 180 | 140 | - | 46 | 51 | 59 | 62 | 65 | 62 | - |
| Porta metálica com faces amor-tecidas, cavidade com material absorvente, vedada no batente | 250 | 181 | - | 48 | 54 | 62 | 68 | 66 | 74 | - |
| Duas portas, separadas por câma-ra de ar de 180 mm, sendo cada face das portas em chapa de aço de 1,6 mm, e com as cavidades de cada uma das portas preenchidas com material absorvente | 270 | 86 | - | 50 | 56 | 59 | 67 | 60 | 70 | - |
| Porta de madeira maciça | 54 | 20 | - | 20 | 25 | 22 | 27 | 31 | 35 | - |
| Porta de madeira maciça | 66 | 44 | - | 24 | 26 | 33 | 38 | 31 | 46 | - |
| **Lajes** | | | | | | | | | | |
| Concreto | 100 | 230 | 32 | 37 | 36 | 45 | 52 | 59 | 62 | 63 |
| Concreto | 200 | 460 | 36 | 42 | 41 | 50 | 57 | 60 | 65 | 70 |
| Concreto | 300 | 690 | 37 | 40 | 45 | 52 | 59 | 63 | 67 | 72 |

*Valores indicativos. Utilizar sempre valores de *PT* fornecidos pelo fabricante.

## PERDA NA TRANSMISSÃO DE PARTIÇÕES COMPOSTAS

É comum partições apresentarem elementos, como jane-las, portas, aberturas de ventilação etc., que interrompem a sua homogeneidade. A perda na transmissão de uma partição composta pode ser obtida a partir da perda na transmissão de seus componentes individuais, por meio da expressão:

$$\tau_c = \frac{\sum_{i=1}^{N} S_i \tau_i}{\sum_{i=1}^{N} S_i} \qquad (10.49)$$

em que $\tau_c$ é o *coeficiente de transmissão sonora da partição composta*, $S_i$ a *área* do $i$-ésimo componente da partição, e $\tau_i$ seu respectivo coeficiente de transmissão sonora, obtido por meio de

$$\tau_i = 10^{-PT_i/10}, \quad (10.50)$$

em que $PT_i$ é a perda na transmissão do $i$-ésimo componente da partição.

A perda na transmissão da partição composta ($PT_c$) será dada então pela Eq. (10.29), repetida aqui como

$$PT_c = 10 \, \log \, \frac{1}{\tau_c}. \quad (10.51)$$

O gráfico da Fig. 10.44 poderá ser utilizado na determinação da perda na transmissão de uma partição composta de apenas dois elementos. Esse gráfico fornece a perda na transmissão incremental ($\delta PT$) em função da razão de áreas $S_1/S_2$, sendo $S_1$ a área do componente com menor perda na transmissão e $S_2$ a área do componente com maior perda na transmissão, com a diferença $\Delta PT = PT_2 - PT_1$ como parâmetro. A perda na transmissão incremental ($\delta PT$) deverá ser adicionada à menor perda na transmissão ($PT_1$) para a determinação da perda na transmissão da partição composta; ou seja, $PT_c = PT_1 + \delta PT$.

Observa-se, na Fig. 10.44, que elementos com baixa perda na transmissão podem degradar significativamente o desempenho de partições com elevada perda na transmissão. Na prática, elementos que destruam a homogeneidade de partições devem ser escolhidos de tal forma a apresentarem a mais elevada perda na transmissão e a menor área possíveis.

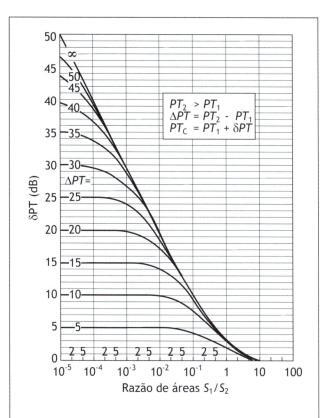

**Figura 10.44** *Gráfico para determinação da perda na transmissão de partição composta por dois elementos. Fonte: [3] Bies e Hansen.*

---

**Exemplo 10.10**

Determinar a perda na transmissão, em 125 Hz, de uma partição com área total de 10 m², que apresenta uma perda na transmissão de 30 dB, na qual se insere um painel de 3 m², com perda na transmissão de 10 dB.

Para a partição homogênea, temos

$$\tau_1 = 10^{-PT_1/10} = 10^{-30/10} = 0{,}001.$$

Para o painel, temos

$$\tau_2 = 10^{-PT_2/10} = 10^{-10/10} = 0{,}100.$$

Assim, para a partição composta, temos

$$\tau_c = \frac{(0{,}001 \times 7) + (0{,}100 \times 3)}{10} = 0{,}0307.$$

Finalmente, a perda na transmissão da partição composta será de

$$PT_c = 10 \, \log \, (1/\tau_c) = 10 \, \log \, (1/0{,}0307) = 15 \text{ dB}.$$

Alternativamente, o gráfico da Fig. 10.44 poderá ser utilizado, obtendo-se aproximadamente o mesmo resultado.

***Comentário***

O método aqui apresentado também pode ser utilizado no caso de "pequenas" aberturas para ventilação e acesso. Como o coeficiente de transmissão sonora da abertura é unitário, logo $PT_1 = 0$ dB. Observe-se então, na Fig. 10.44, que uma pequena abertura numa partição, que confira uma razão de áreas de $10^{-3}$, deteriora em 3 dB a perda na transmissão de uma partição com $PT = 30$ dB, não alterando praticamente a perda na transmissão de partições com $PT < 20$ dB.

## 10.7 ISOLAÇÃO DE SONS DE IMPACTO

Sons gerados por pisadas e queda de objetos sobre lajes provocam grande desconforto em prédios de apartamentos, por serem ouvidos claramente pelo vizinho de baixo. Isto ocorre porque se trata de uma eficiente excitação por contacto, em que a laje se torna um irradiador de energia sonora em ampla faixa de frequências, devido ao movimento vibratório induzido pela excitação localizada.

Uma medida da capacidade da laje em transmitir sons de impacto é dada pelo *nível sonoro normalizado de impacto* ($L_n$). Similarmente ao ensaio para determinação da perda na transmissão para sons aéreos, e conforme ilustra a Fig. 10.45, o ensaio para determinação de $L_n$ também se utiliza de duas câmaras reverberantes – a sala da fonte e a sala de recepção. Este ensaio é normalizado pela ISO 140-6 [17]. O ensaio consiste basicamente em excitar a laje, na sala da fonte, com um aparato padronizado de ensaio de impacto, o qual contém cinco pequenos marteletes de 0,5 kg cada um, que são liberados em queda livre de uma altura de 4 cm, a um taxa de dez impactos por segundo. Simultaneamente, mede-se o nível sonoro médio espacial na sala de recepção ($\bar{L}_p$). O nível sonoro normalizado de impacto será então dado por

$$L_n = \bar{L}_p + 10 \ \log \ \frac{A_{s.\text{recepção}}}{10 \ \text{m}^2} \ \text{dB}, \qquad (10.52)$$

**Figura 10.45** *Condições do ensaio de determinação do nível sonoro normalizado de impacto ($L_n$). Fonte: [14] Brüel & Kjaer.*

sendo $A_{s.\text{recepção}}$ a absorção sonora da sala de recepção, em metros quadrados (Sabine).

Pode-se mostrar que o nível sonoro normalizado de impacto em bandas ($L_{n\ \text{banda}}$) de lajes de concreto de espessura $t$ (em m), "pouco" amortecidas ($\eta \cong 0{,}01$), e para frequências acima da frequência crítica é aproximadamente dado por

$$L_{n\ \text{banda}} = -30 \ \log \ t + \Delta L_{\text{banda}} + 54 \ \text{dB},$$
$$\text{para lajes de concreto} \qquad (10.53)$$

em que $\Delta L_{\text{banda}} = -1{,}5$ dB para bandas de oitava, e $\Delta L_{\text{banda}} = -6{,}5$ dB para bandas de 1/3 oitava.

A Eq. (10.53) mostra que o nível sonoro normalizado de impacto, para frequências acima da frequência crítica, independe da frequência. Essa equação também mostra que a duplicação da espessura da laje reduz de 9 dB o nível sonoro irradiado para o recinto de baixo.

### PISOS FLUTUANTES

A experiência de campo revela que o nível sonoro de impacto é muito elevado, mesmo em lajes espessas e densas. Embora, conforme indica a Eq. (10.53), o aumento da espessura da laje reduza os níveis sonoros no recinto de baixo, trata-se de uma alternativa quase nunca adotada para reduzir sons de impacto, pois implica em elevação de custos e problemas estruturais na edificação. Além dessas dificuldades, ocorre também que a redução dos níveis sonoros de impacto por aumento da espessura da laje normalmente não é suficiente para garantir conforto acústico no recinto de baixo.

Conforme ilustra a Fig. 10.46, a solução normalmente utilizada para redução de sons de impacto consiste em colocar material resiliente isolador entre a laje estrutural e o contrapiso (piso flutuante), de menor espessura do que a laje. Os isoladores poderão ser coxins de borracha, cortiça etc., uniformemente distribuídos, ou placas contínuas de lã de vidro, lã de rocha, poliestireno expandido elastizado (isopor elastizado) e outros materiais. Quando o isolador for instalado de forma não contínua (em pontos ou em faixas), é importante preencher o espaço vazio entre o contrapiso e a laje com material absorvente, para eliminar a propagação sonora na cavidade formada. Essa medida pode melhorar em até 20 dB a isolação dos sons de impacto.

Ainda, conforme a Fig. (10.46), para que as vibrações induzidas no contrapiso pelos choques não se transmitam para outros pontos da estrutura, é também importante que o contrapiso fique completamente isolado não só da laje estrutural mas também dos fechamentos verticais (paredes) e, ainda, também que não haja "curtos-cicuitos" como, por exemplo através dos rodapés.

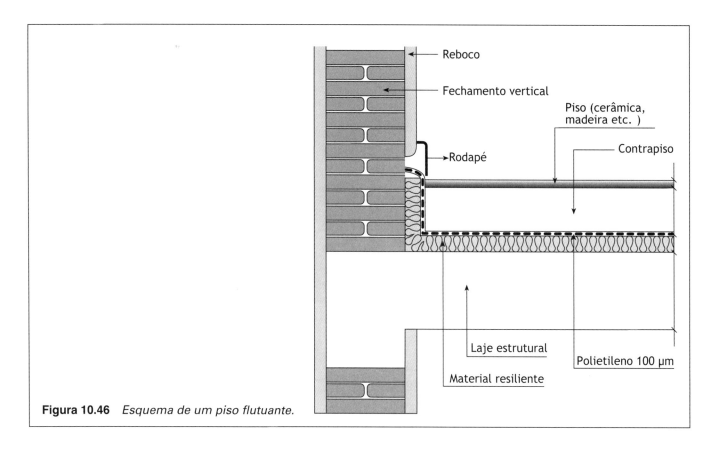

**Figura 10.46** *Esquema de um piso flutuante.*

Um modelo físico simplificado do sistema de piso flutuante é aquele apresentado na Fig. 10.47. Trata-se de um sistema massa-mola-amortecedor, em que a massa do sistema é caracterizada pela densidade superficial do contrapiso ($M$), a mola é caracterizada pela *rigidez dinâmica* do isolador ($s'$), sendo o amortecimento conferido pelo atrito interno do material do isolador.

O sistema mostrado na Fig. 10.47 apresenta uma frequência de ressonância ($f_0$) que é dada por

$$f_0 = \frac{1}{2\pi}\sqrt{\frac{s'}{M}} \text{ Hz}. \tag{10.54}$$

### RIGIDEZ DO ISOLADOR

A *rigidez estática* do isolador ($s$) é a razão entre a carga estática por unidade de área do isolador e a deformação resultante do isolador. Matematicamente, escreve-se assim a rigidez estática do isolador:

$$s = \frac{F/S}{\Delta d} \text{(N/m}^3 \text{ ou Pa/m)}, \tag{10.55}$$

sendo $F$ a carga estática (em N), $S$ a área do isolador (em m$^2$), e $\Delta d$ a deformação do isolador (em m).

O *módulo de elasticidade estático* do isolador ($E_{est}$) é uma propriedade do material do isolador, sendo calculado pelo produto da rigidez estática do isolador ($s$) pela espessura ($d$) do isolador; ou seja,

$$E_{est} = s \cdot d \text{ (N/m}^2 \text{ ou Pa)}. \tag{10.56}$$

Um parâmetro crítico do desempenho de pisos flutuantes é a rigidez dinâmica do isolador ($s'$). O método experimental para determinação da rigidez dinâmica do isolador é dado, por exemplo, pela norma ISO 9052-1 [18].

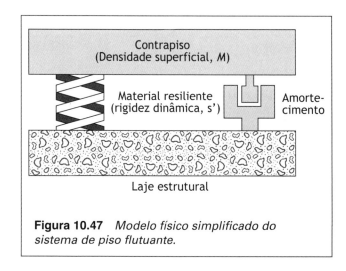

**Figura 10.47** *Modelo físico simplificado do sistema de piso flutuante.*

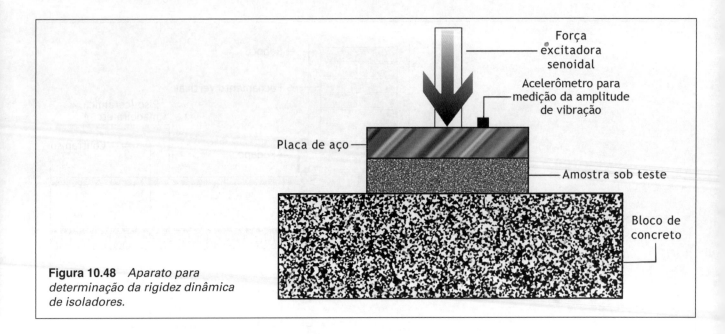

**Figura 10.48** *Aparato para determinação da rigidez dinâmica de isoladores.*

A Fig. 10.48 ilustra o aparato experimental para determinação da rigidez dinâmica do isolador. Na figura, o isolador com rigidez dinâmica s' corresponde à mola; o amortecimento é conferido pelo atrito interno do material do isolador, e a carga estática aplicada dividida pela área de contacto entre a placa de aço e o isolador, corresponde a $M$ no sistema massa-mola-amortecedor da Fig. 10.47.

O método experimental para determinação da rigidez dinâmica do isolador tem por base a medição da frequência de ressonância do sistema da Fig. 10.48. O procedimento consiste em excitar o sistema com uma força senoidal de amplitude constante, registrando-se a amplitude da velocidade de vibração enquanto se varia lentamente a frequência de excitação. A frequência de ressonância ($f_0$) é a aquela para a qual a amplitude da velocidade de vibração, medida com o acelerômetro, é máxima. Uma vez medida a frequência de ressonância e conforme indica a Eq. (10.54), a rigidez dinâmica do isolador será então dada por

$$s' = 4\pi^2 M \cdot f_0^2 \quad (\text{N/m}^3 \text{ ou Pa/m}). \tag{10.57}$$

A rigidez dinâmica do isolador medida ($s'$) tem duas componentes aditivas, a rigidez dinâmica do isolador no vácuo ($s'_t$), e a rigidez dinâmica do ar retido nos poros do isolador ($s'_a$). Então, a rigidez dinâmica total do isolador é dada por $s' = s'_t + s'_a$. O desempenho do piso flutuante será tanto melhor quanto menor for a rigidez dinâmica do isolador.

Similarmente ao módulo de elasticidade estático, o *módulo de elasticidade dinâmico* do isolador ($E_{din}$) é dado pelo produto da rigidez dinâmica do isolador ($s'$) pela espessura do isolador ($d$), ou seja,

$$E_{din} = s' \cdot d \quad (\text{N/m}^2 \text{ ou Pa}). \tag{10.58}$$

A Fig. 10.49 apresenta as curvas relativas às características estáticas e dinâmicas de um isolador elastomérico, à base de borracha, com 50 mm de espessura, com uma camada de cobertura de 10 mm colada sobre o isolador. Esse isolador, à base de borracha reciclada de pneus, é comercializado na Alemanha com o nome de Regupol.

A Fig. 10.49(a) apresenta a curva de carga estática por unidade de área do isolador Regupol 6010 PL *versus* a deformação $\Delta d$. A porção linear dessa curva fornece o módulo de elasticidade estático do material do isolador, pois, através de sua fórmula de definição [Eq. (10.56)], temos que $E_{est} = (F/S) \cdot (d/\Delta d) = 337$ kN/m² ou kPa, para esse isolador.

A Fig. 10.49(b) apresenta a curva de frequência de ressonância ($f_0$) *versus* carga estática por unidade de área. Observa-se na curva que, exceto para pequenas cargas, a frequência de ressonância é praticamente constante, independentemente da carga estática. Conforme indica a Eq. (10.57), quando $f_0$ é constante, a rigidez dinâmica do isolador deve variar linearmente com $M$. De fato, a Fig. 10.49(c) mostra uma variação linear da rigidez dinâmica do isolador com a carga estática por unidade de área, uma vez que $F/S = g \cdot M$, em que $g$ é a aceleração da gravidade.

A Fig. 10.49(d) apresenta a curva do módulo de elasticidade dinâmico do isolador *versus* carga estática por unidade de área. Diferentemente do módulo de elasticidade estático, que é uma propriedade do material do isolador – e, portanto, na região de comportamento linear do isolador, tem um valor constante e independente da carga estática –, o módulo de elasticidade dinâmico do isolador varia com a carga estática. Conforme indica a

Eq. (10.58), para uma dada espessura nominal do isolador ($d$), o módulo de elasticidade dinâmico do isolador depende somente de $s'$ e, portanto, assim como $s'$, também $E_{din}$ varia linearmente com a carga estática.

## PISO FLUTUANTE DE REAÇÃO LOCALIZADA

Um piso flutuante de *reação localizada* é aquele em que a transmissão do impacto sobre o contrapiso para a laje estrutural se dá nas proximidades do ponto de impacto. Nesse caso, as ondas de flexão no piso flutuante são fortemente amortecidas. Uma medida da capacidade de isolação de impactos é dada pela *redução do nível sonoro normalizado de impacto* ($\Delta L_n$), que, no caso de pisos flutuantes de reação localizada, pode ser estimada por meio de

$$\Delta L_n = 40 \, \log \, \frac{f}{f_0}. \tag{10.59}$$

A Fig. 10.50 apresenta resultados experimentais de $\Delta L_n$ para o piso flutuante esquematizado no destaque, sendo o piso excitado por aparato padronizado de ensaio de impacto, comparativamente com excitação por sapatos de salto alto.

A Fig. 10.50 apresenta a curva de $\Delta L_n$ *versus* frequência com inclinação de 40 dB/década, conforme a

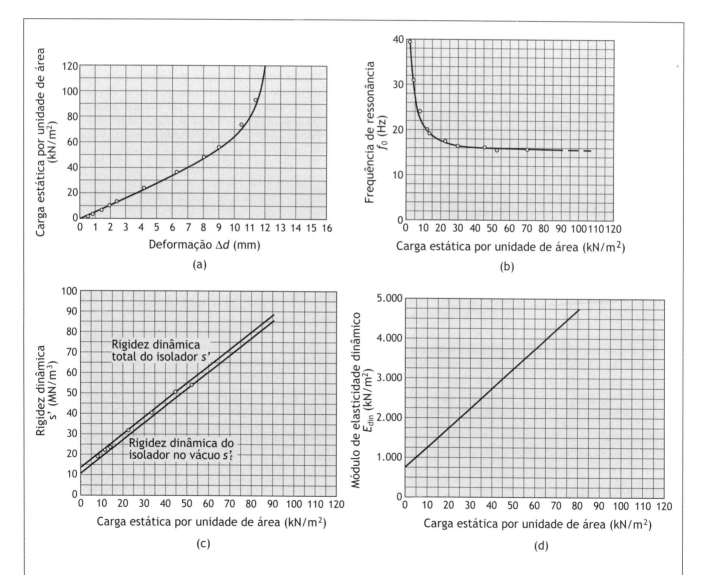

**Figura 10.49** *Características estáticas e dinâmicas do isolador Regupol 6010 PL, de 50 mm de espessura, com camada de cobertura Regupol 7619/II de 10 mm colada sobre o isolador. (a) Carga estática versus deformação; (b) frequência de ressonância versus carga estática; (c) rigidez dinâmica versus carga estática; (d) módulo de elasticidade dinâmico versus carga estática.*

Eq. (10.59), e os pontos experimentais obtidos com os dois tipos de excitação. Observe-se na figura a redução negativa (na realidade uma amplificação do nível sonoro) nas frequências próximas à frequência de ressonância. De fato, conforme prevê a Eq. (10.59), $\Delta L_n$ é negativo para frequências de excitação inferiores à de ressonância $(f_0)$. Nessas condições, o piso flutuante e a laje movem-se solidariamente e em fase. A melhoria na isolação é pequena, pois o piso flutuante agrega uma massa relativamente pequena à laje estrutural. Nas vizinhanças de $f_0$, o conjunto tem um desempenho menos favorável do que a laje nua, sendo que a isolação depende do amortecimento interno do material do isolador. Acima de $f_0$, o desacoplamento do piso flutuante da laje estrutural aumenta, bem como a isolação dos impactos.

O *nível sonoro normalizado de impacto com piso flutuante* $(L'_n)$ será dado por

$$L'_n = L_n - \Delta L_n. \qquad (10.60)$$

Nessa equação, $L_n$ é o nível sonoro medido na sala de recepção, estando a laje nua, e $L'_n$ é o nível sonoro medido na sala de recepção após a montagem do piso flutuante sobre a laje, ambos medidos no ensaio normalizado de impacto.

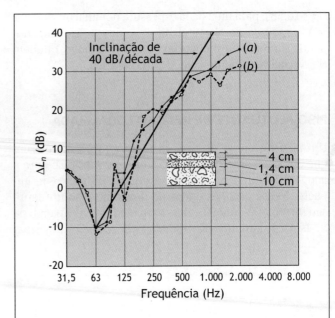

**Figura 10.50** *Redução do nível sonoro normalizado de impacto ($\Delta L_n$) para piso flutuante de reação localizada, excitado com (a) aparato padronizado de ensaio de impacto e (b) sapatos de salto alto. Fonte: Josse e Drouin, citados por [19] Vér e Holmer.*

---

### Exemplo 10.11

Determinar o nível sonoro normalizado de impacto $(L_n)$, em bandas de 1/3 oitava, de uma laje de concreto com 10 cm de espessura. Determinar a redução do nível sonoro normalizado de impacto $(\Delta L_n)$ e o nível sonoro normalizado de impacto com piso flutuante $(L'_n)$, com piso flutuante de concreto de 5 cm de espessura, montado sobre placas de lã de vidro com espessura de 25 mm e rigidez dinâmica $s' = 9$ MPa/m para a carga estática esperada. As placas de lã de vidro preencherão toda a cavidade formada entre a laje e o piso flutuante. [*Observação*: admitir piso flutuante de reação localizada.]

Conforme indica a Fig. 10.34, a frequência crítica da laje de concreto com 10 cm de espessura está em torno de 190 Hz. Assim, a Eq. (10.53) poderá ser utilizada na estimativa do nível sonoro normalizado de impacto, nas bandas de 1/3 oitava, acima de 190 Hz. De acordo com a Eq. (10.53), os níveis sonoros normalizados de impacto, em bandas de 1/3 oitava, serão dados por: $L_n$(banda) $= 30 \log t + \Delta L_{banda} + 54$ dB, onde $\Delta L_{banda} = -6,5$ dB para bandas de 1/3 oitava. Então, de acordo com a Eq. (10.53), o nível sonoro normalizado de impacto $(L_n)$ independe da frequência e será de 77,5 dB.

Para piso flutuante de concreto com densidade $\rho = 2.300$ kg/m³ e espessura $t = 0,05$ m, a densidade superficial será $M = \rho \cdot t = 115$ kg/m². A frequência de ressonância, de acordo com a Eq. 10.54, será:

$$f_0 = \frac{1}{2\pi}\sqrt{\frac{s'}{M}} = \frac{1}{2\pi}\sqrt{\frac{9 \times 10^6}{115}} = 44,5 \text{ Hz}.$$

A redução do nível sonoro normalizado de impacto será obtida por meio da Eq. (10.59); ou seja:

$$\Delta L_n = 40 \log \frac{f}{f_0} = 40 \log f - 66 \text{ dB}.$$

O nível sonoro normalizado de impacto com piso flutuante será obtido por meio da Eq. (10.60); ou seja:

$$L'_n = L_n - \Delta L_n = 77,5 - 40 \log f + 66 = -40 \log f + 143,5 \text{ dB}.$$

A Tab. Ex. 10.11 apresenta os níveis sonoros de impacto da laje sem e com o piso flutuante, e a redução do nível normalizado de impacto em bandas de 1/3 oitava.

**Tabela Exemplo 10.11** Níveis sonoros normalizados de impacto da laje sem e com o piso flutuante e a redução do nível sonoro normalizado de impacto

| Frequência (Hz) | 100 | 125 | 160 | 200 | 250 | 315 | 400 | 500 | 630 | 800 | 1.000 | 1.250 | 1.600 | 2.000 | 2.500 | 3.150 |
|---|---|---|---|---|---|---|---|---|---|---|---|---|---|---|---|---|
| $L_n$ (dB) | - | - | - | 77,5 | 77,5 | 77,5 | 77,5 | 77,5 | 77,5 | 77,5 | 77,5 | 77,5 | 77,5 | 77,5 | 77,5 | 77,5 |
| $\Delta L_n$ (dB) | 14 | 18 | 22 | 26 | 30 | 34 | 38 | 42 | 46 | 50 | 54 | 58 | 62 | 66 | 70 | 74 |
| $L'_n$ (dB) | - | - | - | 51,5 | 47,5 | 43,5 | 39,5 | 35,5 | 31,5 | 27,5 | 23,5 | 19,5 | 15,5 | 11,5 | 7,5 | 3,5 |

Os níveis sonoros normalizados de impacto e a redução do nível sonoro normalizado de impacto que constam da Tab. Ex. 10.11 estão lançados em bandas de 1/3 oitava na Fig. Ex. 10.11.

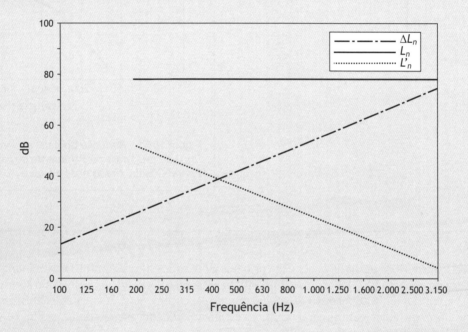

**Figura Exemplo 10.11** *Espectro de níveis sonoros normalizados de impacto da laje sem e com o piso flutuante e a redução do nível sonoro normalizado de impacto em bandas de 1/3 oitava.*

## PISO FLUTUANTE DE REAÇÃO RESSONANTE

Quando o piso flutuante é espesso, rígido e pouco amortecido, os impactos excitam um campo reverberante relativamente uniforme de ondas de flexão. A redução do nível sonoro normalizado de impacto ($\Delta L_n$), nas frequências "mais altas", quando a energia dissipada no piso flutuante excede a energia transmitida para a laje estrutural, pode ser estimada, para pisos flutuantes de concreto "pouco" amortecidos ($\eta \cong 0,01$), por meio de

$$\Delta L_n = 10 \ \log \ \frac{M^2 \cdot f^3 \cdot t}{n \cdot s^2} + 43 \ \text{dB},$$

para pisos flutuantes de concreto, (10.61)

sendo $M$ a densidade superficial do piso flutuante, $f$ a frequência de excitação, $t$ a espessura do piso flutuante, $n$ o número de apoios resilientes por unidade de área da laje, e $s$ a rigidez estática do isolador.

A Eq. (10.61) indica que, em contraste com o piso flutuante de reação localizada, em que $\Delta L_n$ aumenta 40 dB/década, o aumento aqui é de 30 dB/década. No caso do piso flutuante de reação ressonante, $\Delta L_n$ é fortemente dependente dos amortecimentos (do piso flutuante e dos apoios resilientes).

A Fig. 10.51 apresenta resultados experimentais da redução do nível sonoro normalizado de impacto ($\Delta L_n$) para o piso flutuante esquematizado no destaque, onde consta também a reta com inclinação de 30 dB/década prevista pela Eq. (10.61).

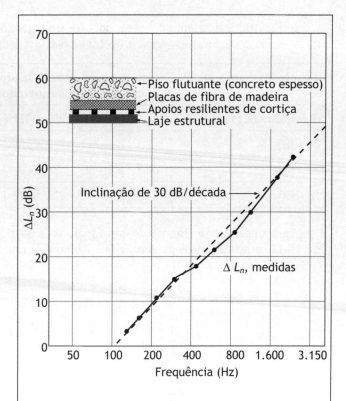

**Figura 10.51** *Redução do nível sonoro normalizado de impacto ($\Delta L_n$) para piso flutuante de reação ressonante. Fonte: Gösele, citado por [19] Vér e Holmer.*

### Exemplo 10.12

Está-se prevendo a instalação de pistas de boliche em piso flutuante sobre laje estrutural. Determinar a redução do nível sonoro normalizado de impacto ($\Delta L_n$), com piso flutuante de concreto de 10 cm de espessura, sobre coxins de seção quadrada de 20 cm de lado, de Regupol 6010 PL, de 50 mm de espessura, com camada de cobertura Regupol 7619/II de 10 mm, colada sobre o isolador, com as características estáticas e dinâmicas mostradas na Fig. 10.49. Determinar o nível sonoro normalizado de impacto com piso flutuante ($L'_n$) para a laje estrutural do Ex. 10.11. [*Observação:* como o piso flutuante é espesso, admitir que seu desempenho seja de reação ressonante.]

Para piso flutuante de concreto com densidade $\rho = 2.300$ kg/m$^3$ e espessura $t = 0,10$ m, a densidade superficial do piso flutuante será $M = \rho \cdot t = 2.300 \times 0,1 = 230$ kg/m$^2$.

Como haverá um coxim para cada metro quadrado de piso flutuante, a massa de piso flutuante sobre cada coxim será de 230 kg, e a carga estática resultante será $F = 230$ g $= 230 \times 10 = 2.300$ N. A carga estática por unidade de área do coxim é $F/S$, sendo $S = 0,2 \times 0,2 = 0,04$ m$^2$ e, então, $F/S = 2.300/0,04 = 57.500$ N/m$^2$.

Para essa carga estática por unidade de área de isolador, a Fig. 10.49(a) fornece $\Delta d \cong 10$ mm, sendo a rigidez estática do isolador dada por

$$s = \frac{F/S}{\Delta d} = \frac{57.500}{0,010} = 5,75 \times 10^6 \text{ Pa/m}.$$

A redução do nível sonoro normalizado de impacto ($\Delta L_n$) será obtida por meio da Eq. (10.61):

$$\Delta L_n = 10 \log \frac{M^2 \cdot f^3 \cdot t}{n \cdot s^2} + 43 = 30 \log f + 10 \log \frac{230^2 \times 0,10}{1 \times (5,75 \times 10^6)^2} + 43 = 30 \log f - 55 \text{ dB}.$$

A redução do nível sonoro normalizado de impacto ($\Delta L_n$) e o nível sonoro normalizado de impacto com piso flutuante ($L'_n$) para a laje estrutural do Ex. 10.11 estão lançados em bandas de 1/3 oitava na Tab. (1) Ex. 10.12.

**Tabela (1) Exemplo 10.12  Redução do nível sonoro normalizado de impacto e o nível sonoro normalizado de impacto com piso flutuante**

| Frequência (Hz) | 100 | 125 | 160 | 200 | 250 | 315 | 400 | 500 | 630 | 800 | 1.000 | 1.250 | 1.600 | 2.000 | 2.500 | 3.150 |
|---|---|---|---|---|---|---|---|---|---|---|---|---|---|---|---|---|
| $\Delta L_n$ (dB) | 5 | 8 | 11 | 14 | 17 | 20 | 23 | 26 | 29 | 32 | 35 | 38 | 41 | 44 | 47 | 50 |
| $L'_n$ (dB) | - | - | - | 63,5 | 60,5 | 57,5 | 54,5 | 51,5 | 48,5 | 45,5 | 42,5 | 39,5 | 36,5 | 33,5 | 30,5 | 27,5 |

Na Tab. (2) Ex. 10.12, verifica-se, neste caso, a maior capacidade de isolamento de sons de impacto do piso flutuante de reação localizada do Ex. 10.11, quando comparado com o piso flutuante de reação ressonante do Ex. 10.12.

**Tabela (2) Exemplo 10.12  Redução do nível sonoro normalizado de impacto do piso flutuante de reação localizada do Ex. 10.11 e do piso flutuante de reação ressonante do Ex. 10.12**

| Frequência (Hz) | 100 | 125 | 160 | 200 | 250 | 315 | 400 | 500 | 630 | 800 | 1.000 | 1.250 | 1.600 | 2.000 | 2.500 | 3.150 |
|---|---|---|---|---|---|---|---|---|---|---|---|---|---|---|---|---|
| $\Delta L_n$ (dB) (Ex. 10.11 – Reação localizada) | 14 | 18 | 22 | 26 | 30 | 34 | 38 | 42 | 46 | 50 | 54 | 58 | 62 | 66 | 70 | 74 |
| $\Delta L_n$ (dB) (Ex. 10.12 – Reação ressonante) | 5 | 8 | 11 | 14 | 17 | 20 | 23 | 26 | 29 | 32 | 35 | 38 | 41 | 44 | 47 | 50 |

## CLASSE DE ISOLAÇÃO DE IMPACTO (IIC)

Um número único normalizado pela ASTM E989-89 [20], para comparação da isolação de sons de impacto de estruturas tipo piso-teto utilizadas em edificações, é o chamado *classe de isolação de impacto* ("impact insulation class, IIC). Para determinação da IIC, utiliza-se um processo similar ao de obtenção da STC, visto anteriormente. A Tab. 10.12 apresenta os contornos padronizados para determinação da IIC. O contorno IIC atribuído à estrutura tipo piso-teto é aquele que, quando comparado com os valores de $L_n$ em bandas de 1/3 oitava da estrutura, atenda simultaneamente a duas condições:

- a diferença entre o valor de $L_n$ da estrutura e do contorno (deficiência) não deve exceder 8 dB, em nenhuma banda de 1/3 oitava;

- a soma das "deficiências" (valores de $L_n$ da estrutura acima dos valores de $L_n$ do contorno), nas dezesseis bandas de 1/3 oitava entre 100 e 3.150 Hz, não deve exceder 32 dB.

A denominação da estrutura é IIC $x$, em que $x$ é obtido subtraindo-se de 110 o valor de $L_n$ do contorno em 500 Hz.

# 10 – Ruído em recintos

## Tabela 10.12  Contornos de classe de isolação de impacto (IIC)

| Frequência central da banda de 1/3 de oitava (Hz) | | | | | | | | | | | | | | | | |
|---|---|---|---|---|---|---|---|---|---|---|---|---|---|---|---|---|
| 100 | 125 | 160 | 200 | 250 | 315 | 400 | 500 | 630 | 800 | 1.000 | 1.250 | 1.600 | 2.000 | 2.500 | 3.150 | IIC |
| Nível sonoro normalizado de impacto do contorno (dB) | | | | | | | | | | | | | | | | |
| 85 | 85 | 85 | 85 | 85 | 85 | 84 | 83 | 82 | 81 | 80 | 77 | 74 | 71 | 68 | 65 | 27 |
| 84 | 84 | 84 | 84 | 84 | 84 | 83 | 82 | 81 | 80 | 79 | 76 | 73 | 70 | 67 | 64 | 28 |
| 83 | 83 | 83 | 83 | 83 | 83 | 82 | 81 | 80 | 79 | 78 | 75 | 72 | 69 | 66 | 63 | 29 |
| 82 | 82 | 82 | 82 | 82 | 82 | 81 | 80 | 79 | 78 | 77 | 74 | 71 | 68 | 65 | 62 | 30 |
| 81 | 81 | 81 | 81 | 81 | 81 | 80 | 79 | 78 | 77 | 76 | 73 | 70 | 67 | 64 | 61 | 31 |
| 80 | 80 | 80 | 80 | 80 | 80 | 79 | 78 | 77 | 76 | 75 | 72 | 69 | 66 | 63 | 60 | 32 |
| 79 | 79 | 79 | 79 | 79 | 79 | 78 | 77 | 76 | 75 | 74 | 71 | 68 | 65 | 62 | 59 | 33 |
| 78 | 78 | 78 | 78 | 78 | 78 | 77 | 76 | 75 | 74 | 73 | 70 | 67 | 64 | 61 | 58 | 34 |
| 77 | 77 | 77 | 77 | 77 | 77 | 76 | 75 | 74 | 73 | 72 | 69 | 66 | 63 | 60 | 57 | 35 |
| 76 | 76 | 76 | 76 | 76 | 76 | 75 | 74 | 73 | 72 | 71 | 68 | 65 | 62 | 59 | 56 | 36 |
| 75 | 75 | 75 | 75 | 75 | 75 | 74 | 73 | 772 | 71 | 70 | 67 | 64 | 61 | 58 | 55 | 37 |
| 74 | 74 | 74 | 74 | 74 | 74 | 73 | 72 | 71 | 70 | 69 | 66 | 63 | 60 | 57 | 54 | 38 |
| 73 | 73 | 73 | 73 | 73 | 73 | 72 | 71 | 70 | 69 | 68 | 65 | 62 | 59 | 56 | 53 | 39 |
| 72 | 72 | 72 | 72 | 72 | 72 | 71 | 70 | 69 | 68 | 67 | 64 | 61 | 58 | 55 | 52 | 40 |
| 71 | 71 | 71 | 71 | 71 | 71 | 70 | 69 | 68 | 67 | 66 | 63 | 60 | 57 | 54 | 51 | 41 |
| 70 | 70 | 70 | 70 | 70 | 70 | 69 | 68 | 67 | 66 | 65 | 62 | 59 | 56 | 53 | 50 | 42 |
| 69 | 69 | 69 | 69 | 69 | 69 | 68 | 67 | 66 | 65 | 64 | 61 | 58 | 55 | 52 | 49 | 43 |
| 68 | 68 | 68 | 68 | 68 | 68 | 67 | 66 | 65 | 64 | 63 | 60 | 57 | 54 | 51 | 48 | 44 |
| 67 | 67 | 67 | 67 | 67 | 67 | 66 | 65 | 64 | 63 | 62 | 59 | 56 | 53 | 50 | 47 | 45 |
| 66 | 66 | 66 | 66 | 66 | 66 | 65 | 64 | 63 | 62 | 61 | 58 | 55 | 52 | 49 | 46 | 46 |
| 65 | 65 | 65 | 65 | 65 | 65 | 64 | 63 | 62 | 61 | 60 | 57 | 54 | 51 | 48 | 45 | 47 |
| 64 | 64 | 64 | 64 | 64 | 64 | 63 | 62 | 61 | 60 | 59 | 56 | 53 | 50 | 47 | 44 | 48 |
| 63 | 63 | 63 | 63 | 63 | 63 | 62 | 61 | 60 | 59 | 58 | 55 | 52 | 49 | 46 | 43 | 49 |
| 62 | 62 | 62 | 62 | 62 | 62 | 61 | 60 | 59 | 58 | 57 | 54 | 51 | 48 | 45 | 42 | 50 |
| 61 | 61 | 61 | 61 | 61 | 61 | 60 | 59 | 58 | 57 | 56 | 53 | 50 | 47 | 44 | 41 | 51 |
| 60 | 60 | 60 | 60 | 60 | 60 | 59 | 58 | 57 | 56 | 55 | 52 | 49 | 46 | 43 | 40 | 52 |
| 59 | 59 | 59 | 59 | 59 | 59 | 58 | 57 | 56 | 55 | 54 | 51 | 48 | 45 | 42 | 39 | 53 |
| 58 | 58 | 58 | 58 | 58 | 58 | 57 | 56 | 55 | 54 | 53 | 50 | 47 | 44 | 41 | 38 | 54 |
| 57 | 57 | 57 | 57 | 57 | 57 | 56 | 55 | 54 | 53 | 52 | 49 | 46 | 43 | 40 | 37 | 55 |
| 56 | 56 | 56 | 56 | 56 | 56 | 55 | 54 | 53 | 52 | 51 | 48 | 45 | 42 | 39 | 36 | 56 |
| 55 | 55 | 55 | 55 | 55 | 55 | 54 | 53 | 52 | 51 | 50 | 47 | 44 | 41 | 38 | 35 | 57 |
| 54 | 54 | 54 | 54 | 54 | 54 | 53 | 52 | 51 | 50 | 49 | 46 | 43 | 40 | 37 | 34 | 58 |
| 53 | 53 | 53 | 53 | 53 | 53 | 52 | 51 | 50 | 49 | 48 | 45 | 42 | 39 | 36 | 33 | 59 |
| 52 | 52 | 52 | 52 | 52 | 52 | 51 | 50 | 49 | 48 | 47 | 44 | 41 | 38 | 35 | 32 | 60 |
| 51 | 51 | 51 | 51 | 51 | 51 | 50 | 49 | 48 | 47 | 46 | 43 | 40 | 37 | 34 | 31 | 61 |
| 50 | 50 | 50 | 50 | 50 | 50 | 49 | 48 | 47 | 46 | 45 | 42 | 39 | 36 | 33 | 30 | 62 |
| 49 | 49 | 49 | 49 | 49 | 49 | 48 | 47 | 46 | 45 | 44 | 41 | 38 | 35 | 32 | 29 | 63 |

*Fonte:* [20] ASTM E989-89.

## Exemplo 10.13

Determinar a IIC da laje com o piso flutuante do Ex. 10.11.

**Quadros para determinação do contorno IIC da laje com piso flutuante do Ex. 10.11**

| Contorno IIC | Frequência central da banda de 1/3 oitava (Hz) | | | | | | | | | | | | | | | |
|---|---|---|---|---|---|---|---|---|---|---|---|---|---|---|---|---|
| | 100 | 125 | 160 | 200 | 250 | 315 | 400 | 500 | 630 | 800 | 1.000 | 1.250 | 1.600 | 2.000 | 2.500 | 3.150 |
| $L'_n$ (Ex. 10.11) | 51,5 | 51,5 | 51,5 | 51,5 | 47,5 | 43,5 | 39,5 | 35,5 | 31,5 | 27,5 | 23,5 | 19,5 | 15,5 | 11,5 | 7,5 | 3,5 |
| | Valores assumidos | | | | | | | | | | | | | | | |
| IIC 69 | 43 | 43 | 43 | 43 | 43 | 43 | 42 | 41 | 40 | 39 | 38 | 35 | 32 | 29 | 26 | 23 |
| Deficiência | 8,5 | 8,5 | 8,5 | 8,5 | 4,5 | 0,5 | 0 | 0 | 0 | 0 | 0 | 0 | 0 | 0 | 0 | 0 |

*Observação:* O contorno IIC 69 não consta da Tab. 10.12, mas poderá ser obtido subtraindo-se consecutivamente 1 dB a partir do último contorno listado na tabela, até se encontrar o contorno IIC 69.

Maior deficiência em IIC 69 = 8,5 dB (> 8 dB);
Soma das deficiências em IIC 69 = 39 dB (> 32 dB).

| Contorno IIC | Frequência central da banda de 1/3 oitava (Hz) | | | | | | | | | | | | | | | |
|---|---|---|---|---|---|---|---|---|---|---|---|---|---|---|---|---|
| | 100 | 125 | 160 | 200 | 250 | 315 | 400 | 500 | 630 | 800 | 1.000 | 1.250 | 1.600 | 2.000 | 2.500 | 3.150 |
| $L'_n$ (Ex. 10.11) | 51,5 | 51,5 | 51,5 | 51,5 | 47,5 | 43,5 | 39,5 | 35,5 | 31,5 | 27,5 | 23,5 | 19,5 | 15,5 | 11,5 | 7,5 | 3,5 |
| | Valores assumidos | | | | | | | | | | | | | | | |
| IIC 68 | 44 | 44 | 44 | 44 | 44 | 44 | 43 | 42 | 41 | 40 | 39 | 36 | 33 | 30 | 27 | 24 |
| Deficiência | 7,5 | 7,5 | 7,5 | 7,5 | 3,5 | 0 | 0 | 0 | 0 | 0 | 0 | 0 | 0 | 0 | 0 | 0 |

*Observação:* O contorno IIC 68 foi obtido adicionando-se 1 dB ao nível sonoro normalizado de impacto do contorno IIC 69.

Maior deficiência em IIC 68 = 7,5 dB (< 8 dB);
Soma das deficiências em IIC 68 = 33,5 dB (> 32 dB).

| Contorno IIC | Frequência central da banda de 1/3 oitava (Hz) | | | | | | | | | | | | | | | |
|---|---|---|---|---|---|---|---|---|---|---|---|---|---|---|---|---|
| | 100 | 125 | 160 | 200 | 250 | 315 | 400 | 500 | 630 | 800 | 1.000 | 1.250 | 1.600 | 2.000 | 2.500 | 3.150 |
| $L'_n$ (Ex. 10.11) | 51,5 | 51,5 | 51,5 | 51,5 | 47,5 | 43,5 | 39,5 | 35,5 | 31,5 | 27,5 | 23,5 | 19,5 | 15,5 | 11,5 | 7,5 | 3,5 |
| | Valores assumidos | | | | | | | | | | | | | | | |
| IIC 67 | 45 | 45 | 45 | 45 | 45 | 45 | 44 | 43 | 42 | 41 | 40 | 37 | 34 | 31 | 28 | 25 |
| Deficiência | 6,5 | 6,5 | 6,5 | 6,5 | 2,5 | 0 | 0 | 0 | 0 | 0 | 0 | 0 | 0 | 0 | 0 | 0 |

*Observação:* O contorno IIC 67 foi obtido adicionando-se 1 dB ao nível sonoro normalizado de impacto do contorno IIC 68.

Maior deficiência em IIC 67 = 6,5 dB (< 8 dB);
Soma das deficiências em IIC 67 = 28,5 dB (< 32 dB).

### *Conclusão*

A laje com piso flutuante do Ex. 10.11 atende ao contorno IIC 67, já que, para esse contorno, nenhuma das deficiências é maior que 8 dB, sendo a soma das deficiências inferior a 32 dB.

Observar que a IIC de determinada estrutura será tanto maior quanto menor for o nível sonoro normalizado de impacto. Assim, uma estrutura tipo piso-teto classificada com maior IIC transmitirá um nível sonoro menor para o recinto de baixo, sendo portanto mais isolante dos sons de impacto gerados no recinto de cima.

## 10.8 RECOMENDAÇÕES DE ISOLAMENTO SONORO EM HABITAÇÕES

O Departamento de Habitação e Desenvolvimento Urbano dos Estados Unidos (HUD – Department of Housing and Urban Development), no guia "Controle de Ruído para Habitações Multifamiliares" [21], faz recomendações de isolamento sonoro com foco nesse tipo de habitação. Nesse guia, são estabelecidas três categorias de ambientes acústicos domésticos, com o objetivo de determinar, para cada um deles, critérios de isolamento sonoro aplicáveis a uma ampla gama de desenvolvimentos habitacionais, localizações geográficas e condições econômicas, nos Estados Unidos. Considera-se que construções que satisfaçam aos critérios estabelecidos no guia oferecerão "boa" isolação sonora, satisfazendo, quanto ao conforto acústico, a maioria dos ocupantes das habitações que se enquadram nas categorias que foram definidas.

As três categorias são denominadas I, II e III. Ênfase especial é dada à Categoria II, considerada aplicável à maioria das habitações multifamiliares nos Estados Unidos, sendo assim de fundamental importância.

**Categoria I** Aplicável principalmente em localidades residenciais suburbanas e de periferia, nos Estados Unidos, consideradas como áreas "silenciosas", com nível sonoro externo no período noturno em torno de 35-40 dB($A$) ou menos. As curvas de avaliação de ruído recomendadas internamente são aquelas que atendem às características das NC 20-25. Adicionalmente, os critérios de isolamento sonoro dessa categoria são aplicáveis em situações especiais, como condomínios de alto padrão, em qualquer localidade.

**Categoria II** É a mais importante. Aplicável principalmente em localidades residenciais urbanas e suburbanas, nos Estados Unidos, consideradas como geradoras de ruídos "médios" ambientais, com nível sonoro externo no período noturno em torno de 40-45 dB($A$); sendo que o nível sonoro interno não deve ultrapassar as características das NC 25-30.

**Categoria III** Atende às exigências mínimas recomendadas, sendo aplicável em localidades urbanas geralmente consideradas como "barulhentas", com nível sonoro externo no período noturno em torno de 55 dB($A$) ou mais; sendo que o nível sonoro interno não deve ultrapassar as características da NC 35.

A Tab. 10.13 apresenta os requisitos básicos de partições para isolamento de sons aéreos e de impacto entre recintos de uso equivalentes em diferentes habitações. Uma estrutura tipo piso-teto que ofereça isolamento adequado de sons de impacto, porém isolamento insuficiente de sons aéreos, ou vice-versa, não garantirá conforto acústico adequado aos ocupantes.

A Tab. 10.14 apresenta requisitos mais detalhados de partições para isolamento de sons aéreos entre recintos de diferentes habitações. Essa tabela inclui a maioria das combinações de recintos entre diferentes habitações. Um dos objetivos da tabela é mostrar a importância do adequado isolamento sonoro entre áreas sensíveis e não sensíveis. Quando a partição entre uma habitação e outra é comum a diferentes recintos de uma delas, o critério mais rigoroso deverá ser adotado.

A Tab. 10.15 apresenta os requisitos sugeridos pelo HUD [21] de partições destinadas ao isolamento de sons aéreos entre recintos de uma mesma habitação.

A Tab. 10.16 apresenta requisitos mais detalhados de estruturas tipo piso-teto para isolamento de sons aéreos e de impacto entre recintos de diferentes habitações.

**Tabela 10.13 Requisitos básicos de partições para isolamento de sons aéreos e de impacto entre habitações**

| Tipo de partição | Categoria | | |
|---|---|---|---|
| | I | II | III |
| Paredes | STC $\geq$ 55 | STC $\geq$ 52 | STC $\geq$ 48 |
| Estruturas tipo piso-teto | STC $\geq$ 55<br>IIC $\geq$ 55 | STC $\geq$ 52<br>IIC $\geq$ 52 | STC $\geq$ 48<br>IIC $\geq$ 48 |

*Fonte:* [21] HUD.

## 10.8 – Recomendações de isolamento sonoro em habitações

**Tabela 10.14 Requisitos mais detalhados de partições para isolamento de sons aéreos entre recintos de diferentes habitações**

| Tipos de Recintos | | STC | | |
| --- | --- | --- | --- | --- |
| Apartamento A | Apartamento B | Categoria I | Categoria II | Categoria III |
| Dormitório | Dormitório | 55 | 52 | 48 |
| Sala de estar | Dormitório | 57 | 54 | 50 |
| Cozinha | Dormitório | 58 | 55 | 52 |
| Banheiro | Dormitório | 59 | 56 | 52 |
| Corredor | Dormitório | 55 | 52 | 48 |
| | | | | |
| Sala de estar | Sala de estar | 55 | 52 | 48 |
| Cozinha | Sala de estar | 55 | 52 | 48 |
| Banheiro | Sala de estar | 57 | 54 | 50 |
| Corredor | Sala de estar | 55 | 52 | 48 |
| | | | | |
| Cozinha | Cozinha | 52 | 50 | 46 |
| Banheiro | Cozinha | 55 | 52 | 48 |
| Corredor | Cozinha | 55 | 52 | 48 |
| | | | | |
| Banheiro | Banheiro | 52 | 50 | 46 |
| Corredor | Banheiro | 50 | 48 | 46 |

*Fonte:* [21] HUD.

**Tabela 10.15 Requisitos de partições para isolamento de sons aéreos entre recintos de uma mesma habitação**

| Função da partição entre recintos | | STC | | |
| --- | --- | --- | --- | --- |
| | | Categoria I | Categoria II | Categoria III |
| Dormitório | Dormitório | 48 | 44 | 40 |
| Sala de estar | Dormitório | 50 | 46 | 42 |
| Banheiro | Banheiro | 52 | 48 | 45 |
| Cozinha | Banheiro | 52 | 48 | 45 |
| Banheiro | Sala de Estar | 52 | 48 | 45 |
| Banheiro | Dormitório | 55 | 52 | 48 |
| Cozinha | Dormitório | 58 | 55 | 52 |

*Fonte:* [21] HUD.

**Tabela 10.16 Requisitos mais detalhados de estruturas tipo piso-teto para isolamento de sons aéreos e de impacto entre recintos de diferentes habitações**

| Tipo de recinto | Categoria I | | Categoria II | | Categoria III | |
|---|---|---|---|---|---|---|
| Apartamento A – Apartamento B | STC | IIC | STC | IIC | STC | IIC |
| Dormitório sobre dormitório | 55 | 55 | 52 | 52 | 48 | 48 |
| Sala de estar sobre dormitório | 57 | 60 | 54 | 57 | 50 | 53 |
| Cozinha sobre dormitório | 58 | 65 | 55 | 62 | 52 | 58 |
| Corredor sobre dormitório | 55 | 65 | 52 | 62 | 48 | 58 |
| Dormitório sobre sala de estar | 57 | 55 | 54 | 52 | 50 | 48 |
| Sala de estar sobre sala de estar | 55 | 55 | 52 | 52 | 48 | 48 |
| Cozinha sobre sala de estar | 55 | 60 | 52 | 57 | 48 | 53 |
| Corredor sobre sala de estar | 55 | 60 | 53 | 57 | 48 | 53 |
| Dormitório sobre cozinha | 58 | 52 | 55 | 50 | 52 | 46 |
| Sala de estar sobre cozinha | 55 | 55 | 52 | 52 | 48 | 48 |
| Cozinha sobre cozinha | 52 | 55 | 50 | 52 | 46 | 48 |
| Banheiro sobre cozinha | 55 | 55 | 52 | 52 | 48 | 48 |
| Corredor sobre cozinha | 50 | 55 | 48 | 52 | 46 | 48 |
| Banheiro sobre banheiro | 52 | 52 | 50 | 50 | 48 | 48 |
| Corredor sobre corredor | 50 | 50 | 48 | 48 | 46 | 46 |

*Fonte:* [21] HUD.

No Brasil, a norma ABNT NBR 15575: 2013 – *Desempenho de edifícios habitacionais de até cinco pavimentos*, descreve condições que uma edificação deve atender de habitabilidade e utilização. A Parte 3 dessa norma estabelece os requisitos e critérios de desempenho que se aplicam aos pisos internos e a Parte 4 estabelece os requisitos para a avaliação de desempenho de sistemas de vedações verticais externas e internas. Pisos internos e vedações verticais externas e internas exercem, independentemente de serem estruturais ou apenas de vedação, funções importantes, dentre essas, isolação sonora. O item 11 da Parte 3 e o item 12 da Parte 4 tratam do desempenho de isolação sonora e estabelece critérios para medição e avaliação dos resultados, classificando-os em níveis de aceitação: mínimo (M), intermediário (I) e superior (S).

## 10.9 TRANSMISSÃO SONORA SECUNDÁRIA

Os métodos para estimativa de isolação sonora aqui apresentados, admitem a transmissão direta, via parede ou estrutura tipo piso-teto, como a única transmissão entre recintos. Em situações reais, e conforme ilustra a Fig. 10.52, existem as chamadas *transmissões secundárias*, que podem, dependendo da situação, participar da transmissão sonora entre recintos. A estimativa da isolação sonora entre recintos, considerando apenas a isolação da partição, poderá ficar comprometida devido às transmissões secundárias. Assim, níveis sonoros medidos em um recinto superiores aos estimados podem, em alguns casos, revelar a existência de transmissões secundárias. A transmissão secundária por via estrutural é difícil de ser estimada e de ser tratada.

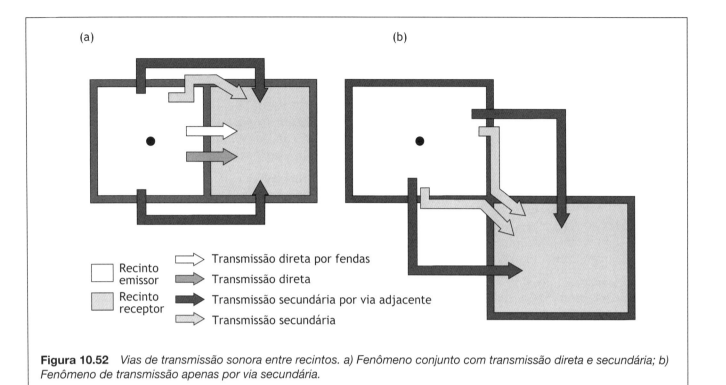

**Figura 10.52** *Vias de transmissão sonora entre recintos. a) Fenômeno conjunto com transmissão direta e secundária; b) Fenômeno de transmissão apenas por via secundária.*

## 10.10 DISTINÇÃO ENTRE ABSORÇÃO E ISOLAÇÃO SONORA

A capacidade de determinado material ou estrutura em absorver e isolar o ruído são as principais medidas de seu desempenho acústico. Freqüentemente as funções da absorção e da isolação sonora são confundidas. A esta altura, deve estar claro como utilizar essas características acústicas de materiais e estruturas nas aplicações.

A absorção sonora ($\bar{\alpha}S$) é utilizada principalmente para controle do tempo de reverberação de determinado recinto. Embora a incorporação de absorção implique também na redução de ruído do recinto, normalmente essa redução é de apenas uns poucos decibéis. No entanto o conforto acústico gerado com o aumento da absorção normalmente dá impressão de que os níveis sonoros foram reduzidos mais do que as medições objetivas revelam. Portanto a absorção não deve ser a principal medida mitigadora do ruído, principalmente quando o nível de ruído for elevado.

Conforme foi visto, um material absorvente apresenta estrutura fibrosa ou porosa, na qual as ondas sonoras podem propagar e perder parte de sua energia. Tais materiais são geralmente pouco densos e normalmente não oferecem propriedades estruturais ou de isolação sonora.

Já a isolação sonora, medida através da perda na transmissão ($PT$), é utilizada para impedir que o ruído de um recinto se transmita para um recinto contíguo. Uma estrutura com características isoladoras é geralmente densa e reflexiva, e normalmente oferece propriedades estruturais.

Vejamos dois exemplos. No primeiro, temos um material absorvente poroso ou fibroso, com $\alpha = 0,9$ e $\tau = 0,1$. Nesse caso, $PT = 10 \log (1/\tau) = 10 \log (1/0,1) = 10$ dB. Embora o coeficiente de absorção sonora seja alto, a perda na transmissão é muito baixa para a maioria das aplicações. Logo, um bom absorvente sonoro é, por suas próprias características físicas, um isolador ineficiente.

No segundo exemplo, temos uma estrutura densa e reflexiva, com $\alpha = 0,03$ e $\tau = 0,0005$, o que fornece $PT = 10 \log (1/\tau) = 10 \log (1/0,0005) = 33$ dB. Trata-se portanto de uma estrutura isolante razoável, porém de um pobre absorvente.

Logicamente, é possível melhorar as características de absorção sonora de uma parede isolante, densa e reflexiva, revestindo-a com material absorvente, fibroso ou poroso. Acusticamente, tais estruturas são denominadas *compostas*.

Finalmente, materiais como 'caixa de ovo' e 'isopor', algumas vezes recomendados por leigos como adequados para tratamento acústico, não apresentam nenhuma propriedade marcante de absorção ou de isolação sonora.

# REFERÊNCIAS

[1] GERGES, S. N. Y., *Ruído – Fundamentos e controle*, 2ª ed., NR Editora, Florianópolis, 2000.

[2] GONZALEZ, M. F., *Acústica – Bidim Rhodia*, São Paulo, 1980.

[3] BIES, D. A. e HANSEN, C. H., *Engineering noise control – Theory and practice*, E & FN SPON, Londres, 1996.

[4] NB 101, *Norma para tratamento acústico em recintos fechados*, 1971.

[5] EMBLETON, T. F. W., "Sound in large rooms", in: Beranek, L. L. (ed.), *Noise and vibration control*, McGraw-Hill Book Company, New York, 1971.

[6] ISO 354, *Acoustics – Measurement of sound absorption in a reverberation room*, 2003.

[7] ISO 3747, *Acoustics – Determination of sound power levels of noise sources using sound pressure – Comparison method in situ*, 2000.

[8] ISO 3743-1, *Acoustics – Determination of sound power levels of noise sources – Engineering methods for small, movable sources in reverberant fields;* Part 1: *Comparison method for hard-walled test rooms*, 1994

[9] SIEKMAN, W. e SULLIVAN, J. W., "Acoustic absorption and transmission-loss materials", in: Faulkner L. L. (ed.), *Handbook of industrial noise control*, Industrial Press Inc., New York, 1976.

[10] LAMANCUSA, J. S., *Noise control course – Lecture notes*, The Pennsylvania Sate University, EUA, 2000.

[11] VORLÄNDER, M., *Course on acoustic metrology in rooms and buildings – Lecture notes*, Institut für Technische Akustik, Aachen, Alemanha, 1996.

[12] LORD, H. W., GATLEY, W. S. e EVENSEN, H. A., *Noise control for engineers*, McGraw-Hill Book Company, New York, 1980.

[13] ISO 140-3, *Acoustics – Measurement of sound insulation in buildings and of buildings elements;* Part 3: *Laboratory measurements of airborne sound insulation of building elements*, 1995.

[14] Brüel & Kjaer, *Measurements in building acoustics*, 2850 Naerum, Dinamarca, 1980.

[15] National Safety Council. *Noise control – A guide for employees and employers*, Chicago, EUA, 1986.

[16] ASTM E413-04, *Classification for rating sound insulation.*

[17] ISO 140-6, *Acoustics – Measurement of sound insulation in buildings and of buildings elements* ASTM E413-04; Part 6: *Laboratory measurements of impact sound insulation of floors*, 1998.

[18] ISO 9052-1, *Acoustics – Determination of dynamic stiffness; Part 1: Materials used under floating floors in dwellings*, 1989.

[19] VÉR, I. L. e HOLMER, C. I., "Interaction of sound waves with solid structures", in: Beranek L. L. (ed.), *Noise and vibration control*, McGraw-Hill Book Company, New York, 1971.

[20] ASTM E989-89, *Standard classification for determination of impact insulation class (IIC)*, 1999.

[21] U. S. Department of Housing and Urban Development, *A guide to airborne, impact, and structureborne noise control in multifamily dwellings*, Washington, D. C., 20410, 1974.

# 11

# O CONTROLE DO RUÍDO

O controle do ruído é uma tecnologia multidisciplinar que visa obter um nível de ruído aceitável em determinado ambiente, consistente com os aspectos econômicos, operacionais, legais, médicos, psicológicos e culturais.

O nível de ruído aceitável para determinado ambiente é normalmente recomendado por normas e legislações; por exemplo, conforme aqueles estabelecidos pelas curvas NCê vistas no Cap. 7, Sec. 7.4. A análise dos aspectos econômicos é de fundamental importância, pois caso a solução proposta seja muito cara, ela provavelmente não será implantada. Deve-se sempre levar em conta os aspectos operacionais da máquina ou equipamento em questão; por exemplo, ao se propor o enclausuramento de uma máquina acionada por motor elétrico, deve-se prover a clausura com aberturas para uma adequada ventilação interna desta, a fim de evitar o superaquecimento do motor elétrico, o que pode danificá-lo.

Em quase todo problema de controle de ruído, há sempre aspectos legais a serem considerados. Nos grandes centros urbanos são comuns ações legais contra templos e casas noturnas que utilizam sistemas de amplificação sem que tenham tomado o devido cuidado para evitar vazamentos sonoros para a comunidade que habita o entorno.

Os aspectos médicos estão principalmente associados ao ruído nos ambientes do trabalho, onde a exposição prolongada a níveis sonoros elevados tem o potencial de causar perda irreversível da audição. Os aspectos psicológicos levam em consideração o fato de certas pessoas serem mais sensíveis ao ruído do que outras. Por exemplo, o ruído de sobrevoos de aeronaves pode provocar reações distintas nas pessoas de uma comunidade no entorno de um aeroporto. Claro que, nessas situações, normas e legislações estabelecem limites baseados numa reação média esperada da comunidade.

Aspectos culturais também permeiam o problema de controle de ruído. Um exemplo é a comunicação aos brados, verificada entre professores e alunos nas escolas infantis e primárias brasileiras, gerando um nível de ruído de fundo muito acima do considerado normal em escolas europeias e norte-americanas de mesmo grau.

Todo problema de controle de ruído envolve uma fonte sonora, a trajetória de transmissão e o receptor.

As fontes sonoras são das mais diversas naturezas e incluem: máquinas, equipamentos e processos industriais, tráfego (rodoviário, ferroviário e aéreo), instalações industriais, atividades de serviços e de lazer, atividades domésticas e instalações de serviços (elevadores, sistemas hidráulicos e de segurança) num condomínio vertical etc.

A trajetória de transmissão inclui invariavelmente o ar, estruturas sólidas (paredes, divisórias, tubulações) e até líquidos etc.

O receptor é normalmente o ser humano. Afinal, se há um problema de ruído é porque alguém está sendo incomodado por ele. Porém uma comunidade próxima a uma rodovia ou instalação industrial é considerada como sendo um único receptor num problema de poluição sonora ambiental.

A Fig. 11.1 estabelece também a hierarquia do controle do ruído. É óbvio que o método mais eficaz consiste em controlar o ruído na fonte, ou seja, eliminar ou minimizar a geração do ruído na sua origem. Ocorre que, na maioria das situações, um problema de ruído só aparece depois que a fonte foi instalada. Nesses casos, é quase sempre inviável a troca da fonte por uma mais silenciosa. Assim, o controle do ruído normalmente recai sobre a trajetória de transmissão, em que são comuns soluções do tipo enclausuramento da fonte, barreiras acústicas, tratamento de absorção sonora, silenciadores etc. A atuação

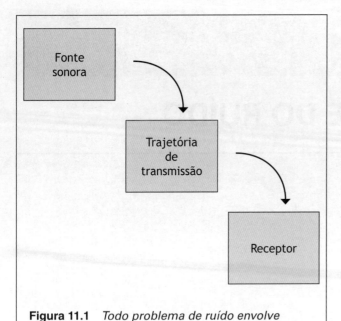

**Figura 11.1** *Todo problema de ruído envolve uma fonte sonora, a trajetória de transmissão e o receptor.*

junto ao receptor normalmente só é viável no ambiente de trabalho e por meio do equipamento de proteção individual (EPI). Ainda, nesses ambientes, embora menos comum, são salas isoladas de refúgio e cabines acústicas de monitoramento. Em ambientes industriais é comum atuar-se nos três sistemas, no sentido de se conseguir uma solução economicamente balanceada.

A Fig. 11.2 ilustra uma situação doméstica bastante comum, envolvendo a privacidade da fala. Nesse caso, a única possibilidade está em atuar na trajetória de transmissão, principalmente através de uma adequada seleção de parede divisória.

## 11.1 CONTROLE DO RUÍDO NA FONTE

O controle do ruído na fonte consiste em introduzir modificações que alteram o processo de geração de ruído de determinada máquina. Para que modificações possam ser sugeridas, deve-se em primeiro lugar entender como o som é produzido. Uma vez compreendidos os mecanismos básicos de geração de ruído, é uma tarefa relativamente simples propor modificações que reduzam os níveis sonoros na fonte.

### MECANISMOS BÁSICOS DE GERAÇÃO DE RUÍDO

#### A ELASTICIDADE DOS METAIS E A GERAÇÃO DE SOM

Existe uma infinidade de máquinas que realizam as mais diversas tarefas. O que parece ser comum a todas as máquinas é que todas elas geram ruído. Ferro, aço e outros metais são os materiais básicos de construção da grande maioria das máquinas. A propriedade mecânica básica dos metais é o *módulo de elasticidade*, o qual expressa a resistência que o metal oferece à deformação. O aço tem módulo de elasticidade de $1,96 \times 10^{11}$ Pa, e o cobre $4,60 \times 10^{10}$ Pa. Como o aço tem módulo de elasticidade maior que o cobre, isso significa que o aço oferece mais resistência à deformação que o cobre.

Os diversos elementos de máquina estão sujeitos a esforços que produzem deformações, cuja magnitude depende do módulo de elasticidade do metal de constituição do elemento. O ruído gerado está relacionado às propriedades elásticas dos metais. Componentes metálicos, quando sujeitos a esforços, deformam-se, sendo essa deformação o mecanismo básico de geração de som. O módulo de elasticidade é importante para se compreender como metais sob carga geram ruídos.

#### FORÇAS DE IMPACTO E IRRADIAÇÃO SONORA ESTRUTURAL

Todo elemento de máquina está sujeito a esforços cíclicos, os quais produzem deformações cíclicas no elemento. Quando a frequência das deformações está na faixa de áudio, então há geração de ruído audível. Conhecer os

**Figura 11.2** *Exemplo de situação de geração, transmissão e recepção sonora envolvendo a privacidade da fala entre dois ambientes domésticos. Fonte: CD-ROM Mediacoustic, com permissão da 01dB.*

esforços a que a máquina está sujeita é a chave para o controle do ruído na fonte.

Forças que produzem impactos são particularmente eficazes na geração de ruído, por provocar oscilações numa ampla faixa de frequências dos componentes envolvidos. Quando o componente é excitado na sua frequência natural, haverá amplificação da deformação e do ruído gerado.

Máquinas são comumente acionadas por motores de combustão interna e motores elétricos. Num motor de combustão interna de quatro cilindros, ocorrem dois impactos a cada volta da biela. Os metais utilizados na construção do motor são elásticos e se deformam em função desses impactos cíclicos, com consequente radiação sonora.

Num motor elétrico, a energia elétrica de alimentação é convertida em força eletromagnética, a qual gera potência mecânica no eixo do motor para acionamento da máquina. A conversão eletromagnética de energia não é suave, pois a alimentação elétrica do motor se dá de forma cíclica na frequência de 60 Hz. O resultado é a mudança da polaridade da força magnética 60 vezes por segundo. A escuta atenta permite identificar os impactos no motor elétrico em funcionamento.

Ocorre então uma excitação contínua da máquina pelos impactos do motor de acionamento, seja ele de combustão interna ou elétrico. Como consequência, todo componente estrutural da máquina irá vibrar. Ao se considerar o somatório das áreas de todos os componentes envolvidos, percebe-se que a máquina se comporta como um grande alto-falante – quanto maior a área em contacto com o meio ambiente, maior o nível de ruído gerado. O adequado projeto estrutural da máquina, tendo-se em mente problemas de radiação sonora, é uma forma eficaz de controle do ruído na fonte.

### GERAÇÃO DE SOM POR FLUIDOS EM MOVIMENTO

Os fluidos se dividem em gases, que são elásticos; e líquidos, que não são. Esse meio material não é rígido e cede ao menor esforço, deformando-se e movimentando-se. O movimento de fluidos gera ruído.

Fluidos são usados em máquinas na transferência de energia de um ponto para outro; o sistema hidráulico dos freios dos automóveis, por exemplo, transfere energia do pedal para as rodas do veículo. O sistema de resfriamento dos motores de combustão interna usa tanto a água como o ar para transferir energia térmica.

O modo de transferência de energia por meio de impactos ocorre também nos fluidos, porém o mecanismo de geração de ruído é distinto do caso dos metais. Por exemplo, o impacto da água na superfície (também de

água) dentro de um balde, durante o enchimento, gera ruído. Como a água no balde encontra-se praticamente em repouso e a água da torneira se move a uma certa velocidade, a água no balde cede, deformando-se pela ação do jato proveniente da torneira.

Quando um pneu fura, libera a alta velocidade o ar pressurizado, na atmosfera, a qual cede, deformando-se e gerando ruído, num processo similar ao da água no balde.

Um fluido, movimentando-se a altas velocidades, quando liberado em outro fluido parado ou se movimentando a uma velocidade menor, sempre produzirá deformação neste último, que cede devido à maior energia daquele com maior velocidade. Quanto maior for a diferença de velocidades entre eles, maior será o nível de ruído.

A hélice de um simples ventilador, movimentando-se, provoca o movimento da massa de ar ao seu redor, acelerando o ar e fazendo-o fluir numa determinada direção. Como as pás da hélice são sólidas, e sendo o ar um fluido, este se deforma pela ação das pás em alta velocidade. Essa interação de uma superfície sólida em movimento no ar parado é também audível. Ao se aumentar a velocidade de rotação da hélice, haverá aumento do nível de ruído.

## ENGENHARIA DE CONTROLE DE RUÍDO NA FONTE

A engenharia de controle de ruído na fonte identifica as causas primárias de geração deste e o que pode ser feito para eliminar ou minimizar os mecanismos básicos que o geram. Normalmente isso requer o controle do movimento do elemento de máquina, o controle do movimento de fluidos e o controle da irradiação sonora.

### CONTROLE DO MOVIMENTO DO ELEMENTO DE MÁQUINA

O conhecimento do movimento de determinado elemento de máquina, em toda a sua complexidade, é chave para o controle do ruído na fonte. A identificação de onde ocorrem variações bruscas de velocidade irá revelar as regiões de impacto a serem estudadas.

#### *Movimento circular*

Também chamado de *rotação*, é o movimento mais comum em todas as máquinas. Todos os sistemas de acionamento de máquinas desenvolvem energia mecânica em rotação, sendo a transferência de energia sempre por meio de movimento circular. Um dos problemas ocorre quando a massa não gira ao redor do seu eixo real.

## 11 – O controle do ruído

Quando a rotação do elemento se dá ao redor de um eixo diferente do real, ocorre um desbalanceamento. Este se manifesta por meio de uma força radial, conhecida como *força centrífuga*. A cada volta, ocorre um impacto nos suportes do elemento, que gera energia espúria, a qual se transfere para a estrutura da máquina e outros elementos, com consequente radiação sonora.

A adição ou remoção de massa do elemento pode controlar a força centrífuga, eliminando o impacto secundário. No entanto, o elemento continua geometricamente irregular com relação ao eixo real, girando de forma excêntrica e impactando o ar ambiente. Por esse motivo, o balanceamento artificial do elemento nem sempre remove definitivamente o problema do ruído. A qualidade de manufatura do componente é de fundamental importância na redução do ruído na fonte.

### Movimento linear

O movimento linear, ou de *translação*, pode ocorrer em três direções. Os elementos de máquina em movimento linear normalmente se movem por curtas distâncias, devido a restrições nos dois sentidos. Por exemplo, o volante de uma prensa, movimenta linearmente o martelo num curso de 150 mm. O limitador de curso do martelo tem uma folga 10 mil vezes menor. Após cada martelada, o movimento ascendente do martelo impacta o limitador de curso, gerando um impacto secundário. A redução da folga do limitador de curso minimiza o ruído gerado pelo impacto secundário.

### Impacto redundante

Pode ser utilizado na redução do movimento oscilatório do componente impactado. A energia liberada durante o impacto é fornecida pela energia cinética, a qual é proporcional à massa vezes o quadrado da velocidade do elemento impactante. Com a aplicação gradual de massa sobre o elemento impactado, a energia cinética não será reduzida, porém a sua reação elástica será limitada. Existem martelos com cabeças ocas, preenchidas com pequenas esferas de aço. Após o impacto inicial, há um atraso para a ação das esferas de aço, que se opõem à reação elástica do elemento impactado, com redução do movimento oscilatório. A redução no nível de impacto com esse tipo de martelo pode chegar a 20 dB.

### Impacto não útil

Ocorre sempre juntamente com o impacto útil e diz respeito à reação do elemento impactado sobre o impactante.

Por exemplo, os dentes de uma serra circular impactam sobre o material que está sendo cortado, gerando trabalho de impacto útil de corte. Pelo princípio da ação e reação, o material cortado reage, fazendo fluir uma energia impactante não útil (impacto secundário), que provoca um vigoroso movimento oscilatório da serra, com geração de altos níveis de ruído. Quando a fonte de impactos é localizada e os impactos secundários são identificados, a viabilidade de modificação dos parâmetros das fontes de impacto pode ser analisada.

## CONTROLE DO MOVIMENTO DE FLUIDOS

Apesar de haver muitas configurações de sistemas de transferência de energia através de fluidos em máquinas, todos os sistemas apresentam três mecanismos básicos de geração de ruído: transferência de energia de sólido para sólido; de fluido para sólido; e de fluido para fluido.

### Transferência de energia de sólido para fluido

Ocorre, por exemplo, em ventiladores, em que as pás sólidas da hélice movimentam o ar ao seu redor. Cada pá age como se fosse uma faca. Conforme há pouco discutido, a ação de corte da pá no ar estacionário produz som audível. Hélices mais silenciosas de desempenho similar podem ser construídas com pás de maior área, girando a rotações mais baixas.

### Transferência de energia de fluido para sólido

Ocorre, por exemplo, numa instalação hidráulica domiciliar. Em prédios de apartamentos, a caixa de água elevada alimenta os apartamentos mais baixos com altas pressões. Altas pressões geram velocidades elevadas nas tubulações. Devido à viscosidade da água, seu movimento no interior da tubulação não é uniforme – a velocidade aumenta da parede do tubo para o centro. Então temos o caso de um mesmo fluido com regiões em que ele se movimenta com velocidades diferentes, produzindo rodemoinhos e turbulência. A turbulência coloca em movimento oscilatório a tubulação, a qual irradia ruído. Instalações hidráulicas mais silenciosas, de desempenho similar, podem ser construídas com maior diâmetro e menor pressão de alimentação.

Em instalações industriais é comum a intercalação de válvulas para controle da pressão. Uma solução para a redução do ruído nessas instalações, e particularmente utilizada nas que operam com gases e vapores, é a redução controlada da pressão no interior da válvula, com dispositivos conforme aqueles apresentados no Cap. 8 (na Sec. "Redução do ruído de válvulas de controle").

*Transferência de energia de fluido para fluido*

Ocorre quando um fluido encontra outro com velocidade diferente, como no caso de um jato de fluido de alta velocidade descarregado na atmosfera. O fluido mais lento se deforma gerando ruído. Silenciadores como aqueles apresentados no Cap. 8 (na Sec. "Procedimentos gerais para a redução do ruído de jatos") poderão ser utilizados nesses casos.

## CONTROLE DA IRRADIAÇÃO SONORA

É muito comum a irradiação sonora pela estrutura que suporta os elementos de uma máquina. Já vimos que o controle do movimento dos elementos da máquina pelo tempo de trabalho dos impactos e eliminando-se as fontes secundárias de impacto é de fundamental importância no controle de ruído na fonte. Ocorre que essas medidas de controle são geralmente insuficientes. Assim, muitas vezes é necessário impedir que a energia dos impactos se transmita para a estrutura da máquina, a qual normalmente apresenta uma grande área para uma eficiente irradiação sonora para o meio ambiente. Apresentam-se a seguir métodos para impedir que a energia dos impactos se transmita para outros elementos e para a estrutura da máquina.

*Isolação de vibrações*

É obtida por desacoplamento de um determinado elemento dos elementos adjacentes. Por exemplo, um compressor de ar pode ser isolado da tubulação por meio de um acoplamento flexível. O mesmo princípio de desacoplamento pode ser utilizado no sentido de reduzir a área das superfícies envoltórias e tampas de máquinas, fazendo-as de grades ao invés de superfícies sólidas e contínuas, reduzindo desse modo a área de irradiação.

*Barreiras*

Poderão ser utilizadas para impedir que a energia dos impactos se propague livremente através dos elementos da máquina. Por exemplo, serras circulares são notórias por irradiar eficientemente a energia dos impactos secundários. Um método simples para impedir o fluxo de energia dos impactos secundários consiste em abrir ranhuras vazadas no disco da lâmina, as quais reduzem em até 6 dB a energia sonora irradiada para o meio ambiente.

*Juntas de atrito*

São exemplos os rebites e os parafusos e porcas. Podem ser utilizadas para reduzir, por atrito, a energia transmitida entre os elementos e entre estes e a estrutura da máquina, em lugar de fixações rígidas como soldas.

## CONTROLE DO RUÍDO DE ELEMENTOS DE MÁQUINAS

Este item não tem por objetivo discutir diretamente todos os elementos possíveis, mas aqueles que são geralmente mais significativos em problemas de ruídos em máquinas: engrenagens, mancais, cames, bielas-manivelas e correntes de transmissão.

### CONTROLE DO RUÍDO DE ENGRENAGENS

O ruído de engrenagens é comum a muitas máquinas. Esse tipo de ruído é causado por impacto e atrito entre dentes engrenados. Embora a qualidade das engrenagens seja de fundamental importância, verifica-se com frequência que mesmo processos de manufatura de alta qualidade que garantem as mais estreitas tolerâncias de fabricação não necessariamente produzem engrenagens com níveis de ruído aceitáveis.

A Fig. 11.4 apresenta ruído de engrenagens conforme classes de manufatura e em função da potência transmitida. Esse sistema de classificação é útil em estimativas

**Figura 11.3** *Engrenagens de dentes retos.*

aproximadas, a fim de se avaliar o potencial de problemas de ruído de engrenagens e, em certos casos, evitar a aquisição de engrenagens mais caras, de alta qualidade, quando um conjunto mais barato pode ser suficiente.

A classificação que consta da Fig. 11.4 é a seguinte:

- Classe A – não pode ser alcançada somente com manufatura de alta precisão; medidas adicionais de controle de ruído devem ser empregadas para assegurar os níveis de ruído previstos nessa classe.
- Classe B – é atingida através do emprego de manufatura e controle dimensional de muita alta precisão.
- Classe C – é o resultado normalmente obtido com manufatura de alta precisão.
- Classe D – é o resultado de métodos normais de manufatura.
- Classe E – os níveis de ruído dessa classe podem ser facilmente reduzidos, melhorando a qualidade da manufatura.

Frequentemente é mais barato utilizar engrenagens de qualidade inferior e aplicar outros procedimentos de controle de ruído. Os parágrafos seguintes apresentam alguns desses procedimentos alternativos.

Amortecimento é uma medida eficaz na redução da resposta ressonante de estruturas. O espectro do ruído de engrenagens geralmente contém muitos picos sonoros induzidos por modos ressonantes de vibração, e aqui o amortecimento é benéfico. Materiais de amortecimento na forma de compostos viscoelásticos podem ser colados ou jateados na superfície a ser amortecida (amortecimento de camada livre), ou colocados entre a superfície a ser amortecida e uma chapa metálica rígida (amortecimento de camada em sanduíche). O amortecimento de camada livre é mais utilizado em elementos leves e pouco espessos.

O ruído aéreo irradiado da caixa de engrenagens pode ser diminuído aumentando-se a rigidez à flexão do painel (definida no Cap. 10, em "Estimativa teórica da perda na transmissão sonora"), o que resulta em menores amplitudes de vibração.

A caixa de engrenagens é excitada através dos mancais que suportam os eixos engrenados. Diferentes tipos de mancal podem ajudar na isolação dessas forças da caixa e, portanto, reduzir os níveis de ruído. Geralmente, o maior grau de amortecimento é proporcionado por rolamentos de rolos cônicos, com que se conseguem reduções de até 4-5 dB em relação aos rolamentos de esfera. Essa redução, no entanto, depende, até certo grau, do tipo de carga que o eixo transmite ao mancal. Já se observou, em máquinas que não requerem que o mancal resista a forças axiais, que rolamentos de rolos cônicos transmitem níveis de 4 a 5 dB superiores aos rolamentos de esfera, os quais não suportam cargas axiais.

## CONTROLE DO RUÍDO DE MANCAIS

Mancais se dividem basicamente em dois tipos: de deslizamento e de rolamento. Como regra geral, mancais de deslizamento são mais silenciosos que os de rolamento.

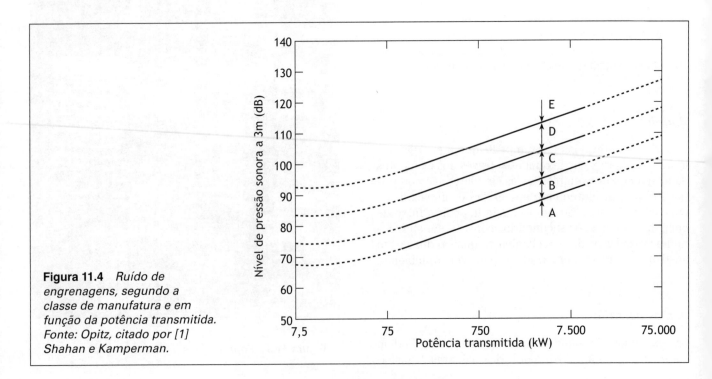

**Figura 11.4** *Ruído de engrenagens, segundo a classe de manufatura e em função da potência transmitida. Fonte: Opitz, citado por [1] Shahan e Kamperman.*

O principal mecanismo de geração de ruído em mancais de deslizamento é o atrito entre as superfícies do mancal e do eixo. Atrito de magnitude suficiente para gerar problemas de vibração e ruído geralmente se deve a uma lubrificação inadequada do mancal.

A geração de ruído em mancais de rolamento se deve principalmente à geometria defeituosa dos elementos que compõem o rolamento, gerada pelo processo de manufatura ou como resultado de severas condições de operação. As imprecisões geométricas constituem-se basicamente em: excentricidades nos elementos rodantes e nas pistas de rolamento, ondulações, irregularidades geométricas dos elementos rodantes etc. (Fig. 11.5). Essas anomalias resultam em vibrações nos componentes do rolamento, nos apoios do rolamento e nas estruturas, resultando em radiação sonora. Todos essas imperfeições resultam da qualidade de manufatura e das tolerâncias especificadas.

Para garantir baixos níveis de vibração e ruído em mancais de deslizamento, a principal meta está em assegurar adequada lubrificação das superfícies em contacto. Isso implica em projetar o mancal de tal forma a conseguir-se um equilíbrio adequado entre a pressão no mancal, a viscosidade do lubrificante e as rotações de operação, de tal forma a manter um filme de lubrificação espesso e evitar sua ruptura. Quando as características de operação do eixo são oscilatórias, haverá ruptura do filme lubrificante. Nesses casos, pode-se utilizar lubrificação pressurizada, a fim de se eliminar a excitação alternada de atrito seco/fluido, característica de mancais de deslizamento inadequadamente lubrificados. Para certos tipos de movimento e condições de carga, é possível manter um filme lubrificante adequado por meio de ranhuras nas superfícies do mancal.

Como as vibrações e o ruído em rolamentos são de natureza impulsiva e se devem a irregularidades e defeitos nos componentes do rolamento, a melhor alternativa de controle é a seleção de rolamentos de alta qualidade, fabricados com tolerâncias apertadas, e mantê-los em boas condições de operação. Como na maioria das máquinas que contêm elementos como engrenagens, cames, etc. o ruído gerado pelos mancais está geralmente mais de 10 dB abaixo do nível de ruído total irradiado pela máquina, é normalmente antieconômico recomendar rolamentos caros, a menos que as vibrações e o ruído das outras fontes já tenham sido reduzidos.

Em aplicações críticas, em que o ruído dos mancais não fica abaixo de outras fontes (por exemplo, máquinas acionadas por correias), a seleção adequada do rolamento poderá ter um efeito considerável na vibração e no ruído resultantes. Os mancais possuem a característica inerente de amortecer e isolar a radiação sonora de estruturas. Geralmente, o maior amortecimento é conseguido com rolamentos de rolos cônicos. Normalmente, quando este rolamento é montado com certa pressão axial, ou mesmo garantindo que uma pequena carga axial gere essa pressão quando em operação, a deflexão dos elementos do rolamento se reduz, e tende a reduzir ligeiramente o nível de ruído gerado. No entanto, a pré-carga tende a reduzir ligeiramente a vida útil do rolamento.

Quando se tolera um certo grau de flexibilidade no eixo que se apoia sobre o mancal (o que não é o caso de máquinas operatrizes de precisão), o ruído irradiado pela máquina pode, em certos casos, ser reduzido pela instalação de um material resiliente, como borracha, entre o mancal e a estrutura da máquina. A redução do nível de ruído vai depender da contribuição relativa das forças dinâmicas que excitam a estrutura da máquina através dos pontos de contacto do mancal com a estrutura.

Frequentemente, a própria resposta ressonante das pistas dos rolamentos é a principal fonte de ruído de rolamentos. A montagem do rolamento com folga na estrutura da máquina tende a amortecer essas vibrações ressonantes.

## CONTROLE DO RUÍDO DE CAMES

O came é um mecanismo que gera um determinado movimento de interesse num outro elemento de máquina (o "seguidor" do came), através do contacto direto entre ambos (Fig. 11.6). Os movimentos do seguidor são os mais variados possíveis, podendo-se dizer que são limitados apenas pela imaginação do projetista. Came e seguidor são amplamente empregados em maquinários dos mais diversos tipos.

A função básica do came é gerar um movimento predeterminado no seguidor, que pode, até certo ponto, ser selecionado pelo projetista. É exatamente essa característica que faz do came um mecanismo inerentemente ruidoso. À medida que o seguidor executa um movimento

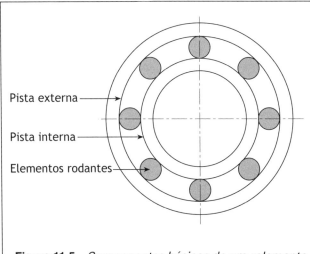

**Figura 11.5** *Componentes básicos de um rolamento.*

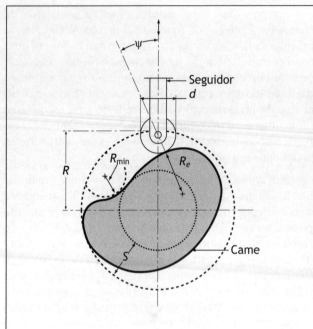

**Figura 11.6** *Came simples estampado em chapa, com seguidor de translação de rolo.*

predeterminado, são geradas forças entre o came e o seguidor. Essas forças dinâmicas excitam em movimento vibratório tanto o came como o seguidor. Essas vibrações são transmitidas para a estrutura da máquina através dos eixos e mancais e conexões do sistema acoplado ao seguidor com a estrutura da máquina. Normalmente, as áreas dos cames em si são suficientemente pequenas, de tal forma a não irradiar energia sonora significativa. No entanto, o sistema acoplado ao seguidor e, particularmente, a estrutura da máquina podem ter grandes áreas, as quais irradiam ruído eficazmente.

Listam-se a seguir alguns aspectos a serem considerados ao se projetar ou selecionar um mecanismo composto por came com alta velocidade de operação, ou quando há exigências estritas quanto aos níveis de vibração e ruídos.

- A aceleração deve ser suave, tendo o came uma inclinação finita, a fim de se evitarem solavancos. Valores máximos de aceleração não necessariamente implicam níveis de vibração e de ruído máximos – isso vai depender do conteúdo harmônico do movimento do seguidor e da resposta em frequência da estrutura da máquina.

- A altas velocidades da máquina, as forças dominantes se devem às massas em aceleração. Dessa forma, o sistema acoplado ao seguidor deve ser o mais leve possível, a fim de minimizar as forças de inércia geradas.

- Choques são causados por reações e deformações elásticas dos elementos da máquina. A fim de reduzi-los,

as tolerâncias de fabricação devem ser justas, e os elementos devem ser construídos com alta razão rigidez/massa. Aplicações críticas, de altas velocidades, exigem que se leve em conta a deformação elástica no projeto do perfil do came. Isso é particularmente crítico para máquinas que operam em velocidades quase constantes.

- A aceleração é inversamente proporcional ao quadrado do tempo requerido para deslocar o seguidor. Utilizar, portanto, o tempo máximo disponível para realizar o movimento do seguidor, evitando tempos mortos desnecessários.

- Os movimentos do came e do seguidor devem ser os menores possíveis. Cames superdimensionados resultam em elevadas forças e acelerações desnecessárias.

- O valor do ângulo de pressão ($\psi$) não deve exceder 30° para cames simples estampados em chapa e 45° para cames cilíndricos (de tambor).

- O raio mínimo de curvatura do came ($R_{mín}$) deve estar entre o raio do seguidor ($d/2$) e metade desse valor. Esse raio deverá ser aumentado para velocidades muito altas.

- Usar grandes razões de guiagem no sistema acoplado ao seguidor, a fim de evitar a flexão do eixo do seguidor.

- Usar materiais de baixo coeficiente de atrito, a fim de minimizar as forças de atrito entre o came e o seguidor. Lubrificá-los adequadamente. Isso se torna mais importante à medida que o ângulo de pressão ($\psi$) aumenta.

- As superfícies do came devem estar livres de irregularidades, a fim de se evitarem acelerações indesejáveis (cuja magnitude é proporcional ao quadrado da distancia até o eixo do came).

- Cames são mecanismos inerentemente desbalanceados, devendo ser balanceados, de preferência com o eixo do came montado em seus mancais.

- Os sistemas acoplados aos seguidores têm inércia e rigidez, os dois parâmetros necessários na geração de frequências naturais de ressonância. Evitar operar o seguidor a essas frequências. As frequências de operação devem estar abaixo da frequência fundamental de ressonância do sistema acoplado ao seguidor.

## CONTROLE DO RUÍDO DE BIELAS-MANIVELAS

O mecanismo biela-manivela é empregado para transformar movimento rotativo em movimento alternativo, ou inversamente, como no caso dos motores de combustão interna, para transformar movimento alternativo do pistão em movimento rotativo do virabrequim. A Fig. 11.7 apresenta um esquema do mecanismo biela-manivela e parâmetros associados. Quando a linha de movimento da biela passa pelo centro de rotação da manivela [Fig. 11.7(a)], o mecanismo é chamado de *biela-manivela centrado*. Quando a linha de movimento da biela não passa pelo centro de rotação da manivela [Fig. 11.7(b)], o mecanismo é chamado de *biela-manivela excêntrico*.

Uma simples análise cinemática do mecanismo biela-manivela fornece os elementos básicos para entendermos as características vibratórias e os mecanismos de geração de ruído. Consideremos o deslocamento horizontal do ponto $A$ do mecanismo biela-manivela centrado da Fig. 11.7(a). O deslocamento do ponto $A$ ($X_A$) é dado por

$$X_A = R\cos\theta + [L^2 - R^2 \operatorname{sen}^2\theta]^{1/2}. \quad (11.1)$$

A aceleração do ponto $A$ ($\ddot{X}_A$) é fator determinante das vibrações e do ruído, sendo obtida derivando duas vezes a Eq. 11.1 com relação ao tempo, obtendo-se

$$\ddot{X}_A = \omega^2 R \left[ -\cos\theta - \frac{(R/L)^3 \operatorname{sen}^2 2\theta}{[1 - (R/L)^2 \operatorname{sen}^2\theta]^{3/2}} - \frac{(R/L)\cos\theta}{[1 - (R/L)^2 \operatorname{sen}^2\theta]^{1/2}} \right]. \quad (11.2)$$

Ao dividirmos a Eq. 11.2 por $\omega^2 R$, obtemos a chamada *aceleração normalizada* do ponto $A$ ($\ddot{X}_A/\omega^2 R$), que se aplica a todos os mecanismos biela-manivela centrado, independentemente da velocidade angular $\omega$.

A aceleração normalizada do ponto $A$ ($\ddot{X}_A/\omega^2 R$) em função do ângulo de deslocamento da manivela ($\theta$) é apresentada na Fig. 11.8 para alguns valores da razão $R/L$, para o mecanismo biela-manivela centrado. Observa-se, na figura, que o aumento da razão $R/L$ resulta em maiores acelerações e, portanto, em maiores forças de inércia, mais ruído e vibrações. Além disso, o aumento da razão $R/L$ resulta também em variações mais bruscas do sentido da aceleração, dando origem a excitações de impacto, que causam deflexão dos elementos da máquina.

Os impactos devidos a mudanças do sentido da aceleração ocorrem duas vezes a cada revolução da manivela, em posições angulares ao redor de 70-80 graus e 280-290 graus (a partir do ponto morto superior, onde $\theta = 0$ e $X = R + L$).

Uma fonte de ruído em compressores alternativos e motores de combustão interna, conhecida como *piston-slap*, é inerente ao mecanismo biela-manivela. Trata-se de um fenômeno complexo, ligado aos efeitos combinados das forças de pressão e de inércia, que faz o pistão oscilar e se mover lateralmente no interior do cilindro. Esse movimento anômalo causa impacto do pistão contra as paredes do cilindro, com geração de ruído significativo, particularmente em motores grandes. Devido à ação das forças de pressão, os impactos principais poderão não ocorrer próximo de 80 e 280 graus a partir do ponto morto superior, quando a aceleração linear do pistão muda de sentido. Nos motores de combustão interna, a interação das forças de pressão e de inércia geralmente faz com que os impactos principais ocorram próximo do ponto morto superior e inferior.

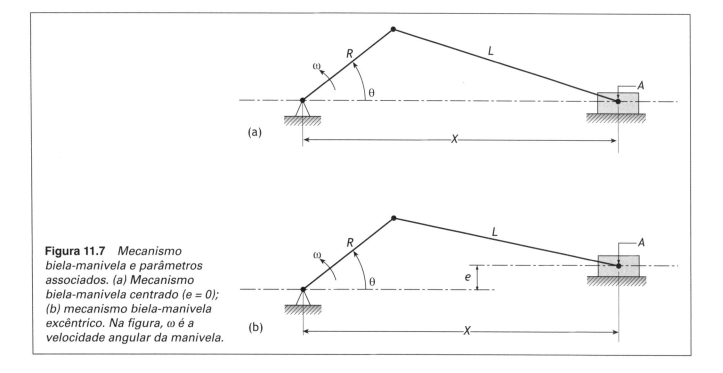

**Figura 11.7** *Mecanismo biela-manivela e parâmetros associados. (a) Mecanismo biela-manivela centrado (e = 0); (b) mecanismo biela-manivela excêntrico. Na figura, ω é a velocidade angular da manivela.*

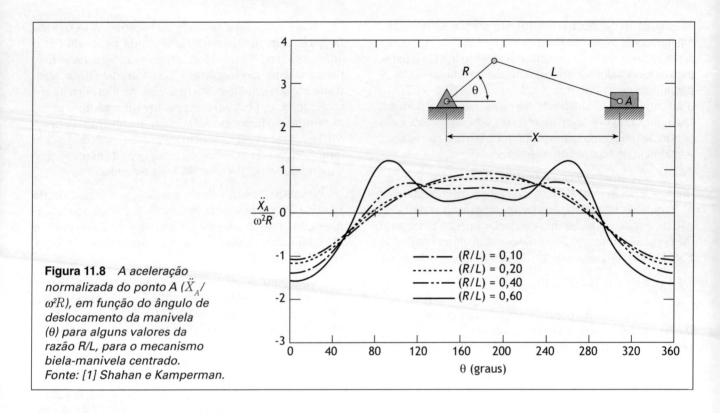

**Figura 11.8** *A aceleração normalizada do ponto A ($\ddot{X}_A/\omega^2 R$), em função do ângulo de deslocamento da manivela (θ) para alguns valores da razão R/L, para o mecanismo biela-manivela centrado.*
Fonte: [1] Shahan e Kamperman.

## CONTROLE DO RUÍDO DE CORRENTES DE TRANSMISSÃO

Correntes de transmissão são frequentemente utilizadas para transmitir potência entre dois eixos em rotação. O engrenamento da corrente com a roda dentada é similar ao de engrenagens. Em ambos os engrenamentos existe uma dificuldade inerente em transmitir movimentos suaves, o que dá origem a impactos e variações dinâmicas das forças transmitidas entre os elementos em contato.

A corrente de transmissão consiste numa série de elos, formados por pinos e rolos (pedaços tubulares). Os pinos podem rodar livremente no interior, e os rolos no exterior, das buchas. Conforme ilustra a Fig. 11.9, pinos e rolos são fixados por meio de talas.

Os elos da corrente de transmissão se engrenam aos dentes da roda dentada. A Fig. 11.10 ilustra a terminologia básica associada à roda dentada.

O aspecto mais importante da corrente de transmissão, sob o ponto de vista da geração de vibrações e ruído, é o impacto dos elos da corrente contra os dentes das rodas. O ruído e as vibrações produzidos se manifestam nos harmônicos da frequência de contacto, e nas frequências naturais de ressonância das rodas dentadas e de outros elementos da máquina que são excitados via mancais dos eixos.

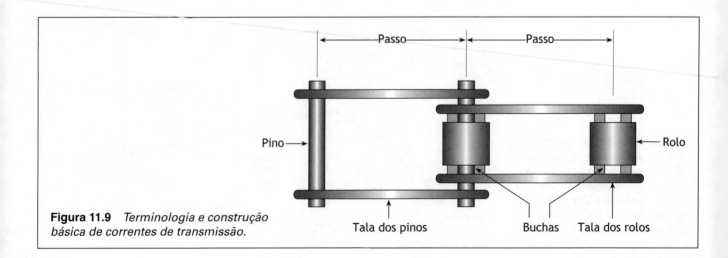

**Figura 11.9** *Terminologia e construção básica de correntes de transmissão.*

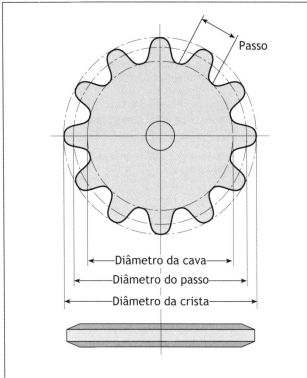

**Figura 11.10** *Terminologia básica de uma roda dentada.*

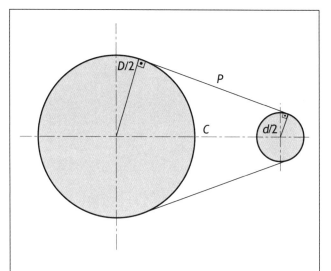

**Figura 11.11** *Esquema de transmissão por corrente entre duas rodas dentadas, com indicação do comprimento livre da corrente (P).*

A magnitude do ruído gerado depende da energia transferida para a estrutura da máquina durante os impactos. A energia gerada quando do impacto do elo com o dente é proporcional ao produto da massa do elo pelo quadrado da componente normal da velocidade relativa, entre o elo em acoplamento e o dente da roda no instante do impacto. Isso implica em energia sonora irradiada proporcional ao quadrado da rotação, ou aumento de 6 dB para cada duplicação da rotação da roda. Em rodas com mesmo passo, o ruído diminui à medida que o número de dentes aumenta.

A Fig. 11.11 é um esquema da transmissão por corrente entre duas rodas dentadas, com indicação do *comprimento livre da corrente* (P), que é o comprimento da corrente que não está em contacto com as rodas dentadas. O comprimento livre da corrente pode ser obtido por

$$P = \sqrt{C^2 - \left(\frac{D-d}{2}\right)^2}, \qquad (11.3)$$

em que $C$ é a distância entre centros das rodas dentadas, $D$ o diâmetro do passo da roda dentada maior, e $d$ o diâmetro do passo da roda dentada menor.

Além da excitação estrutural devida aos impactos, a cinemática do sistema de transmissão por corrente resulta em movimentos e forças variáveis. A Fig. 11.12 apresenta a porcentagem de variação da velocidade angular entre duas rodas dentadas, comparando a transmissão com comprimento livre igual a múltiplo par, com a transmissão com comprimento livre igual a múltiplo ímpar de meio-passo da corrente. A análise dessa figura torna evidente que, do ponto de vista de uma operação mais suave e silenciosa, é desejável que o comprimento livre seja igual a múltiplo par de meio-passo da corrente. Isso é particularmente significativo em sistemas de transmissão com rodas com reduzido número de dentes. O resultado é uma razão de velocidades angulares mais uniforme entre a roda motriz e a roda movida.

O alongamento da corrente de transmissão, causado por desgaste dos pinos e das buchas, resulta em aumento do ruído. Esse aumento é relativamente pequeno quando o desgaste é "normal", provavelmente inferior a 2 dB.

Sistemas de transmissão por corrente de alta qualidade, com o passo da corrente concordante com o da roda dentada, geram menores níveis de ruído. Sistemas com passo preciso e grande número de dentes operam mais silenciosamente, em comparação a sistemas com passo grosseiro, pois naqueles as forças de impacto entre elos e dentes são reduzidas. Correntes com comprimentos livres o mais próximo possível de múltiplos pares de meio-passo conferem razão de velocidades angulares mais uniforme entre a roda motriz e a roda movida. O amortecimento de rodas dentadas grandes tende a reduzir as vibrações e o ruído irradiado nas ressonâncias da roda.

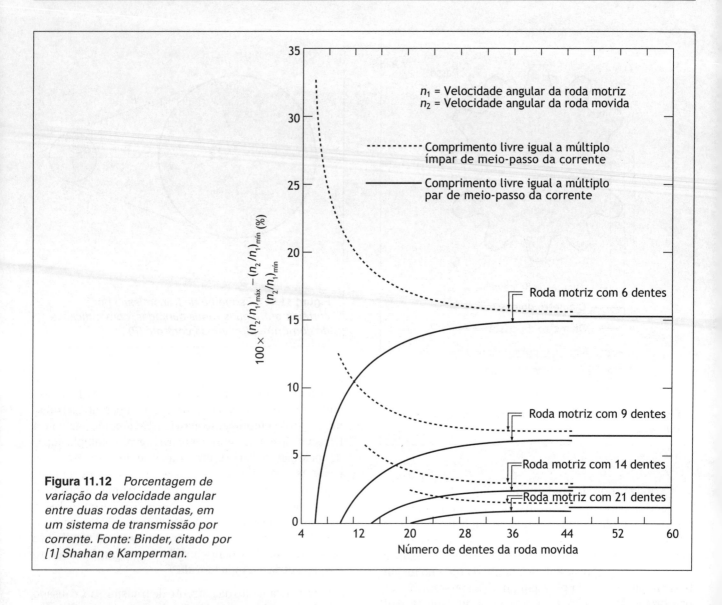

**Figura 11.12** Porcentagem de variação da velocidade angular entre duas rodas dentadas, em um sistema de transmissão por corrente. Fonte: Binder, citado por [1] Shahan e Kamperman.

## IDENTIFICAÇÃO DAS FONTES DE VIBRAÇÃO E RUÍDO EM MÁQUINAS

São apresentadas, nos parágrafos seguintes, sugestões de técnicas de identificação de fontes de vibração e ruído, buscando-se ir além daquelas anteriormente discutidas. Contudo, como os problemas de ruído em máquinas são de diversas naturezas, a aplicação dessas diretrizes jamais deve ser considerada como substituta de uma avaliação de engenharia baseada no profundo conhecimento dos elementos da máquina e de suas características dinâmicas.

Normalmente é possível usar a variação de velocidade da máquina (caso isso ocorra), juntamente com a análise espectral de banda estreita, na identificação de possíveis fontes de ruído. As frequências discretas mais proeminentes do espectro assumem comportamento diverso quando a velocidade da máquina varia. Pode haver variação das frequências discretas (componentes "dinâmicas"), porém mantendo o mesmo relacionamento harmônico entre si (ou com a velocidade do sistema de propulsão), com amplitude crescente à medida que a velocidade aumenta. Outras frequências discretas (componentes "estacionárias") permanecerão estacionárias no espectro, podendo apresentar grandes variações de amplitude à medida que a velocidade da máquina varia. A variação de amplitude dessas componentes pode ocorrer direta ou inversamente proporcional à velocidade da máquina.

As componentes discretas "estacionárias" estão normalmente associadas à resposta ressonante dos elementos da máquina. Para redução dessas componentes espectrais, é necessário determinar os elementos da máquina que estão ressoando. Isso é normalmente conseguido por meio dos seguintes procedimentos:

- medindo, durante operação, os níveis médios de aceleração nas superfícies dos elementos suspeitos;
- impactando os elementos suspeitos e realizando, simultaneamente, uma análise espectral da vibração

da superfície do elemento, ou da pressão sonora no campo próximo;

- quando os elementos suspeitos são de geometria simples, calculando-se as suas frequências naturais de ressonância.

O ruído irradiado pelas vibrações ressonantes poderá ser reduzido com o tratamento de amortecimento do elemento, reprojetando-se o elemento com o objetivo de alterar as suas frequências de ressonância, isolando-se o elemento da fonte de excitação, ou através de uma combinação desses procedimentos. Como foi visto, as frequências de ressonância de uma máquina são geralmente excitadas por impactos gerados pelos diversos elementos existentes. A eliminação ou redução dessas forças impulsivas e a alteração das suas características temporais podem efetivamente reduzir o ruído dos modos ressonantes que são excitados.

As componentes discretas "dinâmicas" do espectro do ruído irradiado estão associadas com a vibração forçada dos elementos da máquina. Em muitos casos, a origem dessas componentes pode ser identificada correlacionando o espectro do ruído com as frequências excitadas pelos elementos da máquina (ou seja, frequência de contacto dos dentes de pares de engrenagens, frequência dos elementos em rotação etc.).

A causa da maioria dos problemas de ruído em elementos de máquinas se deve a choques e impactos causados por variações bruscas de aceleração e a deformações dos elementos. Com frequência, tentar associar as relações de fase entre os picos impulsivos de pressão sonora aos choques inerentes ao funcionamento dos elementos pode ser útil na definição de fontes de vibração e ruído. Essa técnica pode ser usada, por exemplo, na determinação da contribuição relativa dos choques de um mecanismo de came, na vibração dos seus mancais, monitorando-se os níveis de vibração dos picos impulsivos e relacionando-os com a posição angular do came. Caso os picos impulsivos ocorram nas esperadas posições angulares de ação do came, pode-se concluir que a principal excitação dos mancais se deve às forças geradas pelo mecanismo de came.

## 11.2 CONTROLE DO RUÍDO NA TRAJETÓRIA DE TRANSMISSÃO

A atuação junto à trajetória de transmissão é considerada a segunda linha de defesa no controle do ruído. Como normalmente problemas de ruído não são antecipados na fase de projeto, resta ao responsável pelo controle do ruído atuar na trajetória de transmissão. Os seguintes métodos são frequentemente empregados para minimizar a transmissão sonora entre a fonte e o receptor:

- aumentar a distância entre a fonte e o receptor;
- isolar as máquinas barulhentas por meio de enclausuramento total, enclausuramento parcial, barreiras e biombos;
- utilizar silenciadores em linhas de exaustão de gases e em instalações de distribuição de ar;
- tratar as superfícies do recinto com materiais fonoabsorventes;
- segregar as áreas barulhentas por meio de partições.

## REDUÇÃO DO RUÍDO PELO AUMENTO DA DISTÂNCIA FONTE-RECEPTOR

A técnica mais elementar de se controlar o ruído na trajetória consiste em afastar a fonte do receptor, fazendo uso da lei do inverso do quadrado da distância. Concentrar as fontes mais ruidosas tão longe quanto possível das áreas sensíveis é uma alternativa que deve ser sempre considerada.

Essa abordagem é em geral viável no caso da propagação sonora ao ar-livre do ruído de geradores e transformadores de energia, torres de resfriamento, estações de ar comprimido, conjuntos de motobombas, grandes ventiladores, rodovias e ferrovias etc. Para reduções adicionais dos níveis de ruído, muitas dessas fontes poderão ser instaladas em recintos separados, ou erigindo uma barreira acústica entre a fonte de ruído e as áreas sensíveis.

A esta altura é conveniente distinguir duas medidas da eficácia da solução de controle do ruído na trajetória de transmissão: *redução de ruído* ("noise reduction", NR) e *perda na inserção* ("insertion loss", IL).

### REDUÇÃO DE RUÍDO

Definida anteriormente por meio da Eq. (10.39), a redução de ruído ($NR$) é uma medida do nível de redução na propagação sonora entre a fonte e o receptor. Consiste simplesmente na diferença dos níveis sonoros no recinto da fonte e no recinto do receptor, sem correção da área da barreira e da absorção no recinto de recepção. É uma medida útil, pois fornece a atenuação de determinada estrutura em condições normais de operação.

## PERDA NA INSERÇÃO

Definida anteriormente por meio da Eq. (9.7), a perda na inserção ($IL$) é obtida pela diferença dos níveis sonoros, no receptor, antes e depois da instalação da medida de controle de ruído na trajetória de transmissão.

A $IL$ é uma medida direta da melhoria introduzida pela inserção de uma barreira acústica entre a fonte e o receptor. Pode também ser utilizada na determinação da eficácia do tratamento de absorção sonora em determinado recinto, obtida nesse caso através da diferença dos níveis sonoros, na posição do receptor, antes e depois do tratamento. Observe-se que, nesse caso, na realidade, não se insere uma estrutura entre a fonte e o receptor. O tratamento da absorção sonora reduz os níveis das reflexões, atuando portanto como uma "barreira" para o som refletido.

## REDUÇÃO DO RUÍDO POR ENCLAUSURAMENTO

O uso de enclausuramentos para o controle de ruído na trajetória de transmissão é uma técnica muito utilizada, na prática. O enclausuramento de uma máquina, equipamento ou processo ruidoso produz um campo sonoro refletido no interior da clausura, além do campo sonoro direto da fonte. Ambos os campos sonoros determinarão o campo sonoro irradiado pelas paredes da clausura, bem como o campo sonoro no seu interior.

A Eq. (10.19) pode ser utilizada na estimativa dos níveis sonoros em qualquer ponto no interior da clausura, mas com a restrição adicional de que a exatidão da estimativa ficará prejudicada no caso de o ponto sob consideração estar a menos de meio comprimento de onda afastado das superfícies da clausura ou da máquina.

## NÍVEL DE RUÍDO NO EXTERIOR DA CLAUSURA

O campo sonoro na região imediatamente fora da clausura será determinado por duas componentes. Uma das componentes se deve ao campo sonoro refletido interno à clausura, e a outra se deve ao campo sonoro direto da fonte enclausurada. O nível sonoro médio espacial, na região imediatamente fora da clausura ($L_{p_1}$), poderá ser estimado por meio de

$$L_{p_1} = L_W - PT - 10 \, \log \, S_E + C, \tag{11.4}$$

sendo $L_W$ o nível de potência sonora da fonte enclausurada, $PT$ a perda na transmissão da parede da clausura, $S_E$ a área externa da clausura, e $C$ é dado por

$$C = 10 \, \log \left[ 0{,}3 + \frac{S_E}{A_{\text{clausura}}} \right], \tag{11.5}$$

em que $A_{\text{clausura}}$ é a absorção sonora total interna da clausura ($m^2$ – Sabine). A fração 0,3 está relacionada ao coeficiente de transmissão do campo sonoro direto. O cálculo de $C$ da clausura pela Eq. (11.5) é muito aproximado, sendo preferível obtê-lo da Tab. 11.1.

Quando o enclausuramento está ao ar-livre, o nível de pressão sonora à distância $r$ da clausura ($L_r$) poderá ser estimado por meio da expressão

| Condições acústicas internas da clausura* | Frequência central da banda de oitava (Hz) | | | | | | | |
|---|---|---|---|---|---|---|---|---|
| | 63 | 125 | 250 | 500 | 1.000 | 2.000 | 4.000 | 8.000 |
| Viva | 18 | 16 | 15 | 14 | 12 | 13 | 15 | 16 |
| Razoavelmente viva | 16 | 13 | 11 | 9 | 7 | 6 | 6 | 6 |
| Medianamente viva | 13 | 11 | 9 | 7 | 5 | 4 | 3 | 3 |
| Seca | 11 | 9 | 6 | 5 | 3 | 2 | 1 | 1 |

**Tabela 11.1 Valores da constante C que levam em consideração as condições acústicas internas da clausura**

\* Usar os seguintes critérios na determinação das condições acústicas internas da clausura:
- viva – todas as superfícies da clausura e da máquina são duras e pouco flexíveis;
- razoavelmente viva – todas as superfícies são geralmente duras, porém algumas são formadas por painéis metálicos leves ou de madeira;
- medianamente viva – superfícies internas da clausura revestidas com material fonoabsorvente, sendo as superfícies da máquina duras e pouco flexíveis;
- seca – superfícies internas da clausura revestidas com material fonoabsorvente, sendo as superfícies da máquina formadas por painéis leves.

*Fonte:* [2] Bies e Hansen.

# 11.2 – Controle do ruído na trajetória de transmissão

## Exemplo 11.1

Uma pequena bomba gera um nível de potência sonora total de 80 dB. Propõe-se cobri-la com uma clausura com área de 2,2 m². O espectro de nível de potência sonora da bomba, em bandas de oitava, apresenta um pico na banda de 250 Hz, e um *roll-off* de 3 dB por oitava nas bandas abaixo e acima da banda de pico. Estimar o nível de pressão sonora, em bandas de oitava, na região imediatamente exterior à clausura, cujas paredes apresentam uma perda na transmissão ($PT$), em bandas de oitava, conforme consta da primeira linha da Tab. Ex. 11.1, e cuja condição acústica interna é "medianamente viva".

Usa-se a Eq. (11.4), $L_{p_1} = L_W - PT - 10 \log S_E + C$, com valores da constante $C$ extraídos da Tab. 11.1 para a condição acústica interna "medianamente viva". Os valores da constante $C$ constam da segunda linha da Tab. Ex. 11.1.

Os níveis relativos de potência sonora em bandas de oitava da bomba estão listados na terceira linha da Tab. Ex. 11.1. A adição logarítmica desses níveis relativos resulta em 4,4 dB. O nível de potência sonora total da bomba é de 80 dB; portanto os níveis de potência sonora de cada banda são obtidos adicionando ao nível relativo da banda 80 – 4,4 = 75,6 dB. O nível de potência sonora de cada banda assim calculado consta da quarta linha da Tab. Ex. 11.1.

O cálculo dos níveis sonoros, em bandas de oitava, na região imediatamente exterior à clausura, consta da última linha da Tab. Ex. 11.1.

**Tabela Exemplo 11.1** **Cálculo dos níveis de pressão sonora na região imediatamente exterior à clausura**

| Grandeza | Frequência central da banda de oitava (Hz) | | | | | | | |
|---|---|---|---|---|---|---|---|---|
| | 63 | 125 | 250 | 500 | 1.000 | 2.000 | 4.000 | 8.000 |
| $PT$ (dB) | 8 | 11 | 12 | 15 | 18 | 23 | 25 | 30 |
| $C$ (dB) | 13 | 11 | 9 | 7 | 5 | 4 | 3 | 3 |
| Nív.rel. (dB) | –6 | –3 | 0 | –3 | –6 | –9 | –12 | –15 |
| $L_W$ (dB) | 69,6 | 72,6 | 75,6 | 72,6 | 69,6 | 66,6 | 63.6 | 60,6 |
| $10 \log S_E$ (dB) | 3,4 | 3,4 | 3,4 | 3,4 | 3,4 | 3,4 | 3,4 | 3,4 |
| $L_{p_1}$ (dB) | 71,2 | 69,2 | 69,2 | 61,2 | 53,2 | 44,2 | 38,2 | 30,2 |

$$L_r = L_{p_1} + 10 \log S_E + 10 \log \left( \frac{Q_\theta}{4\pi r^2} \right), \qquad (11.6)$$

em que $Q_\theta$ é o fator de diretividade da clausura. Normalmente, para uma clausura sobre piso duro reflexivo, $Q_\theta = 2$. Essa equação supõe a distância $r$ grande, quando comparada com a dimensão característica da clausura.

Quando o enclausuramento está dentro de um recinto, $L_r$ poderá ser estimado por meio da expressão

$$L_r = L_{p_1} + 10 \log S_E + 10 \log \left[ \frac{Q_\theta}{4\pi r^2} + \frac{4}{A_{\text{recinto}}} \right], \qquad (11.7)$$

sendo $A_{\text{recinto}}$ a absorção sonora total do recinto (em m² – Sabine).

Como o nível de pressão sonora à distância $r$ da máquina sem clausura será dado pela Eq. (10.19), então a perda na inserção da clausura ($IL_{\text{clausura}}$) será obtida da diferença entre as Eqs. (10.19) e (11.7). Substituindo a Eq. (11.4) no resultado dessa diferença, obtemos

$$IL_{\text{clausura}} = PT - C, \qquad (11.8)$$

em que se admite que a clausura não altera a diretividade da máquina enclausurada, ou que a contribuição do campo direto no receptor é desprezível.

Observe-se finalmente que a Eq. (11.8) é válida tanto para clausuras em recintos como para clausuras ao ar-livre.

## NÍVEL DE RUÍDO NO INTERIOR DA CABINE ACÚSTICA

Cabines acústicas são utilizadas para proteção de pessoas que trabalham em ambientes ruidosos. Nesse caso, a fonte de ruído situa-se externamente, sendo o objetivo da cabine a redução dos níveis sonoros em seu interior.

**330**  11 – O controle do ruído

A formulação para o cálculo do nível de pressão sonora interno supõe a cabine localizada em um recinto onde o campo sonoro refletido é dominante. O nível de pressão sonora do campo refletido, à distância de pelo menos meio comprimento de onda das paredes da cabine, é designado como $L_{p_1}$. O nível de potência sonora que atravessa as paredes da cabine $(L_{W_i})$ é dado por

$$L_{W_i} = L_{p_1} + 10 \log S_E - PT - 6 \text{ dB}, \tag{11.9}$$

sendo $PT$ a perda na transmissão da parede da cabine e $S_E$ a área externa da cabine.

O nível de pressão sonora internamente à cabine $(L_{p_i})$ será dado por

$$L_{p_i} = L_{W_i} + 10 \log \left[ \frac{1}{S_E} + \frac{4}{A_{\text{interna}}} \right], \tag{11.10}$$

sendo $A_{\text{interna}}$ a absorção sonora interna total da cabine (em m² – Sabine).

A perda na inserção da cabine $(IL_{\text{cabine}})$ será dada por $L_{p_1} - L_{p_i}$, obtida da diferença entre as Eqs. (11.9) e (11.10), cujo resultado, levando-se em consideração a Eq. (11.5), será dado aproximadamente por

$$IL_{\text{cabine}} \cong PT - C, \tag{11.11}$$

que é o mesmo resultado obtido para a perda na inserção da clausura, e que é dado pela Eq. (11.8).

O problema deixa de ser simples quando o campo direto da fonte é dominante em uma ou mais paredes da cabine. Nesse caso, torna-se necessário calcular o campo sonoro incidente em cada uma das paredes da cabine, sendo então necessário tratar a cabine como uma barreira. Não trataremos desse caso aqui (consultar a Ref. [2]).

---

## Exemplo 11.2

Uma cabine acústica, para o pessoal que atua no galpão de uma fábrica, terá 3 m de comprimento, 2 m de largura e 2,5 m de altura, e será construída com paredes de tijolos, revestidas com reboco liso. O piso interno será de concreto. O teto será construído a partir de laje pré-moldada, rebocada, com acabamento liso igual ao das paredes, e apresenta propriedades de absorção e de isolação sonora similares às das paredes. Estimar a perda na inserção da cabine $(IL_{\text{cabine}})$.

A $IL_{\text{cabine}}$ será obtida por meio da Eq. (11.11). O valor de $C$ nessa equação será obtido pela Eq. (11.5), tendo em vista que a absorção sonora interna da cabine pode ser obtida com razoável precisão, pois os coeficientes de absorção sonora das superfícies internas são bem conhecidos e encontram-se listados na Tab. 10.3.

A Eq. (11.5) será aqui utilizada omitindo-se a fração 0,3, pois o equacionamento da cabine supõe que o campo sonoro refletido é dominante.

Assim, $A_{\text{cabine}}$ será obtida por:

$$A_{\text{cabine}} = [2(2 \times 2,5 + 3 \times 2,5) + 2 \times 3]\alpha_{\text{paredes}} + [2 \times 3]\alpha_{\text{piso}} = 31\alpha_{\text{paredes}} + 6\alpha_{\text{piso}}.$$

O cálculo de $IL_{\text{cabine}}$ consta na Tab. Ex. 11.2

**Tabela Exemplo 11.2  Cálculo da perda na inserção da cabine.**

| Grandeza | Frequência central da banda de oitava (Hz) | | | | | | | |
|---|---|---|---|---|---|---|---|---|
| | 63 | 125 | 250 | 500 | 1.000 | 2.000 | 4.000 | 8.000 |
| $PT$ (dB) (Tab. 10.11) | 30 | 36 | 37 | 40 | 46 | 54 | 57 | 59 |
| $\alpha_{\text{paredes}}$ (Tab. 10.3) | 0,03 | 0,03 | 0,03 | 0,04 | 0,04 | 0,04 | 0,04 | 0,03 |
| $\alpha_{\text{piso}}$ (Tab. 10.3) | 0,01 | 0,01 | 0,01 | 0,01 | 0,02 | 0,02 | 0,02 | 0,01 |
| $A_{\text{cabine}}$ (m² – Sabine) | 0,99 | 0,99 | 0,99 | 1,30 | 1,36 | 1,36 | 1,36 | 0,99 |
| $S_E$ (m²) | 31 | 31 | 31 | 31 | 31 | 31 | 31 | 31 |
| $C = 10 \log \left[ \dfrac{S_E}{A_{\text{cabine}}} \right]$ (dB) | 15 | 15 | 15 | 14 | 14 | 14 | 14 | 15 |
| $IL_{\text{cabine}} \cong PT - C$ (dB) | 15 | 21 | 22 | 26 | 32 | 40 | 43 | 44 |

## 11.2 – Controle do ruído na trajetória de transmissão    331

---

### Exemplo 11.3

Suponha que seja necessária uma abertura de 0,5 m² para ventilar a cabine do Ex. 11.2. Qual a perda na transmissão do silenciador a ser instalado na abertura de ventilação, sabendo que a perda na inserção da cabine na banda de oitava de 250 Hz não deve ser inferior a 20 dB?

• Admitir que $A_{\text{cabine}}$, em 250 Hz , não é alterado pela pequena área da abertura; então, da Eq. (11.11), temos que $PT = IL_{\text{cabine}} + C$. Inserindo nessa equação os valores de $IL_{\text{cabine}}$ requerido em 250 Hz e de $C$ em 250 Hz da Tab. Ex. 11.2, obtém-se, para a perda na transmissão da cabine composta: $PT_c = 20 + 15 = 35$ dB.

• O coeficiente de transmissão da abertura de ventilação ($\tau_V$) será obtido por meio da Eq. (10.49); ou seja:

$$\tau_V = \frac{\tau_c S_E - \tau_{\text{paredes}}(S_E - S_V)}{S_V},$$

em que: $\tau_c = 10^{-PT_c/10} = 10^{-35/10} = 0,0003$, $\tau_{\text{paredes}} = 10^{-37/10} = 0,0002$, $S_E = 31$ m², e $S_V = 0,5$ m²;

$$\tau_V = \frac{0,0003 \times 31 - 0,0002 \times (31 - 0,5)}{0,5} = 0,0064.$$

• A perda na transmissão do silenciador ($PT_s$) deverá ser de:

$$PT_s = 10 \ \log \frac{1}{\tau_V} = 10 \ \log \ \frac{1}{0,0064} \cong 22 \text{ dB em 250 Hz.}$$

---

### JANELAS DE INSPEÇÃO EM CLAUSURAS

Janelas de inspeção em clausuras são geralmente de vidro duplo. Ocorre que, em baixas frequências, janelas de vidro duplo poderão não apresentar ganhos em relação ao vidro simples, devido às ressonâncias causadas pela interação da massa dos vidros com a rigidez da camada de ar retido entre eles. A mais baixa frequência de ressonância em que ocorre comprometimento da isolação sonora é dada aproximadamente pela Eq. (10.41).

Uma verificação da Eq. (10.41) revela que a espessura dos vidros e a separação entre eles devem ser escolhidas de tal forma que $f_0$ fique bem abaixo da faixa de frequências onde se requer perda na inserção significativa para a clausura. Por exemplo, vidros com espessura de 6 mm, separados por 150 mm, fornecem $f_0 = 78$ Hz. Nesse caso, não se deve esperar uma boa perda na transmissão da janela em frequências abaixo de $1,15 f_0$, ou 90 Hz.

Nas baixas frequências, onde ocorrem as ressonâncias, pode-se melhorar a perda na transmissão das janelas com vidro duplo pela inserção de material absorvente poroso, na região onde os caixilhos dos vidros se encaixam na clausura.

### FRESTAS EM CLAUSURAS

A presença de frestas pode reduzir significativamente a eficácia da clausura. As frestas geralmente aparecem ao redor de painéis removíveis ou nas regiões de entrada das instalações de serviço. O efeito das frestas ao redor de portas ou da base da clausura pode ser estimado com auxílio da Fig. 11.13, que fornece o coeficiente de transmissão em função da frequência, para algumas larguras de frestas longas e estreitas. Observar que, se uma fresta for formada na intersecção de duas superfícies planas e normais entre si, a sua largura efetiva deve ser duplicada (devido à reflexão – por exemplo, fresta da porta com o piso) antes de se usar a Fig. 11.13. Uma vez determinado o coeficiente de transmissão da fresta para determinada frequência, utilizar o procedimento apresentado no Cap. 10 (Sec. "Perda na transmissão de partições compostas"), para estimativa do coeficiente de transmissão do painel ou parede da clausura.

A importância de pequenas frestas é ilustrada com base nas Figs. 10.44 e 11.13. Por exemplo, considere-se uma porta com uma fresta de 20 mm com o piso, que resulta tipicamente numa razão de áreas $S_1/S_2$ de 0,01, sendo $S_1$ a área da fresta e $S_2$ a área da porta. Para essa fresta, que apresenta uma largura efetiva de 40 mm (2 × 20 mm), a Fig. 11.13 indica que $PT$ é praticamente nula para frequências abaixo de 500 Hz. Por sua vez, a Fig. 10.44 informa que o valor de $PT$ mais elevado que poderá ser obtido nessas condições é de 20 dB.

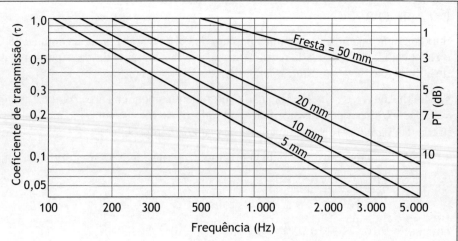

**Figura 11.13** Coeficiente de transmissão e perda na transmissão, em função da frequência de frestas longas e estreitas. Fonte: [2] Bies e Hansen.

### Exemplo 11.4

Estimar a perda na transmissão, em 1.200 Hz, de uma porta sólida de 2,10 x 0,90 m, que forma uma fresta de 12,5 mm com o piso. A porta apresenta uma perda na transmissão de 30 dB.

Da Fig. 11.13, a fresta, com largura efetiva de 25 mm (2 × 12,5 mm), apresenta coeficiente de transmissão em torno de 0,3 em 1.200 Hz. A porta apresenta coeficiente de transmissão dado por $\tau_{porta} = 10^{-PTporta/10} = 0,001$. O coeficiente de transmissão da porta com fresta com o piso será dado pela Eq. (10.49); ou seja:

$$\tau_c = \frac{\tau_{porta}S_{porta} + \tau_{fresta}S_{fresta}}{S_{porta} + S_{fresta}} = \frac{0,001(2,10 \times 0,90) + 0,3(0,90 \times 0,0125)}{(2,10 \times 0,90) + (0,90 \times 0,0125)} = 0,00277.$$

Observar, nessa equação, que a largura da fresta não é duplicada quando do cálculo de sua área; somente para obtenção do coeficiente de transmissão a partir da Fig. 11.13.

A perda na transmissão da porta com fresta com o piso será então de 10 log (1/0,00277) = 25,6 dB.

## ACESSO E VENTILAÇÃO DE CLAUSURAS

A maioria das clausuras requer algum tipo de ventilação, bem como acesso para entrada e saída de materiais. Essas aberturas, necessárias e permanentes, devem ser tratadas com algum tipo de silenciador para evitar comprometimento no desempenho da clausura. Num bom projeto, o desempenho acústico dos silenciadores nas aberturas de acesso deve ser similar ao das paredes da clausura. Mais adiante, neste capítulo, apresentaremos técnicas de controle da propagação sonora em dutos que podem ser utilizadas no projeto de silenciadores de clausuras.

Quando é necessário ventilar a clausura para remoção de calor, e quando a carga térmica não é muito grande, normalmente é suficiente uma ventilação natural por entradas de ar silenciadas, próximas ao piso, e saídas silenciadas, em posições mais elevadas.

Havendo necessidade de ventilação forçada, a fim de evitar superaquecimento no interior da clausura, pode-se obter uma estimativa da vazão de ar necessária por meio da fórmula

$$Q = \frac{H}{\rho C_p \Delta T}, \quad (11.12)$$

sendo $Q$ a vazão de ar necessária (m³/s); $H$ a taxa de geração de calor (em W); $\Delta T$ a diferença (em °C) entre a máxima temperatura admissível no interior da clausura e a temperatura no ambiente externo; $\rho$ a densidade do ar (em torno de 1,2 kg/m³); e $C_p$ o calor específico do ar (em torno de 1.010 m²/s² °C).

O silenciador deverá ser instalado externamente ao ventilador, na abertura de ventilação forçada, de tal forma que o ruído por ele gerado seja também atenuado pelo silenciador. Quando há necessidade de grande vazão de ar, o ruído do ventilador deve ser levado em consideração com muito critério, uma vez que essa fonte de ruído frequentemente é motivo de reclamações. Já que o ruído de ventiladores é proporcional à quinta potência da velocidade da extremidade das pás, ventiladores grandes operando a baixas rotações são preferíveis aos pequenos de alta rotação.

## ISOLAÇÃO DE VIBRAÇÕES DA CLAUSURA

Devem-se evitar conexões rígidas entre a máquina e sua clausura. Sempre que possível, procurar inserir trechos flexíveis nas tubulações e dutos de serviço que atravessam as paredes da clausura; ou, alternativamente, os orifícios de passagem devem ter a folga entre o duto e a parede preenchida com lã mineral, contida entre placas seladas com massa vedadora (mastic).

É sempre aconselhável montar-se a máquina sobre isoladores de vibração (cuja escolha será discutida mais adiante), particularmente quando há problemas com ruídos de baixa frequência. Isoladores de vibração reduzem a energia vibratória transmitida para o piso. Quando a máquina é fixada diretamente ao piso, a clausura e a região do piso próxima a ela são excitadas mecanicamente, passando a agir como novas fontes de ruído.

Certas máquinas não podem ser montadas sobre isoladores de vibração. Nesses casos, evita-se a excitação da clausura instalando-a – ela sim – sobre os isoladores de vibração. É preciso escolher adequadamente os isoladores de vibração, a fim de se assegurar a estabilidade da máquina e também que sua operação não será adversamente afetada.

## RESSONÂNCIAS DA CLAUSURA

São dois os tipos de ressonâncias em clausuras a considerar. O primeiro tem a ver com a ressonância dos painéis da clausura, e o segundo com a ressonância do volume de ar entre a máquina e a clausura. Nessas frequências de ressonância, a perda na inserção da clausura será bastante reduzida em relação àquela estimada não se levando em consideração esses efeitos.

A menor frequência de ressonância dos painéis provoca uma queda considerável da perda na inserção da clausura. Assim, deve-se projetar a clausura de tal forma que as frequências de ressonância de seus painéis não caiam na faixa de frequências onde se requer atenuação mais significativa. Normalmente, as frequências de ressonância mais preocupantes são as de mais baixa ordem (as primeiras). Os painéis devem ser escolhidos de tal forma que essas frequências de ressonância estejam abaixo ou acima da faixa de frequências em que requer atenuação mais significativa. Adicionalmente, os painéis devem ser bem amortecidos.

Quando a máquina enclausurada irradia predominantemente ruído de alta frequência, devem ser utilizados painéis com frequências de ressonância baixas, o que se traduz em painéis com grande massa (ver Eq. 10.30). Se, por outro lado, a máquina irradia predominantemente ruído de baixa frequência, então é desejável empregar painéis com frequências de ressonância elevadas, o que se traduz por painéis rígidos de pouca massa. A metodologia apresentada no Cap. 10 (na Sec. "Estimativa teórica da perda na transmissão sonora") poderá ser utilizada na estimativa das frequências de ressonância e da perda na transmissão dos painéis da clausura.

As frequências de ressonância dos painéis poderão ser aumentadas por sua fixação em longarinas, porém o ganho que se obtém é normalmente limitado. Clausuras rígidas com frequências de ressonância elevadas podem ser construídas com painéis de materiais que apresentem elevados valores na razão entre módulo de elasticidade e densidade ($E/\rho$). Já clausuras com ressonâncias em frequências baixas são construídas com painéis pesados, com baixos valores $E/\rho$. Na prática, o projeto rígido se restringe às clausuras pequenas.

Em clausuras justas, ocorre degradação de desempenho devido a um outro efeito de ressonância. Nas frequências em que a distância média entre a superfície vibrante da máquina e as paredes da clausura é igual a um múltiplo inteiro de meio comprimento de onda, ocorrerá um forte acoplamento acústico entre essas superfícies, o que resultará em degradação do desempenho da clausura.

Ao se enclausurar uma máquina, haverá aumento significativo da energia sonora refletida internamente, o que tende a degradar o desempenho da clausura, a menos que se lance mão de tratamento fonoabsorvente. O efeito de um tratamento fonoabsorvente inadequado da clausura pode ser facilmente constatado no Quadro 11.1, que apresenta a redução da perda na inserção de clausuras em função da porcentagem de área interna revestida com material fonoabsorvente.

Resultados mais positivos são alcançados quando se revestem as superfícies internas da clausura com lã mineral ou de vidro, ou mesmo com espuma de poliuretano. Uma vez que os coeficientes de absorção sonora de materiais fonoabsorventes são mais elevados nas altas frequências, em consequência disso, as altas frequências do ruído da máquina sofrerão as maiores atenuações. Alguma melhoria na atenuação do ruído de baixa frequência

| Quadro 11.1 Reduções da perda na inserção de clausuras em função da porcentagem de área interna revestida com material fonoabsorvente | | | | | |
|---|---|---|---|---|---|
| Área interna revestida (%) | 10 | 20 | 30 | 50 | 70 |
| Redução da perda na inserção (dB) | −10 | −7 | −5 | −3 | −1,5 |

pode ser conseguida com emprego de materiais fonoabsorventes mais densos e espessos. Deve-se, no entanto, proteger o material de revestimento contra contaminações por água e óleo, conforme discutido no Cap.10 (Sec. "Dispositivos especializados de absorção sonora"), a fim de evitar a degradação de suas propriedades acústicas.

## CLAUSURAS JUSTAS

O custo da clausura é proporcional ao seu tamanho. Portanto, existe um incentivo econômico para se construírem clausuras com as menores dimensões possíveis. Assim, é comum projetar-se a clausura com as paredes próximas da máquina, algo em torno de 0,5 m de distância das principais superfícies desta.

Quando a clausura é justa, a Eq. (10.30) subestima as frequências de ressonância dos painéis; de fato, as frequências de ressonância se elevarão devido ao acréscimo da rigidez do painel pelo volume de ar enclausurado. Dessa forma, uma clausura projetada com baixas frequências de ressonância poderá não atender às expectativas quando as paredes estiverem muito próximas da máquina.

Alguns modos de ressonância dos painéis serão bons radiadores de ruído, ao passo que outros nem tanto. Nas ressonâncias eficientemente irradiadas, a perda na inserção da clausura será reduzida. A magnitude de redução da perda na inserção poderá ser controlada até certo ponto pelo aumento do amortecimento mecânico das paredes. Assim, quando ruído de baixa frequência (abaixo de 200 Hz) precisa ser atenuado, a clausura justa deve ser rígida e bem amortecida. Por outro lado, quando é ruído de alta frequência que será atenuado, então a clausura justa deve ser pesada e altamente absorvente internamente, e não rígida. A duplicação do volume de uma clausura pequena normalmente implica num aumento de 3 dB na perda na inserção nas baixas frequências. Dessa forma, portanto, não será desejável uma clausura justa envolvendo uma máquina vibrante, quando for possível – e não muito caro – uma clausura de volume maior.

Geralmente, quando se deixa espaço interno suficiente para manutenção da máquina em todos os lados, a clausura não é considerada como justa. Já quando esse espaço não está disponível, torna-se necessário aumentar a perda na transmissão das paredes da clausura em até 10 dB nas baixas frequências (menos nas altas frequências), a fim de compensar a degradação esperada de desempenho devido às ressonâncias.

## ENCLAUSURAMENTOS PARCIAIS

Em muitas situações, quando for necessário o fácil e freqüente acesso aos componentes da máquina, não será possível utilizar um enclausuramento total, deve-se considerar então um enclausuramento parcial. Ocorre que é difícil estimar-se a perda na inserção esperada de clausuras parciais em locais específicos, pois há uma forte dependência da geometria da clausura sob consideração. A Fig. 11.14 apresenta estimativas de atenuação da potência sonora irradiada em função da razão de área coberta sobre a área hipotética de uma clausura total, tendo-se a perda na transmissão das paredes da clausura como parâmetro.

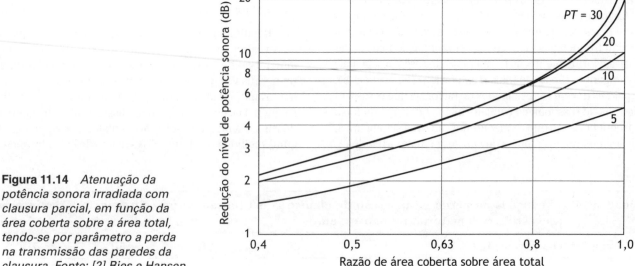

**Figura 11.14** *Atenuação da potência sonora irradiada com clausura parcial, em função da área coberta sobre a área total, tendo-se por parâmetro a perda na transmissão das paredes da clausura. Fonte: [2] Bies e Hansen.*

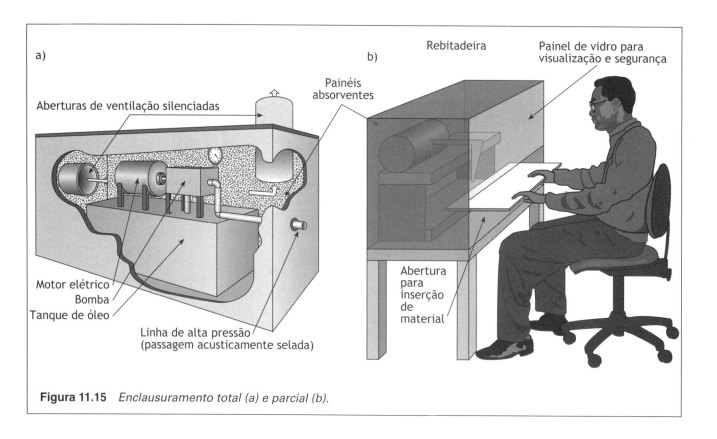

**Figura 11.15** *Enclausuramento total (a) e parcial (b).*

A Fig. 11.14 mostra claramente que a perda na transmissão das paredes deve ser da ordem de 20 dB, para uma redução do nível de potência sonora irradiada máxima de 10 dB, no caso de uma clausura total; e em torno de 3 dB, apenas, para uma clausura parcial com metade da área. No entanto, os níveis sonoros em determinados locais poderão sofrer uma maior redução, particularmente em regiões protegidas pelas partes sólidas da clausura parcial.

## BIOMBOS ACÚSTICOS

No Cap. 9 (Sec. 9.5) foi apresentado o método de cálculo de barreiras ao ar-livre. Ao ar-livre, a contribuição do som difratado pela barreira é muito mais significativa do que a contribuição dos sons refletidos, a menos que eventuais superfícies próximas propiciem uma trajetória clara e não obstruída para os raios sonoros que a partir da fonte, ao incidirem nessas superfícies, atinjam o receptor, numa espécie de "curto-circuito" acústico da barreira. Consideraremos aqui a situação em que se coloca uma barreira em um recinto fechado, no qual o som refletido pelas diversas superfícies do recinto não pode mais ser ignorado. Em recintos fechados, a barreira é denominada *biombo acústico*.

A estimativa da perda na inserção de biombos acústicos pressupõe as hipóteses que seguem.

- A perda na transmissão do material do biombo é suficientemente grande e, portanto, ignora-se a contribuição do som que se transmite através do biombo.
- A potência sonora irradiada pela fonte não é afetada pela presença do biombo.
- O receptor está na zona de sombra do biombo; ou seja, a linha de visão é obstruída pelo biombo.
- Não se consideram as interferências das ondas difratadas nas arestas laterais e de topo do biombo com as ondas refletidas. Essa hipótese implica em análise em bandas de frequência (por exemplo, bandas de oitava).

A perda na inserção do biombo pode ser estimada pela expressão

$$IL = 10 \log \left( \frac{Q_\theta}{4\pi r^2} + \frac{4}{A_{\text{recinto}}} \right) - \\ -10 \log \left( \frac{Q_\theta F}{4\pi r^2} + \frac{4K_1 K_2}{S(1-K_1 K_2)} \right), \quad (11.13)$$

em que $Q_\theta$ é o fator de diretividade da fonte na direção do receptor; $r$ a distância fonte-receptor na ausência do biombo; $A_{\text{recinto}}$ a absorção sonora total do recinto antes da inserção do biombo; $S$ a área aberta entre o perímetro do biombo e as paredes e teto do recinto; e $F$ é o coeficiente de difração, obtido por meio da expressão

$$F = \sum_i \frac{1}{3+10N_i},\quad (11.14)$$

sendo $N_i$ o número de Fresnel para a difração na $i$-ésima aresta do biombo (dado pela expressão que consta como eixo horizontal na Fig. 9.7); $K_1$ e $K_2$ são adimensionais, dados por

$$K_1 = \frac{S}{S+S_1\bar{\alpha}_1};\quad K_2 = \frac{S}{S+S_2\bar{\alpha}_2}\quad [11.15(a, b)]$$

$S_1$ e $S_2$ são as áreas totais das superfícies do recinto dos lados 1 e 2 do biombo, respectivamente; isto é, $S_1 + S_2 =$ área do recinto + área dos dois lados do biombo. Aqui, $\bar{\alpha}_1$ e $\bar{\alpha}_2$ são os coeficientes de absorção sonora médios associados às áreas $S_1$ e $S_2$, respectivamente.

Quando da presença de vários biombos em um escritório panorâmico, trabalhos experimentais (West e Parkin citado por [2] Bies e Hansen, com biombos de 1,52 m de altura por 1,37 m de largura) demonstram ser verdadeiras, em amplo sentido, as seguintes afirmações.

1. Não há diferença na perda na inserção quando da presença de uma fresta de 300 mm entre a base do biombo e o piso.
2. Quando um certo número de biombos interrompe a linha de visão, uma atenuação adicional de até 8 dB poderá ocorrer, em relação àquela proporcionada por um único biombo.
3. Um número grande de biombos remove as reflexões das paredes e, portanto, aumenta a atenuação sonora com a distância da fonte.
4. Para um receptor imediatamente atrás do biombo, o efeito da sombra local resulta numa maior atenuação, mesmo para uma fonte bastante afastada. Esse efeito é cumulativo com o 2, acima.

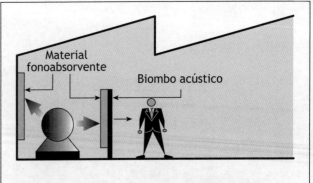

**Figura 11.16** *Esquema da montagem de um biombo acústico.*

5. Para biombos distanciados até 1 m da fonte, o tratamento acústico do piso não tem qualquer efeito na atenuação.
6. Uma melhoria máxima de até 4-7 dB, à medida que a frequência aumenta de 250 Hz a 2 kHz, poderá ser obtida tratando-se acusticamente o teto. Contudo, na maioria dos casos, esse aumento de atenuação somente ocorre nas frequências mais altas.
7. O efeito do mobiliário é aditivo; ou seja, atenuações medidas sob duas situações distintas de mobiliário são aditivas quando as duas condições de mobiliário coexistem.

## REVESTIMENTO DE DUTOS E TUBULAÇÕES

A radiação sonora de tubulações e dutos de ventilação e ar-condicionado é uma fonte de ruído muito comum. As paredes de tubulações e dutos são excitadas pelo escoa-

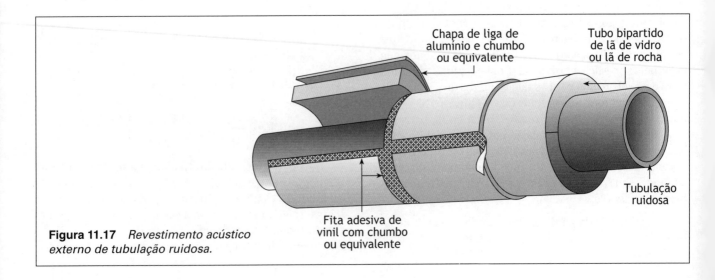

**Figura 11.17** *Revestimento acústico externo de tubulação ruidosa.*

mento perturbado por singularidades (curvas, cotovelos, variações de seção transversal, ramificações etc.), válvulas e outros dispositivos de controle, com consequente radiação sonora. Para minimizar esta radiação, um tipo especial de enclausuramento utilizado é aquele em que a fonte de ruído (duto/tubulação) é literalmente revestida pela clausura. Em dutos de ventilação e ar-condicionado, a solução mais eficaz é o revestimento interno do duto com material fonoabsorvente; já em tubulações, o revestimento acústico externo é normalmente utilizado (Fig. 11.17).

A Fig. 11.18 apresenta a perda na inserção medida para o revestimento acústico externo da Fig. 11.17. Na prática, porém, verifica-se que, para frequências abaixo de 300 Hz, a perda na inserção resultante desse tipo de tratamento não é significativa, podendo ser até negativa. De fato, nessa faixa de frequências, a radiação sonora dos modos de flexão e ovalados da tubulação não é neutralizada pelo revestimento, sendo que, como o revestimento aumenta a área de radiação, na realidade, poderá ocorrer um aumento dos níveis sonoros abaixo dos 300 Hz após o tratamento.

Verifica-se que material poroso do tipo espuma de poliuretano dá melhores resultados que a lã de vidro ou de rocha, devido à sua maior moldabilidade. Recomenda-se, no entanto, utilizar, sempre que disponíveis, os dados do fabricante.

## SILENCIADORES

Silenciadores são projetados para atenuar e/ou absorver a energia sonora que se propaga em escoamentos de fluidos. Aplicações típicas incluem sistemas de condicionamento de ar, unidades de admissão e de exaustão de gases, bombas, compressores etc. Apesar do grande número de configurações e de denominações, os silenciadores podem ser classificados em três categorias fundamentais: *reativo* (ou *reflexivo*), *resistivo* (ou *dissipativo*), e combinado *reativo/resistivo*.

## SILENCIADOR REATIVO

Consiste de segmentos de tubulações que se interconectam como um certo número de câmaras maiores. Os elementos básicos tipicamente utilizados no projeto de silenciadores reativos incluem câmaras de expansão, ressonadores em ramificações e tubos perfurados. O mecanismo de atenuação sonora do silenciador reativo se deve às descontinuidades de sua geometria interna, que geram descasamentos de impedâncias para as ondas sonoras que se propagam no interior do sistema. O descasamento de impedâncias resulta na reflexão das ondas sonoras no duto principal, entre o silenciador e a fonte,

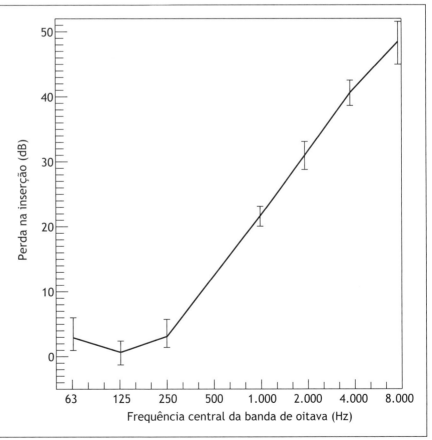

**Figura 11.18** *Perda na inserção, em bandas de oitava, do revestimento esquematizado na Fig. 11.17, com tubo de lã de vidro (50 mm de espessura e densidade de 70-90 kg/m³), revestido com chapa de liga de alumínio e chumbo (densidade superficial de 6 kg/m²). Na curva traçada, os traços verticais representam as variações dos valores medidos em tubulações de três diâmetros (75 mm, 150 mm e 360 mm). Fonte: [2] Bies e Hansen.*

e entre as câmaras que compõem o silenciador. Nesse processo, a energia sonora é dissipada devido às múltiplas reflexões, e pela absorção na própria fonte.

Nas baixas frequências, o silenciador reativo é mais eficaz do que o resistivo, enquanto este é geralmente mais eficaz nas altas frequências. Silenciadores reativos são também indicados quando não é possível utilizar silenciadores resistivos; por exemplo, em sistemas de exaustão de gases agressivos e quentes, nos quais o material absorvente pode sofrer desintegração. A aplicação típica de silenciadores reativos é, portanto, na exaustão de motores de combustão interna. São também utilizados em sistemas que geram tons puros, sendo sintonizados para atenuarem em frequências específicas. Nesses casos, haverá frequências nas quais não ocorrerá qualquer atenuação dos níveis sonoros. A Fig. 11.19 ilustra um silenciador reativo de motor de combustão interna, composto por duas câmaras de diferentes volumes, interconectadas por meio de um tubo.

### Câmara de expansão

Conforme ilustra a Fig. 11.20, trata-se de um tipo de silenciador reativo muito comum, que faz uso de uma simples câmara de seção transversal maior que a dos dutos a ela conectados.

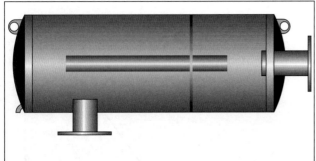

**Figura 11.19** *Silenciador reativo para motores de combustão interna.*

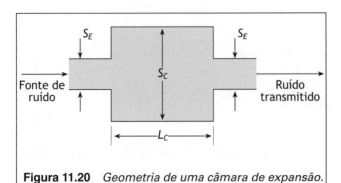

**Figura 11.20** *Geometria de uma câmara de expansão.*

Recomendam-se as câmaras de expansão para aplicações que requerem atenuação em frequências discretas, não sendo recomendadas para atenuação de ruído de banda larga. O comprimento da câmara é escolhido de tal forma que as ondas sonoras refletidas cancelem as incidentes. As câmaras de expansão podem ser usadas em sistemas de exaustão e de suprimento de ar, ou na linha de sucção de compressores.

Define-se a perda na transmissão da câmara de expansão através da diferença entre os níveis da potência sonora incidente e transmitida, podendo ser estimada por meio de

$$PT = 10\,\log\left[1 + \frac{1}{4}\left(m - \frac{1}{m}\right)^2 \operatorname{sen}^2 \frac{2\pi L_C}{\lambda}\right]\,\text{dB},$$

(11.16)

sendo $m = S_C/S_E$ a razão de áreas, e $\lambda$ o comprimento de onda.

A Eq. (11.16) é válida para câmaras com diâmetros de seção transversal menores que o comprimento de onda na frequência de interesse. Observe-se que, quando o comprimento da câmara ($L_C$) é igual a $\lambda/2$, $3\lambda/2$, ... etc., a perda na transmissão é igual a zero.

A Fig. 11.21 apresenta, teoricamente [com base na Eq. (11.16)] e experimentalmente, o efeito do comprimento da câmara [Fig. 11.21(a)] e o efeito da inclinação das paredes da câmara [Fig.11.21(b)] na perda na transmissão. A Fig. 11.21(b) mostra que a inclinação das paredes da câmara não altera a previsão de $PT$ obtida por meio da Eq. (11.16).

As seguintes regras se aplicam ao projeto de câmaras de expansão.

- quanto maior a razão de áreas $m$, maior será $PT$;

- o comprimento da câmara ($L_C$) controla o número e a largura das faixas de frequência em que ocorrerá máxima atenuação;

- o aumento da velocidade do escoamento através do silenciador até 30 m/s tende a aumentar $PT$;

- devem-se evitar câmaras grandes, pois estas oferecem uma maior área de radiação sonora;

- para câmaras de chapa de aço, o valor de $PT$ máximo é da ordem de 40 dB (o valor de $PT$ tende a ser maior para câmaras de ferro fundido ou de outros materiais pesados);

- quando um certo número de frequências discretas deve ser atenuado, podem-se instalar diversas câmaras em série na mesma tubulação, cada uma sintonizada em determinada frequência (comprimento de onda).

Consultar a Referência [3] para estimativa da perda na transmissão de outros tipos de silenciadores reativos.

## 11.2 – Controle do ruído na trajetória de transmissão

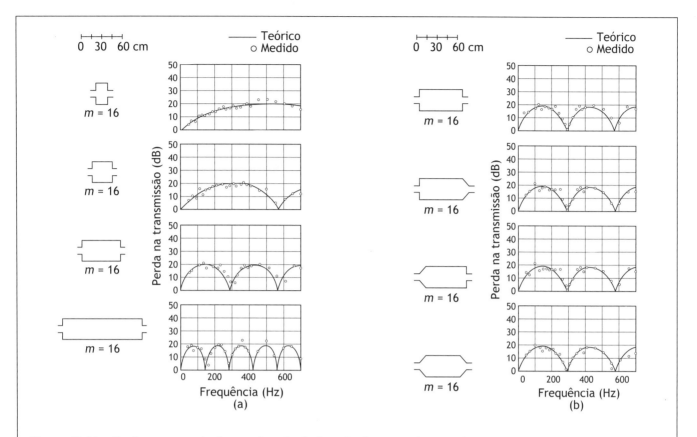

**Figura 11.21** *Perda na transmissão, em função da frequência, para câmaras de expansão com razão de áreas m =16. (a) Efeito do comprimento da câmara; (b) efeito da inclinação das paredes da câmara. Fonte: Davies et. al., citado por [3] Davis, Jr.*

**Exemplo 11.5**

Estimar a perda na transmissão de um silenciador com câmara de expansão (comprimento da câmara, $L_C = 0,25$ m; e diâmetro da câmara, $D_C = 0,20$ m), que deve estar sintonizado na frequência de 250 Hz, e que será inserido numa tubulação com diâmetro $D_E = 0,08$ m, por onde escoa ar à temperatura de 80 °C.

Como o ar escoa na tubulação a uma temperatura bem acima da temperatura ambiente, calcula-se primeiro a velocidade do som no ar à temperatura de 80 °C, o que é feito por meio da fórmula $c_{ar} = 20\sqrt{273 + T_{ar}}$, em que $T_{ar}$ é a temperatura do ar em graus centígrados. Assim $c_{ar} = 20\sqrt{273 + 80} = 376$ m/s. O comprimento de onda na frequência de interesse é: $\lambda = c_{ar}/f = 376/250 = 1,5$ m.

A razão de áreas $(m)$ é dada por $m = S_C/S_E = (D_C/D_E)^2 = (0,20/0,08)^2 = 6,25$.

E $PT$, na frequência de 250 Hz, será dada pela Eq. 11.16; ou seja:

$$PT = 10 \, \log \left[1 + \frac{1}{4}\left(m - \frac{1}{m}\right)^2 \, \text{sen}^2 \, \frac{2\pi L_C}{\lambda}\right] = 10 \, \log \left[1 + \frac{1}{4}\left(6,25 - \frac{1}{6,25}\right)^2 \, \text{sen}^2 \, \frac{2\pi \cdot 0,25}{1,5}\right] = 9,0 \text{ dB em 250 Hz.}$$

## SILENCIADOR RESISTIVO

O silenciador resistivo é essencialmente uma câmara revestida internamente com material absorvente poroso ou fibroso, e atenua o ruído pela conversão de energia sonora em calor, pelo atrito das partículas oscilantes do gás nos poros do material absorvente. O material absorvente é normalmente mantido no interior da câmara por meio de chapas metálicas perfuradas. Silenciadores resistivos são usados na saída e/ou entrada de ventiladores e exaustores, na admissão de ar de motores de combustão interna etc., para atenuação do ruído nas médias e altas frequências. A Fig. 11.22(a) ilustra uma instalação típica de silenciadores resistivos na entrada e na saída de um ventilador. Existem dificuldades inerentes aos silenciadores resistivos, que são a significativa queda de pressão e, dependendo da velocidade do escoamento, ruído autogerado. Deve-se sempre conhecer essas características do silenciador dissipativo que está sendo cogitado para certa aplicação. Silenciadores resistivos podem ser de seção transversal retangular (Fig. 11.22b) ou circular (Fig.11.22c). Os retangulares estão disponíveis em vários comprimentos e com diversas configurações de seção transversal, normalmente compostas de células de absorção retangulares. Geralmente, essas células são de chapa metálica perfurada preenchida internamente com material absorvente fibroso.

Silenciadores resistivos circulares acham-se disponíveis em vários diâmetros e em comprimentos que dependem do diâmetro. Todos os silenciadores circulares apresentam um corpo central semelhante ao ilustrado na Fig. 11.22(c). O corpo central é cilíndrico, com superfícies metálicas perfuradas, preenchido com material absorvente fibroso. A estrutura externa é geralmente de parede dupla, sendo a parede interna de chapa metálica perfurada e a externa de chapa sólida, com o espaço entre elas preenchido com material absorvente fibroso.

### Duto revestido

Trata-se do silenciador resistivo mais simples, e normalmente utilizado para atenuar a transmissão do ruído de ventiladores através de dutos de ventilação e de ar-condicionado. O material fonoabsorvente poderá ser colado nas paredes internas do duto, ou mantido preso a elas por fixadores especiais. Conforme ilustra a Fig. 11.23, o duto pode, inclusive, ser montado a partir de painéis fonoabsorventes rígidos de lã de vidro.

A perda na transmissão pode ser obtida pela fórmula empírica

$$PT = 1,05 \times \alpha^{1,4} \times L \times \frac{P}{S} \text{ dB}, \qquad (11.17)$$

sendo $\alpha$ o coeficiente de absorção sonora de Sabine do material de revestimento, $L$ o comprimento do duto (em m), $P$ o perímetro da seção transversal do duto (em m), e $S$ a área da seção transversal do duto (em m$^2$). A Eq. (11.17) fornece estimativas de atenuação com incerteza em torno de 10% e apresenta as seguintes restrições:

- velocidade do escoamento inferior a 20 m/s;
- razão largura/altura inferior a 2;
- para dutos de seção retangular, a menor dimensão da seção transversal deve estar entre 15 e 45 cm.

Pelo fato de o coeficiente de absorção sonora de materiais porosos/fibrosos ser mais significativo nas médias e altas frequências, dutos revestidos internamente tendem a oferecer razoável atenuação nessas faixas de frequência. Nas baixas frequências, o desempenho é normalmente insatisfatório, a menos que se utilizem revestimentos mais espessos.

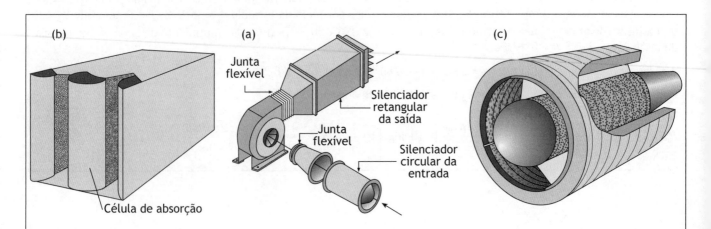

**Figura 11.22** *(a) Instalação típica de silenciadores resistivos na entrada e na saída de um ventilador. Silenciadores resistivos (b) retangular e (c) circular.*

**Figura 11.23**  *Duto de ventilação montado a partir de painéis fonoabsorventes rígidos, de lã de vidro, da Climaver.*

---

**Exemplo 11.6**

Estimar a perda na transmissão de um duto que tem seção transversal de 0,3 x 0,5 m e comprimento de 3 m, revestido internamente com material fonoabsorvente de 2,5 cm de espessura, e que apresenta coeficientes de absorção sonora em bandas de oitava conforme consta da Tab. Ex. 11.6.

**Figura Exemplo 11.6**  *Duto revestido internamente.*

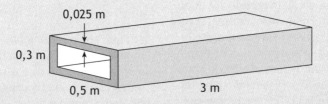

$P = 2 \times (0,25 + 0,45) = 1,4$ m.
$S = 0,25 \times 0,45 = 0,1125$ m².

A perda na transmissão do duto será dada pela Eq. (11.17); ou seja:

$$PT = 1,05 \times \alpha^{1,4} \times L \times \frac{P}{S} = 1,05 \times \alpha^{1,4} \times 3 \times \frac{1,4}{0,1125} = 39,2 \times \alpha^{1,4}.$$

A Tab. Ex. 11.6 apresenta o cálculo da perda na transmissão em bandas de oitava do duto revestido internamente.

**Tabela Exemplo 11.6  Cálculo da PT de duto revestido internamente**

| $f$ (Hz) | 63 | 125 | 250 | 500 | 1.000 | 2.000 | 4.000 | 8.000 |
|---|---|---|---|---|---|---|---|---|
| $\alpha$ | 0,08 | 0,11 | 0,34 | 0,70 | 0,81 | 0,86 | 0,85 | 0,89 |
| $\alpha^{1,4}$ | 0,03 | 0,05 | 0,22 | 0,60 | 0,75 | 0,81 | 0,80 | 0,85 |
| $PT$, dB | 1,2 | 2,0 | 8,6 | 23,5 | 29,4 | 31,8 | 31,4 | 33,3 |

---

A Eq. (11.17) mostra que, além do comprimento $L$, a perda na transmissão de dutos revestidos é diretamente proporcional à razão $P/S$. Portanto, o uso de células de absorção (Fig. 11.24) aumenta a razão $P/S$, permitindo obter uma perda na transmissão maior que a de um duto revestido internamente de mesma seção transversal. Para uma dada perda na transmissão, o uso de células de absorção permite obter um silenciador mais compacto.

A Eq. (11.17) não se aplica a silenciadores com células de absorção, sendo a perda na transmissão desses silenciadores em geral obtida experimentalmente de acordo com métodos de ensaio normalizados. Recomenda-se sempre utilizar os dados do fabricante.

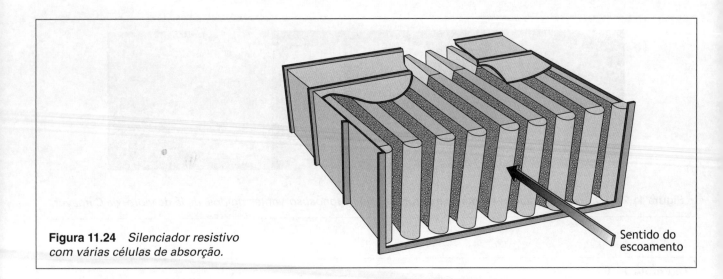

**Figura 11.24** *Silenciador resistivo com várias células de absorção.* Sentido do escoamento

## Câmara (plenum)

É utilizada quando se necessita de grandes atenuações. Conforme ilustra a Fig. 11.25, esse silenciador nada mais é do que uma câmara, em geral de grande volume, com as paredes revestidas internamente com material fonoabsorvente, conectada a dois dutos de menor seção transversal, localizados em lados opostos, e com eixos não alinhados a fim de minimizar a transmissão do som direto. O revestimento da câmara absorve grande parte da energia sonora devido às múltiplas reflexões no interior da câmara. Há ainda o efeito reativo típico de câmaras de expansão, o que contribui com atenuação adicional.

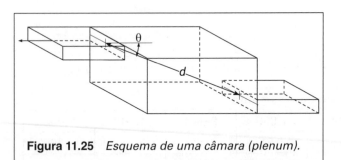

**Figura 11.25** *Esquema de uma câmara (plenum).*

A perda na transmissão da câmara pode ser estimada por meio de

$$PT = -10\ \log\left[S_S\left(\frac{\cos\theta}{2\pi d^2}+\frac{1-\alpha}{\alpha S_C}\right)\right] \text{dB}, \qquad (11.18)$$

em que $\alpha$ é o coeficiente de absorção sonora do revestimento interno, $S_S$ a área de saída da câmara (em m$^2$), $S_C$ a área interna da câmara (em m$^2$), $d$ a distância entre a entrada e a saída da câmara (em m), e $\theta$ o ângulo que $d$ faz com a normal da superfície de entrada, no sentido do interior da câmara.

Na Eq. (11.18), o primeiro termo se deve ao campo direto, e o segundo ao campo refletido, ambos projetados na saída da câmara. Para frequências suficientemente elevadas, tal que o comprimento de onda seja menor que as dimensões da câmara, a Eq. (11.18) estima a perda na transmissão com incerteza de poucos decibéis, quando as áreas de entrada e saída correspondem a uma "pequena" porcentagem dos respectivos lados da câmara. Nas frequências mais baixas, devido ao efeito reativo da câmara de expansão, o qual não é levado em conta na Eq. (11.18), a atenuação real tende a ser maior, podendo exceder o valor calculado em até 10 dB.

### Exemplo 11.7

Estimar a perda na transmissão, em 1 kHz, de uma câmara cúbica de 3 m de lado, com dutos de entrada e saída de seção quadrada (0,6 m de lado), montados no mesmo plano horizontal, sob duas condições: a) sem revestimento interno, sabendo-se que nessas condições o coeficiente de absorção sonora da chapa de aço em 1 kHz é igual a 0,03; b) revestida internamente com lã de rocha, com coeficiente de absorção sonora em 1 kHz igual a 0,6.

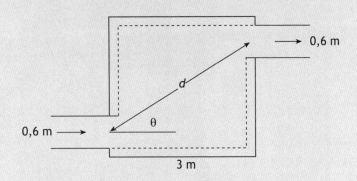

**Figura Exemplo 11.7** *Câmara (plenum).*

$S_S = 0,6 \times 0,6 = 0,36 \text{ m}^2$

$S_C = 6 \times (3 \times 3) - (2 \times 0,36) = 53,28 \text{ m}^2$

$d = \sqrt{3^2 + 2,4^2} = 3,84 \text{ m}$

$\theta = \tan^{-1}\left(\frac{2,4}{3}\right) = 38,7°$

- Para câmara em chapa de aço, $\alpha_{chapa} = 0,03$ (em 1 kHz):

$$PT_{\substack{câmara \\ chapa}} = -10 \log\left[S_S\left(\frac{\cos \theta}{2\pi d^2} + \frac{1-\alpha_{chapa}}{\alpha_{chapa}S_C}\right)\right] = -10 \log\left[0,36\left(\frac{\cos 38,7°}{2\pi(3,84)^2} + \frac{1-0,03}{0,03 \times 53,28}\right)\right] = 6,5 \text{ dB}.$$

- Para câmara revestida internamente com lã de rocha, $\alpha_{lã, rocha} = 0,6$ (em 1 kHz):

$$PT_{\substack{câmara \\ lã, rocha}} = -10 \log\left[S_S\left(\frac{\cos \theta}{2\pi d^2} + \frac{1-\alpha_{lã, rocha}}{\alpha_{lã, rocha}S_C}\right)\right] = -10 \log\left[0,36\left(\frac{\cos 38,7°}{2\pi(3,84)^2} + \frac{1-0,6}{0,6 \times 53,28}\right)\right] = 21,2 \text{ dB}.$$

### SILENCIADOR COMBINADO

Alguns silenciadores combinam tanto elementos reativos como resistivos, a fim de cobrir uma maior faixa de frequências de atenuação. Silenciadores combinados são largamente utilizados na redução do ruído de exaustão de motores de combustão interna.

A Fig. 11.27 apresenta curvas típicas de atenuação de silenciadores reativos, resistivos e combinados.

### ISOLAÇÃO DE VIBRAÇÕES

Muitas fontes de ruído encontradas na prática estão associadas a superfícies vibratórias. A vibração é um movimento oscilatório de um corpo ou superfície em torno de uma posição de equilíbrio, e que em diferentes graus se manifesta em todas as máquinas e equipamentos, desde simples aparelhos domésticos até grandes equipamentos industriais. Vibrações são geralmente indesejáveis, já que muitas vezes o resultado é o excesso de ruído, desgaste mecânico, fadiga estrutural com possibilidade de falha.

Conforme discutido, o ideal é evitar primeiro que as vibrações se manifestem, eliminando ou minimizando a fonte de geração de vibrações já na fase de projeto. Ocorre que, mesmo máquinas e equipamentos bem projetados, com baixos níveis de vibração durante o funcionamento, quando firmemente fixados nas estruturas de suporte, podem gerar níveis de ruído muitas vezes inaceitáveis.

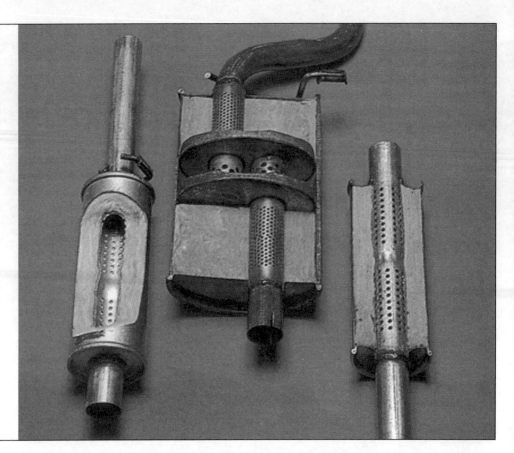

**Figura 11.26** Combinação de elementos reativos e resistivos em silenciadores automotivos.

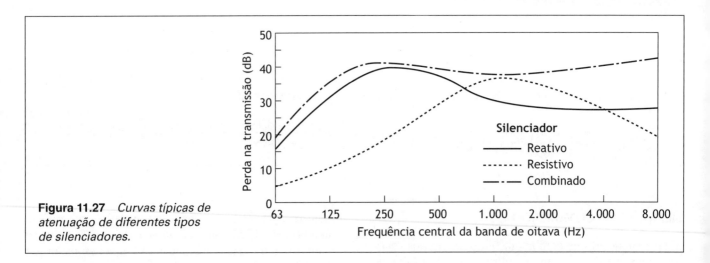

**Figura 11.27** Curvas típicas de atenuação de diferentes tipos de silenciadores.

Uma forma relativamente simples e eficaz de minimizar o problema é através da isolação de vibrações. A isolação de vibrações reduz a transmissão de forças vibratórias de uma estrutura para outra, podendo ser implementada pela inserção de elementos isoladores relativamente flexíveis entre as estruturas. Existem diversos tipos de isoladores de vibração, como molas, coxins de borracha, diversos elastômeros que trabalham sob compressão ou cisalhamento, cortiça, mantas fibrosas (feltro, lã de vidro, lã de rocha etc.). A isolação de vibrações é parte de um bom projeto de redução de ruído na trajetória de transmissão, devendo ser sempre considerada.

É importante selecionar corretamente o isolador de vibrações, já que a colocação de uma simples manta de borracha entre a máquina e sua base de apoio poderá não resolver satisfatoriamente o problema. Uma estimativa grosseira justifica a importância da seleção do isolador mais apropriado para determinada aplicação. Suponha-se que foi escolhido um isolador que reduza em 90% a

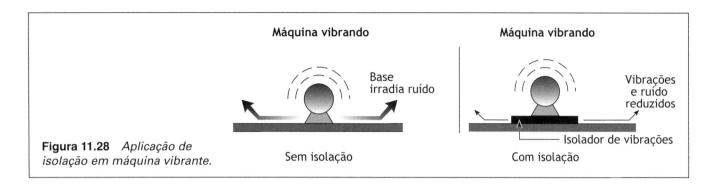

**Figura 11.28** *Aplicação de isolação em máquina vibrante.*

transmissão de vibrações para a base de apoio de determinada máquina, que é um valor elevado para o leigo, que imagina que lhe restou apenas 10% do problema. Visto pelo especialista, o nível de isolação será de 20 log (0,1) = – 20 dB. Ocorre que muitas vezes uma redução de 20 dB no ruído irradiado pode não ser suficiente. Em situações críticas, há necessidade de se isolar pelo menos 99% das vibrações, o que resulta numa atenuação de 20 log (0,01) = – 40 dB no nível de ruído irradiado. Conseguir que apenas 1% das vibrações se transmita para a base de apoio requer a criteriosa seleção do isolador de vibrações.

## SELEÇÃO DO ISOLADOR DE VIBRAÇÕES PARA SISTEMAS COM UM GRAU DE LIBERDADE

A fim de ganhar familiaridade com a técnica de isolação de vibrações, é útil entender o comportamento dinâmico dos chamados *sistemas com um grau de liberdade*, que se traduz em sistemas livres para vibrar numa única direção. Tal sistema encontra-se ilustrado na Fig. 11.29, que, apesar de sua aparente simplicidade, modela adequadamente um grande número de situações práticas. No sistema ilustrado, $m$ representa a massa da máquina vibrante, $k$ a rigidez do isolador de vibrações e $C$ a constante de amortecimento do isolador. A força excitadora da máquina em movimento vibratório é $F$, a força vibratória transmitida à base da máquina é $F_T$, e $x$ é o deslocamento da máquina em relação à posição de equilíbrio, durante o movimento vibratório. Supõem-se essas três últimas grandezas oscilatórias na frequência $f$.

Quando o isolador apresenta pouco amortecimento ($C \cong 0$), e a máquina é perturbada com um empurrão, ela oscilará na chamada *frequência natural* (ou *frequência de ressonância*) *não amortecida* ($f_0$), dada por

$$f_0 = \frac{1}{2\pi}\sqrt{\frac{k}{m}} \text{ Hz,} \qquad (11.19)$$

sendo $m$ em kg e $k$ em N/m.

Define-se razão de amortecimento ($\zeta$) por meio de $\zeta = C/C_C$, em que $C_C$ é o amortecimento crítico dado por $C_C = 2\sqrt{k \cdot m}$ (em kg/s). O amortecimento crítico é a quantidade mínima de amortecimento que faz com que o sistema não oscile.

Na presença de amortecimento, quando a máquina for perturbada por um empurrão, ela oscilará na *frequência natural* (ou *frequência de ressonância*) *amortecida* ($f_d$), que é dada por

$$f_d = f_0\sqrt{1-\zeta^2} \text{ Hz.} \qquad (11.20)$$

Observar que, na Eq. (11.20), quando $\zeta < 1$ (amortecimento inferior ao crítico), $f_d$ é real, e o sistema oscila na frequência $f_d$; porém, quando $\zeta > 1$ (amortecimento superior ao crítico), $f_d$ é imaginária, significando que o sistema não oscilará quando empurrado – o sistema é deslocado de sua posição de equilíbrio, retornando a essa posição sem oscilar.

Durante o movimento oscilatório da máquina, sua base de apoio ficará sujeita à força oscilatória, $F_T$. Define-se *transmissibilidade da força* (TF) como a razão entre a

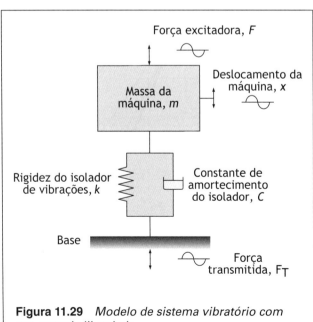

**Figura 11.29** *Modelo de sistema vibratório com um grau de liberdade.*

força transmitida à base e a força que excita a máquina em movimento vibratório ($TF = F_T/F$), que é dada por

$$TF = \sqrt{\frac{1+(2\zeta X)^2}{(1-X^2)^2+(2\zeta X)^2}}, \quad (11.21)$$

sendo $X = f/f_0$ e $f$ a frequência de oscilação da máquina. A oscilação da máquina se deve normalmente a desbalanceamentos de componentes rotativos que excitam a máquina na frequência $f = N/60$, em que $N$ é a rotação da máquina (em rpm).

A transmissibilidade da força ($TF$) em função de $X$, tendo a razão de amortecimento ($\zeta$) como parâmetro, encontra-se plotada na Fig. 11.30.

Nessa figura, estão indicadas três regiões: a região controlada pela rigidez, a região controlada pelo amortecimento e a região controlada pela massa. Quando a frequência de ressonância da montagem ($f_0$) está próxima da frequência de oscilação da máquina ($f$), então $X \approx 1$ e, sendo $\zeta$ pequeno, a Eq. (11.21) fornece

$$TF \cong \frac{1}{2\zeta} > 1 \text{ para } X \approx 1 \text{ e } \zeta \text{ pequeno.} \quad (11.22)$$

Conforme indicam a Eq. (11.22) e a Fig. 11.30, na região próxima a $X = 1$, o aumento do amortecimento reduz a força transmitida, sendo essa região, por essa razão, denominada *região controlada pelo amortecimento*.

Quando a frequência de ressonância da montagem ($f_0$) é muito maior que a frequência de excitação da máquina ($f$), então $X \to 0$, sendo que a Eq. (11.21) fornece

$$TF \cong 1 \text{ para } X \to 0. \quad (11.23)$$

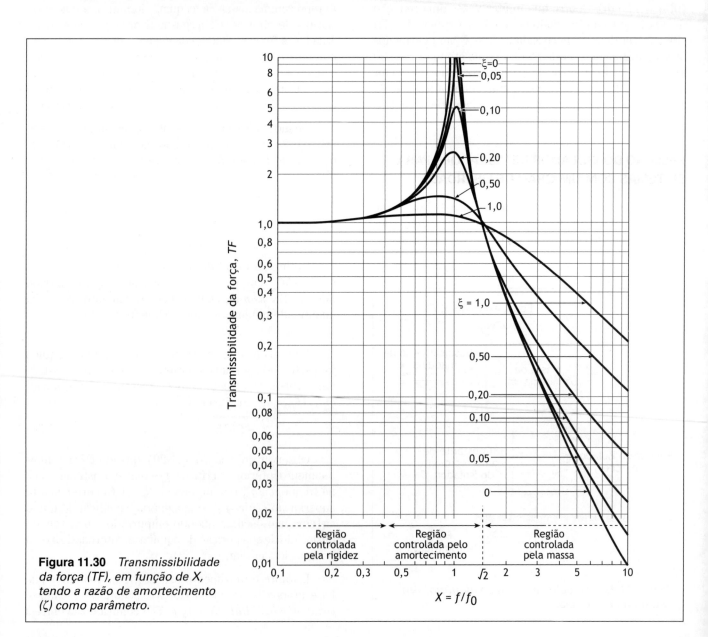

**Figura 11.30** Transmissibilidade da força (TF), em função de X, tendo a razão de amortecimento ($\zeta$) como parâmetro.

## 11.2 – Controle do ruído na trajetória de transmissão

**QUADRO 11.2  Razões de amortecimento típicas de isoladores de vibração**

| Material | | Razão de amortecimento ($\zeta$) | *TF* máxima |
|---|---|---|---|
| Molas de aço | | 0,005 | 100,0 |
| Elastômeros | Borracha natural | 0,05 | 10,0 |
| | Neoprene | 0,05 | 10,0 |
| | À base de silicone | 0,15 | 3,5 |
| | Para baixas temperaturas | 0,12 | 4,3 |
| Molas com amortecimento de atrito | | 0,33 | 1,5 |
| Palhas de aço | | 0,12 | 4,3 |
| Feltro ou cortiça | | 0,06 | 8,0 |
| Isoladores pneumáticos | | Variável, dependendo do tipo de orifícios e reservatórios de acumulação. | 100,0 |

Conforme indica a Eq. (11.23) e a Fig. 11.30, à medida que $X$ tende a zero, a força transmitida para a base da máquina é aproximadamente igual à força que excita a máquina em movimento vibratório. Como a força transmitida à base da máquina é proporcional à rigidez do isolador (considera-se ausente o amortecimento), essa região é denominada *região controlada pela rigidez*. Pode-se mostrar que, quando a frequência de ressonância da montagem ($f_0$) é muito menor que a frequência de excitação da máquina ($f$), o movimento vibratório é controlado pela massa do sistema, sendo a região onde $X \gg 1$ denominada *região controlada pela massa*.

A Fig. 11.30 indica que a força transmitida à base da máquina é sempre igual ou maior que a força que excita a máquina em movimento vibratório na região em que $X \leq \sqrt{2}$. Deve-se então procurar não operar o sistema nessa região. Embora o amortecimento reduza a transmissibilidade da força quando $X \leq \sqrt{2}$, a força transmitida será sempre maior ou igual à força excitadora. Caso não se consiga evitar a operação do sistema nessa região, será melhor não utilizar o isolador de vibração e fixar a máquina diretamente no piso, contanto que este seja rígido. Nesse caso, a força transmitida será sempre igual à força excitadora, a qual será sempre menor do que aquela que seria transmitida com o isolador. Essa é uma prática comumente utilizada em certas máquinas, por exemplo nas máquinas operatrizes.

Ainda, conforme indica a Fig. 11.30, quando $X > \sqrt{2}$, entra-se na região controlada pela massa, região essa em que $TF < 1$; na realidade, quando $X \gg 1$, então $TF \ll 1$, o que é altamente desejável do ponto de vista de isolação

das vibrações. Por isso essa região é denominada *região de isolação de vibrações*. Como a frequência de excitação da máquina ($f$) não pode ser alterada, devem-se então selecionar isoladores de vibração que, quando instalados sob a máquina, façam com que a montagem apresente uma frequência de ressonância não amortecida ($f_0$) tal que $f/f_0 = X > \sqrt{2}$.

Conforme indica a Fig. 11.30, na região de isolação de vibrações, é também desejável que o isolador apresente o menor amortecimento possível, a fim de minimizar a transmissibilidade da força. No entanto, conforme indicado no Quadro 11.2, todo isolador tem algum amortecimento.

Uma situação que merece atenção pode ocorrer quando uma máquina opera na região de isolação de vibrações. Quando a máquina acelera, ao iniciar, ou desacelera, ao finalizar sua operação, a frequência de excitação ($f$) aumenta no primeiro caso e diminui no segundo, o que faz com que $X = f/f_0$ varie e, consequentemente, atravesse a região controlada pelo amortecimento. Quando a passagem por essa região ocorre rapidamente, é improvável que a transmissibilidade da força aumente muito; no entanto, caso essa região seja atravessada vagarosamente, a transmissibilidade da força poderá ser bastante elevada. Quando há possibilidade de ocorrência desse tipo de situação, o isolador deve ser escolhido de tal forma a apresentar um amortecimento maior, mesmo que em sacrifício de seu desempenho em regime normal de operação.

Apresentamos a seguir alguns tipos de isoladores de vibração.

### Molas de aço

São empregadas em casos de cargas verticais, sendo normalmente indicadas para sistemas com frequências naturais inferiores a 6 Hz. Quando se deseja adicionalmente restringir o movimento lateral, podem-se utilizar molas de aço com estabilizadores. Existem também as molas de aço para montagens aéreas.

*Mola de aço de grande deflexão*  *Mola de aço com estabilizador*  *Mola de aço para montagem aérea*

### Molas de aço com amortecimento variável

Embora as molas de aço ofereçam elevada isolação, quando operam acima da frequência natural do sistema pode ser necessário incluir um certo amortecimento, a fim de reduzir a transmissibilidade da força durante a aceleração e desaceleração da máquina. Nesses casos, empregam-se molas com amortecimento variável, nas quais este é obtido pelo atrito seco entre os alojamentos do topo e da base da mola, sendo o grau de amortecimento variado por meio de um mecanismo composto de parafuso e mola.

*Mola de aço com amortecimento variável*

## Coxins elastoméricos de uso geral

Materiais elastoméricos, como borracha natural, borracha sintética, borracha à base de silicone e neoprene, são atrativos por uma série de razões. São geralmente baratos, podendo ser moldados numa grande variedade de formas e tamanhos, e com dureza variável, a fim de se obter a rigidez necessária para determinada aplicação. O neoprene, por sua resistência a óleos e detergentes, é geralmente preferível, sendo o seu amortecimento intrínseco suficiente para limitar a transmissibilidade da força na frequência natural do sistema.

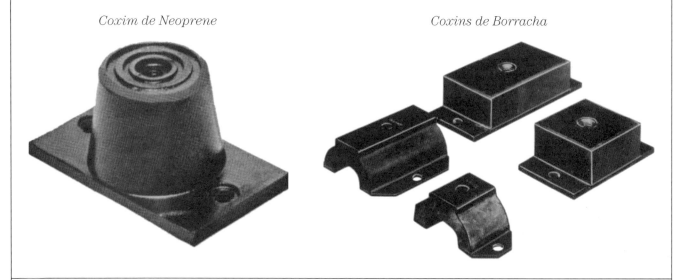

*Coxim de Neoprene*          *Coxins de Borracha*

## Mantas

Disponíveis numa ampla variedade de materiais, como borracha, feltro, cortiça e lã de vidro comprimida, são utilizadas nos pontos de contacto da máquina com o piso. A manta mais versátil é a ranhurada de neoprene, que pode ser encontrada em diversas espessuras e durezas. Pode ser, inclusive, fixada em alojamento metálico com parafuso para nivelamento.

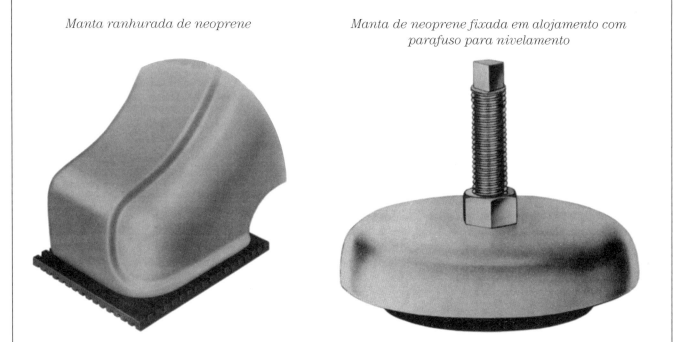

*Manta ranhurada de neoprene*          *Manta de neoprene fixada em alojamento com parafuso para nivelamento*

## Coxins de rolo

Compressores alternativos e máquinas similares produzem forças horizontais relativamente grandes em baixas rotações. Existem isoladores de vibração especialmente desenvolvidos para essas aplicações, com rolos, que oferecem a necessária rigidez na direção horizontal e com frequências naturais tão baixas quanto 1 Hz.

*Coxim de rolo*

## Isoladores pneumáticos

Oferecem vantagens em relação às molas, particularmente em aplicações de baixas frequências. Podem-se conseguir reduções de até 99% na transmissibilidade da força, e com frequências naturais de 0,1 a 5 Hz, sem as grandes deflexões que seriam normalmente necessárias com molas de aço. Oferecem, adicionalmente, excelente estabilidade lateral, amortecimento interno adequado, autonivelamento por meio do ajuste do volume de ar, e proteção contra choques. Em comparação com as molas de aço, as principais desvantagens são o custo elevado, a limitada capacidade de carga, a necessidade de inspeção e manutenção periódica.

*Isolador pneumático*

## 11.2 – Controle do ruído na trajetória de transmissão

Quando a máquina é apoiada sobre o isolador, este sofre uma deflexão estática ($d$), dada por $d = mg/k$ ($g$ é a aceleração da gravidade) e então resulta $\sqrt{k/m} = \sqrt{g/d}$, o que permite reescrever a Eq. (11.19) na forma

$$d = \frac{250}{f_0^2} \text{ mm.} \qquad (11.24)$$

Esse resultado mostra que a seleção do isolador depende então da deflexão estática requerida para uma dada frequência de ressonância do sistema. A Fig. 11.31 apresenta faixas de deflexão estática associadas a diversos tipos de isolador, permitindo obter, uma vez determinada a frequência de ressonância para uma transmissibilidade de força máxima admissível, a deflexão estática do isolador mais recomendado para a aplicação.

Para se obter uma isolação de vibração apreciável quando a frequência de excitação ($f$) é pequena, então $f_0$ deverá ser muito pequeno, tal que $f/f_0 \gg 1$ seja mantido. A Eq. (11.24) mostra que, para $f_0$ muito pequeno, $d$ resulta num valor muito elevado, o que não pode ser tolerado na prática. Em outras palavras, o isolador requerido será muito flexível, podendo resultar em instabilidade da máquina. Essa situação é mais preocupante quando se trata de máquinas leves como ventiladores, sopradores, bombas, compressores etc. Nesses casos, a prática usual consiste em montar a máquina sobre uma base, denominada *base de inércia*, geralmente de concreto, com massa no mínimo dez vezes maior que a massa da máquina, o que aumenta artificialmente a massa da montagem, permitindo então selecionar um isolador mais rígido.

Quando $\zeta = 0$ (sistema sem amortecimento), e para $X > 1$, pode-se escrever a Eq. (11.21) da seguinte forma

$$TF(\%) = \left[\left(\frac{N}{N_0}\right)^2 - 1\right]^{-1} \times 100\% =$$

$$= \left[\frac{N^2 d}{9 \times 10^5} - 1\right]^{-1} \times 100\%, \qquad [11.25(a, b)]$$

com $d$ em milímetros, sendo $N$ ($N = 60f$) a rotação da máquina (frequência de excitação), em rotações por minuto (rpm), e $N_0$ ($N_0 = 60f_0$) a frequência natural do sistema, em ciclos por minuto.

A Fig. 11.32 apresenta as Eqs. (11.25) de forma gráfica, que é uma forma útil nas aplicações. Na figura estão indicadas faixas de transmissibilidade da força para diversos tipos de aplicações. Aplicações não críticas incluem áreas de serviço, como cozinhas industriais, lavanderias, casas de máquinas, pisos de garagens etc. Aplicações críticas incluem refeitórios, ginásios de esporte e outras áreas de concentração de pessoas, porém não adjacentes a áreas extremamente críticas, tais como bibliotecas, escritórios, salas de aula, salas de conferência, estúdios etc. Deve-se, no entanto, enfatizar que a Fig. 11.32 se aplica exclusivamente a sistemas com um grau de liberdade não amortecidos.

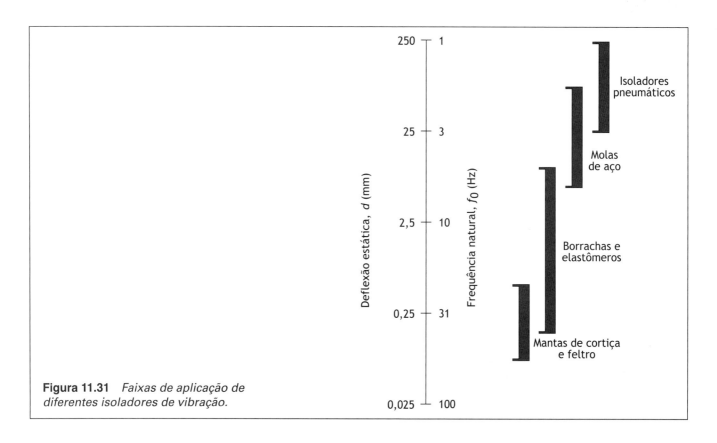

**Figura 11.31** *Faixas de aplicação de diferentes isoladores de vibração.*

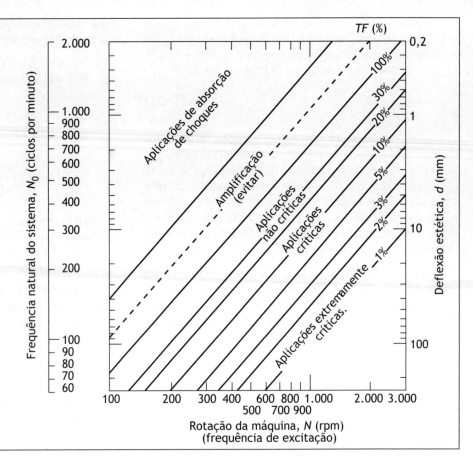

**Figura 11.32** *Transmissibilidade da força, em função da frequência de excitação e deflexão estática, para sistemas não amortecidos, com um grau de liberdade.*

### Exemplo 11.8

Um ventilador centrífugo que opera a 1.750 rpm será instalado numa sala de equipamentos de ar-condicionado. Selecionar o tipo de isolador para essa aplicação.

Como o ventilador será instalado numa área não crítica, a transmissibilidade da força, de acordo com a Fig. 11.32, poderá ser de 20 a 30%. Como essa figura se aplica a sistema não amortecido e como, na prática, todo isolador apresenta um certo grau de amortecimento – o que implicará numa transmissibilidade da força superior à estimada (ver a Fig. 11.30) –, escolhe-se um valor mais conservador para a transmissibilidade da força, por exemplo, $TF = 20\%$.

Isolando-se $d$ e $N_0$ no primeiro membro das Eqs. [11.25 (a, b)], e inserindo $TF = 20\%$ e $N = 1.750$ rpm nas equações resultantes, obtém-se para a deflexão estática do isolador:

$$d = \left(\frac{100\%}{TF(\%)}+1\right)\frac{9\times10^5}{N^2} = \left(\frac{100\%}{20(\%)}+1\right)\frac{9\times10^5}{1.750^2} \cong 1,8 \text{ mm},$$

e para a frequência natural do sistema:

$$N_0 = \frac{N}{\left(\frac{100\%}{TF(\%)}+1\right)^{1/2}} = \frac{1.750}{\left(\frac{100\%}{20(\%)}+1\right)^{1/2}} \cong 714 \text{ rpm},$$

valores que são confirmados pela Fig. 11.32. A Fig. 11.31 recomenda um isolador elastomérico para a deflexão estática calculada de 1,8 mm.

Nessa aplicação, provavelmente serão utilizados quatro isoladores na base do ventilador. Isso significa que cada um dos isoladores deve sofrer uma deflexão estática de 1,8 mm ao ser comprimido por 1/4 do peso do ventilador. São essas as informações que devem ser fornecidas ao fornecedor dos isoladores, para que ele se decida pela dureza adequada dos isoladores elastoméricos para satisfazer a esta aplicação.

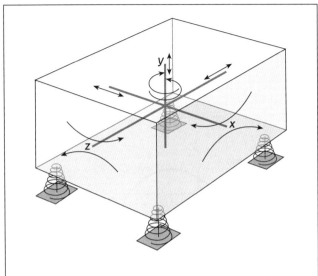

**Figura 11.33** *Graus de liberdade de uma máquina apoiada sobre quatro isoladores.*

## ISOLAÇÃO DE VIBRAÇÕES PARA SISTEMAS COM MÚLTIPLOS GRAUS DE LIBERDADE

Uma boa prática consiste em utilizar isoladores idênticos e posicioná-los simetricamente em relação ao centro de gravidade da máquina, o que resulta em cargas iguais e mesma deflexão dos isoladores. Quando isso não é possível, a máquina pode apresentar múltiplos graus de liberdade. Conforme ilustra a Fig. 11.33, os graus de liberdade são assim identificados: movimento na direção vertical, movimento em duas direções horizontais, e rotação ao redor de três eixos. Cada grau de liberdade corresponde a um modo de vibrar da máquina, sendo que, a cada modo, está associada uma frequência natural de oscilação, denominada *frequência modal elementar*.

O movimento vibratório resultante da máquina será uma combinação do movimento nessas seis coordenadas. Cada combinação de posicionamento dos isoladores em relação ao centro de gravidade da máquina determinará o modo de vibração resultante.

Por outro lado, as forças que excitam a máquina em movimento vibratório podem ser de diversas naturezas e em várias frequências; assim, o projeto dos isoladores deve considerar todas essas variáveis para isolar as vibrações e atenuar o ruído resultante.

O cálculo da transmissibilidade da força em sistemas com múltiplos graus de liberdade é complexo e não será aqui abordado. Geralmente, para se obter baixa transmissibilidade de força em sistemas com múltiplos graus de liberdade, deve-se fazer com que as frequências modais elementares sejam muito menores que as frequências de excitação da máquina.

## ISOLAÇÃO DE CHOQUES

Choques são inerentes ao funcionamento de muitas máquinas; ou seja, trata-se de forças de natureza não oscilatória, relativamente grandes, aplicadas durante o impacto dos elementos da máquina, engate e frenagem de dispositivos de acionamento, e outras ações similares. Os resultados dos choques são: 1) geração de vibrações estruturais nas frequências de ressonância e consequente radiação sonora das superfícies da máquina; 2) transmissão de forças para a base da máquina com os problemas subsequentes de radiação sonora em outras partes do sistema. A solução do primeiro tem a ver com o controle na fonte, já discutido anteriormente no início do capítulo. A solução do segundo requer geralmente a isolação da máquina de sua base de suporte, e será aqui discutida.

A redução da severidade dos choques sobre a base de apoio da máquina é obtida por meio de isoladores, que armazenam a energia do choque a uma taxa relativamente grande para, em seguida, liberá-la a uma taxa muito menor, associada à frequência natural do sistema.

Em geral os isoladores de choques são elementos elásticos (idênticos aos isoladores de vibrações), inseridos entre a fonte dos choques e o sistema que requer proteção. O elemento elástico (com características de mola) armazena a energia do choque na forma de energia de deformação, liberando-a em seguida, fazendo com que o sistema isolado oscile na sua frequência natural, até que a energia armazenada seja dissipada pelo amortecimento interno do isolador.

A Fig. 11.34 ilustra o comportamento dinâmico não amortecido do isolador de choques. A excitação do choque é representada pelo pulso triangular, com magnitude de pico ($F_0$) e período de duração ($T$). O período natural do isolador ($\tau$) é selecionado longo quando comparado ao período do choque ($T$), de tal forma que o pulso desapareça antes que o sistema isolado tenha tempo para responder apreciavelmente.

O período natural não amortecido é o inverso da frequência natural não amortecida; ou seja, o inverso da Eq. (11.19), e escreve-se

$$\tau = \frac{1}{f_0} = 2\pi\sqrt{\frac{m}{k}} \text{ s.} \qquad (11.26)$$

Fica aparente que a isolação de choques requer períodos naturais longos, que, similarmente à isolação de vibrações, implica em sistemas (isolados) de baixas frequências.

Curvas de transmissibilidade de choque ($F_{T_{max}}/F_e$), em função da razão entre período de duração do choque e período natural não amortecido ($T/\tau$), são apresentadas na Fig. 11.35(b), para três formas de pulsos. Na figura, a

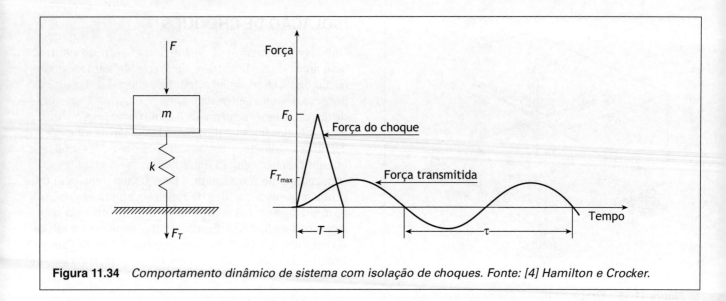

**Figura 11.34** Comportamento dinâmico de sistema com isolação de choques. Fonte: [4] Hamilton e Crocker.

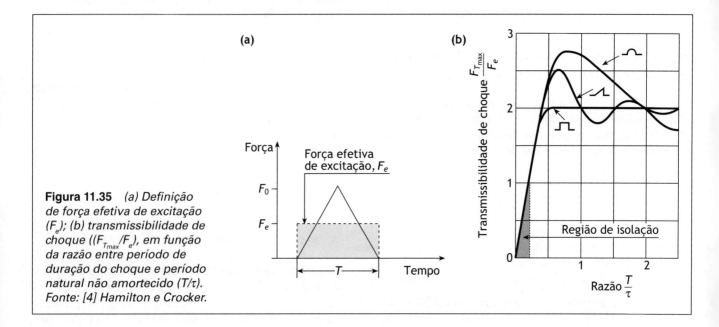

**Figura 11.35** (a) Definição de força efetiva de excitação ($F_e$); (b) transmissibilidade de choque (($F_{T_{max}}/F_e$), em função da razão entre período de duração do choque e período natural não amortecido ($T/\tau$). Fonte: [4] Hamilton e Crocker.

transmissibilidade de choque foi definida em termos da força efetiva de excitação ($F_e$), definida na Fig. 11.35(a).

A Fig. 11.35(b) evidencia que, para se isolar um choque, o período natural não amortecido do sistema ($\tau$) deverá ser superior a $4T$, e preferivelmente maior que $10T$. Assim, uma boa isolação de choque requer

$$\tau \geq 10 \cdot T \quad \text{ou} \quad f_0 \leq \frac{1}{10 \cdot T}. \tag{11.27}$$

A Fig. 11.35(b) mostra também que, quando o período do pulso é pequeno, em comparação ao período natural do sistema, a severidade do choque é determinada pela área do pulso e não por sua forma. As curvas de transmissibilidade de choque dessa figura são válidas para sistemas não amortecidos. Contudo, para razões de amortecimento ($\zeta$) menores que 0,5, essas curvas pouco se alteram. Já que a transmissibilidade aumenta com o amortecimento, em aplicações de choques são desejáveis isoladores com pouco amortecimento.

### Choques periódicos

Choques em máquinas ocorrem com certa regularidade, conforme ilustra a Fig. 11.36. Geralmente, o período entre choques ($T_c$) é longo, comparado com o período de

## 11.2 – Controle do ruído na trajetória de transmissão

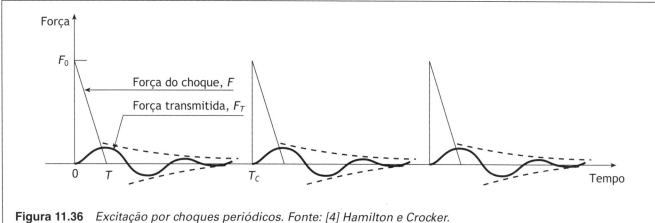

**Figura 11.36** *Excitação por choques periódicos. Fonte: [4] Hamilton e Crocker.*

duração do choque ($T$). Para razões de períodos $T/\tau \geq 10$, o amortecimento interno do isolador deve ser suficiente para neutralizar a resposta do sistema de um dos choques antes que o próximo choque ocorra. Caso a resposta do sistema não seja totalmente amortecida antes do próximo choque, haverá uma superposição do movimento oscilatório remanescente com o movimento provocado pelo choque. Dessa forma, quando os choques são repetitivos, com período $T_c$, além da restrição expressa na Eq. (11.27), deve-se atender a restrição adicional

$$f_0 \gg \frac{1}{T_C} \qquad (11.28)$$

para isolar a resposta oscilatória do sistema.

Normalmente, a frequência dos choques ($1/T_c$) está entre 0 e 2 Hz, o que pode inviabilizar a exigência expressa na Eq. (11.28), pois haverá conflito com a Eq. (11.27), que requer $f_0 \leq 1/10T$. Por exemplo, para choques com duração de 100 ms, de acordo com a Eq. (11.27), $f_0$ deverá ser igual ou menor que 1 Hz. Verifica-se então que a Eq. (11.28) não poderá ser atendida, quando a frequência dos choques for superior a 1 Hz. A solução seria aumentar $f_0$, porém isso levaria ao aumento da transmissibilidade dos choques, o que é indesejável. Como a frequência dos choques é muito baixa para ser audível, sendo o movimento nessa frequência também pequeno, é prática comum permitir que $f_0$ fique abaixo da frequência dos choques ($1/T_C$), caso seja necessário. Deve-se, contudo, tomar cuidado para que $f_0$, a frequência natural do sistema, não coincida com $1/T_C$.

---

**Exemplo 11.9**

Uma máquina deverá ser isolada de choques consecutivos com período de 0,5 s e duração de 10 ms. Recomendar o isolador de choques para essa aplicação.

Os dados do problema fornecem para as grandezas envolvidas na isolação de choques os seguintes valores: $T = 0,010$ s, $T_C = 0,5$ s. A Eq. (11.27) requer:

$$f_0 \leq \frac{1}{10 \times T} = \frac{1}{10 \times 0,01} = 10 \text{ Hz; e a Eq. (11.28) requer:}$$

$$f_0 \gg \frac{1}{T_C} = \frac{1}{0,5} = 2 \text{ Hz, resultados esses não conflitantes.}$$

Para $f_0 = 10$ Hz, a Eq. (11.24) fornece para a deformação estática do isolador:

$$d = \frac{250}{f_0^2} = \frac{250}{10^2} = 2,5 \text{ mm.}$$

Para essa deformação estática, a Fig. 11.31 informa que o isolador deverá ser elastomérico.

## 11.3 CONTROLE DO RUÍDO NO RECEPTOR

Segundo a NR-6 da CLT [5],

> (...) a empresa é obrigada a fornecer aos empregados, gratuitamente, EPI adequado ao risco e em perfeito estado de conservação e funcionamento, nas seguintes circunstâncias:
>
> a) sempre que as medidas de proteção coletiva forem tecnicamente inviáveis ou não ofereçam completa proteção contra os riscos de acidentes do trabalho e/ou doenças profissionais do trabalho;
>
> b) enquanto as medidas de proteção coletiva estiverem sendo implantadas;
>
> c) para atender as situações de emergência.
>
> (...) Atendidas as peculiaridades de cada atividade profissional, (...) o empregador deve fornecer aos trabalhadores (...)
>
> V – *Proteção auditiva*
>
> Protetores auriculares, para trabalhos realizados em locais em que o nível de ruído seja superior ao estabelecido na NR-15, Anexos I e II.

Assim, nos ambientes do trabalho, a proteção individual é a última linha de defesa na redução dos níveis de ruído que chegam até a orelha. A proteção individual consiste no uso, por parte dos trabalhadores expostos ao ruído, de protetores auriculares (PAs), como os tipos externo e interno vistos na Fig. 11.37. Os protetores externos têm formato de *concha*, e os internos, também conhecidos como *tampão* ou *plugue*, podem ser *moldáveis* ou *moldados*. A concha é o elemento em forma de calota esférica ou oval que acondiciona a orelha, formando uma câmara de proteção. Os protetores internos moldáveis mais comuns são de espuma de expansão retardada, e se ajustam após a inserção do material na orelha, facilitando a adaptação e assumindo a forma do conduto auditivo externo. Os internos moldados já possuem forma predefinida e se ajustam ao conduto auditivo externo.

O Quadro 11.3 resume as vantagens e desvantagens dos protetores auriculares do tipo tampão e do tipo concha.

### POTENCIAL DE ATENUAÇÃO DOS PROTETORES AURICULARES

Como a atenuação do PA varia conforme a frequência, é mais prático e conveniente contar com um número único, indicativo do potencial de atenuação do PA, e que possa ser obtido a partir dos valores de atenuação em bandas de oitava. Um número único normalizado é o *classe de redução de ruído* (NRR – *noise reduction rating*). O NRR, expresso em decibéis, é obtido em condições controladas em laboratório utilizando-se métodos de ensaio normalizados. Quanto maior o NRR, maior será o potencial de atenuação do protetor em ambientes ruidosos.

Em ensaios de laboratório, o PA é selecionado com dimensões adequadas e cuidadosamente ajustado no usuário, minimizando vazamentos de ruído para dentro da orelha. No campo, essas condições idealizadas não se verificam normalmente. Vazamentos ocorrem quando tampões não obstruem adequadamente o conduto audi-

(a)

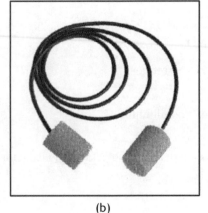
(b)

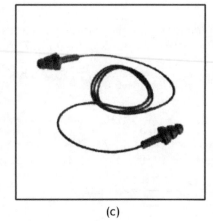
(c)

**Figura 11.37** *Protetores auriculares: (a) externo, tipo concha; (b) interno, moldável; (c) interno, moldado.*

## QUADRO 11.3 Vantagens e desvantagens dos protetores auriculares tipo tampão e tipo concha

| Tipo tampão | Tipo concha |
|---|---|
| **Vantagens**<br>Pequenos e fáceis de transportar.<br>Conveniente para ser usado com outros EPIs (conchas).<br>Mais confortável para uso prolongado em áreas quentes e úmidas.<br>Conveniente para ser usado em áreas confinadas. | **Vantagens**<br>Menor variabilidade de atenuação entre usuários.<br>Projetados de tal forma que um único tamanho se ajusta na maioria das cabeças.<br>Podem ser visualizados a grandes distâncias, facilitando o monitoramento do uso.<br>Difícil de perder, fácil de achar.<br>Pode ser utilizado mesmo com pequenas infecções na orelha. |
| **Desvantagens**<br>Requer mais tempo para ser ajustado à orelha.<br>Mais difícil de inserir e remover.<br>Requer maior higiene.<br>Pode irritar o conduto auditivo externo.<br>Fácil de perder.<br>Mais difícil de visualizar e monitorar o uso. | **Desvantagens**<br>Menos portátil e mais pesado.<br>Mais difícil de ser usado com outros EPIs.<br>Mais desconfortável em áreas quentes e úmidas.<br>Inconveniente de usar em áreas confinadas.<br>Pode interferir com o uso de óculos, inclusive os de segurança, interrompendo a vedação entre a concha e a cabeça, com redução da atenuação. |

tivo, e as conchas não vedam adequadamente a interface com a cabeça do usuário. Assim, o NRR obtido em condições de laboratório pode não ser representativo do que realmente se verifica em condições de campo.

A Fig. 11.38 apresenta o resultado de vinte estudos independentes realizados nos Estados Unidos com diversos PAs, em que se compara o NRR especificado no rótulo do PA com aquele medido em indivíduos no campo. A figura mostra diferenças significativas entre a atenuação esperada e a real. Os principais fatores responsáveis por essas diferenças são: falta de treinamento do usuário para a correta utilização e manutenção do PA, e métodos de ensaio em laboratório que não modelam realisticamente as condições de uso dos PAs no campo.

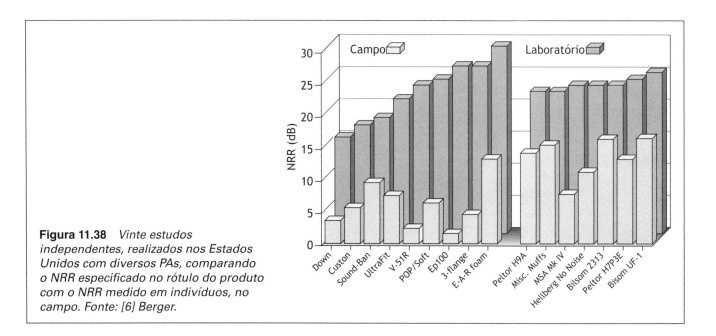

**Figura 11.38** *Vinte estudos independentes, realizados nos Estados Unidos com diversos PAs, comparando o NRR especificado no rótulo do produto com o NRR medido em indivíduos, no campo. Fonte: [6] Berger.*

## SELEÇÃO DO PROTETOR AURICULAR

Para determinar o nível efetivo de exposição, em dB($A$), subtrai-se do nível de ruído ambiental, em dB($C$), o NRR do PA utilizado pelo indivíduo. Esse método é conhecido como Método # 2 do NIOSH (National Institute for Occupational Safety and Health – Instituto Nacional para Segurança e Saúde Ocupacional, Estados Unidos):

$$dB(A) \text{ na orelha} = dB(C) - NRR. \qquad (11.29)$$

Alternativamente, quando o nível de ruído ambiental é dado em dB($A$), utiliza-se a fórmula

$$dB(A) \text{ na orelha} = dB(A) - (NRR - 7 \text{ dB}). \quad (11.30)$$

Um método de cálculo mais trabalhoso para determinação do nível efetivo de exposição em dB($A$), conhecido como Método # 1 do NIOSH, envolve cálculos mais detalhados em bandas de oitava do ruído ambiental e da atenuação do PA, e não será aqui abordado.

Conforme mencionado anteriormente, o NRR é obtido em condições ideais em laboratório. A fim de introduzir uma margem de segurança para utilização no campo, algumas organizações multiplicam o NRR do rótulo do PA por 0,75 para PAs do tipo concha, 0,50 para PAs moldáveis e 0,30 para PAs moldados.

---

### Exemplo 11.10

Numa fábrica de móveis, uma serra circular gera um nível de ruído de 100 dB($C$) na posição do operador. Determinar o nível efetivo de exposição quando o operador utiliza um *PA* moldável 3M Attenutech 3900, sabendo-se que a embalagem do produto informa: NRR = 29 dB.

Para um PA moldável, o NRR a ser utilizado no Método # 2 da NIOSH deverá ser corrigido pelo fator 0,50, obtendo-se, de acordo com a Eq. (11.29):

$$dB(A) \text{ na orelha} = dB(C) - (0,50 \times NRR),$$

$$dB(A) \text{ na orelha} = 100 - (0,50 \times 29) = 85,5 \text{ dB}(A).$$

---

## TEMPO DE USO DO PROTETOR AURICULAR

Deve-se sempre considerar a possibilidade de o trabalhador não utilizar o PA durante 100% do tempo da jornada de trabalho, ou durante o período de exposição ao ruído. Isso reduzirá a eficácia da proteção diária. A Fig. 11.39 pode ser utilizada na determinação do NRR corrigido pelo tempo de uso, ($NRR_{corrigido}$), o qual é dado em função do tempo efetivo de uso do PA no ambiente ruidoso.

---

### Exemplo 11.11

Determinar o $NRR_{corrigido}$ de um PA com NRR de 25 dB, para tempo de não uso de 15 min durante a jornada diária de trabalho de 8 h.

Para NRR = 25 dB, e para tempo de não uso de 15 min, o gráfico da Fig. 11.39 fornece $NRR_{corrigido}$ = 20 dB.

Este exemplo demonstra que o PA deve ser confortável o suficiente para um uso adequado durante uma jornada de trabalho prolongada em ambiente ruidoso. Assim, *atenuação* e *conforto* são fatores que devem ser considerados na seleção do PA.

---

## USO SIMULTÂNEO DE TAMPÃO E CONCHA

Quando a atenuação de um único PA não se mostra suficiente, o uso simultâneo de dois PAs, tampão e concha, é uma solução viável. Claro que a atenuação resultante não será dada pela soma algébrica dos NRRs dos dois PAs. A Fig. 11.40 apresenta resultados experimentais de atenuação média e de desvio padrão, em função da frequência, de um tampão e de uma concha individualmente, e quando usados simultaneamente. Em cada frequência, a atenuação da combinação é pelo menos 5 dB superior a cada um dos PAs quando usados individualmente.

A Fig. 11.40 indica os limites da condução óssea em função da frequência. A condução óssea permite a transmissão de energia para a orelha interna através do crânio, "curto-circuitando" o PA. A condução óssea impõe um limite de atenuação a qualquer PA, independentemente de sua eficiência em selar o conduto auditivo externo – a energia poderá, assim mesmo, chegar até a orelha interna via condução óssea.

## 11.3 – Controle do ruído no receptor

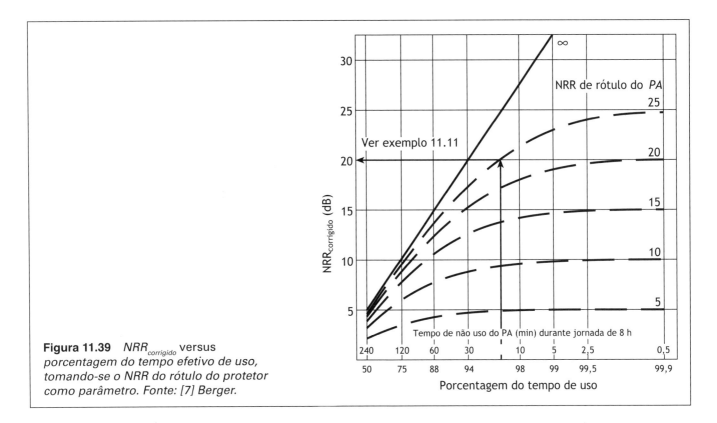

**Figura 11.39** $NRR_{corrigido}$ versus porcentagem do tempo efetivo de uso, tomando-se o NRR do rótulo do protetor como parâmetro. Fonte: [7] Berger.

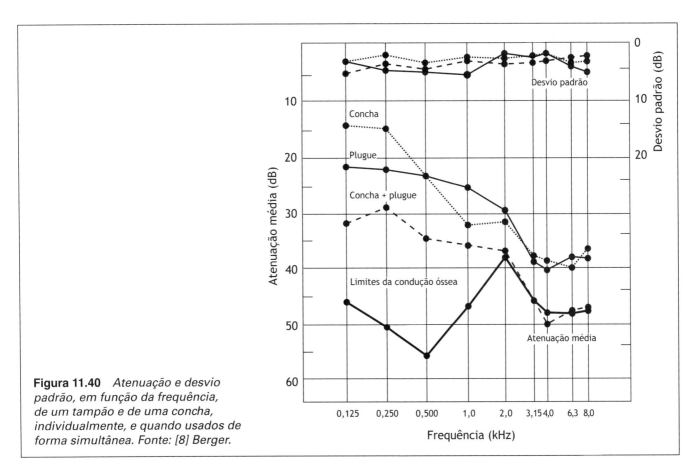

**Figura 11.40** Atenuação e desvio padrão, em função da frequência, de um tampão e de uma concha, individualmente, e quando usados de forma simultânea. Fonte: [8] Berger.

## 11.4 GERENCIAMENTO DO CONTROLE DO RUÍDO NOS AMBIENTES DE TRABALHO

Diferentes estratégias de controle do ruído poderão ser adotadas dependendo de o ambiente de trabalho já estar estabelecido ou de um novo estar sendo considerado.

### NOVO AMBIENTE DE TRABALHO – EQUIPAMENTO NOVO SILENCIOSO

É muito importante incorporar os aspectos do ruído já nas primeiras fases de projeto de um novo ambiente de trabalho, de forma a orientar as decisões de aquisição de novos equipamentos, a fim de se obter um ambiente de trabalho o mais silencioso possível. "Comprar silencioso" é a forma mais eficaz de controle do ruído, pois impede a entrada de fontes de ruído nos ambientes de trabalho. Assim, o primeiro passo num programa de controle do ruído em um novo ambiente de trabalho consiste no estabelecimento dos níveis aceitáveis de emissão sonora para os novos equipamentos, a fim de incluí-los nas especificações de compra.

### ADQUIRIR EQUIPAMENTOS COM OS MENORES NÍVEIS PRATICÁVEIS DE EMISSÃO DE RUÍDO

> **Exemplo 11.12**
>
> A Construtora Keystone está envolvida na construção de um túnel rodoviário. A sua política de ruído requer o uso de equipamentos com os menores níveis praticáveis de emissão. Essa exigência se aplica tanto na compra como na contratação de serviços de terceiros, com o objetivo de obter-se um $L_{EX,8h}$ inferior a 85 dB($A$).
>
> - A política da empresa foi exercida na aquisição de novas escavadeiras. Foram analisados diversos tipos de escavadeira, tendo sido adquirida uma das mais silenciosas. As escavadeiras adquiridas foram a Yanmar Diesel Vio50, com nível de emissão de 65 dB($A$) a 7 m.
>
> - Antes de alugar um gerador portátil, a construtora pesquisou o que havia no mercado, tendo se decidido pela locação do Peacekeeper FNG de 5 kVA, com nível de emissão de 64 dB($A$) a 7 m.

> **Exemplo 11.13**
>
> A Mineradora IronOre está envolvida na extração de minérios. A companhia está implementando a prática "comprar silencioso", a qual requer a aquisição de novos equipamentos com os menores níveis praticáveis de emissão de ruído.
>
> - A companhia exige que todas as novas máquinas de movimentação de terra tenham cabines que garantam níveis internos, na posição do operador, inferiores a 75 dB($A$).
>
> - Todos os geradores e compressores a serem futuramente adquiridos devem garantir níveis de emissão inferiores a 85 dB($A$) a 1 m.
>
> - Quando necessita adquirir novas ferramentas pneumáticas manuais para a sua oficina de manutenção, a empresa requer que essas ferramentas sejam fornecidas com silenciadores de exaustão que garantam reduções ao redor de 10 dB($A$), com a ferramenta ligada porém inoperante.

### NORMAS DEVEM SER SEGUIDAS NO DESENVOLVIMENTO DE EQUIPAMENTOS COM BAIXOS NÍVEIS DE EMISSÃO DE RUÍDO

Por exemplo, as normas da Comunidade Europeia que estabelecem recomendações para certos grupos de máquinas, incluindo o controle do ruído como item essencial de segurança. O principal objetivo é garantir, na CE, a comercialização somente de máquinas que atendam aos limites de emissão sonora estabelecidos nas normas.

Nos Estados Unidos, a norma aplicável é a ANSI S12.16 (1992) *"Guidelines for the specification of noise of new machinery"*, a qual contém orientações de como estabelecer especificações internas de ruído, e informações de como obter níveis de emissão de ruído dos fabricantes de máquinas.

Nesses países, essas normas já produzem efeitos nos fabricantes, que estão colocando maior ênfase no projeto de equipamentos com baixos níveis de emissão de ruído.

O Quadro 11.4 apresenta o fluxograma do processo "Comprar silencioso".

| Quadro 11.4  Fluxograma do processo "comprar silencioso" |
| --- |
| Surge a necessidade de aquisição de novo equipamento<br>↓ |
| Discutir opções com supervisores e operadores<br>↓ |
| Determinar os níveis máximos aceitáveis de ruído do equipamento<br><br>(consultar especialista, caso necessário)<br>↓ |
| Obter informações de emissão de ruído de equipamentos disponíveis<br>↓ |
| Selecionar equipamento com o menor nível praticável de emissão de ruído |

## NOVO AMBIENTE DE TRABALHO – LEIAUTE

Um outro aspecto do controle de ruído em um novo ambiente de trabalho está no leiaute dos novos equipamentos. Estudar antes, com lápis e papel, a localização do maquinário sai muito mais fácil e barato do que mover fisicamente os equipamentos depois. As regras a seguir são simples:

- manter junto maquinário, processos e áreas de trabalho que apresentem níveis similares de ruído;

- separar áreas ruidosas das áreas mais silenciosas, intercalando áreas intermediárias em termos de nível de ruído.

## INCORPORAR PRINCÍPIOS DE CONTROLE DE RUÍDO AO LAIAUTE DE NOVAS ÁREAS DE TRABALHO

**Exemplo 11.14**

A Caldeiraria Cranes fabrica e repara equipamentos para indústrias químicas e petroquímicas. As instalações consistem nas áreas de fabricação, usinagem, montagem e de uma cabine de jateamento. A empresa incorporou princípios de controle de ruído no leiaute de sua nova oficina.

Na área de fabricação da antiga oficina, a seção de produção de caldeiras, que é a mais barulhenta, situava-se no meio da oficina, afetando áreas que não geravam níveis de ruído tão elevados.

Há aproximadamente um ano, a companhia decidiu construir uma nova oficina. A administração procurou levar em consideração os problemas de ruído já na fase de projeto. Decidiu-se utilizar todo o espaço disponível, a fim de separar as atividades ruidosas de outras não tão ruidosas, e de criar zonas intermediárias.

Na nova oficina, o prédio dos escritórios separa a área de fabricação das áreas de montagem e de usinagem. Na área de fabricação, a seção de produção de caldeiras – a mais barulhenta – fica longe das outras áreas. A cabine de jateamento também foi separada das áreas ruidosas, e situada em um prédio adjacente.

O refeitório, os escritórios dos supervisores da oficina e o almoxarifado foram projetados para propiciar alta isolação sonora, a fim de reduzir o ruído de fundo gerado pela oficina.

Na nova oficina, o resultado foi um $L_{EX, 8h}$ inferior a 85 dB($A$) para os operadores das máquinas de usinagem e para os trabalhadores da montagem e da cabine de jateamento.

## AMBIENTE DE TRABALHO EXISTENTE

Antes de se lançar num amplo programa de controle de ruído na fonte, na trajetória de transmissão e no receptor num ambiente de trabalho existente, a empresa pode tentar explorar primeiro as seguintes alternativas.

- eliminação;
- substituição;
- isolação.

## ELIMINAÇÃO

Após uma avaliação crítica de todos os processos existentes, é possível reduzir os níveis de ruído alterando um ou mais processos.

### Eliminar processos barulhentos

**Exemplo 11.15**

A Caldeiraria Cranes substituiu o processo de corte de chapas com arco voltaico por outro mais silencioso.

O corte de chapas com maçarico de oxiacetileno, além de ser menos ruidoso do que o de arco voltaico, confere melhor acabamento, eliminando, adicionalmente, a necessidade do uso de lixadeiras barulhentas, utilizadas para eliminar as rebarbas do corte com arco voltaico.

O arco voltaico é usado agora apenas ocasionalmente, para cortar grandes peças, onde o oxiacetileno não pode ser usado por produzir uma grande quantidade de calor.

**Exemplo 11.16**

A Metalúrgica Bearings eliminou o uso de martelos na instalação e remoção de rolamentos.

No método antigo, os rolamentos eram montados ou removidos de suas sedes e eixos a marteladas. O novo método consiste em aquecer ou resfriar os rolamentos, eliminando a necessidade do uso de martelos. Um simples forno é usado para aquecer, e nitrogênio líquido para resfriar os rolamentos.

## SUBSTITUIÇÃO

Substituem-se processos barulhentos por processos mais silenciosos. O Quadro 11.5 lista alguns processos alternativos mais silenciosos.

| Quadro 11.5 Exemplos de processos alternativos mais silenciosos | |
|---|---|
| **Processo barulhento** | **Processo alternativo silencioso** |
| Rebitagem por percussão | Rebitagem por compressão ou rolagem |
| Acionamento com ar comprimido ou com motor de combustão interna | Acionamento elétrico |
| Cunhagem | Extrusão por afunilamento |
| Secagem com fluxo | Secagem por radiação |
| Corte com plasma de oxigênio | Corte subaquático com plasma |
| Corte com prensa | Corte com laser |
| Arco de solda TIG/TAG convencional | Arco de solda TIG/TAG enclausurado |
| Corte com serra | Corte com jato de água |
| Endurecimento com maçarico | Endurecimento a laser |
| Fixação com rebites | Fixação por pressão |
| Estampagem com prensa a martelo | Estampagem com prensa hidráulica |

## 11.4 – Gerenciamento do controle do ruído nos ambientes de trabalho 363

*Substituir processos barulhentos*

### Exemplo 11.17

A Metalúrgica Bearings usa lixadeiras, que são ferramentas extremamente barulhentas. Foi estabelecida uma estratégia simples de uso das lixadeiras.

A empresa usa tanto lixadeiras de 4 como de 9 polegadas. Supervisores e funcionários foram instruídos sobre quais tipos de trabalho cada uma deve ser utilizada, uma vez que a lixadeira de 4 polegadas gera um nível de 102 dB($A$) na orelha do operador - 6 dB($A$) menos que a de 9 polegadas, que chega a 108 dB($A$).

### Exemplo 11.18

A Tubes & Bars usava serras de bancada no corte de tubos e vergalhões. A empresa substitui suas serras barulhentas.

A empresa pesquisou serras mais silenciosas disponíveis, tendo se decidido pela aquisição da Makita 2414 com discos de serra F16, reduzindo os níveis de ruído de 97 para 92 dB($A$) no corte de tubos galvanizados de 1 polegada.

### Exemplo 11.19

A empresa de fundações Pile Ltda., desde o início de suas operações, não estava satisfeita com o barulho de seus equipamentos.

No início de suas operações, a empresa empregava um bate-estacas convencional, de impacto, com níveis de ruído de 105 dB($A$) a 5 m, e de 96 dB($A$) na posição do operador. Numa primeira etapa, o bate-estacas foi substituído pelo Franki Pile Rig, com níveis de emissão de ruído de 95 dB($A$) a 5 m e de 94 dB($A$) na posição do operador. Ainda insatisfeita com esses níveis, a empresa decidiu mudar radicalmente o processo, e agora utiliza um moderno sistema com broca de furação de solo, o Bauer BG22, que reduziu os níveis de emissão de ruído para 90 dB($A$) a 5 m.

Adicionalmente, a empresa substituiu a maioria de seus geradores portáteis Honda de 9 hp por unidades Yanmar, reduzindo os níveis de ruído de 96 dB($A$) para 78 dB($A$) a 1 m.

A direção percebeu também que não havia necessidade de utilizar grandes britadeiras, e agora usa britadeiras menores, o que reduziu os níveis de ruído em 10 dB($A$).

## ISOLAÇÃO

Aqui, palavra *isolação* significa "separar as fontes de ruído dos trabalhadores", e pode requerer a realocação das fontes de ruído ou de pessoas. Utiliza a técnica mais simples de controle de ruído: colocar as fontes de barulho bem longe (lei do inverso do quadrado da distância). Ao ar-livre, consegue-se uma queda de 6 dB($A$) a cada duplicação da distância fonte-receptor; na oficina, algo em torno de 2-4 dB($A$).

*Isolar equipamentos e processos barulhentos das pessoas*

### Exemplo 11.20

A Metalúrgica Brass & Bronze utiliza compressores grandes e barulhentos para suprir sua demanda interna de ar comprimido. Os compressores ficavam dentro da fábrica, próximos a uma das áreas de acesso.

A empresa decidiu isolar todos os compressores, colocando-os fora da fábrica, sob uma cobertura, do lado oposto ao de uma empresa vizinha, reduzindo os níveis de ruído e melhorando significativamente o conforto acústico no interior da fábrica, sem perturbar o vizinho.

### Exemplo 11.21

Muitas áreas de manutenção e de fabricação fazem uso do martelo, que é uma atividade geradora de sons de impacto insuportáveis.

Concentrar operações de marteladas e isolá-las numa área exclusiva, dando adequada proteção individual aos operadores de martelos.

## MEDIDAS ADICIONAIS DE CONTROLE DO RUÍDO

Medidas adicionais de controle do ruído incluem: manutenção e práticas silenciosas de trabalho.

### MANUTENÇÃO

A manutenção das instalações e dos equipamentos exerce um papel fundamental no controle do ruído e na segurança, além de aumentar a vida útil do maquinário. As causas de as máquinas ficarem mais barulhentas com o uso são as seguintes:

- Dentes de engrenagens desgastados e lascados, que comprometem o engrenamento. As marcas brilhantes de desgaste podem ser vistas a olho nu.

- Mancais e rolamentos desgastados, provocando vibrações e ruído, chiados nas transmissões por correia devido a folgas, "*piston-slap*", vazamentos de ar, etc.

- Lubrificação deficiente, que se manifesta através de ruídos incômodos de alta freqüência em mancais e caixas de engrenagens, devido ao atrito seco.

- Desbalanceamento de elementos rotativos, tal como acontece nas rodas dos automóveis, qualquer desbalanceamento no rotor de um ventilador ou eixo de acionamento se manifestará como vibração excessiva e ruído.

- Obstruções em tubulações de ar, que ocorrem por acúmulo de detritos em curvas e cotovelos, e também próximo de partes móveis de máquinas como rotores de ventiladores, produzindo apitos incômodos.

- Dispositivos de corte não-afiados e com dentes tortos e lascados, tais como serras, brocas, cossinetes, etc., que geralmente tornam a tarefa mais lenta e barulhenta.

- Silenciadores obstruídos e danificados, como aqueles utilizados na admissão e exaustão de ar de processos ou de motores de combustão interna, que podem ficar obstruídos por sujeira, lascas de ferrugem, etc., e com perfurações de ferrugem, perdendo sua capacidade de atenuar o ruído.

- Remoção de dispositivo atenuador de ruído, como silenciadores, coberturas, guardas, isoladores de vibração, etc., os quais servem exclusivamente para atenuar o ruído e, portanto, não devem ser removidos, exceto durante a manutenção, seguindo-se sua reinstalação.

A implementação de um programa adequado de manutenção, com checagens periódicas e serviços de rotina, manterá os níveis de ruído das instalações nos valores possíveis mínimos.

Num estudo desenvolvido na Austrália [9], onze ferramentas de corte (incluindo furadeiras, serras circulares, plainas e lixadeiras) foram testadas "antes" e "depois" da manutenção de rotina, realizada num centro comercial de manutenção de ferramentas. O nível médio de ruído, a 0,5 m, foi de 94 dB($A$), "antes", e de 92 dB($A$), "depois", quando não se notavam mais chiados e sons de apito. Foram medidas reduções de até 7 dB($A$). Embora a redução média não tenha sido muito importante, essa redução representa energia sonora emitida, antes da manutenção, 60% superior, mostrando que o desgaste das ferramentas estava aumentando.

Em outros estudos envolvendo máquinas específicas, constatou-se uma significativa redução do ruído após cuidadoso trabalho de manutenção. Por exemplo, uma redução de 8 dB($A$), no nível de ruído de um compressor alternativo comum, foi obtida com um polimento nas sedes das válvulas e com a incorporação de um aditivo adequado ao óleo lubrificante, reduzindo o atrito nos pistões durante seu deslocamento. O nível de ruído de uma faca pneumática, usada em abatedouros, teve uma redução em torno de 8 dB($A$), apenas com o balanceamento do rotor e a substituição dos mancais e de um anel desgastado, que permitiam a vibração ruidosa dos elementos da faca. O ruído de um motor elétrico que acionava a polia, por meio de correias, de uma serra de alumínio de bancada, foi reduzido em 15 dB($A$) quando ligado, mas não-operante, apenas substituindo-se as correias desgastadas e os rolamentos do motor e da polia.

## PRÁTICAS SILENCIOSAS DE TRABALHO

Poderão ser incorporadas aos hábitos do trabalhador com adequado treinamento e conscientização. A redução no ruído gerado pelo manuseio de metais pode ser obtida minimizando-se o contacto metal-metal ou o contacto metal-superfície.

- Usar máquinas de dobrar no lugar de martelos.

- Baixar materiais vagarosamente sobre superfícies ao invés de soltá-los.

- Aperfeiçoar a configuração das carregadeiras, arranjos de armazenamento e práticas do operador.

- Reduzir a altura de queda de materiais que devem cair.

- Revestir caixas e cestos de retalhos de chapas, vergalhões e cavacos de usinagem com borracha resistente ao atrito.

- Revestir bancadas e canaletas com borracha resistente ao atrito. Revestir a parte inferior das canaletas metálicas, caso a parte superior, de trabalho, não possa ser revestida.

- Usar tapetes de borracha no piso e nas regiões das paredes sujeitas a impactos, nas áreas de armazenamento.

- Disponibilizar mantas de borracha duráveis no piso e nas bancadas para colocação de materiais.

## 11.4 – Gerenciamento do controle do ruído nos ambientes de trabalho

**FÁBRICA ACUSTICAMENTE CONSCIENTE**

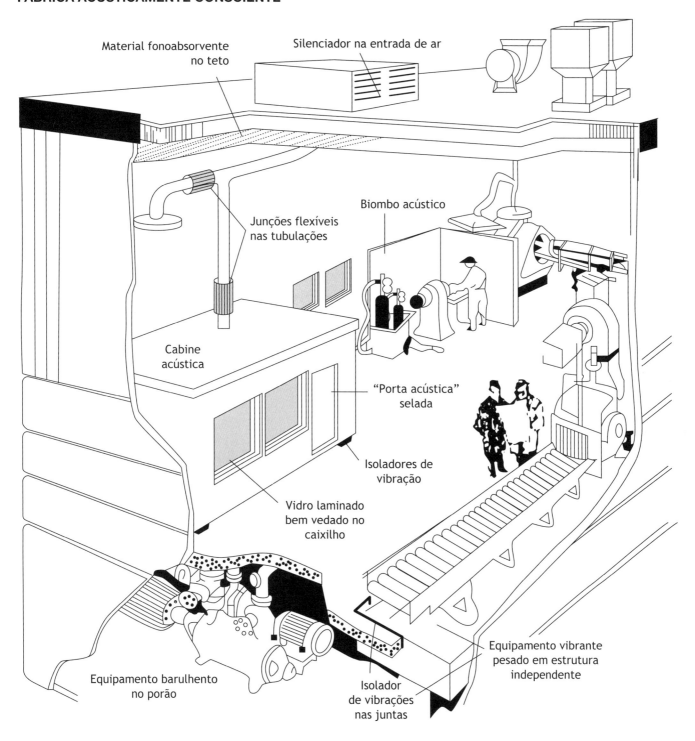

## REFERÊNCIAS

[1] SHAHAN, J. E., KAMPERMAN, G., "Machine element noise", in Faulkner L. L. (ed.), *Handbook of industrial noise control*, Industrial Press Inc., New York, 1976.

[2] BIES, D. A., HANSEN, C. H., *Engineering noise control theory and practice*, E&FN SPON, Londres, 1996.

[3] DAVIS, Jr., D. D., "Acoustical filters and mufflers", in Harris C. M. (ed.), *Handbook of noise control*, McGraw-Hill Book Company, New York, 1957.

[4] HAMILTON, J. F., CROCKER, M. J., "Vibration isolation for noise reduction", in Faulkner L. L. (ed.), *Handbook of industrial noise control*, Industrial Press Inc., New York, 1976.

[5] Norma Regulamentadora (NR-6), Capítulo V, Título II, da Consolidação das Leis do Trabalho (CLT), relativas à Segurança e Medicina do Trabalho, 17; Lei nº 6.514, de 22/12/1977, Portaria nº 3.214, de 8/6/1978.

[6] BERGER, E. H., "The naked truth about NRRs", EAR-Log 20; disponível em http://www.e-a-r.com/hearingconservation/earlog_main.cfm

[7] BERGER, E. H., "Hearing-protector performance: how they work-and-what goes wrong in the real world", EARLog 5; disponível em http://www.e-a-r.com/hearingconservation/earlog_main.cfm

[8] BERGER, E. H., "Attenuation of earplugs worn in combination with earmuffs", EARLog 13; disponível em http://www.e-a-r.com/hearingconservation/earlog_main.cfm

[9] The Safety Line Institute, http://www.safetyline.wa.gov.au/institute/defaultnew.asp

# 12

# TÉCNICAS DIGITAIS EM MEDIÇÕES ACÚSTICAS[1]

Embora não se tenha dito explicitamente, o medidor de nível sonoro apresentado e discutido no Capítulo 6 incorpora as principais características de um medidor de nível sonoro que opera a partir de sinais analógicos. Como sabemos, nesses medidores o componente que gera o sinal analógico é o microfone, que transforma a pressão sonora em um sinal elétrico equivalente. A partir daí, o sinal é, então, tratado e manipulado por meio dos filtros e detectores que operam diretamente no sinal analógico gerado pelo microfone.

Entretanto, tais medidores caíram em desuso com o advento de técnicas digitais de processamento de sinais. Apesar de ultrapassado, a descrição das características do medidor analógico foi útil do ponto de vista didático, servindo de base para os desenvolvimentos que fizemos no Capítulo 6. Atualmente, os chamados *medidores integradores digitais* executam e ampliam a gama de funções dos medidores analógicos, só que operando com sinais digitalizados.

Uma vez que os manuais de fabricantes geralmente não fornecem as características operacionais desses equipamentos, o objetivo deste capítulo é apresentar as operações que ocorrem por trás da tela de um medidor integrador digital moderno, apresentando as técnicas de processamento de sinais digitais envolvidas. Ênfase especial é dada ao cálculo do nível de pressão sonora ($L_p$) com diferentes constantes de tempo exponenciais, ao nível equivalente ($L_{eq}$), aos níveis estatísticos ($L_n$) e à análise de frequências via FFT, a partir de exemplos simples de formas de onda digitalizadas.

## 12.1 REPRESENTAÇÃO DIGITAL DE UM SINAL SONORO

Considera-se que um microfone omnidirecional padrão esteja sendo utilizado: o microfone gera um sinal elétrico em corrente alternada que flutua em torno de 0 V (podendo assumir tanto valores positivos como negativos), com amplitudes proporcionais à pressão sonora instantânea: um típico microfone utilizado em um medidor de nível sonoro tem uma sensibilidade de 50 mV/Pa. Isso significa que para uma pressão sonora de 1 Pa, a tensão que o microfone gera no seu terminal elétrico corresponde a 50 mV.

Um típico sinal de calibração de 94 dB em 1.000 Hz, que corresponde a uma pressão sonora efetiva de 1 Pa (RMS), gerará um sinal elétrico senoidal com amplitude máxima (de pico) de +/– $50 \times \sqrt{2}$ mV e igual a 70,7 mV.

A essência da técnica digital de processamento de sinais consiste em retirar-se amostras da forma de onda (valores discretos e descontínuos – daí o nome *digital*) a intervalos de tempo regulares. O intervalo de tempo entre amostras normalmente utilizado em sinais acústicos é de, aproximadamente, $2,083 \times 10^{-5}$ s, ou seja, 48 mil amostras são retiradas a cada segundo do sinal analógico – a chamada *taxa de amostragem*.

Como as amostras têm amplitudes diferentes, o conversor analógico/digital (conversor A/D) associa cada valor de amplitude de tensão do sinal analógico a

---

[1] Traduzido e adaptado com autorização de A. Farina, "Tecniche digitali di misurazione acustica", Capítulo 6 da apostila do Corso di alta formazione per tecnici competenti in acustica ambientale, ministrado por Farina no Departamento de Engenharia Industrial da Universidade de Parma (Itália). Disponível em: <http://pcfarina.eng.unipr.it/Public/CorsoCSPMI/06%20Tecniche%20digitali%20di%20misurazione%20acustica.doc>. Acesso em: 12 mar. 2018.

um valor discreto representado pelo número de *bits* do conversor. Um conversor A/D com resolução de 16 bits, preparado para um sinal de entrada analógica de tensão variável de -100 a 100 mV, pode assumir números inteiros entre -32.768 e 32.768, que são representados no formato binário em 16 bits como (1000000000000000) e (0111111111111111), respectivamente. Ou seja, esse conversor de 16 bits é capaz de capturar 65.536 níveis discretos de um determinado sinal. Por exemplo, se o sinal de entrada desse suposto conversor A/D estiver em 100 mV, o que correspondente a um valor de nível de pico de 100 dB (isto é, 2 Pa = 100 mV), o número gerado no formato binário será (0111111111111111), que corresponde ao número inteiro 32.767.

A Fig. 12.1 representa o segmento de 512 pontos de um sinal digitalizado por um conversor de 16 bits. O número da amostra aparece no eixo horizontal (de 0 a 511); no eixo vertical aparecem os valores de amplitude na forma de números inteiros de 16 bits, logo, entre -32.768 e 32.768. Esse exemplo mostra a correspondência entre as amplitudes do sinal de pressão sonora em Pa, as amplitudes do sinal elétrico em mV e as suas representações numéricas em números inteiros.

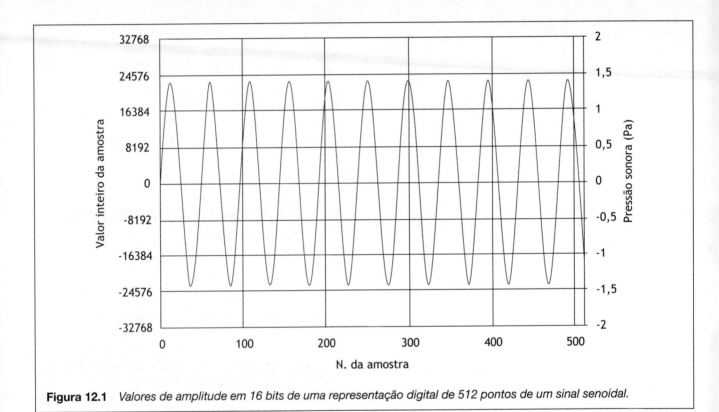

**Figura 12.1** Valores de amplitude em 16 bits de uma representação digital de 512 pontos de um sinal senoidal.

Os ajustes mencionados permitem a análise de sinais com um valor de pico máximo de 100 dB, que é o limite de saturação. O valor de $L_p$ mínimo que poderá ser digitalizado adequadamente é definido pela faixa dinâmica do conversor A/D. Teoricamente, um conversor A/D de 16 bits tem uma faixa dinâmica de aproximadamente 16 × 6 = 96 dB. Porém, na prática, a faixa dinâmica de trabalho é, pelo menos, 15 dB mais baixa, a fim de manter as incertezas de medição dentro dos limites de medidores Tipo 1 – o sinal amostrado deve ser 15 dB mais alto que o ruído de quantização (dado pelo *least-significant bit*). Assim, na prática, pode-se assumir que um conversor A/D de 16 bits tem uma faixa dinâmica de 80 dB. Isso significa que é possível medir valores de $L_p$ entre 20 e 100 dB (fundo de escala ou limite de corte).

Sinais reais, entretanto, apresentam um *fator de crista* significativo, isto é, a diferença entre o valor de pico e o valor RMS. Esse fator é, geralmente, bem acima de 3 dB do sinal senoidal; logo, a faixa dinâmica efetiva será ainda mais limitada. Por exemplo, se o fator de crista de um sinal for de 20 dB, a faixa dinâmica efetiva irá de 20 a 80 dB RMS.

Esse é um dos aspectos em que a análise de sinais digitalizados difere da de sinais analógicos: o conversor A/D reduz a faixa dinâmica do instrumento na presença de sinais com alto fator de crista. Então, mesmo que teoricamente sejam atribuídas faixas dinâmicas superiores a

80 dB – com sinal senoidal, conforme exigência da norma IEC 61672-1:2013 (IEC, 2013) – a instrumentos digitais com conversores de 16 bits, a faixa dinâmica efetiva na medição de ruídos fortemente impulsivos, com elevados fatores de crista, pode ser reduzida para menos de 50 dB. Entretanto, conversores "modernos", que fornecem uma resolução efetiva de 20 bits ou até mesmo de 24 bits, estendem significativamente a faixa dinâmica útil.

## 12.2 O CÁLCULO DO NÍVEL SONORO EM dB

A operação de conversão para dB dos valores contidos num sinal digitalizado é bastante simples, se nos limitarmos ao cálculo do *nível instantâneo*. Para tanto, cada valor representando um "ponto" (uma "amostra") da forma de onda deve ser, primeiramente, convertido em Pa, aplicando-se o fator e sensibilidade do microfone.

$$p_{ist}(i) = \frac{x(i)}{32.768} \cdot \frac{100 \ mV}{50 \ \frac{mV}{Pa}} \quad (\text{Pa}). \tag{12.1}$$

O valor correspondente em dB é calculado por meio da definição usual de nível de pressão sonora (Eq. 3.6)

$$L_{ist}(i) = 20 \cdot \log\left(\frac{p_{ist}(i)}{20 \cdot 10^{-6}}\right) \quad (\text{dB}). \tag{12.2}$$

Aplicando-se as operações anteriormente indicadas ao segmento de sinal senoidal da Fig. 12.1, obtém-se a representação gráfica vista na Fig. 12.2.

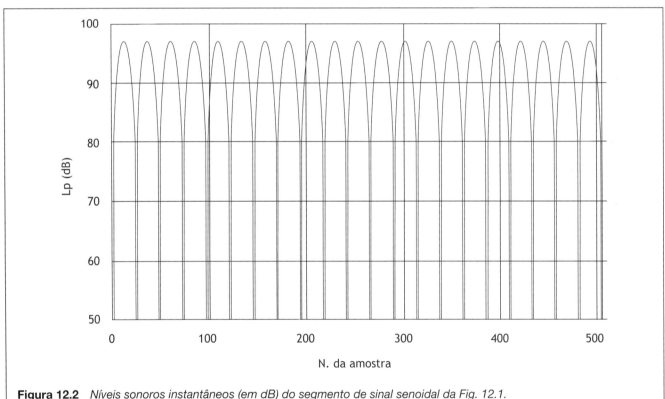

**Figura 12.2** *Níveis sonoros instantâneos (em dB) do segmento de sinal senoidal da Fig. 12.1.*

Vê-se na Fig. 12.2 que o valor máximo (pico) alcança um nível em torno de 97 dB; em outros instantes, entretanto, cai para níveis muito baixos (em pontos onde a forma de onda cruza o valor zero Volt.

Contudo, esse tipo de representação do nível sonoro instantâneo é pouco utilizado, sendo, entretanto, bastante comum no estudo das reflexões sonoras em um ambiente confinado (por exemplo, uma sala de concertos), excitando acusticamente o ambiente, por exemplo, com tiros de armas de fogo, em um ponto que seria ocupado por uma fonte sonora (por exemplo, um instrumento musical), e amostrando o sinal de pressão sonora num ponto de escuta no interior do ambiente.

Dessa forma, será obtida a chamada *resposta impulsiva* do ambiente, também conhecida como *reflectograma*, que mostra o decaimento do som no ambiente, isto é, a "cauda" sonora, e a possível presença de ecos, como mostra a Fig. 12.3.

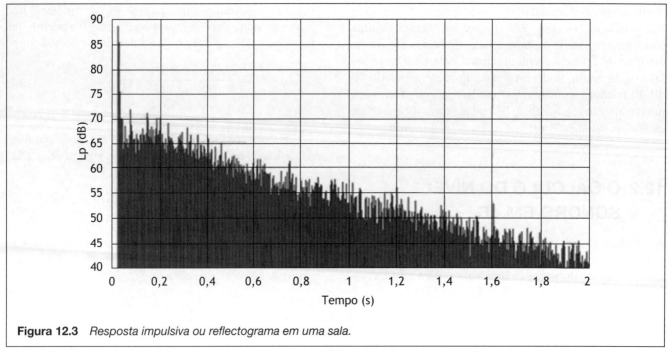

**Figura 12.3** *Resposta impulsiva ou reflectograma em uma sala.*

Exceto por esse caso particular, entretanto, é mais usual gerar os níveis médios em determinado intervalo de tempo.

O *nível equivalente* $L_{eq}$ (já apresentado na Seção 7.2) é bastante simples de ser calculado em um segmento digitalizado de sinal, por meio de sua fórmula de definição).

$$L_{eq,T} = 10 \cdot \log \left( \frac{\frac{1}{T} \cdot \int_0^T [p_{ist}(t)]^2 \cdot dt}{(20 \cdot 10^{-6})^2} \right), \quad (12.3)$$

que para um sinal digitalizado se transforma em

$$L_{eq,T} = 10 \cdot \log \left( \frac{\frac{1}{N} \cdot \sum_{i=0}^{N-1} [p_{ist}(i)]^2}{(20 \cdot 10^{-6})^2} \right). \quad (12.4)$$

A Eq. (12.4) mostra que é suficiente elevar ao quadrado os valores individuais digitalizados, e, então, calcular o valor médio da sequência de valores que foram elevados ao quadrado. Aplicando-se a Eq. (12.4) ao segmento senoidal da Fig. 12.1 – obviamente multiplicando primeiro cada valor pelo fator de conversão que aparece na Eq. (12.1) –, obtém-se 93,98 dB. O valor "exato" 94,0 dB não é obtido, porque um segmento de 512 pontos não contém um número exato de períodos senoidais; também,

haverá sempre um pequeno erro devido à discretização de amplitudes do conversor A/D e da amostragem em intervalos de tempo finitos.

Obviamente, de posse de um longo sinal digitalizado, é possível calcular muitos $L_{eq}$ em sucessão, por exemplo, um por segundo ou um por minuto – T = 1 s, ou T = 60 s na Eq. (12.4). Dessa forma, uma representação da "história do nível sonoro" é obtida, a qual poderá ser armazenada, ocupando um espaço de memória infinitamente menor que o sinal digitalizado original. Um histórico de 24 horas de um sinal sonoro é apresentado na Fig. 12.4, consistindo em 24 × 60 = 1.440 níveis $L_{eq,1min}$.

Diferentemente do cálculo do $L_{eq}$, é muito mais difícil calcular o nível instantâneo com constante de tempo exponencial (*rápida*, *lenta* ou *impulso*), uma vez que, nesse caso, a resposta do circuito analógico correspondente deverá ser emulada.

A média exponencial foi ditada pelo fato de que a intensidade subjetiva instantânea de um sinal sonoro percebido pela orelha depende, em maior medida, das últimas flutuações de pressão do que das anteriores; a notar que a orelha "integra" o sinal sonoro em um intervalo de tempo entre 30 e 300 ms. Assim, uma média exponencial é então introduzida no medidor de nível sonoro no sentido de emular essa resposta subjetiva da orelha.

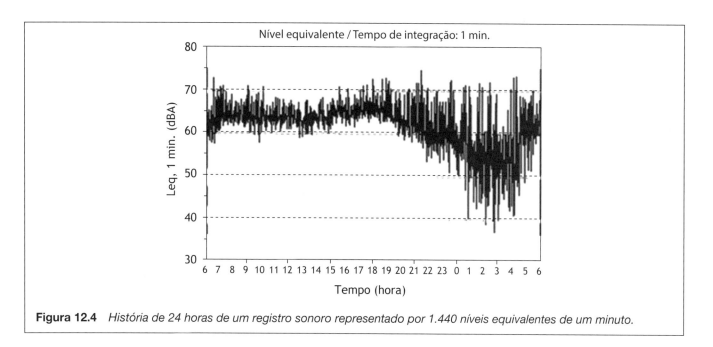

**Figura 12.4** *História de 24 horas de um registro sonoro representado por 1.440 níveis equivalentes de um minuto.*

Um medidor de nível sonoro ajustado na constante de tempo lenta, por exemplo, indica um nível que é dado pela média dos níveis que passaram nos últimos segundos; essa média, entretanto, não é calculada aplicando a mesma "ponderação" para os níveis que foram medidos muito antes que aqueles que acabaram de ser medidos: aos níveis instantâneos mais recentes são atribuídas ponderações maiores, ao passo que os níveis mais antigos perdem gradualmente importância, até que se tornam completamente "esquecidos".

No medidor de nível sonoro analógico, esse comportamento é obtido com um circuito resistor-capacitor (RC), cujo produto entre a resistência (em Ohm) e a capacitância (em Farad) tem dimensões físicas de tempo, e, de fato, representando a *constante de tempo* em segundos. Como vimos na Seção 6.1, os valores padronizados das constantes de tempo são: RC = 1 s – *lenta*; RC = 125 ms – *rápida*; RC = 35 ms – *impulso*, na presença de níveis crescentes com o tempo; RC = 1.500 ms – *impulso*, na presença de níveis decrescentes com o tempo.

Vê-se, então, que a constante de tempo impulso, o produto RC, assume valores distintos a depender se o nível sonoro instantâneo é crescente ou decrescente com o tempo. Essa é uma característica que era incorporada aos medidores analógicos antigos, com indicação por meio de agulha, e que permitia que se observasse quando o valor máximo havia sido atingido na presença de um evento sonoro impulsivo – o que seria impossível se a constante de tempo fosse de 35 ms (ver Fig. 6.3). Atualmente, a instrumentação digital memoriza o nível máximo alcançado, de tal forma que a incorporação de constantes de tempo assimétricas seria um fator complicador desnecessário nos medidores integradores.

Em realidade, a norma mais recente que trata de medidores de níveis sonoros, a IEC 61672-1:2013 (IEC, 2013), especifica somente duas constantes de tempo: a lenta e a rápida, não fazendo mais menção à constante de tempo impulso devido à sua baixa correlação com as características de ruídos impulsivos. Assim, as normas de diversos países que tratam da avaliação de níveis de ruído impulsivos ou de impactos em ambientes de trabalho passaram a utilizar, predominantemente, níveis de pico C-ponderados (ver Quadro 7.8). O nível de pico não deve ser confundido com o nível máximo, uma vez que o nível de pico é medido sem aplicação de qualquer constante de tempo no sinal, podendo atingir níveis bem superiores aos níveis máximos utilizando as constantes de tempo rápida ou lenta, com constante de tempo de 125 ms e 1 s, respectivamente.

Do ponto de vista do tratamento matemático do sinal digitalizado, a resposta de um medidor integrador com constante de tempo RC é dada pela seguinte expressão:

$$L_{ist,RC}(t) = 10 \cdot \log \left( \frac{\frac{1}{RC} \cdot \int_{-\infty}^{t} e^{-\frac{t-\tau}{RC}} \cdot \left[ p_{ist}(\tau) \right]^2 \cdot d\tau}{\left(20 \cdot 10^{-6}\right)^2} \right). \quad (12.5)$$

É sempre possível utilizar a Eq. (12.5) no cálculo de níveis com constantes de tempo rápida e lenta a partir de sinais digitalizados. Contudo, o número de operações a serem realizadas seria muito grande, uma vez que para cada ponto da forma de onda amostrada seria necessário fazer o somatório de todos os pontos anteriores amostrados, elevá-los ao quadrado e multiplicá-los pelos coeficientes de ponderação apropriados dados pelo termo exponencial.

Entretanto, existe um método mais simples para obter-se, de forma iterativa, toda a história temporal com a constante de tempo exponencial: em cada iteração, é suficiente calcular o novo valor ao quadrado da pressão sonora, com média RC, como a média ponderada do valor da pressão sonora ao quadrado no instante t, e o valor no instante anterior da pressão sonora, com média RC, ao quadrado, por meio da seguinte expressão:

$$[p_{RC}(i)]^2 = A \cdot [p_{ist}(i)]^2 + B \cdot [p_{RC}(i-1)]^2, \quad (12.6)$$

na condição em que a soma das ponderações A e B é igual a 1, e, logo, B = 1 − A.

Para cada constante de tempo RC, existe um valor apropriado do fator de ponderação A a ser aplicado na Eq. (12.6), dado por

$$\text{Lenta: } A = \frac{e^{-\frac{\Delta t}{2 \cdot RC}} \cdot \Delta t}{RC} = 0{,}000020833116. \quad (12.7)$$

$$\text{Rápida: } A = \frac{e^{-\frac{\Delta t}{2 \cdot RC}} \cdot \Delta t}{RC} = 0{,}000166652778. \quad (12.8)$$

$$\text{Impulso (crescente): } A = \frac{e^{-\frac{\Delta t}{2 \cdot RC}} \cdot \Delta t}{RC} = 0{,}000595060967. \quad (12.9)$$

$$\text{Impulso (decrescente): } A = \frac{e^{-\frac{\Delta t}{2 \cdot RC}} \cdot \Delta t}{RC} = 0{,}000013888792 \quad (12.10)$$

Obviamente, ao adotar-se taxas de amostragem diferentes, serão obtidos valores também diferentes para o fator de ponderação A.

Ao aplicar-se a ponderação temporal rápida ao segmento senoidal da Fig. 12.1, obtém-se a representação mostrada na Fig. 12.5.

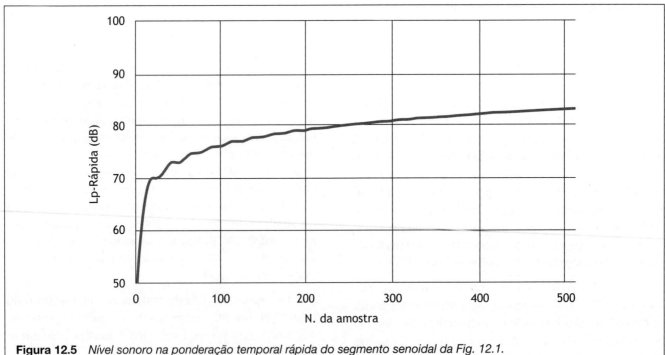

**Figura 12.5** *Nível sonoro na ponderação temporal rápida do segmento senoidal da Fig. 12.1.*

Uma vez que o segmento da Fig. 12.1 é muito curto (em torno de 106 ms), o nível *r*ápido não teve tempo suficiente para atingir o valor de 94 dB, finalizando com o nível de 83,5 dB: seriam necessárias 4-5 constantes de tempo, pelo menos, ou seja, quase 1 s, para que o nível *r*ápido se estabilize no valor correto. Observar também que ocorrem pequenos degraus no início que são gerados pelas meias-ondas individuais da senoide.

Entretanto, não há necessidade de representar um sinal, com média RC, com uma taxa de amostragem temporal tão densa como a da forma de onda original: é possível reamostrar a história do sinal, com média RC, por exemplo, com um intervalo de amostragem igual à metade da constante de tempo, para obter-se uma correta descrição da evolução temporal do nível sonoro.

Uma das vantagens da análise de sinais digitais é a possibilidade do cálculo simultâneo da história temporal com várias constantes de tempo, tanto linear como exponencial, quando, então, poderão ser observadas as diferenças. Por exemplo, a Fig. 12.6 compara a análise temporal do mesmo evento (o sobrevoo de uma aeronave) com diferentes constantes de tempo exponenciais, lenta e rápida, e com integrações lineares, *Leq Curto*, com diferentes tempos de integração: 2 s, 1 s, 250 ms, e 125 ms.

A Tab.12.1 mostra como os níveis máximos alcançados se alteram com a escolha do tempo de integração, enquanto os níveis totais $L_{eq}$ e SEL permanecem inalterados. Por definição, segundo a Eq. (7.8), SEL = $L_{eq}$ + 10log (tempo de integração/1 s), que, como sabemos, é uma métrica utilizada para caracterizar o sobrevoo de aeronaves.

**TABELA 12.1 Níveis máximos alcançados com $L_{eq}$ calculado com diferentes tempos de integração, e os níveis SEL correspondentes**

| Tempo de Integração | $L_{A, max}$ | SEL |
|---|---|---|
| Lenta | 97,0 | 101,9 |
| Rápida | 99,3 | 101,9 |
| Lin.,2s | 95,9 | 101,9 |
| Lin.,1s | 96,9 | 101,9 |
| Lin.,250ms | 99,0 | 101,9 |
| Lin.,125ms | 99,6 | 101,9 |

Observa-se também, na Tab. 12.1, que os níveis máximos "instantâneos" variam significativamente com o método de integração adotado, enquanto a energia total do evento, representada pelo nível SEL, permanece inalterada.

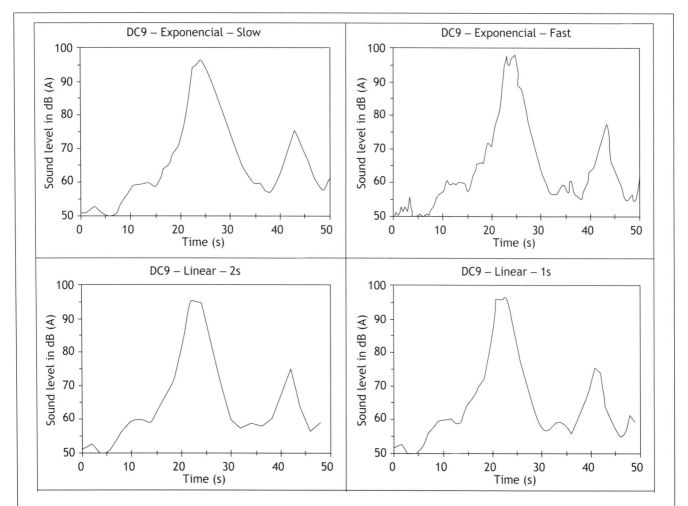

**Figura 12.6** *Análise temporal de um mesmo evento (sobrevoo de um DC-9), com constantes exponenciais lenta e rápida, e com integrações lineares, em termos de* Leq Curto, *com diferentes tempos de integração: 2 s, 1 s, 250 ms, e 125 ms. (continua)*

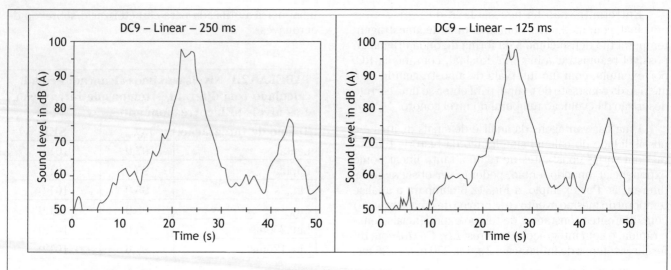

**Figura 12.6** *Análise temporal de um mesmo evento (sobrevoo de um DC-9), com constantes exponenciais lenta e rápida, e com integrações lineares, em termos de Leq Curto, com diferentes tempos de integração: 2 s, 1 s, 250 ms, e 125 ms. (continuação)*

## 12.3 ANÁLISE ESTATÍSTICA DE NÍVEIS SONOROS

A análise estatística dos níveis sonoros já foi considerada na Seção 7.2, e aqui será discutida a sua implementação a partir de sinais digitalizados.

Conforme mostrado na Seção 12.2, é fácil calcular a história do nível sonoro variável no tempo com constante de tempo rápida, o que permite "reamostrar" o resultado em um vetor compacto, muito menor que aquele original contendo a forma de onda digitalizada, conforme mostra a Fig. 12.7.

das flutuações temporais do nível sonoro, sendo apenas necessário "contar" o número de instantes em que o nível sonoro esteve entre os limites de qualquer "classe" estatística.

É possível adotar, por exemplo, "classes" com amplitudes de 1 dB e, se o objetivo for saber em qual fração do intervalo de tempo total o nível sonoro esteve entre 60 e 61 dB, basta inspecionar o vetor contendo níveis nesse intervalo e acrescentar 1 ao contador toda vez que um nível entre 60 e 61 for encontrado. Ao final, divide-se essa soma pelo número total de pontos do vetor e multiplica-se por 100, obtendo-se a porcentagem procurada. Pode-se, então, repetir esse procedimento para todas as classes de níveis (por exemplo, de 20 a 100 dB), sendo possível construir um histograma, como mostra a Fig. 12.8.

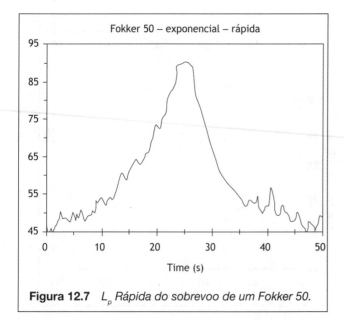

**Figura 12.7** *$L_p$ Rápida do sobrevoo de um Fokker 50.*

De posse dessa sequência de níveis sonoros, é simples, por exemplo, realizar uma análise estatística

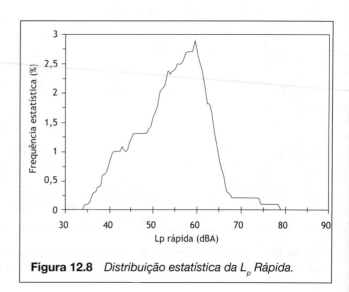

**Figura 12.8** *Distribuição estatística da $L_p$ Rápida.*

Em seguida, pode-se adicionar as porcentagens, a partir da classe de nível considerada até a classe mais elevada, para obter-se o chamado *histograma estatístico cumulativo*, que mostra a porcentagem do tempo em que o nível sonoro indicado no eixo horizontal foi excedido (ver Fig. 12.9).

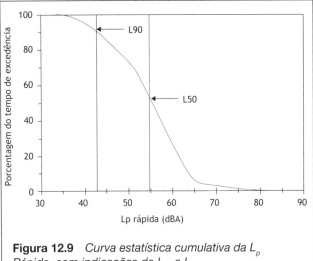

**Figura 12.9** *Curva estatística cumulativa da $L_p$ Rápida, com indicações de $L_{50}$ e $L_{90}$.*

Finalmente, deve-se enfatizar que a análise estatística só poderá ser realizada de forma correta em uma história da $L_p$ Rápida, pois, caso utilizem-se outras constantes de tempo, ou, ainda pior, histórias de $L_{eq}$ Curto, o resultado serão alterações nas distribuições estatísticas de níveis sonoros e, particularmente, nos valores dos porcentuais $L_1$ e $L_5$, que são fortemente afetados pelo tempo de integração escolhido.

## 12.4 ANÁLISE DE FREQUÊNCIA FFT

A análise de frequência FFT a partir de sinais digitalizados já foi introduzida na Seção 6.2 e será aqui retomada em mais detalhes.

De posse de um sinal digitalizado, é possível realizar a análise de frequências em bandas de largura constante (todas as bandas têm a mesma largura em Hz) por meio da transformada de Fourier do segmento do sinal. Uma vez que o algoritmo FFT somente opera eficientemente com um número de amostras dado por expoentes de 2, normalmente a análise FFT de um sinal acústico é executada a partir de sinais com comprimentos de 1.024 ($2^{10}$) ou 2.048 ($2^{11}$) pontos. Porém, os sistemas mais modernos permitem a análise com segmentos mais longos, e, portanto, proporcionando uma melhor resolução: tipicamente com 16.384 ($2^{14}$) pontos, podendo ir até 65.536 ($2^{16}$) pontos.

Por exemplo, a FFT de um sinal amostrado a 48 kHz com 16.384 ($2^{14}$) pontos implica a análise de um segmento temporal de comprimento igual a $\frac{16.384}{48.000} = 0,3434\ s$, quando, então, um espectro com $\frac{16.384}{2} = 8.192 + 1$ linhas espectrais será obtido, as quais estarão igualmente espaçadas desde a frequência 0 (a linha espectral "+1", que para sinais de áudio assumirá sempre o valor zero, uma vez que, por definição, não há a componente DC nesse tipo de sinal) até a frequência que corresponde à metade da taxa de amostragem, isto é, 24.000 Hz. A resolução espectral, ou seja, a largura de cada banda espectral, será igual a $\frac{24.000}{8.192} = 2,9297$ Hz. Dessa forma, podemos, de fato, nos referir a uma análise em banda estreita: realizar uma FFT em 65.536 pontos implica uma largura de banda menor que 1 Hz.

Um analisador FFT é chamado de "tempo real" quando pode calcular e apresentar na tela o espectro em um intervalo de tempo menor ou igual ao comprimento temporal do sinal analisado: no caso mencionado, um novo espectro é calculado e apresentado em menos de 0,3434 s. O algoritmo empregado nesse tipo de cálculo está ao alcance de um PC padrão já há uns bons anos: anteriormente, era necessário utilizar circuitos especializados chamados de DSP (*digital signal processors*), os quais podem realizar a transformada FFT em apenas poucos milissegundos. Atualmente, entretanto, não é mais necessário equipar um PC moderno com uma dispendiosa placa DSP, já que o seu poder de computação é em torno de 50 vezes maior que o da mais poderosa placa DSP!

Com um analisador em tempo real, é possível observar graficamente a evolução do espectro do sinal ao longo do tempo por meio do *sonograma* (ou *representação em cascata*), conforme mostram as Figs. 12.10 e 12.11.

Finalmente, deve ser analisado o problema da "janela de tempo" a ser aplicada ao segmento do sinal: de fato, caso nenhuma janela seja aplicada, isto é, caso a chamada "janela retangular" seja empregada, o fato de que a forma de onda não assume o seu valor original no início e no final do sinal introduzirá um erro no cálculo, o que fica evidente ao observar-se o comportamento do espectro na Fig. 12.12.

Vê-se na Fig. 12.12 que, enquanto o espectro teórico apresenta energia concentrada numa única linha espectral, exatamente em 1.000 Hz e nenhuma energia nas demais frequências, o espectro obtido com a janela retangular apresenta energia dispersa em todas as frequências, devido à interrupção abrupta do sinal nas arestas verticais da janela retangular. Esse fenômeno é conhecido como "vazamento".

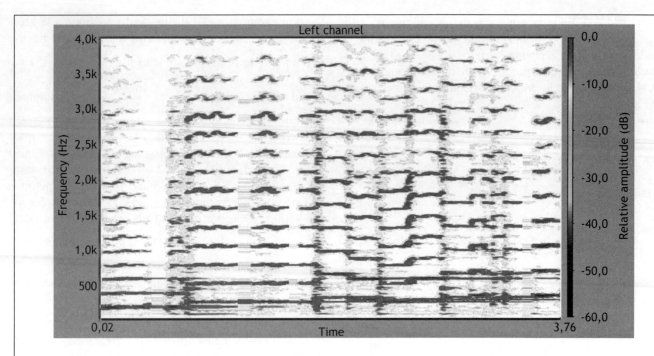

**Figura 12.10** *Representação em cascata com amplitudes associadas a tons de cinza.*

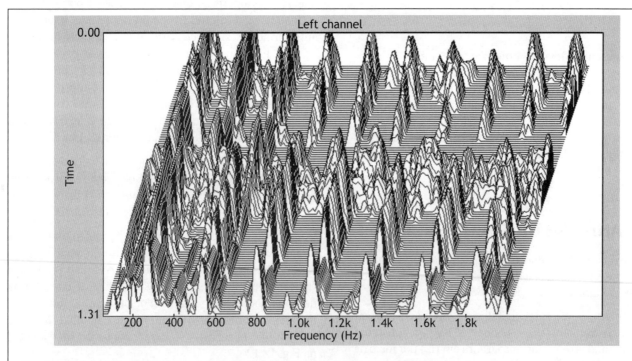

**Figura 12.11** *Representação na forma de diagrama de colinas de um sonograma.*

## 12.4 – Análise de frequência FFT

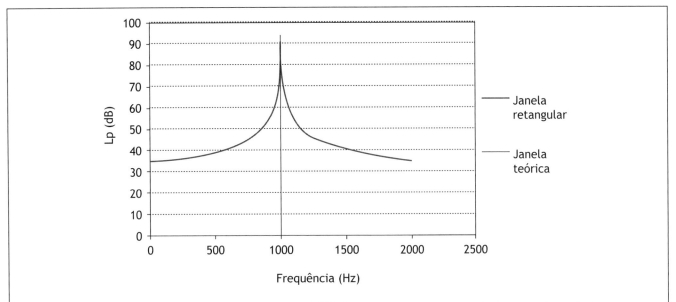

**Figura 12.12** *O espectro teórico de um tom puro em 1.000 Hz e o espectro correspondente ao captar o sinal com uma janela retangular.*

A fim de evitar-se essa dificuldade, uma janela adequada dever ser aplicada ao sinal, de forma a levar "suavemente" a amplitude do sinal a zero no início e no final do segmento temporal a ser analisado via FFT.

A janela temporal mais comumente empregada é a janela *Hann*, definida como:

$$w(i) = \sin^2\left(\frac{\pi \cdot i}{N-1}\right). \tag{12.11}$$

A Fig. 12.13 mostra o efeito da aplicação da janela *Hann* ao segmento temporal da Fig. 12.1. O emprego dessa janela faz com que os dados capturados no início e no final do segmento recebam ponderações menores.

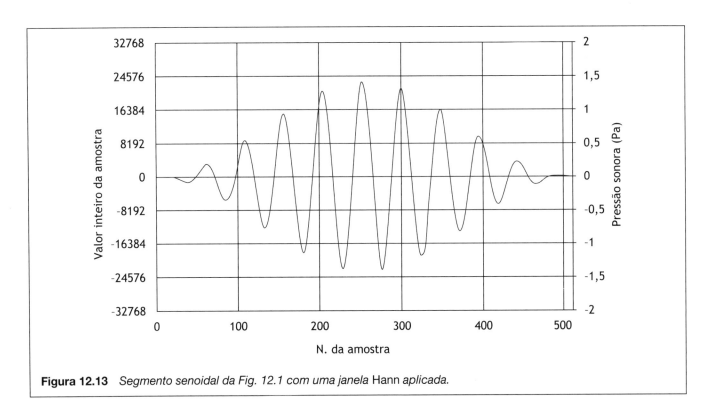

**Figura 12.13** *Segmento senoidal da Fig. 12.1 com uma janela Hann aplicada.*

Ao aplicar-se a janela *Hann*, ou outras janelas temporais alternativas com diferentes formatos, antes da operação FFT, os espectros do sinal senoidal em 1.000 Hz apresentados na Fig. 12.14 serão obtidos.

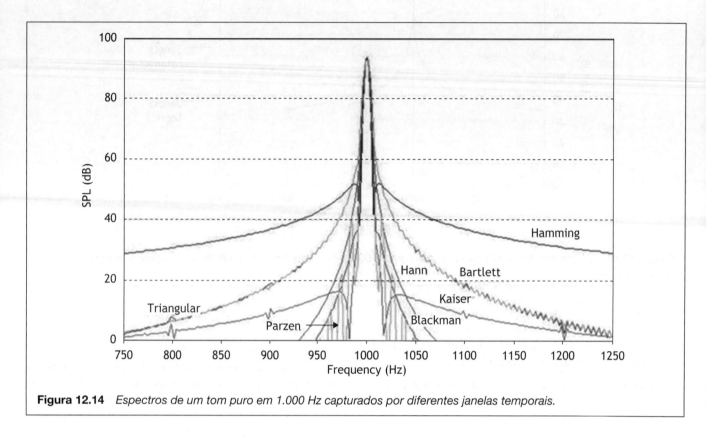

**Figura 12.14** *Espectros de um tom puro em 1.000 Hz capturados por diferentes janelas temporais.*

Observa-se na Fig. 12.14 que as janelas *Hann* e *Blackman* são aquelas que melhor reduzem o vazamento espectral.

Entretanto, o emprego dessas janelas em eventos significativos que ocorrem no início e no final do segmento sob análise recebem uma ponderação muito pequena, o que tende a subestimar consideravelmente a energia do sinal nessas regiões. A fim de evitar-se esse problema, pode-se realizar a análise com janelas sobrepostas.

Após a análise dos N pontos, não se procede à análise dos N pontos seguintes, mas, sim, move-se a janela de análise para a direita, somente no segmento correspondente a N/2 pontos (sobreposição de 50%). Assim, o último ponto amostrado na primeira janela, que recebe zero de ponderação, fica exatamente no meio dessa segunda janela, onde a ponderação é 1. Para cada ponto, qualquer que seja, a soma de duas ponderações consecutivas resulta sempre igual a 1 na análise. Uma vez que a janela *Hann* corresponde ao quadrado de meio período da senoide, o atraso pela metade equivale a transformar o cosseno num seno, uma vez que $\cos^2 + \mathrm{sen}^2 = 1$. A Fig. 12.15 ilustra essa técnica aplicada a uma janela *Hann* com sobreposição de 50%.

Somente com o emprego dessa técnica é que o analisador FFT pode calcular corretamente o nível equivalente: por essa razão, será necessário um analisador com velocidade duas vezes maior, pelo menos, que aquele usado na análise em tempo real para que ele possa ser utilizado em substituição a um medidor de nível sonoro.

A rigor, a fim de manter a ondulação (*ripple*) dentro dos limites estabelecidos pela norma IEC 61260-1:2014 (IEC, 2014), será necessária uma sobreposição ainda maior entre duas janelas sucessivas, o que exige sobreposições de pelo menos 75% do seu comprimento.

Nesse aspecto, será também necessário que o conversor A/D tenha resolução de pelo menos 16 bits, a fim de conferir uma faixa dinâmica linear de extensão suficiente. Entretanto, encontram-se atualmente disponíveis, a baixo custo, conversores A/D de 24 bits, que conferem faixas dinâmicas que excedem largamente as necessidades práticas.

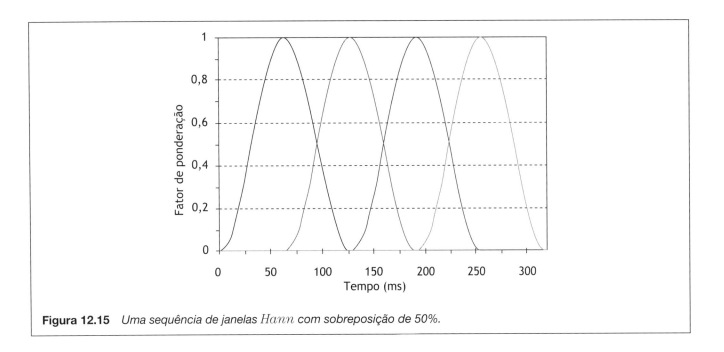

**Figura 12.15**  Uma sequência de janelas $Hann$ com sobreposição de 50%.

## REFERÊNCIAS

INTERNATIONAL ELETROTECHNICAL COMMISSION (IEC). *IEC 61672-1:2013*. Electroacoustics – Sound level meters. Part 1: Specifications. Ed. 2.0. International Standard. [S.l.], 2013.

_____. *IEC 61260-1:2014*. Electroacoustics – Octave-band and fractional-octave-band filters. Part 1: Specifications. Ed. 1.0. International Standard. [S.l.], 2014.

# 13

# ACÚSTICA DE AUDITÓRIOS

Auditórios (do latim *auditoria*) são espaços para comunicação da palavra falada, cantada ou musical e abrangem desde pequenas salas de aula até grandes salas de concerto. Esses espaços incluem os auditórios a céu aberto, como os famosos teatros e anfiteatros greco--romanos da Antiguidade. Entretanto, o foco dos desenvolvimentos deste capítulo será a acústica dos auditórios em recintos fechados, área essa também conhecida como acústica de salas (*room acoustics*) ou acústica arquitetônica (*architectural acoustics*).

Enquanto em salas de aula parece ser incontroverso que, do ponto de vista da comunicação acústica, o desejado é o adequado entendimento da fala do orador pelos ouvintes – a inteligibilidade da fala –, numa sala de concertos, a meta-acústica a ser alcançada é a obtenção de um som musical agradável. É óbvio que em todos esses espaços é necessário assegurar um nível sonoro adequado da fonte e um nível de ruído de fundo compatível com a atividade – relação sinal/ruído –; entretanto, há outros aspectos a serem considerados, o que torna esses espaços especiais do ponto de vista acústico.

Conscientemente ou não, a expectativa do ouvinte numa sala de conferências é que esta propicie condições acústicas para uma adequada inteligibilidade da fala. Isso irá certamente requerer baixos níveis de ruído de fundo, porém algo mais é necessário para a adequada comunicação oral nesse ambiente. Adicionalmente, a sala deve ser imune a ecos, pois sabemos, pela própria experiência, que a inteligibilidade da fala é deteriorada por ecos, uma vez que a mensagem atrasada repetida pelo eco se sobrepõe à mensagem mais recente, sendo o resultado o mascaramento dessa última informação.

Ecos são situações extremas de um comportamento mais comum observado em muitos auditórios: a reverberação. A reverberação pode ser entendida como uma série contínua no tempo de ecos discretos. No entanto, o seu efeito pode ser tão prejudicial à inteligibilidade da fala quanto ecos. Assim, para uma boa qualidade acústica de um auditório destinado à palavra falada, é também necessário garantir a ausência de ecos, e como a reverberação não pode ser eliminada totalmente, será necessário controlá-la de forma adequada.

Portanto, para cada finalidade de um auditório, há atributos acústicos subjetivos que devem ser considerados. Entretanto, diferentemente de uma sala de aula ou de conferências, nas quais a reverberação dever ser minimizada, numa sala de concertos certa reverberação é necessária, no sentido de garantir a experiência acústica que o ouvinte espera ao escutar música nesse tipo de auditório. Nesse caso, considera-se que a superposição no tempo de sons que a reverberação propicia é subjetivamente avaliada favoravelmente pelo ouvinte na audição de música. Um exemplo extremo de reverberação é aquela que ocorre nas igrejas, deliberadamente introduzida para provocar a impressão de monumentalidade na execução da música sacra pelo órgão, em detrimento da inteligibilidade da fala, sabidamente precária nesses espaços.

Os atributos acústicos subjetivos são determinados pelas sensações que são evocadas pelos sons captados pela orelha humana em auditórios. Dessa forma, trata-se de uma área na qual a psicoacústica é de fundamental importância para o entendimento do que é relevante do ponto de vista das propriedades físicas do som a serem realçadas (ou suprimidas) nesses espaços. Uma das principais tarefas na área de acústica de auditórios, portanto, é estabelecer a correlação entre os aspectos subjetivos evocados pelos sons e os descritores físicos objetivos aplicáveis. Entretanto, por serem subjetivos, tais atributos não se encontram ainda completamente consolidados, sendo muitos dos existentes alvos de considerável debate e controvérsia e, por esse motivo, ainda objeto de pesquisa e desenvolvimento.

Como vimos, os atributos de uma sala de aula ou de conferências são diferentes daqueles de uma sala destinada à música, e até conflitantes, no que tange à reverberação. Tais atributos envolvem muitas vezes várias dimensões subjetivas. Por exemplo, numa sala destinada à música, um atributo subjetivo relevante é sentir-se "envolvido" pela música – outra dimensão subjetiva. A questão é como o projeto acústico de um auditório destinado à música poderá auxiliar no atendimento dessa dimensão subjetiva. Para tanto, é necessário primeiro definirem-se formas de quantificar objetivamente dimensões subjetivas, por meio de índices ou métricas específicas.

## 13.1 MÉTRICAS ACÚSTICAS PARA AUDITÓRIOS

Num auditório destinado à palavra falada, o objetivo é garantir que o discurso seja facilmente compreendido por todos os ouvintes. Já numa sala de concertos, a situação é mais complexa, pois diferentes pessoas (músicos, atores, oradores, ouvintes) poderão ter opiniões distintas sobre o que seja uma "boa acústica", já que as pessoas são também influenciadas pela comparação das propriedades acústicas dos diferentes auditórios que tiveram a oportunidade de conhecer. No caso da música, o objetivo é conseguir um "som agradável" até o ponto em que isto depender do auditório, e não dos músicos. Ocorre que os músicos também respondem à acústica do auditório na qual atuam.

As características construtivas do auditório (seu tamanho e forma, os materiais de revestimento de paredes e teto, o arranjo dos assentos etc.) determinam a sua "acústica"; isto é, influenciam em graus distintos os sinais gerados por uma mesma fonte sonora. Reciprocamente, quando se deseja criar condições acústicas particulares, há necessidade de se atuar nas características construtivas do auditório. Para que a solução não seja baseada em tentativas e erros, que poderão ser custosas, ou na experiência, que poderá causar surpresas desagradáveis caso se projete um auditório com características incomuns, recorre-se aos índices objetivos ou "figuras de mérito" que podem ser considerados "mediadores" entre os dados construtivos do auditório, por um lado, e a experiência acústica do ouvinte, por outro. Idealmente, um índice desse tipo deve ter as seguintes propriedades:

- correlacionar-se com um dado atributo subjetivo;
- ser mensurável, permitindo coletar valores em auditórios existentes e assim poder validá-lo;
- ser calculável, ou seja, deve ser possível determiná-lo a partir dos dados construtivos do auditório; e

- a atividade recíproca deve também ser possível, isto é, deve-se poder indicar as características construtivas para que o índice assuma determinado valor em um auditório, e assim criar-se a impressão subjetiva desejada.

O cálculo da maioria dos índices objetivos é feito a partir da resposta impulsiva (ou reflectograma), já apresentada no Capítulo 12 (Fig. 12.3). Conforme lá discutido, a resposta impulsiva é um registro de pressão sonora em determinado ponto do auditório, feito a partir do momento de sua sonorização com um som impulsivo. A Fig. 13.1 ilustra a situação.

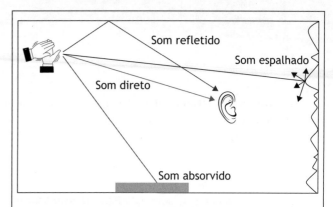

**Figura 13.1** *Geração da resposta impulsiva em um determinado ponto de um auditório. Fonte: adaptada de Mediacoustic, com permissão da 01 dB.*

Na situação real, a orelha é substituída por um microfone, gerando o registro apresentado na Fig. 13.2. A parte superior da figura mostra a resposta impulsiva de pressão, que nada mais é que o registro da pressão sonora $p(t)$ ao longo do tempo. A parte inferior da figura mostra a resposta impulsiva energética, que poderá ser obtida aplicando-se a expressão:

$$L_p(t) = 10\log\left[\frac{p^2(t)}{\max p^2(t)}\right], \qquad (13.1)$$

em que $\max p^2(t)$ é a pressão sonora instantânea ao quadrado máxima, que corresponde ao som direto mostrado na Fig. 13.1, e representado por 0 dB na resposta impulsiva energética da Fig. 13.2. O som direto é o primeiro a atingir o ouvinte, e é ele que determina a localização da fonte.

Uma simples inspeção visual da resposta impulsiva energética revela o som direto em 0 dB, as primeiras reflexões e as várias reflexões subsequentes do decaimento reverberante. As primeiras reflexões que atingem o observador logo após o som direto são responsáveis pela criação de importantes atributos subjetivos característicos do auditório. O decaimento reverberante caracteriza o espaço acústico como um todo.

# 13.1 – Métricas acústicas para auditórios

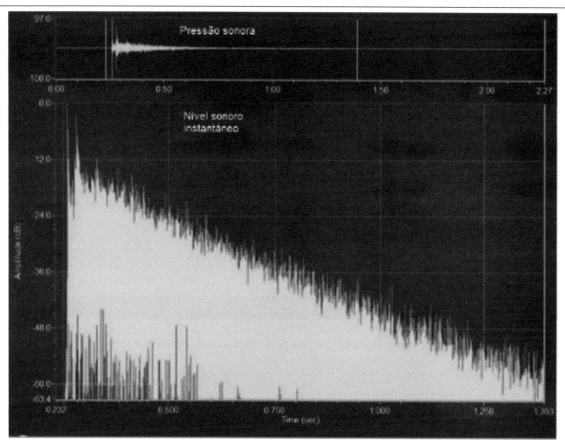

**Figura 13.2** *Resposta impulsiva da pressão e resposta impulsiva energética em um ponto em um auditório. Fonte: adaptada de Altermatt (2015).*

A norma ISO 3382 (INTERNATIONAL ORGANIZATION FOR STANDARDIZATION, 2009) especifica métodos para a medição do tempo de reverberação e outros parâmetros aplicados a espaços de espetáculos artísticos. O tempo de reverberação $T_{60}$ – a mãe de todas as métricas de auditórios –, já definido na Seção 10.2, é o mais antigo e o mais importante índice objetivo em acústica de salas, e que atende a todas as propriedades indicadas anteriormente. Diferentemente dos outros índices, o tempo de reverberação tende a ser uniforme na sala, isto é, o seu valor independe da posição do ouvinte.

É possível obter o tempo de reverberação a partir da resposta impulsiva energética da Fig.13.2, aplicando-se um procedimento que "suaviza" as irregularidades observadas nessa curva, gerando a chamada curva de decaimento energético obtida a partir da seguinte expressão:

$$E(t) = 10\log\left[\frac{\int_{t}^{\infty} p^2(t)dt}{\int_{0}^{\infty} p^2(t)dt}\right], \text{ em dB} \qquad (13.2)$$

A Fig. 13.3 mostra a curva de decaimento energético $E(t)$, obtida a partir da resposta impulsiva energética $L_p(t)$.

É muito comum que a curva de decaimento energético, além de apresentar irregularidades e curvaturas, não apresente uma faixa dinâmica suficientemente larga que permita observar o decaimento de 60 dB necessário para a determinação do tempo de reverberação. Por esse motivo, costuma-se estimar o tempo de reverberação, denominado $T_{30}$, como o dobro do tempo apurado entre os pontos a -5 e -35 dB de uma linha reta ajustada aos pontos da curva de decaimento energético. Similarmente, pode-se obter o tempo de reverberação $T_{20}$ como o triplo do tempo apurado entre os pontos a -5 e -25 dB de uma linha reta ajustada aos pontos da curva de decaimento energético.

Essas notações costumam provocar dúvidas, uma vez que aparentam referir-se a tempos de decaimento de 30 e 20 dB, quando na realidade são, de fato, tempos de decaimento de 60 dB, conforme definição do tempo de reverberação. A Fig. 13.4 apresenta o procedimento de cálculo do $T_{20}$ para uma linha reta que foi ajustada aos pontos da curva de decaimento energético com faixa dinâmica inferior a 45 dB.

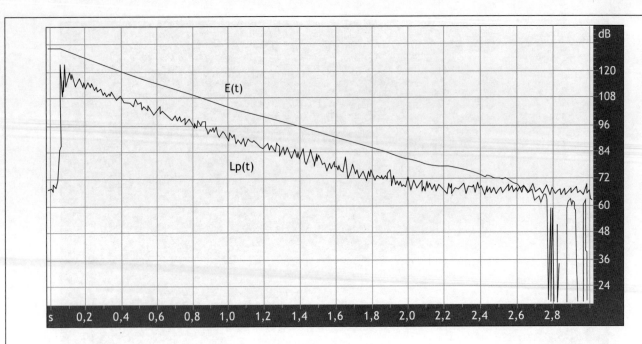

**Figura 13.3** *Curva de decaimento energético E(t), obtida a partir da resposta impulsiva energética L$_p$(t). Fonte: adaptada de Farina (2012).*

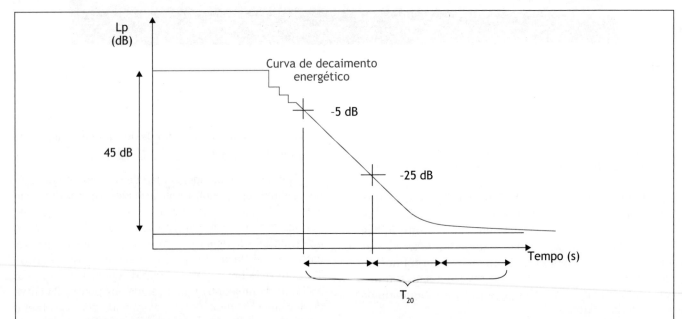

**Figura 13.4** *Procedimento de cálculo do T$_{20}$, para uma curva de decaimento energético com faixa dinâmica inferior a 45 dB. Fonte: adaptada de Farina (2012).*

O tempo de decaimento inicial EDT (*early decay time*) caracteriza a parte inicial da curva de decaimento energético e correlaciona-se com a impressão subjetiva de como o sinal transmitido parece ser modificado pela reverberação da sala. É igual a seis vezes o tempo apurado entre os pontos a 0 e -10 dB de uma linha reta ajustada aos pontos da curva de decaimento energético. Diferentemente do T$_{60}$, EDT é mais sensível à posição do ouvinte na sala.

As outras métricas usuais em acústica de salas têm por base o efeito de precedência ou efeito Haas, apresentado e discutido na Seção 5.9. Lá foram introduzidos os conceitos de reflexões úteis e detrimentais, em que, conforme indica a Fig. 13.5, as reflexões úteis são aquelas que ocorrem após 50-80 ms do som direto, e as detrimentais, as subsequentes. Para a palavra falada, adota-se o limite de 50 ms e, para a música, o limite de 80 ms.

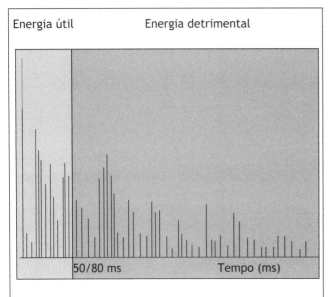

**Figura 13.5** *Avaliação da energia útil-detrimental. Fonte: adaptada de Farina (2012).*

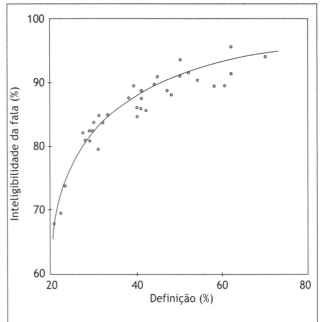

**Figura 13.6** *Relação entre a inteligibilidade de sílabas e Definição D. Fonte: adaptada de Kuttruff (2009).*

Com base no conceito de energia útil-detrimental, foram criadas duas métricas: Definição e Clareza. A primeira é aplicável a salas para a palavra falada, e a segunda, a salas destinadas à música.

Definição D baseia-se na característica da audição na qual reflexões que atinjam o ouvinte até 50 ms após a chegada do som direto são consideradas reflexões úteis, no sentido de que dão suporte ao som direto, contribuindo, assim, com a audibilidade sem efeitos colaterais negativos. Por outro lado, reflexões mais tardias são percebidas subjetivamente como eventos sonoros detrimentais introduzidos pela sala, que se manifestam como reverberação e, no caso de serem reflexões isoladas, como ecos. Definição compara a energia contida no som direto mais a energia das reflexões úteis com a energia total da resposta impulsiva. Definição tem sido correlacionada com a inteligibilidade da fala, sendo calculada a partir da resposta impulsiva energética por meio da seguinte expressão:

$$D = \frac{\int_0^{50\,ms} p^2(t)dt}{\int_0^{\infty} p^2(t)dt} \times 100\%. \quad (13.3)$$

A inteligibilidade da fala, definida como a relação entre palavras faladas por um orador e entendidas por ouvintes, pode ser medida por meio de métodos subjetivos, um dos quais utiliza sílabas padronizadas. A relação entre Definição D e a inteligibilidade de sílabas é apresentada na Fig. 13.6. Os valores de D plotados nessa figura foram obtidos como a média na faixa de frequências 340-3.500 Hz.

Clareza C é similar à Definição D, com a diferença de que se consideram reflexões úteis aquelas que atingem o ouvinte até 80 ms após o som direto. Clareza tem sido usada para caracterizar a "transparência" da música em salas de concerto. Nessas salas, C = 0 dB é considerado valor suficiente mesmo para passagens rápidas, enquanto C = -3 dB é considerado o valor mínimo admissível. Clareza é calculada a partir da resposta impulsiva energética por meio da seguinte expressão:

$$C = 10\log \frac{\int_0^{80\,ms} p^2(t)dt}{\int_{80\,ms}^{\infty} p^2(t)dt}. \quad (13.4)$$

Tempo Central $T_C$ é o "centro de gravidade" da resposta impulsiva energética. Indica o equilíbrio entre a energia útil e a energia detrimental, sendo calculado a partir da resposta impulsiva energética por meio da seguinte expressão:

$$T_C = \frac{\int_0^{\infty} t\,p^2(t)dt}{\int_0^{\infty} p^2(t)dt}. \quad (13.5)$$

Tempo Central curto indica predominância da energia útil, enquanto Tempo Central longo indica predominância da energia detrimental.

Suporte G é essencialmente o nível sonoro total em determinado ponto da sala gerado por uma fonte sonora omnidirecional, em relação ao nível sonoro que essa mesma fonte produz em um ponto a 10 m em campo livre. Fornece a capacidade da sala em "reforçar" o sinal originado da fonte, daí o nome. Suporte correlaciona-se fortemente com a audibilidade do som, sendo -2 dB considerado um nível mínimo e 10 dB um nível a ser perseguido. Suporte é calculado a partir da resposta impulsiva energética por meio da seguinte expressão:

$$G = 10\log \frac{\int_0^\infty p^2(t)dt}{\int_0^\infty p_{10m}^2(t)dt}. \quad (13.6)$$

A impressão subjetiva de espacialidade do campo acústico foi identificada como estando associada às reflexões laterais. Reflexões laterais precoces e tardias criam dois tipos de impressão espacial. As reflexões precoces até 80 ms contribuem com a chamada Largura Auditiva da Fonte (*Auditory Source Width*, ASW). Essa impressão subjetiva está associada ao fato de que o som direto determina a posição da fonte; no entanto, as reflexões laterais precoces ocasionam alguma incerteza na sua localização. Isso faz com que a fonte não seja localizada na sua posição exata, resultando na impressão subjetiva de que a fonte tem maiores dimensões (ASW).

A métrica que se correlaciona com ASW é a Fração Lateral Precoce LF (*Early Lateral Fraction*), que compara a energia sonora precoce (menos a energia entre 0 e 5 ms), que atinge a cabeça do ouvinte lateralmente, com a energia sonora total inicial em torno da cabeça. A Fig. 13.7 ilustra a incidência de um raio sonoro lateralmente, formando um ângulo θ com a linha que une o centro de ambas as orelhas.

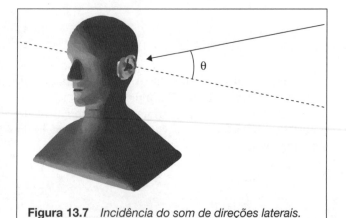

**Figura 13.7**  *Incidência do som de direções laterais. Fonte: adaptada de Vorlander (2008).*

Conforme indica a Fig. 13.8, a energia lateral é medida com um microfone insensível aos sons frontais e aos sons que atingem o ouvinte pela retaguarda. O diagrama polar de sensibilidade direcional do microfone tem, portanto, a forma de um "8" deitado "∞", daí o nome de "figura de oito" para o microfone com essas características. A Fração Lateral Precoce é calculada por meio da seguinte expressão:

$$LF = \frac{\int_{5ms}^{80ms} p_\infty^2(t)dt}{\int_0^{80ms} p^2(t)dt} = \frac{\int_\Omega \left[\int_{5ms}^{80ms} p_\infty^2(t)dt\right]\cos^2\theta\, d\Omega}{\int_\Omega \left[\int_0^{80ms} p^2(t)dt\right]d\Omega}. \quad (13.7)$$

Outra dimensão espacial é a impressão de envolvimento do ouvinte pelo campo acústico reverberante (*Listener Envelopment*, LEV), resultado das reflexões laterais tardias. A impressão de envolvimento é descrita pela métrica Nível de Suporte Lateral Tardio LG (*Late Lateral Strength Level*):

$$LG = 10\log \frac{\int_{80ms}^\infty p_\infty^2(t)dt}{\int_0^\infty p^2(t)dt} =$$

$$10\log \frac{\int_\Omega \left[\int_{80ms}^\infty p_\infty^2(t)dt\right]\cos^2\theta\, d\Omega}{\int_\Omega \left[\int_0^\infty p^2(t)dt\right]d\Omega}. \quad (13.8)$$

Outra métrica de espacialidade que deixaremos de aqui apresentar é a Correlação Cruzada Interaural (*Interaural Cross Correlation*, IACC), que se baseia na dissimilaridade dos sons que atingem lateralmente as orelhas. IACC mede essencialmente ASW quando os limites de integração envolvem as reflexões precoces, e mede LEV quando tais limites envolvem as reflexões tardias. IACC é difícil de medir e de calcular, sendo uma métrica ainda não plenamente consolidada (Fig. 13.9).

A incorporação de muitas métricas num mesmo estudo não é de todo benéfica, pois o volume de resultados gerados tende a ser muito grande. Uma vez que elas são normalmente obtidas a partir da resposta impulsiva filtrada em bandas de oitava, a inclusão de uma grande gama de métricas na análise torna a avaliação difícil e trabalhosa.

A Fig. 13.10 apresenta o volume de informações que podem ser geradas em uma única medição. Vê-se nessa figura o resultado de catorze métricas em dez bandas de oitava, totalizando 140 valores numéricos, obtidos a partir de uma única resposta impulsiva. A fim de poder-se contar com uma avaliação mais resumida e compacta, as duas últimas colunas da figura apresentam os resultados das dez métricas por meio de números únicos obtidos da resposta impulsiva A-ponderada e sem ponderação-Lin. Esses últimos resultados permitem uma avaliação mais focada das diversas métricas obtidas em pontos distintos numa mesma sala ou em salas distintas.

# 13.1 – Métricas acústicas para auditórios

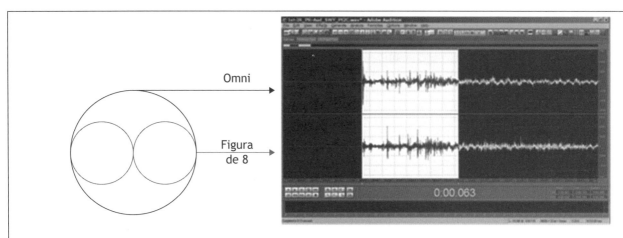

**Figura 13.8** *Respostas impulsivas das pressões sonoras captadas pelo microfone omnidirecional e pelo microfone figura de oito. Fonte: Farina (2012).*

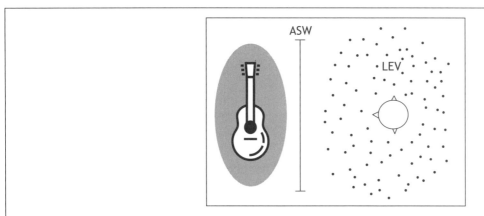

**Figura 13.9** *Ilustração de ASW e LEV. Fonte: adaptada de Morimoto (1997).*

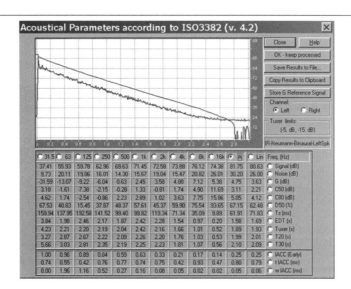

**Figura 13.10** *Resultados de catorze métricas em dez bandas de oitava, A-ponderadas e sem ponderação-Lin, obtidos a partir de uma única resposta impulsiva. Fonte: adaptada de Farina (2012).*

## 13.1.1 QUAIS MÉTRICAS UTILIZAR

As métricas aplicáveis a auditórios foram criadas com o objetivo de monitorar aspectos subjetivos independentes, ou seja, em princípio, elas deveriam se comportar como fatores ortogonais. Todavia, não é isso que ocorre, por exemplo, com definição, clareza e tempo central, pois são métricas fortemente correlacionadas, não fazendo sentido incluir todas as três num mesmo estudo. Esse fato demonstra que essas métricas se correlacionam com uma mesma dimensão subjetiva.

Num auditório para a palavra falada é suficiente adotar a definição (ou, alternativamente, uma das outras métricas de inteligibilidade da fala a serem apresentadas mais adiante), uma vez que a impressão de espacialidade não é importante nesse tipo de auditório. Num auditório destinado à música, pode-se adotar somente clareza e as métricas de espacialidade anteriormente apresentadas.

O cálculo de todas essas métricas poderá ser feito, é claro, a partir da medição da resposta impulsiva medida. Entretanto, na fase de projeto de uma nova sala, isso não será possível. Por outro lado, como veremos mais adiante, todas essas métricas podem ser estimadas assumindo-se uma curva de decaimento exponencial idealizado.

## 13.2 ALGUMAS IMPRESSÕES SUBJETIVAS EM AUDITÓRIOS

Acústica é ciência; música é arte. Quando ambas necessitam ser consideradas conjuntamente, como no caso de projetos de auditórios destinados à música, há necessidade dos arquitetos e acústicos entenderem o significado dos termos utilizados por músicos e críticos musicais na avaliação das impressões subjetivas de qualidade acústica em auditórios. Entre as diversas impressões subjetivas que têm sido propostas, iremos aqui apresentar aquelas que, por meio de estudos psicoacústicos, se mostraram correlacionar com as métricas apresentadas na seção anterior.

- Audibilidade (*strength* ou *loudness*), já definida na Seção 5.3, é o "volume sonoro" (nível sonoro) que a sala proporciona. A Audibilidade da sala aumenta com a reverberação. A Audibilidade é diretamente proporcional ao suporte G.

- Vivacidade (*reverberance* ou *liveness*) refere-se à reverberação da sala em médias e altas frequências (tipicamente acima de 350 Hz). A Vivacidade correlaciona-se com o Tempo de Decaimento Inicial, EDT. Uma sala reverberante é dita "viva", enquanto uma sala pouco reverberante é dita "morta" ou "seca". A sala seca é preferível à sala viva no que se refere à inteligibilidade da fala; entretanto, na sala seca, a Audibilidade tende a ser menor que na sala viva para uma mesma fonte sonora. Portanto, deve haver um compromisso entre a Vivacidade e a Audibilidade em salas para a palavra falada.

- Calor (*warmth*) refere-se à Audibilidade ou Vivacidade em baixas frequências (tipicamente entre 75 e 350 Hz), comparada com as médias frequências (tipicamente entre 350 e 1.400 Hz) e as altas frequências (tipicamente acima de 1.400 Hz). Correlaciona-se com suporte G, e o Tempo de Decaimento Inicial EDT, nas frequências correspondentes.

- Clareza (*clarity*) refere-se ao grau com que diferentes notas musicais são percebidas distintas e isoladas no início das passagens musicais. Correlaciona-se com o índice Clareza C e com o Tempo Central $T_C$.

- Envolvimento (*envelopment* ou *spatial impression*) refere-se à impressão subjetiva de estar "imerso" no campo acústico. Tal impressão, como já vimos, é essencialmente atribuída aos sons que atingem o observador lateralmente, e pela dissimilaridade dos sons que atingem ambas as orelhas. Correlaciona-se com a Fração Lateral Precoce LF e com a Correlação Cruzada Interaural IACC.

- Intimidade (*intimacy*) refere-se à impressão de ouvirem-se sons musicais como se estivesse numa sala pequena, independentemente do tamanho real da sala. Correlaciona-se com Suporte G.

- Timbre refere-se essencialmente ao fato de que uma mesma nota musical tocada em diferentes instrumentos gera timbres distintos. O timbre de determinado instrumento é caracterizado pelo número e pela intensidade dos harmônicos. O timbre dos instrumentos não deve ser alterado pela sala. Quando isso ocorre, diz-se que a sala introduz "coloração" ao som gerado por um instrumento.

## 13.3 FÓRMULAS PARA A ESTIMATIVA DAS MÉTRICAS DE AUDITÓRIOS

Como vimos, as métricas de auditórios apresentadas anteriormente tiveram por base a medição da resposta impulsiva, o que pressupõe, é claro, a existência física da sala em questão. No projeto de uma nova sala, como a resposta impulsiva não se encontra disponível, há necessidade de gerá-la por meios não físicos, ou seja, por meio de respostas impulsivas simuladas. A resposta impulsiva poderá ser assim gerada mediante maquetes acústicas ou programas computacionais – mais detalhes ao final do capítulo –, ou analiticamente, assumindo-se que a curva de decaimento energético é exponencial. Essa aproximação é válida em salas nas quais o campo sonoro é difuso; ou seja, nas quais todas as ondas que se propagam não apresentam direções privilegiadas no transporte da energia acústica; em outras palavras, quando a pressão sonora é a mesma em qualquer ponto da sala. Isso ocorre em grandes salas com muito pouca ou nenhuma absorção nas superfícies, sendo a difusão intensificada em salas assimétricas.

Num auditório, o campo acústico tende a ser não difuso, e, ao assumir-se um decaimento idealizado do tipo exponencial, não será possível identificar a presença de ecos e de outras singularidades na curva de decaimento energético. O decaimento exponencial é uma simplificação de um processo mais complexo e resulta no tempo de reverberação igual ao tempo de decaimento inicial e nas métricas de qualidade acústica serem simplesmente dependes do tempo de reverberação. Essa abordagem não fornecerá resultados exatos, indicando, apenas, uma estimativa para os valores das métricas aplicáveis. Entretanto, trata-se de uma ferramenta útil que serve para balizar, com o emprego de fórmulas simples, diferentes cenários durante a fase do projeto acústico de um novo auditório.

A Fig. 13.11 apresenta curvas de decaimento medidas numa sala de aula com 400 m³, vazia e ocupada. Como a curva de decaimento em dB ajustada aos pontos experimentais é linear, isso implica que o decaimento energético é próximo ao exponencial, indicando tratar-se de um campo acústico muito próximo do difuso.

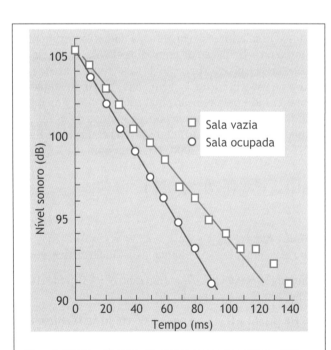

**Figura 13.11** *Curvas de decaimento em dB medidas numa sala de aula com 400 m³, vazia e ocupada. Fonte: adaptada de Auditorium Acoustics apud Jesse (1980). Acesso em: 24 mar. 2018.*

Na Fig. 13.11, a melhor adesão da curva de decaimento da sala ocupada a um decaimento linear parece contradizer a afirmação anterior de que a absorção tende a tornar o campo acústico menos difuso, resultando, portanto, numa curva de decaimento que se afastaria da linear. Contudo, não se pode descartar o fato de que a ocupação da sala com pessoas aumentou o espalhamento das ondas propagantes, resultando numa maior difusividade do campo acústico, favorecendo a tendência ao comportamento linear dessa curva de decaimento.

O desenvolvimento das fórmulas analíticas das métricas anteriormente apresentadas se baseia nas densidades de energia do som direto e do som refletido. A densidade de energia do som direto é dada por $w_d = \dfrac{W}{4\pi c r^2}$, e a densidade de energia do som refletido em campo difuso é dada por $w_r = \dfrac{4W}{cA}$, em que $W$ é a potência sonora de uma fonte omnidirecional, $c$ é a velocidade do som, $r$ é a distância fonte-receptor e $A = \bar{\alpha}S$. Nessa última expressão, $A$ é a absorção sonora da sala, $\bar{\alpha}$ é o coeficiente de absorção sonora médio das superfícies, e $S$ é a área das superfícies do auditório (ver Seção 10.3).

Define-se raio reverberante $r_h$ a distância da fonte à qual as densidades de energia do som direto e do som refletido se igualam, sendo dado por:

$$r_h = \sqrt{\frac{A}{16\pi}}. \tag{13.9}$$

Após a fonte sonora ter sido desligada, o decaimento da densidade de energia na sala, na condição de campo difuso, será exponencial e dado por $w_r(t) = w_0 e^{-t/T_E}$, em que $w_0 = \dfrac{4W}{cA}$ é a densidade de energia na sala no instante em que a fonte é desligada ($t = 0$), $T_E = \dfrac{4V}{Ac}$, $c$ é a velocidade do som, e $V$ é o volume da sala. Ao colocar-se $t = T_{60}$, obtém-se a fórmula de Sabine: $T_{60} = 0{,}161\dfrac{V}{A}$.

Durante o decaimento exponencial, a pressão do som refletido $p_r$ se relaciona com a densidade de energia $w_r$ por meio de $p_r^2 = \rho c^2 w_r = \rho c \dfrac{4W}{A} e^{-t/T_E}$. Por sua vez, a pressão do som direto $p_d$ se relaciona com a densidade de energia por meio da expressão $p_d^2 = \rho c^2 w_d = \rho c \dfrac{W}{4\pi r^2}\delta(t)$, em que $\delta(t)$ é a função delta de Dirac em $t = 0$.

Reconhecendo que $T_E = \dfrac{4V}{Ac} = \dfrac{T_{60}}{13{,}8}$, e levando-se as expressões para a pressão do som direto $p_d$ e do som refletido $p_r$ nas Eqs. (13.3), (13.4), (13.5), (13.6), (13.7), e (13.8) temos, respectivamente:

$$D = \frac{1 + \left(\dfrac{r_h}{r}\right)^2 - e^{-\dfrac{0{,}69}{T_{60}}}}{1 + \left(\dfrac{r_h}{r}\right)^2}, \tag{13.10}$$

$$C = 10\log\left(\frac{1 + \left(\dfrac{r_h}{r}\right)^2 - e^{-\frac{1,1}{T_{60}}}}{e^{-\frac{1,1}{T_{60}}}}\right), \qquad (13.11)$$

$$T_C = T_E = \frac{T_{60}}{13,8}, \qquad (13.12)$$

$$G = 10\log\left[\frac{1}{4\pi r^2} + 25\frac{T_{60}}{V}\right] + 31dB, \qquad (13.13)$$

$$LF = \frac{\displaystyle\int_\Omega\left[\int_{5ms}^{80ms} p_\infty^2(t)dt\right]\cos^2\theta d\Omega}{\displaystyle\int_\Omega\left[\int_0^{80ms} p^2(t)dt\right]d\Omega} =$$

$$\frac{\left[\displaystyle\int_{5\,ms}^{80ms} p_\infty^2(t)dt\right]\displaystyle\int_0^{2\pi}\cos^2\theta\,sen\theta\,d\theta\int_0^\pi d\varphi}{\left[\displaystyle\int_0^{80ms} p^2(t)dt\right]\displaystyle\int_0^{2\pi}sen\theta\,d\theta\int_0^\pi d\varphi} =$$

$$\frac{1}{3}\left[\frac{e^{-\frac{0,069}{T_{60}}} - e^{-\frac{1,10}{T_{60}}}}{1 + \left(\dfrac{r_h}{r}\right)^2 - e^{-\frac{1,10}{T_{60}}}}\right], \qquad (13.14)$$

$$LG = 10\log\frac{\displaystyle\int_\Omega\left[\int_{80ms}^\infty p_\infty^2(t)dt\right]\cos^2\theta d\Omega}{\displaystyle\int_\Omega\left[\int_0^\infty p^2(t)dt\right]d\Omega} =$$

$$10\log\left[\frac{1}{3}e^{-\frac{1,1}{T_{60}}}\right]. \qquad (13.15)$$

Da experiência, sabe-se que a inteligibilidade da fala é deteriorada pelo ruído ambiente. Definição D – a métrica que se correlaciona com a inteligibilidade da fala – não leva em consideração a deterioração da inteligibilidade devido ao ruído ambiente. Para levar em conta o efeito detrimental do ruído ambiente na inteligibilidade da fala em auditórios existem duas outras métricas que são bastante utilizadas: a Perda na Articulação de Consoantes (*Articulation Loss of Consonants*, $AL_{CONS}$), e o Índice de Transmissão da Fala (*Speech Transmission Index*,

STI). Essas duas métricas incorporam tanto os efeitos detrimentais da reverberação quanto do ruído ambiente na inteligibilidade da fala.

Uma lista de palavras utilizada em testes subjetivos de inteligibilidade é do tipo CVC (consoante-vogal--consoante). Essas palavras monossilábicas são compostas de fonemas. Fonemas são sons elementares da fala que representam as vogais e consoantes usadas numa determinada língua. Quando ouvintes são solicitados a escutar essas palavras monossilábicas em testes de articulação, eles estão, de fato, escutando fonemas. Os fonemas individuais são considerados uma forma neutra de mensagem, no sentido de que não são reconhecidos por pistas linguísticas, lógicas, ou outra forma de pistas além das acústicas. Essa característica, pelo menos em princípio, torna as sílabas sem significado um material de teste de qualidade superior, sendo reconhecido por fornecer resultados mais acurados quando comparado com testes que usam palavras ou sentenças. Entretanto, a aplicação desse tipo de teste requer que oradores e ouvintes sejam bem treinados, no sentido de que os oradores devem pronunciar os fonemas corretamente e os ouvintes serem capazes de escrever, em símbolos fonéticos, o que escutaram.[1] O resultado é expresso como porcentagem de sílabas $\%AL_{CONS}$ para as quais todos os três componentes CVC foram corretamente percebidos.

A fórmula a ser apresentada a seguir foi obtida ajustando-se uma expressão analítica a dados experimentais da perda na articulação de consoantes $\%AL_{CONS}$, e leva em conta o efeito da reverberação da sala (representado pelo tempo de reverberação $T_{60}$) e o efeito do ruído ambiente (representado pela relação sinal ruído $L_n - L_r$) na inteligibilidade da fala. A fórmula para estimativa da $\%AL_{CONS}$ é conhecida como forma arquitetônica da equação de Peutz (BISTAFA; BRADLEY, 2000) e é dada por:

$$\%AL_{CONS} = K_C\left(1,071 \cdot T_{60}^{-0,0285}\right)^{25+(L_n - L_r)}, \qquad (13.16)$$

em que $K_C = 9 \cdot T_{60}$ para $r > r_c$, e $K_C = 9 \cdot T_{60} \cdot \left(r/r_c\right)^2$ para $r \le r_c$, em que $r_c$ é a chamada distância crítica, sendo dada por $r_c = 0,21\sqrt{V / T_{60}}$ (em metro). A Eq. (13.16) é válida para $L_n - L_r \ge r_c - 25$ dB.

Na Eq. (13.16), $L_n$ é o nível do ruído ambiente e $L_r$ é o nível do som refletido, que poderá ser aproximadamente estimado por meio da seguinte expressão:

---

(1) O significado de ouvir remete ao sentido da audição, é aquilo que o ouvido capta. Já o verbo escutar corresponde ao ato de ouvir com atenção. Ou seja, escutar é entender o que está sendo captado pela audição, mas, além disso, compreender e processar mentalmente a informação.

$$L_r \approx L_{1m} - 10 \log\left(0{,}0064 V T_{60}^{-1} e^{0{,}163/T_{60}}\right), \qquad (13.17)$$

em que $L_{1m}$ é o nível de pressão sonora a 1 m da fonte.

Uma das vantagens da %$AL_{CONS}$ é que, por convenção, ela é normalmente calculada apenas na banda de oitava de 2 kHz.

A Fig. 13.12 apresenta %$AL_{CONS}$ em função do tempo de reverberação, com valores obtidos por meio das Eqs. (13.16) e (13.17), tendo $L_n - L_{1m}$ como parâmetro, para uma sala de aula com 300 m³. Observa-se nessa figura que %$AL_{CONS}$ apresenta uma escala subjetiva de inteligibilidade: %$AL_{CONS}$ < 10% – muito boa; 10 < %$AL_{CONS}$ < 15 – boa; %$AL_{CONS}$ > 15% – suficiente.

Quando a fonte é a fala humana, $L_{1m}$ está em torno de 60 dB(A) para professores em sala de aula. Assim, $L_n - L_{1m}$ = – 20 dB corresponde ao nível de ruído ambiente de 40 dB(A).

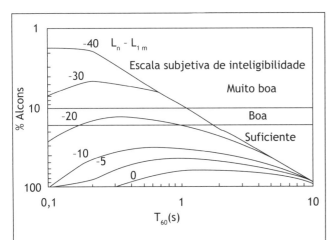

**Figura 13.12** %$AL_{CONS}$ versus *tempo de reverberação para uma sala de aula com 300 m³, tendo $L_n - L_{1m}$ como parâmetro. Fonte: Bistafa; Bradley (2000).*

Observa-se na Fig. 13.12 a influência do tempo de reverberação na inteligibilidade da fala e como o ruído ambiente degrada a inteligibilidade. Por exemplo, para $T_{60}$ igual a 1 s, a inteligibilidade de muito boa para $L_n$ igual a 20/30 dB reduz-se a boa para $L_n$ igual a 40 dB, sendo apenas suficiente para $L_n$ igual a 50 dB.

A resposta impulsiva forma também a base de cálculo do STI, podendo ser medida ou calculada assumindo-se uma resposta impulsiva com decaimento exponencial idealizado. Entretanto, devido à sua complexidade, o cálculo do STI não será aqui apresentado. Mais detalhes sobre o STI poderão ser encontrados em Steeneken e Houtgast (1980). A Fig. 13.13 apresenta o STI em função do tempo de reverberação, assumindo-se um decaimento exponencial idealizado e tendo a relação sinal ruído como parâmetro, para uma sala de aula com 300 m³.

Observa-se na Fig. 13.13 que o STI também apresenta uma escala subjetiva de inteligibilidade, cujas faixas estão associadas aos valores de STI indicados no eixo vertical da figura: STI > 0,75 – excelente; 0,75 > STI > 0,60 – boa; 0,60 > STI > 0,45 – razoável; 0,45 > STI > 0,30 – pobre; STI < 0,30 – ruim.

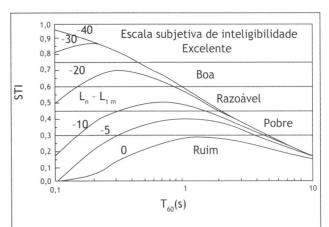

**Figura 13.13** *STI versus tempo de reverberação para uma sala de aula com 300 m³, tendo $L_n - L_{1m}$ como parâmetro. Fonte: Bistafa; Bradley (2000).*

A Tab. 13.1 apresenta um resumo das métricas de auditórios até aqui apresentadas e informações complementares. Finalizando esta seção, cabe observar que ao assumir-se um decaimento exponencial idealizado, as fórmulas para estimativa das métricas de auditórios resultaram todas elas dependentes do tempo de reverberação. Este será, portanto, o único parâmetro que, em última análise, caracterizará as condições acústicas do auditório. Felizmente, a prática parece indicar que os valores reais das métricas medidos raramente se afastam significativamente daqueles valores determinados pelo tempo de reverberação. Como veremos mais adiante, esses desvios são principalmente determinados pela forma do auditório no controle das reflexões precoces.

# 13 – Acústica de auditórios

**TABELA 13.1  Resumo das métricas de auditórios e informações complementares**

| Métrica | Símbolo (unidade) | Fórmula de definição | Fórmula de cálculo (campo difuso) | |
|---|---|---|---|---|
| Tempo de reverberação | $T_{30}/T_{20}$ (s) | Tempo de decaimento entre -5 e -35 dB ou entre -5 e -20 dB, extrapolado para 60 dB | $T_{60} = 0,161 \dfrac{V}{A}$ | |
| Tempo de decaimento inicial | EDT (s) | Tempo de decaimento entre 0 e -10 dB, extrapolado para 60 dB | $EDT = 0,161 \dfrac{V}{A}$ | |
| Definição | D (%) | $D = \dfrac{\displaystyle\int_0^{50ms} p^2(t)dt}{\displaystyle\int_0^{\infty} p^2(t)dt} \times 100\%$ | $D = \dfrac{1 + \left(\dfrac{r_h}{r}\right)^2 - e^{-\frac{0,69}{T_{60}}}}{1 + \left(\dfrac{r_h}{r}\right)^2}$ ; $r_h = \sqrt{\dfrac{A}{16\pi}}$ | |
| Clareza | C (dB) | $C = 10\log \dfrac{\displaystyle\int_0^{80ms} p^2(t)dt}{\displaystyle\int_{80ms}^{\infty} p^2(t)dt}$ | $C = 10\log \left( \dfrac{1 + \left(\dfrac{r_h}{r}\right)^2 - e^{-\frac{1,1}{T_{60}}}}{e^{-\frac{1,1}{T_{60}}}} \right)$; $r_h = \sqrt{\dfrac{A}{16\pi}}$ | |
| Tempo Central | $T_C$ (s) | $T_C = \dfrac{\displaystyle\int_0^{\infty} tp^2(t)dt}{\displaystyle\int_0^{\infty} p^2(t)dt}$ | $T_C = \dfrac{T_{60}}{13,8}$ | |
| Suporte | G (dB) | $G = 10\log \dfrac{\displaystyle\int_0^{\infty} p^2(t)dt}{\displaystyle\int_0^{\infty} p_{10}\ m^2(t)dt}$ | $G = 10\log \left[ \dfrac{1}{4\pi r^2} + 25\dfrac{T_{60}}{V} \right] + 31 dB$ | |
| Fração Lateral Precoce | LF (dB) | $LF = \dfrac{\displaystyle\int_{\Omega} \left[ \int_{5ms}^{80ms} p_\infty^2(t)dt \right] \cos^2\theta d\Omega}{\displaystyle\int_{\Omega} \left[ \int_0^{80ms} p^2(t)dt \right] d\Omega}$ | $LF = \dfrac{1}{3} \cdot \dfrac{e^{-\frac{0,069}{T_{60}}} - e^{-\frac{1,10}{T_{60}}}}{1 + \left(\dfrac{r_h}{r}\right)^2 - e^{-\frac{1,10}{T_{60}}}}$; $r_h = \sqrt{\dfrac{A}{16\pi}}$ | |
| Nível de Suporte Lateral Tardio | LG (dB) | $LG = 10\log \dfrac{\displaystyle\int_{\Omega} \left[ \int_{80ms}^{\infty} p_\infty^2(t)dt \right] \cos^2\theta d\Omega}{\displaystyle\int_{\Omega} \left[ \int_0^{\infty} p^2(t)dt \right] d\Omega}$ | $LG = 10\log \left[ \dfrac{1}{3} e^{-\frac{1,1}{T_{60}}} \right]$ | |
| Perda na Articulação de Consoantes | $AL_{CONS}$ (%) | – | $\%AL_{CONS} = K_C \left( 1,071 \cdot T_{60}^{-0,0285} \right)^{25 + \left( L_n - L_r \right)}$ <br><br> $L_r \approx L_{1m} - 10\log \left( 0,0064 V T_{60}^{-1} e^{0,163/T_{60}} \right)$ | |

## 13.3 – Fórmulas para a estimativa das métricas de auditórios

| Atributo subjetivo | Média das bandas de oitava principais (Hz) | Limiar diferencial | Valores recomendados |
|---|---|---|---|
| Vivacidade | 500 e 1.000 | 5% | Sala de aula, sala de conferência e teatro de dramaturgia: 0,5 a 1,0 s. Teatro de ópera: 1,2 a 1,8 s. Sala de concerto pequena (música de câmara): 1,4 a 1,7 s. Sala de concerto grande (orquestra sinfônica): 1,7 a 2,4 s. |
| Vivacidade percebida durante a fala e música corrente | 500 e 1.000 | 5% | Igual ou pouco menor que $T_{60}$. |
| Efeito do campo acústico na inteligibilidade da fala | 500 e 1.000 | 5% | Sala de aula, sala de conferência e teatro de drama: > 70% (ver Fig. 13.6). Valores medidos em salas de concerto ocupadas: 15% a 47%. |
| Transparência de passagens musicais | 500 e 1.000 | 1 dB | -3 a 8 dB Depende do tipo de música e do tempo. Música rápida requer níveis mais elevados. Música lenta tolera níveis tão baixos quanto -3 dB. |
| Equilíbrio entre Clareza e Vivacidade | 500 e 1.000 | 10 ms | < 140 ms Preferível que a energia esteja concentrada na faixa útil que distribuída no campo difuso. |
| Audibilidade/ volume sonoro | 500 e 1.000 | 1 dB | Mínimo: -2 dB. Máximo: 10 dB. |
| Largura Auditiva da Fonte, ASW | 125 a 1.000 | 0,05 | Valores que têm sido medidos: 0,05 a 0,35. Recomendado: o maior possível. |
| Envolvimento pelo campo acústico reverberante, LEV | 125 a 1.000 | 1 dB | Valores que têm sido medidos: -14 a -7 dB. Recomendado: o maior possível. |
| Efeito do campo acústico e do ruído ambiente na inteligibilidade da fala | 2.000 | – | < 10% |

## 13.4 VOLUME E ABSORÇÃO DAS SALAS DE CONCERTO

Uma pessoa sentada em uma poltrona estofada numa sala de concertos apresenta uma absorção sonora $a \approx 0,6$ m$^2$ (Sabine). Ao assumir-se que toda a absorção sonora do auditório deve-se aos seus ocupantes, e sendo $n$ o número de ocupantes sentados, então $T_{60} = 0,161V/(n \cdot a)$; e, logo, $(V/n) \approx 4T_{60}$ e $A = na$. Por exemplo, uma sala de concertos projetada para $T_{60} = 2$ s deverá ter um volume obtido da relação $(V/n) = 8$ m$^3$/ocupante. A Tab. 13.2 apresenta estimativas de parâmetros característicos de cinco salas paradigmáticas para música sinfônica, com destaque para o volume/ocupante, em que se verifica a razoabilidade dessa orientação.

| TABELA 13.2 | Parâmetros característicos de cinco salas paradigmáticas para música sinfônica | | | | |
|---|---|---|---|---|---|
| Sala | Ocupantes $n$ | $V$ (m$^3$) | $A = na$<br>$a = 0,6$<br>(m$^2$ – Sabine) | $V/n$<br>(m$^3$/<br>ocupante) | $T_{60}$ (s)<br>(ocupada) |
| Concertgebouw, Amsterdã, Holanda | 1.974 | 18.780 | 1.185 | **9,5** | 1,9 |
| Musikvereinsaal, Viena, Áustria | 1.700 | 14.600 | 1.020 | **8,6** | 2,0 |
| Symphony Hall, Boston, Estados Unidos | 2.625 | 18.740 | 1.575 | **7,1** | 1,9 |
| Neue Philarmonie, Berlim, Alemanha | 2.250 | 26.000 | 1.350 | **11,6** | 1,9 |
| Sala São Paulo, São Paulo, Brasil | 1.509 | 13.900 (variável) | 905 | **9,2** | 1,9 |

Considera-se que estimativas de tempo de reverberação em salas de concerto com base em coeficientes de absorção multiplicados pela área coberta pelas poltronas são mais representativas do que quando são utilizados valores de absorção (em m$^2$ – Sabine) de pessoas sentadas em poltronas. A Tab. 13.3 apresenta coeficientes de absorção de plateias em salas de concerto para três diferentes tipos de poltronas, tanto ocupadas como desocupadas.

| TABELA 13.3 | Coeficientes de absorção de poltronas em salas de concerto | | | | | | |
|---|---|---|---|---|---|---|---|
| Tipo de poltrona | Ocupação | Frequência central da banda de oitava (Hz) | | | | | |
| | | 125 | 250 | 500 | 1.000 | 2.000 | 4.000 |
| Altamente estofada | Desocupada | 0,70 | 0,76 | 0,81 | 0,84 | 0,84 | 0,81 |
| | Ocupada | 0,72 | 0,80 | 0,86 | 0,89 | 0,90 | 0,90 |
| Medianamente estofada | Desocupada | 0,54 | 0,62 | 0,68 | 0,70 | 0,68 | 0,66 |
| | Ocupada | 0,62 | 0,72 | 0,80 | 0,83 | 0,84 | 0,85 |
| Levemente estofada | Desocupada | 0,36 | 0,47 | 0,57 | 0,62 | 0,62 | 0,60 |
| | Ocupada | 0,51 | 0,64 | 0,75 | 0,80 | 0,82 | 0,83 |

Fonte: Barron (2010).

## 13.5 ESTIMATIVAS DAS MÉTRICAS DE AUDITÓRIOS – EXEMPLOS DE APLICAÇÃO

A Tab. 13.4 apresenta estimativas das métricas para três tipos de auditório: sala de aula/conferências com 500 m$^3$, teatro de dramaturgia para quinhentos ocupantes e sala de concertos para 2 mil ocupantes. Foram adotados tempos de reverberação recomendados para cada tipo de sala (Tab. 13.1), bem como $V/n$ de 8 m$^3$/ocupante para a sala de concertos e de 4 m$^3$/ocupante para o teatro de dramaturgia (valor intermediário entre 3 e 5 m$^3$/ocupante, que tem sido recomendado para esse tipo de auditório). Foram adotadas duas distâncias: $r = r_h$ (contribuição do som direto igual ao do som refletido) e $r \gg r_h$ (contribuição do som refletido predominante).

## 13.5 – Estimativas das métricas de auditórios – exemplos de aplicação

**TABELA 13.4** Estimativas das métricas na condição de campo acústico difuso para três tipos de auditório

| Grandeza | Fórmula de cálculo (campo difuso) | Sala de aula/conferência $T_{60} = 0,5$ s $V = 500$ m³ | | Teatro de dramaturgia $n = 500$ ocupantes $T_{60} = 1,0$ s $V = n \times 4$ m³/ocupante $= 2.000$ m³ | | Sala de concerto $n = 2.000$ ocupantes $T_{60} = 2,0$ s $V = n \times 8$ m³/ocupante $= 16.000$ m³ | |
|---|---|---|---|---|---|---|---|
| | | $r = r_h$ | $r \gg r_h$ | $r = r_h$ | $r \gg r_h$ | $r = r_h$ | $r \gg r_h$ |
| Absorção sonora da sala (m²-Sabine) | $A = 0,161\dfrac{V}{T_{60}}$ | 161 | | 322 | | 1.288 | |
| Raio reverberante (m) | $r_h = \sqrt{\dfrac{A}{16\pi}}$ | 1,79 m | $\infty$ | 2,53 | $\infty$ | 5,06 m | $\infty$ |
| Definição (%) | $D = \dfrac{1+\left(\dfrac{r_h}{r}\right)^2 - e^{-\frac{0,69}{T_{60}}}}{1+\left(\dfrac{r_h}{r}\right)^2}$ | 87% | 75% | 75% | 50% | 65% | 29% |
| Clareza (dB) | $C = 10\log\left\{\dfrac{1+\left(\dfrac{r_h}{r}\right)^2 - e^{-\frac{1,1}{T_{60}}}}{e^{-\frac{1,1}{T_{60}}}}\right\}$ | Não se aplica | | Não se aplica | | 3,9 dB | -1,3 dB |
| Tempo Central (ms) | $T_C = \dfrac{T_{60}}{13,8}$ | 36 ms | | 72 ms | | 144 ms | |
| Suporte (dB) | $G = 10\log\left[\dfrac{1}{4\pi r^2} + 25\dfrac{T_{60}}{V}\right] + 31\,dB$ | Não se aplica | | Não se aplica | | 8,9 dB | 5,9 dB |
| Fração Lateral Precoce | $LF = \dfrac{1}{3}\left[\dfrac{e^{-\frac{0,069}{T_{60}}} - e^{-\frac{1,10}{T_{60}}}}{1+\left(\dfrac{r_h}{r}\right)^2 - e^{-\frac{1,10}{T_{60}}}}\right]$ | Não se aplica | | Não se aplica | | 0,09 | 0,31 |

*(continua)*

**TABELA 13.4** Estimativas das métricas na condição de campo acústico difuso para três tipos de auditório (continuação)

| Grandeza | Fórmula de cálculo (campo difuso) | Sala de aula/conferência $T_{60} = 0{,}5\ s$ $V = 500\ m^3$ | | Teatro de dramaturgia $n = 500$ ocupantes $T_{60} = 1{,}0\ s$ $V = n \times 4\ m^3 /\ ocupante = 2.000\ m^3$ | | Sala de concerto $n = 2.000$ ocupantes $T_{60} = 2{,}0\ s$ $V = n \times 8\ m^3 /\ ocupante = 16.000\ m^3$ | |
|---|---|---|---|---|---|---|---|
| | | $r = r_h$ | $r \gg r_h$ | $r = r_h$ | $r \gg r_h$ | $r = r_h$ | $r \gg r_h$ |
| Nível de Suporte Lateral Tardio (dB) | $LG = 10\log\left[\dfrac{1}{3}e^{-\frac{1,10}{T_{60}}}\right]$ | Não se aplica | | Não se aplica | | -7,2 dB | -7,2 dB |
| Perda na Articulação de Consoantes (%) | $\%AL_{CONS} = K_C\left(1{,}071\cdot T_{60}^{-0,0285}\right)^{25+(L_n-L_r)}$ $K_C = 9\cdot T_{60},\quad$ para $\ r > r_c$ $K_C = 9\cdot T_{60}\cdot\left(r/r_c\right)^2,\quad$ para $\ r \le r_c$ $r_c = 0{,}21\sqrt{V/T_{60}}$ $L_r \approx L_{1m} - 10\log\left(0{,}0064VT_{60}^{-1}e^{0,163/T_{60}}\right)$ | Professor em sala de aula $L_{1m} = 60\ dB\ (A)$ $L_r \approx 50\ dB\ (A)$ | | Ator no palco $L_{1m} = 70\ dB\ (A)$ $L_r \approx 58\ dB\ (A)$ | | Anúncio/fala do maestro $L_{1m} = 70\ dB\ (A)$ $L_r \approx 53\ dB\ (A)$ | |
| | | $r = r_h < r_c = 6{,}6m$ $K_C = 0{,}33$ $\%AL_{CONS} \approx 3\%,$ p/ $L_n = 50\ dB\ (A)$ | $r > r_c = 6{,}6m$ $K_C = 4{,}50$ $\%AL_{CONS} \approx 41\%,$ p/ $L_n = 50\ dB\ (A)$ | $r = r_h < r_c = 9{,}4m$ $K_C = 0{,}65$ $\%AL_{CONS} \approx 1{,}1\%,$ p/ $L_n = 40\ dB\ (A)$ | $r > r_c = 9{,}4m$ $K_C = 9{,}0$ $\%AL_{CONS} \approx 14{,}5\%,$ p/ $L_n = 40\ dB\ (A)$ | $r = r_h < r_c = 18{,}8m$ $K_C = 1{,}30$ $\%AL_{CONS} \approx 2{,}3\%,$ p/ $L_n = 40\ dB\ (A)$ | $r > r_c = 18{,}8m$ $K_C = 18{,}0$ $\%AL_{CONS} \approx 32\%,$ p/ $L_n = 40\ dB\ (A)$ |

## 13.5 – Estimativas das métricas de auditórios – exemplos de aplicação

**Sala de aula/conferências:** Definição de 87% ($r = r_h$) e 75% ($r \gg r_h$) atende à recomendação dessa métrica (D > 70%, ver Fig. 13.6) em ambas as distâncias. $AL_{CONS}$ de 3% ($r = r_h$) e 41% ($r \gg r_h$) mostra que em regiões da sala mais afastadas do orador, a inteligibilidade da fala fica bem comprometida. Isso irá requerer a redução do ruído ambiente de 50 dB(A) adotado no exercício – o que é difícil de se conseguir nesse tipo de ambiente –, ou a adoção de um sistema de amplificação da voz. Verifica-se, portanto, que como a definição só leva em consideração o efeito da reverberação na inteligibilidade da fala, $AL_{CONS}$ (ou STI) passa a ser uma métrica mais adequada, por levar também em consideração o efeito do ruído ambiente na inteligibilidade. Essa característica torna $AL_{CONS}$ (ou STI) uma métrica mais adequada para a avaliação da inteligibilidade da fala em auditórios que tendem a ser mais ruidosos. Tempo Central igual a 36 ms (recomendado: < 140 ms).

**Teatro de dramaturgia:** Definição de 75% ($r = r_h$) e 50% ($r \gg r_h$) mostra que, em regiões da sala mais afastadas do palco, a inteligibilidade da fala não atende ao critério dessa métrica (D > 70%, ver Fig. 13.6). Por sua vez, valores de $AL_{CONS}$ de 1,1% ($r = r_h$) e 14,5% ($r \gg r_h$) indicam que a inteligibilidade da fala fica comprometida em regiões mais afastadas do palco. Observar que a inteligibilidade da fala piorará em ambas as distâncias, caso o nível de ruído ambiente supere o nível de 40 dB(A) adotado no exercício. Tempo Central igual a 72 ms (recomendado: < 140 ms).

**Sala de concertos:** Valores de Definição de 65% ($r = r_h$) e 29% ($r \gg r_h$) mostram que tanto próximo ao palco quanto em regiões da sala mais afastadas do palco a inteligibilidade da fala não atende ao critério dessa métrica (D > 70%, ver Fig. 13.6), embora próximo ao palco a

Definição esteja quase atendendo o valor recomendado de 70%. Por sua vez, valores de $AL_{CONS}$ de 2,3% ($r = r_h$) e 32% ($r \gg r_h$) indicam que a inteligibilidade da fala fica bem comprometida em regiões mais afastadas do palco. Isso poderá requerer a adoção de um sistema de PA (*public address*) para anúncios em salas de concerto. Níveis de Clareza de 3,9 dB ($r = r_h$) e -1,3 dB ($r \gg r_h$) indicam que o critério de $-3\ dB \leq C \leq 8\ dB$ para Clareza é atendido em todos os pontos da sala. Níveis de Suporte de 8,9 dB ($r = r_h$) e 5,9 dB ($r \gg r_h$) encontram-se também dentro da faixa recomendada de $-2\ dB \leq G \leq 10\ dB$ em todos os pontos da sala. Valores de Fração Lateral Precoce de 0,09 ($r = r_h$) e 0,31 ($r \gg r_h$) encontram-se dentro da faixa recomendada ($0,05 \leq LF \leq 0,35$) em todos os pontos da sala. O Nível de Suporte Lateral Tardio de -7,2 dB, encontra-se próximo do nível máximo recomendado ($-14 \leq LG \leq -7$). Tempo Central igual a 144 ms (recomendado: < 140 ms).

A Tab. 13.5 apresenta os valores de quatro métricas em três salas paradigmáticas de "boa acústica" para música sinfônica. Nessa tabela, os valores de EDT tanto para sala ocupada quanto desocupada são no máximo iguais aos valores de $T_{60}$ listados na Tab. 13.2, o que atende ao critério estabelecido para essa métrica de que o EDT deve ser igual ou pouco menor que $T_{60}$. Os níveis de Suporte encontram-se dentro da faixa recomendada de $-2\ dB \leq G \leq 10\ dB$, bem como os valores de LF ($0,05 \leq LF \leq 0,35$). Entretanto, os níveis de Clareza de duas salas desocupadas (Concertgebouw e Musikvereinsaal) encontram-se abaixo do nível mínimo recomendado de -3 dB, passando, entretanto, a atender esse nível mínimo recomendado no caso de estarem ocupadas. O fato de os níveis de Clareza aumentarem quando as salas estão ocupadas pode ser atribuído à redução do tempo de reverberação, ou, mais especificamente, à redução da energia detrimental tardia nessa condição.

| TABELA 13.5 | Valores de quatro métricas em três salas paradigmáticas de "boa acústica" para música sinfônica | | | | | | | |
|---|---|---|---|---|---|---|---|---|
| **Sala** | **EDT (s)** | | **G (dB)** | | **C (dB)** | | **LF** | |
| | Ocupada (estimado) | Desocupada (medido) | Ocupada (estimado) | Desocupada (medido) | Ocupada (estimado) | Desocupada (medido) | Ocupada* (estimado) | Desocupada (medido) |
| Concertgebouw, Amsterdã, Holanda | 1,8 | 2,5 | 3,0 | 5,5 | -1,4 | -4,5 | ~ 0,18 | 0,18 |
| Musikvereinsaal, Viena, Áustria | 2,0 | 3,0 | 3,0 | 6,5 | -1,2 | -4,0 | ~ 0,16 | 0,16 |
| Symphony Hall, Boston, Estados Unidos | 1,6 | 2,3 | 1,0 | 3,5 | -0,2 | -2,5 | ~ 0,22 | 0,22 |

* Uma vez que LF depende somente da energia útil, assume-se que seu valor não deve se alterar significativamente com a sala ocupada.

Fonte: Bradley (1991).

## 13.6 A FORMA DAS SALAS DE CONCERTO

Os resultados obtidos na seção anterior para a sala de concerto dada como exemplo parecem indicar que, se o campo acústico no interior da sala for difuso, existem boas chances de sucesso, uma vez que, à exceção das métricas de inteligibilidade da fala – que são de importância secundária nesse tipo de sala –, todas as outras métricas atendem às recomendações quanto aos valores e níveis que devem ser alcançados.

A pergunta que se faz é: como a forma da sala de concerto poderá contribuir na formação de um campo acústico difuso? A resposta poderá ser obtida analisando-se a Fig. 13.14, que apresenta os resultados de simulação da propagação sonora bidimensional por meio de *flashes* instantâneos

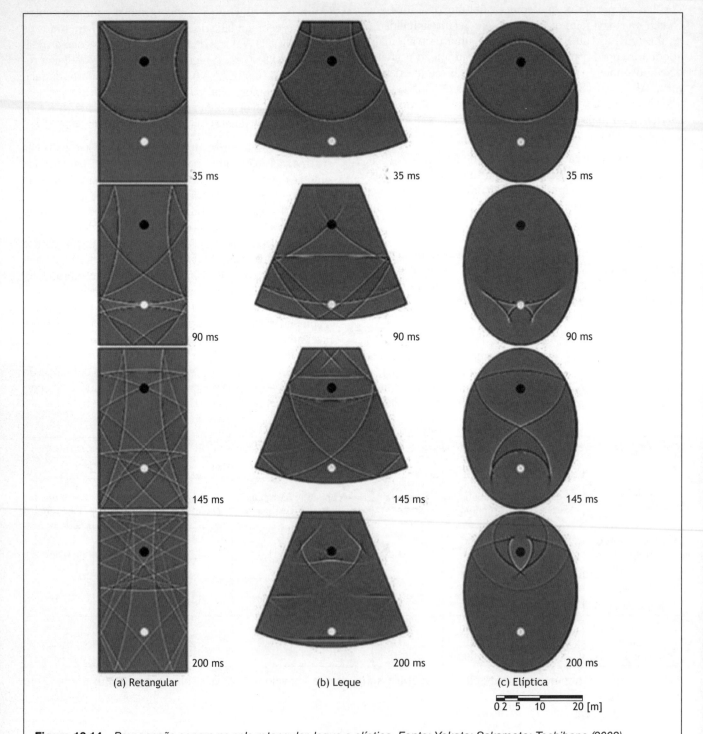

**Figura 13.14** *Propagação sonora na sala retangular, leque e elíptica. Fonte: Yokota; Sakamoto; Tachibana (2002).*

do campo acústico em salas de três formatos: retangular, leque e elíptico, todas elas com a mesma área em planta de aproximadamente 518 m². Esses resultados foram obtidos resolvendo-se numericamente, por meio do método das diferenças finitas, as equações diferenciais da continuidade e da quantidade de movimento em duas dimensões.

Na Fig. 13.14, os círculos escuros indicam a posição da fonte, e os círculos claros, a posição do receptor, que necessitam ser alocados no cálculo das respostas impulsivas a serem apresentadas mais adiante. Uma análise comparativa revela que a propagação das frentes de onda é bastante distinta em cada uma das salas. Observa-se claramente, na sala retangular, que o número de frentes de onda aumenta à medida que o tempo avança, enquanto na sala leque e elíptica há uma tendência à concentração e ao desenvolvimento de frentes de ondas "defeituosas". Como era de se esperar, observa-se na sala elíptica que as frentes de onda são focadas alternadamente na região da fonte e na sua posição simétrica junto ao receptor.

A Fig. 13.15 apresenta as respostas impulsivas no receptor em cada uma das salas estudadas. Esses resultados revelam que as reflexões são densas e com decaimento suave no caso da sala retangular, enquanto as reflexões são esparsas e irregulares nas salas leque e elíptica.

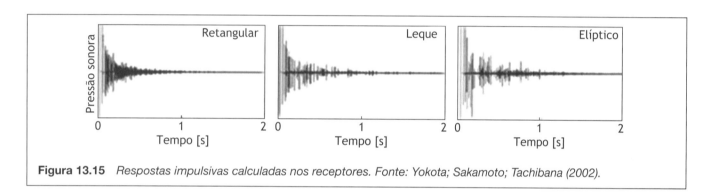

**Figura 13.15** *Respostas impulsivas calculadas nos receptores. Fonte: Yokota; Sakamoto; Tachibana (2002).*

Os resultados apresentados nas Figs. 13.14 e 13.15 indicam claramente que, pelo menos teoricamente, a sala de formato retangular deve propiciar o desenvolvimento de um campo acústico mais difuso quando comparada com a sala leque e elíptica.

Coincidentemente, conforme mostram as tomadas fotográficas que aparecem no Quadro 13.1, das cinco salas tomadas como paradigmáticas de "boa" acústica, quatro delas têm a forma retangular, denominada "caixa de sapato" (*shoe box*), com a Berliner Philharmonie apresentando uma forma heterodoxa, bastante irregular, em que as plateias estão dispostas em terraços (*vineyard terraces*).

**QUADRO 13.1** Tomadas fotográficas de cinco salas de concerto com destaque das suas formas

a. Concertgebouw, Amsterdam. *Fonte: Wikimedia Commons.*

b. Musikvereinsaal, Viena. *Fonte: Wikimedia Commons.*

*(continua)*

**QUADRO 13.1** Tomadas fotográficas de cinco salas de concerto com destaque das suas formas *(continuação)*

c. Symphony Hall, Boston. *Fonte: Wikimedia Commons.*

d. Sala São Paulo, São Paulo. *Fonte: Wikimedia Commons.*

e. Berliner Philharmonie, Berlim. *Fonte: Wikimedia Commons.*

## 13.7 A DIFUSÃO NAS SALAS DE CONCERTO

Ao se associar frentes de ondas propagantes a raios sonoros, a reflexão sonora nas superfícies da sala é modelada como especular, o que é uma idealização, uma vez que existem componentes que se refletem não especularmente, originadas, principalmente, por difração e espalhamento. O fenômeno de espalhamento é dominante nas salas de concerto e ocorre nas irregularidades e protrusões existentes nas suas superfícies.

Entretanto, para que ocorra espalhamento numa determinada frequência do som incidente, é necessário que a dimensão característica do elemento difusor seja capaz de causar interferência, ou seja, é necessário que a dimensão característica do elemento seja da ordem de grandeza do comprimento de onda do som incidente.

Conforme indica a Fig. 13.16, quando a dimensão característica do elemento difusor $L$ for muito menor que o comprimento de onda do som incidente $\lambda$, ou seja, quando $L \ll \lambda$, a frente de onda incidente "ignora" o elemento, sendo que a onda propagante não sofre qualquer interferência. No outro extremo, quando $L \gg \lambda$, o elemento atua como uma parede plana, sendo que a reflexão tende a ser especular nesse caso. Só quando $L \approx \lambda$ é que ocorrerá espalhamento na frequência $f = c/\lambda$, em que $c$ é a velocidade do som.

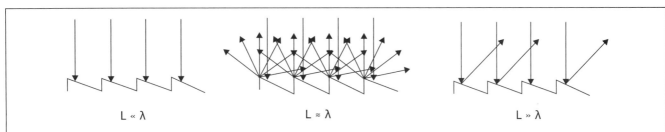

**Figura 13.16** *Elemento difusor com dimensão característica L, interferindo no som incidente de comprimento de onda $\lambda$. Fonte: adaptada de Kuttruff (2000).*

A Fig. 13.17 ilustra o efeito do tratamento de difusão na propagação sonora na sala retangular. Aqui, o tratamento de difusão consiste em elementos difusores na forma triangular, aplicados nas superfícies da sala. Observa-se nessa figura que o tratamento de difusão ameniza e espalha as frentes de onda propagantes.

O efeito do tratamento de difusão nas respostas impulsivas poderá ser visualizado na Fig. 13.18, em que a resposta impulsiva da sala com tratamento de difusão é mais densa e com decaimento mais suavizado quando comparada com a resposta impulsiva da sala sem tratamento de difusão.

Difusores na forma de elementos decorativos eram naturalmente incorporados nas salas de concerto clássicas (ver tomadas fotográficas no Quadro 13.1). Modernamente, elementos difusores têm sido deliberadamente introduzidos em salas de concerto. Entretanto, apesar de estudos indicarem que o tratamento de difusão possa ser benéfico, no sentido de conseguir-se um campo difuso na sala de concerto, não está ainda claro se o espalhamento de fortes reflexões especulares é benéfico aos ouvintes e se o tratamento de difusão evoca alguma impressão subjetiva relevante. Dessa forma, elementos difusores devem ser empregados com parcimônia, uma vez que superfícies difusoras apresentam absorção considerável.

A Fig. 13.19 apresenta tomadas fotográficas de duas salas de concerto com tratamento de difusão nas superfícies. O Hummingbird Center for the Arts em Toronto, no Canadá, tem um tratamento de difusão nas paredes laterais com elementos difusores convexos, enquanto o Michael Fowler Centre em Wellington, Nova Zelândia tem um tratamento de difusão composto de superfícies inclinadas ranhuradas conhecidas como "difusores de

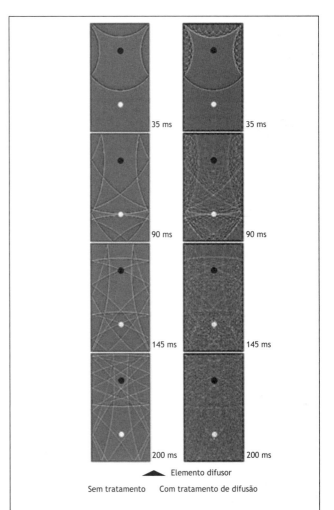

**Figura 13.17** *Propagação sonora na sala retangular com e sem tratamento de difusão. Fonte: Yokota; Sakamoto; Tachibana (2002).*

# 13 – Acústica de auditórios

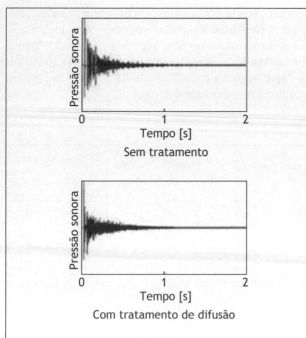

**Figura 13.18** *Respostas impulsivas da sala retangular com e sem tratamento de difusão. Fonte: adaptada de Yokota; Sakamoto; Tachibana (2002).*

a) Hummingbird Center for the Arts, Toronto, Canadá.
Fonte: <www.meetingscanada.com>.

b) Michael Fowler Centre, Wellington, Nova Zelândia.
Fonte: <venueswellington.com>.

**Figura 13.19** *Tratamento de difusão nas superfícies de duas salas de concerto.*

resíduos quadráticos" (*quadratic residue diffusers*), também chamados de difusores de Schroeder.

A Fig. 13.20 apresenta um difusor de Schroeder de único plano (difusor 1D) com o diagrama polar de espalhamento associado. Esse difusor consiste em uma série de ranhuras longitudinais – nesse caso, sete ranhuras (N = 7) –, de mesma largura e com diferentes profundidades. As ranhuras estão separadas por finas aletas. A profundidade das ranhuras é determinada por uma sequência numérica matemática, como uma sequência de resíduos quadráticos (*quadratic residue sequence*). A frequência máxima para difusão é determinada pela largura da ranhura, e a frequência mínima para difusão é determinada pela profundidade da ranhura. Como mostra o diagrama polar de espalhamento, a sequência de resíduos quadráticos gera uma distribuição polar de espalhamento com lóbulos de mesma energia difratada.

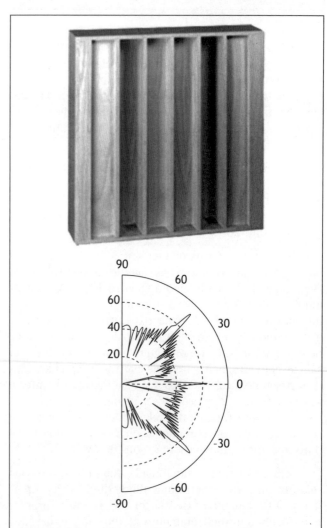

**Figura 13.20** *Difusor de resíduo quadrático de único plano (difusor 1D) com sete ranhuras (N = 7), e diagrama polar de espalhamento associado. Fonte: Cox; D'Antonio (2004).*

## 13.8 AS REFLEXÕES NA SALA DE CONCERTO

As impressões subjetivas que as reflexões evocam nas salas de concerto foram criteriosamente estudadas por M. Barron (1971), cujos resultados foram consolidados num diagrama conhecido como diagrama das reflexões laterais de Barron, apresentado na Fig. 13.21.

O diagrama de Barron foi construído experimentalmente, por meio de um estudo psicoacústico acerca das impressões subjetivas evocadas por reflexões laterais. Nesse estudo, dois ouvintes treinados eram solicitados a relatar o efeito de uma única reflexão lateral com diferentes atrasos, proveniente de um alto-falante situado à esquerda, e a 40° com relação a outro alto-falante na frente do ouvinte que emitia o som direto.

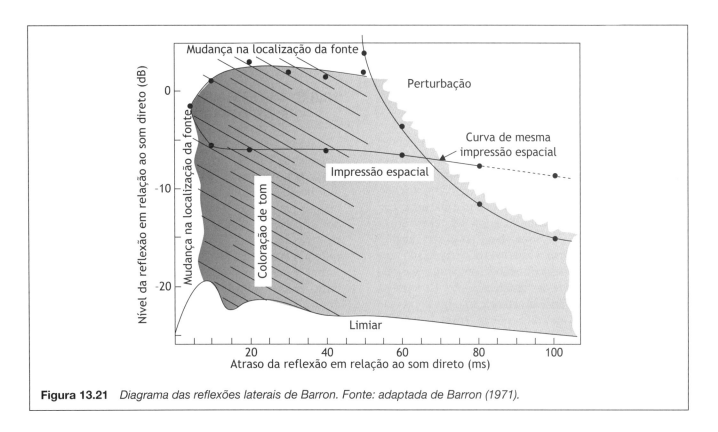

**Figura 13.21** *Diagrama das reflexões laterais de Barron. Fonte: adaptada de Barron (1971).*

Sons repetidos de passagens musicais foram utilizados como material de teste. Os ouvintes foram solicitados a relatar as seguintes impressões subjetivas: alteração de nível, efeitos de localização, coloração de tom,[2] perturbação (por eco) e impressão espacial. Apesar da óbvia falta de realismo, muito pode ser apurado com relação às impressões psicoacústicas produzidas nesse experimento.

### 13.8.1 IMPRESSÕES SUBJETIVAS DAS REFLEXÕES LATERAIS

- Limiar: reflexões com níveis inferiores ao limiar não produzem nenhum efeito audível. Na Fig. 13.21, a linha que caracteriza o limiar bem como todas as outras linhas sólidas representam o *locus* de mesma impressão subjetiva.

- Mudança na localização da fonte: na situação extrema de um atraso muito curto (< 5 ms) ou uma reflexão de alto nível atrasada em menos de 50 ms, a fonte aparenta mover-se do alto-falante frontal em direção ao alto-falante lateral. Essa movimentação do ponto de localização da fonte encontra-se indicado na Fig. 13.19 nas áreas não hachuradas indicadas como "mudança na localização da fonte".

- Coloração de tom: para atrasos compreendidos entre 10 e 50 ms, aproximadamente, e particularmente em torno de 20 ms, tons musicais aparentam tornarem-se "mais agudos", especialmente o timbre do violino. O grau de coloração era, entretanto, relativamente independente do nível das reflexões que estavam acima de 10 dB do limiar. A impressão subjetiva de coloração de tom encontra-se marcada na Fig. 13.21

---

(2) Coloração é uma "agudeza" de timbre que transmite um caráter "estridente" e levemente "metálico" ao tom.

com linhas diagonais tracejadas sobre a área hachurada, cuja densidade está associada, aproximadamente, ao grau de coloração.

- Perturbação (por eco): reflexões com nível elevado e atrasadas em mais de 50 ms tornam-se perturbadoras; à medida que o atraso aumenta, o nível para o qual elas se tornaram inicialmente perturbadoras se reduz. A linha que caracteriza o limiar da perturbação encontra-se marcada na Fig. 13.21, passando pelos quatro pontos determinados experimentalmente.

- Impressão espacial: ao aumentar-se o nível de uma reflexão lateral, com atraso de 40 ms, acima do limiar, a fonte aparenta ampliar-se, com a música tornando-se mais "plena" e "encorpada". E o ouvinte sentindo-se imerso num espaço tridimensional. À medida que o nível da reflexão aumenta, o grau de amplidão da fonte também aumenta, até o ponto em que para um nível elevado do eco, haverá mudança na localização da fonte. A área indicada como "impressão espacial" na Fig. 13.21 associa essa sensação subjetiva a diferentes gradações da área hachurada. Entretanto, cabe notar que "impressão espacial" é uma dimensão subjetiva distinta daquela produzida pela reverberação (a vivacidade), que aparenta eliminar a sensação de "crueza" de uma música anecoica, apesar de também propiciar certo grau de "envolvimento" e de "distanciamento" da fonte. A impressão biaural, aqui caracterizada como "impressão espacial", é uma forma diferente de "envolvimento".

### 13.8.2 IMPRESSÕES SUBJETIVAS DAS REFLEXÕES NO TETO

Barron também estudou os efeitos subjetivos de reflexões no teto, tendo observado que eles são similares àqueles produzidos por reflexões laterais: alteração de nível, mudança na localização da fonte e coloração de tom. Entretanto, esses dois últimos efeitos eram mais intensos, e ocorriam para a maioria das situações de atrasos e níveis das reflexões. A conclusão foi que reflexões no teto não produzem uma impressão espacial similar às reflexões laterais.

### 13.8.3 A FORMA DA SALA DE CONCERTO E AS REFLEXÕES LATERAIS

A Fig. 13.22 ilustra o efeito de inclinação das paredes laterais da sala de concerto no suprimento de energia acústica lateral para a plateia. Entre as três opções, a melhor nesse sentido seria a forma em leque plateia-palco, que, obviamente, não é aconselhável por reduzir a área de ocupação na plateia. A forma leque palco-plateia é a pior concepção, pois tende a direcionar a energia acústica refletida lateralmente para o fundo da sala. Portanto, a forma retangular é naturalmente a mais recomendada entre essas três opções, sendo essa, provavelmente, uma das razões para o sucesso das salas de concerto clássicas apresentadas anteriormente.

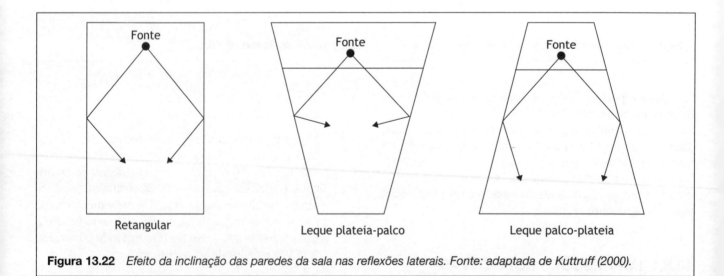

**Figura 13.22** *Efeito da inclinação das paredes da sala nas reflexões laterais. Fonte: adaptada de Kuttruff (2000).*

A Fig. 13.23 ilustra outras superfícies que geram reflexões laterais na sala. Os balcões laterais das salas clássicas e os parapeitos dos terraços da Berliner Philharmonie tendem a propiciar energia refletida lateralmente para a plateia (ver tomadas fotográficas no Quadro 13.1), o que seria outro fator de sucesso dessas salas.

Como vimos anteriormente, as reflexões no teto, por causarem problemas de localização da fonte e coloração de tom, não devem ser incentivadas. Uma alternativa seria espalhar as reflexões no teto com elementos difusores. Entretanto, conforme já dito, essa solução deve ser vista com reservas, uma vez que ela tende a introduzir

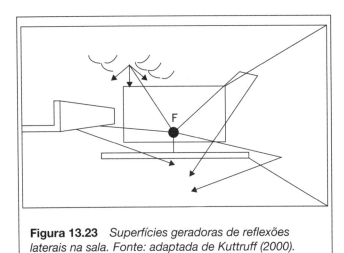

**Figura 13.23** *Superfícies geradoras de reflexões laterais na sala. Fonte: adaptada de Kuttruff (2000).*

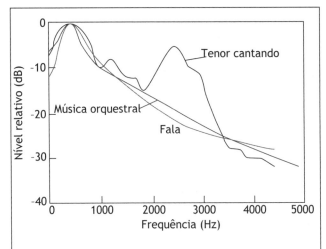

**Figura 13.24** *Espectro do som orquestral e da palavra cantada, em que se observa a formante musical em torno de 2.500 Hz. Fonte: adaptada de Barron (2010).*

absorção excessiva, impactando o tempo de reverberação, a vivacidade da sala e o suporte.

## 13.9 A ACÚSTICA DE OUTROS TIPOS DE SALAS

### 13.9.1 A ACÚSTICA DE TEATROS DE ÓPERA

Teatros de ópera devem atender a dois requisitos conflitantes do ponto de vista acústico: palavra cantada e música. A Fig. 13.24 apresenta, comparativamente, o espectro de níveis relativos: tenor cantando, música orquestral e fala ordinária. Tenores profissionais são capazes de produzir uma formante musical entre 2.500-3.000 Hz (ver Seção 8.2), com uma energia que se eleva consideravelmente acima do som orquestral. Essa característica, aliada à elevada projeção da voz do cantor, permite que ele seja ouvido acima de um som orquestral até mais elevado do que aquele apresentado na figura.

Adicionalmente, devido ao enclausuramento parcial da orquestra, o nível do som proveniente do poço tende a ser naturalmente inferior àquele produzido pela orquestra no palco, pois não haverá mais a contribuição do som direto para a plateia e camarotes, impactando negativamente a audição da música orquestral, com a perda do "brilho" da orquestra em teatros de ópera.

Uma solução de compromisso para o tempo de reverberação de projeto seria um valor intermediário entre auditórios para a palavra falada e para a música. Entretanto, a tendência atual parece ser um tempo de reverberação mais próximo daquele recomendado para salas de concerto. Seguindo essa linha, um tempo de reverberação em torno de 1,7 s tem sido recomendado.

A Fig. 13.25 apresenta tempos de reverberação *versus* volume/ocupante medidos em teatros de ópera ao redor do mundo e coletados por Barron (2010).

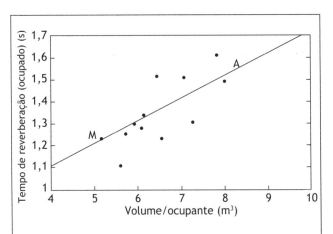

**Figura 13.25** *Tempos de reverberação (ocupado)* versus *volume/ocupante de teatros de ópera ao redor do mundo. Fonte: adaptada de Barron (2010).*

Nessa figura, o ponto "A" refere-se ao Teatro Colón, Buenos Aires (2.500 lugares) e "M" refere-se ao Teatro alla Scala, Milão (2.300 lugares) – dois dos mais famosos teatros de ópera –, e que ocupam posições extremas nesse gráfico. A Fig. 13.26 apresenta tomadas fotográficas desses teatros.

Uma vez determinado o volume do teatro em função da ocupação pretendida por meio da Fig. 13.25, considera-se que a absorção necessária poderá ser razoavelmente estimada por meio da fórmula de Sabine, assumindo-se que o coeficiente de absorção na abertura do proscênio e dos camarotes são iguais a um.

a) Teatro Colón, Buenos Aires, Argentina.
Fonte: Wikimedia Commons.

b) Teatro alla Scala, Milão, Itália.
Fonte: Wikimedia Commons.

**Figura 13.26** Tomadas fotográficas de dois famosos teatros de ópera.

Os camarotes em teatros de ópera atuam como anteparos das reflexões tardias, o que tende a aumentar os valores das métricas de inteligibilidade da fala e de clareza para música. Entretanto, haverá redução do Suporte G e eliminação da impressão espacial, que depende de métricas fortemente influenciadas pelas reflexões laterais.

Quanto às características acústicas da plateia, a Tab. 13.6 apresenta os valores de seis métricas medidas na plateia desocupada do Teatro alla Scala, em Milão, na Itália. Observa-se nessa tabela que o tempo de reverberação $T_{30}$ encontra-se dentro da faixa recomendada para teatros de ópera (1,2-1,8 s). As métricas relativas à audição de música, Clareza C e Fração Lateral Precoce LF encontram-se também dentro das faixas recomendadas ($-3\ dB \leq C \leq 8\ dB$; $0,05 \leq LF \leq 0,35$). Entretanto, a inteligibilidade da fala, caracterizada pela Definição D, encontra-se abaixo da faixa recomendada (D > 70%), o que é de importância secundária, tendo em vista tratar-se da palavra cantada (e não falada) com suas características espectrais peculiares, conforme discutido anteriormente.

**TABELA 13.6** Valores médios de seis métricas medidas na plateia desocupada do Teatro alla Scala, em Milão (Itália)

| Frequência (Hz) | 500 | 1.000 |
|---|---|---|
| $T_{30}$ (s) | 1,23 | 1,20 |
| EDT (s) | 1,27 | 1,16 |
| D (%) | 49 | 60 |
| C (dB) | 3,39 | 2,82 |
| $T_C$ (ms) | 69 | 53 |
| LF | 0,12 | 0,13 |

Fonte: Farina et al. (2011).

## 13.9.2 A ACÚSTICA DAS SALAS DE MÚLTIPLO USO

A variação das características acústicas de um auditório de múltiplo uso poderá ser feita essencialmente de duas formas: com elementos físicos variáveis acusticamente ou com sistemas eletroacústicos.

### 13.9.2.1 VARIABILIDADE ACÚSTICA COM ELEMENTOS FÍSICOS

Variação do volume por meio de tetos móveis, como no caso da Sala São Paulo, que permite a variação do volume dessa sala na faixa de 12.000-28.000 m³.

Câmaras de reverberação construídas em torno do auditório, providas de "portas", fornecendo um acoplamento variável com o auditório principal. A adoção de câmaras de reverberação introduz duas inclinações na curva de decaimento: a primeira inclinação é determinada pelo auditório, e a segunda pela reverberação das próprias câmaras. Para uma operação correta, é crucial ter uma área de acoplamento adequada e câmaras de reverberação em número suficiente; ou seja, energia acústica suficiente deve entrar nas câmaras e depois ser sangrada gradualmente. Os ouvintes se darão conta da presença das câmaras durante as pausas musicais, quando o decaimento completo do som se torna audível. Nesses momentos, os ouvintes podem ter a impressão de estarem num espaço maior do que aquele que podem ver com os próprios olhos.

Absorção acústica variável por meio de cortinas retráteis próximas ao palco ou nas paredes laterais. Nesse último caso, as cortinas tendem a reduzir as reflexões laterais, o que é prejudicial para a impressão espacial. Entretanto, o principal problema é que, para que haja considerável impacto no tempo de reverberação, a área absorvente deve ser muito grande; de fato, comparável com a área da plateia. Devido a esses problemas, a solução mais comum nos auditórios modernos é o uso de *banners* retráteis que poderão ser alojados em ranhuras no teto ou enrolados quando não são necessários.

Outros elementos físicos podem ser também utilizados, como refletores móveis e superfícies com espalhamento/absorção variável. Entretanto, na realidade, a variabilidade acústica com elementos físicos apresenta diversos problemas, como custos de instalação, operação e manutenção. Adicionalmente, haverá sempre a necessidade de desenvolvimento de medições prévias para ajuste dos elementos físicos presentes a fim de atender aos diversos programas previstos para o auditório.

### 13.9.2.2 VARIABILIDADE COM SISTEMAS ELETROACÚSTICOS

Devido às dificuldades associadas com a obtenção de variabilidade acústica por meios físicos, a possibilidade de alterar as condições acústicas com um simples apertar de botão é altamente atrativa. Graças à redução dos custos, aumento da potência e flexibilidade, é raro atualmente encontrar uma simples sala de conferências, e até mesmo um grande auditório, que não disponha de um sistema eletroacústico de amplificação. Tais sistemas abrem a possibilidade de construção de grandes auditórios e arenas para shows diversos, permitindo que um grande número de ouvintes tenha acesso a espetáculos artísticos, musicais e esportivos.

Um sistema de amplificação eletroacústico não só permite uma audibilidade suficiente como também poderá fornecer uma boa inteligibilidade, mesmo que o tempo de reverberação do auditório seja mais longo que o recomendado para a palavra falada. Reversamente, é também possível alongar o tempo de reverberação de um auditório para atender às necessidades de apresentações musicais.

É claro que o projeto de um sistema de amplificação eletroacústico para uma arena ou um grande auditório deverá ser desenvolvido por consultores e empresas especializadas. Mas até que ponto o projeto acústico poderá contribuir para o sucesso de um sistema desse tipo num auditório? Uma vez que sistemas eletroacústicos têm a capacidade de gerar a audibilidade necessária, de adequar o tempo de reverberação para determinado programa do auditório e de gerar impressão espacial quando necessário, o auditório deverá ser, então, acusticamente "neutro", ou seja, apresentar tempos de reverberação curtos e não introduzir artefatos acústicos que comprometam o realismo acústico esperado para o programa, como ecos, batimentos e reflexões espúrias. Assim, a premissa é que se projete tendo em vista um tempo de reverberação curto para o auditório (talvez inferior a 1 s), que poderá ser conseguido com menores volumes – algo sempre vantajoso, uma vez que reduz os custos de construção –, e com a absorção necessária.

Existe, entretanto, uma séria penalidade na adoção de sistemas eletroacústicos em auditórios, que é a perda da naturalidade. Um elemento importante nessa perda deve-se ao fato de o ouvinte focar a audição no alto-falante mais próximo. Existem, porém, formas de minimizar essa e outras dificuldades, com o emprego de sistemas e controles mais sofisticados. Outro inconveniente é a necessidade de se manter uma equipe especializada na calibração, operação e manutenção desses sistemas.

### 13.9.3 A ACÚSTICA DAS SALAS DE CINEMA

As salas de cinema modernas são atualmente projetadas para operar com sistemas *surround sound* que se utilizam de uma multiplicidade de alto-falantes instalados nas paredes da sala (Fig. 13.27), propiciando uma experiência acústica imersiva, capaz de trazer o realismo necessário às diversas e variadas cenas cinematográficas projetadas na tela.

**Figura 13.27** 3D surround sound *em cinema. Fonte: IOSONO Sound ([20--]).*

Do ponto de vista de projeto, as salas de cinema são similares às salas de múltiplo uso com variabilidade acústica obtida por meio de sistemas eletroacústicos, discutidas na seção anterior; ou seja, requer-se dessas salas que sejam acusticamente neutras. Como vimos, para atender a essa necessidade, uma das condições é que o tempo de reverberação seja curto. A Fig. 13.28 apresenta um método para determinação do tempo de reverberação de salas de cinema.

**Exemplo de aplicação:** o gráfico da Fig. 13.28(a) indica que, para uma sala de cinema de 5.000 m³, o tempo de reverberação em 500 Hz deve ser de 0,56 s, aproximadamente.

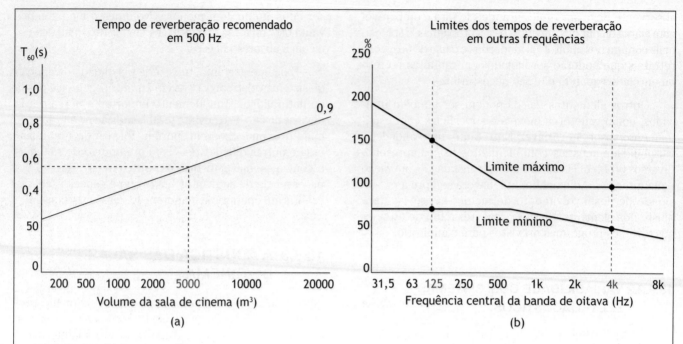

**Figura 13.28** *Gráficos para determinação dos tempos de reverberação em bandas de oitava em salas de cinema. Fonte: adaptada de Ecophon, Saint-Gobain (2017).*

Por sua vez, a Fig. 13.28(b) indica os limites máximos e mínimos dos tempos de reverberação em outras bandas de frequência, como porcentagem do tempo de reverberação em 500 Hz. Por exemplo, o tempo de reverberação em 125 Hz, deverá estar compreendido entre $0{,}75 \times 0{,}56\ s = 0{,}42\ s$ e $1{,}50 \times 0{,}56\ s = 0{,}84\ s$. Similarmente, o tempo de reverberação em 4 kHz deverá estar compreendido entre $0{,}50 \times 0{,}56\ s = 0{,}28\ s$ e $1{,}00 \times 0{,}56\ s = 0{,}56\ s$. Tais tempos de reverberação, por serem curtos, confirmam a necessidade de neutralidade acústica de uma sala dotada de sistema eletroacústico de condicionamento.

### 13.9.4 A ACÚSTICA DAS PEQUENAS SALAS

O estudo da acústica das pequenas salas é talvez mais complexo do que o das grandes salas. Uma sala é considerada pequena do ponto de vista acústico quando a relação entre o comprimento de onda $\lambda$ na frequência de interesse é muito maior que a dimensão característica da sala $L$, ou seja, quando $\lambda / L \gg 1$. Esse é, por exemplo, o caso de um *subwoofer* operando num *home theater* ou num estúdio de gravação e mixagem de áudio. Por exemplo, ao assumir que a dimensão característica da sala seja igual a de um cuboide de 4 m de lado, e que a menor frequência emitida pelo *subwoofer* seja 20 Hz, então, $\lambda / L = 4{,}25$. Apesar de não ser um valor muito superior a um, uma sala com essas características poderá ser dominada por modos acústicos de baixa frequência.

A Fig. 13.29 apresenta a resposta em frequência em um ponto de uma sala acusticamente pequena. A resposta em frequência é obtida aplicando-se a transformada de Fourier na resposta impulsiva, fornecendo um gráfico de amplitude da pressão sonora (em dB) em função da frequência em Hz.

Observam-se nessa figura os modos acústicos que são excitados nas frequências abaixo da frequência de corte $f_c$, dada por $f_c = 2.000 \sqrt{T_{60} / V}$ em que $T_{60}$ é o tempo de reverberação e $V$ é o volume da sala. Por exemplo, uma sala com $T_{60} = 0{,}3\ s$ e $V = 70\ m^3$ apresenta uma frequência de corte $f_c = 130$ Hz.

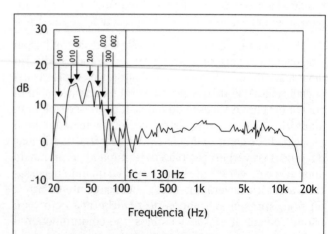

**Figura 13.29** *Resposta em frequência em um ponto em uma sala com tempo de reverberação de 0,3 s e volume de 70 m³. Fonte: adaptada de Toole (2002).*

Os modos acústicos de baixa frequência tendem a amplificar o som nas frequências dos modos excitáveis, distorcendo o som original que está sendo produzido ou reproduzido. Na Fig. 13.29, observa-se, associada a cada modo, uma sequência numérica composta de três números inteiros. Modos acústicos compostos por dois zeros e um número inteiro diferente de zero são denominados modos axiais – todos os modos que aparecem na figura. Modos compostos por um zero e dois inteiros diferentes de zero são denominados modos tangenciais, e modos compostos por três inteiros diferentes de zero são denominados modos oblíquos.

Conforme ilustra a Fig. 13.30, os modos acústicos são o resultado das ondas estacionárias que se formam no interior da sala devido às reflexões em suas superfícies. Os modos axiais são os mais fortes e determinantes das irregularidades observadas na resposta em frequência. Os modos tangenciais são menos fortes e poderão eventualmente causar problemas em salas com paredes rígidas e massivas. Os modos oblíquos são os mais fracos e raramente causam problemas acústicos.

A frequência mais baixa do primeiro modo acústico axial é dada por $f_{1,0,0} = 170/C$, em que $C$ é o comprimento da sala. Por exemplo, para C = 5 $m$, $f_{1,0,0} = 34$ Hz. Os outros modos acústicos axiais que se formam entre as duas paredes paralelas verticais ao comprimento serão dados por: $f_{2,0,0} = 2 \times f_{1,0,0} = 68$ Hz, $f_{3,0,0} = 3 \times f_{1,0,0} = 102$ Hz etc.

Deve-se observar que haverá outros modos axiais envolvendo os outros dois pares de paredes remanescentes, perpendiculares à largura $L$ e à altura $A$ da sala. O primeiro modo axial que se forma entre as duas paredes perpendiculares à largura da sala será dado por $f_{0,1,0} = 170/L$, e, similarmente, $f_{0,0,1} = 170/A$ será o primeiro axial que se forma entre o piso e o teto da sala.

A Fig. 13.31 ilustra os envelopes de pressão de dois primeiros modos axiais, resultado das ondas estacionárias que se formam entre duas paredes paralelas.

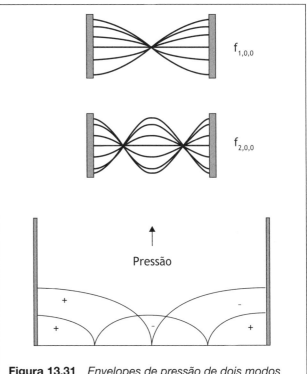

**Figura 13.31** *Envelopes de pressão de dois modos acústicos axiais $f_{1,0,0}$ e $f_{2,0,0}$. Fonte: adaptada de Toole (2002).*

É fácil perceber que, pela permutação dos índices, será gerada uma infinidade de modos axiais em frequências cada vez mais elevadas. Esses modos se enfraquecem à medida que a frequência aumenta e, como existem outros modos atuantes na sala (tangenciais e oblíquos), o resultado é uma resposta em frequência que vai se tornando mais densa à medida que a frequência de excitação da sala se eleva acima da frequência de corte $f_c$, como se observa na Fig. 13.29.

- Axial: ocorre entre duas superfícies opostas e paralelas

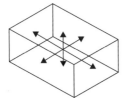

- Tangencial: ocorre entre quatro superfícies, evitando duas que são paralelas.

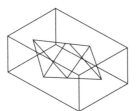

- Oblíquo: ocorre entre todas as seis superfícies.

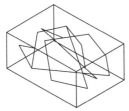

**Figura 13.30** *Modos acústicos de diferentes tipos formados pelas reflexões nas superfícies de uma sala. Fonte: adaptada de Toole (2002).*

Como ilustra a Fig. 13.32, nos ventres das ondas estacionárias que se formam entre duas paredes não haverá excitação da sala pela fonte nos nós, tampouco nada se escutará na frequência do modo nos nós. Já nos ventres do modo, a excitação e a pressão serão as máximas permitidas pelo modo.

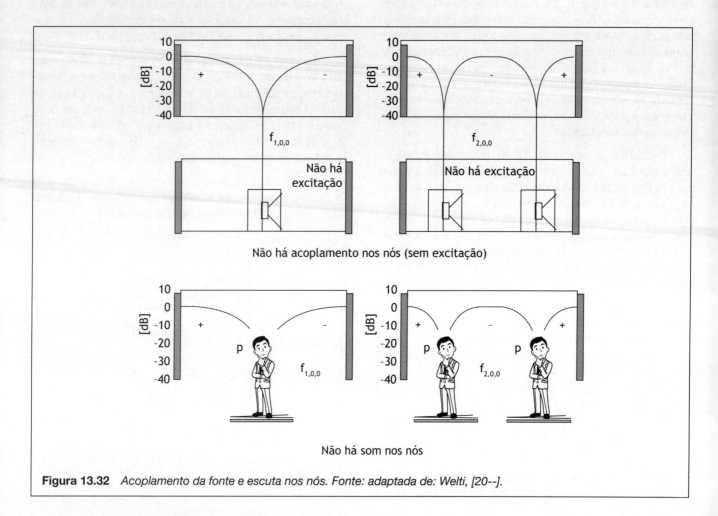

**Figura 13.32** *Acoplamento da fonte e escuta nos nós. Fonte: adaptada de: Welti, [20--].*

Uma solução para minimizar o efeito das ondas estacionárias é o seu amortecimento. A Fig. 13.33 mostra, comparativamente, o efeito da absorção de baixa frequência no comportamento de um modo que se forma entre paredes rígidas e massivas. Entretanto, como foi visto na Seção 10.1, a absorção de materiais porosos/fibrosos só é eficaz nas baixas frequências quando afastados das paredes, o que tende a ocupar muito espaço em salas pequenas. Outra alternativa seria a adoção de painéis ressonantes (ver Exemplo 10.1).

Como os ventres de todos os modos também ocorrem nos vértices do recinto, uma solução que poderá ser empregada na minimização da força do modo consiste na colocação dos chamados *sound traps* nos cantos da sala, que nada mais são que peças de grandes volumes (totens) construídas com materiais absorventes porosos/fibrosos. A Fig. 13.34 apresenta alguns exemplos.

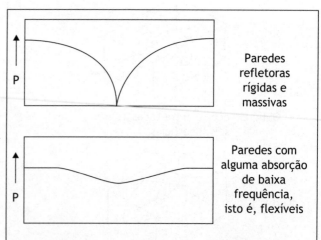

**Figura 13.33** *Efeito da absorção de baixa frequência no comportamento de um modo que se forma entre paredes rígidas e massivas. Fonte: adaptada de Toole (2002).*

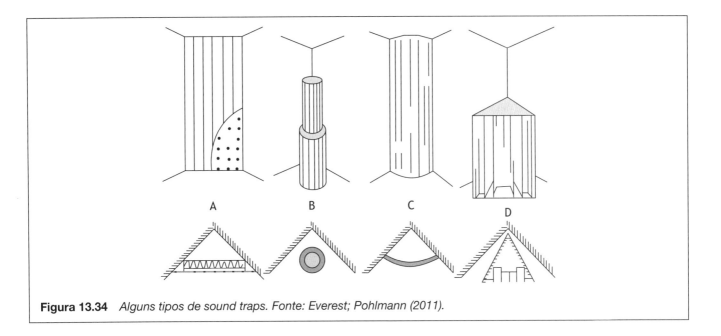

**Figura 13.34** *Alguns tipos de sound traps. Fonte: Everest; Pohlmann (2011).*

## 13.9.5 A ACÚSTICA DE HOME THEATERS

*Home theaters* são salas cinema e de audição domésticas que, por serem geralmente de pequenas dimensões, poderão sofrer de problemas acústicos gerados por modos acústicos não controlados.

A localização do *subwoofer* em um *home theater* determina quanta energia é destinada a cada modo. A Fig. 13.35 apresenta como a alocação do *subwoofer* determina os modos que são excitados e aqueles que são percebidos por dois ouvintes em um *home theater*. O Quadro 13.2 sumariza a situação.

**QUADRO 13.2** Modos axiais excitados por um *subwoofer* e percebidos por dois ouvintes em um *home theater*

| Modo axial ao longo do comprimento | Excitado | Percebido | Modo axial ao longo da largura | Excitado | Percebido |
|---|---|---|---|---|---|
| $f_{1,0,0}$ | Sim | Não | $f_{0,1,0}$ | Sim | Não |
| $f_{2,0,0}$ | Sim | Sim | $f_{0,2,0}$ | Não | Não |
| $f_{3,0,0}$ | Sim | Não | $f_{0,3,0}$ | Sim | Não |
| $f_{4,0,0}$ | Não | Não | $f_{0,4,0}$ | Sim | Não |

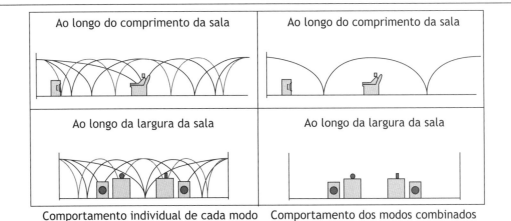

**Figura 13.35** *Influência da alocação do* subwoofer *nos modos acústicos que são percebidos por dois ouvintes em um home theater. Fonte: adaptada de Toole (2002).*

O resultado da composição dos modos, tanto ao longo do comprimento como ao longo da largura, é que somente o modo $f_{2,0,0}$ ao longo do comprimento da sala será percebido pelos dois ouvintes. Os demais modos não sensibilizam os ouvintes, não são excitados, ou são excitados com pouca energia. Estratégias desse tipo poderão auxiliar na correção de eventuais problemas gerados por modos acústicos de baixa frequência em salas de audição.

Como em um *home theater* as superfícies refletoras estão muito próximas da fonte, o som direto vem seguido de diversas reflexões precoces, com atrasos muito curtos de poucos milissegundos, provenientes do piso, do teto e das regiões das paredes laterais mais próximas da fonte. Conforme indica o diagrama das reflexões laterais de Barron (Fig. 13.21), as reflexões nas paredes laterais esquerda e direita contribuem com a impressão de espacialidade. Já as demais reflexões competitivas devem ser absorvidas, uma vez que provocam efeitos detrimentais como coloração de tom e mudanças na localização da fonte.

A Fig. 13.36 ilustra as superfícies da sala que devem ser tratadas com material absorvente a fim de eliminar as reflexões competitivas detrimentais. A abrangência dos absorvedores aplicados nas paredes laterais poderá ser ajustada no sentido de controlar a impressão de espacialidade e de localização da fonte no ponto de audição. Vale observar que as superfícies do fundo da sala não necessitam de tratamento, uma vez que não introduzem efeitos detrimentais por gerarem reflexões mais atrasadas e, normalmente, em níveis inferiores ao limiar da percepção.

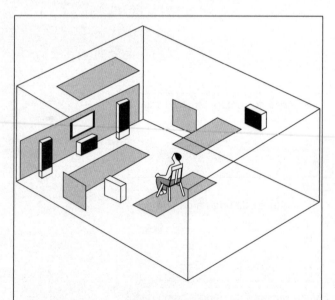

**Figura 13.36** *Superfícies de um* home theater *que devem ser tratadas com absorção para redução do nível das reflexões precoces. Fonte: Everest; Pohlmann (2011).*

## 13.9.6 ESTÚDIOS DE GRAVAÇÃO DE ÁUDIO

Uma sala cúbica apresenta a pior distribuição modal possível, por ocasionar a coincidência dos três principais modos axiais e dos seus múltiplos, deixando um intervalo de frequências máximo entre os modos coincidentes. Ao se adotar relações múltiplas entre quaisquer das duas dimensões da sala, o resultado é um mesmo tipo de problema. Essas dificuldades enfatizam a importância de selecionar as dimensões da sala de tal forma a se conseguir a melhor distribuição dos modos axiais. Isso poderá ser conseguido adotando-se uma proporção favorável entre as dimensões da sala. Existem diversas propostas que têm sido sugeridas para essa finalidade, sendo uma delas aquela dada pela seguinte proporção: 1,00:1,28:1,54. A Fig. 13.37 apresenta os modos acústicos, axiais abaixo de 300 Hz, de três estúdios com alturas de 2,44, 3,66, e 4,88 m, e com as demais dimensões geradas adotando-se essa proporção, resultando em estúdios com três volumes: pequeno (28 m³), médio (96 m³), e grande (226 m³).

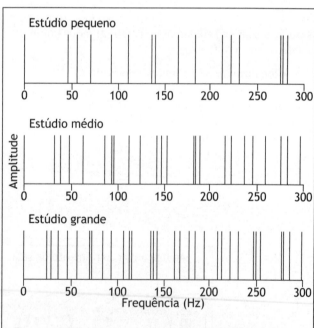

**Figura 13.37** *Modos axiais abaixo de 300 Hz de estúdio pequeno (28 m³), médio (96 m³), e grande (226 m³), os três com dimensões na proporção de 1,00:1,28:1,54. Fonte: Everest; Pohlmann (2011).*

Observa-se na Fig. 13.37 que a densidade modal aumenta com o aumento do volume do estúdio, o que é benéfico porque gera uma resposta em frequência mais uniforme. Adicionalmente, um estúdio de maior volume tem a capacidade de suportar modos acústicos de frequências mais baixas.

A Fig. 13.38 apresenta tempos de reverberação recomendados para estúdios de gravação. A área hachurada é uma região de compromisso para estúdios em que tanto música quanto fala são gravadas.

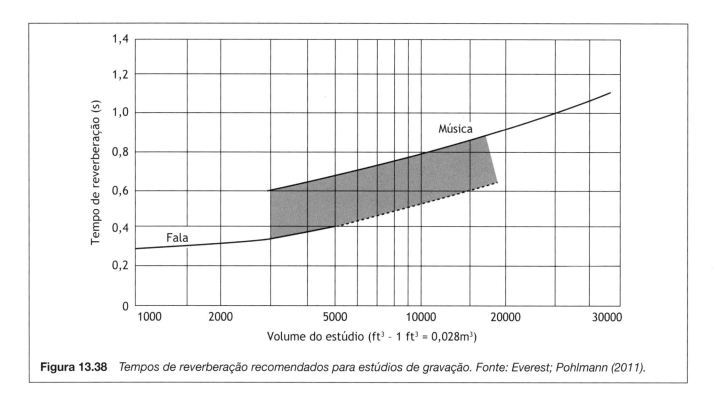

**Figura 13.38** *Tempos de reverberação recomendados para estúdios de gravação. Fonte: Everest; Pohlmann (2011).*

## 13.9.7 A ACÚSTICA DA SALA DE CONTROLE

A sala de controle tem o objetivo específico de proporcionar uma reprodução por meio de alto-falantes de alta qualidade para uma única posição de audição (posição de mixagem). A sala de controle é conceitualmente similar a uma sala de audição doméstica de alto nível, mas com uma diferença básica: em uma sala de audição, o objetivo principal é proporcionar uma experiência de audição prazerosa; na sala de controle, a reprodução precisa é a principal preocupação, e o prazer, uma preocupação secundária. A sala de controle é um ambiente de trabalho em que a precisão da reprodução é crítica. O engenheiro de som baseia todas as decisões de gravação e mixagem no som emitido pelos alto-falantes de monitoramento, condicionado pela acústica da sala de controle. Caso o som não seja preciso, as decisões do engenheiro poderão ser equivocadas. Por exemplo, se a sala reforçar a resposta de baixa frequência na posição de mixagem, o engenheiro tenderá equivocadamente a compensá-la, sendo que todas as gravações originárias dessa sala de controle serão deficitárias nas baixas frequências.

Aqui, mais uma vez, o objetivo é controlar as reflexões precoces originárias das superfícies próximas aos monitores que atingem o ponto de mixagem. Tais reflexões obscurecem a ambiência do estúdio de gravação, devendo ser suprimidas ou desviadas. O mesmo não ocorre com as reflexões mais atrasadas provenientes do fundo da sala, uma vez que essas reflexões são necessárias para que o engenheiro não se sinta como se estivesse numa câmara anecoica. Na realidade, ele deve sentir-se como se estivesse numa sala de audição, e, de certa forma, a ambiência da sala de audição deve ser levada em conta durante a mixagem.

A Fig. 13.39 ilustra como as reflexões em uma sala com superfícies duras e reflexivas afetam a posição de mixagem e como tais reflexões poderão ser absorvidas ou desviadas dessa posição.

Na solução conhecida como LEDE (*live end dead end*), a sala é tratada de forma diferente nas duas extremidades. A extremidade "viva" (*live*) corresponde ao fundo da sala, onde as reflexões são dispersadas para propiciar ambiência na posição de mixagem. A extremidade "morta" (*dead*) é a região onde se situam os monitores e também o ponto de mixagem, onde as reflexões precoces detrimentais são absorvidas.

Na solução conhecida como RFZ (*reflection free zone*) as superfícies da sala são inclinadas de tal forma a criar uma região livre de reflexões precoces em torno do ponto de mixagem. Nessa ilustração, difusores de Schroeder dispersam as reflexões no fundo da sala.

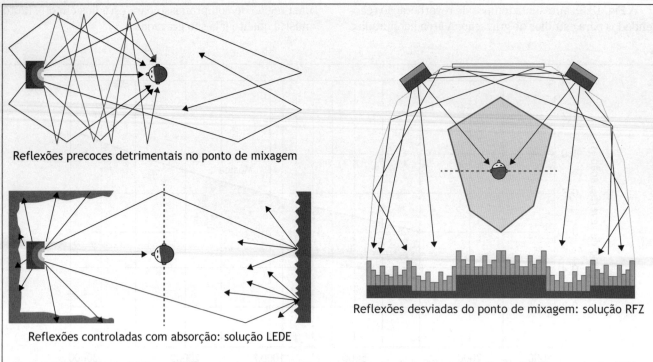

**Figura 13.39** *Controle das reflexões precoces detrimentais em salas de controle com a solução LEDE e a solução RFZ. Fonte: adaptada de <http://www.gcat.clara.net/Room_Acoustics/room_designs.htm>. Acesso em: 11 jan. 2018.*

## 13.10 A MEDIÇÃO DA RESPOSTA IMPULSIVA

Como vimos na Seção 10.2, o tempo de reverberação poderá ser obtido da curva de decaimento que, pelo método direto, poderá ser gerada desligando-se abruptamente uma fonte sonora que emite ruído em regime estacionário. Tal método de medição do tempo de reverberação é conhecido como método do ruído interrompido.

Entretanto, as métricas de auditórios não podem ser obtidas por essa técnica. Para tanto, como vimos anteriormente, é necessário gerar a resposta impulsiva de pressão da sala no ponto de interesse. De posse da resposta impulsiva de pressão, obtém-se a resposta impulsiva energética por meio da Eq. (13.1).

A resposta impulsiva poderá ser obtida pelo método direto, gerando sons impulsivos, sendo as fontes mais comuns de sons impulsivos o estouro de balões e tiros de festim (Fig. 13.40).

Ocorre que essas fontes de som impulsivo, além de apresentar baixa reprodutibilidade, normalmente não conseguem excitar todas as bandas de frequência necessárias. Por essas razões, métodos indiretos têm sido desenvolvidos, dos quais os mais comuns empregam os sinais MLS (*maximum length sequence*), que consiste em um ruído branco estacionário pseudorrandômico, e ESS (*exponential sine sweep*), que consiste em tons puros com frequência variável exponencialmente no tempo. A Fig. 13.41 ilustra o método de medição da resposta impulsiva utilizando esses sinais.

**Figura 13.40** *Geração da resposta impulsiva pelo método direto: estouro de balões e tiros de festim. Fonte: Farina (2006).*

## 13.10 – A medição da resposta impulsiva

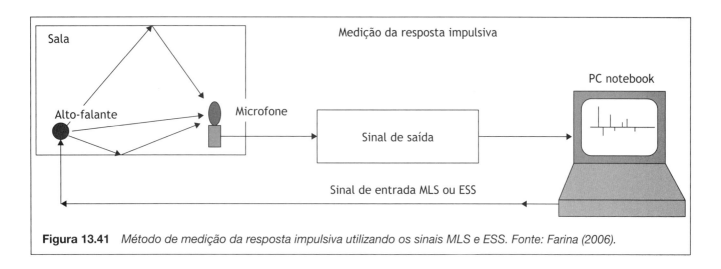

**Figura 13.41** *Método de medição da resposta impulsiva utilizando os sinais MLS e ESS. Fonte: Farina (2006).*

A Fig. 13.42 mostra o alto-falante e o microfone que são tipicamente utilizados em medições acústicas em auditórios.

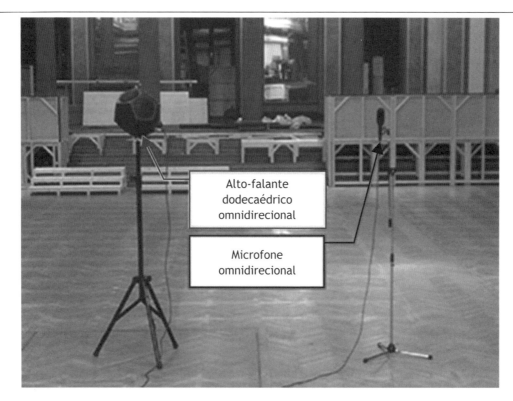

**Figura 13.42** *Alto-falante e microfone tipicamente utilizados em medições acústicas em auditórios. Fonte: Farina (2006).*

Técnicas específicas de processamento são então empregadas no tratamento do sinal de saída para obtenção da resposta impulsiva. A Fig. 13.43 apresenta respostas impulsivas geradas com ambos os sinais em uma igreja fortemente reverberante, sob as mesmas condições experimentais e com o mesmo equipamento.

Verifica-se na Fig. 13.43 que, apesar dos resultados serem praticamente coincidentes, o método de varredura senoidal exponencial produz melhor relação sinal/ruído, e sem os artefatos caracterizados por picos que contaminam a parte final da resposta MLS, causados pela limitação da taxa de variação do amplificador de potência e pelo alto-falante empregado nas medições, que produziu uma severa distorção harmônica.

# 13 – Acústica de auditórios

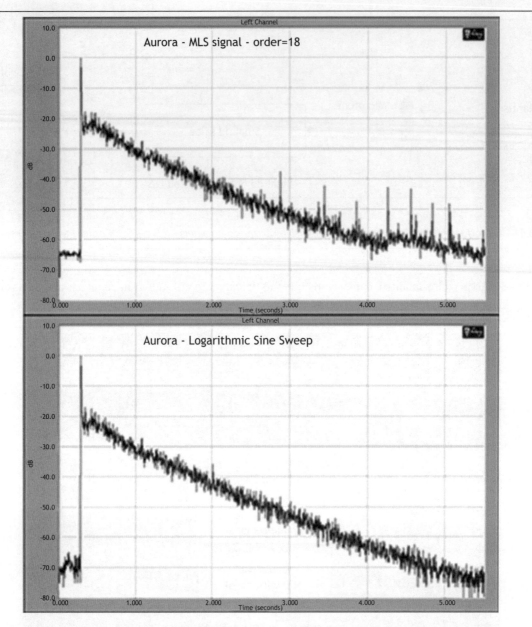

**Figura 13.43** *Respostas impulsivas energéticas medidas com os sinais MLS e ESS. Fonte: Farina (2007).*

A Fig. 13.44 apresenta tempos de reverberação em bandas de oitava numa sala de cinema, com as respostas impulsivas medidas com os sinais MLS e ESS e com tiros.

Na Fig. 13.44, cada curva de tempo de reverberação (ESS, MLS) é a média aritmética de doze tempos de reverberação medidos em cada uma das bandas de 31,5 a 16.000 Hz, com exceção da excitação com tiros de festim, cuja curva média foi obtida com cinco tempos de reverberação em cada banda de oitava. Observa-se claramente na figura que os tiros de festim não foram capazes de excitar a sala nas bandas de oitava de 31,5, 63 e 125 Hz.

Embora as variações entre as curvas sejam bastante aparentes, as curvas MLS e ESS revelam que, nas bandas de oitava de baixa frequência de 31,5, 63 e 125 Hz e nas bandas de oitava de altas frequências de 8.000 e 16.000 Hz, os tempos de reverberação estão dentro dos limites estabelecidos para cada uma dessas bandas. Já nas bandas de oitava intermediárias de 250, 500, 1.000, 2.000 e 4.000 Hz as três curvas revelam unanimamente que os tempos de reverberação medidos ultrapassam os limites superiores estabelecidos para cada uma dessas bandas.

As diferenças observadas entre as curvas MLS e ESS devem-se, provavelmente, à baixa qualidade da placa de som do computador, do amplificador de potência e do próprio alto-falante. Entretanto, mesmo com operadores experientes, utilizando equipamentos de alta qualidade, raramente essas curvas serão plenamente coincidentes.

## 13.10 – A medição da resposta impulsiva

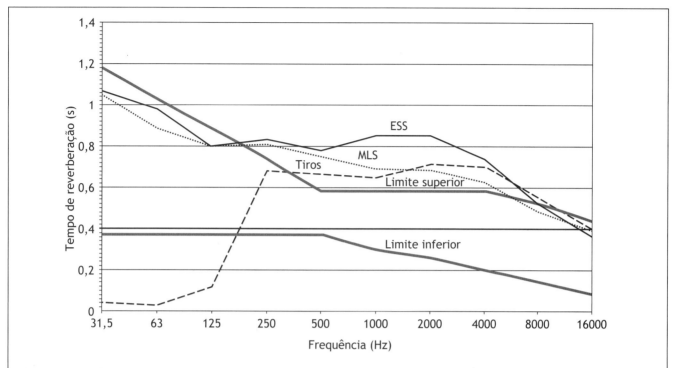

**Figura 13.44** *Tempos de reverberação em bandas de oitava numa sala de cinema, com as respostas impulsivas medidas com os sinais MLS e ESS e com tiros, com indicação dos limites de tolerância estabelecidos para a sala.*

São ainda escassos estudos que analisam comparativamente as métricas de auditórios obtidas com os sinais MLS e ESS. A Fig. 13.45 apresenta os resultados parciais de um desses estudos, em que a Definição D foi calculada em bandas de oitava e a resposta impulsiva medida por meio de diversos sistemas comerciais de medição que utilizam os sinais MLS e ESS. Nessa figura, observam-se variações, algumas bem consideráveis, entre os diversos sistemas de medição analisados.

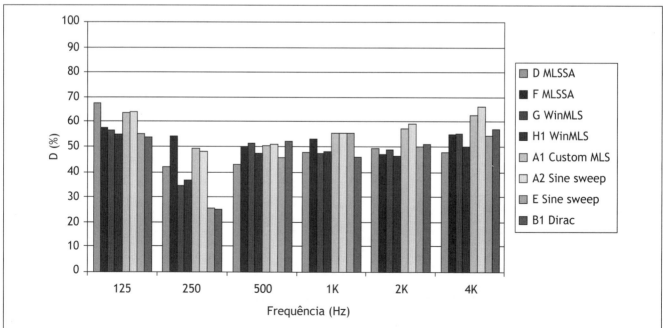

**Figura 13.45** *Definição D, calculada em bandas de oitava, com a resposta impulsiva medida por meio de diversos sistemas comerciais de medição que utilizam os sinais MLS e ESS. Fonte: Adrian James Acoustics Limited (2004).*

## 13.11 MAQUETES ACÚSTICAS

### 13.11.1 MAQUETES FÍSICAS

São modelos físicos em escala reduzida de um auditório. A modelagem física é uma técnica bastante utilizada na física experimental. A base para estudos em modelos em escala reduzida de auditórios é a relação adimensional $K$ entre a dimensão característica do auditório $L$ e o comprimento de onda $\lambda$ na frequência de interesse, em que $K = \lambda / L$. Para que se possam extrapolar os resultados das medições realizadas no modelo para o auditório real (chamado de protótipo), a relação adimensional do modelo $K_m$ deverá ser a mesma que a relação adimensional do protótipo $K_p$, isto é, $K_m = K_p$.

Como $\lambda = c / f$, em que $c$ é a velocidade do som, o resultado é $c_m / L_m f_m = c_p / L_p f_p$. Uma vez que ambos, modelo e protótipo, operam em ar, então $c_m = c_p$, resultando em $f_m = (L_p / L_m) f_p$, em que $(L_p / L_m)$ é o fator de escala de comprimento. Uma vez que $(L_p / L_m) > 1$, então as frequências de teste no modelo deverão ser $(L_p / L_m)$ maiores que no protótipo. Por exemplo, um modelo de auditório construído na escala 1:10 requer que a faixa de frequências de interesse no modelo seja dez vezes maior que no protótipo. Se no protótipo a faixa de frequências de interesse for de 125 a 4.000 Hz, então o modelo deverá ser testado na faixa de frequências de 1.250 a 40.000 Hz.

Existe uma complicação que se deve à crescente atenuação sonora com a frequência no ar atmosférico (ver Seção 9.3). Como o modelo opera em frequências mais elevadas, a atenuação sonora será também desproporcionalmente mais elevada no modelo. Para contornar essa dificuldade, costuma-se operar o modelo numa atmosfera de ar seco com umidade relativa em torno de 2%. Atmosfera de hidrogênio tem sido também utilizada.

Outra dificuldade na modelagem física de auditórios é que a fonte e o microfone devem ser miniaturizados. Microfones com diâmetros menores que, pelo menos, 1/8 de polegada (3 mm) devem ser utilizados (ver Quadro 6.3). Alto-falantes para frequências ultrassônicas são altamente direcionais. Uma fonte que tem sido utilizada na geração da resposta impulsiva no modelo é descarga de faísca elétrica, por ser omnidirecional. Trata-se de uma fonte bastante compacta, sendo a energia elétrica alimentada na faísca determinante da frequência de máxima emissão de energia acústica.

A Fig. 13.46 mostra o modelo na escala 1:9 da Berliner Philharmonie, em Berlim.

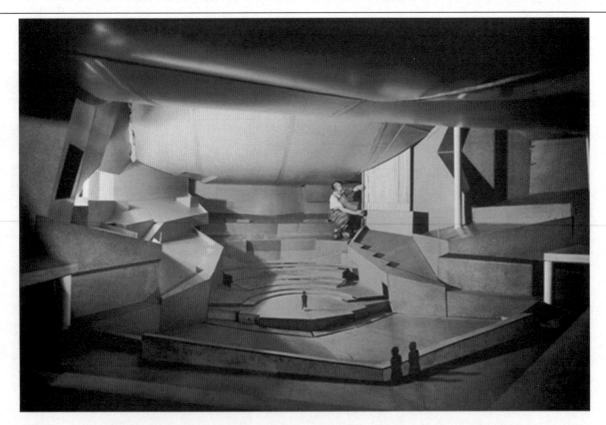

**Figura 13.46** *Modelo na escala 1:9 da Berliner Philharmonie, em Berlim. Créditos: Arquiteto: Hans Scharoun. Consultor acústico: Lothar Cremer. Fotógrafo: Arthur Köster.*

## 13.11.2 MAQUETES COMPUTACIONAIS

Com a atual facilidade de desenhos tridimensionais poderem ser transferidos entre diversos aplicativos computacionais, abriu-se a possibilidade de modelar a acústica de um auditório já na fase de "prancheta" do arquiteto. A partir da geometria, o programa de simulação acústica permite atribuir coeficientes de absorção e de espalhamento às superfícies do auditório. A posição da fonte e suas características acústicas em termos de potência sonora e diretividade podem ser também alimentados no programa de simulação.

O algoritmo de cálculo do programa computacional tem por base a acústica geométrica, em que raios ou feixes sonoros que irradiam da fonte perdem energia por divergência à medida que se propagam no interior do recinto. Adicionalmente, ao incidirem sobre certa superfície, passam a atuar os fenômenos de absorção, reflexão e espalhamento de energia, até serem eventualmente capturados nos receptores previamente alocados. Nos receptores, as pressões do som direto e das reflexões subsequentes são registradas ao longo do tempo, permitindo então gerar a resposta impulsiva. De posse da resposta impulsiva, as diversas métricas de auditórios são então calculadas aplicando-se os procedimentos vistos anteriormente.

Como mostra a Fig. 13.47, os programas de simulação permitem a visualização da distribuição dos valores/níveis de determinada métrica no auditório por meio de mapas coloridos. Dados de saída na forma de tabelas contendo os valores/níveis das métricas em bandas de oitava são também disponibilizados pelos programas.

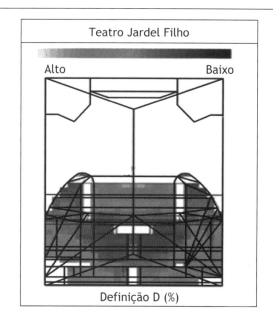
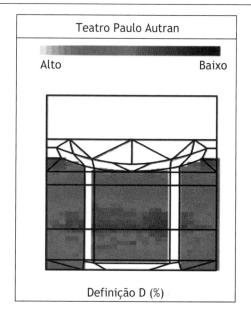

**Figura 13.47** *Distribuição dos valores de definição D em dois teatros de dramaturgia. Fonte: adaptada de Granado Jr. (2002).*

# REFERÊNCIAS

ADRIAN JAMES ACOUSTICS LIMITED. *9558/2 National Physical Laboratory – Results of Workshop on room acoustics measurements – Analysis of comparative measurements*. National Measurement System Acoustic Metrology Programme. [S.l.]: set. 2004.

ALTERMATT, R. *Lateral sound energy and small halls for music*. Santa Fé: Concert Hall Research Group Summer, 2010. Disponível em: <http://chrgasa.org/wp-content/uploads/2015/12/Russ-Altermatt-Listener-Envelopment.pdf>. Acesso em: 24 jun. 2018.

BARRON, M. The subjective effects of first reflections in concert halls – the need for lateral reflections. *Journal of Sound and Vibration*, v. 15, n. 4, p. 475-494, 1971.

_____. *Auditorium acoustics and architectural design*. 2. ed. London/New York: Spon Press, 2010.

BISTAFA, S. R.; BRADLEY, J. S. Revisiting algorithms for predicting the articulation loss of consonants ALCONS. *Journal of the Audio Engineering Society*, v. 48, n. 6, p. 531-544, 2000.

COX, T. J.; D'ANTONIO, P. Acoustic absorbers and diffusers. Theory, design and application. 2. ed. London: Spon Press, 2004.

ECOPHON. *Support the film experience through excellent cinema acoustics.* Åstorp, 2017. Disponível em: <https://www.ecophon.com/globalassets/media/pdf-and--documents/ecophon.com/cm-brochure-cinema-dark--diamond_2017.pdf>. Acesso em: 11 jul. 2018.

EVEREST, F.; POHLMANN, K. *Master handbook of acoustics.* 5. ed. New York: McGraw Hill, 2011.

FARINA, A. *Acoustical parameters*: ISO 3382. Parma: University of Parma, 2012. Disponível em: <http://www.angelofarina.it/Public/Acoustics-Course/PPT-2012/Lezione-15.ppt>. Acesso em: 11 jul. 2018.

_____. Room impulse responses as temporal and spatial filters. In: WESTERN PACIFIC ACOUSTICS CONFERENCE, 9., 26 jun. 2006, Seoul.

_____. Advancements in impulse response measurements by sine sweeps. In: AUDIO ENGINEERING SOCIETY CONVENTION, 122., 5-8 maio 2007, Wien.

FARINA, A. et al. Caratterizzazione acustica del Teatro alla Scala di Milano. In: *Conferência Teatri d'opera dell'unità d'Italia*, 23 nov. 2011, Venezia. Associazione Italiana di Acustica.

GRANADO Jr., M. V. *Acústica arquitetônica*: subsídios para projeto de salas para palavra falada (teatro de palco italiano). 2002. (Tese – Doutorado em Arquitetura) – Faculdade de Arquitetura e Urbanismo da Universidade de São Paulo, São Paulo, 2002.

INTERNATIONAL ORGANIZATION FOR STANDARDIZATION. *ISO 3382:2009*: Acoustics – Measurement of room acoustic parameters – Part 1: Performance spaces.

INTERNATIONAL ORGANIZATION FOR STANDARDIZATION. ISO 3382 standard, acoustical parameters: T20, T30, EDT, Clarity, Definition, Center Time, IACC, Jlf, G. Disponível em: <http://pcfarina.eng.unipr.it/PPT-icon.jpg>. Acesso em: 24 mar. 2018.

IOSONO Sound. *Cinema & entertainment*: solutions for cinemas. [S.l.: s.n.]. [20--]. Disponível em: <http://www.iosono-sound.com/events-pro-av/solutions-for/cinemas/>. Acesso em: 15 maio 2018.

JESSE, K. E. A classroom acoustical absorption experiment. *Physics Teacher*, v. 18, p. 41, 1980. Disponível em: <http://hyperphysics.phy-astr.gsu.edu/hbase/Acoustic/reverb.html>. Acesso em: 24 mar. 2018.

KUTTRUFF, H. Short Course on room acoustical design. Institute of Technical Acoustics, Technische Houchschule Aachen, 2000.

_____. *Room acoustics*. 5. ed. London/New York: Spon Press, 2009.

MORIMOTO, M. The role of rear loudspeakers in spatial impression. In: AUDIO ENGINEERING SOCIETY, 103., 26-29 set. 1997, New York. Preprint Number: 4554 *Proceedings...* New York: AES, 1997.

STEENEKEN, H. J. M.; HOUTGAST, T. A physical method for measuring speech-transmission quality. *The Journal of the Acoustical Society of America*, v. 67, n. 1, p. 318-326, 1980.

TOOLE, F. E. Loudspeakers and rooms for multichannes audio reproduction. In: _____. *The science of audio*: a series of lectures by Floyd E. Toole. Northridge: Harman, 2002. Disponível em: <https://www.harman.com/sites/default/files/LoudspeakersandRoomsPt3_0.pdf>. Acesso em: 11 jul. 2018.

VORLANDER, M. *Auralization.* Berlin/Heidelberg: Springer-Verlag, 2008.

WELTI, T. *Subwoofers*: optimum number and locations. Northridge: Harman, [20--]. Disponível em: <https://www.harman.com/sites/default/files/multsubs_0.pdf>. Acesso em: 11 jul. 2018.

YOKOTA, T.; SAKAMOTO, S.; TACHIBANA, H. Visualization of sound propagation and scattering in rooms. *Acoustical Science and Technology*, v. 23, n. 1, p. 40-46, 2002.

# SIGLAS EMPREGADAS NESTE LIVRO

ABNT — Associação Brasileira de Normas Técnicas

AI — (*articulation index*) índice de articulação

$AL_{CONS}$ — (*articulation loss of consonants*) perda na articulação de consoantes

ASW — (*auditory source width*) largura auditiva da fonte

BNC — (*balanced noise criteria curves*) curvas-critério de ruído balanceadas

BNCê — curvas-critério de ruído balanceadas (o mesmo que BNC)

CCE — células ciliadas externas

CCI — células ciliadas internas

CE — Comunidade Européia

Conama — Conselho Nacional do Meio Ambiente

Contran — Conselho Nacional de Trânsito

CVC — consoante-vogal-consoante

EDT — (*early decay time*) tempo de decaimento inicial

DSP — (*digital signal processor*) processador de sinal digital

EPA — (Environmental Protection Agency) Agência de Proteção Ambiental (EUA)

ESS — (*exponential sine sweep*) varredura de seno exponencial

EPI — equipamento de proteção individual

EPNL — (*effective perceived noise level*) nível efetivo de ruído percebido

FCE — fluido cérebro-espinhal

FFT — (*fast Fourier transform*) transformada rápida de Fourier

FHWA — (Federal Highway Administration) Administração Federal de Rodovias (EUA)

HDI — (*hearing deterioration index*) índice de deterioração da audição

HRTF — (*head related transfer function*) função de transferência relacionada com a cabeça

HUD — (Departament of Housing and Urban Development) Departamento de Habitação e Desenvolvimento Urbano (EUA)

IACC — (*interaural cross correlation*) correlação cruzada interaural

IEC — (International Electrotechnical Commission) Comissão Eletrotécnica Internacional

IIC — (*impact insulation class*) classe de isolação de impacto

IL — (*insertion loss*) perda na inserção

Inmetro — Instituto Nacional de Metrologia, Normalização e Qualidade Industrial

INSS — Instituto Nacional de Seguridade Social

IPR — índice ponderado de ruído

ISO — (International Organization for Standardization) Organização Internacional de Normalização

JND — (*just noticeable difference*) variação apenas perceptível

LEDE — (*live end, dead end*) extremidade viva, extremidade morta

LEV — (*listener envelopment*) envolvimento do ouvinte

LF — (early lateral fraction) fração lateral precoce

LG — (*late lateral strength level*) nível de suporte lateral tardio

MLS — (*maximum length sequence*) sequência de comprimento máximo

Nema — National Electrical Manufacturers Association

NBR — Norma Brasileira Registrada

NC — (*noise criteria curves*) curvas-critério de ruído

NCA — nível-critério de avaliação

NCê — curvas-critério de ruído (o mesmo que NC)

NHO — Norma de Higiene Ocupacional

NIOSH — (National Institute for Occupational Safety and Health) Instituto Nacional para Segurança e Saúde Ocupacional (EUA)

NR — (*noise reduction*) redução de ruído

NRC — (*noise reduction coefficient*) coeficiente de redução sonora

NRR — (*noise reduction rating*) classe de redução de ruído

OCL — olivococlear lateral

OCM — olivococlear medial

OMS — Organização Mundial da Saúde

OSHA — (Occupational Safety and Health Administration) Administração de Saúde e Segurança Ocupacional (EUA)

PA — Protetor auricular

Pair — perda de audição induzida por ruído

Pairo — perda de audição induzida por ruído ocupacional

PCA — Programa de Conservação Auditiva

| | |
|---|---|
| PPRA | Programa de Prevenção de Riscos Ambientais. |
| PSIL | (*preferred speech interference level*) nível de interferência na fala preferencial |
| PT | perda na transmissão |
| RC | (*room criteria curves*) curvas de avaliação de salas |
| RCê | curvas de avaliação de salas (o mesmo que RC) |
| RFZ | (*reflection free zone*) zona livre de reflexão |
| RR | redução do nível de ruído |
| SEL | (*sound exposure level*) nível de exposição sonora |
| SIL | (*speech interference level*) nível de interferência na fala |
| STC | (*sound transmission class*) classe de transmissão sonora |
| STI | (*speech transmission index*) índice de transmissão da fala |
| TAG | (*tungsten argon gas*) processo de soldagem com eletrodo de tungstênio em atmosfera de gás argônio |
| TIG | (*tungsten inert gas*) processo de soldagem com eletrodo de tungstênio em atmosfera de gás inerte |
| TU | (*transmission unit*) unidade de transmissão |
| BPF | freqüência de passagem da pá |
| BFI | incremento de freqüência da pá |
| PNL | (*perceived noise level*) nível de ruído percebido |
| PNLT | (*tone-corrected perceived noise level*) nível de ruído percebido tom-corrigido |
| EPNL | (*effective perceived noise level*) nível efetivo de ruído percebido |
| NEF | (*noise exposure forecast*) nível de ruído previsto |
| NRC | (*noise reduction coefficient*) coeficiente de redução sonora |

# ÍNDICE ALFABÉTICO

Absorção, 315

    atmosférica, 228

    do solo, 228

    sonora, 246, 248t, 252, 254, 258, 260, 261e, 264, 265, 302, 333, 336

    sonora de uma superfície, 249

    sonora no recinto, 249

    Absorções sonoras, 271t

Acústica, 5, 6

    arquitetônica, 6

    atmosférica, 6

    Física Fundamental, 6

Adição de audibilidades, 74

    de decibéis, 38

    de níveis sonoros em decibéis, 37

Aferente, 57

Agudo, 33

Alinhamento, 64

Alteração permanente do limiar, 61

    temporária do limiar, 61

Alto, 33

Alto-falante, 19, 153, 161, 164, 165f

Altura, 33

    de um som, 33

Ambiente ruidoso, 138

Amortecimento, 160, 291, 322, 348

    crítico, 345

    interno do isolador, 355

Amplificação coclear, 57

    sonora, 223

Analisador FFT, 98, 99, 100, 101

Análise espectral, 92, 98, 99

Anatomia da orelha humana, 44f

Anecoica, 50

Anecoicos, 266

Ângulo de fase, 20

    de incidência, 112

    sólido, 264

Ápice da cóclea, 49

Apoios resilientes, 306

Área de audição, 66

Aspereza, 81

Áspero, 71f

Assoviante, 131

Atenuação, 190, 213, 215, 217, 358, 358e, 359f

    combinada, 230

    da barreira, 213, 215

    de barreiras, 212

    de edificações, 219

    de solo gramado, 211

    de tons puros, 207

    de vegetação, 219

    sonora, 205, 207

    sonora do ar, 205

    sonora do solo, 210

Atuador eletrostático, 111

Audibilidade, 72, 74, 75, 76, 78, 85, 89, 95, 101, 115, 116

    de sons impulsivos, 85

Audição, 6, 43

Audiograma, 63

Audiometria tonal limiar por via aérea, 62

Audiômetro, 62

Aurícula, 43

Avaliação audiológica, 62

Axônios, 57

## B

Baixo, 33

Banco de filtros auditivos, 71

Banda crítica, 69, 70, 71f, 72, 73, 74, 77

    de ruído, 70

    do ruído, 80

Bandas críticas, 75, 76, 134

# índice alfabético

de oitava, 35

de ruído, 69

estreitas, 102

ideais, 99

largas, 102

Bark, 77

Barlavento, 224

Barreira, 210f, 211, 213, 214, 224, 225, 226, 231, 328, 335

Barreiras, 319

    duplas, 213

Base de inércia, 351

Batimento, 80

Batimentos, 71f, 80

Bel, 30

Bigorna, 46f

Biombos, 336

    acústicos, 335

## C

Caixa fechada, 162, 164e

    refletora de baixos, 163, 164e

Caixas acústicas, 158, 161

Câmara (plenum), 342

    anecoica, 264

    de expansão, 342

    reverberante, 247t, 266, 272e

Câmaras reverberantes, 284, 300

Campo afastado, 267

    difuso, 112, 264, 277

    livre, 112, 264, 267

    próximo, 266

    reverberante, 267

Canalização sonora, 226

Casamento de impedâncias, 47

Cavidade bucal, 155

    nasal, 155

Cavitação, 190

Células, 55

de absorção, 340, 341

de Deiters, 55

de suporte, 55

Células ciliadas, 51, 57, 72, 74, 81

    externas, 55

    internas, 55

Células-pilares, 55

Chaveamento de fase, 58

Choques, 322

    periódicos, 354

Cinturão, 219

    verde, 219, 220, 221

Circuito de retenção, 88

Citococleograma, 61

Clareza (C), 385, 388, 392t, 395t, 397, 406

Classe de isolação de impacto, 307

    de redução de ruído, 356

    de transmissão sonora, 291

Cóclea, 43, 46, 47, 48, 49, 58, 59

Codificação localizada, 54, 58

    por impulsos, 58

    temporal, 58

Coeficiente de absorção sonora médio das superfícies, 249

    de absorção sonora, 42, 223, 245, 248t, 249, 258f, 313

    de potência acústica, 176

    de redução sonora, 246

    de reflexão sonora, 243

    de transmissão, 331

    de transmissão sonora, 243, 279, 286

    de transmissão sonora da partição composta, 298

    de vazão, 179

Coeficientes de absorção sonora, 267e

Coincidência, 280, 281, 283

Combinação de sons, 35

Comportamento espacial, 20

    temporal, 20

Comprar silencioso, 360

Compressor, 171

## índice alfabético

Compressores, 171

Comprimento de onda, 22, 110, 342

Concha, 357, 358, 359f

Condução óssea, 60, 358

Conduto auditivo, 43, 45, 358

Conforto, 14

    acústico, 310, 313

Consonância, 69, 70

Constante de absorção sonora do ar, 249

Constante de tempo, 85, 88, 88f, 89, 145, 146, 158, 370, 371, 372, 373, 374,

    de resposta, 88

    exponencial, 370, 372, 373,

    lenta, 88, 88f, 373, 146, 158, 370, 371, 372, 373f, 374f

    rápida, 88, 145, 146, 370, 371, 372, 373, 373f, 374f

Contornos, 307

    padronizados, 291

Controle ativo, 37

    da irradiação sonora, 317

Controle do ruído, 6, 13, 14, 18, 319, 363

    do ruído de bielas-manivelas, 322

    do ruído de cames, 321

    do ruído de correntes de transmissão, 324

    do ruído de engrenagens, 319

    do ruído de mancais, 320

    do ruído na fonte, 317

    do ruído na trajetória de transmissão, 327

    do ruído no receptor, 356

Cordas vocais, 155

Córtex auditivo, 59

Crescimento sonoro, 258

Cristas empolares, 50

Curvas de avaliação de ruído, 133

    de avaliação de salas, 132

    de nível de ruído, 238, 239f

    de propagação sonora, 270

Curvas-critério de ruído, 130

    de ruído balanceadas, 132

## D

Decaimento exponencial, 388, 389, 391

Decaimento sonoro, 258

Decibel, 30

Decibelímetro, 87

Deficiência, 291, 307

Definição (D), 385, 385f, 388, 390, 392t, 395t, 397, 406, 417, 417f, 419f

Deflexão estática, 351

Densidade superficial, 213, 282, 305, 306e

Desconforto auditivo, 66

Deslocamento permanente do limiar da audição, 141

Despolarização, 57

Desvantagem, 137

Detector, 88

    de picos, 89

Diafragma, 106, 158

Diagrama polar, 176

Diapasão, 19, 20

Difração, 44

Difusão, 389, 400, 401, 401f, 402f

Difusor, 400, 401, 401f, 402

Difusores, 401, 402, 404, 413

Direcional, 153

Direcionalidade, 112

Dissonância, 69, 71

Distribuição gaussiana, 123

Divergência da onda, 202, 228

Dose diária de ruído, 145

Dosímetro de ruído, 145

Duto, 163, 165e

    coclear, 50

    de Reuniens, 49

    revestido, 340

Dutos semicirculares, 49

## E

Eco, 84

Ecos, 84, 85

## índice alfabético

Efeito coquetel, 137

    de precedência, 84

    do vento, 215

    Haas, 84

Efeitos de gradientes, 223

    não auditivos do ruído, 85

Eferente, 57

Eliminação, 362

Empola, 50

Enclausuramento, 193, 315, 329

Endolinfa, 49, 50

Energia detrimental, 385, 385f, 397

Energia sonora, 26

Energia útil, 385, 385f

Engenharia de controle de ruído, 317

Epiglote, 155

Equipamentos de proteção individual , 149

Escala bark, 77

    linear, 82

    logarítmica, 30, 31, 99

    média, 49, 50

    mel, 77

    temperada, 79

    timpânica, 49, 50

    vestibular, 49, 50

Espalhamento do som, 219

    sonoro, 219

Espectro de banda estreita, 35

    de banda larga, 35

    de fonte típica, 202

    sonoro, 33, 35f, 35, 36f, 36, 40, 43, 75, 90

    sonoro em bandas de frequências, 35

Estereocílios, 55, 57, 61

Estribo, 46, 47

Estrutura isolante, 315

Expansão controlada, 189

Exposição contínua, 142

    tolerada, 142

## F

Faixa de áudio, 19, 94

    dinâmica, 107, 134

Faringe, 155

Fase, 22, 87, 210

Fator de absorção, 230

    de amortecimento interno, 284

    de diretividade, 263

    de eficiência acústica, 176, 177e, 185, 190

    de força, 160

    de qualidade, 257

    de qualidade elétrico, 160

    de qualidade mecânico, 160

    de qualidade total, 160

    de recuperação de pressão, 179, 182

    de troca, 139, 142, 143, 145

Feixe olivococlear, 57

FFT, 98, 98f, 99, 99f, 100, 100f, 101, 101f, 102t, 103e, 104e, 367, 375, 377, 378

Fibra nervosa, 57

Fibras aferentes radiais, 57

    nervosas, 59r

Filtro passa-alta, 90

    passa-baixa, 90

    passa-banda, 90, 94

    ponderador, 88

    ponderador A, 91

    ponderador B, 92

    ponderador C, 92

Filtros, 90

    auditivos, 71, 72t, 72, 77

    de 1/n oitava, 88, 92

    ponderadores, 91, 92, 95

Fixação em linha, 289

    pontual, 289

Fluxo de energia sonora, 26

Fone, 69

Fones, 73, 74t, 116

índice alfabético **427**

Fonoabsorvente, 333, 337

Fonte, 14

    de ondas planas,41f

    direcional, 154

    linear, 41

    omnidirecional, 154

    pontual, 41, 202

    sonora, 26, 27, 315

    sonora de referência, 265

Fontes incoerentes, 39e

    mutuamente incoerentes, 40e

    sonoras, 153, 158

    sonoras mutuamente incoerentes, 40

Forma da onda, 22, 22f, 23, 24e, 33, 33f, 34, 51, 65, 78, 81

Formantes, 156

    vocais, 157

Fórmula de Sabine, 260, 265

Fração lateral precoce (LF), 386, 388, 392t, 395t, 397, 406

Frente de onda, 223

Frequência, 22

    angular, 19, 20, 22, 23

    angular de corte, 161, 162, 164

    angular natural, 160, 163

    central, 92

    crítica, 281, 283, 289, 304e

    de coincidência, 281

    de corte, 90, 161, 162, 164e, 186

    de excitação, 281

    de passagem da pá, 167

    de pico, 176, 177e

    de ressonância,45, 257, 280, 281, 283, 304, 347

    do anel, 186

    dos choques, 355

    efetiva da fonte, 213

    fundamental, 34

    fundamental de ressonância, 256

    limite, 289

    modal elementar, 353

    natural, 161, 353, 355

    natural (ou frequência de ressonância) amortecida, 345

    natural (ou frequência de ressonância) não amortecida, 345

    natural não amortecida, 353

Frequências de ressonância, 353

    formantes, 156

Função de transferência, 45, 46f, 47, 92, 105, 161

    de transferência do conduto auditivo externo, 45

    de transferência relacionada com a cabeça, 45, 82

## G

Gânglio espiral, 59

Ganho, 46f, 90

Geração de som, 317

Gerenciamento do controle do ruído, 360

Glote, 155

Gradientes de temperatura, 223

    de velocidade do vento, 223, 224

Grandezas físicas, 65

    psicoacústicas, 65

Grave, 33

## H

Harmônico auricular, 81

Harmônicos, 34, 81

    do fundamental, 34

Helicotrema, 49, 50

Hiperpolarização, 57

Histograma, 120

## I

Impacto, 88

    não útil, 318

Impactos, 318, 323

Impedância acústica específica, 25

    característica, 25, 31, 46, 282

Impulsos nervosos, 51

Incapacidade auditiva, 137, 142

Incidência aleatória, 112

Incômodo, 115, 116

    do ruído, 82

Incremento de frequência da pá, 167

Indicador, 89

Índice de articulação, 135

    de deterioração da audição, 139

    de diretividade, 154, 158, 166e, 202

    de tráfego do aeroporto, 238

    ponderado de ruído, 130

Índices de diretividade, 154, 172, 195f

Infrassons,19

Inteligibilidade, 63, 85, 132, 133, 134, 135, 158, 260

Inteligibilidade da fala, 63, 85, 132, 133, 134, 135, 136f, 137, 138, 138q, 140f, 158, 243, 260, 381, 385, 385f, 388, 390, 391, 393t, 397, 398, 406

Intensidade sonora, 25, 26, 27, 46, 47, 153, 185, 279

    sonora de referência, 30

Interferência, 210

    na fala, 133

Inversão térmica, 223

Inverso da lei da massa, 282

Irradiação sonora, 317

Isoaudíveis, 69

Isoentrópica, 183

Isofônicas, 69

Isolação, 313, 363

    de choques, 353, 355e

    de sons aéreos, 14

    de vibrações, 319, 333, 343, 345

    sonora, 312, 313

Isolador, 313

    de vibrações, 343

Isoladores, 344

    de choques, 353

    de vibração, 333, 347, 364

Isolamento sonoro, 310

## J

Janela, 40, 244, 296t, 375, 377, 377f, 378

Janelas, 26, 126f, 127, 129, 244, 249, 296t, 297t, 298, 331, 378, 378f, 379

Janela oval, 46, 47, 50

    redonda, 50

Jato, 175, 176

Jornada de trabalho, 146, 358

## L

Labirinto, 48, 49

    membranáceo, 48, 49

    ósseo, 48

Lâmina espiral, 50

Largura da banda, 94, 95

    da banda crítica, 69

Larguras de bandas constantes, 99, 100, 101

    de bandas de porcent0agem constante, 99, 100, 101, 105

Laringe, 155

Lei da massa, 282, 284, 286

    de Fechner-Weber, 29, 30

    do inverso do quadrado da distância, 26, 327

Lenta, 88

Lesões auditivas, 89

Limiar da audição, 18, 19, 30, 62, 69, 79f, 79, 133

    da dor, 18

    diferencial, 29r, 66, 73

Limites de tolerância, 143

Linha de visão, 212, 215, 220, 224

Linhas do analisador, 98

Localização biauricular, 82

## M

Mácula sacular, 49

    utricular, 49

Manutenção, 363

Martelo, 46, 46f

Mascarado, 79

Mascaramento, 69, 79, 116, 133

   sonoro, 17

Mascarante, 79

Mascarantes, 75

Mascarar, 48

Massa, 160

Massa-mola-amortecedor, 301, 302

Materiais porosos/fibrosos, 247t, 252, 257

Material absorvente, 252, 256, 257, 269, 289, 290e, 298t, 313

   absorvente fibroso, 340

   resiliente, 301f

Mecanismos básicos de geração de ruído, 316

Mediana, 141

Medidor de nível sonoro, 87

Mel, 77

Membrana basilar, 50, 50r, 51, 54, 57, 62, 69, 71, 79, 81

de Reissner, 50

   tectória, 55, 57, 58

   vestibular, 50

Método da tangente, 131

Microfone, 33, 88, 106, 111, 112, 113

   de carbono, 106

   de condensador, 108, 111

   de eletreto, 106

   de fita, 106

   dinâmico, 106

   piezelétrico, 106

Modíolo, 50

Modo acústico, 409

Modos acústicos, 408, 409, 409f, 411, 411f, 412

Módulo de elasticidade, 279, 316

   de elasticidade dinâmico, 303

   de elasticidade estático, 302

Moldados, 358

Moldáveis, 358

Monitoramento auditivo, 149

Mutuamente incoerentes, 40

## N

Não isoentrópica, 183

Não linearidades, 80, 81

Nervo auditivo, 43, 57

   coclear, 48, 57

   vestíbulo-coclear, 48, 59

Neurônios, 59

Níveis-critério, 129, 132, 142

   estatísticos, 129, 129f

Níveis de excedência, 120

   de pico, 145

   de ruído de pico, 120

   estatísticos, 120, 121, 123, 228

   logarítmicos, 31

   sonoros de referência, 62

   sonoros em recintos, 262

   sonoros em salas domésticas e escritórios, 277

Níveis estatísticos ($L_N$), 119, 120, 121, 123, 228, 367

Nível

   de suporte lateral tardio (LG), 386, 392t, 396t, 397

   equivalente ($L_{eq}$), 121, 123, 124, 125e, 140, 146, 158, 228, 229, 230, 232e, 367, 370, 371f, 378

Nível-critério, 121, 127

   de avaliação, 130

Nível de audibilidade, 68, 69, 70, 73, 74, 74t, 76e, 88

   de exposição sonora, 124, 233

   de intensidade sonora, 30

   de interferência na fala, 137

   de interferência na fala preferencial, 137

   de pico, 120

   de potência sonora, 30, 330

   de pressão sonora total, 38e

   de pressão sonora, 30, 31, 39, 39r

   de ruído, 39r

   de ruído de exposição, 143

   de ruído de fundo, 116, 119

   de ruído mediano, 120

   de ruído médio, 120

de ruído percebido, 236, 237

de ruído percebido tom-corrigido, 237

de ruído previsto, 238

dia e noite, 123, 126, 229, 233

efetivo de exposição, 360

efetivo de ruído percebido, 130, 237

equivalente, 121, 140, 146, 228, 229

espectral, 102

impulsivo, 145

logarítmico, 30

médio de exposição diária, 140

sonoro, 35r

sonoro corrigido, 127, 129

sonoro estacionário, 258

sonoro normalizado de impacto com piso flutuante, 304

sonoro normalizado de impacto, 304

sonoro total, 39e, 40e, 75

Notas, 79

Noy, 82

Noys, 236, 237

Número de Fresnel, 213

de Mach, 175, 183, 184

de Mach de livre expansão do jato, 186

de ondas, 20

de operações equivalentes, 233

de Strouhal, 176, 190

## O

Oitava, 79

Olivococlear lateral, 57

medial, 57

Omnidirecional, 110, 154

Onda sonora, 20

sonora esférica, 22

sonora plana, 20, 22

viajante, 52, 52f

Ondas

de flexão, 280, 282, 283

esféricas, 22, 25, 165e

estacionárias, 282

progressivas, 25r

Orelha, 43r, 69, 135, 149

externa, 43

interna, 48

média, 46, 47

Órgão de Corti, 50, 51f, 51, 55

Ossículos, 43, 46, 47, 50

Overshoot, 161

## P

Painéis absorventes, 270

ressonantes, 281

Painel ressonante, 249, 255

Palavra falada, 85

Paredes duplas, 287

Partições compostas, 298

Pascal, 18r

Passa-alta, 90

Passa-baixa, 90

Passa-banda, 90

Perda auditiva, 63

condutiva, 60

da audição, 59, 61, 116, 137, 138, 139, 149

de audição induzida por ruído (Pair), 61

de audição induzida por ruído ocupacional (Pairo), 61r

na inserção, 213, 219, 330, 331, 336, 337

na inserção da barreira, 226

na inserção da clausura, 330

na transmissão, 281, 285f, 286, 287t, 289, 291, 293t, 313, 320, 330, 331, 333, 335

na transmissão incremental, 299

na transmissão sonora, 279

neurossensorial, 60

Perda na articulação de consoantes ($AL_{CONS}$), 390, 392t, 396t

Perilinfa, 49, 50

Período, 18
    de duração do choque, 353
    de exposição, 358
    do choque, 353
    do pulso, 354
    entre choques, 354
    natural do isolador, 353
    natural não amortecido, 353, 354
Pina, 43
Piso flutuante, 301, 302, 303, 304
Pisos flutuantes, 305
Plugue, 356
Polarização funcional, 57
Poluição sonora, 315
Ponderação A, 101
Ponderação B, 101
Ponderação C, 101
Ponderação D, 101
Ponderador temporal, 88
Ponderadores, 88
Potência mecânica do jato crítica, 185
    mecânica do jato, 185
    sonora, 26, 27, 153, 154, 167, 169, 170, 264
    sonora de referência, 30
Práticas silenciosas de trabalho, 363
Pré-amplificador, 88
Precisão, 88
Pregas vocais, 19, 155, 156
Presbiacusia, 60, 60f, 61, 63, 137
Pressão acústica, 18
    ambiente, 18
    crítica, 182
    na veia contraída, 182
    sonora, 18, 20, 23, 25, 26, 27
    sonora de referência, 30
Princípio de igual energia, 140
Privacidade da fala, 316
Processamento de sinais, 14, 367

Proteção auditiva, 356
Prótese coclear, 60
Próteses auditivas, 60
Protetores auriculares, 356
Psicoacústica, 77, 82
Pulsação, 19, 80

## Q
Qualidade acústica, 116
    do som, 222
Queda de pressão, 179

## R
Radiação sonora, 337
Raio direto, 210, 212
    refletido, 212
    sonoro, 215
Raio reverberante ($r_h$), 389, 394, 395t
Rápida, 88
Rasante, 210
Rayl, 25
Razão de amortecimento, 345
    de banda crítica, 77
    de pressões, 182, 184, 185
Razões de amortecimento, 354
Reação comunitária, 126
    localizada, 303, 306
    ressonante, 306, 307t
Receptor, 14, 315
Recintos acusticamente extensos, 269, 270
Recuperação da pressão, 179
Redução de ruído, 285
    do nível de ruído, 130
    do nível sonoro normalizado de impacto, 303, 306, 307
    do ruído, 193
    do ruído por enclausuramento, 328
Reflexo estapediano, 47

## índice alfabético

Reflexões, 215

    detrimentais, 85

    precoces, 84

    sonoras, 82

    tardias, 85

    úteis, 85

Refração, 215, 223, 225, 226

Região controlada pela coincidência, 281

    controlada pela massa, 280, 283, 346, 347

    controlada pela ressonância, 281, 282

    controlada pela rigidez, 282, 346, 347

    controlada pelo amortecimento, 347

    de isolação de vibrações, 347

Resistência, 160

Resolução, 95

Resposta de campo livre, 112

    de pressão, 110, 111

    em frequência, 161, 162, 163, 322

    oscilatória, 355

    ressonante, 320

Resposta impulsiva, 369, 370f, 382, 382f, 383, 383f, 384f, 385, 386, 387f, 388, 391, 401, 408, 414, 414f, 415, 415f, 417, 417f, 418, 419

    energética, 382, 383, 383f, 384f, 385, 386, 414

Ressonador, 257f, 258

Ressonadores de cavidade, 257

Ressonância, 45, 282

    do conduto auditivo, 69

Ressonâncias, 332, 334

    da clausura, 333

Restauro do fundamental, 81

Retenção, 88

Retumbante, 131

Reverberação, 260

Reverberações, 85

Reverberantes, 266

Rigidez à flexão, 281

    dinâmica, 301, 302

    estática, 301, 305

    mecânica, 160

Risco de perda da audição, 138

Roll-off, 91, 169, 171, 186, 197

Ruído, 6, 7, 17, 18, 23

    aerodinâmico, 231

    ambiental, 360

    ambiente, 116, 125

    branco, 104

    contínuo, 138

    da combustão, 197, 233f

    da hélice, 231

    das aeronaves, 220

    de admissão, 195

    de aviões, 231

    de bombas, 175

    de caldeiras, 191

    de compressores, 169, 172

    de engrenagens, 200, 321

    de exaustão, 193

    de fundo, 18, 40, 119

    de geradores elétricos, 198

    de jatos, 175, 178

    de motores, 193

    de motores elétricos, 197

    de torres de resfriamento, 172

    de tráfego, 126, 127, 228, 231

    de tráfego ferroviário, 239

    de transformadores elétricos, 199

    de turbinas, 192

    de válvulas de controle, 179

    de ventiladores, 167, 334

    do bloco, 194

    do fluxo de gás, 196

    do jato, 233

    em ambientes internos, 130

    em comunidades, 126, 127

    em queimadores, 195

em tubulações, 191

intermitente, 142

ocupacional, 101, 143, 144f

rosa, 104

Ruídos aleatórios, 104

de impacto, 144, 145

estacionários, 115

impulsivos, 144, 145

intensos, 57

intrusivos, 119

não estacionários, 116, 119, 121

Ruidosas, 363

Ruidosidade percebida, 82, 236

## S

Sáculo, 48, 49

Sala da fonte, 285, 302

de recepção, 285, 300

prática, 267

Sede da válvula, 179

Semitons, 78

Sensação subjetiva, 68, 77, 82

Sensibilidade, 110, 111, 112, 164e, 165e

Silenciador, 178

combinado, 343

reativo, 337

resistivo, 337

Silenciadores, 194, 337

Silenciosas, 363

Sinal digitalizado, 368, 369, 370, 371, 375

Sinais digitalizados, 98, 368, 372, 374, 375

Sinapse, 55

Sintetização, 37

Sintetizar, 38e

Sistema auditivo, 39, 84, 95

fonador, 155

vestibular, 48

Sistemas com múltiplos graus de liberdade, 353

com um grau de liberdade, 345, 351

Sobretons, 34

não harmônicos, 34

Solo duro, 210

ondulado, 211

Solos macios, 211, 224

Som, 17, 18, 19, 33, 34, 43

agudo, 33

complexo, 79

de impacto, 34

difratado, 337

direto, 262, 263f, 267, 269, 270f

grave, 33

impulsivo, 85

incidente, 281

refletido, 215, 264, 267, 269, 270f

Soma logarítmica, 229

Somar decibéis, 39

Sombra acústica, 82, 83f, 212, 223, 224

Sones, 72, 74, 75f, 115

Sônico, 176

Sonômetro, 87

Sons aéreos, 302

contínuos, 34

da fala, 131, 133, 157

da voz, 156

das consoantes, 133, 158

das vogais, 85, 133, 157, 158

de consoantes, 85

de impacto, 34, 88, 300, 307

impulsivos, 34, 48, 82, 88, 222

intensos, 47

Sota-vento, 224, 226

Suave, 71f

Subsônico, 175, 176, 179

Substituição, 364

Subtração de decibéis, 40

de níveis sonoros em decibéis, 40

Subwoofer, 159

# índice alfabético

Supersônico, 176

Suporte (G), 386, 388, 392t, 395t, 397, 405, 406

## T

Tampão, 358, 360, 361f

Taxa de descarga, 57, 58, 73

Tempo central ($T_c$), 385, 388, 392, 395t, 397

Tempo de decaimento inicial (EDT), 384, 388, 389, 392t

Tempo de exposição, 138, 139, 140

de exposição tolerado, 143

de reverberação, 260, 261t

efetivo de uso, 361f

Tempo de reverberação ($T_{60}$), 258, 259f, 260, 260f, 261e, 262e, 265, 272e, 277e, 313, 383, 389, 390, 391, 391f, 392t, 394, 397, 405, 405f, 406, 407, 408, 408f, 413, 413f, 414, 416, 417f

Tensor do estapédio, 47

do tímpano, 47

Teoria vôlei da audição, 58

Teste de audiometria, 62

Timbre, 34r

Tímpano, 43, 44, 45, 46

Tom, 77

mascarado, 79f

mascarante, 79f, 79

puro, 20, 23, 33f, 74, 79f

Tonalidade, 77, 78, 155

Tons combinados, 81

puros, 33, 74, 81, 92, 95, 98, 99

Tráfego aéreo, 231

ferroviário, 239

rodoviário, 229

Trajetória, 14

de transmissão, 317

Trajetórias de refração, 226

Transdução, 51

Transdutor, 106

eletroacústico, 159

Transformada direta de Fourier, 33

inversa de Fourier, 33

rápida de Fourier, 98

Transmissão sonora, 280

secundária, 314

Transmissibilidade da força, 347, 348, 353

de choque, 355, 356

Trato vocal, 155

Tubo de Eustáquio, 46

de impedância, 41

Turbulência, 212

Tweeters, 153, 160

## U

Ultrassônicos, 68

Ultrassons, 19

Unidade de sensação, 30

de transmissão, 30

Utrículo, 48, 49

## V

Vacilação, 81

Vale de coincidência, 281

Valor absoluto médio, 23

de pico, 22

eficaz, 23

eficaz da pressão sonora, 23, 35, 36

médio, 23

Variação apenas perceptível, 66

Vazão em massa, 183, 191

em massa crítica, 184, 185

Vegetação de insonorização, 220, 221

Veia contraída, 179

Velocidade das partículas, 25

do som, 20, 22e, 183, 186

Ventiladores, 167

Vestíbulo, 48

Vibrações ressonantes, 283

Volume equivalente, 160

Voz feminina, 156

    humana, 155, 156, 158

    masculina, 157

Vozes, 43

**Z**

Zona de Fresnel, 212

Zumbido, 6